食品成分与肠道健康

Food Components and Intestinal Health

赵新淮 等 著

科学出版社

北 京

内 容 简 介

食品是人类生存的重要物质基础，其组分对机体健康具有促进作用，近年来备受关注。肠道是机体最重要的器官之一，不仅负责各类营养物质的消化和吸收，而且保护机体免受抗原、病原微生物、有害物质等的损害，并发挥激素分泌、免疫调节和黏膜屏障等功能。因此，肠道健康是实现生命健康的一个重要保障。本书是作者依托多年研究结果并参考大量文献撰写而成，聚焦于多糖/寡糖、蛋白质/肽和多酚/类黄酮这三大类食品成分，重点阐述它们对肠道的若干重要健康作用，包括抗癌、抗炎、抗氧化、免疫调控、屏障保护、肠道发育等，以及它们发挥相关作用时所涉及的一些分子机制，并初步总结食品加工和贮存等对这些健康作用存在的潜在影响。

本书可以作为食品营养与健康方向本科生、研究生的学习参考书，也可以作为从事健康研究相关人员的参考书。

图书在版编目 (CIP) 数据

食品成分与肠道健康 / 赵新淮等著. — 北京：科学出版社，2025.6.
ISBN 978-7-03-081120-2

Ⅰ．TS201.2；R574

中国国家版本馆 CIP 数据核字第 2025XM4414 号

责任编辑：李秀伟 / 责任校对：严 娜
责任印制：赵 博 / 封面设计：无极书装

科学出版社 出版
北京东黄城根北街 16 号
邮政编码：100717
http://www.sciencep.com

三河市骏杰印刷有限公司印刷
科学出版社发行　各地新华书店经销

*

2025 年 6 月第 一 版　　开本：720×1000 1/16
2025 年 8 月第二次印刷　　印张：23 1/2
字数：470 000

定价：280.00 元
（如有印装质量问题，我社负责调换）

序

  食品是人类生存的基础，食品行业对我国国民经济、人民生活至关重要。随着我国社会经济的进一步发展，人民群众对生活与健康提出新的需求，党和政府就此进行前瞻性的战略布局，并对广大科技工作者提出新要求。面对我国新时期的新任务和新挑战，科技工作者尤其是高等学校教育工作者应勇挑重担，在我国人民健康方面有所作为，科研与社会服务并举，破解制约人民健康的重大问题，培养高层次专门人才，造福于民众，助力于民族复兴。

  赵新淮教授是我校资深教授，先后承担多项科研课题、出版多部著作。来校后他勤奋工作，开展多项食品科学方面的基础研究，揭示食品成分对人类健康的作用，培养了十余名高层次人才并发表了许多高水平研究论文，提升了学校的知名度和食品学科的整体水平。同时，赵新淮教授还承担了多部"十四五"普通高等学校规划教材的编写工作，为食品专业的人才培养贡献自己的专业学识。赵新淮教授的这些突出业绩，为本校教职工和学生所共识，有力地支撑了我校高水平理工科大学建设和高水平人才培养体系的构建。这次，赵新淮教授集自己近20年的研究成果与心得，联合其指导和合作过的6位博士研究生，汇集相关科研成果，于中国科技出版传媒股份有限公司（科学出版社）出版《食品成分与肠道健康》一书，为业内同行提供健康领域不可或缺的参考书。为此，本人代表学校衷心感谢科学出版社对我校高水平理工科大学建设工作的有力支持，也感谢赵新淮教授等为学校作出的突出贡献。

张清华

广东石油化工学院党委书记、校长

2024年3月于广东省茂名市

前　　言

随着社会经济的高速发展，我国人民生活水平不断提高，2024年8月底公布的最新数据显示，我国人均预期寿命达到78.6岁，处于世界较高水平。党和政府对人民群众的健康问题高度重视，出台《"健康中国2030"规划纲要》，并在《中华人民共和国国民经济和社会发展第十四个五年规划和2035年远景目标纲要》中提出，把保障人民健康放在优先发展的战略位置，坚持预防为主的方针，深入实施健康中国行动，完善国民健康促进政策，织牢国家公共卫生防护网，为人民提供全方位全生命期健康服务。党的二十大报告中也明确提出，把保障人民健康放在优先发展的战略位置。在高等教育方面，"食品营养与健康"（代码082710T）专业于2019年通过教育部审批，在2020年正式成为普通高等学校本科新专业。这一新专业的增设，将极大完善我国高等教育体系，有效促进健康领域人才培养工作的全面展开。

肠道是机体中最重要的器官之一，负责消化吸收日常膳食中的各类营养物质，保护机体免受抗原、病原微生物、有害物质等的损害，同时发挥激素分泌、免疫调节和黏膜屏障等各种功能。因此，肠道健康是机体健康的重要保障。食品是人类生存的重要物质基础。食品成分除了提供营养、具有加工特性之外，还对机体健康产生调控作用。近年来，国内外科学家通过各种技术手段，聚焦于食品成分对人类的健康作用相关研究，尤其是剖析它们对消化道的健康功能，获得了可喜的研究结果和结论。在过去的20年中，笔者也高度关注食品成分的健康作用，并且在对硕士/博士研究生的培养过程中，有目的地遴选一些与人类健康相关的科研选题，重点对类黄酮、多糖、蛋白质/肽等食品成分在肠道屏障、抗癌、抗炎等方面的作用展开研究，在此过程中不仅收集到一些重要的文献资料，而且在科研方面也有所斩获。基于国内食品领域尚无食品成分的肠道健康功能方面的图书，笔者和几位志同道合的博士们决定抛砖引玉，合作撰写《食品成分与肠道健康》一书，将其呈现给食品界同行，同时把这本书作为向就职单位——广东石油化工学院建校70周年的一份献礼。笔者首先感谢为人类健康尤其是肠道健康作出卓越贡献的所有科技工作者；其次，衷心感谢和笔者合作过的研究生，他们的研究结果为本书的出版提供了重要的科学支持，他们分别是（按毕业年份排序）：硕士研究生林杨、朱翠兰、耿茜、孔璐、郝丽鑫、殷丹婷、王晶、崔文思、刘宛宁、蔡世清、陈娜、李玲玉、林亚茹，以及博士研究生王博、王小鹏、时佳、范婧、马春敏、于亚辉、王振兴。最后，要感谢为笔者提供科研经费的各级机构和单位，这些都是笔者顺利完成各项科学研究工作和撰写本书的重要保障。

本书由笔者等 8 人共同编纂完成。笔者自己承担的内容为第 1 章 1.1 节和 1.2 节，第 2 章 2.2 节、2.3 节大部分、2.4 节和 2.5 节，第 3 章 3.2 节、3.3 节部分和 3.4 节部分，第 4 章 4.3 节大部分，以及第 5 章 5.1 节、5.2 节部分。王振兴博士承担第 4 章 4.1 节、4.2 节和 4.3 节部分，以及第 5 章 5.2 节部分。王小鹏博士承担第 1 章 1.3 节，第 5 章 5.3 节和 5.4 节，以及第 6 章 6.3 节部分内容。于亚辉博士承担第 3 章 3.1 节、3.3 节大部分和 3.4 节大部分。赵晓博士承担第 6 章大部分内容。王博博士承担第 2 章 2.1 节和 2.3 节部分。范婧博士承担第 4 章 4.3 节部分。书稿最后由笔者负责增补和修订，刘宏芳高级工程师负责统稿和校对。由于我们对益生菌和其他食品成分的肠道健康作用专注不足、研究甚少，因此本书不介绍、讨论益生菌等对肠道的健康作用，而聚焦于多酚/类黄酮、多糖、蛋白质/肽这三大类食品成分的若干肠道健康作用（抗癌、免疫调控、抗炎、抗氧化、屏障保护、肠道发育）。此外，近 20 年来，全球科学家对肠道健康问题极为关注，相关的研究工作报告和文献数量浩瀚。因此，本书无法大量列举相关研究结果，只能有针对性地采撷其中极小部分的研究结果，将其作为本书的科学支撑。本书力争做到图文并茂，希望给广大读者呈现直接的科学证据并留下深刻印象。还要特别指出的是，由于笔者和这些博士们的学识有限，本书所陈述内容以及对相关研究结果的阐述难免存在不足之处，敬请各位同行批评指正，以便未来我们对书稿进行改正和补遗。

在书稿撰写过程中，笔者等得到广东石油化工学院的领导、同仁们全方位的支持和鼓励，在此，笔者并代表其他编写人员向他们致以衷心的感谢。

赵新淮

2024 年 1 月于广东省茂名市

目 录

第1章 绪论——肠道与肠道健康 1
1.1 肠道的结构与功能 2
1.1.1 小肠 2
1.1.2 大肠 5
1.2 维护肠道健康的重要性 7
1.2.1 与肠道健康相关的慢性疾病 7
1.2.2 结直肠癌 8
1.3 膳食成分的肠道健康作用 10
1.3.1 对小肠及小肠上皮细胞吸收和屏障功能的影响 11
1.3.2 对小肠及小肠上皮细胞免疫响应的影响 12
1.3.3 对小肠及小肠上皮细胞解毒功能的影响 13
1.3.4 对小肠上皮细胞增殖和分化的影响 14
参考文献 15

第2章 多酚的抗氧化、抗炎和抗癌活性 18
2.1 类黄酮 19
2.1.1 类黄酮的结构 19
2.1.2 膳食类黄酮的来源与摄入水平 20
2.1.3 类黄酮的一般化学性质 22
2.2 多酚的抗氧化作用 23
2.2.1 抗氧化活性 23
2.2.2 食品加工等对抗氧化活性的影响 29
2.3 多酚的抗结直肠癌作用 33
2.3.1 多酚的抗结直肠癌活性作用 33
2.3.2 多酚诱导结直肠癌细胞凋亡的作用机制 52
2.3.3 多酚诱导细胞自噬和细胞坏死 58
2.4 多酚的抗炎作用 61
2.4.1 多酚的抗炎活性 61

    2.4.2　多酚抗炎作用的相关分子机制 71
  2.5　食品加工贮存与多酚抗癌和抗炎活性变化 75
    2.5.1　热处理的影响 75
    2.5.2　贮存条件的影响 80
    2.5.3　其他条件因素的影响 81
  参考文献 84

第3章　多糖的抗癌活性 96
  3.1　多糖的来源、结构和活性 96
    3.1.1　常见的多糖来源和特征 96
    3.1.2　多糖的结构研究 99
    3.1.3　多糖的常见生物活性 103
  3.2　多糖的肠道发酵与肠道健康作用 114
    3.2.1　膳食纤维的含义与分类 114
    3.2.2　膳食纤维和多糖的发酵与肠道健康 117
  3.3　多糖在肠道中的抗癌活性 128
    3.3.1　多糖的抗结直肠癌作用 129
    3.3.2　多糖的抗结直肠癌作用机制 141
  3.4　多糖的化学修饰与抗癌活性变化 151
    3.4.1　硫酸化修饰 152
    3.4.2　羧甲基化修饰 154
    3.4.3　乙酰化修饰 155
    3.4.4　磷酸化修饰 158
    3.4.5　硒化修饰 159
  参考文献 170

第4章　食品成分与肠道屏障 180
  4.1　肠道屏障与机体健康 180
    4.1.1　肠道屏障结构 180
    4.1.2　肠道屏障分类 186
    4.1.3　肠道屏障损伤机制 188
    4.1.4　肠道屏障损伤的不良结果 193
  4.2　多糖对肠道屏障功能的提升作用 195

  4.2.1 常见的研究模型···195
  4.2.2 多糖特征与其肠道屏障保护作用的构效关系···197
  4.2.3 多糖对肠道屏障的保护作用机制··202
 4.3 多酚对肠道屏障功能的提升作用···220
  4.3.1 肠上皮屏障功能··220
  4.3.2 紧密连接的组成··222
  4.3.3 多酚对肠道屏障的影响···225
  4.3.4 多酚的作用机制··236
 参考文献··242

第 5 章 蛋白质水解物和活性肽与肠道健康···251
 5.1 蛋白质的消化与水解···251
  5.1.1 蛋白质的体内消化与吸收··251
  5.1.2 蛋白质的酶促水解···253
  5.1.3 蛋白质水解物和活性肽的生物活性··255
 5.2 蛋白质水解物和活性肽与肠道屏障···260
  5.2.1 蛋白质水解物和活性肽对物理屏障的影响···261
  5.2.2 蛋白质水解物和活性肽对化学屏障的影响···265
  5.2.3 蛋白质水解物和活性肽对免疫屏障的影响···267
  5.2.4 蛋白质水解物和活性肽对生物屏障的影响···269
 5.3 蛋白质水解物和活性肽与肠道免疫···272
  5.3.1 肠道免疫···272
  5.3.2 蛋白质水解物和活性肽介导肠道免疫功能···277
  5.3.3 蛋白质水解物和活性肽与肠道免疫疾病···285
 5.4 蛋白质水解物和活性肽对肠道发育的影响··290
  5.4.1 肠道发育的不同阶段··290
  5.4.2 影响肠道发育的因素和物质···293
  5.4.3 蛋白质水解物和活性肽对肠道发育的影响···296
  5.4.4 蛋白质水解物和活性肽对肠上皮细胞的作用··301
  5.4.5 蛋白质糖基化修饰与其在肠道发育中的活性变化····································306
 参考文献··313

第6章 乳铁蛋白与肠道健康 ... 322
6.1 乳铁蛋白简介 ... 322
6.1.1 乳铁蛋白的组成与结构特征 ... 322
6.1.2 乳铁蛋白来源及含量变化 ... 325
6.1.3 乳铁蛋白的消化吸收 ... 325
6.1.4 乳铁蛋白的制备 ... 327
6.2 乳铁蛋白的生物活性 ... 328
6.2.1 转铁功能 ... 328
6.2.2 抑菌及抗病毒活性 ... 330
6.2.3 抗癌活性 ... 333
6.2.4 免疫调节和抗炎作用 ... 334
6.2.5 促成骨作用 ... 335
6.2.6 其他生物活性 ... 336
6.3 乳铁蛋白对肠道的保护作用 ... 337
6.3.1 肠道屏障的形成及机制 ... 337
6.3.2 乳铁蛋白对肠道屏障的保护作用 ... 341
6.3.3 乳铁蛋白对IBD患者肠道的保护作用 ... 352

参考文献 ... 355

第 1 章　绪论——肠道与肠道健康

随着我国社会经济的快速发展，我国民众的生活水平、预期寿命等大幅度提升。在这新的时期，民众也对身体健康提出了新的社会需求。党中央和政府就此进行了战略部署。早在 2016 年，国家正式出台的《"健康中国 2030"规划纲要》中要求：以体制机制改革创新为动力，以普及健康生活、优化健康服务、完善健康保障、建设健康环境、发展健康产业为重点，把健康融入所有政策，加快转变健康领域发展方式，全方位、全周期维护和保障人民健康，大幅提高健康水平，显著改善健康公平；深化体制机制改革，加强健康人力资源建设，推动健康科技创新。2020 年 9 月 11 日党中央在北京召开了科学家座谈会，习近平总书记提出要求："希望广大科学家和科技工作者肩负起历史责任，坚持面向世界科技前沿、面向经济主战场、面向国家重大需求、面向人民生命健康，不断向科学技术广度和深度进军。"2020 年 9 月 22 日，习近平总书记在教育文化卫生体育领域专家代表座谈会上的讲话指出："人民健康是社会文明进步的基础，是民族昌盛和国家富强的重要标志"。在发布的《中华人民共和国国民经济和社会发展第十四个五年规划和 2035 年远景目标纲要》中，我国政府指出：把保障人民健康放在优先发展的战略位置，坚持预防为主的方针，深入实施健康中国行动，完善国民健康促进政策，织牢国家公共卫生防护网，为人民提供全方位全生命期健康服务。党的二十大报告中也明确提出，把保障人民健康放在优先发展的战略位置，完善人民健康促进政策。

故此，聚焦影响人民健康的重大疾病和主要问题，加快实施健康中国行动，不仅成为我国各级政府的压实责任，也是广大科学工作者的重大科学选题。依托膳食途径来提高民众健康水平，是实现我国这一社会发展战略目标的重要途径之一。对于食品科学领域，充分界定食品成分对机体健康存在的各种有益作用，服务生命健康、延长生命预期，将是今后一段时间内的重大科研目标。在人才培养方面，教育部于 2020 年在普通高等学校本科专业目录中增补一个新的本科专业，即"食品营养与健康"（代码 082710T）。这一专业的增补，势必为食品学科门类的进一步完善、健康领域高层次专业人才的培养提供重要的教育保障。

肠道既是人体内营养物质消化吸收的主要器官，与各种膳食成分直接接触并受其影响；又是保持体内环境稳态的先天屏障，保护机体免受食物抗原、病原微生物及其产生有害代谢产物损害。肠道还具有激素分泌、免疫调节和黏膜屏障等功能（Xu et al.，2020）。整体上，肠道在人类生命活动中提供最大的微生态系统和免疫屏障，对机体有着不可替代的功能作用。因此，肠道健康被认为是维护机体健康至关重要的一个环节。充分探究食物成分与肠道健康之间的内在关联，挖掘、界定膳食成分在肠道健康方面的有益作用，从而产生精准的膳食策略来保护肠道功能，是依托膳食途径维护和保障肠道健康的必然之路。

1.1 肠道的结构与功能

在人体内，肠道是指从胃幽门至肛门的消化道，是消化道中长度最长、功能最重要的一段，其结构如图 1-1 所示。

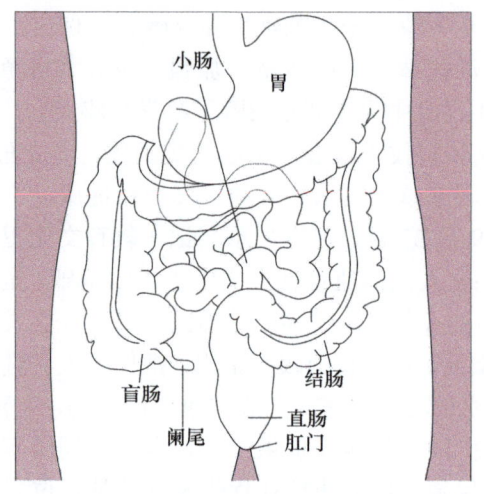

图 1-1 人体的胃肠结构示意图

1.1.1 小肠

人类摄入食物后，各种食物成分的消化作用以及几乎全部消化产物的吸收都是在小肠（small intestine）内进行的。在胰液、胆汁、胃液及小肠分泌的肠激酶等共同作用下，食糜在小肠内被分解为葡萄糖、氨基酸、脂肪酸等被小肠黏膜吸收。此外，小肠还吸收水、电解质、各种维生素，以及脱落的消化道上皮细胞所构成的大量内源性物质。小肠包括十二指肠（duodenum）、空肠（jejunum）和回肠（ileum），整体长度为 5~7 m，其中的小肠黏膜（small intestinal mucosa）呈绒毛状结构，有利于食物成分被充分消化和吸收。小肠上端的十二指肠憩室与胃相连，而小肠下端接续盲肠（cecum）。如果小肠出现病变而被部分切除，则会产生短肠综合征，导致人体出现营养不良，严重时还会导致人体出现胃肠性疾病。小肠黏膜上面分布有许多环状皱襞,并拥有大量指状突起的绒毛(villus)或纤毛。绒毛是小肠黏膜表面的基本组成部分,是由上皮和固有层向肠腔凸起而成,其长度为 0.5~1.5 mm。小肠绒毛内部有毛细血管、毛细淋巴管、平滑肌纤维和神经纤维网等结构,是肠内营养物质吸收的部位。

小肠每根绒毛的外面是一层柱状肠上皮细胞(intestinal epithelial cell,IEC),如图 1-2 所示。这些细胞形成一个连续的极化单层,其中单个细胞膜通过蛋白质复合物相互作用并连接至基底膜,从而为肠上皮提供发挥其特定功能所需的结构完整性和细胞活性。尽管肠上皮中大多数细胞是肠上皮细胞(约 80%),但是肠上皮发挥不同作用时需要多种细胞(如能分泌黏液的杯状细胞)协作。肠上皮细胞顶端细胞膜的突起称为微绒毛(microvillus)或微纤毛。每一柱状上皮细胞的顶端大约有 1700 条微绒毛,而微绒毛上的细胞膜厚大约为 10 nm。

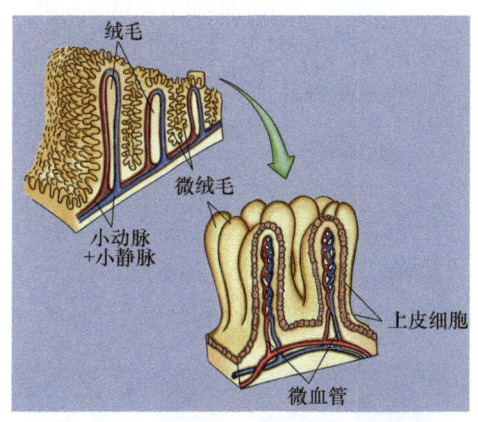

图 1-2 绒毛和微绒毛的结构示意图

上皮细胞面向黏膜侧的膜称为顶端膜(apical membrane),构成刷状缘膜,而面向浆膜(或血液)侧的膜称为基底膜(basal membrane),细胞两侧称为侧细胞膜(lateral membrane)。相邻细胞之间充满间隙液,但其细胞顶侧膜处相连,构成紧密连接(tight junction,TJ)(图 1-3)。紧密连接是细胞旁通道的重要转运屏障。细胞间紧密连接结构形态的显微观察结果见图 1-4。有关紧密连接更详细的结构元件情况,见本书第四章的相关内容。

由于小肠中存在环状皱褶、绒毛和微绒毛三个不同层次结构,最终使小肠对肠内容物所具有的吸收面积要远远大于同样长短简单圆筒状结构的面积(约 600 倍)(图 1-5)。一般认为,小肠黏膜与肠道内容物接触的表面积整体可以达到 250 m^2 左右。

肠上皮细胞作为肠道屏障的重要组成部分,在宿主黏膜表面的天然免疫系统及获得性免疫系统中起着中心调节作用,同时也是宿主与病原微生物双向联系的第一道防御屏障。小肠黏膜屏障也是防止肠腔内细菌移位和内毒素入侵的第一层和最大的屏障，可保持机体内环境稳定，维持机体的正常生命活动。若受到细菌、内毒素或细胞因子等刺激，肠上皮细胞出现增殖或凋亡异常，就会导致肠上皮细胞修复功能障碍，从而引起肠道疾病。黏膜屏障功能一旦受损，肠道通透性升高，肠腔内的内毒素就可以突破肠道屏障进入机体循环，促使炎症因子释放、引起机体炎症，进而诱发异常的黏膜免疫反应。故此，小肠黏膜屏障损伤可能与肠道炎症、机体免疫及糖尿病等多种疾病的发病率相关（Camilleri，2019；Bitzer et al., 2016）。维护肠上皮细胞的屏障功能正常，也是实现肠屏障功能正常的一个有效途径。

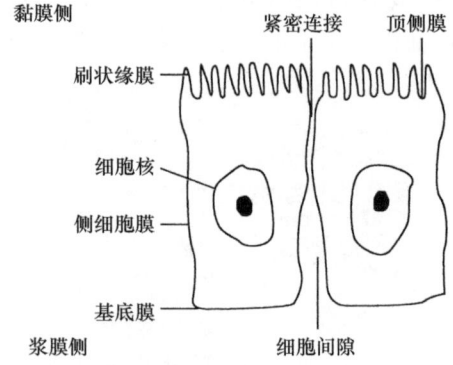

图1-3 小肠微绒毛结构中的上皮细胞（刘建平，2016）

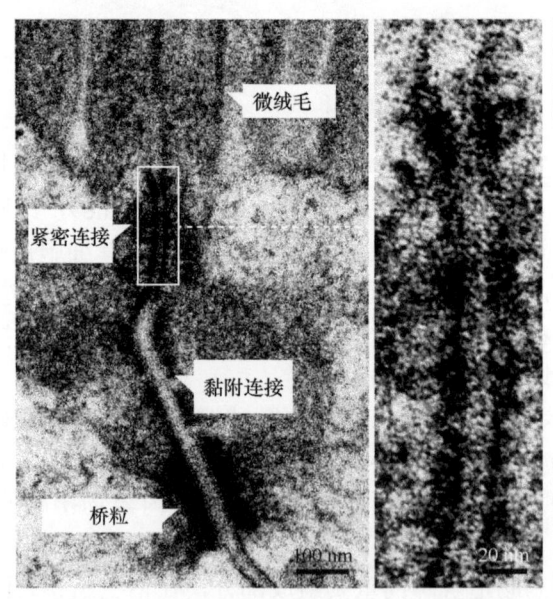

图1-4 紧密连接结构的透射电子显微镜观察结果（Horowitz et al., 2023）

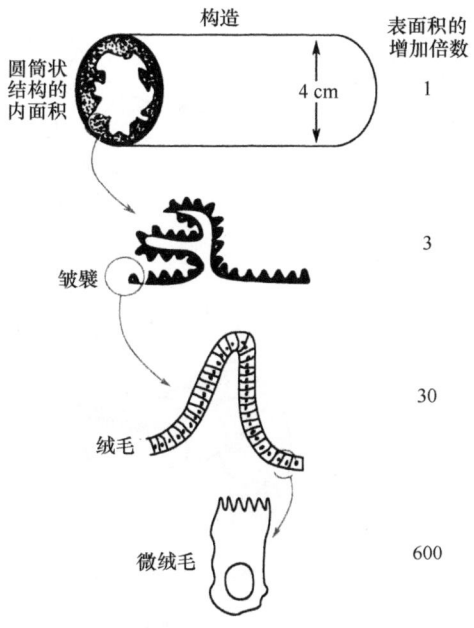

图 1-5 小肠表面积增加的机制（刘建平，2016）

1.1.2 大肠

大肠（large intestine）由盲肠、阑尾（vermiform appendix）、结肠（colon）、直肠（rectum）和肛管（anal canal）等部分组成（图 1-6），成人大肠的长度约为 1.5 m。其中，盲肠为大肠起始的膨大盲端；阑尾是一较小的、手指状小管，突出于升结肠，靠近大肠与小肠连接的部位；结肠为介于盲肠和直肠之间的部分，按其所在位置和形态分为升结肠、横结肠、降结肠和乙状结肠 4 部分；直肠则是紧接乙状结肠下面的管腔，止于肛管。大肠的主要功能是吸收身体的水分、维生素及无机盐，同时浓缩食物残渣而形成粪便团块，再通过直肠经肛管将粪便排出体外。大肠比小肠短而粗，由里到外分为 4 层：黏膜层、黏膜下层、肌层和外膜层。结肠不产生各种酶，所以不能像小肠那样去消化食物。但是，定植于大肠中的细菌，对维持健康的肠道功能是必需的，因为它们能进一步分解肠内容物，并产生一些重要物质如维生素K。一些疾病和抗生素能破坏大肠中各种细菌间的平衡，并且产生炎症，从而导致黏液和水分泌的增加，并引起腹泻。大肠壁的各层结构如图 1-7 所示。

大肠黏膜上有皱褶但没有绒毛，所以大肠的有效表面积比小肠的表面积要小得多。大肠的黏膜层内有很多杯状细胞。杯状细胞可以分泌黏液，能保护黏膜和润滑粪便，使粪便团块易于下行，保护肠壁防止其出现机械损伤，并且免遭细菌侵蚀。

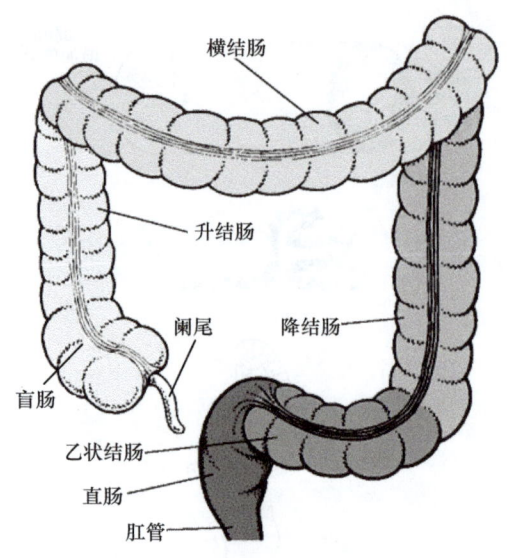

图 1-6　大肠的组成示意图

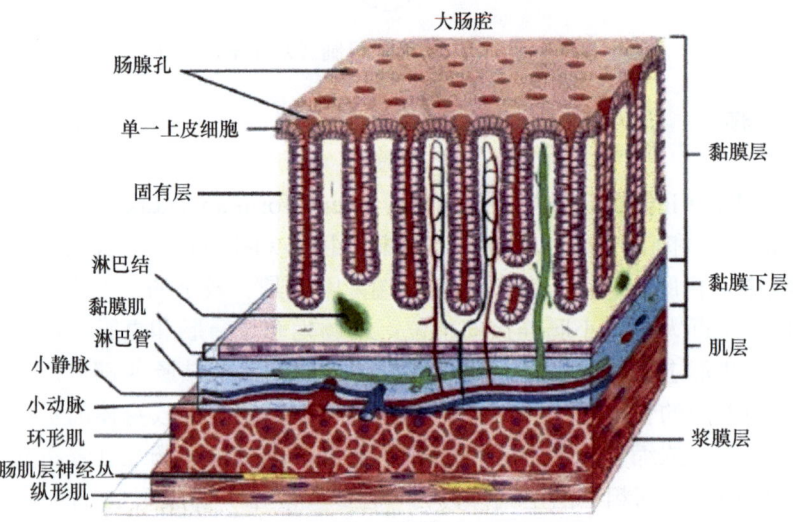

图 1-7　大肠壁各层结构的示意图

一般认为,结肠的 pH 在整个肠道中最高,数值可达 7.5～8.0。但是,进入回盲连接处的碳水化合物将有一部分被结肠微生物菌群分解,生成大量的短链脂肪酸,使升结肠的 pH 从回肠的 7.5 降至 6.4 左右。不过,这些脂肪酸又可被结肠上皮细胞吸收或代谢。因此,末端结肠的 pH 会有所回升。

蠕动是大肠的自然运动,其目的是将肠内容物进一步分解并将其移向直肠,以便排便。可是,大肠的蠕动紊乱却非常常见。肠道蠕动缓慢,导致食物残渣滞留在大肠内的时间过长，诱发便秘、腹部不适和全身不适。长时间便秘则会诱发更为严重的后果。众所周知，便秘会加重直肠、肛门疾病，且使罹患直肠癌的风险增大。但是，如果人体出现肠道蠕动过快，可能会造成水分吸收不完全，会出现大便次数增多、大便不成形，甚至导致严重的腹泻。影响结肠运动的因素很多，一个典型例子就是非消化性的膳食纤维，尤其是那些水溶性的膳食纤维。机体所摄入的食物中富含膳食纤维时，可以使肠内容物通过结肠的时间缩短。所以，膳食纤维的摄入水平对肠道健康极为重要，并且已经被学术界看作为第七类营养素。重要的国际组织如世界卫生组织（WHO）或一些政府机构，对膳食纤维的摄入水平甚至提出了建议。关于膳食纤维对肠道健康作用的更多信息，将集中于本书第三章进行介绍。读者也可以阅读一些膳食纤维相关的学术专著（Dreher，2018；Cho and Almeida，2012；Spiller，2001）。

（本节撰稿人　赵新淮）

1.2　维护肠道健康的重要性

肠道是除了大脑之外最敏感的人体器官，它不仅是营养物质的消化、吸收器官，更是人体最大的免疫器官，影响机体免疫、精神状态等。肠道是身体健康的第一道防线，肠道健康与人体健康息息相关。可是，人体每天都暴露于可能的潜在危害因素之下，肠道的重要生理功能因此会受到饮食、环境、精神压力等各种因素的影响，导致机体处于亚健康或发生慢性疾病，甚至肠组织癌变。与肠道相关的肠道疾病可分为功能性疾病和器质性疾病两大类。肠道功能性疾病主要包括肠易激综合征（irritable bowel syndrome，IBS）、功能性消化不良等。肠道器质性疾病则包括炎症性肠病（inflammatory bowel disease，IBD）、肠道肿瘤等。IBD 主要包括克罗恩病（Crohn disease，CD）、溃疡性结肠炎（ulcerative colitis，UC）等。肠道肿瘤最常见的是结直肠癌、小肠及结直肠间质瘤、淋巴瘤等。为此，从 2005 年开始，世界胃肠病学组织（World Gastroenterology Organisation，WGO）决定将每年的 5 月 29 日设定为世界肠道健康日，旨在提醒人们关注身体发出的警示，重视肠道健康。

充分界定食品成分对肠道健康存在的各种有益作用，揭示它们对肠道健康的可能维护作用，服务生命健康、延长生命预期，将是食品科学理论研究的重大课题之一。

1.2.1　与肠道健康相关的慢性疾病

若干慢性疾病的发生被认为与肠道健康有关。例如，人们熟知的 2 型糖尿病、阿尔茨海默病、心血管疾病、非酒精性脂肪性肝病等，它们的发病风险就与肠道健康有很大的关联。又如，肠黏膜屏障损伤被认为在 IBD 发病中起关键作用（Mehandru and Colombel，2021）。再如，肠易激综合征也是一种胃肠道疾病，表现为复发性腹痛及大便稠度或频率改变，与肠屏障功能的恶化直接相关。总之，肠道通透性增加可能是人体衰老的一个先导事件；对于一些慢性疾病尤其是慢性肠道疾病的发生，肠道通透性恶化是一个关键的诱因（Martel et al.，2022）。

一些食源毒素能破坏肠道的屏障作用，如微生物毒素脂多糖（lipopolysaccharide，LPS）就可损伤小肠上皮细胞，破坏肠上皮的屏障功能。一旦肠上皮屏障受损，其通透性便升高（俗称肠漏），肠腔内的内毒素极易突破肠道屏障进入机体循环系统，促使炎症因子的释放，诱发炎症和异常免疫应答，导致炎症性疾病（如食物过敏、结肠炎、腹腔疾病等）易感性增加（Portincasa et al.，2021；Chen et al.，2019）。食品热加工产生的丙烯酰胺和来自环境的污染物壬基酚（日化产品生产时常用的一种添加剂）也可以损伤上皮细胞屏障功能或诱发炎症（Che et al.，2020；Yang et al.，2019）。最近，我国的一些科学家还发现微塑料对实验动物肠道的不良影响，包括肠道屏障受损、肠道微生态失调等。微塑料因此被认为是对人类健康的又一危险因素（Chen et al.，2022；Huang et al.，2021），环境污染又给人类健康带来新的挑战。

目前，全球范围内 IBD 的发病率逐渐升高。据统计，全世界有超过 1000 万人患有 CD 和 UC。尽管 IBD 可以通过药物或手术等治疗方法暂时控制或得到缓解，但目前还没有找到明确的病因或可以治愈的方法。所以，每年的 5 月 19 日被确定为世界炎症性肠病日。可喜的是，我国属于相对少见 IBD 病例的国家。不过，在欧洲和北美洲，IBD 已经逐步发展为一种常见的疾病。在 IBD 高发国家，UC 和 CD 的发病率甚至高达 823 人/10 万人。开发针对恢复肠屏障作用的预防和治疗策略（包括膳食途径），可以恢复肠道稳态和整体健康，这对于控制和预防肠道疾病至关重要。

1.2.2 结直肠癌

肠道的黏膜细胞一直处于更新的状态。但是，外在因素，如食物毒素、代谢产生的有害物质等，可能都会对肠道黏膜上皮细胞产生刺激作用，导致黏膜上皮细胞在更新复制过程中会出现错误的复制。虽然大部分细胞会进行自我纠正，但仍然有小部分细胞无法自我恢复。经过长时间的积累，黏膜细胞就会逐渐向肿瘤细胞转变。一旦转化为高级别瘤变的状态，细胞分裂就会加快，从高级别瘤到癌变，然后到浸润癌，再逐渐变成肠癌（结肠癌或直肠癌）。以大肠为例，不同部位的大肠癌发病率从高到低依次为直肠、乙状结肠、盲肠、升结肠、降结肠及横结肠，整体上男性群体、老年群体的发病率较高，而且发病率与高脂肪低纤维素饮食结构、大肠慢性炎症、遗传、大肠腺瘤等关系密切。肠癌的死亡率仅次于肺癌和肝癌。在我国，由于膳食结构等原因，结肠癌和直肠癌［目前一般统称结直肠癌（colorectal cancer）］的发病率在全球属于低发地区，发病率大约为 28 人/10 万人。可是，随着饮食习惯的调整，我国居民结直肠癌发病率也呈现出上升的趋势。

全球范围内的结直肠癌发病率和致死率情况更是不容乐观。根据世界卫生组织国际癌症研究机构（The International Agency for Research on Cancer，IARC）发布的 2020 年全球最新癌症负担数据（The International Agency for Research on Cancer，2020a，2020b），结直肠癌的全球发病率排在第三位（图 1-8），且其导致的癌症死亡率高居第二位（图 1-9）。过高的肠癌发病率势必给政府和个人带来经济、医疗等诸多方面的压力。所以，结直肠癌已经成为一个全球性社会与健康问题。饮食结构是结直肠癌的重要风险因素（Zhou and Rifkin，2021；Ocvirk et al.，2019）。依托膳食结构调整及其他途径，维护肠道健康、防控结直肠癌的发生，已经成为全球必须面对的一个挑战。

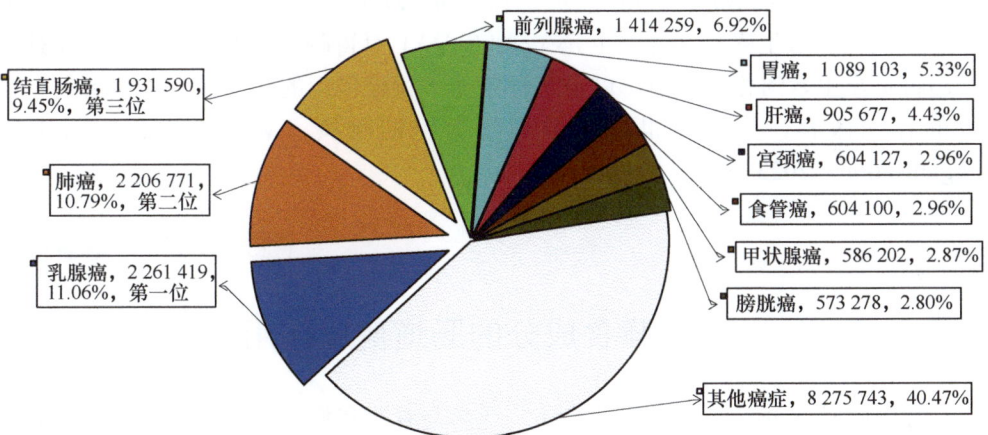

图 1-8 2020 年全球主要新发癌症类型、人数及百分比（The International Agency for Research on Cancer，2020a，2020b）

现有研究证据表明，充足的果蔬、全谷物、乳制品摄入可以降低结直肠癌发病风险。果蔬富含膳食纤维（包括非消化性多糖），膳食纤维已经被确认有助于排便，减少毒素、有害物质等在肠道内的停留时间；果蔬富含抗氧化物质等有益成分（如多酚），可以预防肠癌。此外，膳食中减少红肉、加工肉类的摄入量，也可以降低肠癌的患病风险。整体上看，非消化性多糖、多酚等膳食成分在肠道健康方面有着不可替代的健康作用。故此，通过膳食途径来干预或维护肠道健康具有现实意义。这一观点已经被广泛认可，并在已经出版的学术专著中有所体现

（Watson and Preedy，2013）。

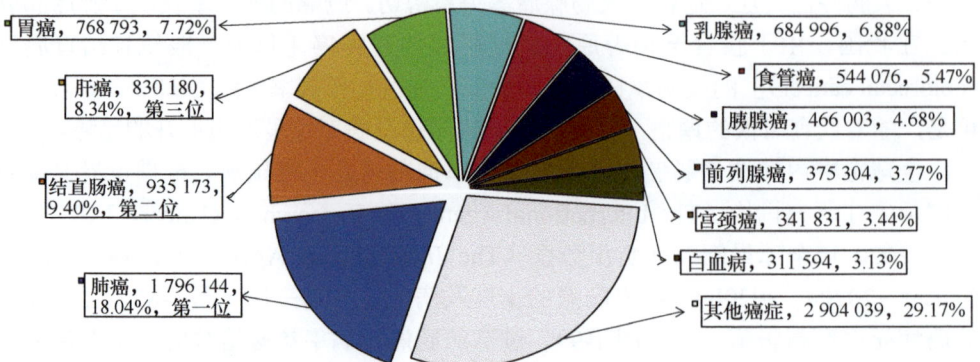

图 1-9　2020 年全球主要癌症死亡类型、人数及百分比（The International Agency for Research on Cancer，2020a，2020b）

更被学术界及普通百姓关注的是，2023 年更新后的《世界胃肠病学组织全球指南》（*World Gastroenterology Organisation Global Guidelines*）中提到益生菌（probiotic）和益生素［又称益生元（prebiotic）］对胃肠健康的潜在功能，同时还给出特定益生素的相关作用，以及每种条件下积极作用的证据水平。该指南中文版的详细内容，可参见世界胃肠病学组织的网页（World Gastroenterology Organisation，2023）。

（本节撰稿人　赵新淮）

1.3　膳食成分的肠道健康作用

除吸收功能外，小肠上皮细胞还广泛参与食物代谢、活性物质产生、肠道免疫功能实现等各种重要的生理活动。与机体内的其他细胞不同，肠腔表面的上皮细胞长期与高浓度的营养物质、非营养物质及异生素接触。因此，小肠上皮细胞的功能及自身活性极有可能受外源性物质如食物成分的影响或调控。目前，已有研究结果表明，食物的摄入会影响小肠的结构和功能，调节紧密连接的结构并调控肠道炎症（Stojanović et al.，2021；Suzuki，2020）。在学术界，肠道屏障被认为是肠-脑轴的"守门人"（图 1-10），而饮食则被认为是影响哺乳动物上皮肠道屏障完整性的关键因素（Tilg et al.，2022）。因此，我们有理由相信，机体摄入的膳食成分会对肠道健康产生各种各样的作用，从而维护肠道的稳态。

根据现有发表的研究结果，膳食成分对肠道的健康作用包括以下四大方面。

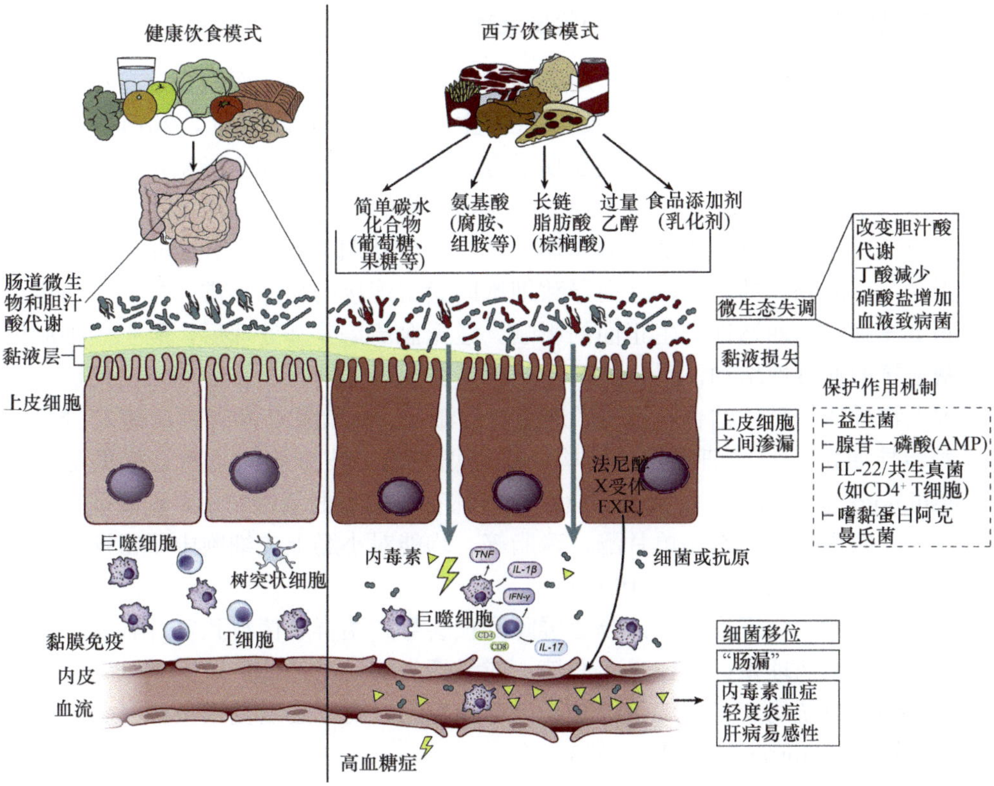

图 1-10　健康饮食对肠道屏障及肠-脑轴的作用（Tilg et al.，2022）

1.3.1　对小肠及小肠上皮细胞吸收和屏障功能的影响

1）影响小肠上皮细胞的转运功能

小肠上皮细胞的转运是葡萄糖能否被小肠吸收的关键,钠-葡萄糖耦联转运体-1（SGLT1）、葡萄糖转运蛋白-2（GLUT2）、葡萄糖转运蛋白-3（GLUT3）、葡萄糖转运蛋白-5（GLUT5）是小肠上皮细胞中主要的葡萄糖转运蛋白,通过小肠黏膜吸收的单糖主要为葡萄糖、果糖等,其中葡萄糖占 80%。Yoshikawa 等（1997）发现,匙羹藤酸（匙羹藤叶提取物）能够通过抑制 SGLT1 的活性,进而影响小肠对葡萄糖的吸收。Shimizu 等（2000）的研究也发现,绿茶提取物儿茶素可以显著抑制肠道细胞对葡萄糖的摄取,但是却没有发现 SGLT1 表达降低。近年来,对小肠上皮细胞的转运功能有新发现,即小肠的转运功能不单由小肠上皮细胞上的转运蛋白决定,还需要其他组分如细胞调节因子、支架蛋白及膜脂质等的协同作用完成。所以,膳食成分已经成为整个转运体系中不可或缺的部分,影响着小肠上皮细胞的转运和吸收功能（Anzai et al.，2007）。

2）影响小肠及小肠上皮细胞紧密连接通透性

小肠上皮细胞间的紧密连接对细胞旁通透性极为重要，而紧密连接相关蛋白质之间的相互作用是调控细胞旁通透性的主要基础（Turner et al.，2014；Weber，2012）。葡萄糖、氨基酸、中长链脂肪酸等膳食成分均能增加小肠紧密连接的通透性，降低小肠屏障功能。Hashimoto 等（1994）的研究工作发现，甜辣椒提取物显著降低单层肠上皮细胞的跨膜电阻，改变纤维状肌动蛋白（F-actin）与球状肌动蛋白（G-actin）的比例，进而导致细胞间紧密连接的功能异常。牛乳蛋白也会对肠上皮细胞的通透性产生正面的影响。经无血清培养基处理后，肠上皮细胞间紧密连接的通透性增加，而 β-酪蛋白的胰蛋白酶消化物以及 β-乳球蛋白能够与肠细胞上特异性的受体结合，从而激活酪氨酸激酶、磷脂酶 C 和蛋白激酶 C 介导的信号转导通路，调整细胞骨架结构，进而增加肠上皮细胞间紧密连接的稳定性（Hashimoto et al.，2014）。此外，食品中天然存在的表面活性物质，以及现代食品工业广泛应用的乳化剂如单甘酯、磷脂等，均能对小肠上皮细胞中紧密连接的通透性产生影响（Narai et al.，1997）。

有临床和动物证据表明，肠道屏障受损会导致菌群、菌群致病性代谢产物或中枢神经相关病理蛋白异位进入血液，或激活炎症反应，或扩散到大脑，从而引发中枢神经系统病变。因此，维护肠道屏障稳态，对于肠道健康及预防相关疾病等极为重要（Horowitz et al.，2023）。

1.3.2 对小肠及小肠上皮细胞免疫响应的影响

近年来的研究表明，肠道免疫系统同样受到膳食成分的影响和调控。食品中的一些物质能够加重或缓解肠道免疫响应的程度（如肠道的炎性反应、过敏性、肠道传染性疾病等）。

1）缓解肠道炎性病变

由于肠道的独特结构，小肠上皮细胞暴露于活性氧、微生物、化学物质等，细胞因而经常处于应激状态。例如，重金属镉对机体来讲是有害元素，当机体摄入这些严重污染镉的食品后，小肠上皮细胞就会发生炎性反应（Zhao et al.，2006）。外界刺激能够激活小肠黏膜下层的免疫细胞，产生适应性免疫应答。而适度的免疫反应有利于机体抵御外来伤害，维持肠道的正常结构和功能。不过，一旦导致免疫细胞的过度响应，就会给肠道带来严重的炎性损伤。例如，CD、UC 等无法根治的肠道炎症病变，都与免疫细胞的过度激活有关。虽然可以应用氨基水杨酸、类固醇和免疫抑制药物等治疗肠道炎症，但是食物疗法有可能成为肠道炎性治疗的首选方案。例如，富含益生菌、益生素、短链脂肪酸、抗氧化成分的食品，已经被研究用于肠道炎症的治疗。

2）抑制小肠上皮细胞分泌趋化因子

在氧化应激或炎性因子的刺激下，小肠上皮细胞会分泌趋化因子如白细胞介素（interleukin，IL）-8，进而引发炎症反应。一些膳食成分能够抑制小肠上皮细胞在受到刺激的情况下分泌趋化因子，保护肠道免受炎症的危害。例如，已经发现组氨酸及含有组氨酸的肽类能够显著抑制肠道细胞［被 H_2O_2 和肿瘤坏死因子（tumor necrosis factor，TNF）-α 诱导］IL-8 的分泌及蛋白质表达（Dong et al.，2008）。此外，多酚也能够通过抑制肠道细胞在氧化应激状态下分泌 IL-8，并降低炎性反应对肠道的损伤（Matsushita et al.，2008）。

1.3.3 对小肠及小肠上皮细胞解毒功能的影响

解毒功能是小肠生物学屏障功能的重要组成部分。小肠上皮细胞通过催化那些疏水性的有毒化学物质发生氧化和交联反应，增加其亲水性，从而降低其对机体的毒性作用。小肠的解毒过程主要包含三个阶段（Xu et al.，2005）：①外源性有毒物质首先会被解毒酶Ⅰ氧化；②氧化产物随后与解毒酶Ⅱ结合；③所形成的交联产物如葡萄糖醛酸酯-硫酸盐，通过细胞上特异性的转运蛋白而分泌到细胞外部（图 1-11）。

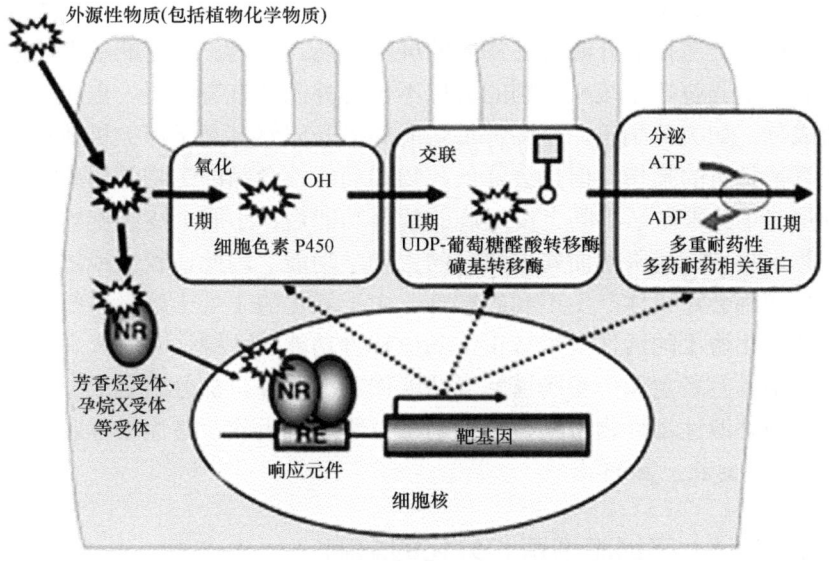

图 1-11　小肠的解毒系统（Xu et al.，2005）

然而，这些参与解毒功能（药物代谢）的酶类和转运蛋白会受外源性有害物质的调控，在这些物质的刺激下，肠道中解毒相关的酶类和转运蛋白的活性显著增加，肠道解毒功能随之提升。例如，三丁基锡是一个干扰内分泌系统的典型化学物质，它能够显著增加 Caco-2 细胞中多药耐药蛋白 1（MDR1）的表达；又如，小肠上皮细胞受到有害化学物质二噁英刺激时，细胞内与解毒功能相关的氧化酶 I 如 CYP 的表达水平随之上调（Jeong et al.，2005；Tsukazaki et al.，2004）。Hankinson（1995）的研究结果发现，肠细胞受体芳香烃受体（aryl hydrocarbon receptor，AhR）参与肠道解毒功能相关酶活性的调控。AhR 是一种转录因子，与疏水性外源有害物质结合后被激活并被转移到细胞核内；在细胞核内，它与位于 AhR 反应基因调控区域的异源性应答元件结合，促进肠道解毒相关酶类尤其是氧化酶 I 的表达。孕烷 X 受体（pregnane X receptor，PXR）同样能够识别外源疏水性化学物质，同时增加解毒相关酶类的活性；这样，外源性有害物质被酶类氧化和结合后，经转运蛋白分泌到细胞外部。

膳食成分能够影响肠道中 PXR 介导的解毒相关酶类的分泌。Satsu 等（2008）的研究结果显示，在以肠细胞为模型进行的体外筛选试验中，所研究的 42 种植物化学成分中，有 3 种类黄酮和 2 种萜类化合物能够激活 PXR 依赖型转录酶的活性；逆转录聚合酶链反应（RT-PCR）分析结果也表明，经过类黄酮和萜类化合物处理后，细胞中解毒酶如 CYP3A4 和 MDR1 的 mRNA 表达水平上调；与此同时，动物实验研究同样发现，口服一些类黄酮化合物能够引起 MDR1 的表达上调。故此，日常膳食中的类黄酮和萜类化合物能够激活肠道中与解毒功能相关酶类和蛋白质的活性，提升肠道抵御外源毒性物质的屏障功能。然而，肠道的解毒功能是一把"双刃剑"。小肠解毒系统所识别的目标不仅有外源性有害物质，也包括食品中部分有益成分，如类黄酮等。小肠解毒功能的提升固然有利于保护机体免受外源性有毒或有害物质的损伤，但也会降低药物和功能性食品的生物利用率。有研究发现，利用二噁英来激活小肠上皮细胞的解毒功能后，小肠上皮细胞再接触类黄酮时，类黄酮将被迅速降解而失去原有的生物学功能。因此，较低或过分活跃的肠道解毒功能都会对机体产生不利的影响。由于氧化酶 I 处于解毒系统的第一步，因此调控氧化酶 I 的活性是维持正常肠道解毒功能的关键。有研究表明，膳食来源的类黄酮具有稳定和平衡肠道解毒功能作用。此外，部分膳食成分还可以在肠道内直接同外源性毒性物质结合，抑制毒性物质的吸收，进而增强肠道的屏障功能（Natsume et al.，2005）。

1.3.4 对小肠上皮细胞增殖和分化的影响

大量的体内、体外试验结果表明，膳食成分会对肠道细胞的活性产生影响。

Tuhacek 等（2004）发现，谷氨酰胺能够促进大鼠小肠上皮细胞增殖，在谷氨酰胺浓度为 0.6 mmol/L 时所产生的增殖活性最大。Go 等（2011）的研究结果则发现，黄褐盒管藻多糖能够激活促分裂原活化的蛋白质激酶（mitogen-activated protein kinase，MAPK）信号通路，促进小肠上皮细胞增殖。Blais 等（2014）用乳铁蛋白喂养 BALB/c 鼠 5 周，发现受试组小鼠的空肠绒毛长度增加，并且与小肠上皮细胞分化相关的刷状缘酶活性增强。此外，来自干酪乳杆菌的胞外多糖被证实能够促进小肠上皮细胞增殖，同时影响 IL 和转化因子（IL-8、IL-10、TGF-β）的分泌（霍思序等，2013）。膳食成分对小肠上皮细胞增殖和分化的影响作用已被充分研究，本书的其他章节对此还有更进一步的阐述，这里就不再过多举例、介绍。

（本节撰稿人　王小鹏）

参 考 文 献

霍思序, 唐彦君, 刘宁. 2013. *L. casei* EPS 体外促进 BALB/c 小鼠小肠上皮细胞增殖及其分泌 IL-8、IL-10 和 TGF-β. 免疫学杂志, 10: 835-839.

刘建平. 2016. 生物药剂学与药物动力学. 5 版. 北京: 人民卫生出版社.

Anzai N, Kanai Y, Endou H. 2007. New insights into renal transport of urate. Current Opinion in Rheumatology, 19: 151-157.

Bitzer Z T, Elias R J, Vijay-Kumar M, et al. 2016. (–)-Epigallocatechin-3-gallate decreases colonic inflammation and permeability in a mouse model of colitis, but reduces macronutrient digestion and exacerbates weight loss. Molecular Nutrition & Food Research, 60: 2267-2274.

Blais A, Fan C, Voisin T, et al. 2014. Effects of lactoferrin on intestinal epithelial cell growth and differentiation: an *in vivo* and *in vitro* study. Biometals, 27: 857-874.

Camilleri M. 2019. Leaky gut: Mechanisms, measurement and clinical implications in humans. Gut, 68: 1516-1526.

Che X Y, Fang Y W, You M D, et al. 2020. Exposure to nonylphenol in early life increases pro-inflammatory cytokines in the prefrontal cortex: Involvement of gut-brain communication. Chemico-Biological Interactions, 323: 109076.

Chen X, Zhuang J, Chen Q, et al. 2022. Polyvinyl chloride microplastics induced gut barrier dysfunction, microbiota dysbiosis and metabolism disorder in adult mice. Ecotoxicology and Environmental Safety, 241: 113809.

Chen Z G, Chen H Y, Li X, et al. 2019. Fumonisin B1 damages the barrier functions of porcine intestinal epithelial cells *in vitro*. Journal of Biochemical & Molecular Toxicology, 33: 22397.

Cho S, Almeida N. 2012. Dietary Fiber and Health. Boca Raton: CRC Press LLC.

Dong O S, Satsu H, Kiso Y, et al. 2008. Inhibitory effect of carnosine on interleukin-8 production in intestinal epithelial cells through translational regulation. Cytokine, 42: 265-276.

Dreher M L. 2018. Dietary Fiber in Health and Disease. Wimberley: Nutrition Science Solution LLC.

Go H, Hwang H J, Nam T J. 2011. Polysaccharides from *Capsosiphon fulvescens* stimulate the growth of IEC-6 cells by activating the MAPK signaling pathway. Marine Biotechnology, 13:

433-440.

Hankinson O. 1995. The aryl hydrocarbon receptor complex. Annual Review of Pharmacology and Toxicology, 35: 307-340.

Hashimoto K, Matsunaga N, Shimizu M. 1994. Effect of vegetable extracts on the transepithelial permeability of the human intestinal Caco-2 cell monolayer. Bioscience, Biotechnology and Biochemistry, 58: 1345-1346.

Hashimoto K, Nakayama T, Shimizu M. 2014. Effects of β-lactoglobulin on the tight-junctional stability of Caco-2-SF monolayer. Bioscience, Biotechnology and Biochemistry, 62: 1819-1821.

Horowitz A, Chanez-Paredes S D, Haest X, et al. 2023. Paracellular permeability and tight junction regulation in gut health and disease. Nature Reviews Gastroenterology & Hepatology, 20: 417-432.

Huang Z, Weng Y, Shen Q, et al. 2021. Microplastic: A potential threat to human and animal health by interfering with the intestinal barrier function and changing the intestinal microenvironment. Science of The Total Environment, 785: 147365.

Jeong E J, Liu X, Jia X, et al. 2005. Coupling of conjugating enzymes and efflux transporters: Impact on bioavailability and drug interactions. Current Drug Metabolism, 6: 455-468.

Martel J, Chang S H, Ko Y F, et al. 2022. Gut barrier disruption and chronic disease. Trends in Endocrinology & Metabolism, 33(4): 247-265.

Matsushita A, Son D O, Satsu H, et al. 2008. Inhibitory effect of lactoperoxidase on the secretion of proinflammatory cytokine interleukin-8 in human intestinal epithelial Caco-2 cells. International Dairy Journal, 18: 932-938.

Mehandru S, Colombel J F. 2021. The intestinal barrier, an arbitrator turned provocateur in IBD. Nature Reviews Gastroenterology & Hepatology, 18: 83-84.

Narai A, Arai S, Shimizu M. 1997. Rapid decrease in transepithelial electrical resistance of human intestinal Caco-2 cell monolayers by cytotoxic membrane perturbents. Toxicology in Vitro, 11: 347-354.

Natsume Y, Satsu H, Hamada M, et al. 2005. In vitro system for assessing dioxin absorption by intestinal epithelial cells and for preventing this absorption by food substances. Cytotechnology, 47: 79-88.

Ocvirk S, Wilson A S, Appolonia C N, et al. 2019. Fiber, fat, and colorectal cancer: New insight into modifiable dietary risk factors. Current Gastroenterology Reports, 21: 62.

Portincasa P, Bonfrate L, Khalil M, et al. 2021. Intestinal barrier and permeability in health, obesity and NAFLD. Biomedicines, 10: 83.

Satsu H, Hiura Y, Mochizuki K, et al. 2008. Activation of pregnane X receptor and induction of MDR1 by dietary phytochemicals. Journal of Agricultural and Food Chemistry, 56: 5366-5373.

Shimizu M, Kobayashi Y, Suzuki M, et al. 2000. Regulation of intestinal glucose transport by tea catechins. Biofactors, 13: 61-65.

Spiller G A. 2001. CRC Handbook of Dietary Fiber in Human Nutrition. Boca Raton: CRC Press LLC.

Stojanović O, Altirriba J, Rigo D, et al. 2021. Dietary excess regulates absorption and surface of gut epithelium through intestinal PPARα. Nature Communications, 12: 7031.

Suzuki T. 2020. Regulation of the intestinal barrier by nutrients: The role of tight junctions. Animal Science Journal, 91: 13357.

The International Agency for Research on Cancer. 2020-12-16a. Latest global cancer data: Cancer burden rises to 19.3 million new cases and 10.0 million cancer deaths in 2020. https://www.iarc.fr/fr/news-events/latest-global-cancer-data-cancer-burden-rises-to-19-3-million-new-c ases-and-10-0-million-cancer-deaths-in-2020 [2024-11-20].

The International Agency for Research on Cancer. 2020-12-16b. Latest global cancer data: Cancer burden rises to 19.3 million new cases and 10.0 million cancer deaths in 2020 questions and answers(Q&A). https://www.iarc.fr/faq/latest-global-cancer-data-2020-qa [2024-11-20].

Tilg H, Adolph T E, Trauner M. 2022. Gut-liver axis: Pathophysiological concepts and clinical implications. Cell Metabolism, 34: 1700-1718.

Tsukazaki M, Satsu H, Mori A, et al. 2004. Effects of tributyltin on barrier functions in human intestinal Caco-2 cells. Biochemical and Biophysical Research Communications, 315: 991-997.

Tuhacek L M, Mackey A D, Li N, et al. 2004. Substitutes for glutamine in proliferation of rat intestinal epithelial cells. Nutrition, 20: 292-297.

Turner J R, Buschmann M M, Romero-Calvo I, et al. 2014. The role of molecular remodeling in differential regulation of tight junction permeability. Seminars in Cell & Developmental Biology, 36: 204-212.

Watson R R, Preedy V R. 2013. Bioactive Food as Dietary Interventions for Liver and Gastrointestinal Disease. San Diego: Academic Press.

Weber C R. 2012. Dynamic properties of the tight junction barrier. Annals of the New York Academy of Sciences, 1257: 77-84.

World Gastroenterology Organisation. 2023. WGO practice guideline: Probiotics and prebiotics. https://www.worldgastroenterology.org/guidelines/probiotics-and-prebiotics/probiotics-and-prebiotics-mandarin [2024-11-20].

Xu C, Li C Y, Kong A N. 2005. Induction of phase I, II and III drug metabolism/transport by xenobiotics. Archives of Pharmacal Research, 28: 249-268.

Xu X, Hua H W, Wang L M, et al. 2020. Holly polyphenols alleviate intestinal inflammation and alter microbiota composition in lipopolysaccharide-challenged pigs. British Journal of Nutrition, 123: 881-891.

Yang Y, Zhang L L, Jiang G Y, et al. 2019. Evaluation of the protective effects of *Ganoderma atrum* polysaccharide on acrylamide-induced injury in small intestine tissue of rats. Food & Function, 10: 5863-5872.

Yoshikawa M, Murakami T, Kadoya M, et al. 1997. Medicinal foodstuffs. IX. The inhibitors of glucose absorption from the leaves of *Gymnema sylvestre* R. BR. (Asclepiadaceae): structures of gymnemosides a and b. Chemical and Pharmaceutical Bulletin, 45: 1671-1676.

Zhao Z, Hyun J S, Satsu H, et al. 2006. Oral exposure to cadmium chloride triggers an acute inflammatory response in the intestines of mice, initiated by the over-expression of tissue macrophage inflammatory protein-2 mRNA. Toxicology Letters, 164: 144-154.

Zhou E, Rifkin S. 2021. Colorectal cancer and diet: Risk versus prevention, is diet an intervention. Gastroenterology Clinics of North America, 50: 101-111.

第 2 章　多酚的抗氧化、抗炎和抗癌活性

20 世纪 30 年代中期，匈牙利生理学家 Albert Szent-Gyorgyi 博士首次观察到柠檬汁和红辣椒粉制剂可以恢复毛细血管正常的阻力和通透性，并可以防止人体因缺乏抗坏血酸而引起的自发性出血。他在从橙子中发现抗坏血酸（维生素 C）的时候，还发现了其他相关的营养素即类黄酮，并将其命名为"维生素 P"（Santos et al.，2017）。在对豚鼠的进一步实验研究发现，因维生素 C 缺乏症而导致的血管症状，可以通过给予从柠檬汁中分离的类黄酮组分［当时称为柠檬素（citrin）］来抵消，从而得出一个结论：坏血病是由维生素 C 和维生素 P 同时缺乏引起的（Santos et al.，2017）。尽管最初认为柠檬素是一种纯的物质，但进一步的分析表明柠檬素是由橙皮苷和一种圣草酚（eriodictyol）糖苷混合组成（Karak，2019），即当时得到的柠檬素实际上是一个类黄酮的混合物。关于类黄酮对坏血病的实际作用争论很多，最终的研究结果还是不能证实它们是否不可或缺。1950 年，根据美国生物化学家学会和美国营养研究所生物化学命名联合委员会的建议，维生素 P 这一名词被正式删除。尽管似乎只有维生素 C 才能有效治疗坏血病，但仍然有一些研究人员认为抗坏血酸和类黄酮之间可能存在协同作用，可以通过增加维生素 C 提高抗坏血病能力，并建议将黄酮类这类化合物命名为维生素 C_2。1968 年，美国食品药品监督管理局撤销对"生物类黄酮"（考虑到其生物活性，是类黄酮的另一种名称）作为药物的批准，因为当时认为这类化合物没有任何临床用途的有效性。

近年来，人们对类黄酮的健康作用重新产生兴趣，特别是在 Hertog 及其同事于 20 世纪 90 年代初发表流行病学调查结果之后（Panche et al.，2016）。该调查结果指出，类黄酮的饮食摄入与心血管疾病（CVD）发病率和死亡率的降低之间存在正相关（Dias et al.，2021）。从那时起，大量的流行病学研究试图将膳食中类黄酮和酚类的摄入量与健康促进作用联系起来。许多研究结果表明，饮食中酚类/类黄酮的摄入与退行性疾病的发病率之间存在一定程度的负相关（Pietta et al.，2003）。如今，越来越多的证据表明，适度长期摄入类黄酮不仅可以降低心血管疾病的患病率，还可以降低罹患其他重大疾病如 2 型糖尿病、某些类型的癌症或者神经退行性疾病（如阿尔茨海默病和帕金森病）的概率。尽管类黄酮不是人类必需的营养素，但现在的研究认为来源于蔬果的类黄酮在一定程度上可以保护人体健康。对类黄酮健康作用的研究，已成为食品科学领域最前沿的课题之一（Watson et al., 2014)。此外，由于类黄酮具有多种生物活性，包括抗氧化、抗炎、雌激素作用、抗菌、抗增殖或抗肿瘤能力，它们也被认为是具新药开发前景的化学物质。

从化学结构上看，类黄酮属于多酚类物质。因此，本章所介绍的各个活性化合物不特意区分它们究竟是多酚（polyphenol）还是类黄酮（flavonoid），而是按照化学属性将它们笼统地称为多酚，特殊情况下指明它们是多酚还是类黄酮。对相关研究结果的选择性介绍，则主要集中于类黄酮的相关例子。

2.1 类 黄 酮

在化学上，多酚是指其分子中的苯环结构上具有 2 个以上羟基的有机化合物，这里不再介绍其详细分类情况和结构特征。类黄酮是多酚中最重要的一类，也是植物食品中最具代表性的多酚物质。类黄酮是重要的次生代谢产物，广泛分布于水果、蔬菜等的茎、果实、花和种子等中。到目前为止，已经分离和鉴定出 10 000 多种类黄酮。在许多水果中（如李子、樱桃和蓝莓）中，类黄酮均匀分布在果皮和果肉中。其他一些植物的果实中，类黄酮主要存在于果皮，果肉中的类黄酮含量相对较低。类黄酮最广泛的来源是柑橘果皮、红茶和绿茶等饮品，尤其是全球三大饮料之一的茶叶。下面简单地介绍类黄酮的结构特征、膳食摄入情况以及常见的化学性质。

2.1.1 类黄酮的结构

类黄酮家族的成员拥有一个共同的苯基色原酮骨架，即与中心 C 环（3-碳）相连的 A 环和 B 环（均为 6-碳），属于 C6—C3—C6 系列化合物（图 2-1）。大多数类黄酮可以被认为是黄酮或黄烷的衍生物。类黄酮根据其化学结构、不饱和度和碳环氧化程度可分为 7 个亚类：黄酮（flavone）、黄酮醇（flavonol）、黄烷酮（flavanone）、黄烷醇（flavanol）、异黄酮（isoflavone）、查耳酮（chalcone）和花青素（anthocyanidin）。此外，根据 B 环与 C 环的连接情况，类黄酮也可分为 3 个主要亚类：黄酮类［2-苯基苯并吡喃（2-phenyl benzopyran），B 环与 C 环的 2 位相连接］、异黄酮类［3-苯并吡喃（3-benzopyran），B 环与 C 环的 3 位相连接］和新黄酮类［4-苯并吡喃（4-benzopyran），与异黄酮类不同，B 环与 C 环的 4 位相连接］。在少数情况下，C 环以开放形式出现。例如，查耳酮和二氢查耳酮就具有这样的 C 环结构。类黄酮分子通常在其 3、5、7、3′、4′和/或 5′位上存在羟基化取代，并且还可以进一步甲基化、乙酰化、戊烯化或硫酸化。在其天然来源中，类黄酮可以以游离形式（糖苷配基）、糖基化形式、酰基化形式存在，也可以以低聚和聚合结构形式存在，如黄烷-3-醇衍生的缩合单宁（也称为原花青素）。糖残基通常在 O-糖苷存在的情况下连接到 3、7 或 4'羟基,并且在 C-糖苷存在的情况下直接连接到 C-6 或 C-8。糖取代基还可以进一步利用有机酸(如丙二酰基或乙酰基残基)或芳香酸(如对香豆酰基、咖啡酰基或阿魏酰基残基)进行酰基化。上述这些基团的取代变化,导致天然存在的类黄酮达上万个。

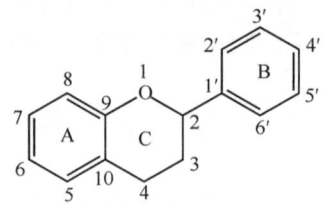

图 2-1　类黄酮化合物的基本化学结构

2.1.2　膳食类黄酮的来源与摄入水平

尽管类黄酮种类繁多,但人类通过膳食途径所摄入的类黄酮却很少,主要包括 3 种花青素[矢车菊素(cyanidin)、飞燕草素(delphinidin)、锦葵色素(malvidin)]、3 种黄烷-3-醇(儿茶素、表儿茶素和表没食子儿茶素)、3 个黄酮醇(槲皮素、山柰酚、杨梅素)、2 个黄烷酮(橙皮素、柚皮素)和 2 个黄酮衍生物(芹菜素、木犀草素)。在全球范围内,人类的膳食类黄酮最多来源于绿茶、红茶、红酒和可可/巧克力,水果和蔬菜则排在这些食品的后面。整体来讲,植物食品是人类类黄酮的主要膳食来源。

黄酮类化合物是类黄酮中最大的一类,是一类在 2 位带有苯基取代基的 4H-苯并吡喃-4-酮化合物。黄酮主要以 7-O-糖苷的形式存在,常见于草药、谷物、欧芹、胡萝卜、胡椒、芹菜、洋蓟、橄榄油、洋甘菊、薄荷和银杏中。白杨素、芹菜素和木犀草素是研究最多的黄酮类化合物。根据 Hollman 和 Arts(2000)估计,荷兰人群中黄酮醇和黄酮类的平均摄入量约为 23 mg/d,其中黄酮类仅占一小部分(约 7%)。

黄酮醇(即 3-羟基黄酮)是植物中含量最高的类黄酮。黄酮醇在 A 环的 5 位和 7 位具有羟基,主要包括槲皮素、高良姜素、山柰酚、杨梅素和漆黄素,以糖苷的形式广泛存在于蔬菜和水果中,如芦笋、洋葱、生菜、西蓝花、番茄、草莓和苹果等。此外,可可、巧克力、红茶和红酒也是黄酮醇的丰富来源。儿茶素和表儿茶素是水果中主要的黄烷-3-醇单体。据估计,丹麦的儿茶素平均摄入量为 20~50 mg/d(Dragsted et al.,1997),荷兰的 6 种主要儿茶素的摄入量约为 50 mg/d(Arts et al.,2001),而美国人群的平均摄入量为 57.7 mg/d(Gu et al.,2004)。

黄烷酮(即二氢黄酮)在 C 环的 2 位和 3 位之间没有不饱和双键。黄烷酮主要分布于柑橘类水果如柑橘、柠檬、葡萄柚等中，常见的有柚皮苷、柚皮素、橙皮苷、橙皮素、乔松素和圣草酚。其中，柚皮素和橙皮素作为主要的膳食黄烷酮，几乎只存在于柑橘类水果中。每升橙汁含有 200～600 mg 橙皮苷。研究数据表明，柑橘类黄烷酮的摄入量可能超过黄酮醇的摄入量。据估计，芬兰人群柚皮素和橙皮素的平均摄入量分别为 8.3 mg/d 和 28.3 mg/d（Kumpulainen and Salonen，1999）。

黄烷醇（即儿茶素或黄烷-3-醇）在 C 环的 4 位上有一个缺失的酮基。黄烷醇的亚类包括儿茶素、表儿茶素以及它们的没食子酸酯。黄烷醇的主要来源是葡萄（种子、果肉、茎和皮）、茶、葡萄酒、苹果、香蕉、梨和桃等。

异黄酮在结构上与其他类黄酮化合物显著不同，因为它们的 B 环连接在 C 环的 3 位。异黄酮是被归类为植物雌激素的黄酮类化合物，在植物界的分布非常有限。异黄酮是豆科植物的特征代谢产物，对豆类根瘤菌共生体的微生物信号转导和根瘤诱导发挥重要作用。常见的异黄酮为染料木素、大豆黄酮和黄豆黄素。在亚洲国家，发酵豆制品是传统饮食的一部分，这导致这些国家的平均膳食摄入量为 8～50 mg/d；在西方国家，异黄酮的膳食摄入量通常低于 1 mg/d（Mortensen et al.，2009）。

查耳酮（即 1,3-二苯基-2-丙烯-1-酮）是天然的开链黄酮类，是各种类黄酮的前体，广泛分布于豆科、桑科、姜科和大麻科植物中。另外，其他类黄酮（如花青素）分解时 C 环发生开环，就生成查耳酮。花青素是植物中最重要的色素物质，存在于许多水果和蔬菜中。目前已在植物中分离鉴定 650 多种花青素，母体分别为矢车菊素、飞燕草素、牵牛花色素（petunidin）、芍药花色素（peonidin）、锦葵色素（malvidin）和天竺葵色素（pelargonidin）（其结构特征见图 2-2），更大数量的花青素则是这六个花青素母体的各类衍生物（如糖基化、酰化的衍生物）。黑加仑、葡萄和浆果中花青素的含量很高，可以达到 2～6 g/kg。粗略计算估计，西方国家成年人对花青素的平均摄入量可能在 10 mg/d（Wallace and Giust，2013）。然而，根据国家、季节和饮食习惯，尤其是水果、浆果和红酒的消费差异性，花青素的平均摄入量应该存在很大的差异。估计美国人花青素平均摄入量为 12.5 mg/d（Wu et al.，2006）；在芬兰，由于浆果消费量较大，花青素摄入量高达 82.5 mg/d（Heinonen，2007）。

在重新关注类黄酮的健康作用后，人们开始关注其膳食摄入量。然而，正确计算类黄酮的膳食摄入水平是比较困难的。一方面，由于食品和饮料中类黄酮组成的多样性，很难获得准确的数据。另一方面，由于使用不同的非标准化分析方法，以及受品种、农艺和环境条件的影响，很难比较特定食物中的类黄酮含量。此外，食品加工和贮存可能涉及类黄酮的降解和结构转变，形成新的衍生物，改

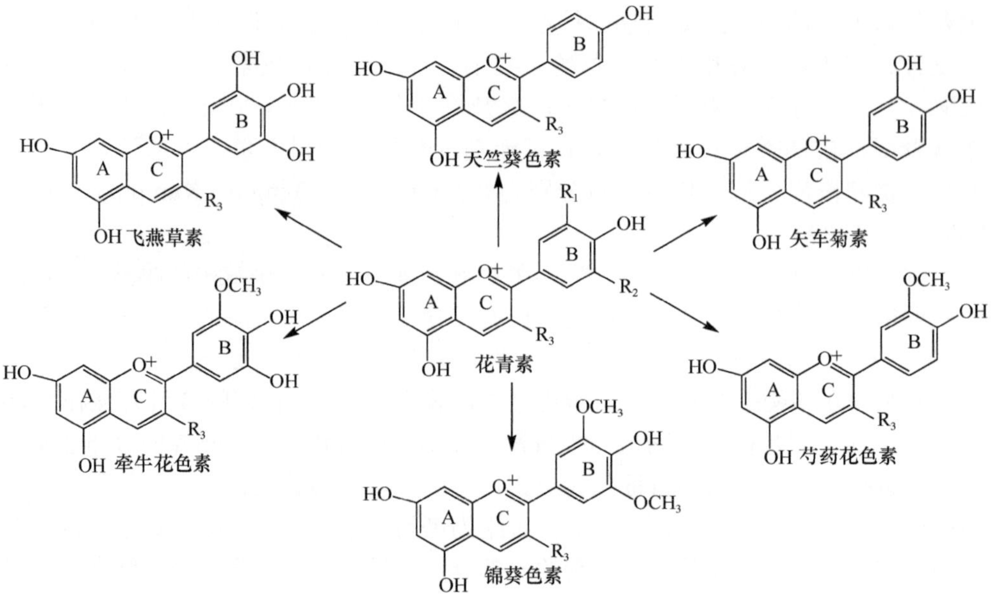

图 2-2　花青素的化学结构特征

变类黄酮的含量和组成特征。Kühnau（1976）首次估算了类黄酮的摄入量，计算出平均摄入量约为 1 g/d。而近年来对类黄酮摄入量的估计值则远低于这个水平（Fraga，2009）。所以，相比于常量的营养素如碳水化合物、脂类、蛋白质以及微量的营养素如维生素、矿物质，人类对类黄酮这一类物质的摄入水平还是很低的，应该属于微量水平。

2.1.3　类黄酮的一般化学性质

类黄酮因其具有芳香环、吡喃环或吡喃酮环，以及其他官能团如—OH，决定了其在化学性质上的若干特殊性（Belščak-Cvitanović et al.，2018）。现将几个重要类黄酮的性质简单地总结为以下 5 点。

（1）含有糖苷的类黄酮，经过酶和酸水解可以生成相应的苷元（aglycone）（或称为配基）和糖基。O-糖苷在稀酸作用下可少量水解，在糖苷酶的作用下也可以发生水解（如在消化道中就发生这样的水解）。通常，不含糖基的苷元的生物利用率会提高。

（2）类黄酮在水中溶解性很差，一般容易溶于甲醇、乙醇等中，也会因为是酚类物质而易溶于稀碱溶液。类黄酮溶液一般具有较浅的黄色，但是，在 A 环和 B 环上有邻位羟基存在时，类黄酮能够利用邻位二羟基与金属离子（铁、铝等）形成复合物，从而发生颜色的改变。类黄酮与这些金属离子的复合物一般呈蓝色。

(3) 花青素的 C 环结构不稳定，受酸碱度的影响大。在酸性条件下花青素为红色，在碱性条件下为蓝色（进一步转化为查耳酮变成浅黄色），在中性条件下转化为查耳酮结构而显示浅黄色。总体上，花青素在弱酸性条件下比较稳定。

(4) 类黄酮整体上化学性质不稳定，具有还原性，这是它们被看作是天然抗氧化剂的原因。但是，类黄酮容易被氧化为醌类物质，并且其氧化产物会进一步聚合形成大分子。碱性条件、高温等环境因素会加速类黄酮的降解，同时具有氧化性的金属离子如铁、铜等也会加速类黄酮降解。

(5) 类黄酮在剧烈变化的条件下可被分解成较小的化合物，如酚类、醛类、羧酸类等。

整体上看，类黄酮的化学稳定性一般。所以，在食品加工或贮存过程中类黄酮会发生变化，进而会影响它们的生物活性作用。要保护加工食品的健康功能，就必须降低食品加工贮存过程中健康成分的损失，这是一个需要高度关注的问题。

（本节撰写人　王　博）

2.2　多酚的抗氧化作用

作为多酚大家族中最重要的成员，类黄酮这一家族目前已经被鉴定出 4000 余个化合物，它们广泛地存在于谷物、水果、蔬菜、茶叶、可可和葡萄酒等植物食品中。作为重要的植物次级代谢产物，类黄酮具有独特的化学结构和若干重要的化学性质，并可以对机体产生众多的生物活性作用，如抗氧化、抗炎、抗菌、抗癌、抗动脉硬化、降血糖、保护神经系统等，详情可以参见 Quideau 等（2011）发表的综述和 Watson 等（2014）出版的专著。通常认为，类黄酮是许多植物性食品具有健康作用的重要原因之一。

2.2.1　抗氧化活性

类黄酮以及其他多酚之所以具有还原性（或抗氧化性）而被认为是天然抗氧化剂，与它们的化学结构直接相关。通常，多酚分子的苯环上拥有众多羟基（—OH）。由于苯环结构和酚羟基的存在，多酚具有较强的供电子能力，容易失去电子而具有还原性。多酚也可以给出一个质子，所形成的酚阴离子再失去一个电子和质子形成邻二醌化合物，从而产生还原性。多酚也能与具有氧化性的自由基直接作用，所产生的酚自由基可以继续与其他自由基作用而形成邻二醌化合物。此外，对于拥有邻位二羟基结构的多酚，它们还能够螯合一些金属离子（如 Fe^{3+}、

Fe^{2+}、Cu^{2+}等)。图 2-3 所示为这些多酚的性质。故此，多酚对氧、氧化剂敏感（尤其是温度较高时），容易被氧化。

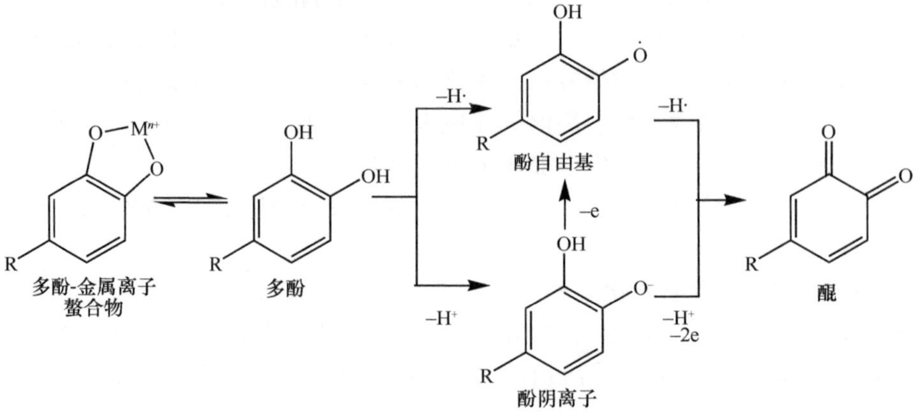

图 2-3　多酚的还原性和对金属离子的螯合作用

这里要着重指出的是，多酚之所以具有较好的抗氧化性质，还与酚自由基、酚阴离子能够形成所谓的共振结构有关。首先，酚自由基中氧自由基上的孤电子、酚阴离子中氧阴离子上的一对电子，均可以与苯环的大 π 电子云产生共振作用，从而给酚自由基和酚阴离子带来结构上的稳定性，助力于多酚产生还原性。其次，所形成的邻二醌是一类高活性的化学物质，易遭受外来具有亲核性质物质的进攻而在─C═O 处发生亲核反应，如蛋白质等就可以与醌类发生反应。最后，多酚中的酚羟基既是氢受体也是氢给体，在生物体内可以和各种大分子通过氢键产生相互作用，而多酚的苯环部分还可以与其他大分子的疏水基团或疏水区产生疏水相互作用。这样，依托氢键、疏水相互作用、范德瓦耳斯力等多种复杂的非共价相互作用，多酚与蛋白质之间就发生不可避免的非共价相互作用（图 2-4）。由此也可预料，天然食物中的多酚由于对氧/热的敏感、与大分子的相互作用等性质，它们的抗氧化能力可能受到食品加工处理（如热处理）、共存的其他成分等因素的影响。

目前，自由基学说是揭示机体衰老的一个机制。生命活动中多种生化反应都会产生中间代谢产物自由基，最常见自由基为活性氧（reactive oxygen species，ROS），此外还有活性氮。但这些自由基有着正常的清除途径，而机体中过多的自由基会导致氧化应激。机体中生成的各个 ROS，它们的清除机制和不良作用如图 2-5 所示。

由于自由基含有未配对的孤电子，因此具有极高的活性。当人体受到辐照、污染或过量饮酒等时，机体中会聚集过多的中间代谢产物自由基，动态自由基形

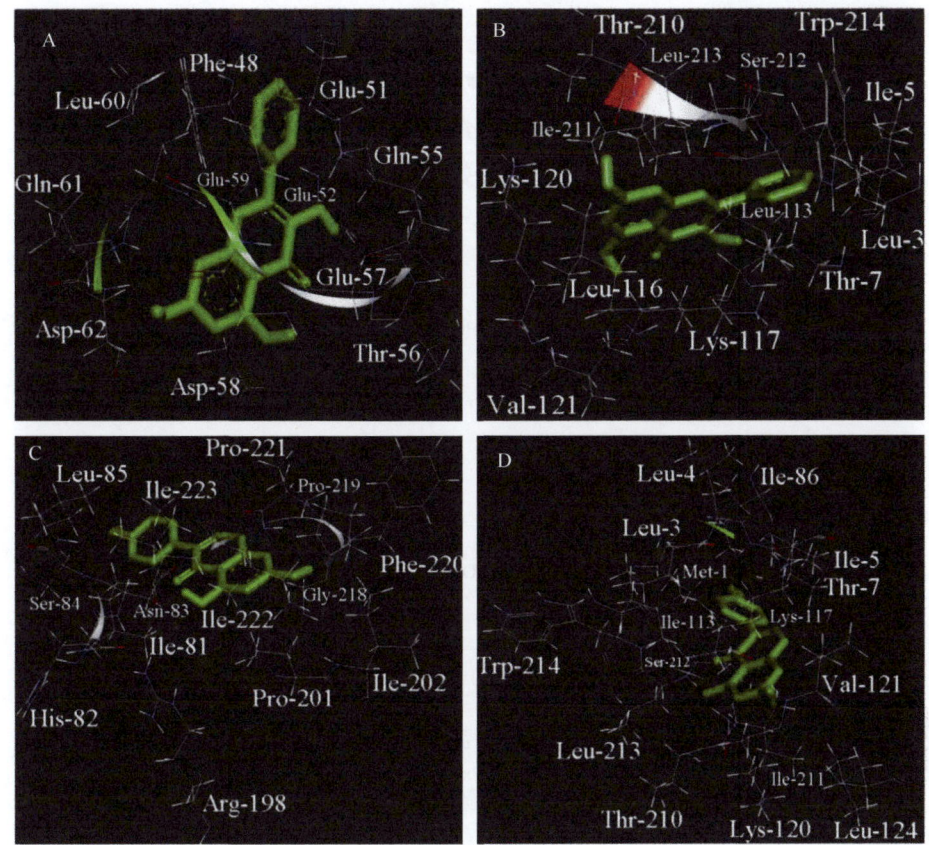

图 2-4 利用分子对接手段揭示的高良姜素（A、C）或染料木素（B、D）同 β-酪蛋白（A、B）或 αs1-酪蛋白（C、D）的非共价相互作用（马春敏，2021）

成-清除平衡被打破（图 2-6）；自由基通过攻击生命大分子物质（如蛋白质、DNA、脂类等）及各种细胞器，从而在分子、细胞和组织器官水平给机体带来多种损伤，加速机体的衰老进程并可能诱发许多疾病。基于这个考量，多酚作为食物中常见的抗氧化剂，它们能够与自由基反应，清除机体过多的自由基，维护自由基-抗氧化剂平衡。因此，一般认为多酚可能具有延缓衰老（或抗衰老）功能。但是，相关的研究工作结果并不一致，多酚的抗衰老作用仍然存在争议（Chaiwangyen et al.，2023；Cherniack，2016），在这里不做更多介绍和讨论。不过，多酚或类黄酮等物质的抗氧化活性和抗衰老作用之间的关联性，目前仍然是热点研究问题。

多酚的抗氧化性质现已得到广泛研究，并确定其抗氧化能力高低直接取决于多酚的化学结构。一般认为，多酚的抗氧化活性取决于它们清除自由基、提供氢

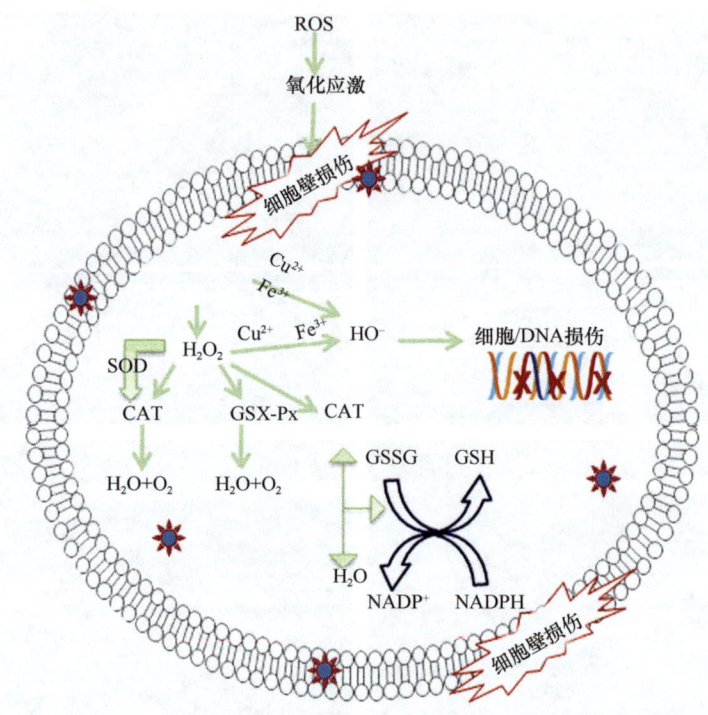

图 2-5　ROS 生成、清除途径以及其对细胞壁的破坏作用

SOD，超氧化物歧化酶；CAT，过氧化氢酶；GSH-Px，谷胱甘肽过氧化物酶；GSSG，氧化型谷胱甘肽；GSH，还原型谷胱甘肽；NADPH 或 NADP⁺，还原型或氧化型辅酶Ⅱ

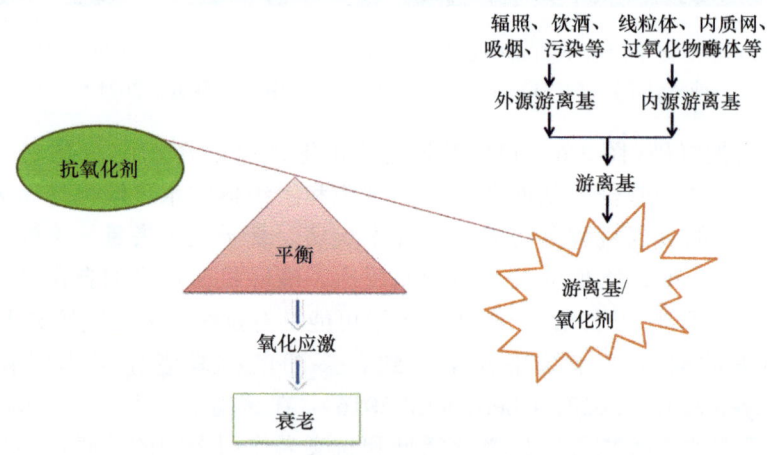

图 2-6　自由基和抗氧化剂的不平衡与机体衰老

原子或电子、螯合金属阳离子的能力。所以，多酚抗氧化性质的评估方法一般测定它们对自由基的清除能力和对 Fe^{3+} 的还原力。其中，1,1-二苯基-2-三硝基苯肼

（DPPH）自由基、2,2′-联氮-双-3-乙基苯并噻唑啉-6-磺酸（ABTS）自由基、ROS（羟自由基、超氧阴离子自由基）等是许多研究工作所关注的自由基。另外，也可以通过油脂氧化抑制试验、化学发光试验等方法评估多酚的抗氧化性能。整体上，分析手段完善、条件基本统一，数据或结论之间的可比性较好。过去的研究结果显示，黄酮和黄烷-3-醇对 ROS 的清除最好，而不含糖基多酚的抗氧化活性则与分子中存在的羟基数量相关（Nijveldt et al., 2001）。但是，也有研究表明：与槲皮素相比，杨梅素分子 B 环 C-5 位上存在羟基没有提高其抗氧化能力（Newman and Cragg, 2007; Soobrattee et al., 2005）。此外，在比较不同葡萄品种中酚类物质的体外抗氧化活性时，有研究者发现山柰酚对抗氧化活性的贡献较大，花青素含量高的样品其抗氧化活性也高（Lingua et al., 2016）。

对多酚抗氧化性的构效关系研究目前已经有一些结论性看法，其中酚羟基的数量和取代位置是重要影响因素。大致的构效关系情况是：①多酚 B 环的邻二羟基结构产生更高的活性，因为此结构下导致电子转移后分子具有更高的稳定性，或有利于分子对 Fe、Cu 等具有氧化性的金属离子进行螯合。②如果 B 环 3′、4′和 5′位置上有羟基，可以增强多酚的抗氧化活性。③C 环上 C-2 和 C-3 之间双键有 4-氧代基团，会增强对自由基的清除能力。④C 环的 C-2 和 C-3 之间的双键结合 3 位–OH，有利于提高对自由基的清除能力；反过来，如果取代 3 位–OH 则会导致分子共面性丧失，从而降低抗氧化活性。⑤B 环中甲氧基取代羟基，会改变氧化还原电位，从而影响多酚对自由基的清除能力。

也有研究工作总结多酚抗氧化性方面存在的构效关系，认为具有强抗氧化作用和自由基清除能力的多酚在结构上具有 3 个特征（Wolfe and Liu, 2008）：①B 环上有邻位羟基；②C 环的 4 位上有酮基，并在 2、3 位存在碳碳双键；③在 C-3 和 C-5 位置有羟基。

多酚在食品体系能够产生明显的抗氧化作用，所以在食品加工中有应用价值。例如，在肉制品、焙烤食品、饮料等中，多酚或富含多酚的植物提取物可以提高其抗氧化性、延缓脂质氧化、改善食品稳定性、延长保质期（López-Fernández et al., 2022; Efenberger-Szmechtyk et al., 2021; Marranzano et al., 2018），这里不再过多举例阐述。以苹果多酚为例，其在食品加工中的应用范围如图 2-7 所示。

此外，在细胞及动物模型中，多酚也被证实具有抗氧化活性。Yan 等（2020）曾系统地总结茶多酚或茶多酚单一成分对一些实验动物和细胞的抗氧化作用结果（表 2-1），其中 COLO-205 细胞、HCT-116 细胞和 SW-480 细胞均为人结肠癌细胞。同时，他们还综述了茶多酚发挥抗氧化作用时可能涉及的分子机制（图 2-8）。整体上看，茶多酚还是有抗氧化活性的。至于所涉及机制或信号通路详情，这里不再介绍。

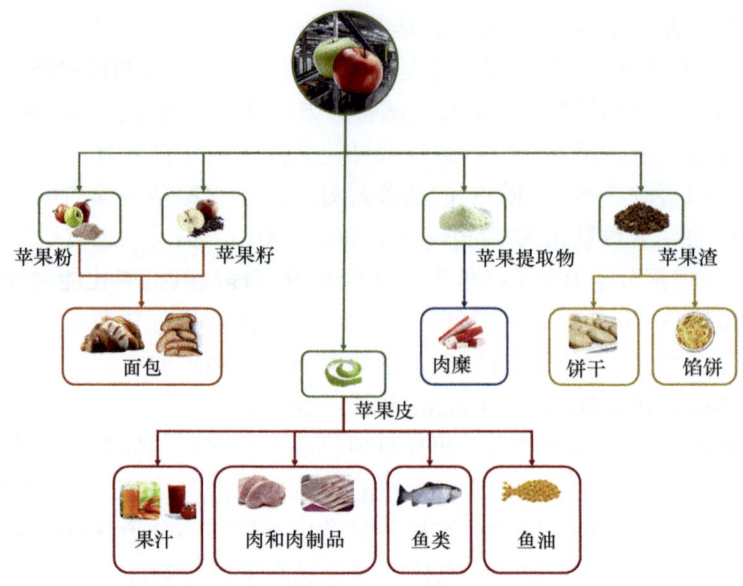

图 2-7 苹果多酚在食品中的潜在应用（López-Fernández et al.，2022）

表 2-1 茶多酚的抗氧化作用以及可能的机制（Yan et al.，2020）

化合物	试验材料	观察到的现象
表没食子儿茶素没食子酸酯	电磁辐照大鼠	过氧化氢酶↑，超氧化物歧化酶↑，谷胱甘肽过氧化物酶↑，丙二醛↓
茶多酚	硫唑嘌呤处理大鼠	过氧化氢酶↑，谷胱甘肽过氧化物酶↑
茶多酚	鼠伤寒沙门菌感染小鼠	过氧化氢酶↑，超氧化物歧化酶↑
表儿茶素	凋亡的 PC12 细胞	MAPK 信号通路↑，抗氧化相关基因↑
茶多酚	COLO-205 细胞	脂质过氧化↓
茶多酚	HCT-116 细胞和 SW-480 细胞	细胞增殖↓，氧化应激↓
茶多酚	原代羊肝细胞	细胞增殖↑，细胞膜完整性↑，抗氧化酶↑

注：符号↑和符号↓分别代表增加和降低

Bao 等（2021）利用 Caco-2 细胞模型研究红枣多酚发酵后的抗氧化作用，模型组细胞暴露于氨基甲酸乙酯（EC）后产生氧化应激，模型组细胞的 ROS 水平升高；但是，模型组细胞同时用 EC 和红枣多酚样品处理时，分析结果显示细胞的 ROS 水平相应降低（图 2-9），表明红枣多酚有能力缓解 EC 诱发的氧化应激，显示了红枣多酚的抗氧化作用。

整体上对多酚或类黄酮抗氧化性能的评估，大多数情况下是基于生化分析结果的比较，可是近期利用动物、细胞手段的研究工作增多，这里不再过多地介绍相关结果或结论。未来是否进一步利用细胞、动物模型来界定不同结构多酚的抗

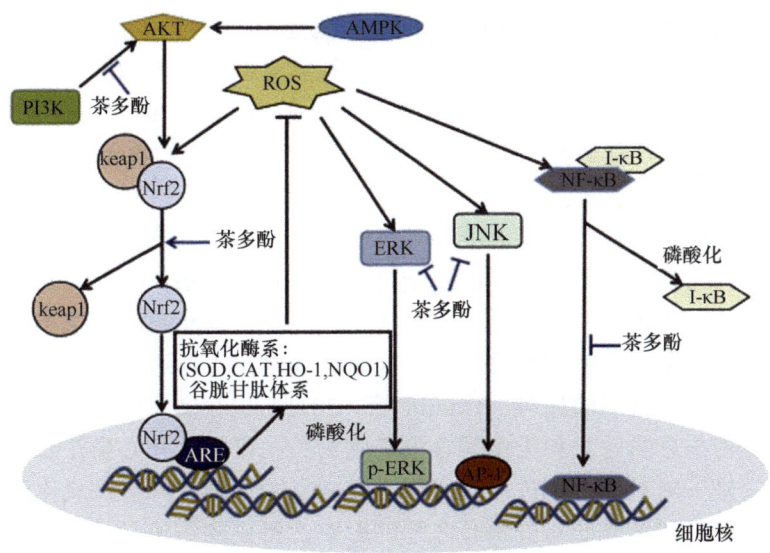

图 2-8　茶多酚抗氧化作用涉及的主要细胞途径（Yan et al.，2020）

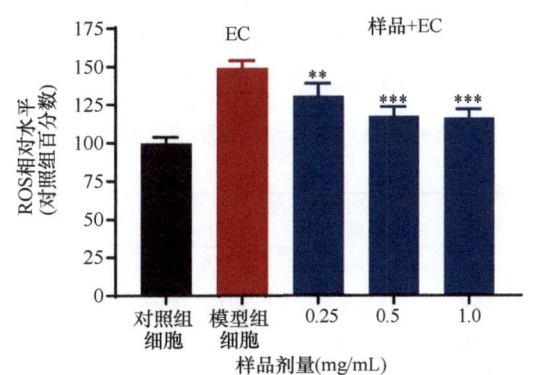

图 2-9　红枣多酚在 Caco-2 细胞中的抗氧化作用（Bao et al.，2021）
，与 EC 组相比 $P<0.01$；*，与 EC 组相比 $P<0.001$

氧化活性，则有待于相关技术手段的完善和标准化，这样可提高不同研究工作结果之间的可比性。

2.2.2　食品加工等对抗氧化活性的影响

因为多酚或类黄酮具有还原性，所以它们的化学稳定性较差，常见的食品加工处理，如热处理（灭菌、烹饪等）及贮存过程，都会导致它们降解，从而影响食物及食品成品中类黄酮水平。尤其要关注食品热加工（以及所采用的温度）对多酚或类黄酮的影响（de Beer et al.，2023）。例如，在蜂蜜加工过程中，通常要实施45～55℃的预热处理，以便于后来的过滤处理。可是，分析结果显示，仅这一预热处理就降低了蜂蜜中的酚类含量，包括常见的类黄酮如芦丁、槲皮素、高良姜素和山奈酚（Wu et al.，2022）。同样，Escriche 等（2014）的研究结果也证实，热处理会降低几种蜂蜜中高良姜素、山奈酚和杨梅素的含量。又如，de Paepe 等（2014）采用不同温度加热处理苹果汁，结果发现苹果汁中39种酚类化合物均表现出不同程度的降解，且高温下酚类降解速率大于低温下的酚类降解速率。此外，食品贮存条件也会影响多酚的稳定性。Odriozola-Serrano 等（2008）的研究结果表明，相比90℃的加热处理，高电压脉冲电场处理草莓汁对类黄酮含量的影响较小；他们还发现，鲜切草莓贮存于高氧环境时，不可避免的空气氧化，导致其抗氧化性呈逐渐减弱的趋势。Tsantili 等（2011）也在文章中报道，成熟开心果的抗氧化能力与总酚含量和类黄酮含量高度相关；可是，开心果在贮存过程中类黄酮总含量呈下降趋势；不过，采用低温或充氮贮存则会降低抗氧化活性损失。Sun 等（2017）研究光照对红薯叶多酚的影响，得到的结论是长时间光照导致红薯叶多酚抗氧化活性显著下降；此外，他们还发现100℃、90 min 的加热处理也会显著降低红薯叶多酚的抗氧化活性。Wang 等（2009）的研究结果则表明，蓝莓经过 4.3 kJ/m^2 的紫外辐照，其中的多酚和类黄酮的含量减少，并且辐照时间越长含量下降越多（表2-2），同时蓝莓的抗氧化活性也降低。

表2-2 蓝莓在20℃时紫外辐照对酚类和类黄酮含量的影响（Wang et al.，2009）

（单位：μg/g 鲜重）

辐照时间	绿原酸	白藜芦醇	杨梅素-3-阿拉伯糖苷	槲皮素-3-半乳糖苷	槲皮素-3-葡萄糖苷	山奈酚-3-葡萄糖苷	山奈酚-3-葡萄糖醛酸苷
0 h	45.1	17.4	16.7	181.9	83.4	3.9	32.3
1 h	44.6	16.4	14.6	171.1	78.9	2.6	28.6
3 h	42.1	16.9	12.2	152.7	71.5	2.3	26.8
5 h	42.8	15.2	10.8	134.6	63.6	2.2	25.1
9 h	41.7	13.8	9.2	117.9	60.2	2.1	24.9
24 h	40.8	13.2	8.7	109.4	57.1	2.3	25.7

注：绿原酸、白藜芦醇、杨梅素糖苷、槲皮素糖苷、山奈酚糖苷等分别以绿原酸当量、反式-白藜芦醇当量、杨梅素当量、槲皮素当量、山奈酚当量计算

总的来说，目前已经获得大量的研究结果，能够确认食品的加工和贮存过程会影响食品中多酚或类黄酮的存在，进而影响它们的抗氧化性能。故此，食品加工贮存后多酚或类黄酮的抗氧化性质一般有所降低。基于这个考量，食品（尤其是植物食品）的过度热处理，势必造成过多的多酚或类黄酮降解，从而减弱食品内在的健康功能，值得我们高度关注。更为现实的是，我国大多数地区盛行茶文化，茶多酚被认为是茶叶中的重要植物化学成分，但是传统意义上的绿茶、白茶和红茶三者的加工工艺明显不同，所以其健康作用可能有差异。例如，Ojo 等

(2007)的动物实验结果显示,绿茶提取物比红茶提取物有更好的抗氧化作用;Zhu 等(2009)也发现在海豹油中绿茶提取物比红茶提取物有更好的抗氧化效果。绿茶、白茶和红茶三者之中,究竟谁具有更好的健康作用,现有的研究结果仍然不一致,还需要进一步地研究、界定方可回答这一问题。

从化学反应动力学的角度来看,多酚或类黄酮在热处理下的降解被认为是一个一级反应(Khuwijitjaru et al.,2014)。Turturică 等(2016)研究李子提取物中的多酚降解,确认这一降解符合一级反应动力学模型,并且高温下降解速率常数增大、多酚降解加快。相关研究还发现,巨果杧(*Mangifera pajang*)副产物具有抗氧化性质,并且提取物溶液在 25～80℃下的降解也符合一级反应动力学模型(Ling et al.,2021)。Henríquez 等(2014)在研究苹果皮副产物干燥时,发现多酚的降解很好地符合一级反应动力学模型,并且在 110～140℃下多酚的降解速率常数从 0.001 s^{-1} 增加至 0.0059 s^{-1},从理论上证实高温干燥会带来更多的多酚损失。Bolea 等(2016)以紫米为对象,研究其中生物活性物质的热降解动力学。他们分别以紫米提取物中总酚含量、总花青素含量和总类黄酮含量为考察指标,分析结果证实,这些指标的变化依然符合一级反应动力学模型,并且温度升高导致降解速率常数数值变大。van der Sluis 等(2005)研究 80℃贮存 4 d 的苹果汁中酚类物质的降解,发现多酚对热敏感,而像绿原酸等单酚物质的热稳定性较好;贮存后苹果汁的抗氧化活性降低 20%～40%;同时,他们还测定了若干多酚物质的降解动力学常数。目前,许多研究者已经测定出某些多酚或类黄酮的降解动力学常数,具体数据可参见 de Beer 等(2023)的文献综述或其他人的研究报告。

利用简单体系模拟试验,笔者和合作者也测定过 2 个类黄酮(槲皮素和漆黄素)的热降解动力学,并确定温度、pH 和共存蛋白质等对槲皮素和漆黄素稳定性潜在的影响(Wang and Zhao,2016)。我们的研究结果证明,槲皮素和漆黄素在水中被加热后,其降解为一级反应,其降解速率常数随温度和 pH 的升高而增大(表 2-3),而且漆黄素稳定性较好、降解速率常数较小。我们的研究还发现,共存的蛋白质如酪蛋白、乳清分离蛋白、牛血清白蛋白均可以提高槲皮素和漆黄素的热稳定性,导致降解速率常数的数值变小。共存蛋白质对槲皮素和漆黄素的稳定作用,可能和这些蛋白质与槲皮素和漆黄素发生非共价相互作用有关。此外,由于十二烷基硫酸钠(SDS)能够破坏蛋白质和类黄酮之间的疏水相互作用,研究结果进一步显示,在 SDS 和酪蛋白存在下槲皮素和漆黄素的降解速率常数随之增大,表明酪蛋白对槲皮素和漆黄素的稳定作用降低,这也从另外一个角度反证疏水相互作用对酪蛋白与槲皮素(或漆黄素)相互作用的重要性。Zhang 等(2022b)的研究工作也给出相似的结论,因为他们的分析结果也显示 β-乳球蛋白能够提高槲皮素等 3 个酚类物质的热稳定性。此外,笔者和合作者的研究结果还确认金属离子,如 Fe^{2+}、Cu^{2+} 可以显著增加杨梅素、槲皮素、芹菜素、木犀草素等类黄酮的降解速率常数,尤其是在较高温度条件下(刘宛宁,2019)。这表明具有氧化性的金属离子对类黄酮稳定性的不良作用。因此,在具体的食品体系中,多酚或类黄酮的降解会受到加热温度、时间、酸碱度、金属离子等常见条件因素的影响。此外,其他食品成分也可能有相应的影响作用,从而不能被忽视。

表 2-3 温度和 pH 对溶液中漆黄素和槲皮素降解速率常数的影响(Wang and Zhao, 2016)

溶液条件			降解速率常数(h^{-1})	
温度(℃)	pH	蛋白质	槲皮素	漆黄素
37	6.0	无	$(8.30±0.45)×10^{-2}$	$(2.81±0.14)×10^{-2}$
37	6.8	无	$(7.99±0.32)×10^{-2}$	$(3.58±0.11)×10^{-2}$
37	7.5	无	0.375±0.008	0.202±0.014
50	6.8	无	0.245±0.011	0.124±0.002
65	6.8	无	1.42±0.10	0.49±0.01
37	6.8	0.05 g/L 酪蛋白	$(7.42±0.20)×10^{-2}$	$(2.49±0.20)×10^{-2}$
37	6.8	0.1 g/L 酪蛋白	$(5.36±0.29)×10^{-2}$	$(2.37±0.06)×10^{-2}$
37	6.8	0.2 g/L 酪蛋白	$(3.80±0.10)×10^{-2}$	$(1.76±0.02)×10^{-2}$
37	6.8	0.1 g/L 酪蛋白+1 g/L SDS	$(7.21±0.33)×10^{-2}$	$(2.73±0.10)×10^{-2}$
37	6.8	0.1 g/L 乳清分离蛋白	$(5.97±0.03)×10^{-2}$	$(2.98±0.03)×10^{-2}$
37	6.8	0.1 g/L 牛血清白蛋白	$(4.57±0.12)×10^{-2}$	$(2.27±0.06)×10^{-2}$

值得注意的是,蛋白质与多酚或类黄酮之间的非共价相互作用会降低多酚或类黄酮的抗氧化性质。例如,原花青素和二氢杨梅素与 β-乳球蛋白相互作用后,分析结果显示其对 ABTS 自由基的清除能力降低,并且被认为这一降低是 β-乳球蛋白对原花青素和二氢杨梅素的羟基产生遮盖作用而导致的(Ren et al., 2022)。理论上,这一相互作用导致部分多酚结合到蛋白质分子中的相关位点,使得多酚反应活性降低,因此多酚的抗氧化性能随之降低。不过,从蛋白质的角度来看,蛋白质与多酚或类黄酮之间的相互作用却能提高蛋白质的抗氧化活性,因为多酚的抗氧化活性通常要远远地高于蛋白质(Watson et al., 2014)。

食品在进入机体的消化系统后被摄入的多酚有 5%~10%被小肠吸收,未吸收的多酚最终进入结肠。多酚在经历胃肠道消化过程后其抗氧化活性是否变化是一个重要的科学问题,从而有研究者展开了相关的研究工作。Corona 等(2017)的研究结果表明,模拟胃肠消化和大肠发酵将显著降低褐藻多酚提取物的总酚含量以及其抗氧化性。Correa-Betanzo 等(2014)的研究结果也证实,蓝莓多酚的小肠消化会降低多酚和花青素含量,同时也减弱抗氧化活性。不过,Gowd 等(2018)

得到了相反的研究结论，因为他们发现黑莓多酚经过胃肠消化和大肠微生物发酵后抗氧化活性增加。所以，多酚物质在体内消化、发酵后其抗氧化活性如何，还需要更多研究工作来确认。这个问题对多酚的肠道健康作用也十分重要。

（本节撰稿人　赵新淮）

2.3　多酚的抗结直肠癌作用

动物模型研究工作结果证实，与卡铂（carboplatin）、紫杉醇（paclitaxel）和表鬼臼毒素（epipodophyllotoxin）等化疗药物相比，多酚尤其是类黄酮也可抑制各种形式肿瘤的进展，如肺癌、口腔癌、胃癌、结肠癌、皮肤癌、前列腺癌和乳腺癌等。多酚或类黄酮的分子较小，不会刺激免疫系统，可以通过多种途径产生抗癌活性作用，如抑制前致癌原形成癌细胞、抑制细胞增殖、诱导细胞凋亡、阻断细胞间通信信号、破坏或清除肿瘤细胞等。笔者等在研究工作中发现，3 个黄酮白杨黄素、芹菜素和木犀草素以及 4 个黄酮醇高良姜素、山柰酚、桑色素和杨梅酮，均具有抗结直肠活性作用，在所采用的模型细胞（HCT-116 细胞）中，这些类黄酮呈现出对细胞的增殖抑制作用，可导致细胞线粒体膜电位（mitochondrial membrane potential，MMP）降低，诱发细胞产生高水平的 ROS，诱导 Ca^{2+} 从内质网释放而导致细胞内 Ca^{2+} 浓度升高，进而诱导其发生凋亡（王博，2017）。我们的研究结果还证实，这些类黄酮是通过诱导内质网应激，触发 ROS 介导的内源性和外源性细胞凋亡通路（王博，2017）。此外，我们其他的研究结果还证实，采用乙醇得到的桑葚果提取物富含多酚及类黄酮，对 HCT-116 细胞也具有相似的活性作用，包括提升 ROS 和细胞内 Ca^{2+} 浓度水平、降低 MMP、抑制细胞增殖（崔文思，2020）。整体上，国内外许多科学家关注多酚或类黄酮的肠道健康作用，对它们的抗结直肠癌活性作用进行了充分的研究，所获得的研究结果有力地支持多酚和类黄酮的抗癌活性作用（Esmeeta et al.，2022；Long et al.，2021）。

2.3.1　多酚的抗结直肠癌活性作用

通常，多酚或类黄酮的抗结直肠癌活性作用是通过以下 10 个不同方面来体现的。

2.3.1.1　抑制肿瘤细胞增殖

细胞增殖是生物体的一个重要生命特征。确定生物活性物质对细胞的增殖抑制作用或者是毒性作用，是研究这些活性物质的一个最基本的评估。已经发现一些化学物质对结直肠癌细胞存在强烈的增殖抑制作用,因而被开发为化疗用药物。目前,5-氟尿嘧啶(5-FU)或 5-FU 加奥沙利铂(FOLFOX)是结直肠癌化疗所采用的药物,但副作用明显,容易产生不良反应,导致肿瘤细胞存活(化疗存活细胞),从而有可能导致癌症复发。此外,许多多酚或类黄酮也被证明对结直肠癌细胞存在增殖抑制作用,甚至可以与化疗药物联用来加强化疗药物的作用效果。

例如,有研究表明 FOLFOX 与姜黄素联合作用 48 h,可显著降低人结肠癌 HCT-116 细胞和 HT-29 细胞的细胞活力,同时伴随着胰岛素样生长因子-1 受体(IGF-1R)的显著激活(Patel et al., 2010)。原花青素是类黄酮中的一个亚类,肉桂单宁 B-1(CTB-1)是一种原花青素,具有抗多种癌症的活性。Carriere 等(2017)的研究结果发现,CTB-1 以时间和剂量依赖的方式显著降低人结肠癌 DLD-1 细胞和 COLO-201 细胞的细胞活力,还可通过调节细胞凋亡和细胞周期进展关键分子的表达和/或磷酸化,抑制细胞增殖。在 HT-29 细胞中,芹菜素也具有抗癌活性作用,可以以剂量和时间依赖的方式抑制细胞生长,引起 DNA 断裂,并增加胱天蛋白酶-3(caspase)(晚期细胞凋亡,效应子)和 caspase-8(早期细胞凋亡,启动子)的 mRNA 表达水平(Turktekin et al., 2011)。Schneider 等(2000)的研究结果表明,在人结肠癌 Caco-2 细胞模型中,来自葡萄中的白藜芦醇在 25 mmol/L 的剂量水平下就会产生 70%的细胞抑制作用,并会诱导细胞周期停滞。Fuel 等(2021)分别利用乙醇来提取辣木、块茎旱金莲和毛叶番荔枝中的多酚物质,发现提取物对三株结肠癌细胞(T-84 细胞、HCT-15 细胞、SW-480 细胞)均具有抑制作用,但是活性不等,半数抑制浓度(IC_{50})值相差近 4 倍(表 2-4)。

表 2-4 不同植物提取物对结肠癌细胞的抗增殖作用(Fuel et al., 2021)

(单位: mg/L)

提取物来源	IC_{50} 值		
	T-84	HCT-15	SW-480
辣木	33.3	24.6	19.8
块茎旱金莲	84.4	41.4	43.7
毛叶番荔枝	23.2	30.9	33.0

槲皮素是一个典型的类黄酮,它广泛存在于各类植物性食品中。槲皮素也被众多的研究工作确认具有抗癌活性,尤其是对结直肠癌具有活性作用。Tezerji 等(2022)的研究结果发现,SD 大鼠用偶氮甲烷(AOM,一个结肠致癌物质)诱发癌变时,10 mg/kg 的槲皮素可以减少细胞形态变化,同时还可以下调 β-联蛋白(β-catenin)和 Bcl-2 的表达,但是上调 caspase-3 的表达。Bhatiya 等(2023)的研究结果也显示,0.05~0.20 mmol/L 的槲皮素基本不影响正常上皮细胞 L-132 的形态,但是却明显影响了三株结肠癌细胞(HCT-116 细胞、COLO-320 细胞和

COLO-205 细胞）的细胞形态，尤其是 COLO-320 细胞和 COLO-205 出现核皱缩，呈核断裂（图 2-10）。此外，槲皮素还可以按照剂量依赖的方式，对 HCT-116 细胞、COLO-320 细胞和 COLO-205 细胞产生增殖抑制作用（图 2-11）。

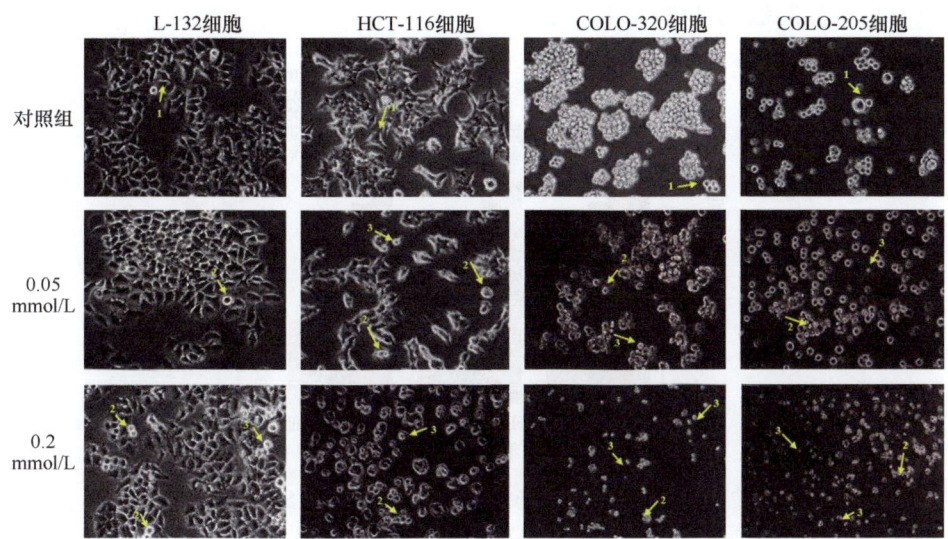

图 2-10　槲皮素对 L-132 细胞、HCT-116 细胞、COLO-320 细胞和 COLO-205 细胞形态学的影响（Bhatiya et al.，2023）

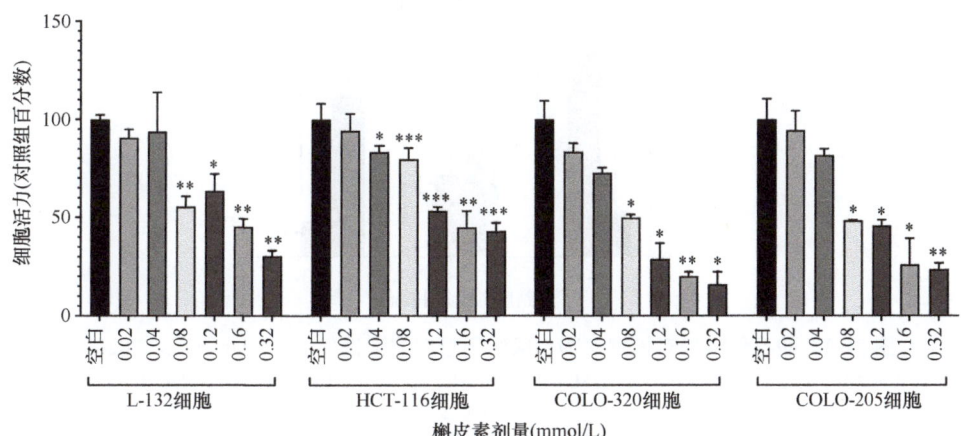

图 2-11　槲皮素对 HCT-116 细胞、COLO-320 细胞和 COLO-205 细胞的增殖抑制作用（Bhatiya et al.，2023）

*，$P<0.05$；**，$P<0.01$；***，$P<0.001$，后同

Shan 等（2020）在研究酸枣仁多酚的抗癌活性时发现，它对人结肠癌 HCT-116 细胞、HCT-8 细胞和 HCT-8FU 细胞均具有增殖抑制作用（图 2-12），IC_{50} 值分别约为 128 mg/L、209 mg/L 和 266 mg/L。此外，他们还发现在模型动物（雄性

C57BL/6J 小鼠）体内，酸枣仁多酚可以显著减少偶氮甲烷（AOM）/葡聚糖硫酸钠（dextran sulfate sodium，DSS）诱发的结肠息肉，尤其是那些尺寸大于 2 mm 的息肉组织（图 2-13）。因此，这一研究工作从体外、体内两个角度揭示酸枣仁多酚具有抗结直肠癌的活性作用。

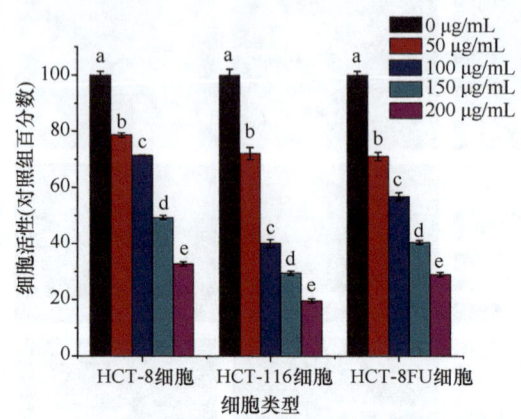

图 2-12　酸枣仁多酚对三株结肠癌细胞的抑制作用（Shan et al.，2020）

柱上英文小写字母不同，表明数据间具有显著性差异（$P < 0.05$），后同

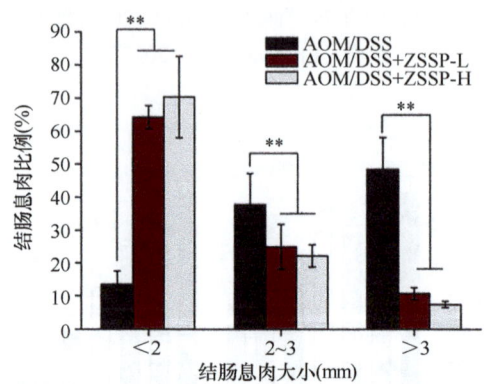

图 2-13　酸枣仁多酚对模型动物小鼠结肠息肉的活性作用（Shan et al.，2020）

AOM，偶氮甲烷；DSS，葡聚糖硫酸钠；ZSSP-L 和 ZSSP-H，低剂量（100 mg/kg 体重）和高剂量（200 mg/kg 体重）酸枣仁多酚

整体上，众多的文献资料均显示，多酚或类黄酮对各种结直肠癌细胞能够产生体外抑制作用，在动物体内也可以印证多酚或类黄酮的这一抗癌活性作用。这里不再过多地举例阐明多酚或类黄酮对肠道肿瘤细胞增殖的抑制作用。

2.3.1.2　诱导细胞周期停滞

细胞周期蛋白依赖性激酶（CDK）也称为丝氨酸/苏氨酸激酶，它调节细胞过程，如转录、mRNA 加工和神经元分化等。在 CDK 激性激酶（CAK）存在下，细胞周期蛋白通过磷酸化激活 CDK。CDK4 与细胞周期蛋白 D 的复合物调节 G_1 期进程和 G_1/S 期转化，而 CDK2 与细胞周期蛋白 A 的复合物调节 S 期进程，CDK-1 细胞周期蛋白 A 和 CDK-1 细胞周期蛋白-B 的复合物则调节 G_2/M 期转化。所以，这些激酶的上调有助于肿瘤发展。相反，抑制这些激酶的活性可导致细胞周期停滞并导致细胞死亡。

山奈酚是一种存在于茶、苹果等中的类黄酮。Cho 和 Park（2013）的研究工作发现，山奈酚以剂量依赖的方式降低 HT-29 细胞的细胞活力。同时，山奈酚作用细胞 6 h 后细胞周期停滞在 G_1 期，山奈酚作用细胞 12 h 后细胞周期停滞在 G_2/M 期。此外，他们确认山奈酚抑制 CDK2 和 CDK4 的活性，下调 CDK2、CDK4、周期蛋白 D1、周期蛋白 E 和周期蛋白 A 的表达，降低 CDC25C、CDC2 和细胞周期蛋白 B1 的水平，以及 CDC2 的活性（Cho and Park，2013）。这些结果均说明山奈酚是通过抑制 CDK2、CDK4 和 CDC2 的活性，诱导 HT-29 细胞发生 G_1 期和 G_2/M 期的细胞周期阻滞。漆黄素是一种存在于蔬菜、水果和葡萄酒中的黄酮醇。有研究结果表明，漆黄素作用 HT-29 细胞 8 h 后细胞从 G_1 期向 S 期的周期进程出现紊乱，漆黄素作用细胞 24 h 出现 G_2/M 期阻滞。同时，漆黄素降低细胞中 CDK2 和 CDK4 的活性，表明漆黄素是通过改变 CDK 活性来抑制 HT-29 细胞周期（Lu et al.，2005）。另外，低剂量的类黄酮包括芹菜素、刺槐黄素、白杨素等处理 SW-480 细胞 48 h 后，导致细胞周期以剂量依赖性方式停滞在 G_2/M 期，而柚皮素等对细胞周期的影响作用不明显。同时，这些化合物对 Caco-2 细胞的细胞周期进程也没有显著的影响（图 2-14）（Wang et al.，2004）。

对于 HCT-116 细胞，姜黄素可以诱发 DNA 损伤，同时还可以将细胞周期停滞在 S 期和 G_2/M 期（Lu et al.，2011）。在 Caco-2 细胞和 HCT-116 细胞中，白藜芦醇则诱发 S 期细胞周期停滞（Wolter et al.，2001）。我们的研究结果也证实（王博，2017），白杨黄素、芹菜素和木犀草素可以诱导 HCT-116 细胞发生 G_0/G_1 细胞周期停滞，分析结果如图 2-15 所示。此外，来自食用菌桑黄的多酚也被证明可以将 HCT-116 细胞的循环周期停滞在 S 期（Liu et al.，2023）。故此，多酚或类黄酮有能力诱导肿瘤细胞发生周期停滞，干扰细胞的循环周期进程，从而抑制肿瘤细胞的增殖。

2.3.1.3　影响线粒体膜电位

线粒体是细胞能量和新陈代谢的调节者，对维持细胞生长和存活至关重要。线粒体的核心功能是通过氧化磷酸化合成腺苷三磷酸（ATP），而 ATP 的产生与线粒体膜电位（MMP）有关的。正常情况下，线粒体内膜电位较高，保持在负电位；而外膜电位较低，保持在正电位。一旦某些因素导致线粒体呼吸链电子传递过程出现障碍，就会导致 MMP 下降（即去极化）。所以，MMP 下降与细胞自噬、细胞凋亡或坏死等有关（Zorova et al.，2018）。

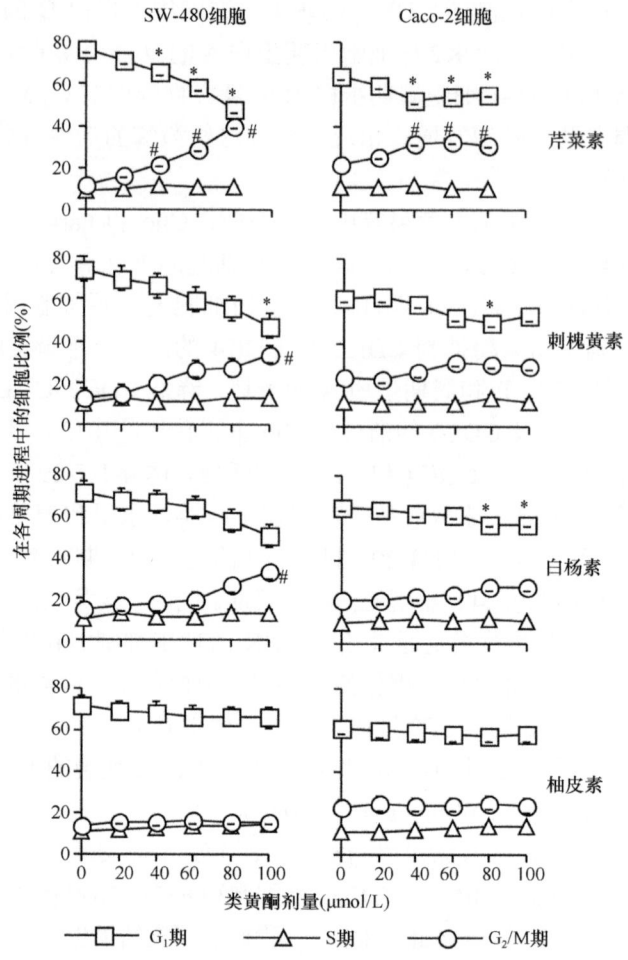

图 2-14 芹菜素、刺槐黄素、白杨素和柚皮素对 SW-480 细胞和 Caco-2 细胞的细胞周期进程的影响（Wang et al., 2004）

*，与对照组细胞 G_1 期相比 $P < 0.05$；#，与对照组细胞 G_2/M 期相比 $P < 0.05$

我们的研究结果证明，高良姜素、山柰酚、桑色素和杨梅素等在抑制 HCT-116 细胞增殖时，还可以降低 MMP 并诱导细胞凋亡（王博，2017）。对于另外一个多酚物质条叶蓟素（cirsiliol），它可抑制 HCT-116 细胞和 SW-480 细胞活力以及细胞集群形成能力，此外还可以通过抑制线粒体自噬蛋白（包括 PINK1、Parkin、BNIP3 和 FUNDC1）水平来降低 MMP（Jiang et al., 2022）。对于根皮素（phloretin），它不仅能够抑制 HCT-116 细胞和 SW-480 细胞的增殖、诱发 G_2/M 期细胞周期停滞，以及提升 ROS 水平，还能导致 MMP 的去极化（Kapoor and Padwad, 2023）。此外，Jilani 等（2020）在研究不同植物食品（绿茶、红茶、橄榄叶）多酚对 Caco-2

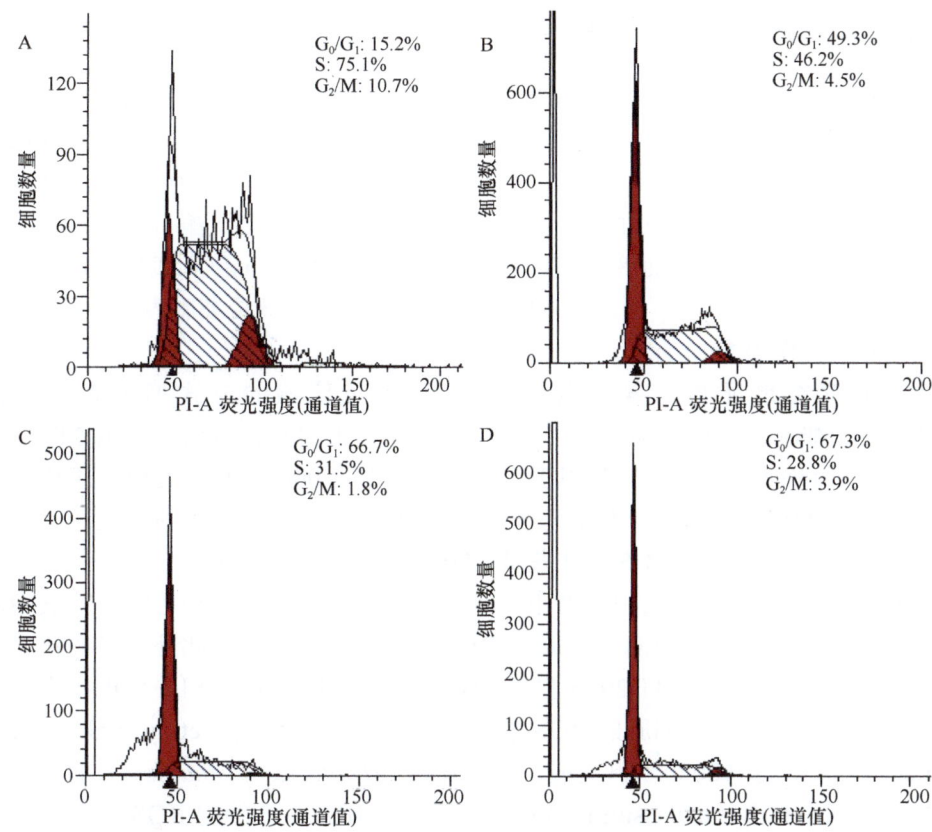

图 2-15　类黄酮对 HCT-116 细胞的细胞周期循环干扰作用（王博，2017）

A，0.1% 二甲基亚砜（DMSO）处理的细胞；B～D，分别用 160 μmol/L 白杨素、芹菜素和木犀草素处理的细胞。PI-A，碘化丙啶荧光信号强度（积分面积）

细胞的活性作用时，发现所研究的提取物对细胞有增殖抑制作用，并且可以降低细胞的 MMP，相应的数值（$\Delta\psi_m$）变小。表 2-5 所示数据比较清楚地表明，绿茶多酚对 MMP 的活性作用要明显地高于红茶多酚。同样地，另外一项研究结果证明，在 SW-480 细胞和 HL-60 细胞中，白藜芦醇的衍生物也被证明可以破坏细胞的 MMP，导致细胞色素 c 释放，激活 caspase-9 并最终诱导细胞凋亡（Ito et al.，2003）。

表 2-5　绿茶、红茶、橄榄叶提取物中的多酚对 Caco-2 细胞 MMP 的影响（Jilani et al.，2020）

细胞组	$\Delta\psi_m$（%）	
	细胞处理 2 h	细胞处理 24 h
对照	7.40	3.75
绿茶多酚（4 倍稀释）	2.49	2.79
红茶多酚（2 倍稀释）	6.60	3.72
橄榄叶多酚（2 倍稀释）	3.85	2.28

2.3.1.4 影响细胞 ROS 水平

ROS 在正常生理活动中很重要,细胞在代谢过程中持续产生和消除 ROS。但是,ROS 累积可引起衰老和多种细胞死亡。在氧化应激条件下,过量产生的 ROS 会破坏细胞蛋白质、脂质和 DNA,导致细胞损伤,进而涉及多种病理,如衰老、癌症、神经退行性疾病、心血管疾病、糖尿病等。多酚或类黄酮可以有效提升肿瘤细胞中的 ROS 水平,而细胞凋亡的死亡受体途径 Fas-FasL 和线粒体途径在很大程度上都依赖于 ROS。所以,多酚或类黄酮可以通过调控细胞内 ROS 水平来发挥抗癌活性作用。

有研究结果证实,姜黄素会以时间-剂量依赖的方式抑制人结肠癌 COLO-205 细胞的增殖,同时还可以诱导 ROS 产生和 Ca^{2+} 外流、降低 MMP 水平、激活 caspase-3,从而诱导细胞凋亡(Su et al.,2006)。我们的研究工作结果显示,HCT-116 细胞暴露于剂量为 160 μmol/L 高良姜素、山柰酚、桑色素和杨梅酮 24 h 以后,细胞内 ROS 水平提高 200% 以上(王博,2017)。Fuel 等(2021)的研究也发现,在 T-84 细胞模型中,来自辣木、块茎旱金莲和毛叶番荔枝中的乙醇提取物,以剂量依赖的方式促进 ROS 生成(图 2-16)。此外,多酚化合物尿石素 A,当它作用于 HT-29 细胞和 SW-480 细胞 48 h 后,相关分析结果也表明它可以显著提高两株细胞的 ROS 水平,如图 2-17 所示(El-Wetidy et al.,2021)。Delgado-Roche 等(2020)也发现,来自龟草(*Thalassia testudinum*)的多酚提取物与沙利索林 B(thalassiolin B)均能够促进 HCT-115 细胞 ROS 水平提升,显示出促凋亡活性作用。整体上,目前已经有相当多的文献可以证明:多酚或类黄酮可以促进肿瘤细胞 ROS 超载,以及通过 ROS 诱发细胞凋亡。这里不再过多举例阐述详情。

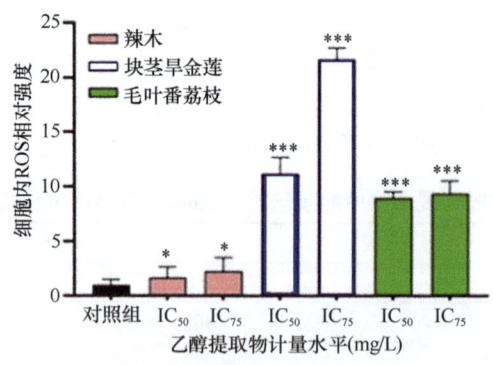

图 2-16 三种植物提取物对 T-84 细胞 ROS 的影响(Fuel et al.,2021)

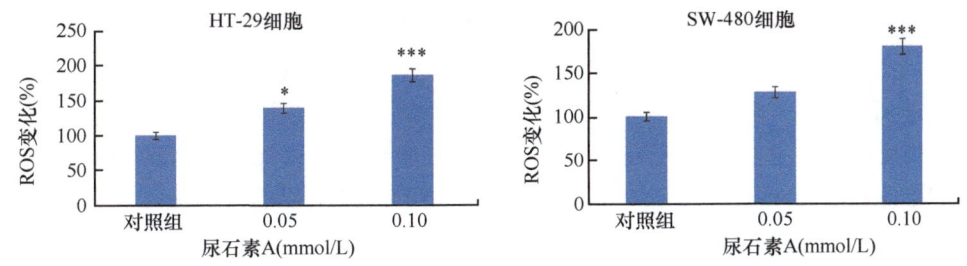

图 2-17　尿石素 A 对 HT-29 细胞和 SW-480 细胞 ROS 的影响（El-Wetidy et al., 2021）
星号标记，数据统计分析结果为 $P < 0.05$

2.3.1.5　诱导细胞凋亡

细胞凋亡（apoptosis）是在哺乳动物细胞中发现的第一个程序性细胞死亡方式。此外，目前已经确认在细胞中还有坏死性凋亡（necroptosis）、细胞焦亡（pyroptosis）、细胞铁死亡（ferroptosis）、铜死亡（cuproptosis）等多种程序性细胞死亡方式。对于多酚或类黄酮这类生物活性物质，科学家们深入并广泛地研究过它们对不同肿瘤细胞的凋亡诱导作用，尤其是对结直肠癌的众多细胞系，相关研究工作报告浩瀚。但是，仅有少量研究工作涉及多酚或类黄酮与细胞焦亡、细胞铁死亡之间的联系，很少涉及结直肠癌细胞。至于多酚与铜死亡之间的关系，目前为止罕见有研究报告发表。

细胞凋亡指为维持内环境稳定，由基因控制的细胞自主的有序的死亡。细胞凋亡与细胞坏死不同，细胞凋亡不是一个被动的过程，而是一个主动过程，它涉及一系列基因的激活、表达及调控等的作用。细胞凋亡不是病理条件下自体损伤的过程，而是为更好地适应生存环境而主动争取的一种细胞死亡过程。细胞凋亡的特征在于有明显的形态变化，被特定的 caspase 和线粒体控制的通路激活。细胞凋亡过程不导致溶酶体破坏及细胞膜破裂，没有细胞内容物外泄，故不引起炎症反应。所以细胞凋亡与坏死性凋亡、细胞焦亡等其他程序性细胞死亡有明显的区别。

坏死性凋亡是当细胞凋亡受阻时，通过细胞外信号（死亡受体-配体结合）或细胞内信号（外来微生物核酸）被激活的细胞自我破坏的过程。当细胞发生坏死性凋亡时，可以观察到细胞器肿胀、细胞膜破裂、细胞质和细胞核分解。坏死性凋亡不依赖 caspase 活性，但需要受体相互作用蛋白激酶 3（RIPK3）调控的混合谱系激酶结构域样蛋白质（MLKL）磷酸化。这种磷酸化事件使 MLKL 在细胞膜上产生孔复合体，从而导致损伤相关分子模式（DAMP）的生物分子释放、细胞肿胀和细胞膜破裂。某种意义上，细胞坏死性凋亡是极端条件下或严重的病理性刺激时所引起的细胞损伤和死亡。

细胞焦亡又称细胞炎性坏死。细胞发生焦亡时，细胞膜上形成众多孔隙（孔径 1～2 nm）而失去完整性，细胞不断胀大直至细胞膜破裂，导致细胞内容物释放，进而激活强烈的炎症反应。细胞焦亡伴有大量促炎症因子的释放，会招募更多的炎症细胞，扩大炎症反应。目前认为，细胞焦亡是由 gasdermin 蛋白家族介导的细胞程序性坏死。所以，细胞焦亡是机体的一种重要的天然免疫反应，并在抗击感染中发挥重要作用。

铁死亡是 2012 年由哥伦比亚大学 Stockwell 实验室发现的一种铁依赖性的新型细胞程序性死亡方式。铁死亡由铁依赖性的磷脂过氧化作用驱动，细胞受到多种代谢途径的调控，其中包括：氧化还原稳态，线粒体活性，脂质、氨基酸、糖代谢，铁代谢，以及各种与疾病相关的信号途径。例如，当细胞胱氨酸运输蛋白（如 Erastin）受到抑制，细胞胞内谷胱甘肽被耗尽，最终导致谷胱甘肽过氧化物酶失活，脂质过氧化积累，达到一定程度即可诱发细胞死亡；谷胱甘肽过氧化物酶被抑制时也可直接导致细胞死亡。目前认为，许多器官损伤和退行性疾病都是由铁死亡引起的。最近，Ye 等（2023）在研究槲皮素的肠道健康作用时发现，槲皮素在小鼠模型中通过抑制炎症和铁死亡，减弱脱氧雪腐镰刀菌烯醇（DON）诱导的肠道损伤；槲皮素抑制铁死亡的关键证据为：结肠中转铁蛋白受体（TfR）的表达被脱氧雪腐镰刀菌烯醇显著上调，而槲皮素却显著下调 TfR 蛋白表达。TfR 的免疫印迹分析结果如图 2-18 所示。

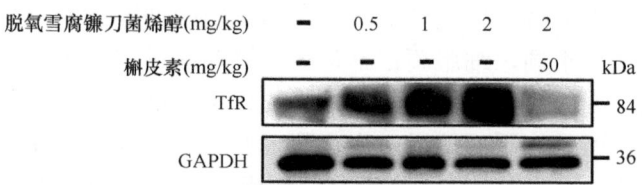

图 2-18　槲皮素对脱氧雪腐镰刀菌烯醇诱发的铁死亡的抑制作用（Ye et al.，2023）

铜是所有生物体必不可少的元素之一，但是细胞内的铜浓度维持在非常低的水平，以确保细胞代谢功能正常。来自麻省理工学院和哈佛大学 Broad 研究所的 Tsvetkov（第一作者）和 Golub（通讯作者）等在 2022 年报道一种由铜引起细胞死亡的新形式：依赖线粒体呼吸的细胞对铜离子的敏感性比进行糖酵解的细胞的敏感性高达 1000 倍；通过多重 CRISPR 基因敲除筛选，他们确定促进铜诱导死亡的关键基因 *FDX1*。这些科学家最终将这种铜离子载体诱导的细胞死亡新形式称为铜死亡，当时提出来的铜死亡机制如图 2-19 所示（Tsvetkov et al.，2022）。

笔者等的研究结果表明，芹菜素作用于 HCT-116 细胞后，除了抑制细胞增殖、使细胞周期停滞在 G_0/G_1 期、诱导细胞内 ROS 大量产生和细胞内 Ca^{2+} 释放、破坏线粒体膜以外，还可以通过调控 CHOP、DR5 等蛋白质表达，激活 caspase-3 等表

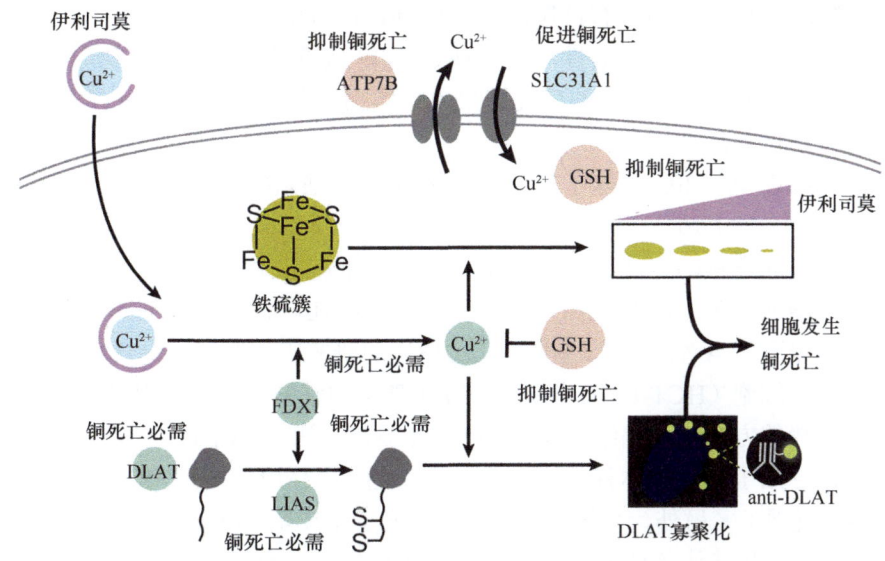

图 2-19　细胞发生铜死亡的分子机制（Tsvetkov et al., 2022）

伊利司莫为一个铜离子载体，可促进细胞的铜死亡

达, 释放细胞色素 c, 从而诱导 HCT-116 细胞发生凋亡（王博, 2017）。通过流式细胞术分析, 发现所研究的类黄酮均对 HCT-116 细胞产生凋亡诱导作用, 但是其活性存在区别。在 3 个黄酮化合物白杨素、芹菜素和木犀草素中, 木犀草素的活性最高; 在 4 个黄酮醇化合物高良姜素、山奈酚、桑黄素和杨梅素中, 高良姜素的活性最强（表 2-6）（王博, 2017）。Rezaei 等（2012）的研究结果表明, 用甲醇提取大西洋黄连木皮后, 富含多酚的提取物在 0.7 g/L 剂量下对 HT-29 细胞具有增殖抑制作用, 将细胞周期停滞在 S 期, 诱导 DNA 碎片化及细胞凋亡; 同时, 常见的抗癌药物多柔比星（doxorubicin）也表现出与提取物类似的活性作用, 证明

表 2-6　HCT-116 细胞经类黄酮处理 24 h 后各象限细胞百分数（王博, 2017）

化合物	活细胞（%）	凋亡细胞（早期+晚期, %）	坏死细胞（%）
对照	95.8	1.7	2.5
高良姜素	39.0	27.7	33.2
山奈酚	59.2	13.7	27.1
桑黄素	86.2	10.2	3.6
杨梅素	92.0	4.7	3.3
白杨素	65.4	9.7	24.9
芹菜素	69.9	16.9	13.2
木犀草素	57.7	18.5	13.9

该提取物对 HT-29 细胞具有抗癌活性。此外，Juan 等（2008）也发现，白藜芦醇对 HT-29 细胞具有促凋亡活性，可以通过 ROS 依赖的线粒体途径诱导细胞凋亡。与此同时，Qin 等（2022）的研究结果也证实白藜芦醇在 HCT-116 细胞中依然能够产生凋亡诱导活性。

El-Wetidy 等（2021）除了评估尿石素 A 的抗增殖抑制作用之外，还评估过尿石素 A 对 HT-29 细胞的凋亡诱导作用；他们的分析结果显示，尿石素 A 能够以剂量依赖和时间依赖的方式诱导细胞凋亡，凋亡细胞的比例增加，尤其是晚期凋亡细胞数量增加更多（图 2-20）；同时，尿石素 A 还导致相当比例的细胞坏死（尤其是在高尿石素 A 剂量下）。Ha 等（2013）的研究工作发现，高良姜素可降低两株人结肠癌细胞（HCT-15 细胞和 HT-29 细胞）的细胞活力。他们发现，高良姜素以剂量依赖的方式诱导癌细胞凋亡和 DNA 凝集，激活 caspase-3 和 caspase-9，诱发凋亡诱导因子从线粒体释放到细胞质中，通过 MMP 的改变和线粒体功能障碍而诱导细胞死亡。另外，还有众多的学者研究了槲皮素（Tezerji et al., 2022；Özsoy et al., 2020）和其他各种多酚或类黄酮对结直肠癌细胞的凋亡诱导作用（Cho and Park, 2013；Turktekin et al., 2011；Su et al., 2006；Ito et al., 2003）。如果想详细了解多酚或类黄酮对结直肠癌细胞的凋亡诱导作用，也可以细读近年来一些学者公开发表的文献综述（Esmeeta et al., 2022；Long et al., 2021；Hazafa et al., 2020）。

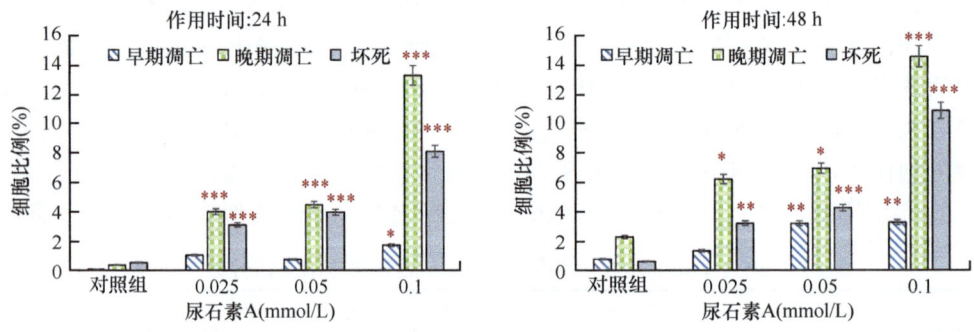

图 2-20　尿石素 A 对 HT-29 细胞的凋亡诱导作用（El-Wetidy et al., 2021）

2.3.1.6　抑制肿瘤细胞侵袭和转移

肿瘤细胞可以通过两个不同但相似的过程（侵袭和转移）侵入局部组织，扩散到远处部位。肿瘤细胞的侵袭和转移与炎症反应相关，在癌症的发展中起着至关重要的作用。相关研究工作证明，多酚或类黄酮具有抑制肿瘤细胞转移和侵袭的能力。

黄芪甲苷Ⅳ（astragaloside Ⅳ）是一个结构比较复杂的多酚物质，它可以通过抑制基质金属蛋白酶（MMP-2、MMP-9）的表达来抑制 HCT-116 细胞的转移；它可以显著下调 NF-κB 信号通路中关键蛋白质的表达，抑制炎性细胞因子 TNF-α 刺激的 NF-κB-p65 转录活性，从而抑制结肠癌细胞的体外生长；体内试验结果则表明，黄芪甲苷灌胃显著降低癌症裸鼠移植瘤的增殖，并且认为这与肿瘤组织中凋亡蛋白的表达降低和 NF-κB 信号通路的活性降低有关（Yang et al.，2021）。You 等（2022）的研究工作则发现，汉黄芩素通过抑制上皮细胞的间质转化来抑制 SW-480 细胞和 HCT-116 细胞的存活和转移；汉黄芩素处理细胞后，YAP1 和 IRF3 的蛋白质表达下调而 p-YAP1 的蛋白质表达上调；此外，汉黄芩素还会抑制裸鼠模型的移植瘤（SW-480 细胞）生长（图 2-21），瘤体的质量大约可以降低一半；相关研究结果还表明，汉黄芩素通过 IRF3 介导的 Hippo 信号通路，减轻结肠癌细胞的致癌行为以及上皮细胞的间质转化。

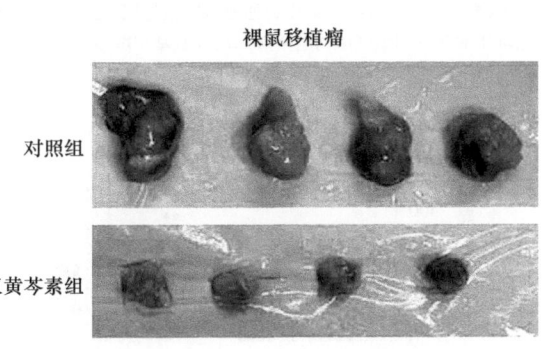

图 2-21　汉黄芩素对模型 BALB/c 小鼠移植瘤的影响（You et al.，2022）

　　Han 等（2016）的研究结果证明，槲皮素能显著抑制 Caco-2 细胞的转移和侵袭能力，其作用与吡咯烷二硫代氨基甲酸铵（一个 NF-κB 通路抑制剂）相似，并与抑制剂之间存在协同作用（图 2-22）；此外，槲皮素作用细胞后，转移相关蛋白质 MMP-2、MMP-9 的表达减少，而 E-钙黏蛋白（E-cadherin）的表达增加，可以减少炎症因子 TNF-α、环氧合酶（COX）-2 和 IL-6 的产生，揭示槲皮素通过 Toll 样受体（TLR）4 和/或 NF-κB 介导的信号通路发挥其抗癌活性。Ciszewski 等（2022）研究富含多酚的月见草籽提取物的抗癌活性，他们发现这一提取物在模型动物（雄性 Balb/C 小鼠）中可以抑制肿瘤细胞的侵袭，并且可以抑制抗 5-FU 结肠癌细胞的侵袭能力；虽然不同的癌细胞具有不同的侵袭能力，但是提取物均能拮抗肿瘤细胞侵袭（图 2-23）。另外，表没食子儿茶素没食子酸酯及富含多酚的龙眼籽提取物，也被证明具有抗结肠癌细胞侵袭的活性（Panyathep et al.，2013；Larsen and Dashwood，2010）。整体上，多酚或类黄酮可以依托不同的途径，对结肠癌细胞的侵袭或转移产生抑制作用（Bracke et al.，2008）。

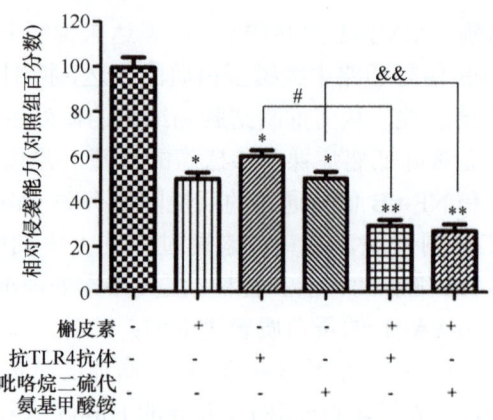

图 2-22 在 Caco-2 细胞中槲皮素的抗侵袭活性（Han et al.，2016）

与对照组细胞相比：*，$P<0.05$；**，$P<0.01$。槲皮素处理组细胞与抗 TLR4 抗体组细胞相比：#，$P<0.05$。槲皮素+吡咯烷二硫代氨基甲酸铵处理组细胞与吡咯烷二硫代氨基甲酸铵处理组细胞相比：&&，$P<0.05$

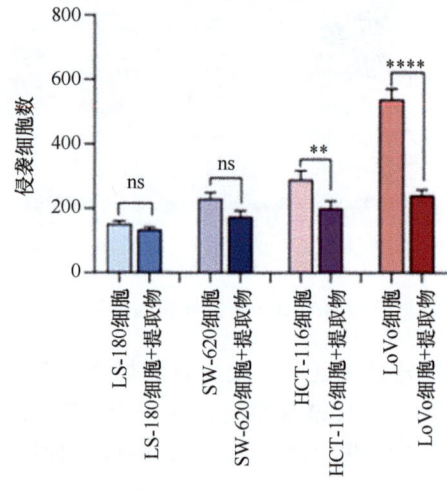

图 2-23 月见草籽提取物抗不同结直肠癌细胞侵袭的能力（Ciszewski et al.，2022）

ns，不显著；**，$P<0.01$；****，$P<0.0001$

2.3.1.7 抑制激酶活性

蛋白激酶（protein kinase，PK）家族为调节不同细胞功能（如细胞增殖）所必需。病理条件下蛋白激酶失调会导致蛋白激酶介导的途径出现紊乱，诱发多种疾病，包括癌症、糖尿病和炎症。因此，对蛋白激酶的调节作用可能是抗癌途径之一。体外试验研究结果表明，抑制 PK 活性是多酚或类黄酮发挥抗癌活性作用的机制之一。有研究结果表明，苹果多酚通过抑制蛋白激酶 C（PKC）、诱导细胞凋亡而对 HT-29 细胞产生抗癌活性作用（图 2-24）；多数情况下苹果多酚对 PKC 活性的抑制作用呈剂量依赖关系，例外的是，苹果多酚剂量水平超过 2000 mg/L

时却对细胞内 PKC 活性没有影响（Kern et al.，2007）。更早的一个针对 15 个类黄酮的研究工作结果则显示，对于来自大鼠脑组织的 PKC，漆黄素、槲皮素和木犀草素的抑制活性最高，漆黄素在 0.1 mmol/L 浓度下基本达到 100% PKC 活性抑制，而芦丁、橙皮素和二氢槲皮素的活性最低（Ferriola et al.，1989）。蛋白酪氨酸激酶（protein tyrosine kinase，PTK）是蛋白激酶的一个亚类，它催化蛋白质中酪氨酸残基的磷酸化反应。PTK 可以参与肿瘤发展的一个或多个步骤，如血管生成和迁移。表皮生长因子受体（epidermal growth factor receptor，EGFR）和局部黏着斑激酶（focal adhesion kinase，FAK）是研究最多的调节癌症细胞发育的 PTK。也有研究结果表明，苹果多酚不但可以抑制 HT-29 细胞的增殖，同时还能够抑制 HT-29 细胞中被激活的 PTK 活性（Kern et al.，2005）。

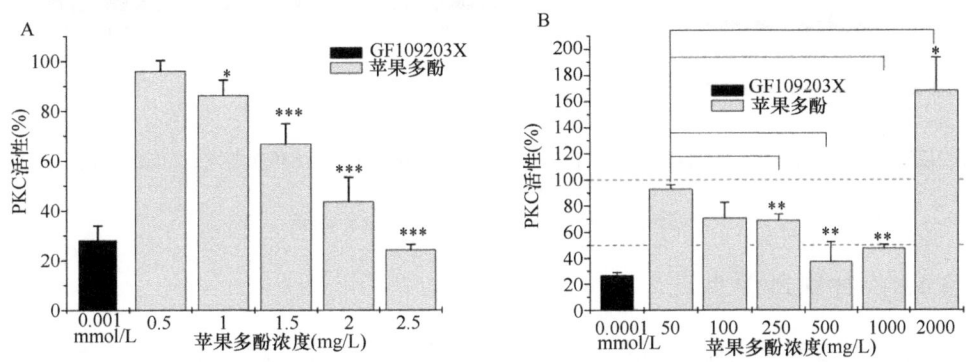

图 2-24　苹果多酚对 HT-29 细胞 PKC 的抑制作用（Kern et al.，2007）
A，对分离细胞质 PKC 的抑制作用；B，对细胞内细胞质 PKC 的抑制作用。GF109203X 为专一性 PKC 抑制剂

磷脂酰肌醇 3 激酶（PI3K）属于一个细胞内信号转导酶家族，在信号转导、生长、视觉、神经发育、骨骼形成、纤毛形成、受体介导的内吞作用、细胞内膜修饰和自噬体发育中发挥重要作用。有研究结果表明，在三株人结肠癌细胞（DLD-1 细胞、SW4-80 细胞和 COLO-201 细胞）中，表没食子儿茶素没食子酸酯（EGCG）、白藜芦醇及 α-倒捻子素（α-mangostin）均表现出抗癌活性，在剂量 10 μmol/L 以上时能够抑制细胞增殖并诱导细胞凋亡；α-倒捻子素显示出最强的活性作用，并且与 5-FU 呈现出最好的协同作用；研究者们还进行了进一步的分析，确认 α-倒捻子素对 PI3K/A 具有最高的抑制作用（Kumazaki et al.，2013）。二鹅掌菜酚（dieckol）是一个分子量高达 742 Da 的多酚，相比之下常见的槲皮素的分子量则仅为 302 Da。一项研究工作发现，二鹅掌菜酚在 HCT-116 细胞中产生明显的细胞毒性，通过抑制 PI3K、Akt 激酶[又名蛋白激酶 B（PKB）]和哺乳动物雷帕霉素靶蛋白（mammalian target of rapamycin，mTOR）的激活，减少这些蛋白质的磷酸化（图 2-25），抑制细胞增殖和转移，同时还诱导细胞凋亡（Dai et al.，2023）。因此，这些结果以及其他的研究结果充分证明，多酚或类黄酮可以通过抑制 PI3K

等的激活而对结直肠癌细胞产生活性作用（Gamet-Payrastre et al., 1999）。

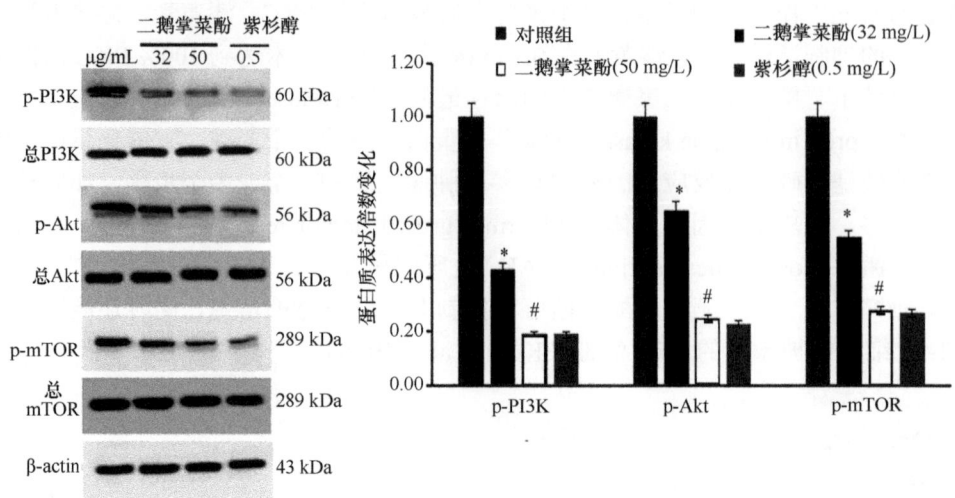

图 2-25　二鹅掌菜酚对 HCT-116 细胞 PI3K、Akt 激酶和 mTOR 活性的影响（Dai et al., 2023）

紫杉醇为阳性对照

与对照组细胞相比：*，$P<0.05$；#，$P<0.01$

2.3.1.8　抑制血管生成

血管生成或新生血管形成是一个复杂的多步骤过程。新形成的血管会充当肿瘤细胞进入血流的通道，并有助于肿瘤细胞的转移。内源性血管生成因子和血管形成抑制因子调节血管生成过程，在调节过程中的任何干扰都会导致肿瘤细胞不受控制地生长和转移。健康的生命体不存在血管生成，但实体瘤会诱导病理性血管生成。因此，抑制血管生成被认为是用非转移内皮细胞控制和治疗癌症的武器之一，并且产生耐药性的机会非常小。多酚或类黄酮被认为是血管生成的有效抑制剂，它们通过调节血管内皮生长因子（VEGF）、基质金属蛋白酶（MMP）、EGFR，以及抑制核因子（NF）-κB、PI3K/Akt 和 ERK1/2 等信号通路，发挥抗血管生成作用。其中，VEGF 作为最强的血管生成刺激因子而被科学家们高度关注。

有研究结果发现，毛蕊异黄酮（calycosin）作用于 HCT-116 细胞和 HT-29 细胞后，EGFR、Bcl-2 的表达显著降低，c-Jun 氨基端激酶（JNK）磷酸化显著升高，但是 Akt 磷酸化程度显著下降；同时，与凋亡相关的蛋白质如 Bax、caspase-3、剪切的 caspase-3 的表达上调，表示毛蕊异黄酮通过雌激素受体 β（ERβ）介导的 EGFR-PI3K-Akt/EGFR-MAPK 信号道路诱导细胞凋亡（李通，2016）。Erdoğan 等（2022）的研究结果则表明，在 HT-29 细胞中，槲皮素和木犀草素可以显著降低 VEGF 的水平（图 2-26），同时它们还与 5-FU 之间存在协同作用，可以更有效地抑制细胞中 VEGF 的表达。另外，水飞蓟素（silymarin 或 silybin）也被证明可以通过下调一氧化氮合酶（NOS）、细胞色素 c 氧化酶、缺氧诱导因子（HIF）-1α 及 VEGF 的表达，从而在 HT-29 细胞中发挥抗血管生成活性（Singh et al.，2008）。

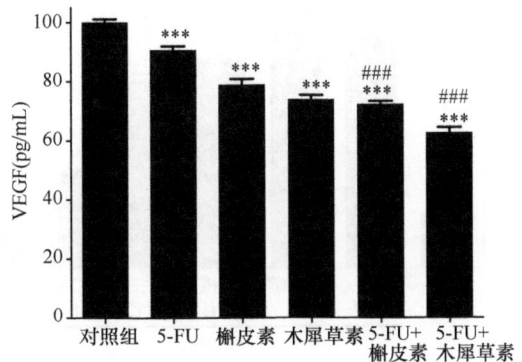

图 2-26　槲皮素和木犀草素对 HT-29 细胞中 VEGF 的影响（Erdoğan et al.，2022）

5-FU 为阳性对照

与对照组细胞相比：***，$P < 0.0001$；与 5-FU 处理组细胞相比：###，$P < 0.0001$

Lamy 等（2014）以人脐静脉内皮细胞（human umbilical vein endothelial cell，HUVEC）为模型细胞，研究从橄榄油中分离出来的 5 个典型化合物对血管形成的影响，这 5 个化合物包括苯乙醇（1 个单酚）、橄榄苦苷、3,4-二羟基苯乙醇、二氢槲皮素（这 3 个为多酚）及油酸（1 个单不饱和 C18 脂肪酸）。他们的分析结果发现，苯乙醇基本无活性，其他的 4 个化合物则有能力抑制血管生成；与阳性对照组相比，血管网络的总长度分别约减少 9%、17%、58% 和 74%。在 3 个多酚化合物中，3,4-二羟基苯乙醇和二氢槲皮素的活性较强，而在所有化合物中以油酸的活性最高（图 2-27），使得基底胶中血管形成呈现明显的差异。研究者们最终确定，这 3 个化合物（油酸、3,4-二羟基苯乙醇和二氢槲皮素）是潜在的 VEGFR-2 信号通路抑制剂。

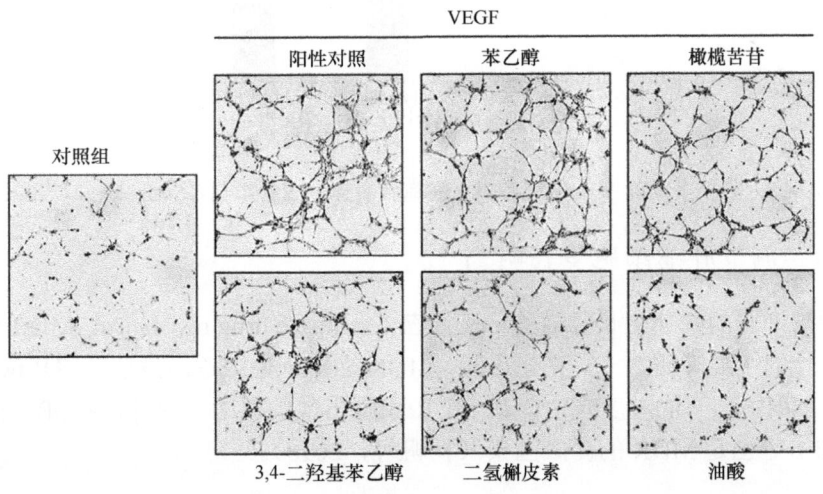

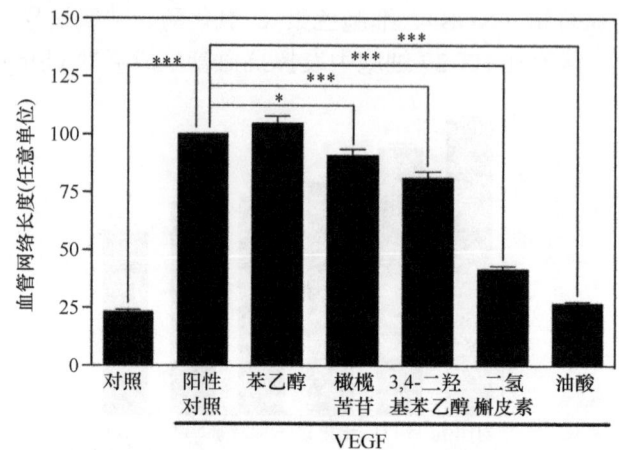

图 2-27　来自橄榄油的 5 个化合物对基底胶中血管生成的影响（Lamy et al.，2014）

Sudha 等（2021）将鸡胚绒毛尿囊膜模型植入人结肠癌 COLO-205 细胞，并研究石榴提取物对血管形成的影响。他们发现，与对照组相比（磷酸盐缓冲液处理），成纤维细胞生长因子（FGF）2 非常明显地增加血管分支计数，可是石榴提取物也很明显地降低血管分支计数（图 2-28）。石榴提取物因而被认为具有抑制血管生成的能力。总之，现有文献的研究结果均显示，多酚或类黄酮具有抗血管生成的活性作用。

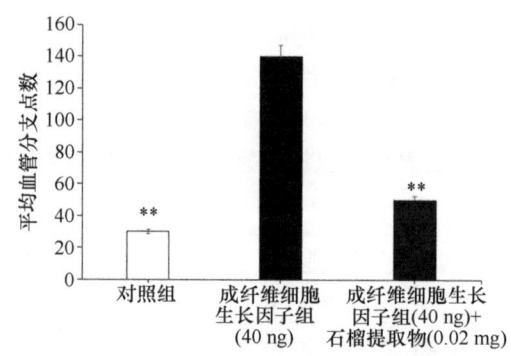

图 2-28　石榴多酚对植入 COLO-205 细胞后血管生成的影响（Sudha et al.，2021）

2.3.1.9　调节肿瘤细胞多药耐药

肿瘤细胞的快速生长导致其多药耐药（multiple drug resistance，MDR），这是癌症治疗的主要障碍之一。在化疗时，MDR 立即产生或逐渐发展。ATP 依赖性糖蛋白（P-糖蛋白）的过度表达，是 MDR 表型出现的原因。此外，MDR 相关蛋白如 MRP1 等也是 MDR 的促成因素（杨帆等，2010）。

多酚或类黄酮具有调节肿瘤细胞 MDR 的活性作用。例如，Wesołowska 等 (2012) 的研究结果表明，来自柑橘的多酚，如柚皮素、香橙素，尤其是橘皮素，可以逆转 MDR 人结直肠癌 LOVO/Dx 细胞对阿霉素 (doxorubicin) 的抗性，橘皮素存在的情况下阿霉素对细胞的毒性作用变大，细胞的存活率明显下降，如图 2-29 所示。此外，也有研究工作发现槲皮素可以逆转 5-FU 抗性 HCT-116 细胞对 5-FU 的耐药性 (Tang et al., 2023)，而二氢杨梅素也可以逆转 HCT-116 细胞和 HCT-8 细胞分别对奥沙利铂 (oxaliplatin) 和长春新碱 (vincristine) 的耐药性 (Wang et al., 2021)。多酚或类黄酮调节肿瘤细胞 MDR 方面的研究工作近年来较多，这里不再过多介绍。

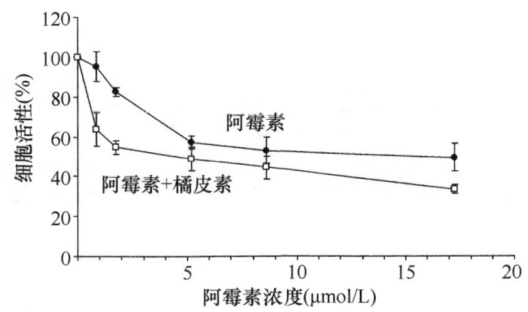

图 2-29　5 µmol/L 橘皮素存在的情况下阿霉素对耐药性 LOVO/Dx 细胞的细胞毒性作用（Wesołowska et al., 2012）

2.3.1.10　抑制拓扑异构酶

DNA 是基因的载体。DNA 在复制和传递遗传信息时需要从超螺旋态转变为松弛态，保证生命过程的正常进行。DNA 拓扑异构酶 (topoisomerase，TOPO) 是一类可催化 DNA 拓扑结构转换的蛋白质，可以将 DNA 从一种拓扑态转换成另一种拓扑态，使 DNA 在超螺旋与松弛、连环与解连环、纽结与解结之间可逆转换。TOPO 分为两类：TOPO-I 和 TOPO-II。TOPO-I 催化 DNA 链断裂和重新连接，每次只作用于一条链，不需要能量辅因子如 ATP 或辅酶 I (NAD)。TOPO-II 能同时断裂并连接双股 DNA 链，通常需要能量辅因子 ATP。

近年来的一些研究结果表明，多酚或类黄酮对结直肠癌细胞具有遗传毒性作用，导致 TOPO 中毒 (TOPO poisoning)。例如，Müller 等 (2021) 研究多酚物质石吊兰素 (nevadensin) 对 HT-29 细胞的抗癌活性作用时，他们的分析结果显示，在体外石吊兰素浓度大于 0.10 mmol/L 时部分抑制 TOPO-I 活性，而在浓度大于 0.25 mmol/L 时抑制 TOPO-IIα 的活性；在 HT-29 细胞中，0.50 mmol/L 石吊兰素处理 1 h，分析结果表明 TOPO-I 结合到 DNA 上的量显著减少，表明 TOPO-I 中毒。Schroeter 等（2019）也发现，异黄酮化合物染料木素在 HT-29 细胞中也会产生遗传毒性作用，导致 TOP-II 中毒。另外一项研究则显示，在 16 个类黄酮化合物中，杨梅素对哺乳动物 DNA 聚合酶有最高的活性作用，同时还可以抑制 TOPO-II 的活性（即切割酶活力出现降低），但不影响 TOPO-I 的活性（图 2-30）。因此，研究者们认为杨梅素对 HCT-116 细胞的增殖抑制作用源于它对细胞内 TOPO-II 的抑制作用（Shiomi et al., 2013）。此外，也有研究结果证实，在 HCT-116 细胞中 α-倒捻子素能够抑制细胞增殖，并且降低细胞内 TOPO 活性（Mizushina et al., 2013）。

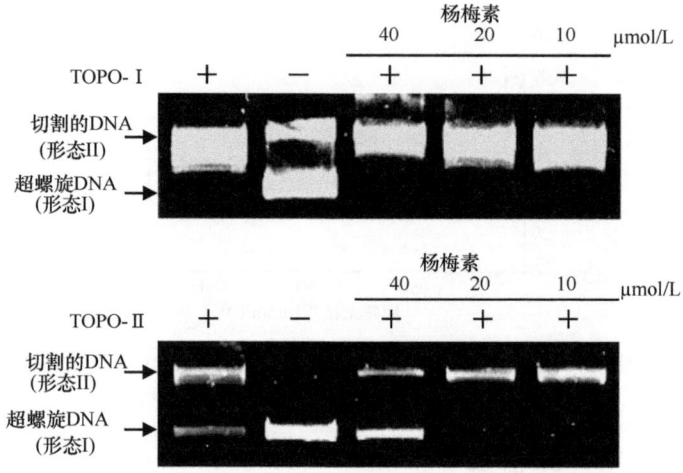

图 2-30　杨梅素对 TOPO-I 和 TOPO-II 活性的影响（Schroeter et al., 2019）
超螺旋质粒 DNA 与 TOPO 及杨梅素溶解在二甲基亚砜。泳道 1，无杨梅素；泳道 2，无杨梅素和酶；泳道 1、泳道 3、泳道 4 和泳道 5，2 个活力单位 TOPO。每一泳道加质粒 DNA 0.25 μg

2.3.2　多酚诱导结直肠癌细胞凋亡的作用机制

多酚抗结直肠癌作用包括诱导肿瘤细胞凋亡，而涉及细胞凋亡最为常见的机制包括线粒体通路、死亡受体通路、内质网通路。下面简单介绍这些常见的作用机制。

2.3.2.1　线粒体通路

线粒体是由双层膜围成的囊状结构，由外至内分为外膜、间隙、内膜和基质 4 个功能区。线粒体外膜的通透性较大，但内膜的通透性较小。在线粒体内、外膜之间存在着线粒体通透性转换孔（mitochondrial permeability transition pore，MPTP）。MPTP 是一个蛋白质复合体，包含内膜蛋白与外膜蛋白，二者桥连线粒体内、外膜形成孔道。线粒体间隙是内、外膜之间的腔隙,富含细胞色素 c、caspase 酶原、腺苷酸激酶和凋亡诱导因子(apoptosis-inducing factor,AIF)。线粒体内膜的质子泵将基质内的质子泵入膜间隙,形成电压。由于质子的跨膜转运使得大量的质子累积在线粒体膜间隙,形成质子梯度,其结果是线粒体膜间隙产生大量正电荷,而线粒体基质产生大量负电荷,在内、膜两侧形成电位差,从而形成横跨线粒体内膜的跨膜电位,简称线粒体膜电位(MMP)。线粒体在体内大量生产 ATP,这个过程也伴随着氧的代谢。90%的氧作为呼吸链的终端电子受体参与 ATP 产生的氧化磷酸化反应,维持能量的代谢,2%的氧通过呼吸链电子漏途径生成超氧阴离子,这也是细胞内 ROS 的主要来源。一定浓度的 ROS 在维持正常细胞功能中发挥关键作用,但 ROS 浓度过高时会导致线粒体膜通透性发生改变。低浓度 ATP、细胞质 Ca^{2+} 水平升高、ROS 含量增加会引起 MPTP 开放。正常生理状态下,MPTP 的周期性开放可防止间隙正离子过度蓄积;当细胞受到外界刺激后,在凋亡信号诱导下,MPTP 持续非特异性开放,导致 MMP 崩溃,呼吸链解偶联,ATP 停止合成,线粒体基质渗透压升高,Ca^{2+} 外流,引起线粒体膨胀,释放出细胞色素 c、AIF、caspase 酶原等促凋亡因子,然后通过凋亡的级联反应引起细胞凋亡。在各细胞器超微形态结构保持完整的情况下,大部分细胞器的生化性质其实早已发生改变,尤其是蛋白质的水解和细胞膜结构通透性的改变等。细胞凋亡早期均伴随着 MMP 的下降,这是细胞发生早期凋亡的特征之一。一般认为,多酚可以通过线粒体途径诱发肿瘤细胞凋亡(Chen et al.,2017)。例如,白藜芦醇就是通过线粒体途径诱导 HT-29 细胞凋亡的(Juan et al.,2008)。

细胞色素 c 是第一个被鉴定出的细胞凋亡分子,由两个无促凋亡活性的前体分子血红素和脱辅基细胞色素 c 合成。在细胞凋亡过程中,细胞色素 c 穿过线粒体膜释放到细胞质中,凋亡蛋白酶激活因子(Apaf)-1 的羧基端与细胞色素 c 结合形成多聚体,氨基端与 pro-caspase-9 这种前体蛋白结合,形成凋亡小体,从而激活 caspase-9。caspase-9 被激活后,就会去激活其他的 caspases 如 caspase-3,从而导致细胞凋亡。

细胞 AIF 是核基因编码的黄素蛋白,位于线粒体膜间隙,是主要的凋亡效应蛋白,可以将 DNA 裂解使其片段化,引起染色质凝缩。细胞接收到外界的刺激信号后,MPTP 孔径变大,AIF 穿过线粒体膜进入细胞质中,除了如上述的诱导细胞凋亡之外,还会通过自身放大回路影响线粒体的通透性,使更多的 AIF 从线粒体释放并与其邻近的其他线粒体作用,从而破坏线粒体的正常生理功能。AIF 的凋亡作用不依赖 caspase,在细胞色素 c/caspase 凋亡途径的上游发挥促凋亡作用。

caspases 是在多条细胞凋亡通路中起关键作用的蛋白酶家族,已发现 14 种胱冬肽酶,大部分位于细胞质中,少量位于线粒体等部位。按其作用机制可将 caspase

家族分为三大类。第一大类为凋亡启动因子（apoptotic initiator），位于级联反应上游，如 caspase-2、caspase-8、caspase-9 和 caspase-10，其作用是在其他蛋白质辅助作用下发生自我活化，识别并激活下游的 caspase。第二大类为凋亡执行因子（apoptotic executioner），位于级联反应下游，包括 caspase-3、caspase-6 和 caspase-7。这些凋亡执行因子被上游的启动子激活，与特异性底物相互作用，不但会引起细胞形态变化，还会使细胞理化性质发生改变，并最终导致细胞凋亡。第三大类为炎症介导因子（inflammatory mediator），包括 caspase-1、caspase-4、caspase-5、caspase-13 和 caspase-14，主要参与细胞因子介导的炎症反应，也在死亡受体介导的细胞凋亡途径中起辅助作用。通常情况下，caspases 以无活性的酶原形式（pro-caspase）存在于细胞中，并通过 3 种方式被激活：自活化（auto-activation），当酶原浓度异常高时，pro-caspase 可自行活化；转活化（trans-activation），启动子被激活后会立刻转活化其他 caspase 酶原；依托非 caspase 蛋白酶来活化 caspase 酶原。

故此，当细胞受到细胞周期阻滞、DNA 损伤或 ATP 耗竭等凋亡刺激时，细胞线粒体肿胀，线粒体膜通透性增强，促使线粒体内与凋亡相关的活性物质释放。线粒体释放的 pro-caspase-3 直接参与凋亡信号的转导。这样就形成一个 caspase 和线粒体的自身反馈，即线粒体受凋亡信号诱导释放出细胞色素 c、AIF 和 caspase，而 caspase 的激活又反过来进一步诱发这一过程。这一反馈作用对于凋亡的加速和凋亡信号传递具有重要意义。

p53 是癌症细胞生物学中最具特征的蛋白质之一，是一种肿瘤抑制因子。p53 的功能包括调节底物代谢、DNA 修复、自噬、细胞衰老、血管生成和氧化应激。尽管大多数 p53 依赖性细胞过程是基于细胞核，但检测到 p53 的线粒体易位增加基于细胞器效应的可能性。p53 的线粒体易位可以抑制抗氧化防御酶如锰超氧化物歧化酶，并诱导细胞内 ROS 积累。p53 还可以激活几种线粒体凋亡相关蛋白如 Bcl-xl，以促进 caspase 激活和细胞色素 c 释放。有研究表明，在 HT-29 细胞和 SW-480 细胞中，白藜芦醇就是通过激活 p53 而诱导细胞发生 p53 依赖的细胞凋亡（Vanamala et al.，2010）。

2.3.2.2 死亡受体通路

死亡受体（death receptor，DR）是近年来发现的一组细胞表面蛋白，属于 TNF 超家族（TNFSF），当它们与其相应受体超家族（TNFRSF）结合后，通过一系列信号转导过程，将凋亡信号向细胞内部传递。目前已鉴别出 19 个 TNFSF 和 29 个 TNFRSF 成员。根据胞内序列和信号转导特点，可将 TNFSF 成员分成三大类。第一大类包括 Fas（Apo-1、CD95）、TNF-RI、DR3（Apo-3、WSL-1、TRAMP）、DR4（TRAIL-Rl）、DR5（TARIL-R2）和 DR6 等，其特征是胞外区都有富含半胱氨酸区域，胞质区有一个由同源氨基酸残基构成的结构，是具有水解蛋白功能的死亡结构域（death domain），故称为死亡受体。第二大类包括 TNF-R2、CD40、CD30、CD27、LTβR、4-IBB、BAFF-R、BCMA、TACI、RANK、p75NGFR、HVME、TNFRSF18、TROY、EDAR、XEDAR、RELT 和 Fn14 等；这些受体胞内区含有一个或多个肿瘤坏死因子受体相关因子（TNFR associated factor，TRAF）结合模件（TRAF-interacting motif，TIM）。具有 TIM 结构的死亡受体活化后，招募 TRAF 家族成员，并激活多个信号转导。第三大类包括 TRAIL-R3/DcRI、TRAIL-R4/DcR2、deeoy-R3 和 OCIF/OPG，其结构中不含有胞内信号功能区域或模件，不能激发胞内信号途径。

死亡受体 DR5 是 I 型跨膜蛋白，它在诸多肿瘤细胞如肝癌、宫颈癌、乳腺癌、结肠癌、前列腺癌等中高表达，但在正常细胞中不表达或低表达。当 DR5 与外源配体结合时，它会选择性杀死肿瘤细胞或转化细胞，而对正常体细胞则不具有明显的毒性。这些特性使得 DR5 成为良好的抗癌靶向目标。DR5 的配体主要有两种，肿瘤坏死因子相关凋亡诱导配体（tumor necrosis factor related apoptosis inducing ligand，TRAIL）和针对人 DR5 的激动型单克隆抗体（agonistic monoclonal antibody specific for human DR5，TRA-8）。配体和 DR5 结合，募集衔接蛋白 FADD，通过死亡效应器之间的相互作用来激活 caspase 酶原如 pro-caspase-8。被激活的 pro-caspase-8 发生分子内水解，二聚化成裂解的 caspase-8，从而启动非线粒体依赖和线粒体依赖的两种细胞凋亡途径。对于非线粒体依赖途径，激活的 caspase-8 自动裂解和活化，经一系列级联效应来激活 caspase-3，导致细胞凋亡。对于线粒体依赖途径，活化的 caspase-8 直接剪切胞质 Bcl-2 家族成员 Bid 形成激活的 tBid，tBid 迁移到线粒体内，触发 Bak 和 Bax 同源寡聚作用，促使细胞色素 c 释放，激活下游的 caspase，最终诱导细胞凋亡。在这个过程中，Bid 将凋亡信号从死亡受体途径传递到线粒体途径，将死亡受体通路与线粒体通路联系起来，有效地放大凋亡信号。

肿瘤坏死因子相关凋亡诱导配体（TRAIL/Apo2L）是一种属于 TNF 超家族的细胞因子。TRAIL 作为一种跨膜蛋白存在于免疫细胞表面如 T 细胞、自然杀伤细胞（NK 细胞）、巨噬细胞和树突状细胞等，也可以被切割成 sTRAIL。TRAIL 具有诱导不同类型癌细胞凋亡的能力，对正常细胞没有毒性。到目前为止，已经鉴定出 5 种 TRAIL 受体。TRAIL-R1/DR4 和 TRAIL-R2/DR5 为死亡受体，以 caspase 依赖的方式激活细胞凋亡的外源途径。TRAIL-R3/DcR1、TRAIL-R4/DcR2、骨保护素/护骨因子（OPG）则被称为"诱饵受体"。TRAIL 通过与其死亡受体 TRAIL-R1 和/或 TRAIL-R2 结合来诱导细胞凋亡，它导致 caspase-8 和 FAS 受体相关蛋白与死亡结构域（FADD）的募集，形成功能性死亡诱导信号复合体（DISC）。此后，caspase-8 被切割，激活的 caspase-3 裂解 Bid；tBid 易位到线粒体，并与促凋亡蛋白 Bax 和 Bak 结合进行低聚反应，导致线粒体膜通透性转换孔形成，线粒体外膜通透，细胞色素 c 和 Smac/DIABLO 释放到细胞质中。随后，凋亡蛋白酶激活因子 1（Apaf-1）、细胞色素 c 和 caspase-9 与 ATP 一起形成凋亡体，而激活后的 caspase-9 将激活 caspases-3/6/7，然后诱导细胞凋亡。在 I 型肿瘤细胞中，"外源性途径"中涉及死亡受体和 caspase-8 的激活，这一激活足以激活 caspase-3 并导致细胞凋亡。在 II 型肿瘤细胞中，诱导的凋亡需要通过线粒体的"内源性途径"来放大凋亡信号。

Psahoulia 等（2007）发现，槲皮素与 TRAIL 协同作用，将 TRAIL 受体和 DISC 的其他成分如 DR4 和 DR5 重新分配到脂筏中，这一重新分配促进 DISC 和下游信号通路的形成，有助于 Bax 构象变化、细胞色素 c 释放，从而诱导 HT-29 细胞凋亡。在 SW-480 细胞中，山柰酚显著上调 TRAIL 受体 DR5 和 DR4，表明它也能诱导细胞发生死亡受体途径的凋亡（Yoshida et al.，2008）。

2.3.2.3 内质网通路

内质网（ER）是细胞内最大的细胞器，主要任务是负责蛋白质合成、折叠、转运、信号肽识别、糖基化修饰等过程以及 Ca^{2+} 的贮存、释放和细胞内 Ca^{2+} 的再分布。此外，滑面内质网还是胆固醇、类固醇及许多脂质合成的场所。内质网内膜面积占细胞所有膜结构的 50%，在细胞内提供一个分子组装和反应平台，参与多种信号调控，对细胞应激反应起调节作用。核糖体是蛋白质合成的主要场所。有些蛋白质在合成开始不久后便从核糖体转到内质网上继续合成，如向胞外分泌的蛋白质、跨膜蛋白、溶酶体和需要进行修饰的蛋白质等。蛋白质在内质网合成后，高尔基体会对这些蛋白质进行加工、分类和包装，然后将它们分门别类地送到细胞特定的部位或分泌到细胞外。蛋白质必须折叠成适当的构象才能实现它们的功能，未折叠或错误折叠的蛋白质对细胞有害，甚至会引起细胞死亡。当细胞遭遇外界有害刺激时，如缺氧、饥饿、Ca^{2+} 平衡失调、自由基攻击和药物作用等，内质网稳态被破坏，导致一系列分子和生化改变，如内质网未折叠蛋白质应答（unfolded protein response，UPR）、内质网超负荷应答（ER overload response，EOR）和固醇调节级联反应等，这些统称为内质网应激（ER stress）。

为克服内质网应激，内质网有一个特定的信号通路——内质网应激反应途径，其中至少涉及 4 个应答反应机制。第一，减少新蛋白质合成以减轻内质网负荷，防止未折叠蛋白质进一步积累。第二，上调内质网伴侣基因和蛋白质表达，如 BiP/GRP78 和 GRP94、二硫键异构酶和肽基脯氨酰异构酶，钙连接蛋白等，清除不能正确折叠的蛋白质，增强内质网蛋白质的折叠能力，重建细胞内稳态。第三，激活介导免疫和抗凋亡的核转录因子 NF-κB，这个由内质网上膜蛋白的积累所引发的途径称为内质网超负荷反应：应激压力导致 Ca^{2+} 从内质网中释放，后续产生的 ROS 中间产物将 IκB 降解从而激活 NF-κB。第四，如果内质网损伤太严重或在一定时间内稳态未恢复，即会发生细胞凋亡。当内质网功能受到严重损害时，可以通过消除受损细胞来保护机体，至少有 3 种凋亡途径参与这一细胞凋亡事件的发生：第一种是激活 C/EBP 同源蛋白（CHOP），第二种是激活 JNK 信号通路，第三种是与内质网相关的 caspase-12 的活化。caspase-12 由内质网应激激活，但不是由死亡受体或线粒体靶向凋亡信号介导的。在鼠类体内，内质网应激会特异性激活 caspase-12，随后活化的 caspase-12 激活其下游的 caspase-9 以及 caspase-9 下游的 caspase-3，从而诱导细胞凋亡。同时，caspase-9 还可以正反馈激活 caspase-12，进一步放大细胞凋亡作用。人体内缺少 caspase-12，但是存在与 caspase-12 具有同源性的 caspases-4/5；caspase-4 位于内质网上并可被内质网应激激活，所以在人体内 caspase-4 代替 caspase-12 的这一作用。

CHOP 基因被称为生长阻滞和 DNA 损伤诱导基因 153（GADD153）或 DNA 损伤诱导转录基因 3（DDIT3），是内质网应激的标志分子。在正常生理状态下，CHOP 表达量很低，当各种损伤引起未折叠蛋白质或错误折叠蛋白质增多时，Ca^{2+} 浓度失衡导致内质网应激，CHOP 被激活并呈高表达。内质网膜上的 PERK、ATF6 和 Ire1 蛋白介导内质网应激，这 3 种膜蛋白介导的应激反应均激活 CHOP。CHOP 蛋白是联系内质网应激和细胞凋亡的重要中间信号分子，而 CHOP 的过表达可以阻滞细胞分裂、诱导细胞凋亡。活化的 CHOP 可通过多种途径诱导细胞凋亡，但其机制仍不明确。当 CHOP 过表达时，Bcl-2 的蛋白质表达水平受到抑制；反之，当 Bcl-2 过表达时也会抑制 CHOP 诱导的凋亡。因此 Bcl-2 蛋白家族在 CHOP 诱导的凋亡中起着关键作用。此外，CHOP 还能诱导 Bax 向线粒体转位。因此，CHOP 介导的死亡信号最终被传输到线粒体上，从这一点考虑，CHOP 的一个功能是将死亡途径放大。

对于内质网介导的细胞凋亡通路，虽然研究最多的是上述的非折叠蛋白质应答，但是还有另外一种机制就是 Ca^{2+} 起始信号。钙信号是重要的细胞内离子信号，参与细胞增殖、细胞分化、细胞生存与死亡等多种细胞生命活动过程。钙信号系统的紊乱与多种人类重大疾病如高血压、心脏病、脑卒中、神经退行性疾病、肿瘤、糖尿病等密切相关。Ca^{2+} 作为钙信号系统的离子信使，其在细胞内的浓度必须被精确地调控，以达到信号传递的忠实性和准确性。细胞内钙库的钙释放是钙信号触发的一个重要途径。所有非肌肉细胞 Ca^{2+} 的贮存、释放和摄取都受内质网调节。细胞通过肌浆/内质网钙离子 ATP 酶从细胞质中摄入 Ca^{2+}，又利用肌醇-1,4,5-三磷酸受体/Ca^{2+} 通道或兰尼碱受体/钙离子通道将 Ca^{2+} 释放回细胞质。内质网通过这两种方式调控和维持内质网内 Ca^{2+} 的动态平衡。Ca^{2+} 从内质网释放以及其在细胞质中的浓度都与内质网应激介导的细胞死亡有关。当内质网上 Ca^{2+} 通道发生改变，Ca^{2+} 浓度就会失衡，内质网功能就会遭到破坏，产生未折叠和错折叠蛋白质，引起内质网应激,通过一系列反应最终激活凋亡执行分子 caspase-3,从而诱发细胞凋亡。此外,Ca^{2+} 还是将线粒体通路和内质网通路联系起来的重要信号分子。内质网应激在释放 Ca^{2+} 的同时,线粒体内 Ca^{2+} 浓度升高,引起 MPTP 开放,导致线粒体内 Ca^{2+} 超负荷,然后线粒体膨胀、外膜裂解,膜间隙中的促凋亡蛋白释放到细胞质中,引起细胞凋亡。因此,线粒体凋亡途径与内质网及 Ca^{2+} 是密切相关的。

Ca^{2+} 受到许多因素调控。线粒体上的 Bcl-2 通过 Ca^{2+} 介导的线粒体途径,阻止 Ca^{2+} 内流和细胞色素 c 释放,从而抑制细胞凋亡。而在内质网上也存在着大量的 Bcl-2,可通过抑制 Ca^{2+} 从内质网的释放从而抑制 Ca^{2+} 的流动,抑制 Ca^{2+} 从内质网到线粒体的重新分布。此外,Ca^{2+} 与 ROS 之间也有着错综复杂的关系。ROS 水平升高会破坏内质网、线粒体膜及细胞膜,使细胞外的 Ca^{2+} 内流,引起 Ca^{2+} 浓度失衡。ROS 通过影响肌质网 Ca^{2+} 泵,抑制 Ca^{2+}-ATP 酶泵,阻止细胞内或细胞外及内质网 Ca^{2+} 的转移。ROS 还可诱导 MPTP 开放,促使自身线粒体和其他线粒体产生更多的 ROS,扩大环路,使细胞内 Ca^{2+} 重新分布,进一步增加线粒体 Ca^{2+} 浓度。

笔者等的研究结果显示(王博,2017),高良姜素等对 HCT-116 细胞具有诱导凋亡作用,因为高良姜素等可以降低 MMP、增加细胞内 ROS 和 Ca^{2+} 水平,同时上调促凋亡蛋白如 AIF、PIG3 和 Bax 的表达,并通过上调裂解的 caspase-8、caspase-7、caspase-9 和 caspase-3 水平,以及多聚 ADP 核糖聚合酶(PARP)的裂解来诱导细胞发生线粒体途径的凋亡。另外,高良姜素等通过上调 CHOP 和 DR5,激活 caspase 级联反应,诱导细胞产生内质网应激和凋亡。整体上,我们认为高良姜素和木犀草素可以通过 ROS 和内质网应激介导的内源性和外源性凋亡途径,诱导 HCT-116 细胞凋亡(图 2-31)。同样,在一项他人的研究工作中,来自橄榄油的 3,4-二羟基苯乙醇也被证明能够诱导内质网应激和上调 CHOP 等蛋白质表达,从而诱发 4 株结肠癌细胞(HT-29、SW-480、LOVO 和 HCT-116)的凋亡(Guichard et al., 2006)。此外,还有很多例子可以证明内质网应激在多酚诱导肿瘤细胞凋亡时的重要作用。

2.3.3 多酚诱导细胞自噬和细胞坏死

2.3.3.1 细胞自噬

细胞自噬[简称自噬(autophagy)]是一种真核亚细胞过程,为膜结构吞噬细胞质成分,形成称为自噬体(autophagosome)的双膜小泡。自噬体与溶酶体融合后,形成单膜自噬溶酶体(autolysosome)(图 2-32),其中的成分被水解酶消化并循环用于细胞中的生物合成(Mizushima et al., 2010)。自噬包括生理条件下的基础型自噬和应激条件下的诱导型自噬。基础型自噬是细胞的自我保护机制,有

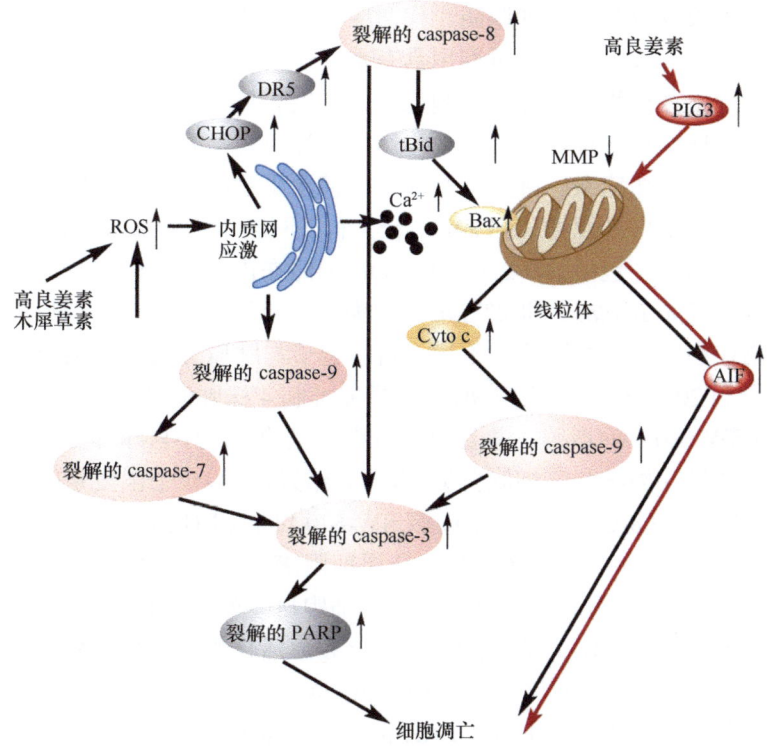

图 2-31 高良姜素、木犀草素及其诱导 HCT-116 细胞凋亡的机制（王博，2017）

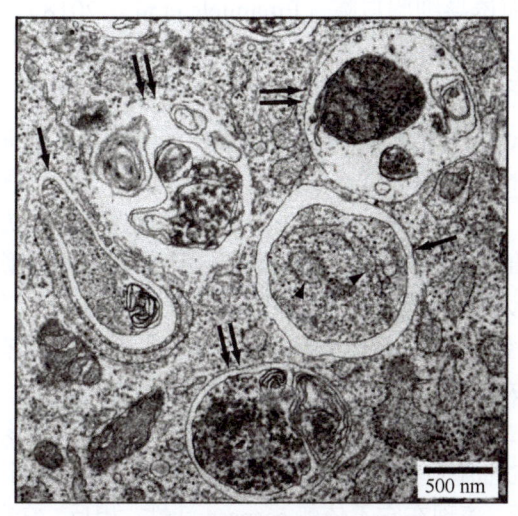

图 2-32 透射电镜下的自噬小体（单箭头）和自噬溶酶体（双箭头）形态
（Mizushima et al.，2010）

益于细胞的生长发育,保护细胞防止代谢应激和氧化损伤,对维持细胞内稳态及细胞产物的合成、降解和循环再利用具有重要作用。所以,不同于细胞凋亡,自噬是一个细胞生存过程。自噬在细胞稳态、衰老、免疫、肿瘤发生及神经退行性疾病等多种生理病理过程中发挥重要作用。自噬也是一种肿瘤抑制途径,因为自噬过度可能导致代谢应激、降解细胞成分,甚至引起细胞死亡。肿瘤抑制蛋白,包括磷酸酶张力蛋白同源物(PTEN)、p53 和视网膜母细胞瘤(RB)蛋白,能积极调节自噬。相反,包括 Bcl-2 和 Akt/TOR 通路在内的癌基因产物能抑制自噬。关键自噬基因(如 Beclin 1 和 ATG4C)的失活,会导致肿瘤自发地形成,或者是增加致癌物在小鼠中形成肿瘤。不过,自噬调节与肿瘤之间的关系尚不清楚。

Zhu 等(2020)的研究结果发现,杨梅素能抑制 4 株肿瘤细胞(HT-29、HCT-116、SW-480 和 SW-620)的增殖,并且用杨梅素处理的细胞中自噬体数量增加,证实杨梅素可以诱导人类结肠癌细胞自噬。有研究结果显示,一个槲皮素的衍生物 8-C-(E-苯基)槲皮素(8-CEPQ)对结肠癌 SW-620 细胞和 HCT-116 细胞具有活性作用,抑制它们的增殖并导致 G_2 期细胞周期阻滞;进一步的分析结果还显示,8-CEPQ 不会导致细胞凋亡,但是可以诱导细胞自噬死亡;整体上,8-CEPQ 诱导胞外信号调节激酶(ERK)的磷酸化,而丝裂原活化蛋白激酶(MEK)/ERK 抑制剂 U0126 抑制 ERK 磷酸化,减弱 8-CEPQ 诱导的自噬,并逆转 8-CEPQ 介导的细胞生长抑制,表明 8-CEPQ 通过 ERK 激活诱导细胞自噬,抑制结肠癌细胞生长(Zhao et al., 2017)。此外,在 HCT-116 等细胞中,荔枝多酚也被证明可以通过调节自噬相关的激酶而诱导细胞自噬(Emanuele et al., 2018)。

2.3.3.2 细胞坏死

细胞坏死(necrosis)是极端的物理、化学或其他严重的病理性因素诱发的细胞死亡。坏死细胞的膜通透性增高,致使细胞肿胀、细胞器变形或肿大,早期核无明显形态学变化,最后细胞破裂。由于坏死的细胞裂解释放出内含物,可以引起炎症反应;在愈合过程中常伴随组织器官的纤维化,从而形成瘢痕。一般认为,细胞坏死是一个被动过程。但是,近来的研究工作也认为,有些蛋白质参与细胞坏死过程的信号调控。例如,受体作用蛋白激酶-3(RIP3)就有可能是决定 TNF-α 诱导的细胞坏死的关键蛋白质。

细胞坏死性凋亡(necroptosis)是一种受调节的细胞坏死形式,是一种防止细胞凋亡受阻而被激活的细胞自我破坏过程。细胞坏死性凋亡不同于细胞凋亡和其他形式的程序性细胞坏死,表现在它不依赖 caspase 活性;相反,它需要 MLKL 的 RIPK3 依赖性磷酸化。这一磷酸化事件使 MLKL 在细胞膜上产生孔复合体,从而导致 DAMP 的分泌、细胞肿胀和细胞膜破裂。细胞坏死性凋亡期间,可以观察到细胞分解的不同阶段,包括细胞器肿胀、细胞膜破裂,最后是细胞质和细胞核的分解。

有研究结果显示，迷迭香提取物有可能是通过诱导 HGUE-C1 细胞、SW-480 细胞及 HT-29 细胞坏死而不是凋亡，从而对细胞产生增殖抑制作用（Pérez-Sánchez et al.，2019）。Zheng 等（2014）的研究工作也证明，姜黄素的修饰产物 B63 在体外对结肠癌细胞 SW-620 有增殖抑制作用，能提升 ROS 水平，并能诱导细胞凋亡和坏死；B63 的活性作用高于姜黄素，在动物模型中 50 mg/kg 剂量的 B63 对肿瘤的抑制作用与 100 mg/kg 剂量的姜黄素相当。整体上看，细胞坏死会导致炎症反应，所以对多酚或类黄酮的细胞坏死作用的研究不多，远远不如目前对它们的细胞凋亡作用的研究。

（本节撰稿人　赵新淮　王　博）

2.4　多酚的抗炎作用

在肠道中，多酚或类黄酮还能产生抗炎活性（anti-inflammatory activity）。炎症反应会导致免疫细胞异常合成并释放炎症细胞因子、趋化因子和氧化酶等炎症介质。例如，氧化应激往往会激活多种炎症相关转录因子，包括 NF-κB 和激活蛋白-1，这些转录因子会在随后的细胞应激反应中发挥作用。此外，一些外源性细菌也可诱发过敏性炎症；感染细菌后，免疫细胞中 ROS 大量生成，从而调控炎症细胞因子的表达。整体上，许多疾病的常见致病诱因是炎症反应。

不良的饮食习惯通常会使肠道菌群处于紊乱状态，而食物中的内源性毒素和 LPS 的累积，会刺激肠免疫系统或损伤上皮细胞，并且不断恶化的免疫系统最终可能导致肠炎疾病（Qin et al.，2017）。因此，缓解恶性肠炎疾病对肠道乃至机体健康至关重要。已有大量的研究结果表明，多种食物成分如多糖、多酚等可以抑制肠道炎症，并被认为能够维持肠道健康（Han et al.，2020；Vezza et al.，2016）。考虑到多酚或类黄酮在肠道内的诸多生物活性（图 2-33），如抗炎、免疫、改善屏障、调控肠道微生物等，故应该高度关注膳食多酚或类黄酮对肠道健康的维护作用（Wan et al.，2021）。

在多酚或类黄酮的抗炎活性研究中，化学诱导模型（乙酸、三硝基苯磺酸或 DSS）、基因工程小鼠（HLA-B27 大鼠或 *IL-10* 基因敲除小鼠）和 T 细胞-转移模型等被广泛使用。这些炎症模型与人类的 IBD 有一些相似之处，因而研究结果具有一定的参考价值。

2.4.1　多酚的抗炎活性

人类机体的免疫系统包括肠道免疫系统以及免疫细胞如巨噬细胞、单核细胞、

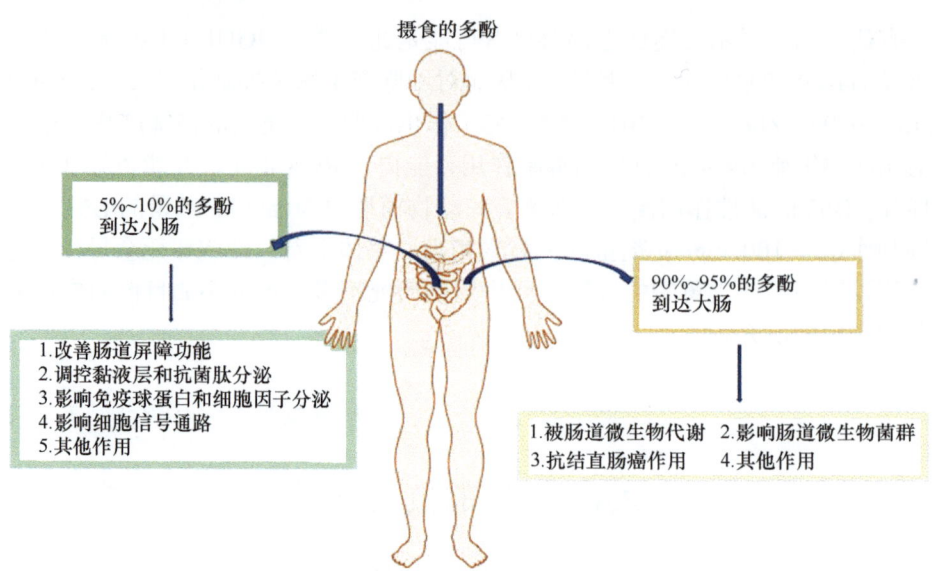

图 2-33 膳食多酚对肠道的健康作用和可能的作用方式（Wan et al., 2021）

中性粒细胞、树突状细胞、自然杀伤细胞和嗜酸/碱性粒细胞。这些细胞会通过分泌细胞因子、趋化因子和抗菌剂来共同发挥作用。肠道属于天然免疫系统，是人体的第一道防线。上皮杯状细胞产生的一层黏液对肠表面实施保护，因此能够对病原体感染产生即时保护反应，进而启动免疫应答。因此，维持肠道免疫稳态具有重要意义。肠道稳态一旦失衡可能导致多种疾病，其中就包括 IBD。众多研究结果显示，多酚或类黄酮在体内和体外试验中均表现出抗炎作用，从而有助于缓解包括 IBD 在内的不同炎症性疾病。例如，Galsanov 等（1976）在报道多酚对肠道炎症的潜在有益作用时，描述槲皮素在大鼠过敏性肠道炎症模型中的抗炎活性。此后的大量研究结果显示，多酚或类黄酮在肠道内确实具有抗炎活性作用。Gessner 等（2012）的研究发现，富含多酚的葡萄籽和葡萄渣用乙醇提取后，提取物可以抑制 Caco-2 细胞与炎症相关的 NF-κB 信号通路，IL-1β、IL-8、MCP-1 和 $CXCL1$ 等基因表达量下调。Nunes 等（2013）利用刺激的 HT-29 细胞作为肠上皮细胞模型，发现红酒中提取的多酚具有抗炎活性，表现为所提取出的多酚可以抑制 IκB 的降解，并对 IL-8 和 COX-2 的产生以及诱生型一氧化氮合酶（iNOS）的合成也产生抑制作用，从而有助于改善或预防肠道炎症。笔者和合作者研究发现，4 个类黄酮化合物（槲皮素、高良姜素、芹菜素和染料木素）对 IEC-6 细胞具有抗炎活性作用，可以减弱 LPS 或 TNF-α 诱发的细胞炎症（蔡世清，2022）。

通常，多酚或类黄酮在肠道内发挥抗炎活性作用，一般表现为以下 4 个方面。

2.4.1.1 对免疫球蛋白和抗菌肽的影响

在机体中，分泌型免疫球蛋白 A（secretory immunoglobulin A，sIgA）是肠道黏膜表面分泌量最多的免疫球蛋白，且不易被一般的蛋白酶破坏。sIgA 作为肠道内的主要免疫球蛋白，在肠道黏膜免疫中的作用非常关键，可以抗拒各种内源共生菌及外源入侵的病原体。sIgA 分泌到肠腔后与黏液混合形成一层保护膜包被在肠上皮，它能直接与病原微生物或食物抗原形成抗原-抗体复合物，以便于巨噬细胞的吞噬和清除。此外，sIgA 通过空间构象凝集，捕获黏膜层的病原微生物，并与它们表面的特异性结合位点结合，抑制它们运动，阻止病原微生物在黏膜黏附，保护黏膜不受损害。

对于饲喂高脂肪膳食的雄性 C57BL/6 小鼠，来自绿茶的 EGCG，具有调节 sIgA 的活性作用（Huang et al.，2020）。分析结果显示，高脂饮食伴随着小鼠大肠内炎症相关因子如 IL-6、IL-1β 的 mRNA 表达量增加，同时在肠道内容物、粪便样品中 sIgA 的检出量增加（图 2-34）；一旦在高脂饮食中添加 0.4% 的 EGCG，sIgA 的检出水平下降，此外，IL-6、IL-1β 的 mRNA 表达量也下调。这些结果显示：①高脂饮食导致炎症，而 EGCG 摄入产生相应的抗炎活性。②高脂饮食破坏肠道屏障，导致 sIgA 渗漏；而 EGCG 能降低屏障损伤，sIgA 渗漏量随之减少。因此，EGCG 可以保护小鼠肠道的免疫稳态。Pérez-Berezo 等（2012）的研究工作则发现，富含可可多酚的饮食对雌性 Wistar 大鼠肠道和粪便中的 IgA、IgM 也有同样的影响作用：可可多酚可以抑制大鼠随着年龄增加而增加的免疫球蛋白渗漏。最近的一项研究结果也证实，红茶能够显著增加肠道黏膜中的 sIgA 浓度（Tomioka et al.，2023）。

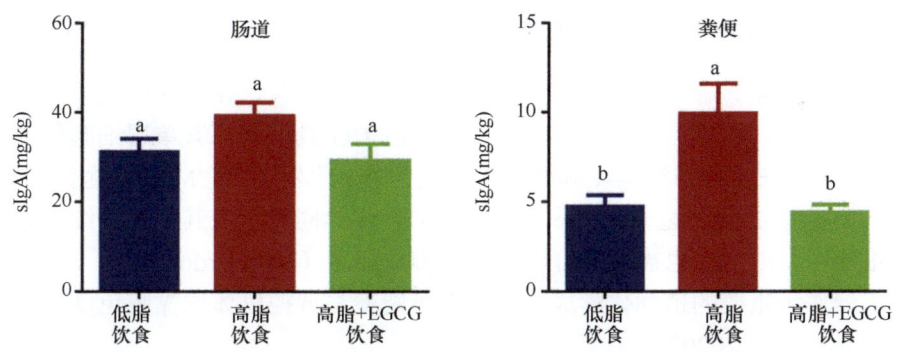

图 2-34　EGCG 对小鼠肠道和粪便中 sIgA 浓度的影响（Huang et al.，2020）

肠道分泌的抗菌肽是肠道提供防御作用的另外一个机制，帕内特细胞（Paneth cell）和肠细胞是抗菌肽产生的主要场所。抗菌肽是肠黏膜免疫屏障的重要组成，在机体对抗感染及炎症中发挥重要作用。同时，抗菌肽还具有维持肠道菌群稳定，发挥免疫调节等多种生理功能。防御素（defensin）是最重要的一类抗菌肽。防御素一般由 29~42 个氨基酸残基组成，分子量为 2~6 kDa，拥有 3 对分子内的二硫键。根据分子内二硫键位置的不同，防御素可分为 3 类：α-防御素、β-防御素、θ-防御素。此外，内源性抗菌多肽组织蛋白酶抑制素（cathelicidin）是被发现的另外一类抗菌肽。抗菌肽对幼年动物具有重要应用价值。动物饲料中添加抗菌肽后，对动物生长、肠道形态和免疫状态都能够产生积极的作用。抗菌肽所具有的抗菌及免疫调控作用见图 2-35。

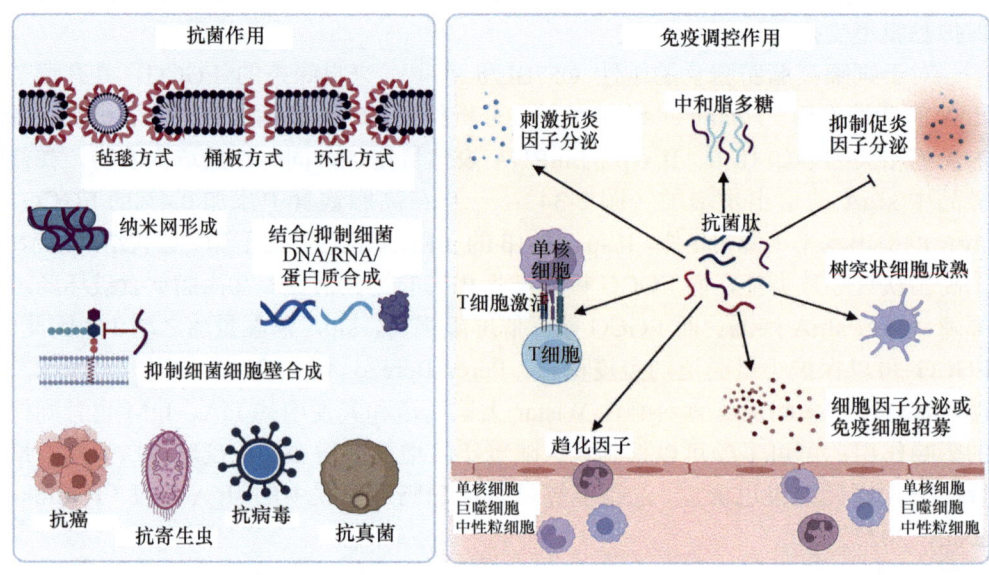

图 2-35　抗菌肽的抗菌作用与免疫调控作用示意图（Tobin and Zhang，2023）

多酚是否能够影响肠上皮细胞分泌防御素等抗菌肽，相关的研究很少，不过研究结论一致。在猪上皮 IPEC-J2 细胞中，EGCG 具有提高其单层细胞免疫屏障的活性，表现在诱导防御素-1 和防御素-2 的生成；此外，依托 MAPK 途径，EGCG 上调 β-防御素-2 的表达（Wan et al.，2016）。与此同时，在其他上皮细胞如牙龈上皮细胞中，EGCG 也被确认可以促进防御素分泌（Lombardo et al.，2014）。总之，多酚作为重要的植物化学成分，极有可能参与调控机体的黏膜免疫屏障系统（Williams et al.，2020）。

2.4.1.2　对黏液层的影响

肠道的内腔表面覆盖一层黏液，保护上皮细胞免受有害物质的损伤，所以完整的黏液层屏障是保护肠道的第一道防线。黏液层中的重要物质是糖蛋白，如分泌最多的黏蛋白-2（mucin-2，MUC2）。此外，MUC1、MUC3A/B、MUC4 和 MUC12 等存在于上皮细胞的顶端膜，所以它们又被称为细胞表面黏蛋白。

MUC2 主要由杯状细胞分泌，具有形成凝胶的能力，所以也被称为凝胶形成黏蛋白。MUC2 的核心拥有脯氨酸（Pro）、苏氨酸（Thr）和丝氨酸（Ser）等残基（即富含 PTS 序列），通常串联在一起重复。Ser 和 Thr 残基广泛地被 O-糖基化，赋予 MUC2 一个类似"瓶刷"的构象。Pro 由于其独特的结构可确保黏蛋白的结构在高尔基体中保持未折叠状态，允许蛋白质发生 O-糖基化过程。要指出的是，O-糖基化是一个重要的过程，它赋予黏蛋白溶于水、形成凝胶的能力，允许创建聚糖涂层，隐藏黏蛋白的蛋白质核心，并保护其免受内源性蛋白酶降解。MUC2 生物合成过程中的 O-糖基化反应如图 2-36 所示。

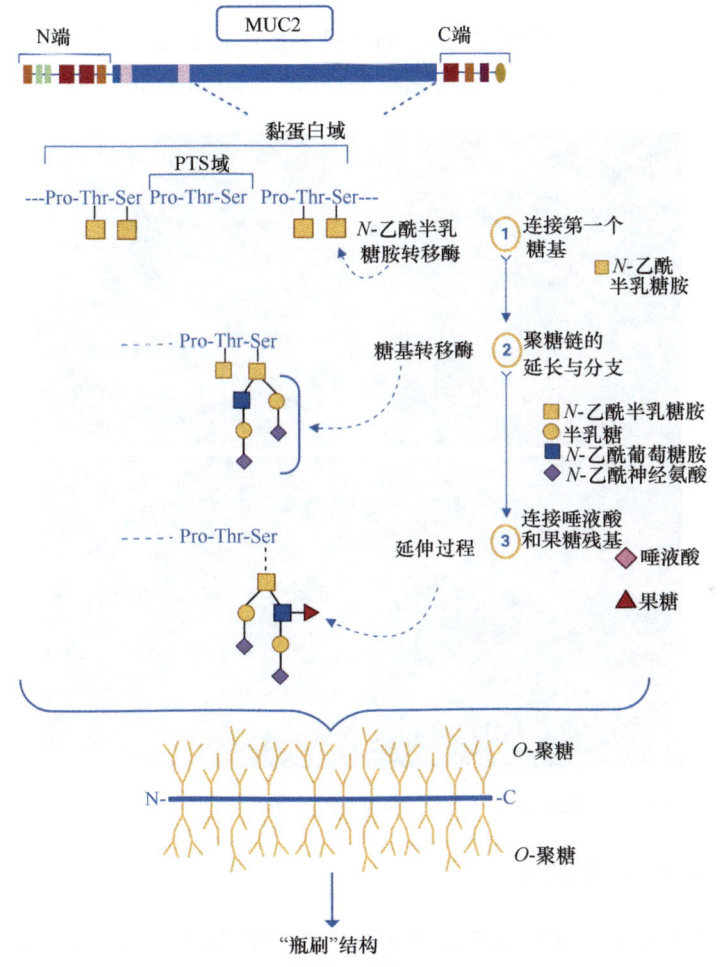

图 2-36　MUC2 的 O-糖基化反应过程示意图（Paone and Cani，2020）

利用小鼠为模型动物，Han 等（2023a）探究富含多酚的柑橘皮粉对高脂饮食小鼠黏液层屏障功能的影响。他们发现，柑橘皮粉可以提高小鼠大肠中的杯状细胞数量和黏液层厚度，上调 MUC2 的蛋白质表达，并且下调与内质网应激相关的 GRP78 和 CHOP 的蛋白质表达，因此认为柑橘皮能够有效缓解高脂饮食导致的黏液层屏障损伤。Cremonini 等（2019）的研究工作也发现，相对于对照组的 C57BL/6J 小鼠，高脂饮食小鼠回肠中 MCU2 的水平降低 33%；但是，花青素可以增加高脂饮食小鼠回肠中 MCU2 分泌。从他们得到的免疫组织化学染色（IHC）分析结果也可以看出（图 2-37）：相比正常饮食的对照组小鼠回肠（C 组），高脂饮食使小鼠回肠中 MUC2（红色荧光，参见 https://www.sciencedirect.com/science/article/pii/S2213231719306718?via%3Dihub）在杯状细胞表面累积（HF 组），而小鼠在摄入高脂饮食的同时给予花青素，则杯状细胞表面 MUC2 的累积明显减少（HFA 组）。此外，广泛存在于葡萄及葡萄制品中的一种多酚物质白藜芦醇，也有研究结果证实它能够促进模型动物的杯状细胞黏液层增加（Martın et al.，2004）。

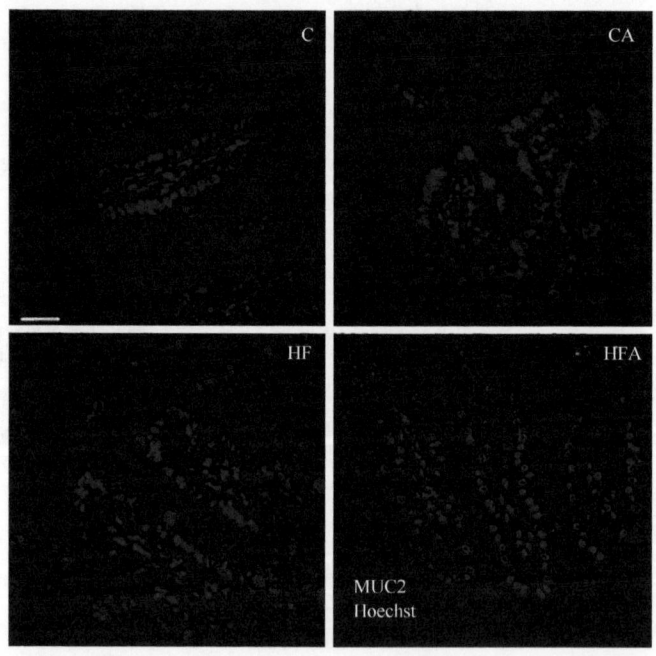

图 2-37　C57BL/6J 小鼠回肠中 MUC2 的免疫组织化学分析（Cremonini et al.，2019）

2.4.1.3　对细胞因子的影响

免疫细胞与细胞因子均参与机体免疫应答。细胞因子（cytokine）是由免疫细胞（如单核细胞、巨噬细胞、T 细胞、B 细胞、NK 细胞等）和某些非免疫细胞（如内皮细胞、表皮细胞等）经刺激而合成、分泌的一类小蛋白质分子。细胞因子在机体内含量极低，但是具有一系列的生物功能，如在免疫调节、炎症应答、血细胞生成、组织修复、肿瘤转移等生理和病理过程中发挥作用。细胞因子的分子量一般小于 10 kDa，大多数情况下它们的分子量分布在 3 kDa 附近。依据细胞因子的主要功能，将细胞因子分为 IL、集落刺激因子（colony stimulating factor，CSF）、干扰素（interferon，IFN）、TNF 家族、转化生长因子-β 家族（transforming growth factor-β family，TGF-β family）、生长因子（growth factor，GF）和趋化因子家族（chemokine family）。另外，还有其他的分类方法。对于肠道而言，细胞因子在维护肠道稳态和上皮细胞生长方面具有重要作用。机体内参与炎症过程的免疫细胞和细胞因子见图 2-38。

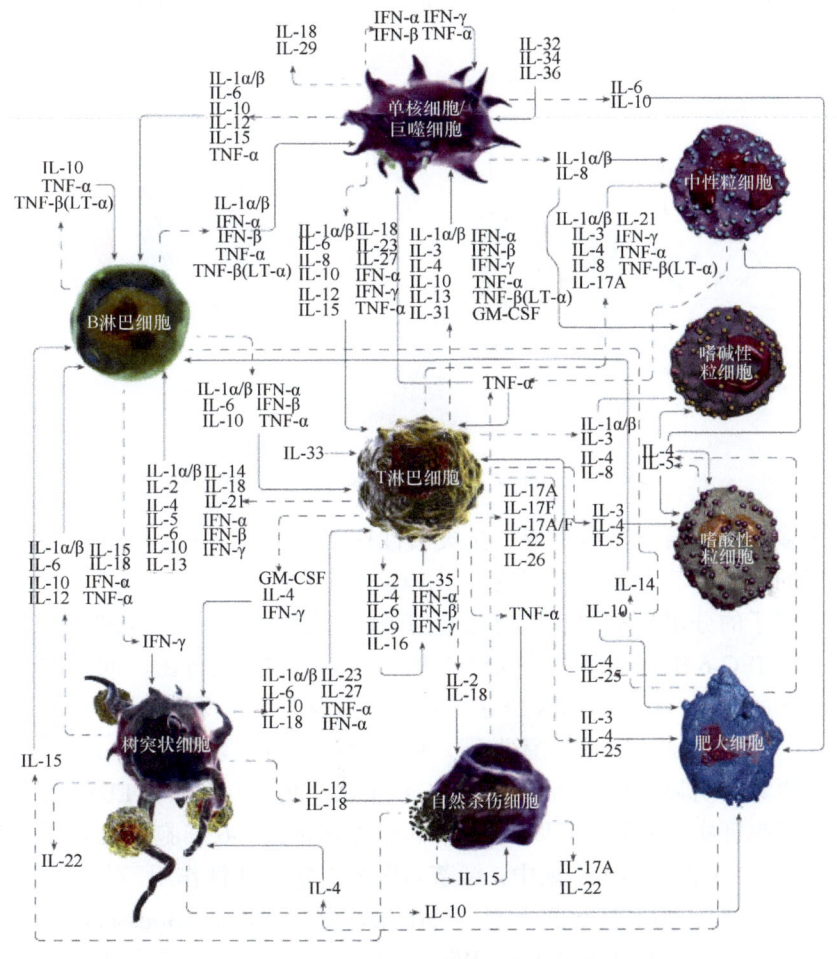

图 2-38　参与炎症过程的免疫细胞和细胞因子

在机体内，炎症细胞因子主要负责在病原体入侵时激活机体的先天性和获得性免疫系统，从而消灭入侵者。抗炎细胞因子主要是在消灭入侵者以后消除炎症，使机体恢复到正常免疫和生理水平。所以，炎症细胞因子和抗炎细胞因子之间的平衡是维持机体正常免疫状态、抗病、自身稳定性和正常生理活动的关键因素（图2-39）。熟知的细胞因子风暴（cytokine storm），是指机体感染微生物后引起体液中多种细胞因子如TNF-α、IL-1、IL-6、IL-12、IL-8、IFN-α、IFN-β、IFN-γ等迅速大量产生的现象。细胞因子风暴是引起急性呼吸窘迫综合征（ARDS）和多器官衰竭的重要原因。免疫系统的日常工作是清除感染，但是一旦机体的免疫系统被激活到极限程度或者失去控制，淋巴细胞和巨噬细胞持续激活和扩增，它们就会分泌大量的细胞因子，导致细胞因子风暴，伤害宿主，最后的结果就是机体的正常细胞也被攻击，诱发全身炎症反应、器官衰竭，直至死亡。

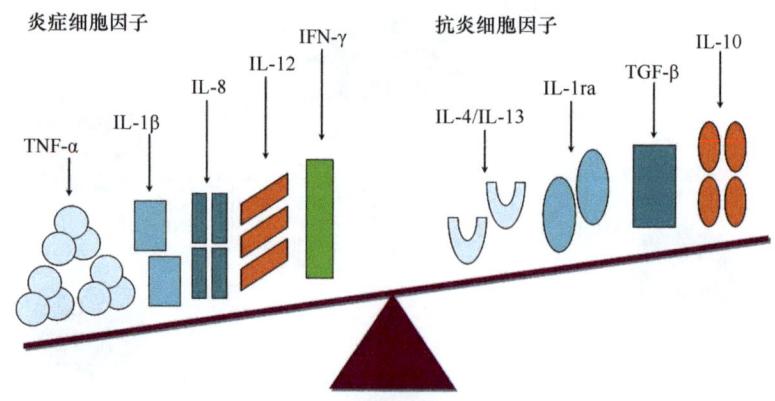

图2-39 炎症细胞因子和抗炎细胞因子的平衡

由于多酚或类黄酮具有很好的抗炎活性作用，因此它们可以调控上皮细胞中细胞因子的分泌。笔者和合作者发现，IEC-6细胞暴露于LPS后产生炎症响应，炎症细胞因子的分泌量增加而抗炎细胞因子的分泌量减少；一旦采用高良姜素、槲皮素处理IEC-6细胞，可以增加这2种抗炎细胞因子的分泌，同时减少3种炎症细胞因子的分泌，从而对LPS诱导的IEC-6细胞炎症发挥抗炎活性作用（表2-7）（Cai et al., 2022）。此外，我们还发现，芹菜素与染料木素对TNF-α诱导的IEC-6细胞炎症也具有明显的抗炎活性作用（Cai et al., 2022）。Oz和Ebersole（2010）的研究结果也证实，茶多酚可以降低TNF-α诱导的IEC-6细胞中IL-8的水平。在实验动物IL-2$^{-/-}$ C57BL/6J小鼠中，绿茶多酚也有抗炎活性作用，它可以降低大肠上皮固有层TNF-α和IFN-γ的水平（Varilek et al., 2001）。Boussenna等（2016）的研究结果证实，对于DSS处理的Wistar大鼠，红葡萄果渣提取物中的多酚可以拮抗大肠中炎症细胞因子IL-1α、IL-6和IFN-γ分泌的增加，并且还可以降低TNF-α

水平（表 2-8）。类似的研究工作非常多，这里就不再逐一阐述相关的研究结果。整体上，无论是在动物模型还是在细胞模型，多酚或类黄酮均显示出对炎症细胞因子或抗炎细胞因子分泌的影响作用，从而发挥对肠道的抗炎活性功能。

表 2-7　高良姜素和槲皮素对 LPS 处理 IEC-6 细胞中 5 个细胞因子分泌水平的影响（Cai et al.，2022）

（单位：pg/mL）

细胞组	炎症细胞因子			抗炎细胞因子	
	IL-1β	IL-6	TNF-α	IL-10	TGF-β
对照组细胞	6.0±0.3	88.0±2.7	52.0±4.6	26.1±1.4	36.8±1.7
模型组细胞	40.5±4.0	205.7±13.4	206.3±12.2	6.5±1.3	29.4±1.6
高良姜素处理细胞	23.4±2.1	129.7±10.6	147.3±4.9	35.9±1.4	45.6±1.1
槲皮素处理细胞	26.3±3.3	133.0±7.6	154.0±10.5	27.4±1.2	40.5±3.5

表 2-8　红葡萄果渣提取物摄入对大鼠细胞因子分泌的影响（Boussenna et al.，2016）

（单位：pg/mg 蛋白质）

细胞因子	对照组	DSS 组	DSS + 红葡萄果渣提取物		
			5 g 提取物/kg 饲料	8.2 g 提取物/kg 饲料	2.9 g 提取物/kg 饲料
TNF-α	20.6±0.7	23.6±2.2	13.5±1.4	11.9±1.9	12.4±1.9
IL-1α	22.0±1.2	98.5±21.5	42.1±5.9	37.2±4.4	36.4±5.5
IL-1β	810±44	2626±554	1731±117	1861±177	1799±169
IL-6	93.0±9.1	282±81	43.6±8.8	55.1±17.6	70.3±24.2
IFN-γ	19.8±2.6	27.9±2.6	18.9±1.5	16.3±1.3	13.8±1.1
GM-CSF	8.38±0.75	4.95±1.02	2.53±0.54	1.55±0.53	0.78±0.27
IL-2	271±14.0	113±12	129±21	109±7	93.0±14.0
IL-4	14.8±1.0	4.70±0.62	5.28±0.89	4.12±0.55	3.77±0.59
IL-5	25.3±1.7	16.6±1.0	20.2±1.4	15.4±0.9	12.7±1.8
IL-10	106±8	41.7±1.4	37.0±5.9	34.7±2.5	28.1±3.2
IL-12 p70	9.61±0.63	3.26±0.47	3.84±0.74	2.76±0.39	1.86±0.40
IL-13	11.8±1.1	5.31±0.31	5.29±0.68	3.72±0.29	304±0.60

2.4.1.4　对肠道微生物的影响

一般认为，当多酚或类黄酮被摄入机体后，绝大部分多酚不会被小肠吸收，但是会在结肠中被肠道微生物分解、代谢，从而生成其他化学结构的代谢物（多酚和酚酸）。例如，有研究结果表明，芦丁、槲皮素等多酚被肠道微生物各种各样地代谢（如水解糖苷键、吡喃环裂解等），生成分子量较小的酚类和酚酸（Parkar et al.，2013）。这些代谢物比它们的前体可能具有更高或更低的生物利用度和抗炎特性，因此整体上会影响多酚或类黄酮的肠健康作用。有研究结果证明，槲皮素的代谢产物柽柳素（即 4'-O-甲基槲皮素）的抗炎活性要高于槲皮素，而另外一个代谢产物异鼠李素（即 3'-O-甲基槲皮素）的抗炎活性则弱于槲皮素（Luca et al., 2020）。对多酚或类黄酮降代谢物的生物活性尤其是抗炎活性作用的研究目前只有很少的研究报告，有待未来研究工作的进一步扩展和深入。因此，本书对此方面的问题不做过多介绍，而聚焦于多酚或类黄酮对肠道微生物菌群的调控作用。多酚等在肠道内的典型代谢方式见图 2-40。

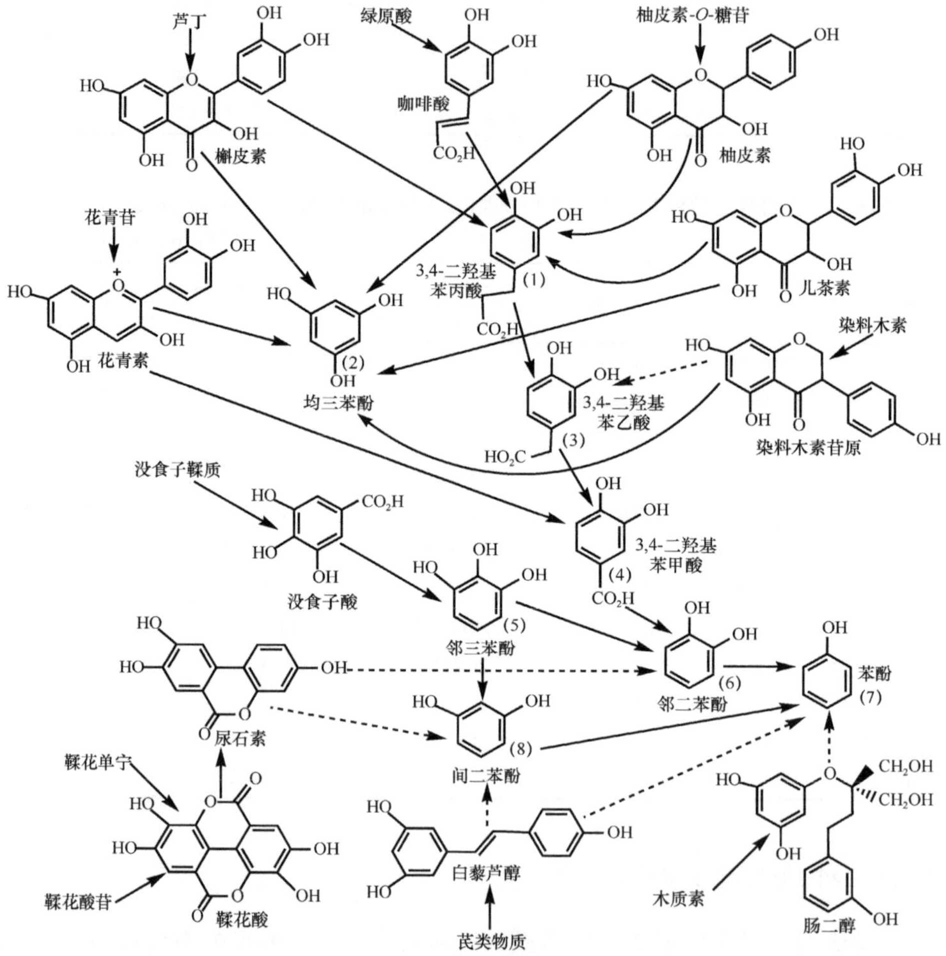

图 2-40　膳食多酚在肠道内的代谢途径（Selma et al., 2009）
虚线代表可能的途径，实线代表已确定的途径

更为重要的是，多酚或类黄酮的摄入将对肠道微生物生态产生显著影响。以茶多酚为例，有研究发现绿茶提取物对单核细胞增生李斯特菌、绿脓杆菌、蜡样

芽孢杆菌和金黄色葡萄球菌等有抗菌活性（Sourabh et al.，2013）。还有研究发现，茶多酚只对革兰氏阳性菌有抗菌活性，并且绿茶的活性较高（Chan et al.，2011）。在饲喂高脂饮食的老年小鼠中，采用苹果多酚干预可以降低厚壁菌与拟杆菌的比例，同时还提升嗜黏蛋白阿克曼菌的丰度（Yin et al.，2023）。最近的一项研究工作也发现，在 SD 雌性大鼠中，EGCG 不仅能预防骨密度下降，还能增加肠道微生物多样性，包括提升有益菌如普雷沃菌和瘤胃球菌的丰度，同时降低有害菌如消化链球菌科细菌的丰度（Han et al.，2023b）。总之，现有的很多研究结果支持多酚或类黄酮在机体内能影响肠道微生物菌群，抑制病原菌，并促进有益菌增殖，从而有利于肠道健康。

对于类黄酮-肠道微生物相互作用以及类黄酮对肠道抗炎和抗癌活性的影响作用，可以参阅两篇不错的文献综述"Dietary flavonoids-microbiota crosstalk in intestinal inflammation and carcinogenesis"（Wang et al.，2024）和"Benefits of polyphenols on gut microbiota and implications in human health"（Cardona et al.，2013）。本书不再对这两篇文章的内容和结论进行过多介绍。

2.4.2 多酚抗炎作用的相关分子机制

炎症反应发生时会引起多条信号通路的激活。TLR 作为一种典型的模式识别受体，在炎症反应过程中发挥着重要作用。TLR 成员 TLR4 能够诱导炎症基因的表达。通常，炎症反应涉及的信号通路主要有 NF-κB 通路、MAPK 通路、Janus 激酶/信号转导与转录激活子（Janus kinase/signal transducer and activator of transcription，JAK/STAT）通路、PI3K/Akt/mTOR 通路等。

研究表明，低浓度的膳食多酚可增强抗氧化酶活性，抑制促炎细胞因子释放，并抑制 NF-κB 介导或氧化应激诱导的炎症信号通路（Zhang and Tsao，2016）。因此，多酚或类黄酮在肠道内将依赖某个或某些细胞信号通路而发挥抗炎活性作用，其中对 NF-κB 信号通路的研究最为常见。

2.4.2.1 NF-κB 信号通路

NF-κB 是诺贝尔奖获得者 David Baltimore 的实验室从 B 细胞的细胞核抽提物中找到的转录因子。NF-κB 是一种蛋白质复合物，参与细胞对外界刺激的响应，几乎所有的动物细胞中都能发现 NF-κB。在细胞的炎症反应、免疫应答等过程中，NF-κB 起到关键性作用。所以，NF-κB 信号通路是一个与免疫和抗炎相关的关键信号通路。

笔者和合作者的研究结果发现（蔡世清，2022），大鼠小肠上皮细胞（IEC-6 细胞）暴露于 LPS 后，免疫印迹分析结果显示细胞的 TLR4、p-IκBα 和 p-p65 的表达水平上调，因为对照组细胞这些蛋白质的表达水平仅为 0.15～0.20 倍，而 LPS

模型组细胞的这些蛋白质的表达水平达到 0.84~1.23 倍。TLR4、p-IκBα 和 p-p65 是这一信号通路中的关键蛋白质。所以，LPS 激活 NF-κB 信号通路并在 IEC-6 细胞中诱导炎症反应。但是，一旦采用高良姜素和槲皮素处理 IEC-6 细胞，则 TLR4、p-IκBα 和 p-p65 表达水平降低（范围 0.21~0.27 倍）。此外，p-IκBα 和 p-p65 的上调表达也被 NF-κB 信号通路抑制剂 BAY 11-7082 充分抑制（0.25~0.27 倍）。这些结果表明，高良姜素和槲皮素抑制 NF-κB 信号通路，从而在细胞中发挥抗炎活性并减弱 LPS 诱导的炎症反应。另外，我们的研究结果还证实，芹菜素、染料木素也是通过抑制 NF-κB 信号通路的信号转导，进而增加抗炎细胞因子的释放，并且减少促炎介质的产生，从而在细胞中显示出抗炎作用，减轻 TNF-α 诱导的细胞炎症（Cai et al.，2022）。也就是说，高良姜素等 4 个类黄酮是通过抑制 NF-κB 信号通路激活而在 IEC-6 细胞中发挥抗炎活性作用。

更加有力的证据来自对 NF-κB-p65 核移位的界定。NF-κB-信号途径一旦被激活，转录因子 NF-κB-p65 就会迅速从细胞质转移到细胞核，进而调节与炎症相关的各种蛋白质的转录与表达（Somensi et al.，2019）。笔者等利用免疫荧光分析，观察到 TNF-α 确实可以诱发 IEC-6 细胞内的 NF-κB-p65 核移位，表现为模型组细胞的细胞核区域有更强烈并集中的红色荧光信号（图 2-41），这表明大量的 p65

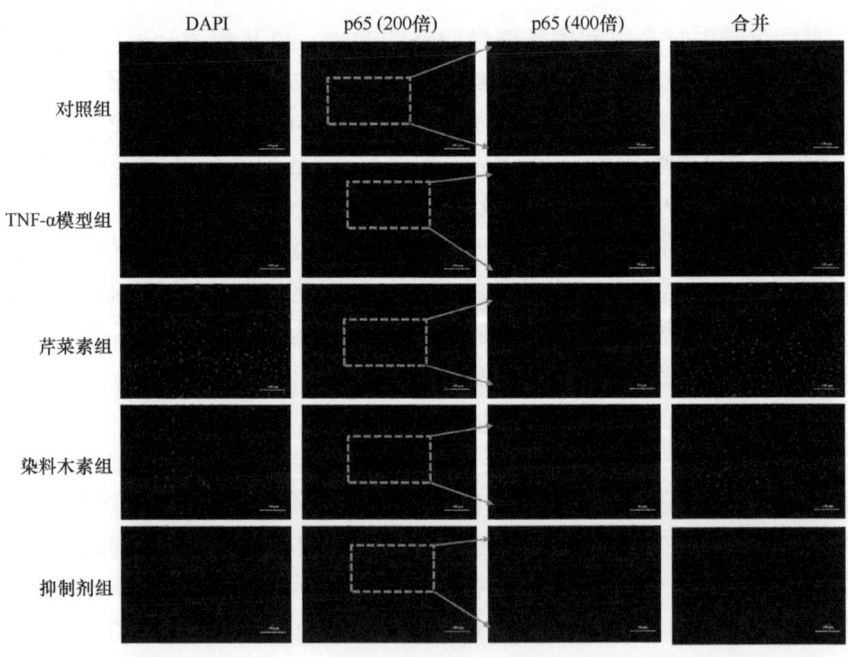

图 2-41 芹菜素和染料木素对 TNF-α 处理 IEC-6 细胞中 NF-κB-p65 核移位的抑制作用
（Cai et al.，2022）
DAPI，4',6-二脒基-2-苯基吲哚

蛋白移位进入细胞核并诱发炎症反应。但是，芹菜素、染料木素及抑制剂 BAY 11-7082 均显示出对 NF-κB-p65 核移位的抑制作用，表现为 p65 蛋白主要分布在细胞核以外区域，细胞核内 p65 蛋白分布较少，核边界的红色荧光强度明显减弱，此结果进一步印证芹菜素等在 IEC-6 细胞中的抗炎活性作用（Cai et al.，2022）。

作为经典的天然免疫识别和关键的免疫调节信号通路，TLR4/NF-κB 信号通路也受到广泛关注。LPS 和 TNF-α 是 TLR4/NF-κB 信号通路的激活剂（图 2-42）。目前，有研究结果证实，多酚可以抑制 NF-κB 信号通路的激活，如芒果苷（Dou et

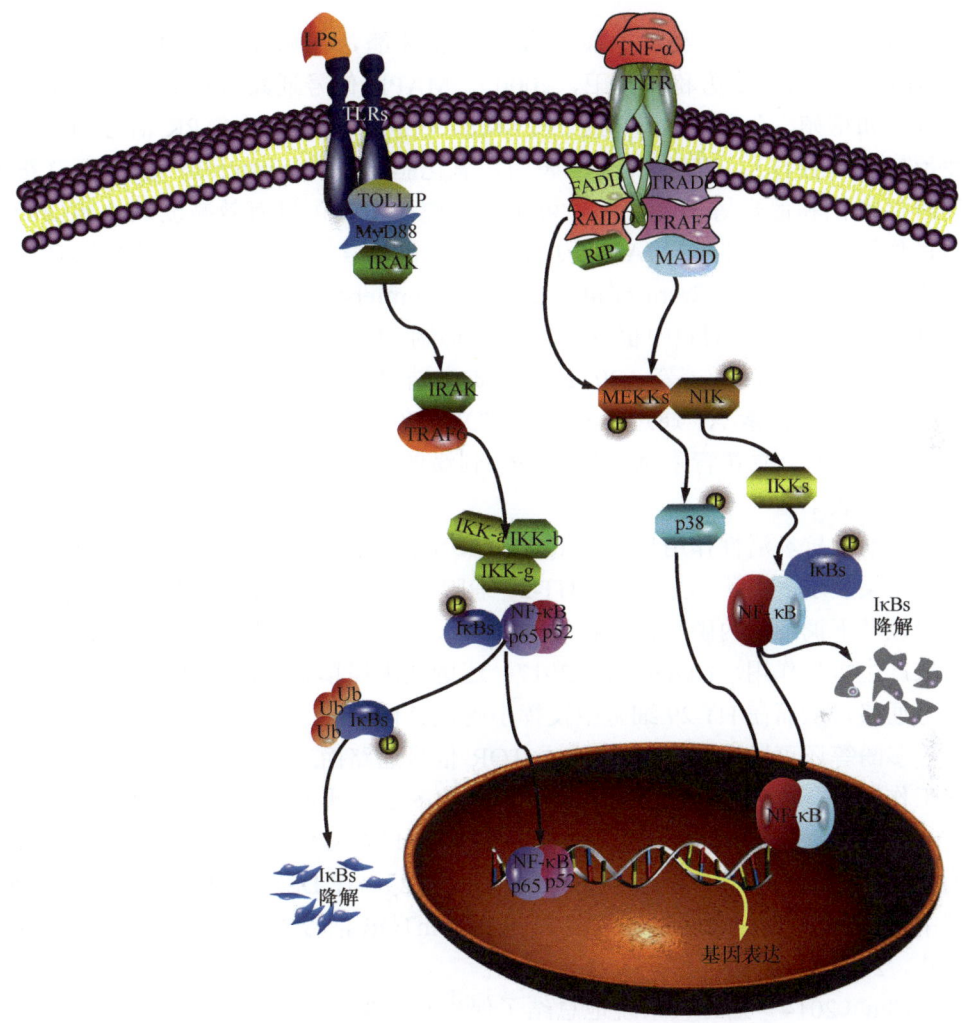

图 2-42　LPS 和 TNF-α 对 NF-κB 信号通路的激活

al., 2014）。作为一个类黄酮化合物，芒果苷具有抗氧化、抗癌和抗炎等活性作用，可以抑制 NF-κB 亚基 p65、p50 的核移位。另外一个例子就是茶多酚中的 EGCG，EGCG 被确认可以抑制 NF-κB-p65 转录活性，从而发挥抗炎活性（Lakshmi et al., 2020）。总之，现有的研究结果可以确认，多酚或类黄酮通过介导 NF-κB 信号通路（Khan et al., 2020），对小肠上皮细胞或其他细胞发挥抗炎或其他的活性作用。

2.4.2.2 其他信号通路

MAPK 家族是一类丝氨酸/苏氨酸蛋白激酶，在哺乳动物细胞中已发现 4 个 MAPK 亚族（姜勇和龚小卫，2000）。MAPK 信号通路调控多种细胞生物学过程，如增殖、分化、细胞凋亡及应激的关键信号通路。MAPK 信号通路对炎症反应有调控作用。有研究结果表明，氧化胆固醇（oxysterol）对 Caco-2 细胞具有促氧化和促炎等不良作用，可是，橄榄油多酚可以有效减弱氧化胆固醇的不良作用，并通过抑制 MAPKs JNK 1/2 和 p38 信号通路以及抑制 NF-κB 信号通路发挥抗炎作用（Serra et al., 2018）。Romier-Crouzet 等（2009）的研究结果证实，在 Caco-2 细胞中植物多酚通过抑制 MAPK 及 NF-κB 信号通路产生抗炎作用。此外，Zhang 等（2022a）的研究结果也证实，对 DSS 诱导肠炎的模型小鼠，原花青素 A1 通过 AMPK/mTOR/p70S6K 信号通路诱导自噬，可以减轻肠炎；同时，原花青素 A1 也在 LPS 刺激的 HCT-116 细胞和 HT-29 细胞中呈现抗炎活性。

多酚的抗炎活性作用也可以依托 JAK/STAT 信号通路。Nunes 等（2013）的研究结果显示，红葡萄酒多酚在 HT-29 细胞中降低细胞核中磷酸化 STAT1 的表达水平以及下调细胞内磷酸化 JAK1 的表达水平，从而通过抑制 JAK/STAT 信号通路来产生抗炎作用。Nunes 等（2017）还确认木犀草素也是通过抑制 JAK/STAT 信号通路，从而在 HT-29 细胞中发挥小肠抗炎作用。

多酚等还可以通过 PI3K/Akt /mTOR 信号通路而产生抗炎作用。例如，有研究工作发现，大黄酸（一个具有蒽醌结构的多酚）通过下调磷酸化 PI3K、Akt、mTOR 和 p70S6K1 等蛋白质表达，从而抑制 PI3K/Akt /mTOR 信号通路，故此认为大黄酸具有抗 UC 的能力（Dong et al., 2022）。在 DSS 诱发的大肠炎症动物模型中，芒果多酚也被证实通过调控 PI3K/Akt/mTOR 信号通路而减缓炎症应答（Kim et al., 2017）。

Chu（2014）则比较系统地总结了促炎和抗炎过程中所涉及的信号通路及因子，如图 2-43 所示。欲了解相关内容的详细解释和阐述，可进一步阅读该论文。

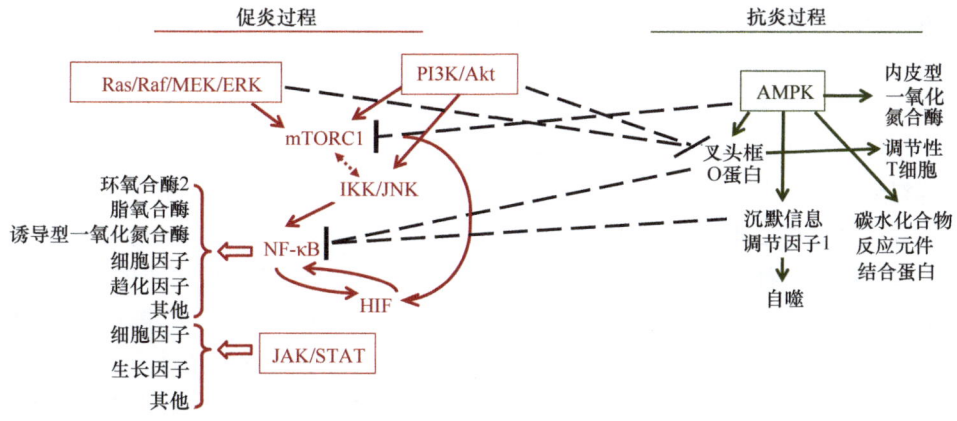

图2-43 促炎或抗炎过程中所涉及的若干信号通路与因子（Chu，2014）

（本节撰稿人　赵新淮）

2.5　食品加工贮存与多酚抗癌和抗炎活性变化

在过去的几十年里，我们发现多酚或类黄酮的摄入有利于机体健康。然而，富含多酚或类黄酮的植物食品通常要经历一定的加工处理和贮存。由于多酚或类黄酮的化学性质不稳定，食品加工过程、食品配方组成及食品贮存在很大程度上影响着食品成品中多酚等含量及其活性高低。例如，对茶叶、可可和咖啡等食品的研究表明，在实施不同时间、温度的热加工处理后，其中的总多酚含量、类黄酮含量将分别出现0.94%~55.34%、7.69%~75.14%的降低（Jiang et al.，2023）。因此，在评估食品成分的健康功能时，仅考虑食品原料中多酚等的含量、种类等还是不够的，必须考虑食品加工等给多酚含量和活性带来的潜在影响。这里仅考虑对多酚等的抗癌、抗炎活性作用的影响，对多酚等抗氧化活性的影响已经在"2.2 多酚的抗氧化作用"一节中进行了介绍。整体上看，食品加工等处理如何影响多酚等的抗氧化活性，目前有很多研究报告，也能得到相应的结论。但是，这些处理对多酚或类黄酮等抗癌和抗炎活性的影响作用如何，目前的相关研究报告还不多，整体研究不够充分，也无法得到确切的结论。

2.5.1　热处理的影响

通常，食品加工中热处理是一个必需的步骤。不同的加热方法如巴氏杀菌、高温瞬时杀菌、热烫、微波加热等都会导致多酚或类黄酮降解。在一般情况下，加热处理或氧化条件下类黄酮会发生一系列的降解反应，如氧化、羟基化和环裂解等。此外，降解还受到其他因素如 pH、氧气、食品基质中其他物质的影响。一般弱碱性和中性条件下降解速率更快，高浓度氧气存在下会诱导降解加速，而在氧气缺乏时（如充氮、充二氧化碳）则具有相反的效果。例如，有研究表明，在氧化条件下槲皮素 C 环的 C3 位受到水分子的亲核进攻，C 环因此被打开，进而碳链裂解产生一些降解产物和其他 20 余种与槲皮素相关的产物，槲皮素的主要氧化降解途径如图 2-44 所示（Barnes et al., 2013）。此外，在茶叶、可可等食品的加工过程中，随着温度增加，除了原花色素会发生降解反应生成更小的分子之外，儿茶素会发生异构化、脱羧等反应（Jiang et al., 2023）。因此，多酚或类黄酮经历热处理或氧化处理后，其活性作用会发生变化。至于何种热处理方式更加显著地影响多酚或类黄酮的活性作用则不是本节的讨论内容，可参考已经发表的相关研究报告。

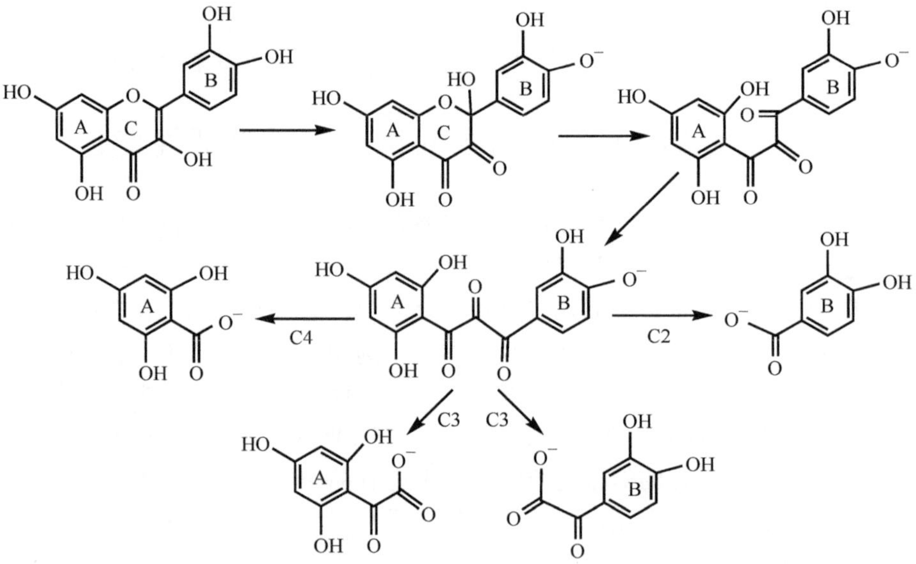

图 2-44　槲皮素在水溶液中的氧化降解途径（Barnes et al., 2013）

2.5.1.1　抗结直肠癌活性变化

多酚或类黄酮在肠道内具有抗癌活性作用。例如，它们可有效抑制人结肠直肠癌 RKO、SW-480 细胞的增殖，并诱导其凋亡（Lucia et al., 2007）。笔者等的研究结果表明，7 个类黄酮化合物（白杨黄素、芹菜素、木犀草素、高良姜素、山奈酚、桑色素和杨梅酮）都具有潜在抗结肠癌活性；在 HCT-116 细胞中，它们通过诱导细胞产生高水平的 ROS 而引起内质网应激，同时调节凋亡相关蛋白质的表达，激活 caspase 级联反应，最终诱发内源性和外源性凋亡途径（王博，2017）。

可是随后的分析结果显示,如果将 7 个类黄酮溶液分别连续地导入空气氧化 6 h,或者将 7 个类黄酮溶液分别在 100℃下加热 30 min,则相应的活性作用降低,尤其是 7 个类黄酮被实施加热处理后。例如,它们在 160 μmol/L 剂量下对 HCT-116 细胞的增殖抑制作用明显减弱(表 2-9),诱导 HCT-116 细胞内 ROS 生成的能力也大幅度降低(表 2-10)。这些结果一致表明,氧化处理尤其是加热处理会导致 7 个类黄酮降解,并且严重地削弱它们的抗结直肠癌活性作用(王博,2017)。

表 2-9　7 个类黄酮化合物受热处理或氧化处理后对 HCT-116 细胞增殖抑制作用的变化
(王博,2017)

类黄酮	增殖抑制作用(对照细胞百分数)		
	未处理	氧化处理	加热处理
白杨黄素	61.8±3.4	48.4±2.5	39.4±3.4
芹菜素	69.3±4.9	53.5±4.8	47.5±2.5
木犀草素	89.1±5.7	60.8±4.9	49.7±4.1
高良姜素	81.1±7.1	70.9±6.7	49.5±4.5
山奈酚	74.3±6.4	72.2±5.3	44.4±4.1
桑色素	71.6±6.7	67.9±5.9	39.8±3.6
杨梅酮	70.9±6.2	59.9±4.3	34.8±2.4

表 2-10　类黄酮化合物受热处理或氧化处理后对 HCT-116 细胞胞内 ROS 水平的影响
(王博,2017)

类黄酮	ROS 水平(对照细胞百分数)		
	未处理	氧化处理	加热处理
白杨黄素	288.5±2.0	243.9±2.1	190.3±1.1
芹菜素	312.9±2.8	267.6±3.1	201.5±2.4
木犀草素	320.1±1.9	279.2±2.8	209.4±3.6
高良姜素	314.7±1.9	249.3±2.5	199.8±3.1
山奈酚	287.1±1.8	238.4±2.4	180.2±2.8
桑色素	266.3±1.7	221.9±2.2	164.5±2.7
杨梅酮	246.1±1.5	199.9±2.0	148.9±1.9

不过,笔者等在研究黑桑多酚时则发现相反的现象(崔文思,2020)。黑桑的乙醇提取物中富含多酚及花青素。但是在被 100℃加热处理后,黑桑乙醇提取物对 HCT-116 细胞的增殖抑制作用提高,并且能够诱导细胞产生更多的 ROS。例如,在作用细胞 12~24 h 时,提取物的 IC_{50} 值从 72.1~96.9 mg/L 降低至 29.5~54.2 mg/L,而细胞的 ROS 生成水平从 105%~266%增加到 113%~323%。此外,对白桑的乙醇提取物也发现了类似的活性增强现象。黑桑和白桑乙醇提取物加热后其抗结直肠癌活性增加,被认为是提取物中那些非多酚成分发生了化学反应(如

美拉德反应），生成的产物具有较好的抗癌活性，弥补并超过多酚降解而损失的那部分抗癌活性。因为我们进一步的分析结果证明，未被加热的乙醇提取物在被脱除酚类物质后，再进行相同的加热处理，也可以导致脱酚后的提取物对 HCT-116 细胞有更好的增殖抑制作用。他人的研究工作结果也证实美拉德反应产物对一些癌细胞具有抗癌活性作用。例如，葡萄糖和 L-脯氨酸产生的美拉德反应产物，可以抑制人胃癌 GXF251L 细胞和肺癌 LXFL529L 细胞的生长并诱导其死亡（Marko et al., 2002）；甘油醛-牛血清白蛋白或者甘油醛-酪蛋白的美拉德产物也能够抑制 HL-60 细胞的增殖，降低细胞内谷胱甘肽水平，增加 ROS 的生成量，进而诱导细胞发生凋亡（Trachootham et al., 2009）。所以，极有可能是美拉德反应提高了黑桑和白桑多酚提取物的抗癌活性。很明显，单一的多酚在加热时由于不存在发生美拉德反应的物质条件，因此它们的抗癌活性会降低（源于多酚的热降解）。

寒带浆果黑加仑（blackcurrent）等加工后剩余的果渣，是多酚物质的良好原料，也被研究者充分研究过其活性。Holtung 等（2011）在不同条件下从黑加仑果渣中提取多酚，并发现高温（80℃、30 min）下得到的提取物对 Caco-2 细胞、HT-29 细胞和 HCT-116 细胞的抑制作用更强，并且认为高温处理导致复合多酚降解，而降解后的多酚对细胞具有更高的活性作用。另外，一些研究者在对覆盆子多酚提取物进行的研究中，针对提取物对 Caco-2 细胞、HT-29 细胞和 HCT-116 细胞的增殖抑制作用，也得到相同的结论（Aaby et al., 2013）。马铃薯尤其是黄色马铃薯、紫色马铃薯也富含多酚或花青素。Madiwale 等（2012）对多个品种马铃薯进行焙烤或油炸加工，并评估马铃薯贮存以及这些热处理对马铃薯乙醇提取物的抗结直肠癌活性的影响。他们发现，马铃薯贮存时间延长会减弱提取物对 HCT-116 细胞或 HT-29 细胞的增殖抑制作用，或降低提取物对细胞的凋亡诱导作用。更重要的是，所实施的加热处理会严重影响提取物对细胞的增殖抑制作用，表现为对细胞的抑制作用减弱，并测定出细胞活性数值增大（图 2-45），同时提取物的凋亡诱导作用也被削弱。故此，对于复杂的食品体系，多酚或类黄酮降解是否真正导致整体抗结直肠癌活性降低/增强，还需要更多的研究来澄清。很明显，加热过程中其他食品成分、某些反应产物的影响作用不能被忽视。

2.5.1.2 抗炎活性变化

多酚在经历加热处理后其对肠上皮细胞、巨噬细胞等的抗炎活性也有可能发生变化。笔者和合作者的研究结果证实，槲皮素、高良姜素、芹菜素、染料木素等 4 个类黄酮对大鼠上皮 IEC-6 细胞具有抗炎活性作用，可以拮抗 LPS 或 TNF-α 诱导的细胞炎症（蔡世清，2022）。进一步的分析评估结果表明，4 个类黄酮可以抑制 IEC-6 细胞中由于 LPS 或 TNF-α 刺激诱导的炎性因子如 PGE2、TNF-α、IL-6 和 IL-1β 分泌，促进抗炎因子 IL-10 和 TGF-β 释放，部分结果如表 2-11 所示。但

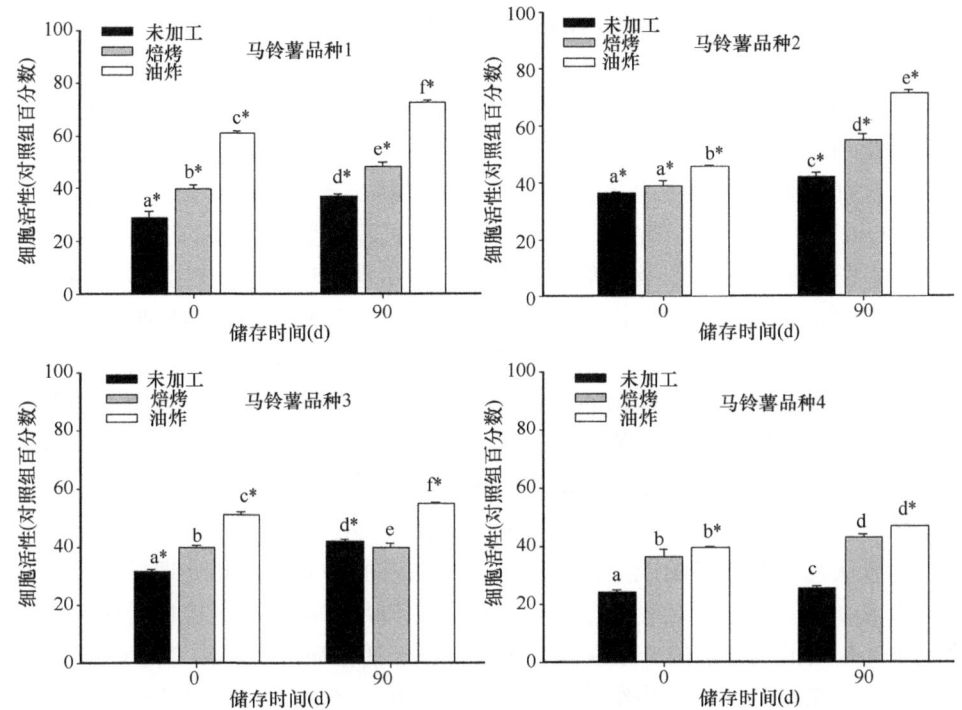

图 2-45 4 个品种的马铃薯在贮存与热加工处理后其乙醇提取物对 HCT-116 细胞的抑制作用
（Madiwale et al.，2012）

柱上英文字母不同，表明同一时间段的数据间具有显著性差异（$P<0.05$）；星号表示不同处理条件下 0 天和 90 天数据之间具有差异显著性（$P<0.05$）

表 2-11 高良姜素和槲皮素对 LPS 刺激的 IEC-6 细胞的抗炎活性作用（蔡世清，2022）

（单位：pg/mL）

细胞组	炎症细胞因子				抗炎细胞因子	
	IL-1β	IL-6	TNF-α	PGE$_2$	IL-10	TGF-β
对照组	6.0±0.3	88.0±2.7	52.0±4.6	5.1±0.5	26.1±1.4	36.8±1.7
LPS 模型组	40.5±4.0	205.7±13.4	206.3±12.2	19.3±1.7	6.5±1.3	29.4±1.6
高良姜素组	23.4±2.1	129.7±10.6	147.3±4.9	5.8±0.6	35.9±1.4	45.6±1.1
高良姜素-15 组	29.2±1.7	133.1±6.1	156.3±4.2	6.9±0.7	32.8±1.4	41.0±2.5
高良姜素-30 组	31.8±1.2	152.9±6.8	172.3±6.1	8.3±0.3	28.2±1.2	34.1±3.1
槲皮素组	26.3±3.3	133.0±7.6	154.0±10.5	6.1±1.1	27.4±1.2	40.5±3.5
槲皮素-15 组	32.6±3.2	139.4±3.1	163.0±8.0	7.2±1.0	24.2±0.7	36.1±1.4
槲皮素-30 组	36.2±1.8	159.2±8.1	177.7±7.0	8.7±0.2	17.4±2.2	32.0±2.2

注：类黄酮名称后的数字表示该化合物溶液在 100℃下的加热处理时间（min）。

是对比数据结果发现，热处理后类黄酮的抗炎活性作用均变小，表现在它们对炎性因子或抗炎因子的调控能力下降。因此，我们认为对类黄酮的加热处理导致它们降解,并削弱了它们在肠道内的抗炎活性作用。

紫米富含花青素(如矢车菊素)和其他多酚物质,因此具有很好的抗氧化性。但是,进一步的研究发现,来自原料紫米的提取物和蒸煮紫米的提取物对 LPS 刺激的巨噬细胞具有相似的活性作用,对细胞分泌 NO、TNF-α 和 IL-6 的调控作用无显著区别。因此,认为加热不影响紫米多酚的抗炎活性(Bhawamai et al., 2016)。另外,Qiu 等(2021)研究挤压、转鼓干燥等过程中紫米多酚的活性变化,虽然也发现多酚提取物中多酚及矢车菊素减少,但是也确认挤压、转鼓干燥等不影响紫米多酚对巨噬细胞的抗炎作用。这些文献中没有明确的数值结果报告,因而无法进行数值比较。究竟加热处理对紫米的多酚提取物抗炎活性存在何种影响,目前的这些结果还无法得到确切的定论。虽然也有一些研究评估不同加工处理得到的多酚提取物的抗炎活性,但是并未确定加工本身对多酚抗炎活性带来具体的影响作用。因此,食品加工尤其是加工温度如何影响多酚或类黄酮的体外、体内抗炎活性,仍然需要未来更多的系统研究、评估。

笔者认为,既然多酚或类黄酮属于对热敏感的物质,加热处理导致多酚或类黄酮组成、含量的变化(尤其是含量的降低),但是却不能产生抗炎活性的明显变化,这是令人很难理解的一个现象,明显有悖于活性研究工作中普遍存在的剂量-响应关系。来自其他研究小组的一项工作结果可以支持加热会降低热敏感活性物质的抗炎活性。Gunawardena 等(2014)利用 LPS 和 IFN-γ 刺激的 RAW 264.7 巨噬细胞,研究 5 种食用菌的抗炎活性。他们的分析结果显示,其中的 3 种食用菌具有很强的抗炎活性,可以抑制 NO 或 TNF-α 的产生;不过,对食用菌样品进行的模拟加工处理(主要是超声波处理及加热处理)都会显著降低食用菌的抗炎活性作用,数据上表现为所得到的 NO/TNF-α 抑制作用半抑制浓度(IC_{50})值明显变大(表 2-12)。所以,对热敏感物质实施热处理后,它们的抗炎活性作用极有可能会被减弱。

2.5.2 贮存条件的影响

正如我们在"2.2 多酚的抗氧化作用"这一节着重强调的那样,食品的贮存也会导致多酚或类黄酮的变化,因而会影响其在肠道内的健康功能。不过,目前虽有研究工作涉及食品贮存期间多酚或类黄酮的抗氧化性、抗癌活性变化,但是对于抗炎活性的影响则极少有研究者涉及。

有研究工作表明,不同颜色(白、黄、紫)的 7 个马铃薯品种,在 90 d 贮存期间它们的乙醇提取物中总酚含量、花青素单体含量均呈现先增加后降低的变化趋势,但是其抗氧化活性整体上却出现增强的趋势,对 DPPH 或 ABTS 自由基的清除活性变大(Madiwale et al., 2011)。这些提取物作用于 HCT-116 细胞或 HT-29

表 2-12　超声波及加热处理对食用菌抗炎活性的影响（Gunawardena et al.，2014）

食用菌样品	产品类型	抑制 NO 生成 （IC$_{50}$，mg/mL）	抑制 TNF-α 生成 （IC$_{50}$，mg/mL）
1 号	未处理	0.077	0.035
	超声波处理	0.23	0.37
	加热处理	0.32	0.47
2 号	未处理	0.063	>2.50
	超声波处理	1.07	>2.50
	加热处理	1.04	>2.50
3 号	未处理	0.032	1.88
	超声波处理	1.50	>2.50
	加热处理	1.25	>2.50
4 号	未处理	0.024	0.099
	超声波处理	0.09	>2.50
	加热处理	0.75	>2.50
5 号	未处理	0.027	0.047
	超声波处理	0.10	1.34
	加热处理	0.17	2.11

细胞时，会以剂量依赖的方式降低细胞活性而呈现增殖抑制作用，但是贮存 90 d 后的马铃薯乙醇提取物对结肠癌 HCT-116 细胞或 HT-29 细胞的增殖抑制作用变弱，如图 2-46 所示 HCT-116 细胞活性的部分分析结果，导致这些癌细胞的细胞活性增大。另外，90 d 的贮存时间也降低了马铃薯乙醇提取物对两株细胞的凋亡诱导作用，虽然此时依然存在凋亡诱导作用的剂量依赖关系（Madiwale et al.，2011）。这些研究结果证实：长期贮存对植物食品的肠健康作用可能存在负面影响，可以降低它们中多酚的抗结直肠癌活性。

咖啡酰奎宁酸类也是一类多酚物质，存在于芽菜中并对健康有益，具有抗氧化、抗炎、抗肿瘤等活性作用。有研究发现（Khaksar et al.，2021），向日葵芽中的咖啡酰奎宁酸组成受贮存时间影响，在 4℃的低温条件下贮存 13 d，其间各成分尤其是 3,5-二咖啡酰奎宁酸呈现含量降低趋势（图 2-47）。整体上看，各个成分在早期的含量变化趋势较小，而在 10～13 d 时各成分含量显著降低。这一结果意味着向日葵芽潜在的健康作用会受到贮存时间的影响。

2.5.3　其他条件因素的影响

食品的机械加工主要涉及对食品原料的去皮、去壳和筛分等。由于食品原料的不同部位，如表皮、叶片、根茎等多酚或类黄酮含量不同，食品原料相应部分

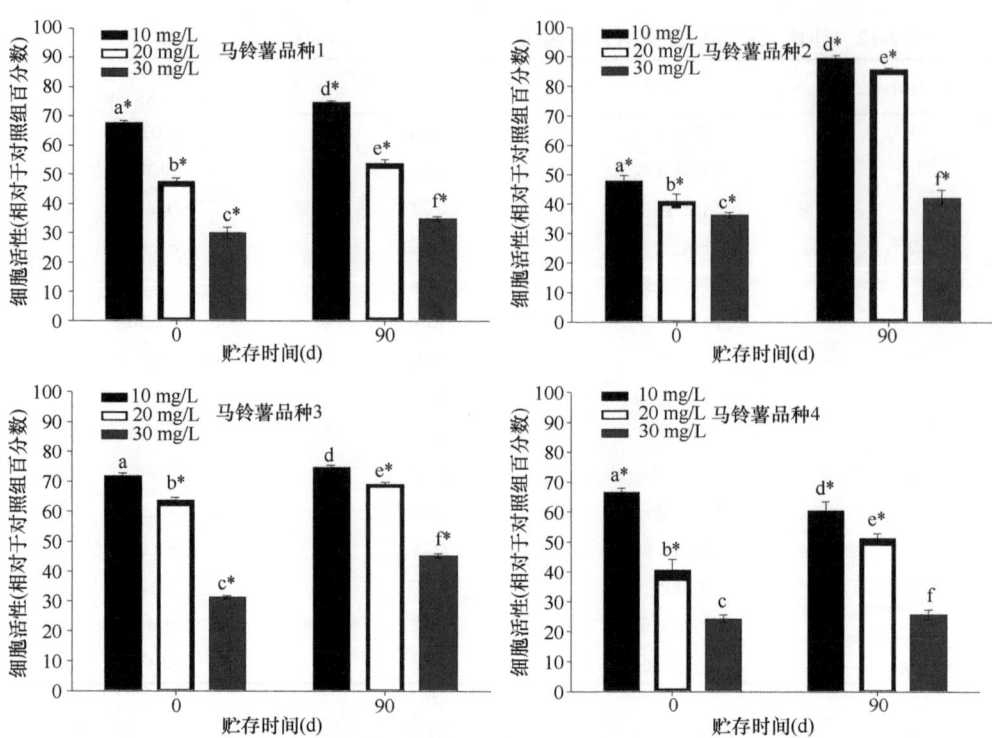

图 2-46　不同马铃薯品种在 90 d 贮存期间的乙醇提取物对 HCT-116 细胞的抗癌活性变化
（Madiwale et al.，2011）

柱上英文字母不同，表明同一时间段的数据间具有显著性差异（$P<0.05$）；星号表示同一浓度下 0 天和 90 天数据之间具有差异显著性（$P<0.05$）

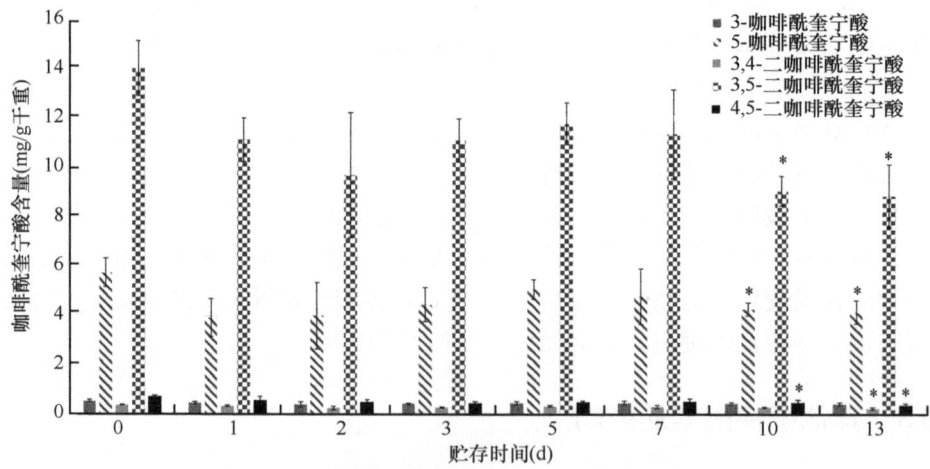

图 2-47　向日葵芽贮存期间咖啡酰奎宁酸成分的含量变化（Khaksar et al.，2021）

柱上星号表示与 0 天数据相比具有差异显著性（$P<0.05$）

的损失就会导致最终产品的总体含量水平下降。例如,洋葱的去皮和修整处理导致 39%的类黄酮损失,切碎芦笋会导致芦丁含量下降 18.5%。很明显,这种类黄酮的损失会直接影响食品本身的抗癌、抗炎活性作用。

脉冲电场(pulsed electric field,PEF)技术是一种非热食品杀菌技术。PEF 采用较高的电场强度(10~50 kV/cm)、较短的脉冲宽度(0~100 μs)和较高的脉冲频率(0~2000 Hz)对液体、半固体食品进行杀菌处理,可以用于连续杀菌和无菌灌装的生产线。有研究结果表明,中等强度的 PEF 杀菌处理对番茄汁中的多酚影响很小,而高强度 PEF 或加热杀菌对多酚存在一定的影响,尤其是对咖啡酸影响显著。不过,随着番茄汁贮存时间延长,芦丁、槲皮素等类黄酮的含量逐步下降(Vallverdú-Queralt et al.,2012)。Zhang 等(2010)研究 PEF 条件下矢车菊素-3-葡萄糖苷的降解,发现降解的第一步反应不是糖苷水解;矢车菊素-3-葡萄糖苷的降解仍然是一个一级反应,并且随着 PEF 强度和处理时间延长,降解程度增加、降解产物原儿茶酸增多。Quagliariello 等(2016)则研究 PEF 辅助提取糙米生物活性物质。他们发现对糙米实施 PEF 预处理后能够增加活性物质如多酚、酚酸等的提取率,而且也使得提取物有更好的抗氧化活性,并对人结肠癌 HT-29 细胞具有更强的活性作用。此外,PEF 辅助提取得到的糙米提取物对 LPS 刺激的 HT-29 细胞具有更好的抗炎活性,有效地抑制 IL-6、IL-8 等炎症因子的分泌。不过,由于这项研究是直接利用提取物作用于 HT-29 细胞(细胞毒性,剂量 0.05~10 mg/L;抗炎活性,剂量 1~3 mg/L),而没有考虑提取条件不同而导致提取物中多酚含量不同。因此,只能得到 PEF 处理有利于活性物质提取这一初步结论,而不能界定 PET 是否真正地影响多酚等物质的稳定性以及抗癌或抗炎活性。

静态高压(high hydrostatic pressure,HHP)技术是利用 100 MPa 以上的压力,在常温甚至更低温度下对食品进行的一个非热处理,达到杀菌、灭酶、改善食品功能特性等目的。在 HHP 处理时使用的压力不足以破坏化合物分子中的共价键,因此对食品香气、色泽和感官品质影响小,尤其是那些对热敏感的物质。Morata 等(2023)利用 HHP 技术以及超静态高压(UHHP)技术从一些水果中提取花青素,发现 HHP 处理导致花青素提取率升高,而 UHHP 处理导致植物细胞破壁,同时 UHHP 处理可以灭活氧化酶,避免敏感物质如多酚或萜类降解,最大程度地提取出花青素。因此,相对于传统的溶剂提取技术,应用 HHP 技术于植物性食品提取生物活性物质时,可以带来提取时间缩短、活性物质提取率增加的好处(Scepankova et al.,2018)。但是,仍然有研究结果表明 HHP 处理对多酚抗炎活性存在影响。例如,Ke 等(2021)的研究结果表明,样品经过 200~600 MPa、3~15 min 的 HHP 处理后,相比未经过 HHP 处理的西蓝花,HHP 处理可以提高提取物中的总酚含量,但是基本不影响类黄酮含量。此外,HHP 处理还可以增强提取物的抗炎活性,用提取物处理 LPS 刺激的 RAW264.7 巨噬细胞后,NO 等促炎细胞因子的分泌量更加明显地降低。

更有意思的是，体外模拟消化过程也会对多酚或类黄酮的活性产生影响。一项研究结果表明，一些食用花卉在经过模拟胃肠消化和透析后酚类含量出现下降（Janarny et al.，2022）。另外的一项研究结果也表明，10 种中国食用花卉经过模拟消化和透析后，总酚和类黄酮含量均出现减少，对 2 种自由基的清除活性降低，对铁离子的还原力减弱，同时对几株肿瘤细胞的增殖抑制作用也降低（表现为所得到的 IE_{50} 值变大）（Huang et al.，2017）。

总之，已经有一些科学家研究不同加工条件或处理对植物食品中多酚含量及生物活性的影响作用。例如，对石榴汁加工就有非常细致的研究（Putnik et al.，2019）。但是，仍然有其他加工或处理值得关注和研究，如低温等离子体技术（Amorim et al.，2023）。更为重要的是，目前一些研究工作的相关结论并不十分严谨，有待进一步验证。因此，期待未来有更多的人关注食品加工及环境因素对多酚或类黄酮健康作用的研究，优化更为适宜的加工或贮存条件，以便于最大限度地保护加工食品中多酚或类黄酮的各种健康作用。

（本节撰稿人　赵新淮）

参 考 文 献

蔡世清. 2022. 四个多酚的抗炎作用以及热处理对多酚抗炎作用的影响. 哈尔滨：东北农业大学硕士学位论文.

崔文思. 2020. 桑葚可溶性提取物热处理后抗氧化及抗结肠癌 HCT-116 细胞活性变化. 哈尔滨：东北农业大学硕士学位论文.

姜勇, 龚小卫. 2000. MAPK 信号转导通路对炎症反应的调控. 生理学报, 52(4): 267-271.

李通. 2016. 毛蕊异黄酮对结直肠癌细胞株 HCT-116 增殖凋亡的影响及机制的研究. 南宁：广西医科大学硕士学位论文.

刘宛宁. 2019. 热处理和铁铜离子对四个多酚稳定性和抗胃癌活性的影响. 哈尔滨：东北农业大学硕士学位论文.

马春敏. 2021. 乳蛋白与类黄酮的非共价或共价相互作用及其性质变化. 哈尔滨：东北农业大学博士学位论文.

王博. 2017. 七个类黄酮对结肠癌 HCT-116 细胞的抗癌活性和调控作用. 哈尔滨：东北农业大学博士学位论文.

杨帆, 刘艾林, 杜冠华. 2010. 黄酮类化合物对肿瘤多药耐药调节作用的研究进展. 中国新药杂志, 19(2): 109-113.

Aaby K, Grimme S, Holtung L. 2013. Extraction of phenolic compounds from bilberry (*Vaccinium myrtillus* L.) press residue: Effects on phenolic composition and cell proliferation. LWT - Food Science and Technology, 54: 257-264.

Amorim D S, Amorim I S, Chisté R C, et al. 2023. Effects of cold plasma on chlorophylls, carotenoids, anthocyanins, and betalains. Food Research International, 167: 112593.

Arts I C, Hollman P C, Feskens E J, et al. 2001. Catechin intake and associated dietary and lifestyle factors in a represen- tative sample of Dutch men and women. European Journal of Clinical Nutrition, 55: 76-81.

Bao T, Zhang M, Zhou Y Q, et al. 2021. Phenolic profile of jujube fruit subjected to gut microbiota fermentation and its antioxidant potential against ethyl carbamate-induced oxidative damage. Journal of Zhejiang University-SCIENCE B, 22: 397-409.

Barnes J S, Foss F W, Schug K A. 2013. Thermally accelerated oxidative degradation of quercetin using continuous flow kinetic electrospray-ion trap-time of flight mass spectrometry. Journal of the American Society for Mass Spectrometry, 24: 1513-1522.

Belščak-Cvitanović A, Durgo K, Huđek A. 2018. Overview of Polyphenols and Their Properties//Galanakis C M. Polyphenols: Properties, Recovery, and Applications. Duxford: Woodhead Publishing.

Bhatiya M, Pathak S, Jothimani G, et al. 2023. A comprehensive study on the anti-cancer effects of quercetin and its epigenetic modifications in arresting progression of colon cancer cell proliferation. Archivum Immunologiae et Therapiae Experimentalis, 71: 6.

Bhawamai S, Lin S H, Hou Y Y, et al. 2016. Thermal cooking changes the profile of phenolic compounds, but does not attenuate the anti-inflammatory activities of black rice. Food & Nutrition Research, 60: 32941.

Bolea C, Turturică M, Stănciuc N, et al. 2016. Thermal degradation kinetics of bioactive compounds from black rice flour (*Oryza sativa* L.) extracts. Journal of Cereal Science, 71: 160-166.

Boussenna A, Cholet J, Goncalves-Mendes N, et al. 2016. Polyphenol-rich grape pomace extracts protect against dextran sulfate sodium-induced colitis in rats. Journal of the Science of Food and Agriculture, 96: 1260-1268.

Bracke M E, Vanhoecke B W, Derycke L, et al. 2008. Plant polyphenolics as anti-invasive cancer agents. Anti-Cancer Agents in Medicinal Chemistry, 8: 171-185.

Cai S Q, Tang Z M, Xiong C, et al. 2022. The anti-inflammatory effects of apigenin and genistein on the rat intestinal epithelial(IEC-6)cells with TNF-α stimulation in response to heat treatment. Current Research in Food Science, 5: 918-926.

Cardona F, Andrés-Lacueva C, Tulipani S, et al. 2013. Benefits of polyphenols on gut microbiota and implications in human health. The Journal of Nutritional Biochemistry, 24: 1415-1422.

Carriere P P, Mir H, Kapur N, et al. 2017. Anti-proliferative effects of cinnamon extract in colon cancer. Cancer Research, 77(13 supplement): 312.

Chaiwangyen W, Chumphukam O, Kangwan N, et al. 2023. Anti-aging Effect of Polyphenols: Possibilities and Challenges//Pandey K B, Suttajit M. Plant Bioactives as Natural Panacea Against Age-Induced Diseases. Amsterdam: Elsevier Inc.

Chan E W C, Soh E Y, Tie P P, et al. 2011. Antioxidant and antibacterial properties of green, black, and herbal teas of *Camellia sinensis*. Pharmacognosy Research, 3: 266-272.

Chen L D, Liu Z H, Zhang L F, et al. 2017. Sanggenon C induces apoptosis of colon cancer cells *via* inhibition of NO production, iNOS expression and ROS activation of the mitochondrial pathway. Oncology Reports, 38: 2123-2131.

Cherniack E P. 2016. Polyphenols and Aging//Malavolta M, Mocchegiani E. Molecular Basis of Nutrition and Aging. San Diego: Academic Press.

Cho H J, Park J H Y. 2013. Kaempferol induces cell cycle arrest and apoptosis in HT-29 human colon cancer cells. Journal of Cancer Prevention, 18(3): 257-263.

Chu A J. 2014. Antagonism by bioactive polyphenols against inflammation: A systematic view.

Inflammation & Allergy - Drug Targets, 13: 34-64.

Ciszewski W M, Włodarczyk J, Chmielewska-Kassassir M, et al. 2022. Evening primrose seed extract rich in polyphenols modulates the invasiveness of colon cancer cells by regulating the TYMS expression. Food & Function, 13: 10994-11007.

Corona G, Coman M M, Guo Y, et al. 2017. Effect of simulated gastrointestinal digestion and fermentation on polyphenolic content and bioactivity of brown seaweed phlorotannin-rich extracts. Molecular Nutrition and Food Research, 61: 1700223.

Correa-Betanzo J, Allen-Vercoe E, McDonald J, et al. 2014. Stability and biological activity of wild blueberry (*Vaccinium angustifolium*) polyphenols during simulated *in vitro* gastrointestinal digestion. Food Chemistry, 165: 522-531.

Cremonini E, Daveri E, Mastaloudis A, et al. 2019. Anthocyanins protect the gastrointestinal tract from high fat diet-induced alterations in redox signaling, barrier integrity and dysbiosis. Redox Biology, 26: 101269.

Dai W, Dai Y G, Ren D F, et al. 2023. Dieckol, a natural polyphenolic drug, inhibits the proliferation and migration of colon cancer cells by inhibiting PI3K, AKT, and mTOR phosphorylation. Journal of Biochemical and Molecular Toxicology, 37: 23313.

de Beer D, Beelders T, Human C, et al. 2023. Assessment of the stability of compounds belonging to neglected phenolic classes and flavonoid sub-classes using reaction kinetic modeling. Critical Reviews in Food Science and Nutrition, 63: 11802-11829.

de Paepe D, Valkenborg D, Coudijzer K, et al. 2014. Thermal degradation of cloudy apple juice phenolic constituents. Food Chemistry, 162: 176-185.

Delgado-Roche L, González K, Mesta F, et al. 2020. Polyphenolic fraction obtained from *Thalassia testudinum* marine plant and Thalassiolin B exert cytotoxic effects in colorectal cancer cells and arrest tumor progression in a xenograft mouse model. Frontiers in Pharmacology, 11: 592985.

Dias M C, Pinto D C G A, Silva A M S. 2021. Plant flavonoids: Chemical characteristics and biological activity. Molecules, 26: 5377.

Dong L, Du H, Zhang M, et al. 2022. Anti-inflammatory effect of Rhein on ulcerative colitis *via* inhibiting PI3K/Akt/mTOR signaling pathway and regulating gut microbiota. Phytotherapy Research, 36: 2081-2094.

Dou W, Zhang J, Ren G, et al. 2014. Mangiferin attenuates the symptoms of dextran sulfate sodium-induced colitis in mice *via* NF-kappa B and MAPK signaling inactivation. International Immunopharmacology, 23: 170-178.

Dragsted L O, Strube M, Leth T. 1997. Dietary levels of plant phenols and other non-nutritive components: could they prevent cancer? European Journal of Cancer Prevention, 6: 522-528.

Efenberger-Szmechtyk M, Nowak A, Czyzowska A. 2021. Plant extracts rich in polyphenols: Antibacterial agents and natural preservatives for meat and meat products. Critical Reviews in Food Science and Nutrition, 61: 149-178.

El-Wetidy M S, Ahmad R, Rady I, et al. 2021. Urolithin A induces cell cycle arrest and apoptosis by inhibiting Bcl-2, increasing p53-p21 proteins and reactive oxygen species production in colorectal cancer cells. Cell Stress and Chaperones, 26: 473-493.

Emanuele S, Notaro A, Palumbo Piccionello A, et al. 2018. Sicilian litchi fruit extracts induce autophagy versus apoptosis switch in human colon cancer cells. Nutrients, 10: 1490.

Erdoğan M K, Ağca C A, Aşkın H. 2022. Quercetin and luteolin improve the anticancer effects of 5-fluorouracil in human colorectal adenocarcinoma *in vitro* model: A mechanistic insight. Nutrition and Cancer, 74: 660-676.

Escriche I, Kadar M, Juan-Borras M, et al. 2014. Suitability of antioxidant capacity, flavonoids and phenolic acids for floral authentication of honey. Impact of industrial thermal treatment. Food Chemistry, 142: 135-143.

Esmeeta A, Adhikary S, Dharshnaa V, et al. 2022. Plant-derived bioactive compounds in colon cancer treatment: An updated review. Biomedicine & Pharmacotherapy, 153: 113384.

Ferriola P C, Cody V, Jr Middleton E. 1989. Protein kinase C inhibition by plant flavonoids. Kinetic mechanisms and structure-activity relationships. Biochemical Pharmacology, 38: 1617-1624.

Fraga C G. 2009. Plant Phenolics and Human Health: Biochemistry, Nutrition, and Pharmacology. Hoboken: John Wiley & Sons, Inc.

Fuel M, Mesas C, Martínez R, et al. 2021. Antioxidant and antiproliferative potential of ethanolic extracts from *Moringa oleifera*, *Tropaeolum tuberosum* and *Annona cherimola* in colorrectal cancer cells. Biomedicine & Pharmacotherapy, 143: 112248.

Galsanov S B, Turova A D, Klimenko E D. 1976. Effect of quercitrin on structural changes in the large and small intestine in experimental enterocolitis. Bulletin of Experimental Biology and Medicine, 81: 775-777.

Gamet-Payrastre L, Manenti S, Gratacap M P, et al. 1999. Flavonoids and the inhibition of PKC and PI 3-kinase. General Pharmacology: The Vascular System, 32: 279-286.

Gessner D K, Ringseis R, Siebers M, et al. 2012. Inhibition of the pro-inflammatory NF-kappa B pathway by a grape seed and grape marc meal extract in intestinal epithelial cells. Journal of Animal Physiology and Animal Nutrition, 96: 1074-1083.

Gowd V, Bao T, Wang L, et al. 2018. Antioxidant and antidiabetic activity of blackberry after gastrointestinal digestion and human gut microbiota fermentation. Food Chemistry, 269: 618-627.

Gu L, Kelm M A, Beecher G, et al. 2004. Concentrations of proanthocyanidins in common foods and estimations of normal consumption. The Journal of Nutrition, 134: 613-617.

Guichard C, Pedruzzi E, Fay M, et al. 2006. Dihydroxyphenylethanol induces apoptosis by activating serine/threonine protein phosphatase PP2A and promotes the endoplasmic reticulum stress response in human colon carcinoma cells. Carcinogenesis, 27: 1812-1827.

Gunawardena D, Bennett L, Shanmugam K, et al. 2014. Anti-inflammatory effects of five commercially available mushroom species determined in lipopolysaccharide and interferon-gamma activated murine macrophages. Food Chemistry, 148: 92-96.

Ha T K, Kim M E, Yoon J H, et al. 2013. Galangin induces human colon cancer cell death *via* the mitochondrial dysfunction and caspase-dependent pathway. Experimental Biology and Medicine, 238: 1047-1054.

Han M, Song Y, Zhang X. 2016. Quercetin suppresses the migration and invasion in human colon cancer Caco-2 cells through regulating Toll-like receptor 4/nuclear factor-kappa B pathway. Pharmacognosy Magazine, 12(suppl 2): S237-S244.

Han P, Yu Y, Zhang L, et al. 2023a. Citrus peel ameliorates mucus barrier damage in HFD-fed mice. The Journal of Nutritional Biochemistry, 112: 109206.

Han R, Wang L, Zhao Z G, et al. 2020. Polysaccharide from *Gracilaria Lemaneiformis* prevents colitis in Balb/c mice *via* enhancing intestinal barrier function and attenuating intestinal inflammation. Food Hydrocolloids, 109: 106048.

Han X, Fu Y, Wang K, et al. 2023b. Epigallocatechin gallate alleviates osteoporosis by regulating the gut microbiota and serum metabolites in rats. Food & Function, 14: 10564-10580.

Hazafa A, Rehman K U, Jahan N, et al. 2020. The role of polyphenol(flavonoids)compounds in the treatment of cancer cells. Nutrition and Cancer, 72: 386-397.

Heinonen M. 2007. Antioxidant activity and antimicrobial effect of berry phenolics: A Finnish perspective. Molecular Nutrition and Food Research, 51: 684-691.

Henríquez C, Córdova A, Almonacid S, et al. 2014. Kinetic modeling of phenolic compound degradation during drum-drying of apple peel by-products. Journal of Food Engineering, 143: 146-153.

Hollman P C H, Arts I C W. 2000. Flavonols, flavones and flavanols-nature, occurrence and dietary burden. Journal of the Science of Food and Agriculture, 80: 1081-1093.

Holtung L, Grimmer S, Aaby K. 2011. Effect of processing of black currant press-residue on polyphenol composition and cell proliferation. Journal of Agricultural and Food Chemistry, 59: 3632-3640.

Huang J, Li W, Liao W, et al. 2020. Green tea polyphenol epigallocatechin-3-gallate alleviates nonalcoholic fatty liver disease and ameliorates intestinal immunity in mice fed a high-fat diet. Food & Function, 11: 9924-9935.

Huang W, Mao S, Zhang L, et al. 2017. Phenolic compounds, antioxidant potential and antiproliferative potential of 10 common edible flowers from China assessed using a simulated *in vitro* digestion-dialysis process combined with cellular assays. Journal of the Science of Food and Agriculture, 97: 4760-4769.

Ito T, Akao Y, Yi H, et al. 2003. Antitumor effect of resveratrol oligomers against human cancer cell lines and the molecular mechanism of apoptosis induced by vaticanol C. Carcinogenesis, 24: 1489-1497.

Janarny G, Ranaweera K K D S, Gunathilake K D P P. 2022. Digestive recovery of polyphenols, antioxidant activity, and anti-inflammatory activity of selected edible flowers from the family Fabaceae. Journal of Food Biochemistry, 46: 14052.

Jiang T, Peng L, Wang Q, et al. 2022. Cirsiliol regulates mitophagy in colon cancer cells *via* STAT3 signaling. Cancer Cell International, 22: 304.

Jiang Z D, Han Z S, Zhu M T, et al. 2023. Effects of thermal processing on transformation of polyphenols and flavor quality. Current Opinion in Food Science, 51: 101014.

Jilani H, Cilla A, Barberá R, et al. 2020. Antiproliferative activity of green, black tea and olive leaves polyphenols subjected to biosorption and *in vitro* gastrointestinal digestion in Caco-2 cells. Food Research International, 136: 109317.

Juan M E, Wenzel U, Daniel H, et al. 2008. Resveratrol induces apoptosis through ROS-dependent mitochondria pathway in HT-29 human colorectal carcinoma cells. Journal of Agricultural and Food Chemistry, 56: 4813-4818.

Kapoor S, Padwad Y S. 2023. Phloretin induces G_2/M arrest and apoptosis by suppressing the β-catenin signaling pathway in colorectal carcinoma cells . Apoptosis, 28: 810-829.

Karak P. 2019. Biological activities of flavonoids: An overview. International Journal of Pharmaceutical Sciences and Research, 10: 567-1574.

Ke Y Y, Shyu Y T, Wu S J. 2021. Evaluating the anti-inflammatory and antioxidant effects of broccoli treated with high hydrostatic pressure in cell models. Foods, 10: 167.

Kern M, Pahlke G, Balavenkatraman K K, et al. 2007. Apple polyphenols affect protein kinase C activity and the onset of apoptosis in human colon carcinoma cells. Journal of Agricultural and Food Chemistry, 55: 4999-5006.

Kern M, Tjaden Z, Ngiewih Y, et al. 2005. Inhibitors of the epidermal growth factor receptor in apple juice extract. Molecular Nutrition & Food Research, 49: 317-328.

Khaksar G, Cheevarungnapakul K, Boonjing P, et al. 2021. Sprout caffeoylquinic acid profiles as affected by variety, cooking, and storage. Frontier in Nutrition, 8: 748001.

Khan H, Ullah H, Castilho P C M F, et al. 2020. Targeting NF-κB signaling pathway in cancer by dietary polyphenols. Critical Reviews in Food Science and Nutrition, 60: 2790-2800.

Khuwijitjaru P, Plernjit J, Suaylam B, et al. 2014. Degradation kinetics of some phenolic compounds in subcritical water and radical scavenging activity of their degradation products. Canadian Journal of Chemical Engineering, 92: 810-815.

Kim H, Banerjee N, Barnes R C, et al. 2017. Mango polyphenolics reduce inflammation in intestinal colitis-involvement of the miR-126/PI3K/AKT/mTOR axis *in vitro* and *in vivo*. Molecular Carcinogenesis, 56: 197-207.

Kühnau J. 1976. The flavonoids. A class of semi-essential food components: their role in human nutrition. World Review of Nutrition and Dietetics, 24: 117-191.

Kumazaki M, Noguchi S, Yasui Y, et al. 2013. Anti-cancer effects of naturally occurring compounds through modulation of signal transduction and miRNA expression in human colon cancer cells. The Journal of Nutritional Biochemistry, 24: 1849-1858.

Kumpulainen J T, Salonen J T. 1999. Natural Antioxidants and Anticarcinogens in Nutrition, Health and Disease. Cambridge: Royal Society of Chemistry.

Lakshmi S P, Reddy A T, Kodidhela L D, et al. 2020. The tea catechin epigallocatechin gallate inhibits NF-κB-mediated transcriptional activation by covalent modification. Archives of Biochemistry and Biophysics, 695: 108620.

Lamy S, Ouanouki A, Béliveau R, et al. 2014. Olive oil compounds inhibit vascular endothelial growth factor receptor-2 phosphorylation. Experimental Cell Research, 322: 89-98.

Larsen C A, Dashwood R H. 2010. (–)-Epigallocatechin-3-gallate inhibits Met signaling, proliferation, and invasiveness in human colon cancer cells. Archives of Biochemistry and Biophysics, 501: 52-57.

Ling J K U, Chan Y S, Nandong J. 2021. Degradation kinetics modeling of antioxidant compounds from the wastes of *Mangifera pajang* fruit in aqueous and choline chloride/ascorbic acid natural deep eutectic solvent. Journal of Food Engineering, 294: 110401.

Lingua M S, Fabani M P, Wunderlin D A, et al. 2016. *In vivo* antioxidant activity of grape, pomace and wine from three red varieties grown in Argentina: Its relationship to phenolic profile. Journal of Functional Foods, 20: 332-345.

Liu X, Cui S, Li W, et al. 2023. Elucidation of the anti-colon cancer mechanism of *Phellinus baumii* polyphenol by an integrative approach of network pharmacology and experimental verification. International Journal of Biological Macromolecules, 253(Pt 6): 127429.

Lombardo B T B, Feghali K, Zhao L, et al. 2014. Green tea extract and its major constituent, epigallocatechin-3-gallate, induce epithelial beta-defensin secretion and prevent beta-defensin degradation by *Porphyromonas gingivalis*. Journal of Periodontal Research, 49: 615-623.

Long J, Guan P, Hu X, et al. 2021. Natural polyphenols as targeted modulators in colon cancer: Molecular mechanisms and applications. Frontier in Immunology, 12: 635484.

López-Fernández O, Bohrer B M, Munekata P E S, et al. 2022. Improving oxidative stability of foods with apple-derived polyphenols. Comprehensive Reviews in Food Science and Food Safety, 21: 296-320.

Lu J J, Cai Y J, Ding J. 2011. Curcumin induces DNA damage and caffeine-insensitive cell cycle arrest in colorectal carcinoma HCT116 cells. Molecular and Cellular Biochemistry, 354: 247-252.

Lu X, Jung J, Cho H J, et al. 2005. Fisetin inhibits the activities of cyclin-dependent kinases leading to cell cycle arrest in HT-29 human colon cancer cells. The Journal of Nutrition, 135: 2884-2890.

Luca S V, Macovei I, Bujor A, et al. 2020. Bioactivity of dietary polyphenols: The role of metabolites. Critical Reviews in Food Science and Nutrition, 60: 626-659.

Lucia F, Michael S, Vincenzo F, et al. 2007. Annurca apple polyphenols have potent demethylating activity and can reactivate silenced tumor suppressor genes in colorectal cancer cells. The Journal of Nutrition, 137: 2622-2628.

Madiwale G P, Reddivari L, Holm D G, et al. 2011. Storage elevates phenolic content and antioxidant activity but suppresses antiproliferative and pro-apoptotic properties of colored-flesh potatoes against human colon cancer cell lines. Journal of Agricultural and Food Chemistry, 59: 8155-8166.

Madiwale G P, Reddivari L, Stone M, et al. 2012. Combined effects of storage and processing on the bioactive compounds and pro-apoptotic properties of color-fleshed potatoes in human colon cancer cells. Journal of Agricultural and Food Chemistry, 60: 11088-11096.

Marko D, Kemény M, Bernady E, et al. 2002. Studies on the inhibition of tumor cell growth and microtubule assembly by 3-hydroxy-4-[(*E*)-(2-furyl)methylidene]methyl-3-cyclopentene-1, 2-dione, an intensively coloured Maillard reaction product. Food and Chemical Toxicology, 40: 9-18.

Marranzano M, Rosa R L, Malaguarnera M, et al. 2018. Polyphenols: Plant sources and food industry applications. Current Pharmaceutical Design, 24: 4125-4130.

Martın A R, Villegas I, La Casa C, et al. 2004. Resveratrol, a polyphenol found in grapes, suppresses oxidative damage and stimulates apoptosis during early colonic inflammation in rats. Biochemical Pharmacology, 67: 1399-1410.

Mizushima N, Yoshimori T, Levine B. 2010. Methods in mammalian autophagy research. Cell, 140(3): 313-326.

Mizushina Y, Kuriyama I, Nakahara T, et al. 2013. Inhibitory effects of α-mangostin on mammalian DNA polymerase, topoisomerase, and human cancer cell proliferation. Food and Chemical Toxicology, 59: 793-800.

Morata A, Del Fresno J M, Gavahian M, et al. 2023. Effect of HHP and UHPH high-pressure techniques on the extraction and stability of grape and other fruit anthocyanins. Antioxidants, 12: 1746.

Mortensen A, Kulling S E, Schwartz H, et al. 2009 Analytical and compositional aspects of isoflavones in food and their biological effects. Molecular Nutrition and Food Research, 53: S266-S309.

Müller L, Schütte L R F, Bücksteeg D, et al. 2021. Topoisomerase poisoning by the flavonoid nevadensin triggers DNA damage and apoptosis in human colon carcinoma HT29 cells. Archives of Toxicology, 95: 3787-3802.

Newman D J, Cragg G M. 2007. Natural products as sources of new drugs over the last 25 years. Journal of Natural Products, 70: 461-477.

Nijveldt R J, Van Nood E, Van Hoorn D E, et al. 2001. Flavonoids: A review of probable mechanisms of action and potential applications. The American Journal of Clinical Nutrition, 74: 418-425.

Nunes C, Almeida L, Barbosa R M, et al. 2017. Luteolin suppresses the JAK/STAT pathway in a cellular model of intestinal inflammation. Food & Function, 8: 387-396.

Nunes C, Ferreira E, Freitas V, et al. 2013. Intestinal anti-inflammatory activity of red wine extract: unveiling the mechanisms in colonic epithelial cells. Food & Function, 4: 373-383.

Odriozola-Serrano I, Soliva-Fortuny R, Martin-Belloso O. 2008. Phenolic acids, flavonoids, vitamin C and antioxidant capacity of strawberry juices processed by high-intensity pulsed electric fields or heat treatments. European Food Research and Technology, 228: 239-248.

Ojo O O, Ladeji O, Nadro M S. 2007. Studies of the antioxidative effects of green and black tea (*Camellia sinensis*) extracts in rats. Journal of Medicinal Food, 10: 345-349.

Oz H S, Ebersole J L. 2010. Green tea polyphenols mediated apoptosis in intestinal epithelial cells by a FADD-dependent pathway. Journal of Cancer Therapy, 1: 105-113.

Özsoy S, Becer E, Kabadayı H, et al. 2020. Quercetin-mediated apoptosis and cellular senescence in human colon cancer. Anti-Cancer Agents in Medicinal Chemistry, 20: 1387-1396.

Panche A N, Diwan A D, Chandra S R. 2016. Flavonoids: An overview. Journal of Nutrition Science, 5: 47.

Panyathep A, Chewonarin T, Taneyhill K, et al. 2013. Inhibitory effects of dried longan (*Euphoria longana* Lam.) seed extract on invasion and matrix metalloproteinases of colon cancer cells. Journal of Agricultural and Food Chemistry, 61: 3631-3641.

Paone P, Cani P D. 2020. Mucus barrier, mucins and gut microbiota: the expected slimy partners? Gut, 69: 2232-2243.

Parkar S G, Trower T M, Stevenson D E. 2013. Fecal microbial metabolism of polyphenols and its effects on human gut microbiota. Anaerobe, 23: 12-19.

Patel B B, Gupta D, Elliott A A, et al. 2010. Curcumin targets FOLFOX-surviving colon cancer cells *via* inhibition of EGFRs and IGF-1R. Anticancer Research, 30: 319-325.

Pérez-Berezo T, Franch A, Castellote C, et al. 2012. Mechanisms involved in down-regulation of intestinal IgA in rats by high cocoa intake. Journal of Nutritional Biochemistry, 23: 838-844.

Pérez-Sánchez A, Barrajón-Catalán E, Ruiz-Torres V, et al. 2019. Rosemary (*Rosmarinus officinalis*) extract causes ROS-induced necrotic cell death and inhibits tumor growth *in vivo*. Scientific Reports, 9: 808.

Pietta P, Minoggio M, Bramat L. 2003. Plant polyphenols: Structure, occurrence and bioactivity. Studies in Natural Products Chemistry, 28: 257-312.

Psahoulia F H, Drosopoulos K G, Doubravska L, et al. 2007. Quercetin enhances TRAIL-mediated apoptosis in colon cancer cells by inducing the accumulation of death receptors in lipid rafts. Molecular Cancer Therapeutics, 6: 2591-2599.

Putnik P, Kresoja Ž, Bosiljkov T, et al. 2019. Comparison the effects of thermal and non-thermal technologies on pomegranate juice quality: A review. Food Chemistry, 279: 150-161.

Qin J, Wang W, Zhang R. 2017. Novel natural product therapeutics targeting both inflammation and cancer. Chinese Journal of Natural Medicines, 15: 401-416.

Qin X, Luo H, Deng Y, et al. 2022. Resveratrol inhibits proliferation and induces apoptosis *via* the Hippo/YAP pathway in human colon cancer cells. Biochemical and Biophysical Research Communications, 636(Pt 1): 197-204.

Qiu T, Sun Y, Wang X, et al. 2021. Drum drying-and extrusion-black rice anthocyanins exert anti-inflammatory effects *via* suppression of the NF-κB/MAPKs signaling pathways in LPS-induced RAW 264.7 cells. Food Bioscience, 41: 100841.

Quagliariello V, Iaffaioli R V, Falcone M, et al. 2016. Effect of pulsed electric fields-assisted extraction on anti-inflammatory and cytotoxic activity of brown rice bioactive compounds. Food Research International, 87: 115-124.

Quideau S, Deffieux D, Douat-Casassus C, et al. 2011. Plant polyphenols: Chemical properties, biological activities, and synthesis. Angewandte Chemie International Edition, 50: 586-621.

Ren Y F, Liu H, Wang D F, et al. 2022. Antioxidant activity, stability, *in vitro* digestion and cytotoxicity of two dietary polyphenols co-loaded by β-lactoglobulin. Food Chemistry, 371: 131385.

Rezaei P F, Fouladdel S, Hassani S, et al. 2012. Induction of apoptosis and cell cycle arrest by pericarp polyphenol-rich extract of Baneh in human colon carcinoma HT29 cells. Food and Chemical Toxicology, 50: 1054-1059.

Romier-Crouzet B, Van De Walle J, During A, et al. 2009. Inhibition of inflammatory mediators by polyphenolic plant extracts in human intestinal Caco-2 cells. Food and Chemical Toxicology, 47: 1221-1230.

Santos E L, Maia B, Ferriani A P, et al. 2017. Flavonoids: Classification, Biosynthesis and Chemical Ecology//Justino G. Flavonoids: From Biosynthesis to Human Health. London: IntechOpen.

Scepankova H, Martins M, Estevinho L, et al. 2018. Enhancement of bioactivity of natural extracts by non-thermal high hydrostatic pressure extraction. Plant Foods and Hum Nutrition, 73: 253-267.

Schneider Y, Vincent F, Duranton B, et al. 2000. Anti-proliferative effect of resveratrol, a natural component of grapes and wine, on human colonic cancer cells. Cancer Letter, 158: 85-91.

Schroeter A, Aichinger G, Stornig K, et al. 2019. Impact of oxidative metabolism on the cytotoxic and genotoxic potential of genistein in human colon cancer cells. Molecular Nutrition & Food Research, 63: 1800635.

Selma M V, Espín J C, Tomás-Barberán F A. 2009. Interaction between phenolics and gut microbiota: Role in human health. Journal of Agricultural and Food Chemistry, 57: 6485-6501.

Serra G, Incani A, Serreli G, et al. 2018. Olive oil polyphenols reduce oxysterols-induced redox imbalance and pro-inflammatory response in intestinal cells. Redox Biology, 17: 348-354.

Shan S, Xie Y, Zhang C, et al. 2020. Identification of polyphenol from *Ziziphi spinosae* semen against human colon cancer cells and colitis-associated colorectal cancer in mice. Food & Function, 11: 8259-8272.

Shiomi K, Kuriyama I, Yoshida H, et al. 2013. Inhibitory effects of myricetin on mammalian DNA polymerase, topoisomerase and human cancer cell proliferation. Food Chemistry, 139: 910-918.

Singh R P, Gu M, Agarwal R. 2008. Silibinin inhibits colorectal cancer growth by inhibiting tumor cell proliferation and angiogenesis. Cancer Research, 8: 2043-2050.

Somensi N, Rabelo T K, Guimaraes A G, et al. 2019. Carvacrol suppresses LPS-induced pro-inflammatory activation in RAW 264.7 macrophages through ERK1/2 and NF-κB pathway. International Immunopharmacology, 75: 105743.

Soobrattee M A, Neergheen V S, Luximon-Ramma A, et al. 2005. Phenolics as potential antioxidant therapeutic agents: Mechanism and actions. Mutation Research - Fundamental and Molecular Mechanisms of Mutagenesis, 579: 200-213.

Sourabh, A, Kanwar S S, Sud R G, et al. 2013. Influence of phenolic compounds of Kangra tea [*Camellia sinensis* (L.) O Kuntze] on bacterial pathogens and indigenous bacterial probiotics of Western Himalayas. Brazilian Journal of Microbiology, 44: 709-715.

Su C C, Lin J G, Li T M, et al. 2006. Curcumin-induced apoptosis of human colon cancer colo 205 cells through the production of ROS, Ca^{2+} and the activation of caspase-3. Anticancer Research, 26(6B): 4379-4389.

Sudha T, Mousa D S, El-Far A H, et al. 2021. Pomegranate(*Punica granatum*)fruit extract suppresses cancer progression and tumor angiogenesis of pancreatic and colon cancer in chick chorioallantoic membrane model. Nutrition and Cancer, 73: 1350-1356.

Sun H N, Mu T H, Xi L S. 2017. Effect of pH, heat, and light treatments on the antioxidant activity of sweet potato leaf polyphenols. International Journal of Food Properties, 20: 318-332.

Tang Z, Wang L, Chen Y, et al. 2023. Quercetin reverses 5-fluorouracil resistance in colon cancer cells by modulating the NRF2/HO-1 pathway. European Journal of Histochemistry, 67: 3719.

Tezerji S, Nazari Robati F, Abdolazimi H, et al. 2022. Quercetin's effects on colon cancer cells apoptosis and proliferation in a rat model of disease. Clinical Nutrition ESPEN, 48: 441-445.

Tobin I, Zhang G. 2023. Regulation of host defense peptide synthesis by polyphenols. Antibiotics, 12: 660.

Tomioka R, Tanaka Y, Suzuki M, et al. 2023. The effects of black tea consumption on intestinal microflora: A randomized single-blind parallel-group, placebo-controlled study. Journal Nutrition Science and Vitaminology (Tokyo), 69: 326-339.

Trachootham D, Alexandre J, Huang P. 2009. Targeting cancer cells by ROS-mediated mechanisms: a radical therapeutic approach? Nature Reviews Drug Discovery, 8: 579-591.

Tsantili E, Konstantinidis K, Christopoulos M C. 2011. Total phenolics and flavonoids and total antioxidant capacity in pistachio (*Pistachia vera* L.) nuts in relation to cultivars and storage conditions. Scientia Horticulturae, 129: 694-701.

Tsvetkov P, Coy S, Petrova B, et al. 2022. Copper induces cell death by targeting lipoylated TCA cycle proteins. Science, 375(6586): 254-1261.

Turktekin M, Konac E, Onen H I, et al. 2011. Evaluation of the effects of the flavonoid apigenin on apoptotic pathway gene expression on the colon cancer cell line (HT29). Journal of Medicinal Food, 14: 1107-1117.

Turturică M, Stănciuc N, Bahrim G, et al. 2016. Effect of thermal treatment on phenolic compounds from plum (*Prunus domestica*) extracts: A kinetic study. Journal of Food Engineering, 171: 200-207.

Vallverdú-Queralt A, Odriozola-Serrano I, Oms-Oliu G, et al. 2012. Changes in the polyphenol profile of tomato juices processed by pulsed electric fields. Journal of Agricultural and Food Chemistry, 60: 9667-9672.

van der Sluis A A, Dekker M, van Boekel M A J S. 2005. Activity and concentration of polyphenolic antioxidants in apple juice. 3. Stability during storage. Journal of Agricultural and Food Chemistry, 53: 1073-1080.

Vanamala J, Reddivari L, Radhakrishnan S, et al. 2010. Resveratrol suppresses IGF-1 induced human colon cancer cell proliferation and elevates apoptosis *via* suppression of IGF-1R/Wnt and activation of p53 signaling pathways. BMC Cancer, 10: 238.

Varilek G W, Yang F, Lee E Y, et al. 2001. Green tea polyphenol extract attenuates inflammation in interleukin-2-deficient mice, a model of autoimmunity. The Journal of Nutrition, 131: 2034-2039.

Vezza T, Rodriguez-Nogales A, Algieri F, et al. 2016. Flavonoids in inflammatory bowel disease: A review. Nutrients, 8: 221.

Wallace T C, Giust M. 2013. Anthocyanins in Health and Disease. Boca Raton: CRC Press.

Wan M L Y, Co V A, El-Nezami H. 2021. Dietary polyphenol impact on gut health and microbiota. Critical Reviews in Food Science and Nutrition, 61: 690-711.

Wan M L Y, Ling K H, Wang M F, et al. 2016. Green tea polyphenol epigallocatechin-3-gallate improves epithelial barrier function by inducing the production of antimicrobial peptide pBD-1 and pBD-2 in monolayers of porcine intestinal epithelial IPEC-J2 cells. Molecular Nutrition & Food Research, 60: 1048-1058.

Wang C Y, Chen C T, Wang S Y. 2009. Changes of flavonoid content and antioxidant capacity in blueberries after illumination with UV-C . Food Chemistry, 117: 426-431.

Wang J, Zhao X H. 2016. Degradation kinetics of fisetin and quercetin in solutions affected by medium pH, temperature and coexisted proteins. Journal of the Serbian Chemical Society, 81: 243-253.

Wang L, Li M F, Gu Y, et al. 2024. Dietary flavonoids-microbiota crosstalk in intestinal inflammation and carcinogenesis. The Journal of Nutritional Biochemistry, 125: 109494.

Wang W, VanAlstyne P C, Irons K A, et al. 2004. Individual and interactive effects of apigenin analogs on G2/M cell-cycle arrest in human colon carcinoma cell lines. Nutrition and Cancer, 48(1): 106-114.

Wang Z, Sun X, Feng Y, et al. 2021. Dihydromyricetin reverses MRP2-induced multidrug resistance by preventing NF-κB-Nrf2 signaling in colorectal cancer cell. Phytomedicine, 82: 153414.

Watson R R, Preedy V R, Zibadi S. 2014. Polyphenols in Human Health and Diseases (Volumes 1-2). London: Academic Press.

Watson R R, Preedy V R, Zibadi S. 2014. Polyphenols in Human Health and Disease. San Diego: Academic Press.

Wesołowska O, Wiśniewski J, Sroda-Pomianek K, et al. 2012. Multidrug resistance reversal and apoptosis induction in human colon cancer cells by some flavonoids present in citrus plants. Journal of Natural Products, 75: 1896-1902.

Williams A R, Andersen-Civil A I S, Zhu L, et al. 2020.. Dietary phytonutrients and animal health: regulation of immune function during gastrointestinal infections. Journal of Animal Science, 98: skaa030.

Wolfe K L, Liu R H. 2008. Structure-activity relationships of flavonoids in the cellular antioxidant activity assay. Journal of Agricultural and Food Chemistry, 56: 8404-8411.

Wolter F, Akoglu B, Clausnitzer A, et al. 2001. Downregulation of the cyclin D1/Cdk4 complex occurs during resveratrol-induced cell cycle arrest in colon cancer cell lines. The Journal of Nutrition, 131: 2197-2203.

Wu F H, Zhao H A, Zhan Y J, et al. 2022. Effect of processing steps on phenolic profile of rape honey (*Brassica napus*) using HPLC-ECD. LWT - Food Science and Technology, 172: 114183.

Wu X, Beecher G, Holden J M, et al. 2006. Concentrations of anthocyanins in common foods in the United States and estimation of normal consumption. Journal of Agricultural Food Chemistry, 54: 4069-4075.

Yan Z M, Zhong Y Z, DuanY H, et al. 2020. Antioxidant mechanism of tea polyphenols and its impact on health benefits. Animal Nutrition, 6: 115-123.

Yang M, Li W Y, Xie J, et al. 2021. Astragalin inhibits the proliferation and migration of human colon cancer HCT116 cells by regulating the NF-κB signaling pathway. Frontier in Pharmacology, 12: 639256.

Ye Y, Jiang M, Hong X, et al. 2023. Quercetin alleviates deoxynivalenol-induced intestinal damage by suppressing inflammation and ferroptosis in mice. Journal of Agricultural and Food Chemistry, 71: 10761-10772.

Yin Y, Xie Y, Wu Z, et al. 2023. Preventive effects of apple polyphenol extract on high-fat-diet-induced hepatic steatosis are related to the regulation of hepatic lipid metabolism, autophagy, and gut microbiota in aged mice. Journal of Agricultural and Food Chemistry, 71: 20011-20033.

Yoshida T, Konishi M, Horinaka M, et al. 2008. Kaempferol sensitizes colon cancer cells to TRAIL-induced apoptosis. Biochemical and Biophysical Research Communications, 375: 129-133.

You W, Di A, Zhang L, et al. 2022. Effects of wogonin on the growth and metastasis of colon cancer through the Hippo signaling pathway. Bioengineered, 13: 2586-2597.

Zhang H, Lang W, Liu X, et al. 2022a. Procyanidin A1 alleviates DSS-induced ulcerative colitis *via* regulating AMPK/mTOR/p70S6K-mediated autophagy. Journal of Physiology and Biochemistry, 78: 213-227.

Zhang H, Tsao R. 2016. Dietary polyphenols, oxidative stress and antioxidant and anti-inflammatory effects. Current Opinion in Food Science, 8: 33-42.

Zhang S Y, Li X L, Ai B L, et al. 2022b. Binding of β-lactoglobulin to three phenolics improves the stability of phenolics studied by multispectral analysis and molecular modeling. Food Chem X,

15: 100369.

Zhang Y, Sun J, Hu X, et al. 2010. Spectral alteration and degradation of cyanidin-3-glucoside exposed to pulsed electric field. Journal of Agricultural and Food Chemistry, 58: 3524-3531.

Zhao Y, Fan D, Zheng Z P, et al. 2017. 8-*C*-(*E*-phenylethenyl) quercetin from onion/beef soup induces autophagic cell death in colon cancer cells through ERK activation. Molecular Nutrition & Food Research, 61: 1600437.

Zheng A, Li H, Wang X, et al. 2014. Anticancer effect of a curcumin derivative B63: ROS production and mitochondrial dysfunction. Current Cancer Drug Targets, 14: 156-166.

Zhu M L, Zhang P M, Jiang M, et al. 2020. Myricetin induces apoptosis and autophagy by inhibiting PI3K/Akt/mTOR signalling in human colon cancer cells. BMC Complementary Medicine and Therapies, 20: 209.

Zhu Q, Liang C P, Cheng K W, et al. 2009. Trapping effects of green and black tea extracts on peroxidation-derived carbonyl substances of seal blubber oil. Journal of Agricultural and Food Chemistry, 57: 1065-1069.

Zorova L D, Popkov V A, Plotnikov E Y, et al. 2018. Mitochondrial membrane potential. Analytical Biochemistry, 552: 50-59.

第 3 章　多糖的抗癌活性

自然界中，多糖（polysaccharide）是由大量单糖单元通过线性或分支链的糖苷键连接而成的生物聚合物，其分子量通常为几千甚至数百万道尔顿，并且其结构多样、种类繁多。与蛋白质和多核苷酸相似，多糖也是生命活动中重要的生物大分子，在细胞间信息传递、细胞黏附和免疫系统的分子识别中起着重要作用。作为生物体内最重要的生物大分子之一，多糖广泛存在于动物、植物、藻类和微生物中，其按照单糖组成类别可分为杂多糖和同多糖，而按照来源可分为动物多糖、植物多糖、食用真菌多糖、微生物多糖及海洋植物多糖等。研究结果表明，各种天然来源的多糖具有良好的生物活性，被认为对机体健康有益。已经确认的多糖健康作用包括抗肿瘤、抗病毒、抗氧化、降血脂、增强免疫、保肝护肝、抗疲劳、抗糖尿病等。由于独特的化学结构和功能特性，多糖研究已然成为食品等领域的前沿课题之一。如何通过更有效和经济可行的方法来开发多糖，阐明多糖的结构与功能之间的关系，对食品科学家来说仍然是一个巨大的挑战。

3.1　多糖的来源、结构和活性

目前已经从各种天然原料中提取和研究了至少 300 种生物活性多糖，不同来源的多糖其特征和生物活性各有不同。

3.1.1　常见的多糖来源和特征

3.1.1.1　动物多糖

动物多糖分布极为广泛，其不仅存在于海洋动物或昆虫体内，还存在于几乎所有动物的组织器官中，如棘皮动物（刺参、海星、海参等）、甲壳类动物（虾、蟹等）、软体动物（乌贼等）、鱼类（鲨鱼等）、哺乳动物（鲸鱼等）等的组织（皮、软骨、细胞壁等）中。另外，在贝类、泥鳅、鲍鱼、林蛙等中也存在多糖。最常见的动物多糖是几丁质（chitin）和壳聚糖（chitosan），其他动物多糖还包括糖原（glycogen）、肝素（heparin）、硫酸软骨素（chondroitin sulfate）、透明质酸（hyaluronic acid）、硫酸角质素（keratan sulfate）、酸性黏多糖（acidic mucopolysaccharide）等。肝素、透明质酸、硫酸软骨素及硫酸角质素等属于糖胺聚糖，在体内同蛋白质结合而存在，所以也被称为蛋白聚糖，是动物中含有氨基的一类多糖；这些多糖的糖链由单糖（主要为氨基己糖和己糖醛酸）规则排列组成，并通过糖苷键连接，其分子为直线型。但是，由于成本高、可及性低，它们很少用于食品工业。

糖原和甲壳素是常见的动物多糖。糖原主要存在于动物肌肉、肝脏及肾脏中，有肌糖原和肝糖原之分，也被称为动物淀粉，是动物体内贮存能量的多糖。糖原的分子量可高达 1×10^5 kDa，基本单位为葡萄糖，以 α-1,4-糖苷键结合，而糖链间则以 α-1,6-糖苷键结合。糖原在结构上与淀粉相似，但糖原分子比淀粉更大、分支更多、结构更复杂。甲壳素是自然界中唯一带正电荷的高分子聚合物，其分子式可以表示为$(C_8H_{13}NO_5)_n$，属于直链氨基多糖。甲壳素的基本单元为氨基葡萄糖，以 β-1,4-糖苷键结合，分子量可达 1×10^3 kDa。酸性黏多糖常存在于结缔组织或组织分泌的黏液中，是一种二糖单元聚合而成的直链高分子物质，由氨基己糖和己糖醛酸两种己糖衍生物组成，因其含有羧基和硫酸基而使分子具有强酸性（即具有聚阴离子特性），被称为酸性黏多糖。肝素主要存在于动物肝脏、肌肉、肺脏、肠黏膜及血管壁中，是一种简单的黏多糖，分子量为 3000~35 000 Da，基本单位为艾杜糖醛酸或葡萄糖醛酸、硫酸葡萄糖胺或 N-乙酰葡萄糖胺。硫酸软骨素多存在于软骨组织中，是软骨、腱和骨的主要结构成分，其基本单位为葡萄糖醛酸和 N-乙酰氨基半乳糖。其中，软骨中的软骨黏蛋白由硫酸软骨素与蛋白质结合而成。透明质酸多存在于结缔组织、眼球玻璃体或上皮组织中，其基本单位为葡萄糖醛酸和 N-乙酰氨基葡萄糖，这些单糖单元通过 β-1,3-糖苷键连接成二糖衍生物，并以此为重复单元再通过 β-1,4-糖苷键互相连接成透明质酸。硫酸角质素多存在于哺乳动物的角膜、动脉、软骨及椎间盘中，其基本单元为半乳糖和 N-乙酰葡萄糖胺。

随着科学技术的进步和自然资源的开发利用，更多的多糖被进一步发现和研究，如来自于蓝色资源的海洋动物多糖。

3.1.1.2 植物多糖

植物多糖作为植物体内最重要的生物大分子之一，参与植物的生长代谢过程并具有多种生物学活性。此外，植物多糖还具有来源广泛、安全性高、毒性低、种类多及价格低廉等特点，深受研究者青睐，因而在食品、医药和分子生物学等领域备受关注。我国地域辽阔，植物资源丰富，自古以来就已发现植物的食用及药用价值，已公布的药食同源目录涵盖了 100 多种植物。多糖是药食两用植物中最主要的有效成分之一，具有广泛的食用及医药价值。

植物多糖通常分布在植物的根、茎、叶、花、果及种子中。根据多糖在植物细胞中存在的位置，可将其分为细胞内多糖、细胞外多糖和细胞壁多糖。细胞内多糖以甘露聚糖和果聚糖为主,细胞外多糖主要为半乳聚糖、木聚糖等,而细胞壁多糖主要为半纤维素、果胶及纤维素等。植物多糖的化学结构较为复杂,其具有非常宽的分子量,分布范围由几千到几百万不等,常见的单糖单元一般为葡萄糖、阿拉伯糖、木糖、甘露糖、鼠李糖、岩藻糖及半乳糖等。对天然植物多糖的研究结果表明,植物多糖具有抗肿瘤、抗炎、免疫调节、抑菌、降糖、降脂及抗氧化等生物活性功能。

3.1.1.3 食用真菌多糖

食用真菌多糖广泛存在于食用真菌的子实体、菌丝体及发酵液中,其中灵芝、香菇、猴头菇、茯苓、黑木耳、银耳、蛹虫草、灰树花菌等均是食用真菌多糖的重要来源。目前,已在全世界范围内发现约 15 000 种食用真菌,其中约有 650 种被认为具有重要价值,而多糖是食用真菌中主要的生物活性成分,具有抗肿瘤、抗病毒、免疫调节、抗炎、抗糖尿病、改善功能性便秘等多种活性功能。

大多数食用真菌多糖是 α-葡聚糖或 β-葡聚糖,或混合 α-葡聚糖和 β-葡聚糖,也有由葡萄糖、果糖、木糖及甘露糖等多种单糖组成的杂聚糖。β-葡聚糖被认为是食用真菌多糖的主要活性多糖组分,其结构中包括分支结构,具备 1,3-、1,4-及 1,6-糖苷键。食用真菌多糖中最重要的是 β-D-葡聚糖,如香菇多糖、灵芝多糖、银耳多糖、裂褶菌多糖。

3.1.1.4 微生物多糖

微生物多糖具有动物多糖和植物多糖所不具备的优势,如不受生长环境及生产周期等的制约,来源也更为广泛、产品性质更为稳定等。微生物类多糖主要由细菌、放线菌及真菌等微生物产生,可分为胞内多糖、胞壁多糖及胞外多糖。胞内多糖存在于细菌体内,参与细菌的生长代谢等生命活动,包括糖原等多糖。胞壁多糖是细菌细胞壁的组成成分,构成微生物的基本骨架,支撑细胞或进行细胞信号转导,包括 LPS 及肽聚糖等。胞外多糖是细菌生长过程中产生的次生代谢物,通常可以分泌到外部环境里(黏液多糖)或者黏附在细胞表面(荚膜多糖)。常见的微生物多糖包括黄原胶、葡聚糖、结冷胶、凝结多糖、普鲁兰、纤维素、透明质酸、热凝胶及威兰胶等。

在微生物多糖中,已经确认基本单元单糖有 100 多种,包括 D-葡萄糖、D-半乳糖、D-甘露糖、L-鼠李糖、L-岩藻糖等,此外还发现可能有糖胺聚糖(如 N-乙酰半乳糖胺、N-乙酰葡萄糖胺)及葡萄糖醛酸等。微生物多糖中如黄原胶、普鲁兰等已经在食品加工中多有应用,如作为护色剂、增稠剂、稳定剂、改良剂、保湿剂等添加剂,也可作为食用膜而使用。LPS 及肽聚糖则在生物医药领域也有利用,如作为疫苗佐剂。通常,微生物多糖具有多种活性作用,包括免疫调节、抗肿瘤、抗炎、抗病毒及抗氧化等。随着相关研究的深入，微生物多糖的应用也将更加广泛。

3.1.1.5 海洋植物多糖

海洋植物多糖主要来源于海藻类植物如褐藻、绿藻、红藻等，除此之外还来源于一些海草和红树植物等。海洋植物占据海洋生物的90%，并且富含各种生物活性物质，长期以来都被当作重要的膳食补充剂及食物来源。随着国家海洋强国战略的实施，海洋植物多糖的研究将会进一步深入。目前，研究最多的多糖是海藻多糖，包括褐藻多糖、绿藻多糖、红藻多糖和蓝藻多糖等。

褐藻多糖是从褐藻类中提取的一类水溶性多糖，由岩藻糖、葡萄糖、半乳糖、阿拉伯糖、木糖等单糖组成，主要来自海带、羊栖菜、巨藻及马尾藻等海藻植物。海藻酸是酸性多糖，在褐藻细胞壁中广泛存在，由葡萄糖醛酸、甘露糖醛酸及古罗糖醛酸等组成，糖苷键为 1,4-糖苷键。岩藻聚糖富含岩藻糖，并且含有多个硫酸基取代位点，多糖骨架通常为吡喃岩藻糖以 1,3-或 1,4-糖苷键连接而成为主链。褐藻淀粉为葡聚糖，多存在于褐藻的细胞质中，通过葡萄糖以 1,3-糖苷键连接成为主链，并且具有1,6-糖苷键连接而成的葡萄糖分支。绿藻多糖一般来自石莼属、浒苔属、礁膜属及球藻属等绿藻类植物，含有硫酸基，主要由鼠李糖、木糖、糖醛酸单糖构成，其中的糖醛酸包括葡萄糖醛酸和艾杜糖醛酸等，此外还含有葡萄糖、阿拉伯糖、甘露糖等。红藻多糖主要来源于角叉菜属、麒麟菜属、紫菜属、江蓠属及石花菜属等红藻类植物，含有木聚糖、半乳聚糖、葡聚糖等多糖，其中琼胶和卡拉胶是最常见的两个红藻多糖。卡拉胶是由D-半乳糖和3,6-内醚-D-半乳糖通过 1,3-和 1,4-糖苷键连接而成，是一种硫酸化的半乳聚糖。根据琼脂分子是否含有硫酸基团，琼胶可分为琼脂糖和琼脂胶，两者的主链结构相似，都由 D-半乳糖和 3,6-内醚-L-半乳糖通过 1,3-和 1,4-糖苷键连接而成。海洋植物多糖也具有诸如免疫调节、抗氧化、抗肿瘤、抗炎、降糖、抗病毒及抗凝血等生物活性。

3.1.2 多糖的结构研究

多糖的化学结构是发挥其功能特性的基础。多糖含有的单糖单元一般多于20个，分子量大、结构复杂，并且多糖结构中还存在高级结构。目前，对多糖化学结构的研究主要是通过化学和仪器分析确定多糖分子的一级、二级结构，而对多糖更高级结构的研究则较少。

多糖的一级结构主要包括多糖的分子量、单糖组成及排列顺序、单糖类型、糖苷键种类、异头碳（端基碳）和异头氢（端基质子）的构型和构象、糖残基上羟基取代情况等位置及结构等基本信息。与蛋白质和核酸相比，多糖的一级结构更为复杂多变。例如，以二糖为例，两个相同的单糖能够结合形成 11 种不同的二糖，另外通过硫酸化、硒化、乙酰化、磷酸化、羧甲基化等方法，可以进一步衍生出更多的二糖衍生物。多糖的二级结构是研究其主链的空间构象特点，主要是指多糖链间以氢键结合形成的各种聚合体。在糖链中，各个单糖残基可以围绕糖苷键进行旋转从而决定多糖的构象，而糖苷键具有两个可旋转的主链二面角，分别为 φ（H_1—C_1—O_1—C 糖配基）和 ψ（C_1—O_1—C 糖配基—H 糖配基）；两个单糖若为 1,6-糖苷键连接，则还有第三个可旋转的二面角 ω（O_6—C_6—C_5—O_5）。φ、ψ、ω 的取值受到相邻糖环之间空间阻碍和相邻糖基之间非共价相互作用的严格制约。因此，多糖的二级结构取决于它们的一级结构排布基础。多糖的三级结构是多糖一级结构的重复顺序，但由于单糖残基中羟基、羧基、硫酸基和氨基等基团的相互作用，多糖空间构象异常复杂。此外，多糖链之间也可以通过非共价键形成聚集体。因此，多糖链间可以通过非共价键结合形成聚集体，从而形成多糖的四级结构。

对多糖结构的分析方法有很多，主要包括化学方法（甲醇解、完全酸水解、高碘酸氧化、甲基化、Smith 降解、部分酸水解、乙酰解等）、仪器分析方法（可见分光光度计、红外光谱、拉曼光谱、高效阴离子交换色谱、高效液相色谱、气相色谱、气相色谱-质谱联用、核磁共振等）、生物方法（特异性糖苷酶酶切、免疫学方法等）。表 3-1 概括了多糖化学结构的分析方法以及所对应的一级结构信息。目前一般是通过化学与物理相结合的方法来解析多糖的一级结构，而多糖的高级结构则主要通过仪器分析如核磁共振、电子衍射等的分析结果来解析。

表 3-1　多糖的一级结构分析方案

化学方法	仪器分析	可获得的结构信息
完全酸水解	气相色谱、高效液相色谱、高效阴离子交换色谱	单糖及糖醛酸的组成
部分酸水解	高效阴离子交换色谱、基质辅助激光解吸飞行时间质谱	主链和支链的组成
高碘酸氧化	气相色谱、气相色谱-质谱联用	糖环和糖苷键类型的判断
Smith 降解	气相色谱、气相色谱-质谱联用	糖环和糖苷键类型的判断
甲基化分析	气相色谱-质谱联用	糖环和糖残基的连接方式
选择性降解	高效阴离子交换色谱、基质辅助激光解吸飞行时间质谱	主链和支链的结构
	红外光谱	特征基团的判断
	核磁共振	异头构型和糖基连接顺序

3.1.2.1　单糖组成分析

自然界中的单糖种类很多，包括但不限于葡萄糖、果糖、半乳糖、核糖和脱氧核糖等。通常，形成多糖的单糖一般可以分为戊糖、己糖、糖醛酸、葡萄糖胺等。戊糖主要有核糖、阿拉伯糖和木糖,己糖则主要是葡萄糖、半乳糖、甘露糖、果糖、鼠李糖和岩藻糖等,糖醛酸主要有葡萄糖醛酸、半乳糖醛酸、甘露糖醛酸等。葡萄糖胺也是构成多糖的重要单糖类型,主要包括葡萄糖胺、半乳糖胺、N-乙酰氨基葡萄糖和 N-乙酰半乳糖胺。单糖可以影响多糖的官能团、带电性、链长、空间构象等结构特征,从而进一步影响多糖的溶解性、流变性乃至生物活性。目前,从多糖中鉴别出的常见单糖以及它们的化学结构见图 3-1。

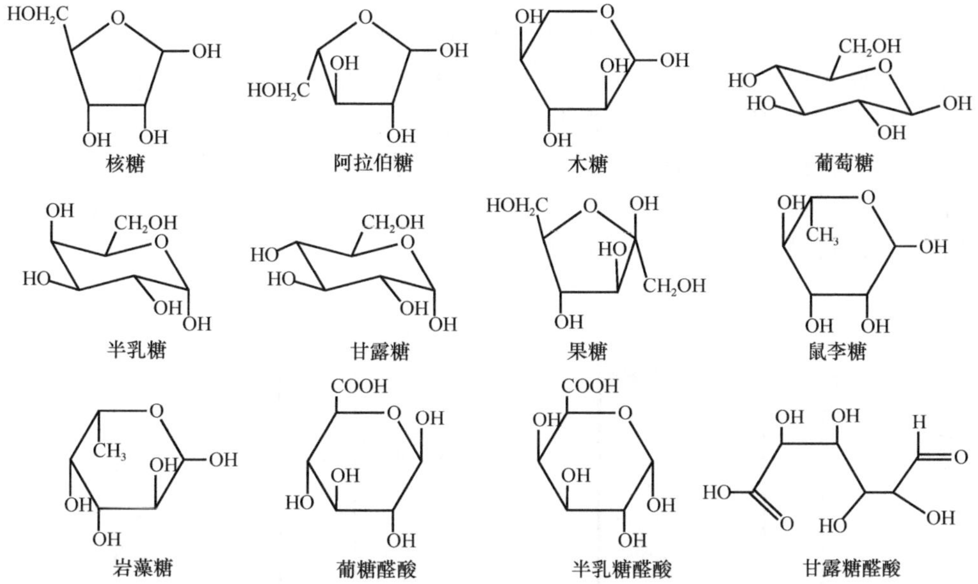

图 3-1 多糖中主要的单糖种类和化学结构

多糖的单糖组成可以通过化学方法进行分析。例如,通过完全水解将多糖分解成单糖,然后通过一系列的化学、物理手段对单糖进行分析,从而确定多糖的单糖组成。水解包括完全酸水解、部分酸水解、乙酰解和甲醇解等,也可以采用酶法水解。水解后的多糖经过一系列处理后,可以用气相色谱(GC)、高效液相色谱法(HPLC)和离子色谱法等手段进行分析,确定单糖的种类、数量和相对比例等。

光谱法通过分析多糖样品的光谱特征来确定其单糖,主要利用多糖分子中的特定官能团或结构特征对光的吸收、反射、折射等行为的影响,从而得到关于多糖组成的信息。光谱法包括红外光谱和拉曼光谱。红外光谱是最常用的方法,它可以提供关于多糖中羟基、羰基、氨基等官能团的信息,还可以确定单糖的连接方式。核磁共振则是一种更高级的方法,可以提供多糖分子结构的详细信息,包括单糖连接方式和序列等。需要注意的是,这些分析方法会受多种因素的影响,如样品纯度、条件干扰等,所以需要与化学分析等其他结果进行校验、比对。

3.1.2.2 分子量分析

分析多糖分子量的方法有多种。凝胶渗透色谱法(也称作体积排除色谱法)是一种常用的高效分离技术,可以用于测定多糖等大分子物质的分子量。凝胶渗透色谱法测定多糖分子量是基于体积排阻的原理,通过将多糖样品溶解在适当的溶剂中,然后采用一定的溶剂承载多糖分子通过凝胶柱(凝胶的孔径由填料决定)。此时,在洗脱方向上多糖分子或者从凝胶颗粒的间隙通过(分子量或分子体积大的),从而速率较快;或者进入凝胶颗粒的小孔(分子量或分子体积小的),从而速率较慢。根据样品在凝胶柱中的渗透速率,通过与标准品对比,就可以确定多糖的分子量。凝胶渗透色谱法测定多糖分子量的基本原理见图3-2。此外,凝胶渗透色谱法还可以用于提高多糖的纯度。

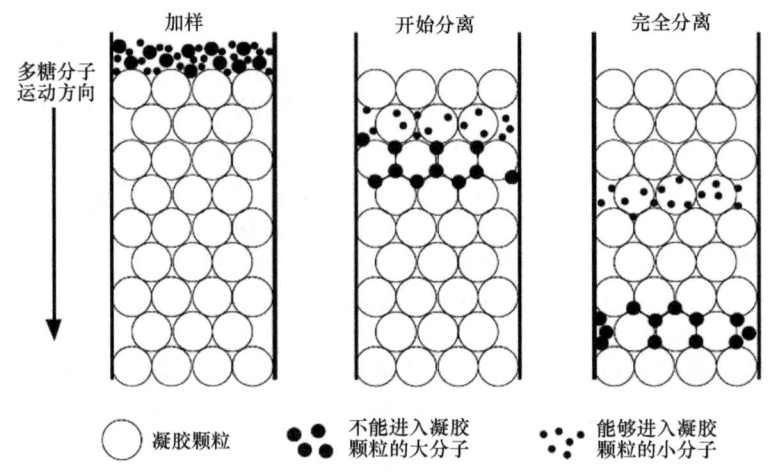

图 3-2　凝胶渗透色谱法测定多糖分子量的原理

光散射法是一种基于多糖分子在溶液中的扩散速率来测定其分子量的方法。利用激光照射样品,测量样品中散射光的强度和时间的关系,通过斯托克斯-爱因斯坦关系计算多糖分子的扩散系数,从而得到多糖的分子量。超离心沉降平衡法是一种经典的多糖分子量测定方法,适用于分子量大于 1 kDa 的物质。通过高离心力的作用,多糖分子在溶液中按分子量大小进行分离,然后根据多糖分子的沉降速率与分子量的关系,可以计算出具体的分子量数值。目前,质谱法(MS)是一种更为灵敏的测定方法。它通过将多糖分子离子化,然后在质谱仪中进行分析,可以得到多糖分子的质荷比，从而计算分子量。不过，质谱法分析中质谱仪是一个关键因素，太大的多糖分子其分子量可能超出质谱仪的适用分析范围。

3.1.2.3 结构分析

高碘酸氧化法和 Smith 降解法是分析多糖分子糖苷键、聚合度以及支链多糖中的分支数的经典方法。高碘酸选择性的氧化断裂糖分子中的连二羟基或连三羟基 C—C 键，生成相应的多糖醛、甲酸，反应定量进行，且每裂开一个 C—C 键消耗 1 分子高碘酸；根据高碘酸消耗量及甲酸释放量，可以判断糖苷键的位置等。Smith 降解法是将高碘酸产物还原后进行酸水解或部分水解，然后根据降解产物可以推断糖苷键的位置。例如，若有赤藓糖生成，则说明多糖具有 1,4-糖苷键；若有甘油生成则提示有 1,6-糖苷键、1,2-糖苷键或有还原末端葡萄糖；若能检出单糖如葡萄糖、半乳糖、甘露糖等，则有 1,3-糖苷键。甲基化分析方法是一种用于确定多糖分子中糖苷键连接的有效方法。通过将多糖分子甲基化、水解、衍生等一系列处理，对衍生化的单糖进行 GC-MS 分析，通过比较标准品，可以确定单糖的连接方式。

也可以利用质谱技术对多糖分子中的糖苷键进行分析。质谱法有高灵敏度、高分辨率和快速等优点，可以确定多糖糖苷键的组成、连接方式和构象变化等问题。核磁共振也是最常用的多糖糖苷键和构象分析方法。通过测定多糖分子中氢、碳等元素的核磁共振信号，可以确定多糖的构象和连接方式。尤其是高磁场核磁共振波谱仪的出现，使原来低磁场核磁共振波谱仪上不能分辨的信号得以分开，尤其是二维核磁共振（2D-NMR）的快速发展，可以极大提高谱峰的分辨率，从而可以提供多糖结构中单糖残基的类型、单糖中 C 和 H 化学位移等重要信息，也可以提供单糖间的连接位置和连接顺序等信息，甚至可以提供某些多糖分子结构的全部信息。核磁共振已经成为解析多糖结构不可缺少的工具。

3.1.3 多糖的常见生物活性

多糖由于其独特的理化性质，如凝胶性、高渗性、高黏性及吸湿性等，可应用于食品、药品、纺织品、纸张和可生物降解包装材料等中作为添加剂。此外，研究结果还证明，天然多糖具有抗肿瘤、肠道屏障保护、免疫调节、抗氧化、抗糖尿病、抗病毒、抗菌、抗炎和抗凝血等复杂的生物学活性作用。多糖对机体的常见健康作用如图 3-3 所示。

图 3-3　多糖对机体的健康作用

3.1.3.1　抗肿瘤活性

肿瘤是世界范围内导致人类死亡的主要原因之一，在世界范围内影响着数千万人，带来沉重的社会负担。对癌症的预防和治疗仍然是一项至关重要的挑战。癌症的化学治疗是利用天然或合成的化合物来抑制癌细胞的增殖，并选择性地诱导癌细胞死亡。此外，饮食也是减少癌症发生的潜在可行方法。一些天然多糖已被证实具有抗肿瘤活性，包括抑制肿瘤生长、诱导细胞凋亡、增强免疫功能、破坏线粒体膜和产生一氧化氮（NO）等，甚至它们与化疗药物产生协同作用。

从北沙参中提取出的多糖，对人肺癌细胞株 A549 具有与化学药物顺铂相当的活性，以时间和剂量依赖性方式显著降低 A549 细胞增殖，能够抑制细胞迁移，并且通过降低增殖细胞核抗原表达诱导细胞凋亡，导致细胞周期（cell cycle）停滞在 S 期和 G_2/M 期，从而发挥体外抗肿瘤活性（Wu et al.，2018）。黑根霉菌丝体多糖能使人胃癌 BGC-823 细胞的细胞周期停滞在 G_2/M 期，该多糖还可以破坏线粒体膜、激活 caspase-3 和 caspase-9、提升胞内 ROS 和钙离子浓度，最终通过线粒体途径介导细胞凋亡（Chen et al.，2013）。柑橘皮多糖对肝癌 H22 细胞具有抗增殖作用，在小鼠体内能够抑制移植 H22 细胞生长，且对小鼠无负面影响。此外，柑橘皮多糖通过下调 Bcl-xL 和 Mcl-1 水平，激活 caspase 的表达，提高肿瘤浸润 $CD8^+$ T 细胞水平，同时还可使细胞周期停滞在 S 期（从 27.6% 增加至 37.3% 以上）（图 3-4），诱导移植的 H22 细胞凋亡（Zhao et al.，2017）。香菇多糖是 T 细胞激活剂，可以增强 T 细胞、巨噬细胞、自然杀伤细胞（NK 细胞）等免疫细胞的免疫功能，增强免疫细胞的吞噬作用，发挥抗肿瘤作用，且香菇多糖已被用于晚期胃癌、胰腺癌、结直肠癌和肝细胞癌的联合化疗（Zhang et al.，2011）。白花蛇草多糖可以抑制人肺腺癌 A549 细胞的增殖和细胞群落形成，通过激活 caspase-3 和 caspase-9、增加细胞色素 c 的表达、增加 Bax/Bcl-2 值，诱导细胞凋亡。体内试验也表明，白花蛇草多糖显著延迟裸鼠 A549 肺癌异种移植物的生长，且对体外正常细胞或模型小鼠体内细胞几乎没有毒性（Lin et al., 2019）。从杏鲍菇中提取出的两种杂多糖（PEP-1 和 PEP-2），对人肝癌（HepG-2）细胞表现出抗肿瘤活性，并且 PEP-2 的作用更强。它们均能通过调节 ROS 的生成，以及对 caspase-3 和 caspase-9 的激活而诱导细胞凋亡（图 3-5），它们还能使细胞周期停滞在 S 期，从而抑制细胞生长（Ren et al., 2016）。

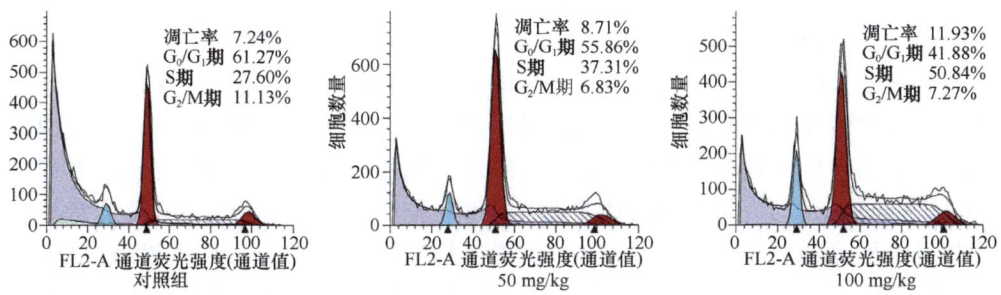

图 3-4　柑橘皮多糖对肝癌 H22 细胞的细胞周期停滞作用（Zhao et al., 2017）

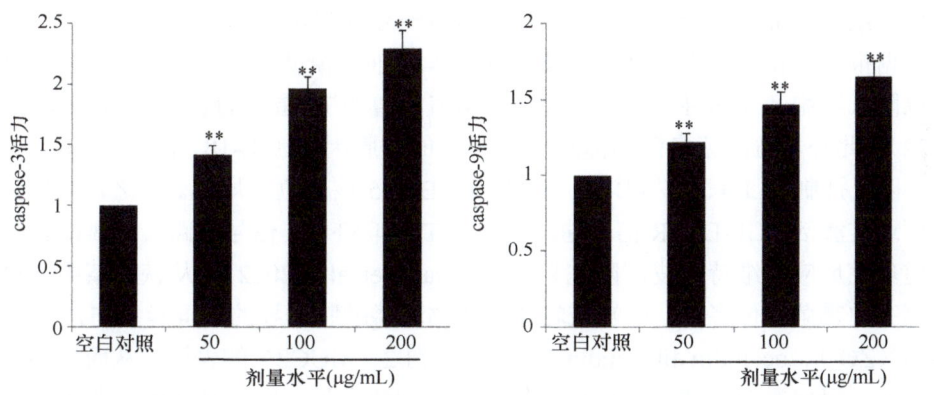

图 3-5　杏鲍菇多糖在 HepG-2 细胞中对 caspase-3 和 caspase-9 的激活作用（Ren et al., 2016）
**，与空白对照组相比，$P < 0.01$

多糖虽然被证实具有体内、体外抗肿瘤活性，但还缺乏足够的临床测试研究。造成这一现象可能的原因是它们通常缺乏常规抗癌药物所具有的效力。不过，设计和开发天然多糖的半合成类似物具有巨大的研究潜力，这也是未来多糖的研究方向之一。

3.1.3.2　肠道屏障保护作用

肠道屏障是用来描述肠道结构和功能的总称。肠道屏障可以阻止致病菌、过敏原、重金属和毒素等有害物质通过肠黏膜进入机体其他组织、器官和血液循环。一般而言，肠道屏障包括肠黏膜上皮细胞、肠黏液、肠道微生物群、分泌性免疫球蛋白、肠道相关淋巴组织、胆汁盐、激素和胃酸等，并可分为四大类，分别为机械屏障、化学屏障、免疫屏障和生物屏障（Huang et al., 2022; Li et al., 2020b）。饮食、疾病和应激会影响肠道屏障功能，导致肠黏膜萎缩、肠道通透性增加、肠上皮细胞损伤、肠道局部免疫功能受损、肠道菌群紊乱等。其中，食源性危害如重金属、有害食品添加物质、农兽药残留、食品加工过程中产生的有害化学物质、常见的致病菌和寄生虫等，都会促进和加重肠道炎症，导致肠道屏障功能紊乱（Huo et al., 2022; Li et al., 2020b）。一旦出现肠道屏障功能障碍，可能诱发有害物质的被动扩散、快速吸收，以及通过细胞旁途径，使有害物质被运输到多个组织并引起广泛的毒性。因此，要保护肠道屏障功能不受有害物质的损伤，维护肠道屏障稳态。研究发现，多糖具有保护肠道屏障的作用，可以通过促进紧密连接（tight junction, TJ）蛋白的表达、调节炎症、抑制细胞凋亡和消除氧化应激直接保护肠道屏障功能，或者通过调节肠道微生物群和免疫力来间接保护肠道屏障功能（Huo et al., 2022）。多糖对肠道屏障的保护作用主要体现在保护肠上皮细胞屏障完整性（直接作用）和调节肠道免疫屏障及生物屏障（间接作用）两个方面。多糖在维护肠屏障功能中的活性作用值得进一步的科学研究。

据报道，在 LPS 诱导的猪肠上皮 IPEC-J2 细胞模型中，马齿苋多糖（POP_Z）可以降低细胞旁通透性，增加跨上皮电阻值，增加 TJ 蛋白的表达（Zhuang et al., 2022）。此外，马齿苋多糖还抑制 LPS 诱导的细胞因子（IL-1β、IL-6、TNF-α）释放，以及抑制 TLR4、NF-κB-p-p65 和 NF-κB-p65 核转位的增加。总之，马齿苋多糖可通过激活 EGF/EGFR 信号通路、抑制 TLR4/NF-κB 信号通路（图 3-6），改善肠道炎症反应并维持上皮屏障完整性（Zhuang et al., 2022）。从茯砖茶中分离出的冠突曲霉菌丝体多糖，能够减轻化疗药物环磷酰胺诱导的肠屏障损伤，促进 TJ 蛋白（ZO-1、occludin 和 claudin-1）和黏蛋白 2（MUC2）的表达，从而增强肠屏障功能；冠曲霉菌丝体多糖还可以促进有益细菌生长，同时减少致病菌来维持微生物生态的稳态（Xie et al., 2022b）。在 DSS 诱导的小鼠结肠炎模型以及 LPS 诱导的 Caco-2 细胞模型中，银耳多糖可显著减轻小鼠结肠炎模型的症状，表现为体重减轻改善、结肠长度增加、结肠厚度减少和肠道通透性降低，进一步的研究结果也表明银耳多糖可以显著减少炎症细胞浸润并恢复肠上皮屏障的完整性（Xiao et al., 2021）。体外试验也进一步证实，银耳多糖可显著抑制促炎细胞因子的表达，增加肠屏障和黏液屏障相关基因或蛋白质的表达；这一研究的整体结果表明，银耳多糖发挥抑制炎症和恢复肠道屏障完整性的作用（Xiao et al., 2021）。龙须菜多糖也可以通过增强肠道屏障功能而减轻肠道炎症来预防小鼠结肠炎，包括增加体重和食欲，以及降低血清内毒素、LPS 结合蛋白含量、髓过氧化物酶活性，同时抑制结肠组织中细胞因子（如 IL-6）分泌（图 3-7）。此外，组织学分析表明，龙须菜多糖还可以维持健康的结肠微观结构（包括隐窝、杯状细胞和黏膜肌层），同时在结肠中促进 TJ 蛋白（如 ZO-1 和 claudin-1）和 MUC2 的表达（图 3-7）（Han et al.，2020）。

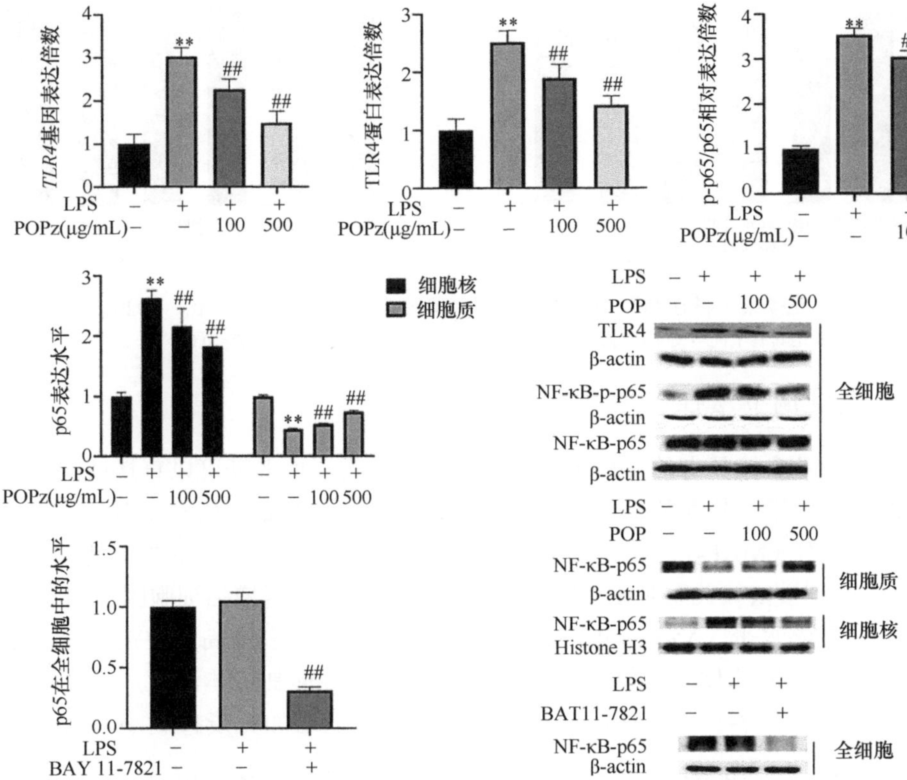

图 3-6　马齿苋多糖（POPz）在猪肠上皮 IPEC-J2 细胞中的抗炎活性作用（Zhuang et al.，2022）
β-actin 表示 β 肌动蛋白，Histone H3 表示组蛋白 H3。相对于空白组：*，$P<0.05$；**，$P<0.01$。相对于 LPS 组：#，$P<0.05$；##，$P<0.01$

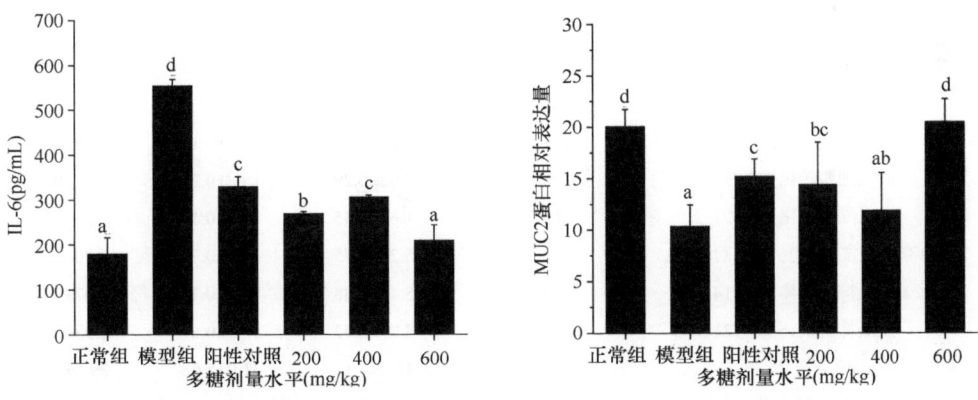

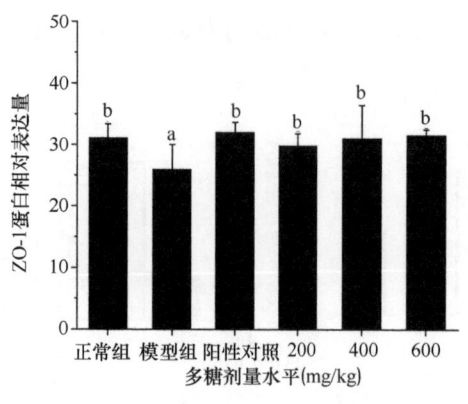 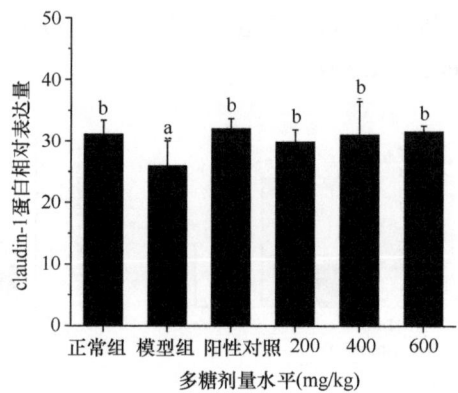

图 3-7　龙须菜多糖在结肠中的抗炎作用和屏障维护作用（Han et al.，2020）

凡是具有不同英文字母标记的数据，表明数据间具有显著性差异（$P<0.05$）

3.1.3.3　免疫调节活性

免疫调节是多糖具有的重要生物活性之一。生物活性多糖可以直接或间接与免疫系统相互作用，从而使机体免疫调节系统被激活。例如，从绿豆中分离纯化出两种多糖组分（MAP-1、MAP-2），研究结果证实 MAP-1 和 MAP-2 均具有免疫调节活性，以剂量依赖关系刺激巨噬细胞产生 NO，并且显著增强细胞因子（TNF-α 和 IL-6）的分泌水平（Yao et al.，2016）。用白花蛇舌草多糖高、中剂量处理小鼠，可以提高小鼠的体重、淋巴细胞转化指数、血凝抑制抗体滴度、吞噬百分率和吞噬指数（表 3-2）。此外，白花蛇舌草多糖还能增加免疫抑制小鼠血清中

表 3-2　白花蛇舌草多糖在小鼠体内的免疫调节作用（蔡玮，2017）

指标	高剂量组	中剂量组	低剂量组	对照组
体重/初始体重（g）	20.01±0.9	20.05±1.0	19.89±0.9	19.31±1.4
体重/1 天	23.58±0.9	23.10±1.0	22.75±1.0	22.11±1.4
体重/7 天	26.8±1.0	25.84±1.2	25.18±0.7	23.35±0.9
体重/14 天	28.68±0.7	28.7±1.0	28.51±1.4	25.91±1.4
体重/21 天	33.98±0.7	34.00±1.0	30.91±1.4	28.51±1.3
淋巴细胞转化指数/7 天	2.19±0.24	1.84±0.37	1.21±0.17	1.18±0.27
淋巴细胞转化指数/14 天	2.67±1.05	2.02±0.29	1.68±0.26	1.27±0.17
淋巴细胞转化指数/21 天	1.83±0.4	1.66±0.35	1.48±0.15	1.1±0.23
血凝抑制抗体滴度/7 天（$\log_{10} 2$）	5.87±0.72	5.20±0.75	4.80±0.75	3.80±0.83
血凝抑制抗体滴度/14 天	6.20±0.83	5.40±0.88	4.93±0.77	4.07±1.06
血凝抑制抗体滴度/21 天	4.60±0.80	4.07±0.77	3.53±0.81	2.93±0.85
吞噬百分率（%）	46.9±4.58	44.9±4.18	41.0±5.68	39.5±4.06
吞噬指数	0.57±0.08	0.48±0.07	0.42±0.07	0.39±0.05

IL-2、IL-6 和 TNF-α 等细胞因子含量,并促进骨髓细胞增殖。这说明白花蛇舌草多糖通过提高小鼠的细胞免疫和体液免疫、腹腔巨噬细胞的吞噬活性以及脾脏指数,显著地提高了小鼠机体的免疫力(蔡玮,2017)。也有研究发现,蛹虫草多糖可以显著增强小鼠的免疫功能,包括提高脾脏和胸腺指数,提高脾脏淋巴细胞的活性,并增加白细胞总数、血清 IgG,从而有效提升小鼠的免疫功能(Liu et al.,2016)。这些结果表明,多糖可以有效地增强机体的免疫功能,是一种很有应用前景的免疫增强剂。

笔者的研究小组利用山药多糖(YPS)饲喂 6~8 周龄的 SPF 级雌性 BALB/c 小鼠,21 d 后发现:剂量为 50~400 mg/kg 体重的山药多糖以剂量依赖方式显著增加了小鼠血清中的 3 种免疫球蛋白水平(表 3-3),并且发现山药多糖还提升了小鼠的脾脏指数和胸腺指数(关庆云,2022)。所得到的数据结果证实:山药多糖在小鼠体内具有免疫调控作用,可以增强小鼠机体的免疫力。与此同时,我们还发现马齿苋多糖在体外也具有免疫调控作用:对于 RAW 264.7 巨噬细胞,马齿苋多糖可以明显提高细胞的吞噬能力,同时促进免疫因子包括 TNF-α、IL-6 和 IL-1β 的分泌;对于小鼠脾淋巴细胞,马齿苋多糖可以促进 IFN-γ 分泌,但是降低 IL-4 分泌,同时提高辅助性 T 细胞(CD4$^+$细胞)和细胞毒性 T 细胞(CD8$^+$细胞)的比例(林亚茹,2022)。这些研究结果均表明,多糖可以通过多种方式来提高动物免疫力,或增强免疫细胞的活性。

表 3-3 山药多糖(YPS)对小鼠血清免疫球蛋白分泌水平的影响(关庆云,2022)

动物分组	剂量水平 [mg/(kg 体重·d)]	Ig G (mg/mL)	Ig A (μg/mL)	Ig M (μg/mL)
对照组	–	12.2±0.1	766.6±8.6	820.8±13.7
YPS 组	50	13.7±0.3	807.1±12.4	867.2±16.0
	100	14.4±0.2	881.7±14.2	936.3±18.8
	200	15.5±0.1	944.5±12.0	1002.5±13.7
	400	16.6±0.1	1000.5±5.5	1063.9±16.3

3.1.3.4 抗氧化活性

ROS 主要由超氧阴离子、过氧化氢和羟自由基等组成。在机体内,ROS 一般以较低水平存在以维持机体正常的生理功能。不过,较高的 ROS 水平会导致氧化应激,破坏氧化还原系统,引起核酸破坏、蛋白质氧化和脂质过氧化,从而影响细胞功能,并可以导致癌症、炎症和心血管疾病等健康问题(Zhang et al.,2020)。ROS 对机体潜在的不良影响如图 3-8 所示。抗氧化剂可以减少 ROS 给机体带来的氧化损伤。在体外研究中,抗氧化剂对各种自由基的清除作用可以用自由基清除率来表示,而被清除的自由基通常采用 DPPH、超氧阴离子、羟自由基及 ABTS

等表示。目前的研究结果表明,天然多糖也具有抗氧化活性。例如,来自裙带菜的两种多糖组分(S1、S2)具有抗氧化活性,包括对超氧阴离子、DPPH、ABTS、羟自由基的清除活性,其中 S1 对 4 个自由基的清除率分别为 82.65%、80.01%、60.88%和 41%,而 S2 对这些自由基的清除率分别为 80.02%、78.91%、56.12%和 41%(Hu et al., 2010)。此外,黄芪多糖也具有清除羟基、超氧阴离子自由基的作用,且清除活性随多糖浓度的增加而增强(Li et al., 2010)。另外一项研究表明,黄芪多糖的抗氧化作用可用于改善细胞损伤、降低药物毒性等,通过下调细胞内 ROS 水平,改善过氧化氢诱导的人脐静脉内皮细胞损伤,增加内皮一氧化氮合酶(NOS)和铜锌超氧化物歧化酶的蛋白质表达,提升细胞内环磷酸鸟苷(NO 活性的标志物)水平,并恢复线粒体膜电位(Han et al., 2017)。这些结果均表明多糖具有抗氧化活性。

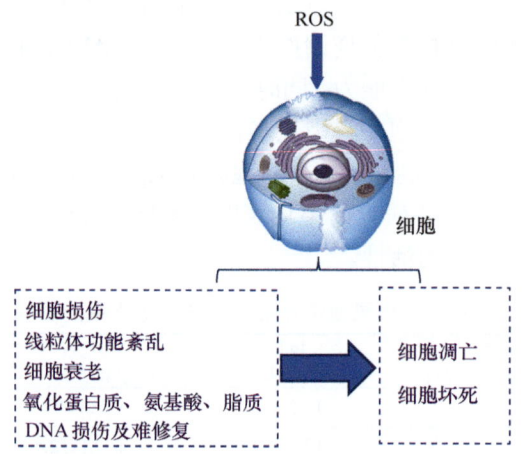

图 3-8　ROS 对机体潜在的不良影响

3.1.3.5　抗糖尿病活性

糖尿病是继心血管疾病和癌症之后又一个严重威胁人类健康的高发病率、高死亡率的慢性病。目前,糖尿病治疗的主要手段是口服降糖药和注射胰岛素。不过,研究结果发现,从高等植物、蘑菇和藻类等自然资源中提取的多糖具有一定的降血糖以及促进胰岛素分泌等作用。例如,杏鲍菇中提取出的两种多糖(EPS1 和 EPS2)对链脲佐菌素诱导的患糖尿病及肾病小鼠具有抗高血糖和肾脏保护作用,包括显著地降低葡萄糖水平,抑制白蛋白、血尿素氮、血肌酐和尿酸水平(部分结果见表 3-4),降低血脂(指标:总胆固醇、甘油三酯、高密度脂蛋白胆固醇和低密度脂蛋白胆固醇)水平,改善肾脏抗氧化状态[指标:谷胱甘肽过氧化物酶(glutathione peroxidase,GSH-PX)、过氧化氢酶(catalase,CAT)、超氧化物歧化酶（superoxide dismutase，SOD）和丙二醛（malondialdehyde，MDA）]，以及减轻病理性肾病损害（Zhang et al.，2018）。此外，裙带菜多糖对 3 种淀粉水解酶（α-淀粉酶、淀粉葡萄糖苷酶和 α-葡糖苷酶）都表现出明显的抑制作用，可以作为 α-淀粉酶和淀粉葡萄糖苷酶的非竞争性抑制剂，或者是 α-葡糖苷酶的竞争性抑制剂，表明裙带菜多糖可能是一种潜在的降糖活性物质（Koh et al.，2020）。另外一项研究则表明，黄芪多糖可以通过抑制肝脏乙酰化和糖脂代谢相关分子，降低胰岛素抵抗，从而具有抗糖尿病活性作用（Gu et al.，2015）。

表 3-4　杏鲍菇多糖 EPS1 和 EPS2 在动物体内的抗糖尿病活性（Zhang et al.，2018）

组别	血糖水平（mmol/L）		小鼠体重（g）		肾脏指数（g/100g）
	前处理	后处理	前处理	后处理	
正常组	4.33±0.19	4.21±0.126	26.31±0.91	32.45±1.51	4.34±0.25
模型组	14.02±0.16	14.14±0.27	25.57±0.75	24.24±0.93	8.48±0.69
阳性组	13.79±0.25	7.61±0.31	24.83±0.41	31.39±1.62	6.86±0.49
EPS1（高剂量）	13.95±0.28	7.19±0.51	25.39±0.86	32.16±1.25	5.92±0.93
EPS1（低剂量）	14.07±0.33	9.87±0.35	24.88±0.64	28.38±0.63	7.64±1.21
EPS2（高剂量）	13.85±0.29	10.13±0.37	26.02±0.59	28.05±0.81	7.91±1.42
EPS2（低剂量）	14.19±0.41	11.28±0.41	25.32±1.12	28.47±1.33	8.17±0.99

3.1.3.6　抗病毒活性

病毒感染也是人类健康的重大威胁之一，众多的研究结果已经证实天然多糖具有抗病毒活性。多糖通过诱导细胞内信号通路来直接杀灭病毒，或通过阻断早期事件（包括黏附和渗透）以防止病毒感染（He et al.，2020）。乙型肝炎病毒（HBV）的内核由病毒基因组、DNA 聚合酶、乙型肝炎核心抗原、乙型肝炎病毒 e 抗原（HBeAg）组成，抗原包括 HBsAg、HBcAg 和 HBeAg（Shepard et al.，2006）。研究发现，从侧柏叶中分离出的多糖组分不仅能抑制 HBsAg 和 HBeAg 的表达，还能干扰 HBV DNA 的复制（Lin et al.，2016）。此外，从发芽大豆上蛹虫草中分离出的酸性多糖（APS）能够降低支气管肺泡灌洗液（BALF）和肺中的病毒滴度（图 3-9），增加体内 TNF-α 和 INF-γ 的水平，增强 NO 产生并促进 iNOS 的 mRNA 和蛋白质表达，并且还可以调节 IL-6 和 TNF-α 的 mRNA 表达（Ohta et al.，2007）。也有研究证据表明，硫酸化海参多糖对 1 型脊髓灰质炎病毒（PV-1）表现出显著的抑制活性，其测定出的 IC_{50} 值为 1.18 μg/mL（de Godoi et al.，2014）。总之，来自食药两用植物以及蘑菇中的多糖，可以通过干扰病毒生命周期中的几个步骤，或者通过改善宿主抗病毒免疫反应、加速病毒清除，从而具有抗病毒感染的活性作用（He et al.，2020）。

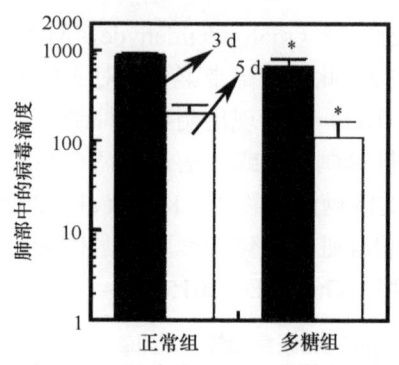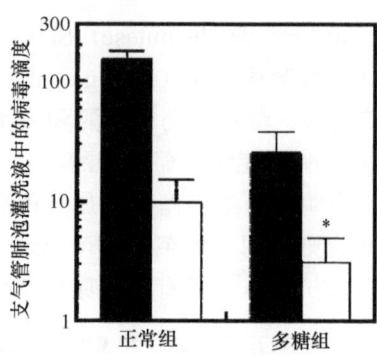

图 3-9 蛹虫草多糖的抗病毒活性作用（Ohta et al.，2007）

*，$P < 0.05$（与正常组相比）

3.1.3.7 抗菌活性

已证实天然多糖对各种革兰氏阴性菌和革兰氏阳性菌具有很强的抗菌活性。例如，从贯叶连翘中提取的粗多糖对一些革兰氏阴性菌和革兰氏阳性菌具有抗菌活性，包括大肠杆菌、痢疾杆菌、伤寒沙门菌、蜡样芽孢杆菌和金黄色葡萄球菌等（Heydarian et al.，2017）。从榴梿果壳提取的多糖对 2 株细菌（金黄色葡萄球菌和大肠杆菌）具有明显的抑制作用，而对 2 株真菌菌株（白念珠菌和酿酒酵母）则无抑制作用（Vimolmas et al.，2002）。从埃及锦葵叶中提取的多糖具有类似于庆大霉素的抗菌活性，对革兰氏阴性菌（肺炎克雷伯菌、大肠杆菌）和革兰氏阳性菌（藤黄短小棒状杆菌、金黄色葡萄球菌）产生抗菌作用（Fakhfakh et al.，2017），所测定出的抑菌圈直径和细菌生长抑制作用如表 3-5 所示。总的来说，多糖可以通过疏水作用、静电吸附或与细胞膜上糖蛋白的相互作用等方式，增加细胞膜的通透性，抑制病原菌对宿主细胞的吸附，或阻断营养物质或能量物质的跨膜转运，从而发挥抗菌活性（Zhou et al.，2022）。

表 3-5 埃及锦葵叶多糖对革兰氏阴性（阳性）菌的抑制作用（Fakhfakh et al.，2017）

微生物	抑菌圈直径（mm）			细菌生长抑制率（%）	
	多糖组分 1	多糖组分 2	庆大霉素	多糖组分 1	多糖组分 2
革兰氏阴性菌					
大肠杆菌	18.5±1.1	13.5±1.0	20±1	54.3±1.2	52.9±0.8
肺炎克雷伯菌	25.0±0.4	19.5±1.0	12±1	57.6±0.5	57.0±0.1
肠沙门氏菌	12.5±1.7	5.0±0.5	15±1	14.2±0.1	9.5±0.2
伤寒沙门菌	17.5±0.1	10.5±0.5	16±1	50.1±1.9	18.1±2.5

续表

微生物	抑菌圈直径（mm）			细菌生长抑制率（%）	
	多糖组分 1	多糖组分 2	庆大霉素	多糖组分 1	多糖组分 2
革兰氏阳性菌					
藤黄短小棒状杆菌	20.0±0.8	10.0±1.0	18±1	90.3±3.6	48.4±2.6
金黄色葡萄球菌	18.5±0.9	7.5±0.0	37±1	87.6±1.6	23.5±1.5
蜡样芽孢杆菌	19.5±1.5	8.5±0.5	22±1	84.2±0.2	12.4±0.7

3.1.3.8 抗炎活性

炎症是机体免疫系统应对损伤或者感染而产生的第一反应，长期无规律的炎症对机体有害，其中慢性炎症与许多疾病相关，包括关节炎、哮喘、动脉粥样硬化和癌症等。许多研究表明，天然多糖具有抗炎活性。对于 LPS 刺激的 RAW264.7 巨噬细胞，来自紫甘薯的多糖可以抑制 NO 水平增加并且增加抗炎因子 IL-10 水平，同时它还可以减少 LPS 处理的模型小鼠中促炎因子 IL-6、IL-1β 和 TNF-α 的分泌（Chen et al.，2019）。在 TNF-α 诱导的冠状动脉内皮细胞炎症模型中，红微藻多糖可以干扰细胞间黏附分子和血管细胞黏附分子的表达，同时抑制 NF-κB 的活化来减弱炎症反应（Levy-Ontman et al.，2017）。来自裙带菜孢子叶的低分子量岩藻依聚糖（LMWF），则通过促进 RAW264.7 细胞有丝分裂、活化蛋白激酶、缓解氧化应激来抑制炎症；具体表现为：它可以抑制炎症细胞因子（如 IL-1β、IL-1 和 TNF-α 等）的分泌，降低 NO 和 ROS 生成以及 iNOS 和 COX-2 表达，降低 p38、ERK1/2 和 JNK 的磷酸化而抑制 MAPK 炎症通路的激活（图 3-10）（Kim et al.，2012）。此外，从马尾藻中分离出的硫酸化多糖，在体外和体内条件下均具有抗炎活性作用，除了可以抑制 LPS 诱导的 RAW264.7 细胞中 NO、前列腺素（PG）E2 和促炎因子水平的显著下调外，在斑马鱼胚胎模型中还可以降低 LPS 诱导的毒性作用、细胞死亡和 NO 产生（Sanjeewa et al.，2018）。因此，有关多糖抗炎活性作用的研究，一直是多糖活性研究工作的重点。

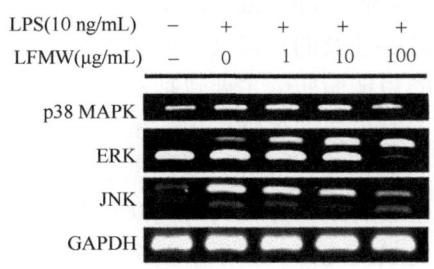
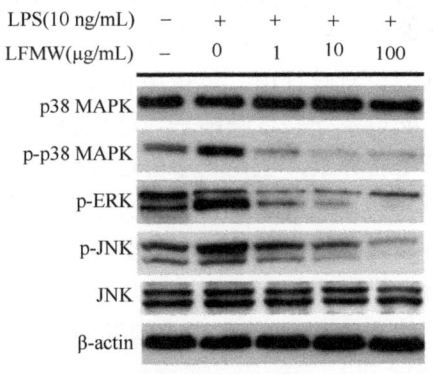

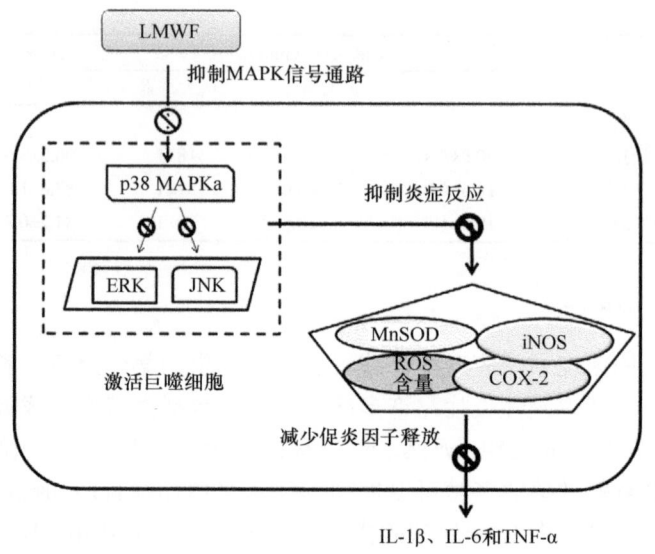

图 3-10　岩藻依聚糖（LMWF）的抗炎活性作用机制（Kim et al.，2012）

（本节撰稿人　于亚辉）

3.2　多糖的肠道发酵与肠道健康作用

3.2.1　膳食纤维的含义与分类

人类或动物进食后，食物中的常量营养物质如蛋白质、碳水化合物、脂类等都会在胃肠道中被消化酶消化，进而被机体吸收。但是，也有一些食物组分不能被消化酶分解，如熟知的膳食纤维（dietary fibre）。在大肠中，膳食纤维被一些厌氧微生物发酵或部分发酵，产生短链脂肪酸（short-chain fatty acid，SCFA）、二氧化碳、甲烷和乙烷等产物。膳食纤维肠内发酵所涉及的、最常见的厌氧菌包括拟杆菌、双歧杆菌、链球菌和乳酸菌，而生成的短链脂肪酸主要包括乙酸、丙酸、丁酸以及一些羟基酸等，这些有机酸在肠道内有重要的生物作用。虽然膳食纤维不是营养素，但是科学界已经确认膳食纤维为食物重要成分之一，也是与人类健康密切相关的重要食物成分之一。为此，一些政府或国际机构对民众膳食纤维的日摄入量提出建议，具体数据可以参考相关文献。此外，基于全面考虑膳食结构对人类健康的潜在影响，不少国家或地区提出平衡膳食指南，如中国营养学会提出的平衡膳食宝塔（中国营养学会，2022），或者是美国农业部建议的膳食金字塔（图 3-11）。虽然这些指南对不同类型食物摄入量要求有少许差异，但是均强调谷物、果蔬等在日常饮食结构中的基础地位和重要性，从另外一个角度彰显膳食纤维对人类健康的功能作用。

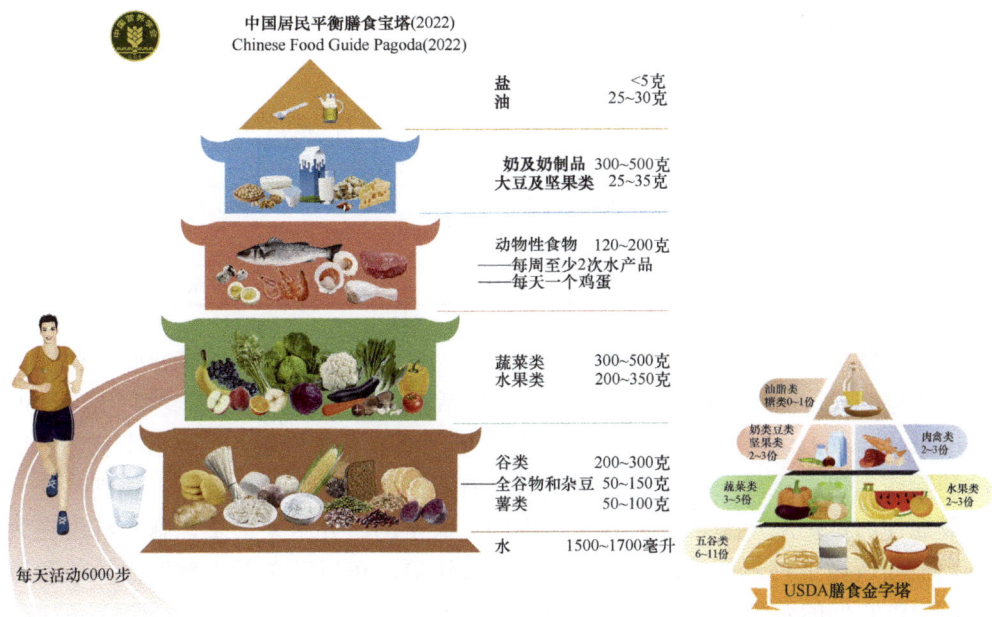

图 3-11　中国营养学会和美国农业部平衡膳食宝塔结构示意图

　　膳食纤维的化学组成十分复杂，所以不同机构对膳食纤维的定义也有所不同。根据美国谷物化学家协会（American Association of Cereal Chemists，AACC）对膳食纤维的重新定义（American Association of Cereal Chemists，2001），膳食纤维是植物的可食部分或碳水化合物的类似物，它们不在人体小肠吸收但可在大肠内完全或部分发酵；膳食纤维包括多糖、低聚糖、木质素和相关的植物性物质；膳食纤维能够提供有益生理作用包括排便、血胆固醇调节和血糖调节。不过，有关膳食纤维的研究工作还在进一步完善，其组成还有可能进一步拓展，其含义也会随之变化。目前已经出现一些争议。例如，糖醇、动物源纤维（甲壳素、胶原）是否属于膳食纤维，植物中的一些多酚物质如类黄酮、花青苷、原花青苷是否也可作为膳食纤维组成（已经有人建议将其看作抗氧化性膳食纤维），均有待于未来的科学研究予以厘清。从常见膳食纤维成分的化学特征出发，膳食纤维的化学组成如表 3-6 所示。

表 3-6 膳食纤维的化学组成概况（赵新淮，2006）

分类	主要成分	化合物	分类	主要成分	化合物
非淀粉多糖和低聚糖	纤维素		相关植物物质	蜡质	
	半纤维素	阿（拉伯）半乳聚糖		植酸盐	
		阿（拉伯）糖基木聚糖		角质	
	聚果糖	菊粉、低聚果糖		皂苷	
	果胶	果胶及果胶物质		软木脂	
碳水化合物类似物	非消化性淀粉和麦芽糊精	抗性麦芽糊精		单宁、多酚（有争议）	
		抗性淀粉		木质素	
	化学方法合成的碳水化合物	聚糊精、乳酮糖	动物源纤维（有争议）	甲壳质	
		纤维素衍生物		胶原	
	酶法合成的碳水化合物	低聚果糖、新糖等		软骨素	

在通常意义上，膳食纤维中的主要成分是那些不为人体直接消化吸收的非消化性多糖（indigestible polysaccharide），不包括淀粉、糖原等消化性多糖（digestible polysaccharide）。膳食纤维可以平衡人体营养、调节人体代谢，对肠道中有害物质的清除作用也很重要。膳食纤维被认为具有降低胆固醇、调控血糖、控制热量、润肠通便、维护肠道菌群平衡等健康作用。大量的研究结果证实，膳食纤维在大肠中被肠道微生物选择性地分解、发酵和利用后，可以改善肠内菌群的构成和分布，促进它们的繁殖和代谢；膳食纤维发酵生成的短链脂肪酸（C2~C4）可以降低肠道内 pH，使细菌的代谢产物、食物中的致突变物和致癌物质等有害物质均能随粪便迅速排出体外，缩短有害物质、致癌物质与肠黏膜的接触时间，从而降低肠癌风险（Wong et al.，2006）。整体上，如图 3-12 所示，膳食纤维在肠道健康方面具有积极的作用。

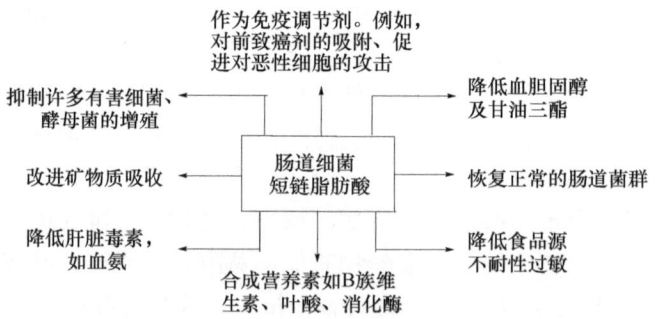

图 3-12 膳食纤维大肠内代谢产物的营养与健康作用

膳食纤维在肠道内的一个重要特征就是被肠道微生物分解，而不同膳食纤维成分（主要是非消化性多糖，本节以后将其简称为多糖）具有不同的单糖组成、糖苷键及分子量，因此其肠道内的发酵能力不同。故此，也可以将膳食纤维组分按照其发酵能力高低进行分类（表3-7）。大致上，水溶性多糖（果胶、菊粉、β-1,3-葡聚糖等）具有较高的肠道发酵能力，而那些不溶性多糖如纤维素、半纤维素等发酵能力较差。在人体内，纤维素被认为是非发酵性膳食纤维（non-fermentable dietary fiber）。

表 3-7 基于发酵能力对膳食纤维组分的分类（赵新淮，2006）

特征	成分	主要食物来源
部分发酵或低发酵成分	纤维素	植物（蔬菜、甜菜、糠麸等）
	半纤维素	谷物
	木质素	木本植物
	角质、软木质、植物蜡等	植物
	甲壳质、胶原等*	霉菌、酵母菌、无脊椎动物
	抗性淀粉	植物（玉米、马铃薯、谷物等）
	β-1,3-葡聚糖	细菌
易发酵成分	β-葡聚糖	谷物（燕麦、大麦、黑麦）
	果胶	水果、蔬菜、豆类等
	树胶等	植物籽胶、树胶、海藻胶、酶生物胶
	菊粉	菊苣、洋葱、小麦等
	低聚糖/类似物	各种植物或人工合成产物

*将来自动物组织中的胶原蛋白等物质也作为膳食纤维成分

3.2.2 膳食纤维和多糖的发酵与肠道健康

在肠道中，一般认为膳食纤维预防结直肠癌的途径可能涉及以下5个方面。

（1）抑制腐生菌生长。结肠中一些腐生菌能产生致癌物质，而膳食纤维发酵产生短链脂肪酸后，短链脂肪酸特别是乙酸能抑制腐生菌的生长。

（2）减少次生胆汁酸的产生。胆汁中的胆酸和鹅脱氧胆酸可被细菌代谢为石胆酸和脱氧胆酸，它们都是致癌剂和致突变剂；膳食纤维对胆酸和次生胆汁酸具有结合作用，可将它们排出体外，最终降低结肠中次生胆汁酸的含量。

（3）减少致癌物与结肠的接触机会。膳食纤维能促进肠道蠕动，增加粪便体积，缩短排空时间，从而减少致癌物与结肠接触的机会。

（4）短链脂肪酸中的丁酸具有独特的生物活性，能抑制肿瘤细胞生长，诱导肿瘤细胞向正常细胞转化，并控制致癌基因的表达。

（5）清除自由基。自由基与肿瘤的产生有关，而膳食纤维中的抗氧化性膳食纤维成分多酚，可以发挥其清除自由基的作用。

可以看出，膳食纤维/多糖发酵产生短链脂肪酸，既可以通过降低肠道内的 pH

来抑制腐生菌，又可以依托丁酸的抗癌活性作用，从而对肠道产生健康作用。由于水溶性多糖和不溶性多糖肠道发酵能力存在着差异，所以，水溶性多糖的肠道健康作用极有可能高于不溶性多糖。虽然已经有一些研究结果支持这一猜测，但是仍然需要更多的科学证据。要特别指出的是，膳食纤维/多糖对肠道微生物的组成、分布等具有调节作用，而且肠道微生物又与肠道健康有关联性。考虑到本书聚焦于膳食成分和代谢产物对肠道的若干健康作用，所以不再介绍膳食纤维/多糖如何通过微生物菌群的调控途径而产生肠道健康作用，同时也不介绍低分子量的膳食纤维成分如低聚糖潜在的肠道健康作用。不过，我们还是无法回避这一事实：肠道微生物组成不同会影响膳食纤维/多糖的发酵产酸；或者说，微生物也是影响膳食纤维/多糖对肠道健康作用的一个因素。

3.2.2.1 多糖的发酵产酸

膳食纤维/多糖肠道发酵后生成的有机酸中，特别重要的有乙酸、丙酸、丁酸。其中，丙酸被认为是对肝脏健康有益，而丁酸能预防与营养有关的多发性结直肠癌，所以对这几个短链脂肪酸的研究也较多。对甲酸、其他短链脂肪酸作用的相关研究则较少。目前，丁酸的肠道健康作用仍然在研究之中。总之，已经确认丁酸在维护肠道健康方面的重要功能，它不仅为肠道上皮细胞提供能量，而且具有抑制结肠癌变、炎症与氧化应激等作用。

大肠中膳食纤维/多糖发酵生成丁酸的途径以及丁酸的吸收利用等详见图3-13。

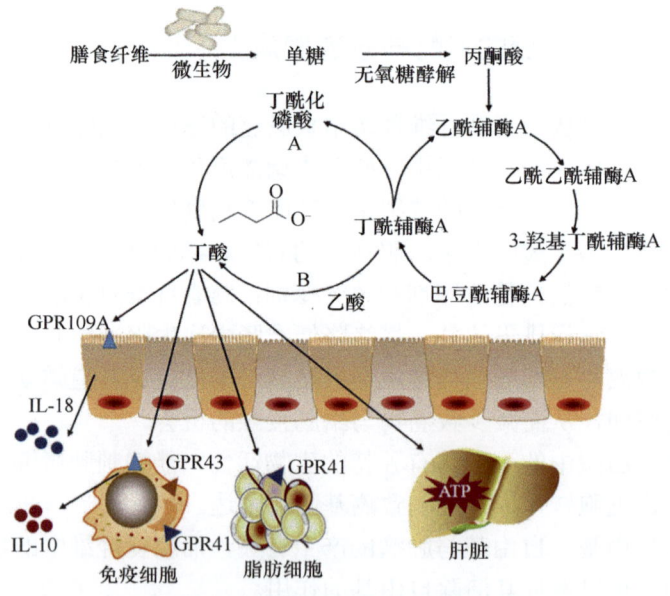

图3-13　大肠中丁酸的生物合成以及利用示意图（Liu et al., 2018b）

依托膳食纤维/多糖的肠道细菌发酵作用，丁酸通过两个不同的途径而形成（Liu et al., 2018b）。在途径 A 中，丁酰辅酶 A 在被磷酸化以后，通过丁酸激酶的作用再转化为丁酸。在途径 B 中，在丁酰辅酶 A-乙酰辅酶 A 转移酶的作用下，丁酰辅酶 A 转化生成乙酸，并且同时形成丁酸和乙酰辅酶 A。

不同来源种类的膳食纤维/多糖，其被肠道微生物发酵产酸的能力有显著差异。例如，来自一些谷物和水果的膳食纤维，在肠道发酵 24 h 后均有 3 种典型短链脂肪酸生成，但是其生成量有所不同（表 3-8）。从数据比较可以看出，燕麦中的膳食纤维整体上具有更强的发酵产酸能力，且丁酸生成水平较高。此外，相比这些膳食纤维，最常见的多糖类膳食纤维成分如抗性淀粉、果胶及 β-葡聚糖等，它们的发酵产酸能力更强，尤其是丁酸的生成量更高。普通淀粉因为或多或少含有一些抗性淀粉成分，所以也具有一定的发酵产酸能力。因此应高度关注抗性淀粉、β-葡聚糖等这些多糖在肠道内的健康作用。

表 3-8　来自 6 种食物的膳食纤维/多糖在肠道发酵 24 h 后短链脂肪酸产量（赵新淮，2006）

膳食纤维/多糖来源	短链脂肪酸生成量（mmol/g 膳食纤维或多糖）		
	乙酸	丙酸	丁酸
燕麦	1.32±0.05	0.96±0.01	0.38±0.01
玉米	0.76±0.02	0.21±0.01	0.16±0.01
小麦	0.62±0.01	0.36±0.01	0.11±0.003
无花果	2.55±0.06	0.33±0.01	0.04±0.002
苹果	1.06±0.03	0.41±0.01	0.09±0.002
梨	0.66±0.02	0.24±0.01	0.05±0.002
RS-1 抗性淀粉（抗性淀粉含量 6.6%）	1.16±0.04	0.72±0.02	0.94±0.04
RS-2 抗性淀粉（抗性淀粉含量 8.1%）	1.30±0.04	0.89±0.02	1.23±0.02
果胶	5.18±0.20	0.76±0.06	0.57±0.02
β-葡聚糖	2.41±0.04	1.69±0.06	1.44±0.01
淀粉（抗性淀粉含量 2.3%）	2.39±0.07	0.96±0.01	1.00±0.02

理论上，在食品科学领域可利用健康人群（婴儿或成人）的粪便样品来考察膳食纤维/多糖的肠道发酵产酸情况。例如，可以招募那些日常摄食正常、至少近一个月未得肠炎等消化系统疾病、也在近一个月未服用或注射抗生素的志愿者，及时地从他们的新鲜粪便中提取肠道微生物，在混合粪便样品提取物后，就可以作为肠道微生物样品应用于膳食纤维或多糖的体外模拟发酵。应用这一技术途径和方法，以及毛细管气相色谱分析手段，笔者和合作研究者揭示出菊粉、玉米抗

性淀粉、魔芋多糖、山药多糖等被健康成人肠道微生物发酵时，它们的发酵产酸模式有区别（表 3-9）。这一研究手段可以避免应用实验动物时的某些不足。例如，实验动物和人类的饮食结构会存在显著区别，还可回避伦理问题。当然，在其他领域则是更多地应用动物粪便样品来开展研究。

表 3-9　4 种多糖模拟肠道发酵时发酵体系中有机酸生成情况
（郝丽鑫，2016；孔璐，2015；耿茜，2014）（单位：mmol/L）

多糖	有机酸	发酵时间（h）					
		6	12	18	24	36	48
菊粉	乙酸	未测	19.24±0.84	19.31±0.25	26.26±0.95	31.24±6.82	22.99±0.46
	丙酸	未测	0.11±0.00	0.20±0.04	0.61±0.13	16.97±1.14	7.19±0.23
	丁酸	未测	2.21±0.01	1.65±0.06	2.08±0.05	3.17±0.28	2.85±0.11
玉米抗性淀粉	乙酸	1.33±0.40	4.24±0.36	7.51±0.36	4.85±0.78	6.28±0.42	10.3±0.77
	丙酸	ND	ND	0.13±0.07	0.18±0.05	0.17±0.07	0.33±0.05
	丁酸	0.09±0.07	1.13±0.20	1.61±0.25	1.85±0.22	1.94±0.34	4.46±0.32
	乳酸	5.19±0.45	4.48±0.24	2.92±0.99	1.54±0.80	0.30±0.28	ND
魔芋多糖	乙酸	5.37±0.38	8.38±0.12	10.9±0.40	16.1±0.79	12.7±0.26	4.61±0.34
	丙酸	ND	0.05±0.02	0.62±0.14	10.6±0.73	13.0±0.73	6.97±0.68
	丁酸	0.62±0.13	1.32±0.28	1.39±0.19	2.77±0.14	3.31±0.30	2.33±0.26
	乳酸	20.2±0.99	17.0±0.99	12.2±0.63	3.42±0.39	ND	ND
山药多糖	乙酸	未测	未测	未测	24.18±0.74	未测	27.05±1.16
	丙酸	未测	未测	未测	1.91±0.13	未测	2.23±0.11
	丁酸	未测	未测	未测	10.44±0.29	未测	13.23±0.18
	乳酸	未测	未测	未测	0.09±0.01	未测	0.07±0.01

注：肠道模拟发酵体系中菊粉、玉米抗性淀粉、魔芋多糖、山药多糖的添加水平分别约为 5 g/L、6 g/L、4 g/L 和 5 g/L。ND，未检出。

分析比较表 3-9 中的数据结果，可以看出这些多糖在模拟肠道发酵时均能生成短链脂肪酸，在发酵体系所得到的短链脂肪酸产物中，乙酸为优势产物；随着发酵时间的延长，乙酸、丙酸、丁酸的生成量基本呈现增加趋势。一个相反的情况是，如果考虑另外一种重要的有机酸乳酸，却发现乳酸在发酵体系中的检出量随着发酵时间的延长而降低。这表明一旦多糖发酵产生乳酸，乳酸会被肠道微生物进一步利用、转化。

其他研究者也曾经利用体外发酵来研究膳食纤维的发酵产酸。Tabernero 等（2011）曾经采用这一手段，利用 8 位志愿者的粪便样品，研究两种不同欧洲饮食模式（地中海饮食模式和斯堪的纳维亚饮食模式）下食物的膳食纤维发酵。由于这两种饮食模式存在差异（如谷物、果蔬的摄入量），他们的分析结果发现：①相比精制谷物，全谷物膳食纤维会产生更多丙酸；②相比谷物膳食纤维，果蔬膳食纤维会产生更多丁酸；③根据相关分析结果估算，与斯堪的纳维亚饮食模式相比，地中海饮食模式的膳食纤维会产生较多的短链脂肪酸（表 3-10）。这些研究结果可以支持地中海饮食模式是更为健康的饮食模式，尤其在肠道健康方面。

表 3-10　基于地中海和斯堪的纳维亚饮食模式的膳食纤维产酸情况估算
（Tabernero et al.，2011）

指标	膳食纤维来源	地中海饮食模式		斯堪的纳维亚饮食模式	
		摄入量（mmol/人）	占比（%）	摄入量（mmol/人）	占比（%）
总酸		348		261	
	谷物	142	47	144	58
	果蔬	162	53	104	42
乙酸（A）		170		131	
	谷物	71	45	63	56
	果蔬	87	55	49	44
丙酸（P）		99		96	
	谷物	53	55	48	62
	果蔬	44	45	29	38
丁酸（B）		79		34	
	谷物	18	38	34	57
	果蔬	30	63	26	43
比例（A：P：B）		49：28：23		50：37：13	

当然，模型动物也经常被用于研究膳食纤维和多糖的肠道发酵行为。Drzikova 等（2005）也利用人类的粪便，采用体外发酵来研究富含纤维的若干燕麦挤出物消化后的发酵产酸，这些挤出物有着不同的 β-葡聚糖、抗性淀粉和膳食纤维含量。他们的分析结果显示，当挤出物含有较多燕麦麸皮、水溶和不溶膳食纤维及 β-葡聚糖时，消化物发酵后短链脂肪酸的产量较高。更有意思的是，他们的研究结果还确认，不同对象的粪便样品对同一挤出物样品的发酵产酸有不同的影响作用，包括常见的短链脂肪酸乙酸、丙酸、丁酸，以及不太常见的正戊酸和异戊酸（表 3-11）。很明显，这些结果从另一个角度显示肠道微生物菌

群的差异性确实会影响膳食纤维的发酵产酸行为。这也意味着，采用较多的粪便样品，利用混合后的粪便提取物，将具有更好的肠道微生物组成代表性，相应的研究结果更具有说服力。

表 3-11 不同个体粪便样品微生物对消化后的挤出物 8 h 发酵的产酸情况
（Drzikova et al., 2005）（单位：μmol 有机酸/g 挤出物；平均值，$n=4$）

粪便样品	挤出物	乙酸	丙酸	丁酸	异戊酸	正戊酸	总酸
1 号	A	807	149	386	21.7	45.8	1408
	B	691	178	462	26.0	54.8	1413
	C	854	124	452	16.7	37.7	1485
	D	1010	132	501	15.8	38.6	1697
	E	1089	134	609	14.6	41.3	1888
2 号	A	710	291	244	71.9	83.9	1401
	B	794	299	280	64.0	95.9	1532
	C	978	359	359	86.1	129	1910
	D	923	369	348	94.2	141	1876
	E	794	322	304	67.9	108	1595
3 号	A	571	292	274	29.3	47.7	1214
	B	617	324	370	33.0	56.7	1401
	C	838	391	412	35.5	67.3	1743
	D	1059	458	482	37.0	77.8	2113
	E	1021	443	500	34.1	74.8	2072

在利用动物模型的研究中，也证实膳食纤维或多糖能够促进肠道内短链脂肪酸生成。研究发现，母猪摄食富含阿拉伯基木聚糖（arabinoxylan）的饲料后，肠道内丁酸的生成量增加（Xu et al., 2021）。Mahadevamma 等（2004）的研究结果表明，豆类加工后其抗性淀粉含量达到 1.58%~3.59%，并且在被 Wistar 大鼠摄食后，整体上会在粪便等样品中检测出更多的短链脂肪酸（如丁酸）（表 3-12）。Nielsen 等（2014）的研究结果也确定，母猪在摄食富含阿拉伯基木聚糖或抗性淀粉的饲料后，肠道微生物菌群发生变化，同时提升大肠内的丁酸水平。此外，Weitkunat 等（2015）的测定结果显示，相对于纤维素，饮食中的菊粉更显著地增加悉生小鼠（gnotobiotic mice）盲肠内容物的短链脂肪酸水平（图 3-14），这也证明了纤维素的低发酵性和菊粉的高发酵性。

表 3-12　摄食豆类样品对大鼠盲肠和粪便样品中短链脂肪酸水平的影响
（Mahadevamma et al., 2004）　　　　（单位：mmol/g）

饮食	乙酸		丙酸		丁酸	
	盲肠	粪便	盲肠	粪便	盲肠	粪便
对照饮食	24.03	83.58	50.29	16.42	25.70	—
孟加拉豆	15.76	56.55	54.70	32.92	29.53	10.52
加工的孟加拉豆	25.43	51.65	44.00	36.15	30.66	12.20
黑豆	18.96	41.97	59.04	50.83	21.96	7.20
加工的黑豆	54.99	47.10	31.10	43.00	13.89	9.90
红豆	36.25	63.97	44.34	26.13	19.40	9.90
加工的红豆	39.50	51.07	38.40	37.73	22.10	11.00

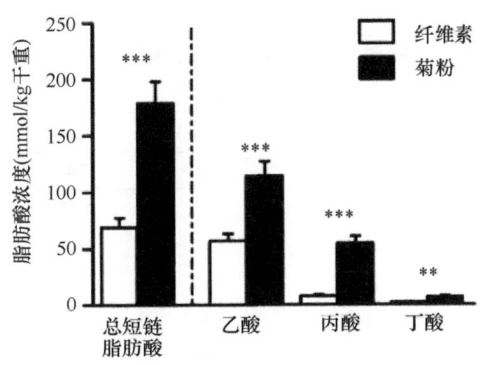

图 3-14　小鼠盲肠内容物的短链脂肪酸含量（Weitkunat et al., 2015）
, $P < 0.01$；*, $P < 0.001$（与纤维素组相比）

总之，体外模型和动物模型均能够用于揭示膳食纤维或多糖物质在肠道内的发酵产酸情况。由于自然界膳食纤维和多糖的来源广泛，而且一些消化性多糖在化学修饰后也具有膳食纤维的功能性质，可以预计，它们的肠道发酵作用、产酸模式、对肠道微生物菌群的调控作用，以及可能带来的其他肠道健康作用，均值得进一步研究。

3.2.2.2　多糖发酵与抗结直肠癌活性

笔者和合作者的研究发现，一些多糖物质在模拟肠道发酵时，其产酸情况会被存在的外源性微生物（主要是乳酸菌）影响（表 3-13）。以玉米抗性淀粉为例，婴儿双歧杆菌呈现对乙酸、丙酸和丁酸的促进作用，但是却明显地降低乳酸的存量（即促进乳酸转化）。相同的情况也发现于魔芋多糖，鼠李糖乳杆菌也显示出相似的作用（耿茜，2014）。至于模拟发酵过程中乳酸水平为何出现降低趋势，被认为是肠道微生物可以利用乳酸合成丁酸（Bourriaud et al., 2005）。此外，一些乳酸菌也被发现有能力将乳酸转化为乙酸和其他物质（Lopez et al., 2001）。综合起来，外源微生物协同肠道微生物，使多糖发酵从而产生更多的乙酸、丁酸，而降低乳酸的存在。这个结果可能为肠道带来更多的健康益处。已有动物实验结果表明，在诱变剂诱导形成的大鼠结肠癌模型中，大鼠饮食中补充菊粉后，结肠黏膜中的癌前病变数量减少，并且这一数量减少与结肠腔内微生物发酵产生的短链脂肪酸有关（Zhang et al., 1998）。从化学角度来看，丁酸和乳酸均属于小分子有机酸。但是，从生物学角度来看，丁酸和乳酸在机体中是非常重要的小分子物质。它们对膳食纤维和多糖在肠道内发挥抗癌作用十分关键。目前，丁酸被认为是短链脂肪酸中发挥抗癌作用的关键因素，而乙酸和丙酸并没有类似丁酸的抗结肠癌活性。另外，乳酸作为糖酵解途径的代谢产物，也对癌细胞至关重要。

表 3-13　外源微生物对两个多糖模拟肠道发酵产酸（平均值）的影响
（耿茜，2014）　　　　　　　　（单位：mmol/L）

多糖	脂肪酸	外源微生物	发酵时间（h）			
			12	24	36	48
玉米抗性淀粉	乙酸	无	4.24	4.85	6.28	10.3
		婴儿双歧杆菌	9.41	16.9	30.3	30.7
	丙酸	无	NP	0.18	0.17	0.33
		婴儿双歧杆菌	NP	0.24	1.55	2.16
	丁酸	无	1.13	1.85	1.94	4.46
		婴儿双歧杆菌	4.70	12.2	13.1	14.0
	乳酸	无	4.48	1.54	0.30	ND
		婴儿双歧杆菌	1.80	NP	NP	NP
魔芋多糖	乙酸	无	8.38	16.1	12.7	4.61
		鼠李糖乳杆菌	13.4	19.3	26.4	28.3
	丙酸	无	0.05	10.6	13.0	6.97
		鼠李糖乳杆菌	NP	1.46	12.4	18.8
	丁酸	无	1.32	2.77	3.31	2.33
		鼠李糖乳杆菌	1.04	2.10	5.51	9.83
	乳酸	无	17.0	3.42	NP	NP
		鼠李糖乳杆菌	5.68	NP	NP	NP

丁酸既能够维持正常细胞的代谢，又能够抑制癌细胞的生长，并诱导癌细胞发生凋亡和分化。在结肠癌细胞中，丁酸通过抑制组蛋白脱乙酰化酶（HDAC）的活性，导致 DNA 与组蛋白结合发生乙酰化，从而激活促凋亡基因转录；丁酸

诱导的转录反应由转录因子 Sp3 启动，耦合到 HDAC1 和 HDAC2 上进行；同时，丁酸诱导促凋亡基因 *Bax* 表达上调而诱发凋亡，也可上调 p21 表达而引起细胞周期停滞。这些作用都是丁酸抗结肠癌活性的具体表现（Wilson et al.，2010）。最近，丁酸还被证明从另外一个方面发挥抗癌作用：它可以增加结直肠癌细胞对铁死亡的敏感性，从而增强铁死亡诱导剂的抗肿瘤功效（He et al.，2023）。所以，相当多的研究结果支持丁酸的抗结直肠癌活性作用（Sengupta et al.，2006）。例如，有研究结果表明，膳食纤维发酵产生的有机酸中，只有丁酸含量与肿瘤大小呈负相关，即结肠中丁酸含量越高，肿瘤越小（Mcintyre et al.，1993）。故此，丁酸被认为是一个重要的信号分子，在机体尤其是肠道内具有至关重要的活性作用（图 3-15）。

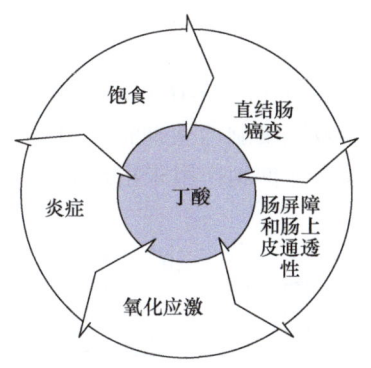

图 3-15　丁酸在机体中的健康作用

　　癌细胞的反常增殖，往往伴随着能量代谢的改变。乳酸被看作是肿瘤血管形成的信号分子。在有氧条件下，癌细胞依靠糖酵解代谢生成乳酸来提供能量，进而维持自身的增殖。所以，癌细胞遵循瓦尔堡（Warburg）提出的癌细胞代谢特征（Choi et al.，2013），并且有人把这种代谢的改变称为"癌症的起源"（Diazruiz et al.，2011）。乳酸刺激肿瘤炎症和血管生成，引起肿瘤转移增强、复发与预后不良等。所以，抑制乳酸在癌细胞中的大量积累，可能有助于减缓结肠癌的进展。总之，丁酸对结肠癌细胞的增殖抑制、凋亡和分化的诱导作用等已得到广泛的实验结果印证（Hamer et al.，2008；Kautenburger et al.，2005）。

　　笔者和合作者利用各种外源微生物来干预玉米抗性淀粉、低聚木糖（不属于多糖）、菊粉的模拟肠道发酵，发酵液中 4 种有机酸（乙酸、丙酸、丁酸和乳酸）的含量乃至总酸水平（4 种有机酸的总和）都有差异。进一步将发酵液作用于人结肠癌 HCT-116 细胞 48 h，发现其对细胞产生活性作用，包括抑制细胞增殖、诱发细胞凋亡。通过数据比较可以发现，各个发酵液的增殖抑制作用不同（殷丹婷，2017）。采用皮尔逊（Pearson）相关性分析，发现乙酸、丙酸和总酸水平与细胞增殖抑制率无显著相关性,但是丁酸和乳酸水平分别与细胞增殖抑制率存在显著的正相关性和负相关性(表3-14)。这些结果反映出丁酸抑制对HCT-116细胞增殖发挥关键作用,而乳酸水平降低有利于发酵液对细胞增殖实施抑制作用。

表3-14　不同多糖/低聚糖模拟肠道发酵液有机酸含量与HCT-116细胞增殖抑制率的相关性
(殷丹婷,2017)

指标	Pearson相关系数(r)				
	乙酸	丙酸	丁酸	乳酸	总酸
抗性淀粉发酵液的细胞增殖抑制率	0.185	0.391	0.525*	−0.462*	0.408
低聚木糖发酵液的细胞增殖抑制率	0.073	0.266	0.452*	−0.574**	0.266
菊糖发酵液的细胞增殖抑制率	0.371	0.417	0.563**	−0.726**	0.436

注:$n=20$;*$P<0.05$, $|r|>0.444$;**$P<0.01$, $|r|>0.561$;$r>0$代表正相关,$r<0$代表负相关

进一步的验证实验结果表明(图3-16),采用标准丁酸溶液作用于HCT-116细胞48 h,丁酸浓度增加导致其细胞增殖抑制作用增强;如果在丁酸标准溶液中加入少量乙酸或丙酸,细胞增殖抑制作用未出现显著变化;如果加入少量乳酸,

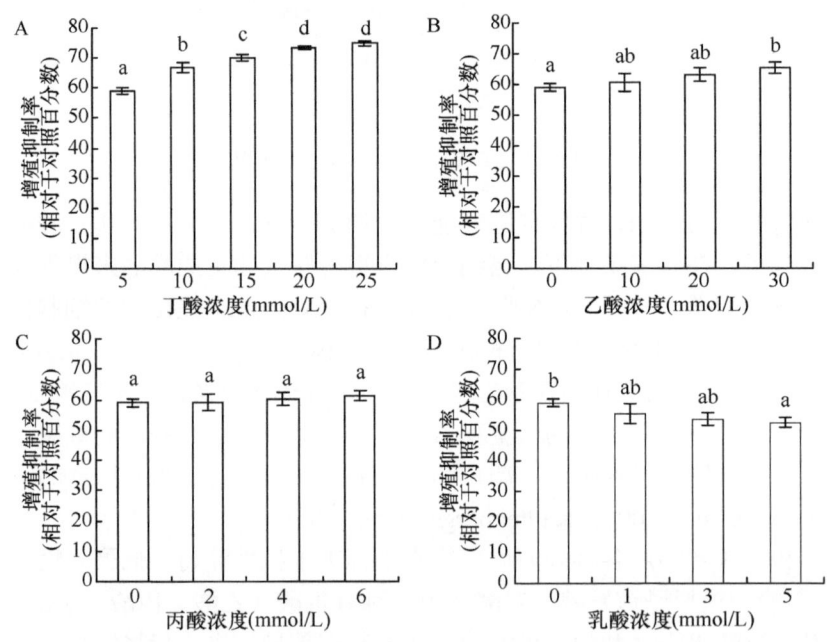

图3-16　丁酸标准溶液(A)、丁酸-乙酸混合液(B)、丁酸-丙酸混合液(C)和丁酸-乳酸混合液(D)对HCT-116细胞的增殖抑制作用(殷丹婷,2017)

柱上英文小写字母不同,表明数据间具有显著性差异($P<0.05$),后同

则会导致细胞增殖抑制作用降低（殷丹婷，2017）。这一验证实验还从另一个角度证明发酵液中 4 个有机酸对 HCT-116 增殖的相应影响作用。

另外，笔者和合作者也评估了山药多糖和燕麦多糖模拟发酵后对人结肠癌 HCT-116 细胞的活性作用（殷丹婷等，2017），分析结果见表 3-15。整体上，两种多糖被肠道微生物发酵 24 h 和 48 h 后，发酵体系中乙酸、丙酸和丁酸分别达到 9.98～10.48 mmol/L、1.98～2.16 mmol/L 和 2.69～2.93 mmol/L。乳酸先增加到 0.16 mmol/L，但在发酵 48 h 时则降低到 0.08 mmol/L（殷丹婷，2017）。不同发酵时间（0～48 h）的发酵液作用于 HCT-116 细胞后，细胞增殖抑制率不同。无意外的是，多糖发酵时间延长产生了更多的丁酸和更少的乳酸，所以发酵液对 HCT-116 细胞呈现更强的增殖抑制作用。

表 3-15　山药多糖和燕麦多糖发酵产物对 HCT-116 细胞的增殖抑制作用（殷丹婷等，2017）

多糖	多糖发酵时间（h）	作用细胞时间	
		24 h	48 h
山药多糖细胞增殖抑制率（%）	0	13.8±2.6	24.5±1.9
	24	46.2±3.4	56.3±3.3
	48	66.2±4.1	69.1±3.3
燕麦多糖细胞增殖抑制率（%）	0	12.2±1.8	20.1±1.5
	24	44.6±2.4	56.4±2.9
	48	63.5±3.2	67.3±1.5

目前，膳食纤维的摄入与结直肠癌发病风险之间存在着明显负相关性；世界癌症研究基金会的相关报告认为，摄食全谷物或富含膳食纤维的食品有可能预防结直肠癌（American Institute for Cancer Research，2018）。Ben 等（2014）开展荟萃分析（meta-analysis），发现结直肠腺瘤的发生率与膳食纤维摄入量存在联系，每天摄入 10 g 谷物膳食纤维会使结直肠癌发病风险降低 9%。Oh 等（2019）的荟萃分析结果也显示，谷物膳食纤维对结直肠癌有更强的预防作用。但是，也有研究结果显示膳食纤维对结直肠癌的预防作用仍然不明确。在今后，有必要通过不同方法或手段来深入揭示膳食纤维在肠道中的健康作用。此外，还应该高度关注丁酸这一小分子物质在肠道健康方面的潜在功能作用，尤其是丁酸的抗癌功能以及丁酸对肠道屏障的保护作用。

最近，Mann 等（2024）系统地总结了短链脂肪酸在肠道内的作用，其中重点列举了丁酸在肠道屏障及免疫方面的功能，如图 3-17 所示。

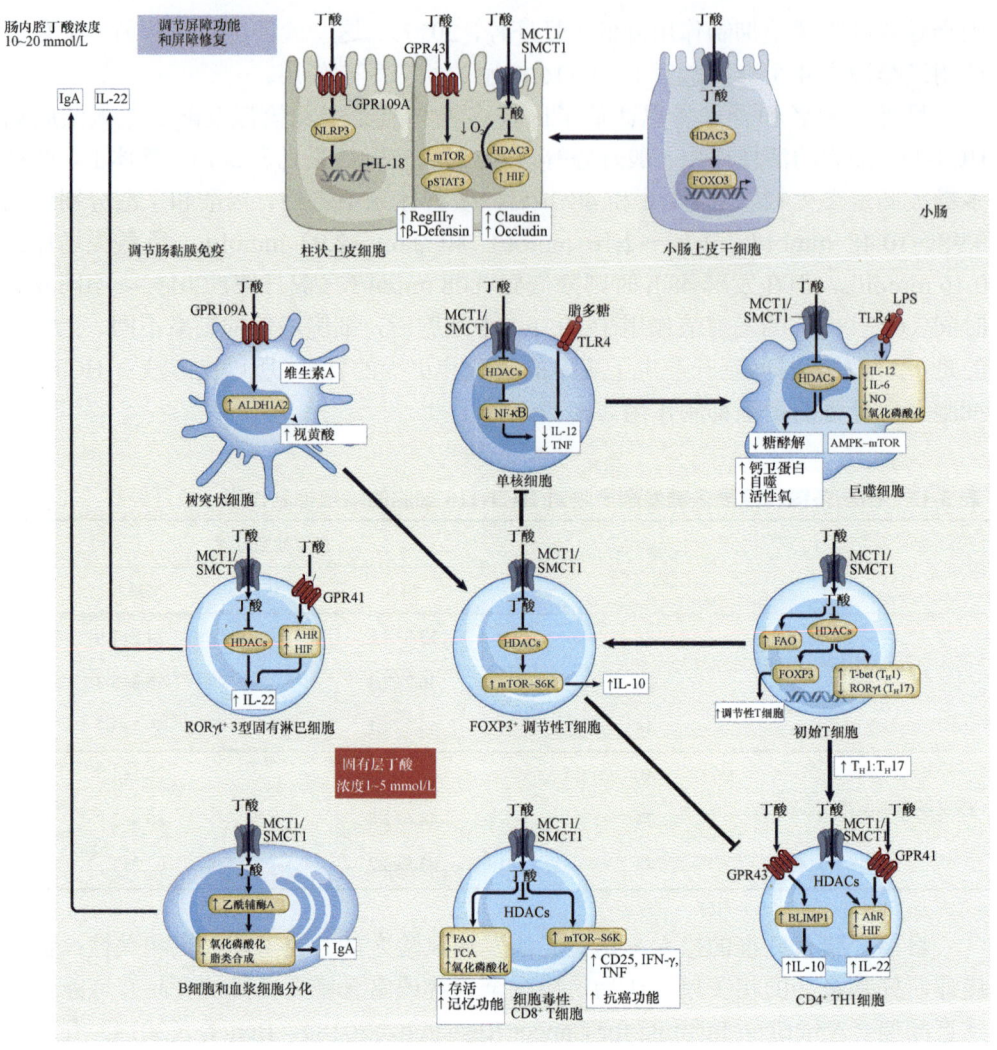

图 3-17 丁酸在小肠中的作用（Mann et al., 2024）

（本节撰稿人 赵新淮）

3.3 多糖在肠道中的抗癌活性

目前，结直肠癌是人类发病率最高的消化道恶性肿瘤。根据《2020 年全球肿瘤负荷报告》，结直肠癌也是世界上发病率最高的三种癌症之一，死亡率位居第二，仅次于肺癌（Sung et al., 2021）。值得注意的是，结直肠癌患者呈现出越来越年轻化的趋势，而不再像传统认为的那样，癌症只发生在 50 岁或 60 岁以上的人群。

结直肠癌的发病人群不仅呈现年轻化，而且年轻患者的生存率也低于 51～55 岁的那些确诊患者。结直肠癌已经成为一个十分紧迫的社会公共问题。目前对结直肠癌的治疗方式主要是手术切除、放疗和化疗。此外，开发具有潜在的食品成分，通过膳食途径来维护肠道健康或预防结直肠癌是非常有必要的。作为天然食品中的重要成分之一，非消化性多糖（以下简称多糖）对结直肠癌所具有的潜在活性作用值得进一步研究和利用。

3.3.1 多糖的抗结直肠癌作用

科学家们评估了自然界中许多多糖的抗结直肠癌活性，包括它们的细胞增殖抑制作用和凋亡诱导作用，对肿瘤血管和淋巴管形成的抑制作用，以及对细胞自噬和癌细胞转移等其他方面的作用。这些均是多糖发挥抗结直肠癌活性的基础。

3.3.1.1 多糖的细胞增殖抑制作用

研究发现，多糖具有抑制结直肠癌细胞增殖的能力，即具有抗增殖作用（anti-proliferation）。腰果胶来源于腰果（*Anacardium occidentale* L.）释放的树脂，主要由酸性高支化杂多糖组成，其主链由 β-1,3-糖苷键连接，而侧链则依靠 β-1,6-糖苷键连接。在腰果胶中，阿拉伯糖以小分支或末端基团的形式存在，而葡萄糖、鼠李糖、甘露糖和木糖作为末端基团（de Oliveira Silva Ribeiro et al.，2020）。相关的研究结果发现，腰果胶对人结肠癌细胞 HCT-116 具有增殖抑制作用，在 500 μg/mL 的腰果胶剂量下 HCT-116 细胞活性降低至 46.36%，但是腰果胶对正常细胞不具有细胞毒性（de Oliveira Silva Ribeiro et al.，2020）。此外，还有研究者从云芝（*Trametes versicolor*）和灰树花菌（*Grifola frondosa*）子实体中提取出多糖，通过细胞毒性试验、增殖抑制试验、伤口愈合试验和侵袭试验等一系列评估，确认它们对人结肠癌 LoVo 细胞和 HT-29 细胞的增殖抑制作用。研究结果表明，这些多糖对贴壁独立细胞的生长有影响，能够抑制 LoVo 细胞和 HT-29 细胞增殖，并诱导产生细胞毒性（图 3-18）。与此同时，这些多糖还能抑制结直肠癌细胞的致癌潜力、细胞迁移和侵袭（图 3-19）（Roca-Lema et al.，2019）。

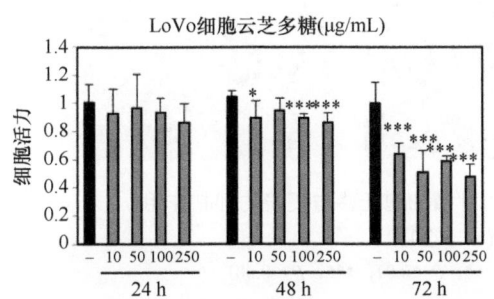
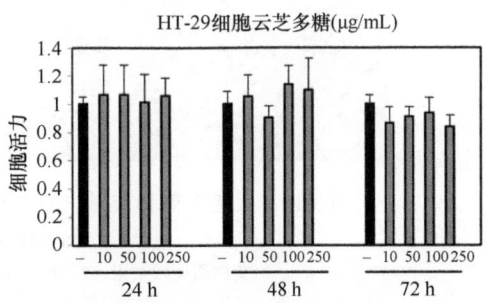

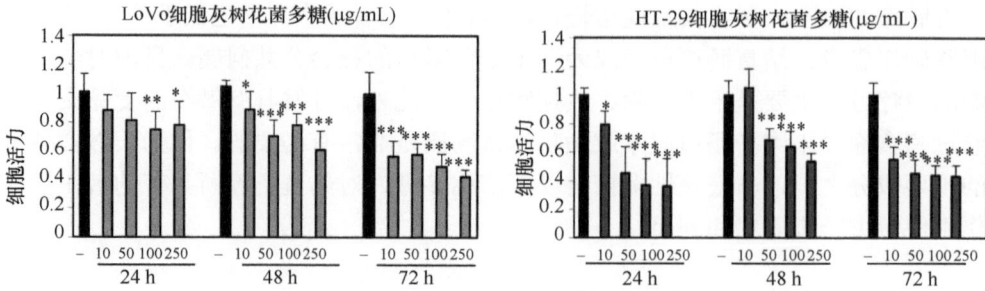

图 3-18　云芝多糖和灰树花菌多糖对 LoVo 细胞和 HT-29 细胞的增殖抑制作用
（Roca-Lema et al.，2019）

与空白组比较结果：*，$P < 0.05$；**，$P < 0.01$；***，$P < 0.001$

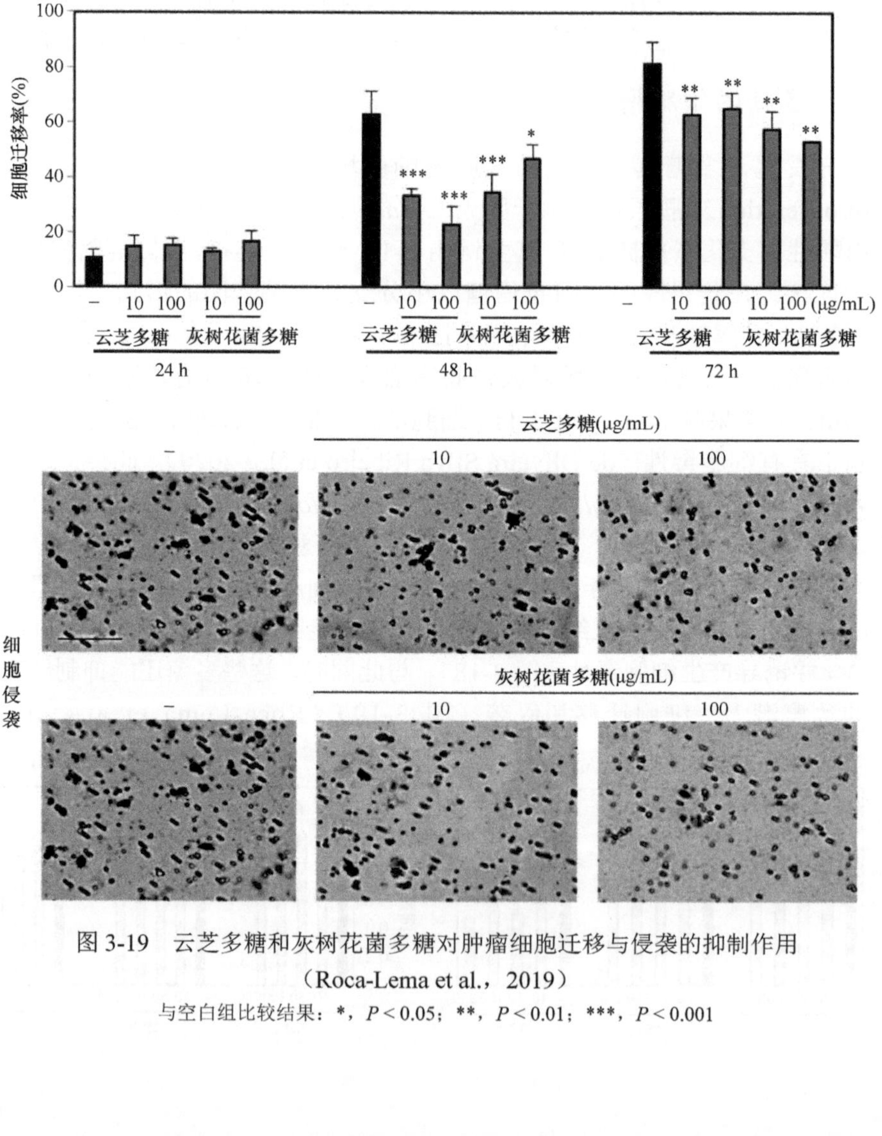

图 3-19　云芝多糖和灰树花菌多糖对肿瘤细胞迁移与侵袭的抑制作用
（Roca-Lema et al.，2019）

与空白组比较结果：*，$P < 0.05$；**，$P < 0.01$；***，$P < 0.001$

此外，其他研究者的试验结果还证实，从龙眼、猴头菇、山楂、根霉、鸡枞菌及生姜等中提取出的多糖，对多种结直肠癌细胞，如LoVo细胞、HT-29细胞、HCT-116细胞、Caco-2细胞和DLD1细胞等，都具有增殖抑制作用（Ruan et al.，2023）。

笔者和合作者的研究结果也表明，来自龙眼中的非消化性水溶性多糖（简称龙眼多糖，LP），以剂量依赖方式对2株结肠癌细胞HCT-116细胞和HT-29细胞具有增殖抑制作用（Yu et al.，2022a，2022b）。在HCT-116细胞中，LP在50～800 µg/mL的剂量水平下对细胞增殖的抑制率达到6.1%～13.5%（细胞处理时间为24 h）或8.7%～15.4%（细胞处理时间为48 h）；在HT-29细胞中，LP在50～800 µg/mL剂量下处理细胞24 h，细胞增殖的抑制率为6.6%～12.5%，而48 h细胞处理时间下细胞增殖的抑制率达到7.4%～14.5%。同时，还通过细胞集落形成试验（时间分别为14 d和21 d），更加直观地验证了LP对HCT-116细胞和HT-29细胞的长期抑制作用，如图3-20所示。通过比较对照组（Control）细胞集落的大致情况，可以初步判定LP处理明显减少了细胞集落数量，即LP对2株肿瘤细胞也存在长期抑制活性。

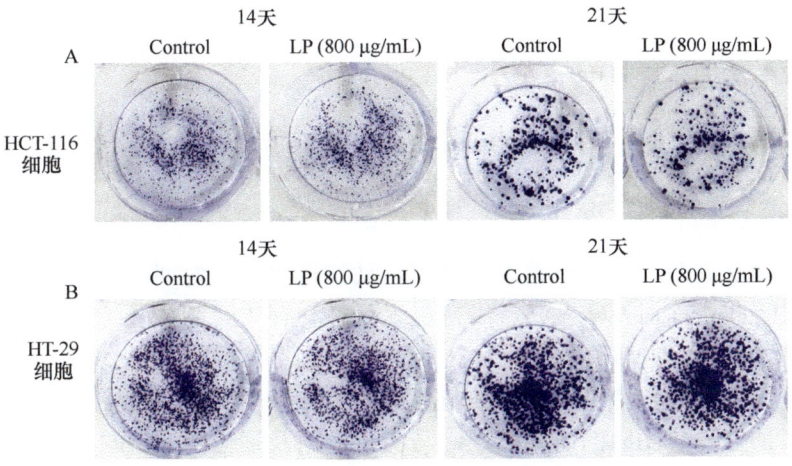

图3-20　LP对HCT-116和HT-29细胞增殖的长期抑制作用（Yu et al.，2022a，2022b）

现有的研究结果已经充分表明，不同的多糖对结直肠癌细胞的增殖抑制作用不同，这可能与多糖独特及各不相同的结构有关。通常，多糖由不同的单糖组成，其分子量、糖苷键类型及单糖上的取代基类型等也存在差异。所有的这些差异可能对多糖的抗增殖作用产生重要影响。例如，有研究发现，多糖中含有的糖醛酸比例越高，对结直肠癌细胞的抑制作用越强（Ruan et al.，2023）。不过，分子量太大的多糖，可能会产生较弱的抑制作用，因为过大的多糖分子可以抑制多糖与肿瘤细胞接触，从而抑制抗增殖活性的发挥。因此，拥有适当的分子量也是多糖发挥抗增殖活性的关键（Ruan et al.，2023）。有意思的是，相关研究者还认为，多糖的一个结构特征，如主链中的 β-1,6-糖苷键，对多糖的抗结直肠癌活性很重要，因为这一糖苷键可能会增加免疫细胞的活性或诱导肿瘤细胞凋亡（Ruan et al.，2023）。

在动物体内也发现了多糖的抗结直肠癌作用。例如，马尾松花粉多糖不仅对 HCT-116 细胞和 HT-29 细胞具有增殖抑制作用，对载荷 HCT-116 细胞的 BALB/c 裸鼠也有类似于抗癌药物 5-FU 的抗癌作用，裸鼠的瘤体组织因为摄食马尾松花粉多糖而变小（图 3-21）（Shang et al.，2022）。

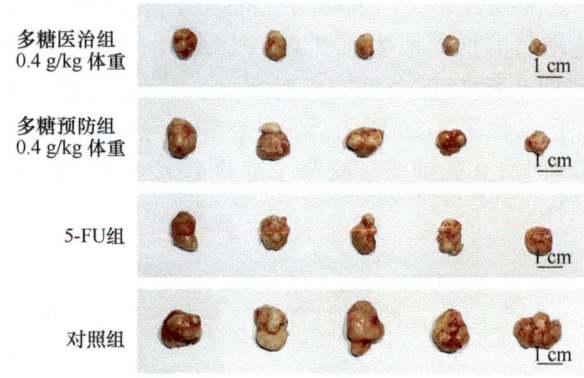

图 3-21　马尾松花粉多糖对载瘤小鼠瘤体的影响（Shang et al.，2022）

3.3.1.2　多糖的凋亡诱导作用

为了消除多余、受损或感染的细胞，动物进化出称为细胞凋亡的细胞自杀机制。这种遗传程序对正常发育、维持组织稳态和有效的免疫系统至关重要。细胞凋亡出现抑制，细胞增殖发生异常，为肿瘤形成、侵袭和转移提供了关键性条件。因此，抑制细胞异常增殖并促进细胞凋亡是预防癌症或治疗肿瘤的关键。

笔者所在科研团队的研究发现，马齿苋多糖及硒化修饰后的马齿苋硒多糖对 HCT-116 细胞具有抗癌活性作用，表现为抑制细胞增殖、提升细胞 ROS 水平等，还能诱发细胞凋亡（表 3-16）。研究结果证实，硒化修饰有效地提升了马齿苋多糖的活性作用（李玲玉，2022）。

我们的另外一项研究工作也发现（Yu et al.，2022a，2022b），龙眼多糖（LP）对 HCT-116 细胞和 HT-29 细胞具有凋亡诱导作用，表现在它可以提升细胞内的 ROS 水平、破坏线粒体膜电位等，从而诱发细胞发生凋亡，部分评价结果如表 3-17 所示。一般来说，细胞中较高的 ROS 水平会诱发细胞产生内质网（ER）应激；随后，内质网应激导致大量 Ca^{2+} 释放到细胞质中，而 Ca^{2+} 超载导致线粒体膜电位

表 3-16　马齿苋多糖（PPS）和两个硒化马齿苋硒多糖（SePPS1、SePPS2）对 HCT-116 细胞的活性作用（李玲玉，2022）

指标	PPS	SePPS1	SePPS2
IC_{50}（mg/mL），24 h	94.93	11.63	1.60
IC_{50}（mg/mL），48 h	3.07	1.77	0.77
ROS（对照细胞百分数，%），24 h	117	124～139	147～170
ROS（对照细胞百分数，%），48 h	130	148～160	188～227
总凋亡细胞数（%），24 h	14.8	16.8～17.2	18.1～20.5
总凋亡细胞数（%），48 h	20.2	23.3～24.3	31.9～35.9

注：分析 ROS 和细胞凋亡时 PPS、SePPS1 及 SePPS2 剂量分别为 800 μg/mL、400～800 μg/mL 和 400～800 μg/mL；对照组细胞的 ROS 水平设定为 100%，而其总凋亡细胞数为 10.7%（24 h）和 9.5%（48 h）。

表 3-17　龙眼多糖处理 HCT-116 细胞和 HT-29 细胞后若干指标变化情况（Yu et al.，2022a，2022b）

评价指标	HCT-116 细胞处理时间		HT-29 细胞处理时间	
	24 h	48 h	24 h	48 h
对照组细胞 ROS 水平（%）	100	100	100	100
多糖处理细胞 ROS 水平（%）	112.7	119.6	108.6	112.9
对照组细胞线粒体膜电位水平	14.1	17.9	15.7	14.3
多糖处理细胞线粒体膜电位水平	11.1	13.2	11.5	11.1
对照组细胞凋亡率（%）	7.0	7.3	5.1	5.4
多糖处理细胞凋亡率（%）	8.7	10.0	7.9	8.3

（MMP）损失，这也可导致细胞凋亡。因此，我们推测，龙眼多糖可以通过激活死亡受体途径、线粒体依赖性凋亡途径以及内质网应激途径，从而诱发 HCT-116 细胞和 HT-29 细胞发生凋亡。

其他科学家也评估过多种多糖对结直肠癌细胞的凋亡诱导活性。在研究从鱼肠嗜冷菌得到的多糖时，发现它可以激活 Caco-2 细胞和 HCT-116 细胞的关键促凋亡因子 caspase-3 和 caspase-9，从而诱导细胞发生凋亡（Di Guida et al.，2022）。又如，岩藻多糖（fucoidan）对 HT-29 细胞和 HCT-116 细胞具有增殖抑制作用，同时还能激活 caspase 家族蛋白如 caspase-3、caspase-9 等，上调 Bak 和 Bid 等蛋白质表达，增加线粒体膜通透性，因而通过线粒体途径和死亡受体途径而诱发细胞发生凋亡（Kim et al.，2010）。Shang 等（2022）的分析结果也证明，马尾松花粉多糖可以诱导 HCT-116 细胞和 HT-29 细胞发生细胞凋亡。流式细胞术分析结果显示，细胞暴露于马尾松花粉多糖 24 h 后有明显的细胞凋亡发生，因为所检测出的总凋亡细胞比例（晚期凋亡加上早期凋亡，图 3-22 中 Q2 象限和 Q3 象限）明显地增加，如图 3-22 所示。整体上看，马尾松花粉多糖对 HT-29 细胞有更强的凋亡诱导活性。此外，从芒果渣和牡丹花籽中提取出来的多糖，不仅对多株癌细胞具有增殖抑制作用，而且也能诱导细胞发生凋亡（Hu et al.，2018；Zhang et al.，2017）。例如，使用牡丹花籽多糖处理 HCT-116 细胞 48 h，凋亡细胞的比例提高至约 18%（图 3-23）（Zhang et al.，2017）。

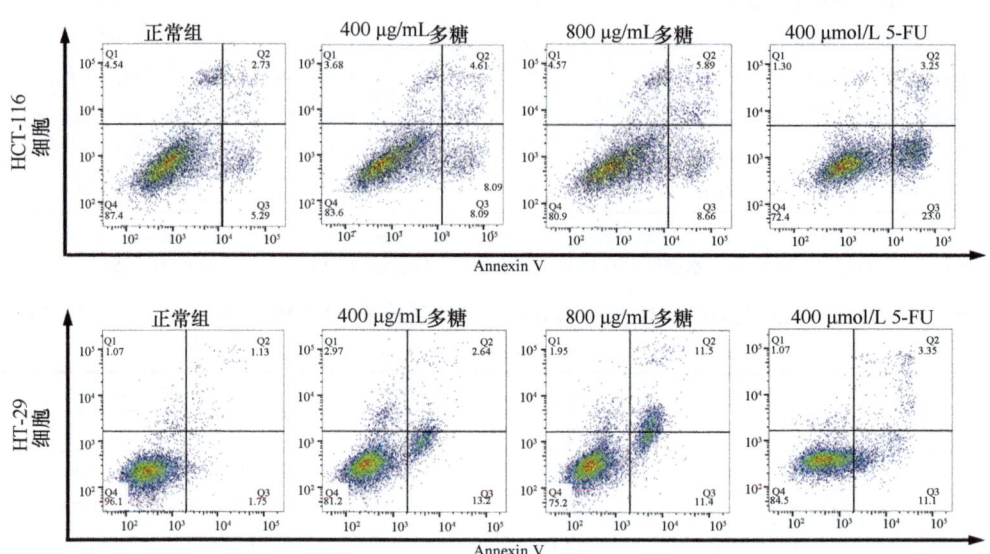

图 3-22 马尾松花粉多糖对 HCT-116 细胞和 HT-29 细胞的凋亡诱导活性（Shang et al.，2022）
Annexin V，膜联蛋白 V

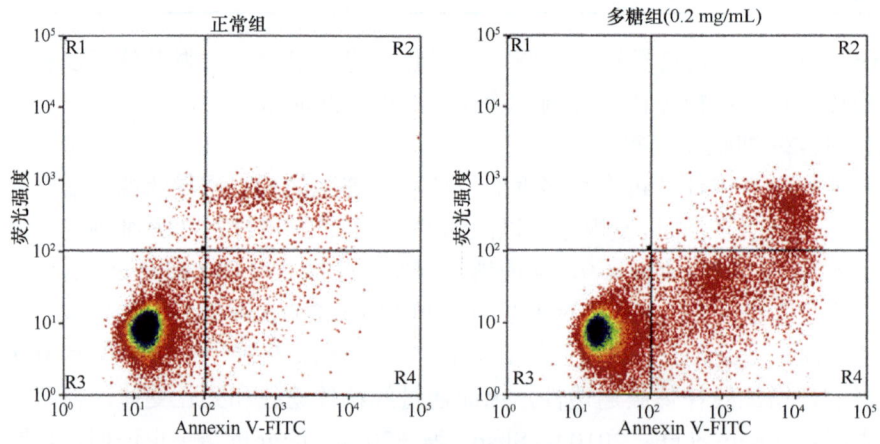

图 3-23 牡丹花籽多糖对 HCT-116 细胞的凋亡诱导作用（Zhang et al.，2017）
Annexin V-FITC，异硫氰酸荧光素标记膜联蛋白 V

3.3.1.3 多糖的细胞周期停滞作用

在多细胞生物中，细胞增殖和细胞死亡受到机体的精确调节以维持组织稳态，而对细胞周期的调控可以阻止细胞增殖或诱导细胞凋亡。细胞周期是指细胞从一次分裂完成开始到下一次分裂结束所经历的全过程,分为间期(G_1 期、S 期和 G_2 期)与有丝分裂期(M_1 期和 M_2 期)两个阶段。在真核细胞中,对细胞周期进行的任何破坏都会阻碍整个细胞复制过程。此外,细胞周期还在调节肿瘤生长中起着重要作用。因此,可以通过改变细胞周期来阻止肿瘤细胞的无限增殖,并进一步抑制肿瘤的发生。当肿瘤抑制基因如肿瘤蛋白基因(*p53*)、视网膜母细胞瘤蛋白基因(*Rb*)、致癌基因、原癌基因(*c-Myc*)和几种细胞周期蛋白依赖性激酶(Cdks)基因受到抑制时,就会对细胞周期产生调控作用。已经发现,多糖对结直肠癌的抗癌作用与其对细胞周期的调控有关,多糖可以使细胞周期停滞在 G_2/M 期、S 期或 G_0/G_1 期(Li et al.,2021a;Yu et al.,2016)。

有研究发现,从黑根霉发酵液中提取的一种胞外多糖(EPS1-1)能够显著抑制 HCT-116 细胞增殖,并能够诱导 S 期的细胞周期停滞并增加 G_0/G_1 期细胞比例,同时 EPS1-1 还能够引发细胞 ROS 产生,MMP 失调,从而诱导细胞凋亡(Yu et al.,2016)。此外,也有研究结果证明,真菌平菇(*Pleurotus abalonus*)多糖(PAP)对 LoVo 细胞具有增殖抑制作用,并观察到 PAP 以剂量依赖性的方式增加 S 期细胞群以及补偿性减少 G_0/G_1 期细胞群(图 3-24),同时引发细胞内 ROS 产生,并对细胞凋亡产生刺激作用(Ren et al.,2015)。此外,桑黄(*Phellinus linteus*)多糖(P1)对 HT-29 细胞具有显著的抑制活性,进一步的研究发现这种抑制作用是通过诱导细胞发生 S 期阻滞,并调节细胞周期相关蛋白(cyclin D1、cyclin E 和 CDK2)和 P27kip1 的表达来实现,部分结果如图 3-25 所示。总之,P1 激活 P27kip1-cyclin D1/E-CDK2 通路来抑制细胞增殖(Zhong et al.,2013)。此外,还有研究发现,从银苗(*Stachys floridana* Schuttl)根茎中提取的酸性多糖 SFPSA,能够以时间和剂量依赖性方式抑制 HT-29 细胞增殖,并且发现多糖的这种抑制作用与其能够增加 G_2/M 期细胞群比例及诱导细胞凋亡有关(Ma et al.,2013)。整体上,所有的这些研究结果共同证明,在多糖抑制结直肠癌细胞增殖过程中,它们可以诱导细胞产生细胞周期停滞,从而发挥抗癌活性作用。

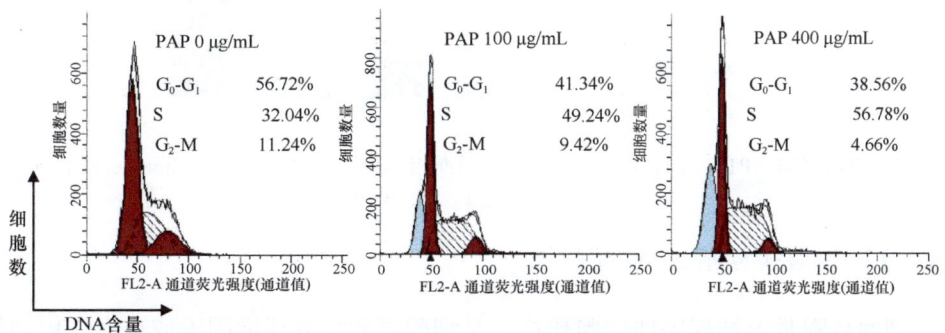

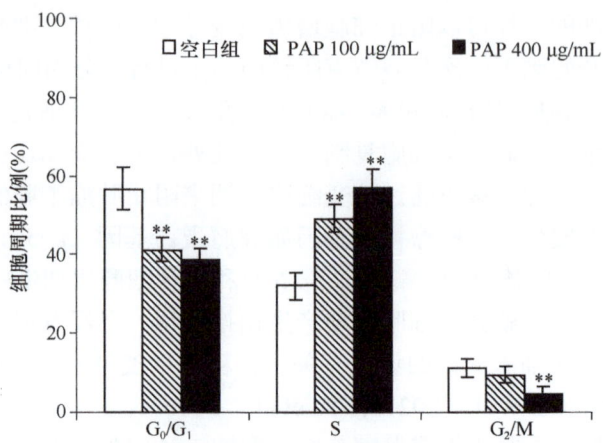

图 3-24 真菌平菇多糖（PAP）对 LoVo 细胞的细胞周期影响（Ren et al., 2015）
与空白组比较结果：**，$P < 0.01$

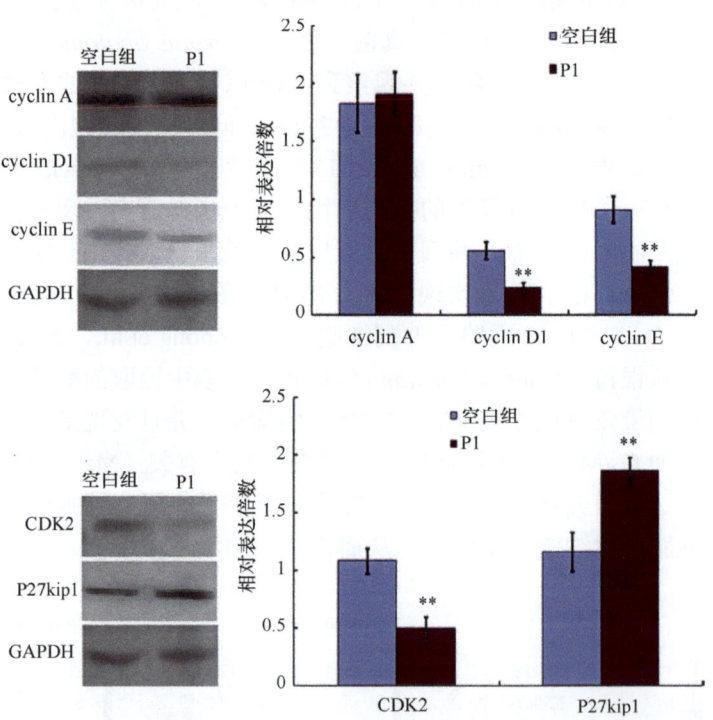

图 3-25 桑黄多糖（P1）对 HT-29 细胞的细胞周期相关蛋白表达的影响（Zhong et al., 2013）
与空白组比较结果：**，$P < 0.01$

3.3.1.4 多糖诱发肿瘤细胞自噬

细胞自噬是一种程序性细胞死亡，是细胞受到外界环境因素或自身作用的结果。细胞自噬的发生也受到一系列基因的精准调控,具有典型的细胞形态变化及细胞内 DNA 和相关蛋白质的变化。细胞自噬也是一种基本的生物学现象,对生物体自然进化、维持机体内环境稳定及神经系统等的发育具有重要作用。此外,这一过程也与多种人类疾病如癌症、发育障碍等有着密切的联系。有研究发现,多糖能够对人结直肠癌的自噬过程产生影响,其机制主要与内质网应激、哺乳动物雷帕霉素靶蛋白(mTOR)及转录因子 EB(transcription factor EB,TFEB)信号通路的调控有关(Ruan et al.,2023)。

Zhang 等(2021b)的研究结果表明,在 HT-29 细胞及荷瘤非肥胖糖尿病/严重联合免疫缺陷(NOD/SCID)小鼠中,香菇多糖(SLNT)能够显著抑制肿瘤生长,并诱导 HT-29 细胞及 NOD/SCID 小鼠的自噬和内质网应激反应。进一步的分析研究发现,香菇多糖通过增强细胞内 Ca^{2+} 释放来调节内质网应激反应及细胞自噬,促进自噬体的形成、关键自噬蛋白(LC3-Ⅰ/Ⅱ)等的表达,并上调 Beclin-1(自噬体形成的必需蛋白质)的表达水平(部分结果见图 3-26)。最后研究者们得到结论:香菇多糖通过促进细胞自噬发挥它的抗肿瘤活性作用。此外,Zhou 等(2021)的研究发现,茶多糖对 HCT-116 细胞具有显著抑制作用,进一步的 RNA 测序(RNA-seq)分析结果表明,茶多糖能够上调细胞自噬和溶酶体信号通路中的相关基因表达;免疫荧光分析结果也表明,茶多糖激活调节自噬和溶酶体生物发生的关键核转录因子 TFEB,抑制 mTOR 活性,增加 Lamp1 蛋白的表达。此外,茶多糖还能改善 Baf A1(溶酶体抑制剂)引起的溶酶体损伤和自噬通量屏障。研究者因此认为,茶多糖能够通过靶向溶酶体诱导细胞自噬,从而抑制 HCT-116 细胞增殖,并且可能是通过 mTOR-TFEB 信号转导来实现这一活性作用的。

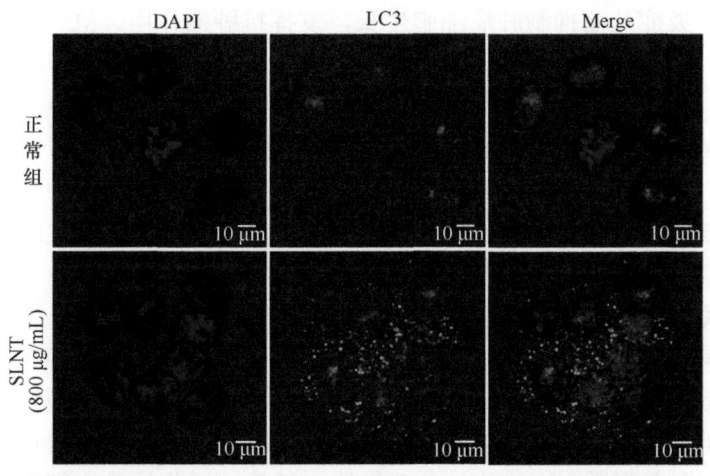

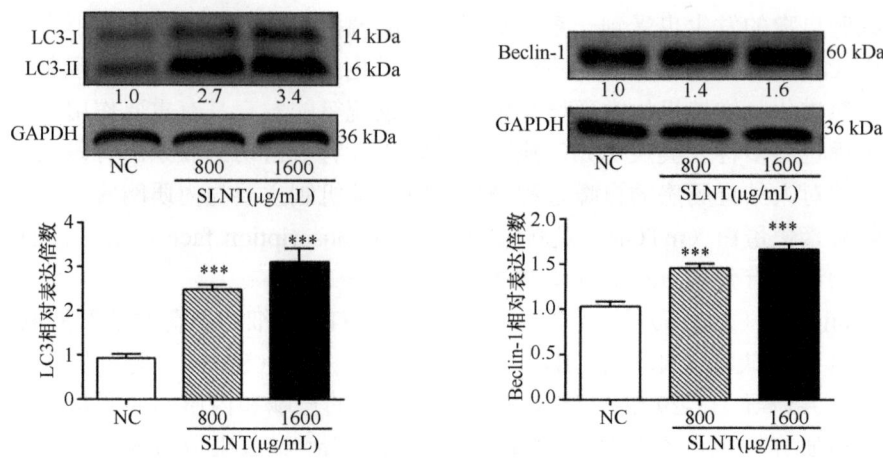

图 3-26 香菇多糖（SLNT）诱发 HCT-116 细胞自噬（Zhang et al.，2021b）
与 NC 组比较结果：***，$P<0.001$

3.3.1.5 多糖影响肿瘤微环境

肿瘤微环境（tumor microenvironment，TME）是指肿瘤细胞产生和生存的内部环境，除肿瘤细胞本身外还包括成纤维细胞、免疫细胞、炎症细胞、神经胶质细胞、微血管、细胞外基质（ECM），以及浸润其中的各种信号分子和生物分子。这些元素共同构成肿瘤微环境，能够促进肿瘤的形成、发展和转移。巨噬细胞是肿瘤微环境的重要组成部分，与肿瘤的发展密切相关。肿瘤微环境中的巨噬细胞可以被肿瘤细胞极化；极化的巨噬细胞可分为经典活化或促炎的巨噬细胞（M1）和交替活化或抗炎的巨噬细胞（M2）。M1 型巨噬细胞是主要的巨噬细胞表型，可以通过释放促炎细胞因子如 TNF-α、IL-1β、IL-6、IL-12 和趋化因子配体 2（CCL2）等来产生或诱导炎症从而抑制肿瘤细胞生长，发挥抗肿瘤作用。M2 型巨噬细胞可以释放 IL-10、IL-4、IL-33、IL-21 等抗炎细胞因子，具有促进组织修复和促血管生成的作用，在结直肠癌的发生和转移中发挥着重要的促肿瘤作用。寡岩藻多糖是一种从马尾藻中提取的低分子量多糖。有研究结果表明，它诱导巨噬细胞极化为 M1 表型，并将 M2 复极化为 M1 表型，抑制 M2 型巨噬细胞在肿瘤微环境中的浸润，从而增强抗肿瘤免疫力，并抑制 HCT-116 细胞异种移植产生的肿瘤生长（Chen et al.，2020）；部分结果如图 3-27 所示。

在先天性免疫系统中，NK 细胞被认为是抗肿瘤免疫的第一道防线，也是 T 细胞之外能够具有根除肿瘤的最大潜力细胞。NK 细胞在免疫反应期间受到直接或间接刺激。除直接刺激剂 TLRs 外，由激活巨噬细胞和树突状细胞等免疫细胞产生的细胞因子也可以间接激活 NK 细胞。其中，树突状细胞是最常见的通过释放细胞因子 IL-12 来刺激 NK 细胞的免疫细胞。然后，活化的 NK 细胞通过过表

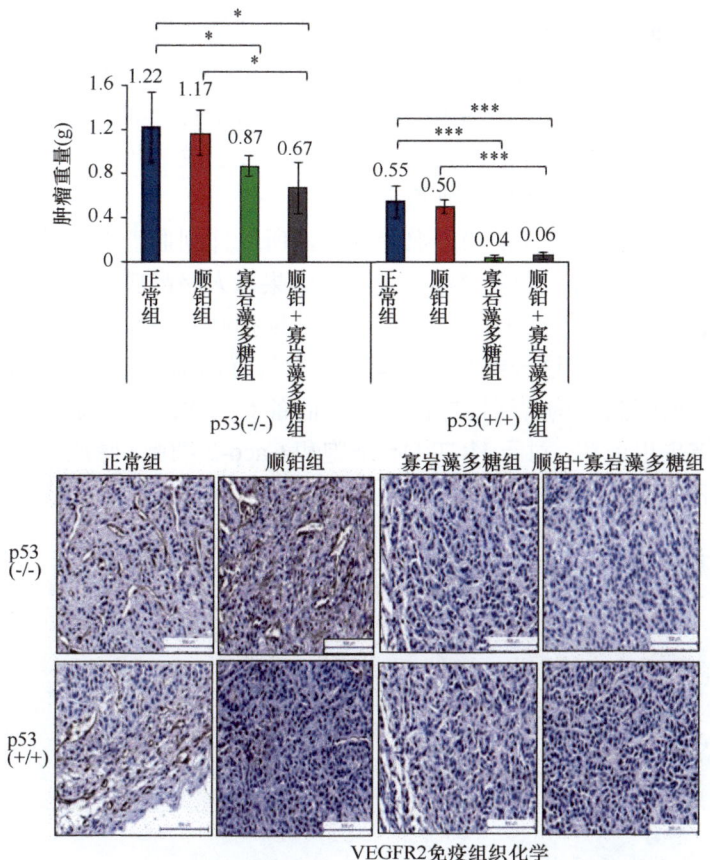

图 3-27 寡岩藻多糖对肿瘤小鼠的抗癌活性（Chen et al.，2020）
数据比较结果：*，$P < 0.05$；***，$P < 0.001$

达表面蛋白 CD69（一种用于信号转导的 C 型凝集素受体），从而使靶细胞凋亡。有研究发现，来自昆布褐藻糖胶的硫酸化多糖，能够通过上调 IL-12 和 CD69，诱导细胞内 IFN-γ 分泌，并具有刺激 NK 细胞和树突状细胞的能力，因此能够有效阻止人结直肠癌 CT-26 细胞浸润 BALB/c 小鼠肺部（Zhang et al.，2021a）。目前，多糖影响肿瘤微环境方面的研究工作相对较少，对多糖如何影响具体的通路或靶点也缺乏足够的了解。鉴于肿瘤微环境在肿瘤免疫治疗中的重要性，科学家们应集中精力对多糖的作用机制进行更深入的研究。

3.3.1.6 多糖的其他抗癌活性作用

在肿瘤的十大标志性特征中，其中的一个为诱导血管新生。肿瘤血管新生是肿瘤发生发展、浸润与转移的重要条件，也是一个复杂的动态过程。肿瘤细胞、肿瘤基质细胞、细胞外基质以及它们分泌或释放的各种细胞因子共同构成肿瘤血管生成（angiogenesis）的调控网络。肿瘤细胞是肿瘤血管生成的启动子，它分泌的 MMP 等水解酶能降解细胞外基质，促使贮存于细胞外基质中的促血管生成因子释放，还能募集宿主细胞如髓源抑制性细胞、间充质干细胞等至肿瘤部位，然后通过这些细胞分泌的各种促血管因子来实现血管生成。此外，肿瘤细胞还可直接表达多种促血管因子从而促进血管生成。

由于肿瘤的生长和转移依赖于血管生成，所以抑制血管生成是治疗肿瘤的一种策略。Song 等（2011）的研究结果表明，如果以人脐静脉内皮 HUVEC 细胞为模型细胞，桑黄多糖处理细胞 18 h 就可以显著地抑制基底胶中吻合细胞形成网络结构，如图 3-28 所示。这一结果显示桑黄多糖具有抑制血管生成的能力。此外，微生物胞外多糖因其结构、活性方面的特点而备受关注。Deepak 等（2016）的一项研究工作结果也证实，对于 HCT-116 细胞和 Caco-2 细胞，嗜酸乳杆菌胞外多糖可以抑制与肿瘤血管生成相关基因的表达，因而也具有抗血管生成活性作用。

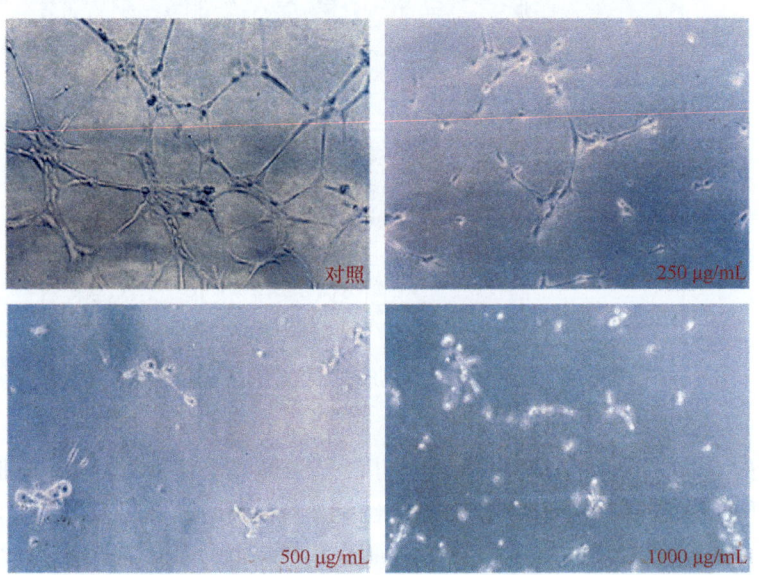

图 3-28　桑黄多糖对 HUVEC 细胞血管形成的抑制作用（Song et al.，2011）

肿瘤细胞具有侵袭或转移能力。肿瘤细胞的侵袭是肿瘤细胞扩展到组织附近环境的过程。肿瘤细胞的转移是指肿瘤细胞从原发性肿瘤中脱离出来、迁移到新的位置，并在新环境中建立新的或继发性肿瘤的过程。但是，多糖具有抑制肿瘤细胞侵袭和转移的活性作用。Song 等（2011）的研究结果同时表明，桑黄多糖可以有效地抑制 SW-480 细胞的侵袭和转移，分析结果如图 3-29 所示。Li 等（2019）的研究结果也指出，半枝莲（*Scutellaria barbata*）多糖 SBPW3 由 6 种单糖组成，其分子量约为 10.2 kDa，对 TGF-β1 诱发的结肠癌 HT-29 细胞侵袭和转移具有抑制作用。此外，Zhang 等（2013）从富士苹果中提取出苹果多糖，并研究苹果多糖对 HT-29 细胞和 SW-620 细胞侵袭和转移能力的影响。他们发现，苹果多糖是通过抑制 LPS 激活的 TLR4/NF-κB 信号通路，从而抑制这些细胞的侵袭和转移。

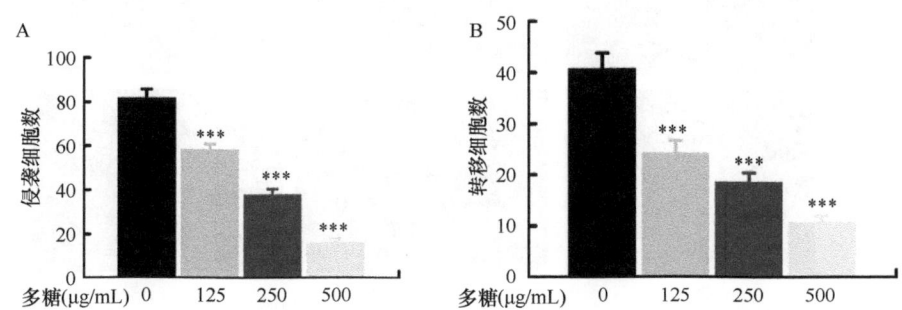

图 3-29　桑黄多糖对 SW-480 细胞侵袭（A）和转移（B）的抑制作用（Song et al., 2011）
与空白组比较结果：***，$P < 0.001$

3.3.2　多糖的抗结直肠癌作用机制

近年来科学家们也研究了多糖抗结直肠癌的分子机制。大体上已经确认以下几个经典信号通路涉及多糖的抗结直肠癌活性作用。下面将简单介绍这些机制。

3.3.2.1　NF-κB 信号通路

NF-κB 是炎症和癌症的关键调节因子，能够诱导炎性细胞因子、黏附分子和血管生成因子的表达，在许多癌症中已观察到其被激活。多糖能够调节 NF-κB 信号通路的激活，从而发挥抗癌活性作用。有研究结果证明，对于结直肠癌，苹果多糖能够通过抑制 NF-κB 介导的炎症通路发挥化学预防功效。例如，在偶氮 AOM 和 DSS 诱导的结肠炎小鼠模型、结直肠癌小鼠模型和人结直肠癌 HT-29 细胞中，TLR4/MYD88 信号通路、TLR4/TRAM 信号通路等分别被激活，但是苹果多糖抑制 TLR4 和 NF-κB 介导的通路激活，从而发挥抗癌活性作用（Wang et al., 2017; Li et al., 2012）。此外，还有研究者从青稞中得到一种水溶性多糖 BP-1。该多糖由葡萄糖、木糖、阿拉伯糖和鼠李糖组成，平均分子量约为 67 kDa（Cheng et al., 2016）。进一步的研究发现，BP-1 以时间和剂量依赖性方式抑制 HT-29 细胞增殖，促进与 ROS 形成相关 JNK 的磷酸化，并抑制 NF-κB 从细胞质到细胞核的移位，图 3-30 所示的荧光显微镜观察结果清楚地显示这一移位抑制作用。此外，BP-1 调节细胞凋亡相关蛋白（如 Bcl-2）的表达，诱发细胞色素 c 从线粒体释放到细胞质，激活 caspase-8 和 caspase-9，从而诱导细胞凋亡。这些结果表明，BP-1 通过 ROS-JNK 和 NF-κB 介导的 caspase 途径诱导 HT-29 细胞发生凋亡（图 3-31）。

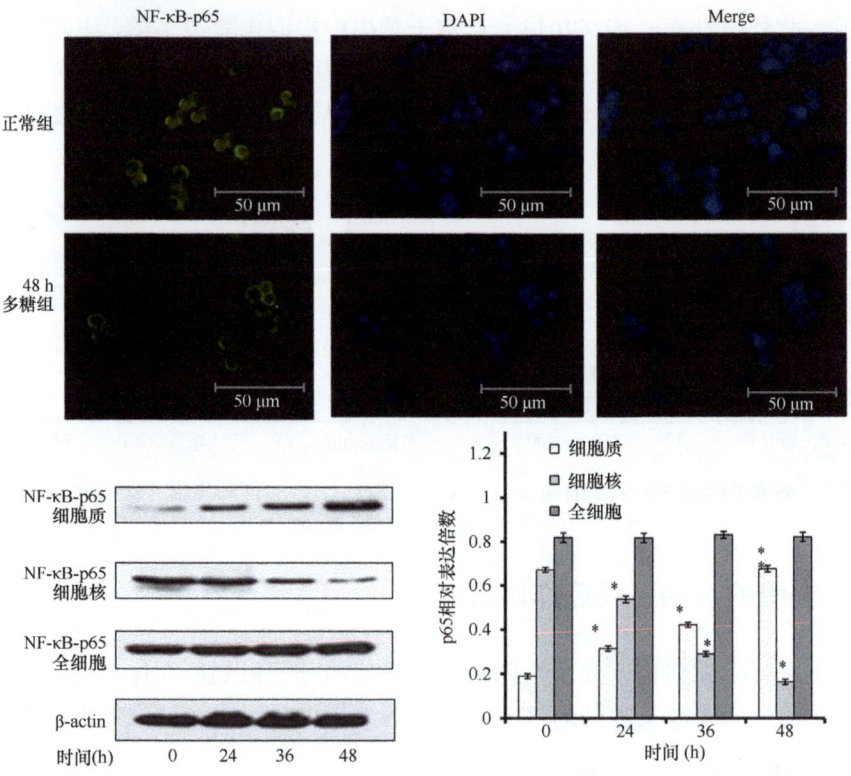

图 3-30　青稞多糖 BP-1 在 HT-29 细胞中对 NF-κB 核移位的抑制作用（Cheng et al., 2016）
*, $P < 0.01$

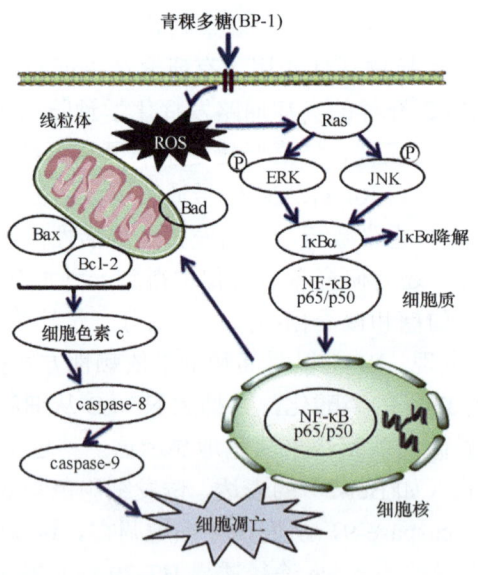

图 3-31　青稞多糖 BP-1 对 HT-29 细胞凋亡诱导作用机制（Cheng et al., 2016）

此外，还有其他研究者评估黄芪多糖在 DSS 诱导的结肠炎小鼠模型中的活性作用以及所涉及的相关机制。研究结果表明，模型小鼠在给予黄芪多糖后，结肠炎疾病活动指数（DAI）组织学评分得到显著改善，并提高了小鼠的体重和结肠长度。进一步的研究发现，黄芪多糖还可以降低 NF-κB 的 DNA 磷酸化活性，下调小鼠 TNF-α、IL-1β、IL-6 和 IL-17 的表达以及髓过氧化物酶（MPO）活性（Lv et al.，2017）。研究的整体结果表明，黄芪多糖有能力改善 DSS 诱导结肠炎的严重程度，这种保护作用是通过抑制结肠组织中的 NF-κB 活化而实现的，并且达到了预防小鼠患结直肠癌的目的。

3.3.2.2　PI3K/Akt 信号通路

PI3K/Akt 信号通路也对控制肿瘤细胞增殖和凋亡过程发挥重要作用。在大多数肿瘤细胞中，PI3K/Akt 信号通路能够被激活，包括结直肠癌细胞。在结直肠癌、乳腺癌及膀胱癌等的细胞中发现，PI3K 能够导致 Akt 磷酸化，导致磷酸化 Akt 的比例升高，即激活 PI3K/Akt 信号通路，促进癌细胞增殖。相反，抑制该通路的激活则能够抑制癌细胞的增殖。相关研究发现，多糖能够抑制 PI3K/Akt 信号通路的激活。例如，Sun 等（2017）的研究结果表明，从半枝莲中提取出的一种水溶性多糖，其分子量为 26 kDa，由阿拉伯糖、甘露糖、葡萄糖和半乳糖等组成。该多糖对 HT-29 细胞有抗癌活性作用，可通过抑制 PI3K/Akt 信号通路（图 3-32）的激活来抑制细胞增殖、诱导细胞凋亡，并阻断上皮间质转化。此外，从青钱柳中提取的多糖 CPP，研究结果证明它能够联合 X 射线照射（剂量 8 Gy），对结直肠癌 SW-480 细胞产生增殖抑制作用，可以抑制 PI3K 和 Akt 的磷酸化（图 3-33），降低增殖标记蛋白 Ki-67 和 p53 的表达，并且促进 SW-480 细胞凋亡。研究工作进一步确认，青钱柳多糖的这些作用与其抑制 PI3K/Akt 信号通路的激活有关（Jin et al.，2019）。还有研究结果发现，在 HCT-116 细胞中，透明质酸低聚糖能够通过抑制 PI3K/Akt 信号通路发挥凋亡诱导作用（Ghatak et al.，2002）。

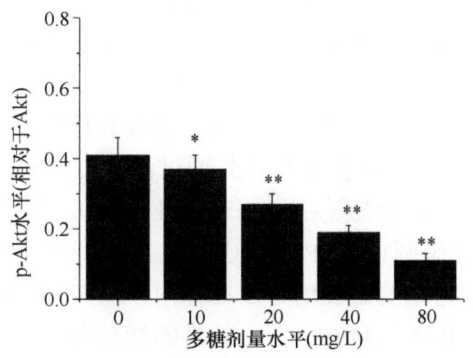

图 3-32　半枝莲多糖对 HT-29 细胞 Akt 磷酸化的抑制作用（Sun et al.，2017）
与空白组比较结果：*，$P < 0.05$；**，$P < 0.01$

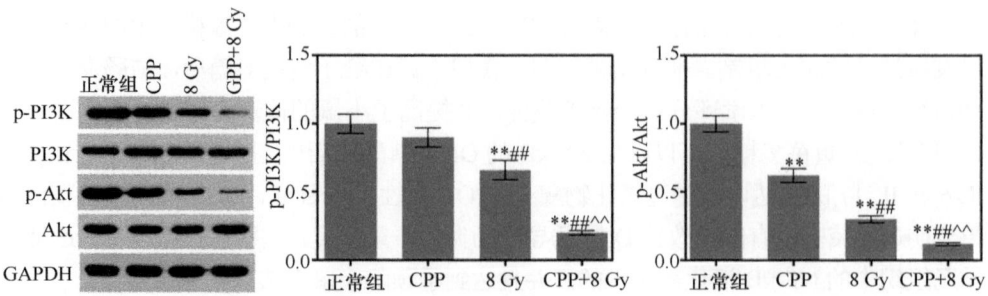

图 3-33　青钱柳多糖（CPP）联合 X 射线照射对 SW-480 细胞 PI3K 和 Akt 磷酸化的抑制作用
(Jin et al.，2019)

**，与正常组相比，$P<0.01$；##，与 CPP 组相比，$P<0.01$；^^，与 8Gy 组相比，$P<0.01$

3.3.2.3　MAPK 和 AMPK 信号通路

MAPK 包括 c-Jun N 末端激酶（JNK）、细胞外信号调节激酶（ERK）和 p38 MAPK 蛋白，可以调节细胞周期、细胞分化、细胞生长和细胞凋亡。研究发现，灵芝多糖通过上调 MAPK 信号通路中 JNK 的表达，以及上调线粒体凋亡途径中 3 个凋亡相关蛋白 Bax、caspase-3 和 PARP 的表达，诱导 HCT-116 细胞发生凋亡，表明灵芝多糖可以通过激活线粒体途径和 MAPK 信号通路，诱导 HCT-116 细胞凋亡（Liang et al.，2014）。还有研究发现，鼠李糖乳杆菌 ATCC-7469 胞外多糖联合 X 射线照射可以抑制偏二甲肼诱发的模型大鼠结肠癌变，并且与调控偏二甲肼诱发的 MAPK 信号通路有关（Zahran et al.，2017）。此外，余甘子多糖作用于 DSS 刺激的模型小鼠，通过抑制 MAPK 信号通路和 TNF 信号通路等，减缓结肠炎症状以预防结肠癌变（Li et al.，2023）。

AMP 活化蛋白激酶（AMPK）是一种保守的丝氨酸/苏氨酸激酶，在真核生物中几乎无处不在，是细胞能量和营养吸收的调节剂，可以应对细胞氧化应激，包括缺氧、运动和饥饿。此外，对 AMPK 信号通路的调节也是癌症的潜在治疗靶点。相关研究结果证明，多糖对 AMPK 信号通路具有调节作用。Lu 等（2020）从黑根霉中分离得到一种黑根霉胞外多糖（EPS1-1），并依托小鼠结肠癌模型和体外结直肠癌 CT-26 细胞模型，研究 EPS1-1 如何在体外和体内诱导结直肠癌细胞凋亡。他们获得的试验结果表明，EPS1-1 在体外通过激活 CT-26 细胞中的 AMPK 信号通路（激活作用的时间-剂量依赖关系如图 3-34 所示），以剂量和时间依赖的方式抑制细胞生长并促进细胞凋亡。EPS1-1 还促进 ROS 和肝激酶 B1（LKB1）释放，从而激活 AMPK 信号通路的必要信号。在体内，EPS1-1 在 AOM/DSS 诱发的结直肠癌小鼠中也表现出对 AMPK 信号通路的激活能力。这些结果充分证明，EPS1-1 诱导的细胞凋亡依赖于 AMPK 通路的激活，如图 3-35 所示。

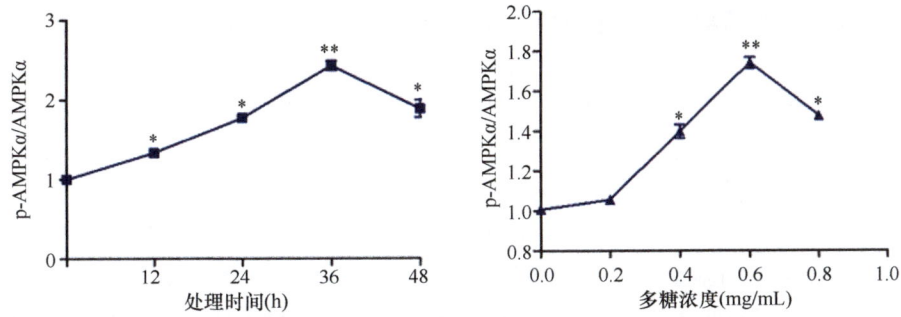

图 3-34 黑根霉胞外多糖（EPS1-1）对 AMPK 信号通路激活的时间-剂量依赖关系（Lu et al., 2020）
与未处理的空白组比较结果：*，$P < 0.05$；**，$P < 0.01$

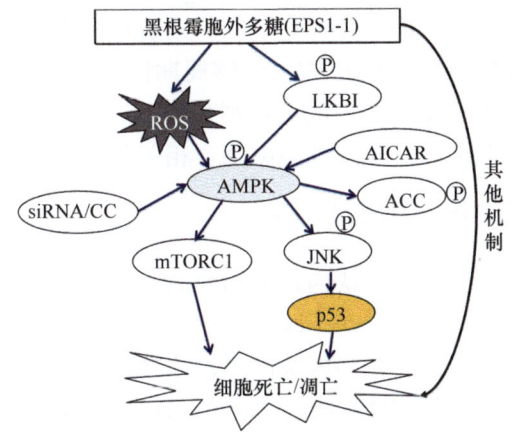

图 3-35 黑根霉胞外多糖（EPS1-1）的凋亡作用机制（Lu et al., 2020）

3.3.2.4 p53 信号通路

p53 是一种有效的抑癌因子，可通过多种途径阻止携带致癌病变的细胞增殖，包括生长抑制、衰老或凋亡、肿瘤基质调节、血管生成和代谢，并可阻断肿瘤细胞侵袭和转移。这些也可以解释为何大多数肿瘤细胞在肿瘤发展过程中 p53 功能丧失和 p53 失活。有研究发现，多糖对荷瘤细胞的生长抑制作用依赖于 p53 的存在。例如，Jiang 等（2017）以 HCT-116 细胞、HT-29 细胞和 SW-480 细胞为细胞模型，发现灵芝多糖通过重新激活几种类型的 p53 突变体来发挥其抗癌活性，而 Zhang 等（2017）发现，牡丹花籽多糖也是通过调控 p53 而对 HCT-116 等肿瘤细胞产生抗癌活性作用。此外，也有研究发现，低分子量苹果多糖（LMWAP）能够保护结肠炎小鼠免受 AOM/DSS 诱导的结肠炎及结肠癌的影响，可能机制涉及其 p53 非依赖性诱导的细胞周期阻滞（Li et al., 2012）。Ma 等（2013）研究从银苗根茎中提取出的酸性多糖 SFPSA，分析结果证明该多糖由鼠李糖、葡萄糖醛酸、半乳糖醛酸、葡萄糖、半乳糖和阿拉伯糖等组成，能够以时间和剂量依赖的方式抑制 HT-29 细胞增殖、诱导细胞凋亡，并增加其在细胞周期 G_2/M 期的积累。他们的进一步研究还发现，SFPSA 可以降低凋亡相关蛋白 Bcl-2 的 mRNA 水平，增加 Bax 和 p53 mRNA 表达以及提高 caspase-3 的活性，表明 SFPSA 通过调节凋亡相关的 *p53* 基因表达来诱导 HT-29 细胞凋亡。

有一个研究小组使用 PCR 阵列来确定 HT-29 细胞中 p53 通路的分子变化。研究人员将 HT-29 细胞暴露于豆类多糖提取物中，然后与人肠道菌群一起进行体外发酵（Campos-Vega et al.，2010）。随后进行的分析结果表明，在参与细胞凋亡、细胞周期和细胞增殖并且介导信号转导反应的 84 个人类 *p53* 基因中，有 72 个基因的表达存在显著差异。例如，*SIAH1*（细胞凋亡诱导基因）、*PRKCA*（与肿瘤发生和发展相关）和 *MSH2*（修复 DNA 基因）是表达上调最高的基因，分别达到 30.5 倍、18.4 倍和 9.8 倍，而 *CHEK1*（细胞周期检查点相关基因）和 *GADD45A*（细胞周期停滞和 DNA 修复基因）的表达则分别下调 21.4 倍和 9.1 倍。这些结果表明，豆类多糖有能力调节 HT-29 细胞中凋亡相关基因的表达谱。

3.3.2.5 线粒体与死亡受体信号通路

一般来说，诱导细胞凋亡被认为是抑制肿瘤生长的重要机制之一。其中，细胞凋亡信号由两种不同的途径启动，即外源性凋亡途径和内源性凋亡途径，具体可分为外源性死亡受体凋亡途径和内源性线粒体凋亡途径等。外源性死亡受体途径主要是通过激活 Fas、TNFR1、DR3、DR4、DR5 等细胞外死亡信号分子，进而激活细胞内 caspase-2、caspase-8、caspase-10 等死亡受体介导的启动子，最后直接激活下游效应物 caspase-3、caspase-6、caspase-7 等细胞凋亡效应酶，从而引起细胞凋亡。内源性线粒体凋亡途径存在于细胞线粒体中，主要涉及上游信号分子 caspase-8 的激活并作用于线粒体外膜，随后 Bcl-2 蛋白家族（如促凋亡蛋白 Bax、Bad 等，以及抗凋亡蛋白 Bcl-2、Bcl-XL 等）相关蛋白被激活，凋亡活性物质（如细胞色素 c、Smac 蛋白等）被释放，导致下游的 caspase-3、caspase-9 和其他 caspase 家族相关凋亡蛋白被激活，最终诱导细胞凋亡。在细胞凋亡中，caspase 蛋白家族发挥着重要作用。caspase 蛋白家族是一类含半胱氨酸的天冬氨酸水解酶，细胞凋亡中 caspase 蛋白家族的主要作用可分为两大类：细胞凋亡起始酶（caspase-2、caspase-8、caspase-9 和 caspase-10）和细胞凋亡效应酶（caspase-3、caspase-6 和 caspase-7）。细胞被刺激后，可引起细胞中细胞凋亡起始酶被切割活化，之后能够激活下游的细胞凋亡效应酶发挥作用，其中 caspase-3 是细胞凋亡过程中最为重要的效应酶。在细胞凋亡相关通路中，无论是外源性死亡受体凋亡途径、内源性线粒体凋亡途径，还是内源性内质网应激凋亡途径，最终都会激活 caspase-3，使其转变成活化形式，最终使细胞内核酸降解，诱导细胞发生不可逆的凋亡。

笔者所在科研团队的研究结果显示，龙眼多糖能够通过线粒体凋亡途径和死亡受体凋亡途径对 HCT-116 细胞和 HT-29 细胞产生凋亡诱导作用，如图 3-36 所示（于亚辉，2023）。具体而言，龙眼多糖可以激活死亡受体通路（即上调 DR5 激活 caspase-8），并且促使 caspase-3 激活而导致细胞凋亡；同时，龙眼多糖还可以激活线粒体凋亡通路（即上调促凋亡蛋白 Bax 并抑制抗凋亡蛋白 Bcl-2 表达），促使细胞色素 c 释放到细胞质，而释放的细胞色素 c 会激活 caspase-9 并与其形成凋亡小体，进而激活 caspase-3 导致细胞凋亡。

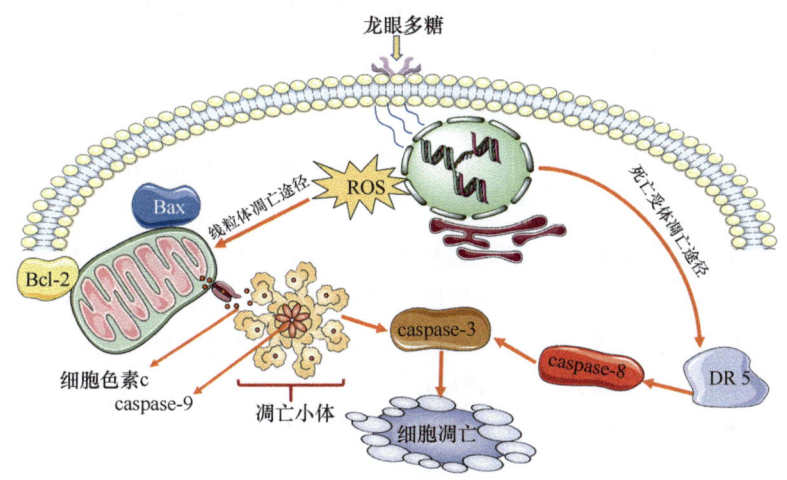

图 3-36　龙眼多糖对 HCT-116 细胞和 HT-29 细胞的凋亡诱导作用机制（于亚辉，2023）

其他科学家的研究也发现，多糖能够通过线粒体凋亡途径和死亡受体凋亡途径诱导结直肠癌细胞凋亡，从而抑制细胞生长。例如，Shang 等（2022）的分析结果也证明，马尾松花粉多糖（PPPS）能够通过激活线粒体凋亡途径诱导 HCT-116 细胞发生凋亡，主要是 PPPS 能够激活凋亡相关蛋白 caspase-3、caspase-6、caspase-7、caspase-9 及 PARP，如图 3-37 所示。此外，还有研究者对从鱼肠嗜冷菌得到的荚膜多糖进行研究，发现这一荚膜多糖可以激活 Caco-2 细胞和 HCT-116 细胞的关键促凋亡因子，如 caspase-3 和 caspase-9，从而诱导细胞凋亡。进一步的分析结果则表明，这一多糖对 HCT-116 细胞的凋亡诱导作用还与它上调 Bax、下调 Bcl-2 而激活线粒体凋亡相关通路有关（Di Guida et al.，2022）。岩藻多糖（fucoidan）也对 HT-29 细胞和 HCT-116 细胞具有凋亡诱导作用。岩藻多糖在 HT-29 细胞中能够激活凋亡相关蛋白 caspase-3、caspase-7、caspase-8、caspase-9 及 PARP 蛋白的表达水平，此外它还能增加线粒体膜通透性以及促进细胞色素 c 和线粒体促凋亡蛋白 Smac/Diablo 释放，上调 Bak 和 Bid 蛋白的表达水平同时又下调 Mcl-1 蛋白的表达水平。岩藻多糖还能提高 TRAIL、Fas、死亡受体 5（DR 5）蛋白的表达水平。所有的这些结果表明：岩藻多糖能够通过线粒体凋亡途径和死亡受体凋亡途径诱导结肠癌细胞凋亡（Kim et al., 2010）。

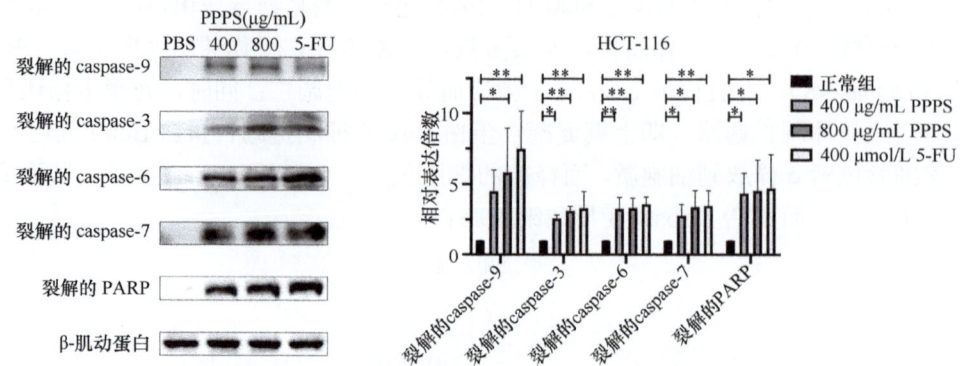

图 3-37　马尾松花粉多糖（PPPS）对 HCT-116 细胞中凋亡相关蛋白的调控作用（Shang et al., 2022）
与正常组比较结果：*, $P < 0.05$；**, $P < 0.01$

在 HT-29 细胞和 HT-29 荷瘤小鼠模型中，香菇多糖 SLNT 被确认能够通过激活线粒体凋亡途径和死亡受体凋亡途径诱导细胞凋亡（王静林，2019）。香菇多糖 SLNT 抗癌活性作用的具体表现为：诱导 ROS 生成和线粒体膜电位紊乱，上调凋亡相关蛋白 Bax 表达和促使细胞色素 c 释放，下调抗凋亡蛋白 Bcl-2 表达，激活 caspase 家族蛋白（caspase-3、caspase-8、caspase-9），调节 TNF-α 和 TNFR1 水平，激活 TNF-α 通路并抑制 NF-κB 炎症反应。香菇多糖 SLNT 的活性作用机制如图 3-38 所示。

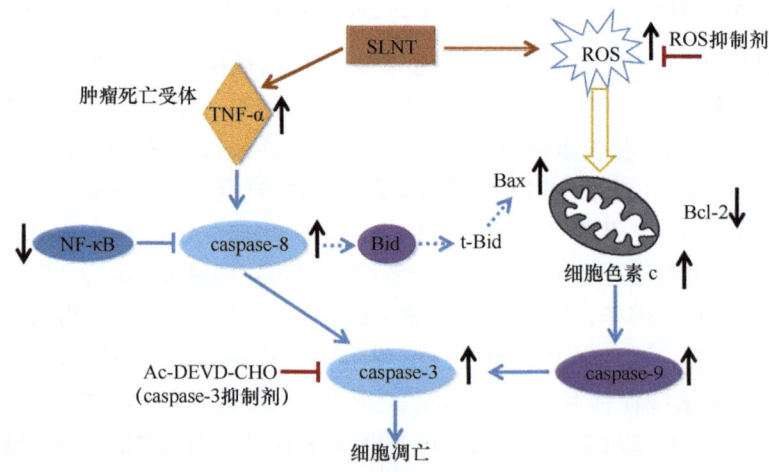

图 3-38　香菇多糖 SLNT 的凋亡诱导作用分子机制（王静林，2019）

3.3.2.6　细胞增殖抑制新的相关信号通路

近年来还发现了多糖对结直肠癌细胞增殖抑制的新机制，主要包括调控胰岛素受体底物-1（insulin receptor substrate-1，IRS-1）与信号转导和转录激活因子 3（signal transducer and activator of transcription 3，STAT3）等因子介导的信号通路。多糖抑制结直肠癌细胞增殖的新分子机制如图 3-39 所示。

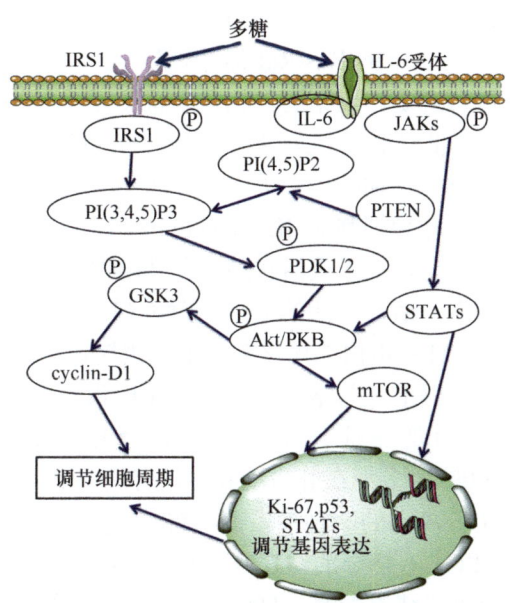

图 3-39　多糖抑制结直肠癌细胞增殖的新分子机制（Ruan et al.，2023；Jin et al.，2019）

多糖作为一种高分子化合物，难以穿透细胞膜进入细胞内发生作用。因此，它们会与细胞膜受体接触，这可能是它们对细胞相关信号通路发挥调节作用的主要方式。IRS-1 是一种重要的细胞膜受体，对 PI3K/Akt 信号通路具有调节作用。当胰岛素与细胞膜上的同源受体相互作用时，它会在酪氨酸残基上募集并磷酸化细胞内蛋白质，包括 IRS-1。磷酸化的 IRS-1 刺激 PI3K，后者反过来催化肌醇环第三位的磷脂酰肌醇磷酸化，这将进一步刺激 Akt 的磷酸化，最终激活 PI3K/Akt 信号通路。胰岛素样生长因子（IGF）信号系统，由配体（IGF-I 和 IGF-II）、生长因子受体（IGF-IR 和 IGF-IIR）和 IGF 结合蛋白（IGFBPs-1-6）组成，调节细胞生长、增殖、转化、分化、迁移和凋亡。IGF 在包括结肠癌细胞在内的各种癌细胞的生长中发挥着至关重要的作用。结肠癌细胞中 IGF-I 和 IGF-II 的 mRNA 水平高度升高。IGF-I/IGF-II 配体与 IGF-IR 结合就会触发两个主要的下游信号通路：IRS-1/PI3K/Akt 信号通路和 Ras/Raf/细胞外调节蛋白激酶（extracellular regulated protein kinase，ERK）信号通路（Ruan et al.，2023）。IRS-1/PI3K/Akt 信号通路涉及细胞生存信号的传递，而 Ras/Raf/ERK 信号通路涉及受体介导的有丝分裂发生和转化。褐藻糖胶是褐海藻中存在的一种硫酸化多糖。一项研究工作发现，褐藻糖胶能够显著地抑制 HT-29 细胞中 IGF-IR、PTEN、PI3K 和 Akt 及其磷酸化形式

（p-IRS-1、p-PI3K 和 p-Akt）的表达水平，还能够抑制 IGF-IR、Shc、Ras、SOS、Raf 和 MEK 等 Ras/Raf/ERK 信号通路相关蛋白质的表达水平，因此褐藻糖胶对 HT-29 细胞的细胞活力抑制可能是通过抑制 IRS-1/PI3K/Akt 信号通路并下调 IGF-IR 信号转导所致（Kim and Nam，2018）。此外，该研究还确认褐藻糖胶可以影响 Ras/Raf/ERK 信号通路中的 Ras/Raf 信号转导。

慢性肠道炎症也被认为是诱发结肠炎相关结直肠癌发展的主要影响因素之一。因此，抗炎治疗可能是降低结肠炎相关结直肠癌发病率的有效途径。细胞因子 IL-6 是结肠炎相关结直肠癌发生早期的一个关键的肿瘤相关炎症启动子。STAT3 是一个信号转导和转录激活子，介导细胞对 IL、KITLG/SCF、LEP 和其他生长因子的反应。STAT3 最初位于细胞质，处于失活状态，在"接收"细胞外信号（包括细胞生长因子、细胞因子和激素）后，激活的 Janus 激酶（JAK）便在 STAT3 的 Tyr 705 进行磷酸化。活化的 STAT3 蛋白二聚化并从细胞质转位到细胞核中，在那里它们与特定的识别位点结合并调节参与增殖、存活、迁移和侵袭的下游靶基因的表达。因此，STAT3 也被认为是癌症化学预防和治疗中值得关注的药理学靶点（Grivennikov et al.，2009）。多糖在肿瘤细胞中具有调节 IL-6/STAT3 信号通路的能力。据报道，从茶叶中分离出的一种茶多糖 TPS，能够在偶氮甲烷/葡聚糖硫酸钠（AOM/DSS）小鼠模型和 IL-6 诱导的结直肠癌 CT-26 细胞系中发挥抗肿瘤活性（Liu et al.，2018c）。相关的研究结果表明，TPS 能够通过平衡细胞微环境，显著降低肿瘤发病率和肿瘤大小，并且抑制炎症细胞的浸润和促炎细胞因子（如 IL-2、IL-6、INF-γ 和 TNF-α）的分泌。此外，研究还发现 TPS 在体内和体外都可以抑制 STAT3 蛋白的激活，并转录调控下游基因，包括 *MMP2*、*Cyclin D1*、*survivin* 和 *VEGF* 的表达（图 3-40）。因此，研究者们得到一个结论：TPS 能够通过抑制 IL-6/STAT3 信号通路和下游基因的表达来减弱结肠炎相关结直肠癌的发生。

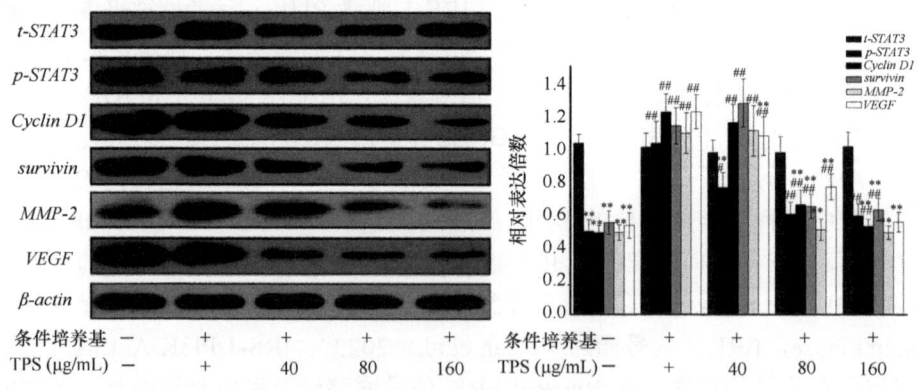

图 3-40　茶多糖抑制 CT-26 细胞中 IL-6 激活的 STAT3 信号通路（Liu et al.，2018c）
与 AOM/DSS 组比较结果：*，$P < 0.05$；**，$P < 0.01$
与正常组比较结果：#，$P < 0.05$；##，$P < 0.01$

总之,多糖可以依托多个机制而发挥抗结直肠癌活性作用。可以预料,随着分子生物学的进一步发展以及对多糖生物活性的深入挖掘,将会有更多的科学证据来支撑多糖对肠道的健康作用,同时在分子层面展示更为详细的作用机制。

(本节撰稿人 于亚辉 赵新淮)

3.4 多糖的化学修饰与抗癌活性变化

多糖(包括纤维素、壳聚糖、藻酸盐、葡聚糖、透明质酸等)是自然界最丰富的碳水化合物聚合物,具有多种适用于食品加工的理化特性及与健康相关的生物活性(Meng and Edgar,2016)。但是,多糖的理化特性或者生物活性并不一定达到实际需要,需要进一步改进或提高。因此,多糖的化学修饰也就被科学家们广泛研究采用。从化学角度上看,一旦对多糖实施化学修饰,将会改变多糖的结构和性质。例如,赋予多糖分子以新的官能团或在单糖上接枝其他分子,可以有效地改变多糖的单糖组成、主链中糖苷键连接方式、侧链的基团、分子量、分子空间结构等重要的理化特征,从而可以赋予多糖理化性质、生物活性的改变(Xie et al.,2020;Meng and Edgar,2016)。除此之外,多糖的修饰也可以产生能够形成特殊结构的产物,如纳米凝胶、水凝胶和胶束,赋予多糖所需的新性能,满足特定应用的要求。目前,多糖的化学修饰手段主要涉及多糖的硫酸化、羧甲基化、乙酰化、磷酸化和硒化修饰等(Xie et al.,2020),这些修饰均发生在多糖分子的侧链,而且通过共价连接的方式引入特定的化学基团。3 种多糖化学修饰所涉及的主要反应位点和试剂如图 3-41 所示。

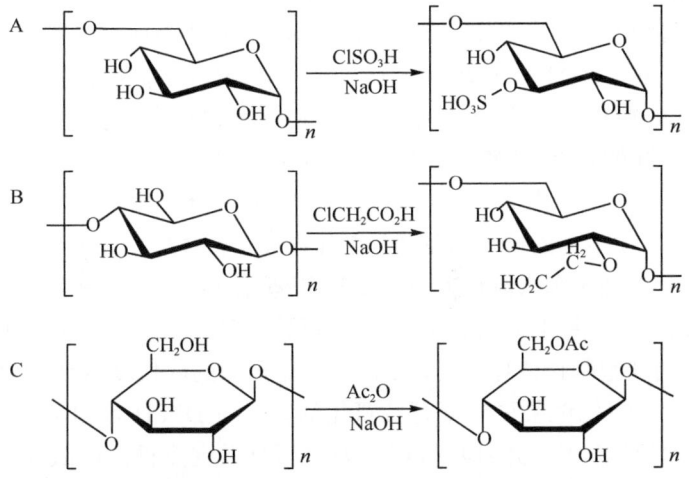

图 3-41 多糖的硫酸化(A)、羧甲基化(B)和乙酰化(C)修饰

因此，这里将逐一介绍硫酸化、羧甲基化、乙酰化、磷酸化尤其是硒化等 5 种化学修饰，以及这些修饰对多糖理化性质尤其是生物活性等的影响作用。

3.4.1 硫酸化修饰

多糖的硫酸化修饰是常用的修饰手段之一，它是采用化学手段在多糖分子上引入硫酸基。硫酸基的引入可以改变多糖的结构特征，从而赋予多糖新的理化性质或者更高的生物活性。其基本反应原理是：多糖溶解在合适的溶剂中，在一定条件下与相应的硫酸化试剂反应，使糖链上的羟基或氨基与硫酸根相连，并通过调整反应物的摩尔比来控制硫酸根的引入数量。常用的硫酸化反应可以采用氯磺酸-吡啶法、浓硫酸法、三氧化硫-吡啶法及氯磺酸-甲酰胺法等（牛盛蕃，2016）。其中，氯磺酸-吡啶法具有取代度高、产率高等特点，是最常用的多糖硫酸化修饰方法。

多糖分子的糖链被引入硫酸基后，多糖分子拥有新的化学基团，这也是评价硫酸化修饰是否成功的重要指标。可以通过多种分析方法对硫酸化多糖进行定性和定量分析。硫酸基在红外光谱中有明显的吸收，因此通常采用傅里叶变换红外光谱（FT-IR）定性鉴定所引入的硫酸基。也可以用核磁共振（NMR）波谱进行确认。多糖分子中硫酸基的引入会增加多糖的硫元素含量。通过对硫元素含量的定量测定，也可以定量分析硫酸化多糖中硫酸基的引入量。例如，采用经典的硫化钡-明胶法测定硫含量（Xie et al.，2020）。

研究已经证实，硫酸化修饰可以显著提高多糖的生物活性，甚至为多糖增加新的生物活性。例如，来自海洋微藻的硫酸化多糖（MMPS）对人类结肠癌细胞系（Caco-2 细胞）具有生长抑制作用，能够通过调节凋亡相关蛋白如 Bcl-2、caspase-3 的表达，同时激活 ERK、JNK、p38 等蛋白质的表达而诱导细胞凋亡（图 3-42）（Srimongkol et al.，2023）。这项研究最终证实，MMPS 能够通过 JNK/p38-MAPK 信号通路诱导线粒体凋亡途径，然后通过 JNK 信号转导进一步增强细胞凋亡过程。此外，与未修饰的怀牛膝多糖相比，硫酸化怀牛膝多糖在较低剂量（0.244～0.488 μg/mL）下就表现出显著的抗猪繁殖与呼吸综合征病毒活性，证明硫酸化修饰可以增强怀牛膝多糖的抗病毒活性（Liu et al.，2013）。以人肺癌 A549 细胞、肝细胞癌 HepG2 细胞和人乳腺癌 MCF-7 细胞为细胞模型，也有研究发现，华北落叶松阿拉伯半乳聚糖的硫酸化修饰导致硫酸化多糖具有更强的细胞增殖抑制活性，以及更好的细胞凋亡诱导作用，并且硫酸化多糖的取代度越高，活性越好（Tang et al.，2019）。硫酸化迷果芹多糖有抗氧化活性，对 DPPH 自由基、羟自由基、超氧自由基等有清除作用，并且具有还原力，而且发现多糖的硫酸化修饰导致抗氧化活性增强（Xu et al.，2016）。采用氯磺酸-吡啶法硫酸化修饰青钱柳多糖（CP）

后，硫酸化青钱柳多糖（S-CP$_{1-8}$）具有更好的免疫调控活性，能够刺激 RAW264.7 巨噬细胞增殖，增强细胞的吞噬活性，促进细胞中 NO 释放，同时还能提升细胞因子（如 TNF-α、IL-1β 和 IL-6 等）的分泌水平（图 3-43），并诱导细胞分化（Yu et al.，2017）。整体上看，多糖的硫酸化修饰有利于其提高抗癌、抗氧化、免疫调控等活性。

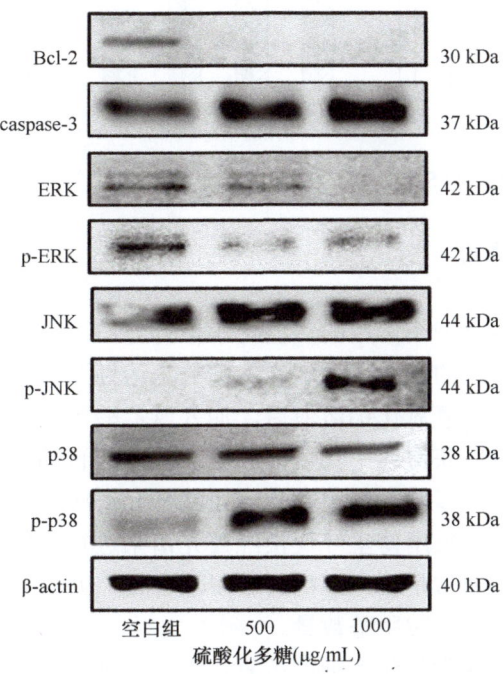

图 3-42　硫酸化多糖在 Caco-2 细胞中对凋亡相关蛋白的调控作用（Yu et al.，2017）

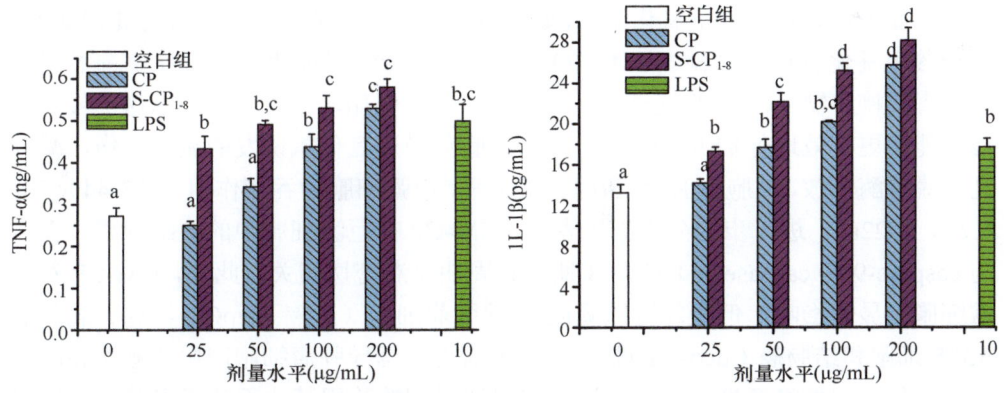

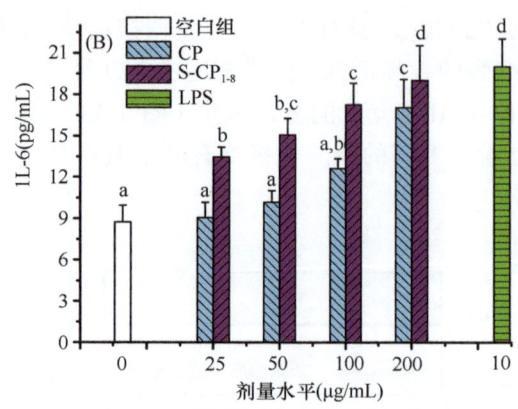

图 3-43　硫酸化青钱柳多糖（S-CP$_{1-8}$）在 RAW264.7 巨噬细胞中的免疫活性作用（Yu et al., 2017）

3.4.2　羧甲基化修饰

　　羧甲基化修饰也是一个常用的多糖化学修饰方法之一，它通过在多糖分子中接入羧甲基而改变多糖的性质，如增加多糖的水溶性及其生物活性。羧甲基化反应一般是将多糖溶解在氢氧化钠溶液后，加入氯乙酸等，再在一定温度下反应一段时间、中和后就可以获得羧甲基化衍生物。熟知的食品添加剂羧甲基纤维素就是一个代表性的羧甲基多糖。羧甲基基团在红外光谱中有明显的羧基吸收，因此羧甲基化多糖通常可以采用傅里叶变换红外光谱来进行羧甲基的定性鉴定。羧甲基基团的定量分析则通常是测定多糖的羧甲基含量，并且按照取代度表示为多糖分子中每一单糖单元上的羧甲基数量。

　　目前已经研究过羧甲基化多糖的抗氧化性、抗肿瘤、免疫调节及抗菌等生物活性变化。以水不溶灵芝多糖为原料，采用溶媒法制备出羧甲基含量为 11% 的羧甲基化灵芝多糖。研究结果表明，羧甲基化修饰不仅可以增加灵芝多糖的水溶性，而且能显著增强其体外抗氧化活性，如它对羟自由基的清除作用（Xu et al., 2009）。对于羧甲基化青钱柳多糖（CM-CP），相关的分析结果证明羧甲基化修饰显著提高了青钱柳多糖（CP）的抗氧化及抗肿瘤活性。例如，分析结果显示这一羧基化修饰能够更有效地保护 RAW264.7 巨噬细胞免受过氧化氢诱发的氧化损伤，减少乳酸脱氢酶释放、细胞内 ROS 和丙二醛水平，增强细胞的吞噬作用（图 3-44）（Xie et al., 2022a）。进一步的分析结果表明，CM-CP 在巨噬细胞中的抗细胞凋亡作用与 caspase-9 和 caspase-3 下调及 S 期细胞周期停滞密切相关。此外，CM-CP 对正常细胞无显著影响，但是却可以降低 3 株肿瘤细胞（肝癌 HepG2 细胞、乳腺癌 A375 细胞和结肠癌 Caco-2 细胞）的细胞活力，诱导肿瘤细胞产生核皱缩和凋亡小泡，显示出抗癌活性。此外，通过溶媒法得到的羧甲基化五味子多糖，不仅提高了多糖的溶解性，并且对多氯联苯-126损伤小鼠模型表现出更强的免疫调节活性，如改善模型小鼠的体重减轻、免疫器官萎缩、细胞因子（TNF-α、IL-2 和 IFN-γ）分泌水平，同时还可以减弱氧化应激引起的脾脏损伤等，说明羧甲基化修饰增强了五味子多糖的免疫调节活性（Zhao et al., 2022a）。故此，多糖的羧甲基化修饰也能提高多糖的健康相关活性作用。

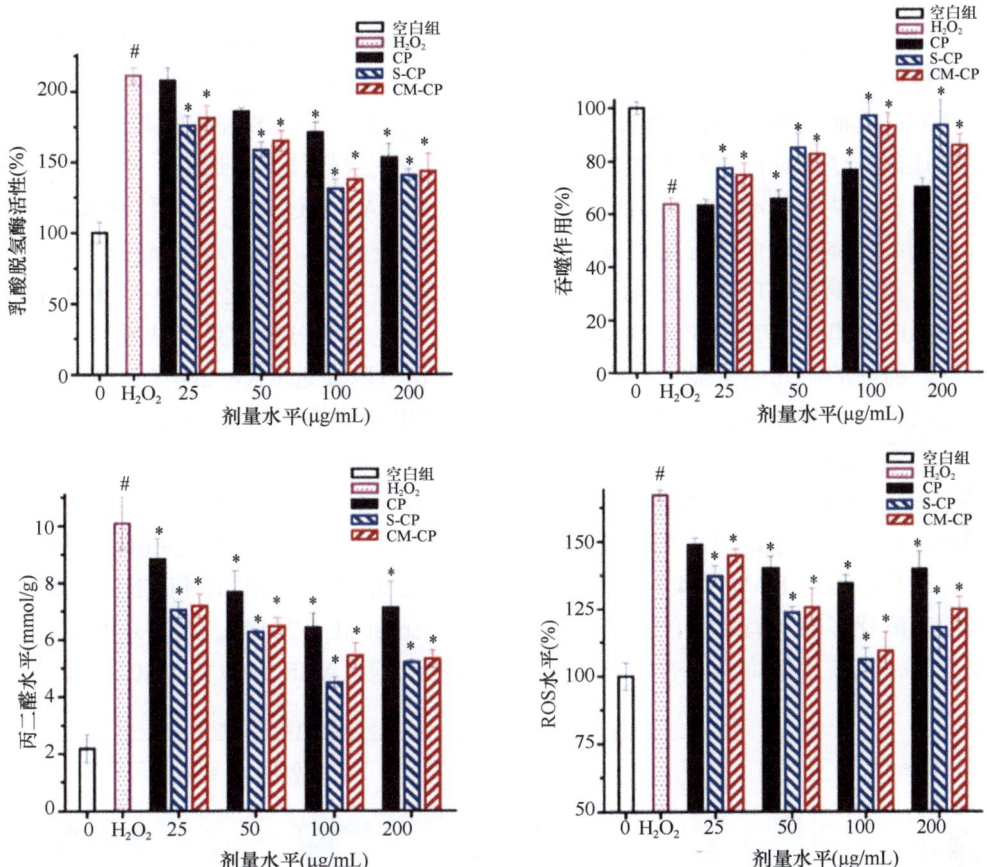

图 3-44　羧甲基化青钱柳多糖（CM-CP）和青钱柳多糖（CP）对 RAW264.7 巨噬细胞的活性作用（Xie et al., 2022a）

S-CP，硫酸化青钱柳多糖。*，$P < 0.05$（相对于 H_2O_2 组）；#，$P < 0.05$（相对于空白组）

3.4.3　乙酰化修饰

乙酰化修饰是在多糖分子的某一个羟基上发生酰化反应，从而引入乙酰基。乙酰化修饰后多糖分子的空间排列发生变化，也使得更多的羟基暴露出来，在多糖溶解性和生物活性等方面将产生相应的影响。乙酸酐-吡啶法是常用的多糖乙酰化修饰方法，简单来说是将多糖溶解在有机溶剂（如甲酰胺、二甲基亚砜等）中，之后加入乙酰化试剂（乙酸和乙酸酐）进行乙酰化反应。多糖的乙酰化修饰程度直接影响多糖的理化性质和生物活性，因此乙酰化取代度也是表征乙酰化多糖结构和功能的重要参数。乙酰化多糖通常可采用傅里叶变换红外光谱和核磁共振波谱来进行定性分析，再采用皂化反应等释放出乙酰基（产物为乙酸），可以测定多糖分子中乙酰基含量、计算多糖的取代度。

许多研究也表明，多糖的乙酰化修饰可以增强多糖的多种生物活性。例如，来自库拉索芦荟的乙酰化甘露聚糖（ABPA1）可以抑制小鼠结直肠癌的肿瘤生长，并诱导结直肠癌 SW-480 细胞、RKO 细胞（图 3-45）、MC38 细胞的凋亡。同时，研究还确认 ABPA1 可以通过促进 Bax 移位而改变线粒体膜通透性，引起细胞色素 c 释放，从而启动 caspase 级联反应，最终 ABPA1 通过调节 Bax 和细胞色素 c 介导的线粒体途径而诱导结直肠癌细胞凋亡（Tong et al., 2022）。Yang 等（2019）以羊肚菌多糖（PMEP）为原料，制备出不同取代度的 3 种乙酰化多糖（Ac-PMEP1、Ac-PMEP2 和 Ac-PMEP3）。他们通过傅里叶变换光谱等分析结果确认发生乙酰化反应。随后的研究结果显示，乙酰化羊肚菌多糖可以促进 RAW 264.7 巨噬细胞的细胞活力、吞噬作用，以及促进 NO 生成和 TNF-α 分泌（图 3-46），还可以减轻 LPS 刺激细胞所产生的细胞炎症反应（图 3-46），并证明乙酰化羊肚菌多糖具有更强的免疫调节活性和抗炎活性。另外一项研究以灵芝多糖为原料制备乙酰化灵芝多糖，研究结果也证明，与灵芝多糖相比，乙酰化灵芝多糖具有更强的抗氧化活性，当它作用于 RAW 264.7 巨噬细胞后，可以促进细胞吞噬作用和 TNF-α 分泌，表明乙酰化多糖具有更强的免疫调节能力（Chen et al., 2014）。此外还有研究结果发现，乙酰化修饰后银杏多糖对 2 株人胃癌细胞（AGS 细胞和 SGC 细胞）和

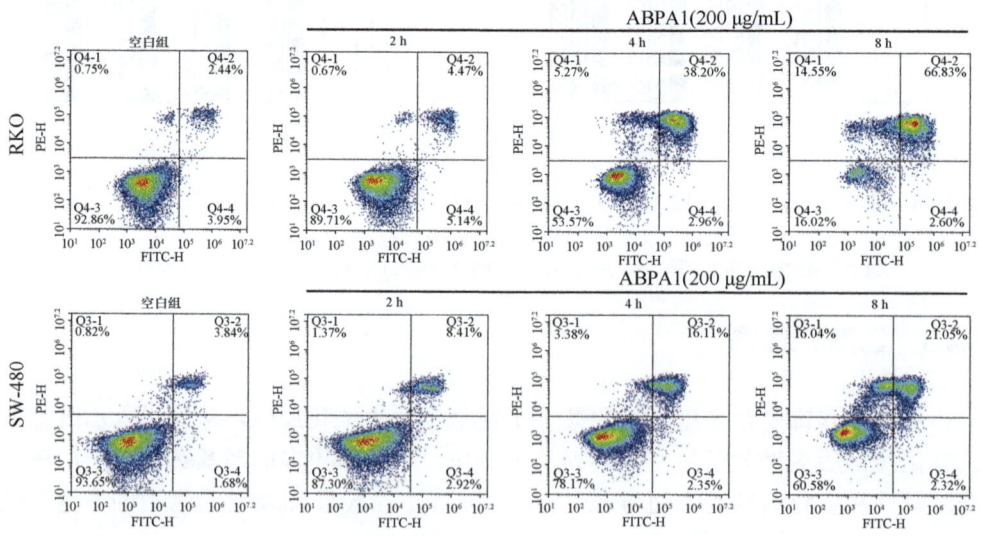

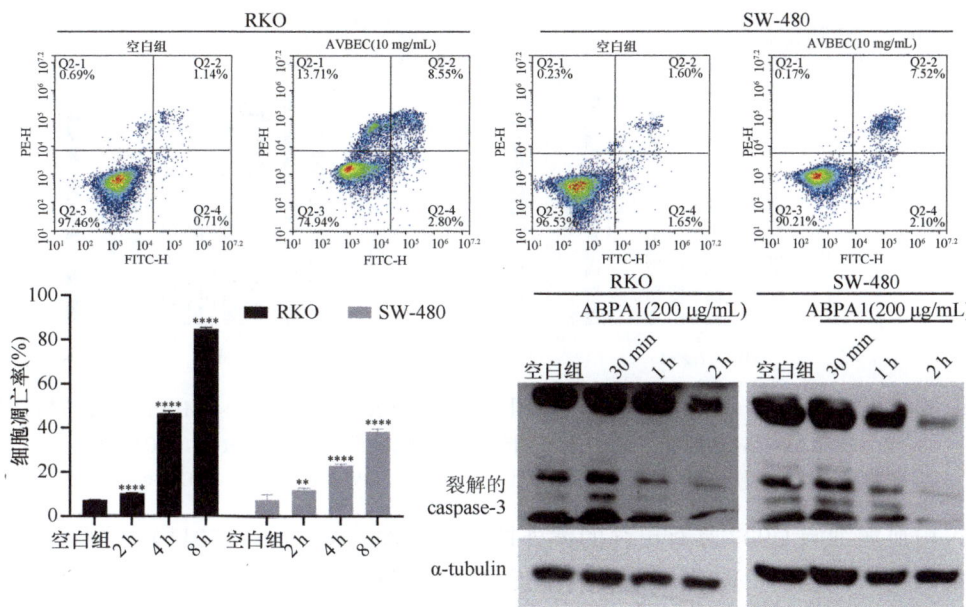

图 3-45　乙酰化甘露聚糖（ABPA1）对结直肠癌 SW-480 细胞和 PKO 细胞的凋亡诱导作用（Tong et al.，2022）

与空白组比较结果：*，$P < 0.05$；**，$P < 0.01$；***，$P < 0.001$；****，$P < 0.0001$

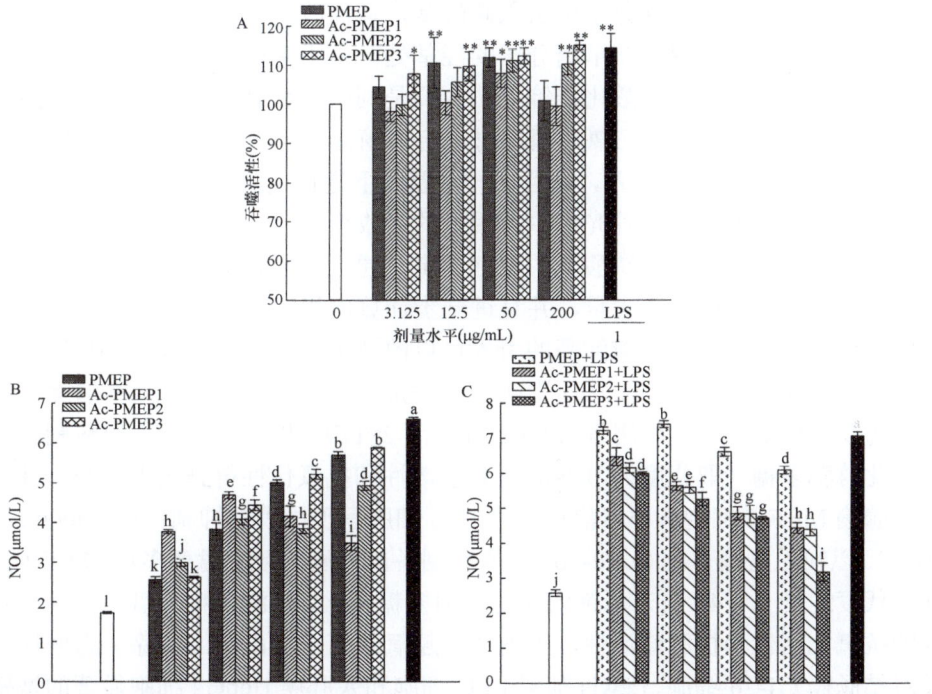

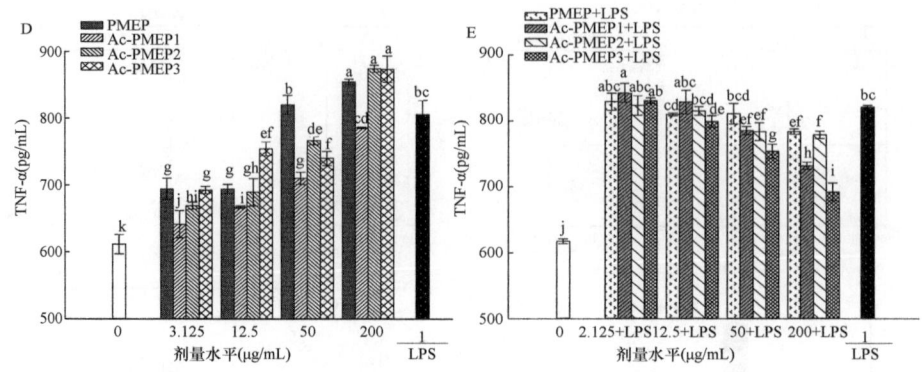

图 3-46　羊肚菌多糖（PMEP）以及其乙酰化修饰产物（Ac-PMEP1、Ac-PMEP2 和 Ac-PMEP3）对 RAW 264.7 巨噬细胞的免疫调节作用和抗炎活性（Yang et al.，2019）

A，吞噬作用；B、D，对 NO 和 TNF-α 分泌的促进作用；C、E，LPS 刺激下对 NO 和 TNF-α 分泌的抑制作用

人白血病细胞 U937 具有更强的体外抗肿瘤活性（Wu et al.，2011）。这些研究结果表明，多糖的乙酰化修饰有利于提高天然多糖的抗氧化、免疫、抗炎及抗癌活性。

3.4.4　磷酸化修饰

磷酸化修饰是在多糖分子中引入磷酸基，从而改变多糖的理化性质和生物活性。磷酸基的引入位置是在单糖分子的羟基处。由于带电荷磷酸基的引入，多糖的水溶性增强。常用的磷酸化修饰方法主要是利用三氯氧磷、磷酸盐、磷酸和酸酐、五氧化二磷等。采用三氯氧磷法时，将多糖分散于 N,N-二甲基甲酰胺中，然后将三氯氧磷/吡啶缓慢加入，并且在一定温度下进行反应，就可以在多糖分子上引入磷酸基。磷酸基在红外光谱中有明显的吸收峰，因此磷酸化多糖可以采用傅里叶变换红外光谱来进行磷酸基的定性鉴定。通过对磷元素的定量测定，可以确定磷酸化多糖中的磷酸基含量，并且进一步计算出相应的取代度。

多糖磷酸化修饰后，磷酸基的引入可以改变多糖的三维结构，并且磷酸基还具有螯合金属离子的能力，从而影响多糖的抗氧化活性，如羟自由基清除活性、还原力及抗脂质过氧化作用等（Tang et al.，2017）。以竹荪多糖为原料制备出的磷酸化竹荪多糖（取代度为 0.206），其水溶性和抗氧化性得到极大提升，并且对人乳腺癌 MCF-7 细胞和小鼠黑色素瘤 B16 细胞呈现显著的抑制作用（Deng et al.，2015）。以粒毛盘菌多糖（LEP-2b）为原料制备出磷酸化粒毛盘菌多糖（PLEP-2b），其取代度达到 0.174，与未修饰的粒毛盘菌多糖相比，磷酸化粒毛盘菌多糖具有更强的抗氧化活性和抗肿瘤活性，表现在对超氧阴离子自由基的清除能力增加，以及对结肠癌 CT-26 细胞、Lewis 肺癌 LLC 细胞和人肝癌 HepG2 细胞显著的增殖抑制作用（图3-47）（He et al.，2015）。不过，对比这一研究工作结果也可以发现，硫酸化修饰多糖（SLEP-2b）对HepG2细胞的抑制作用整体上要强于磷酸化修饰多糖（PLEP-2b），但是在CT-26细胞和LLC细胞中，PLEP-2b的活性作用要明显地大于SLEP-2b的活性作用。所以，现有的研究结果可以证实，磷酸化修饰可以增强多糖的水溶性，也可以提高多糖抗氧化、抗癌等生物活性。

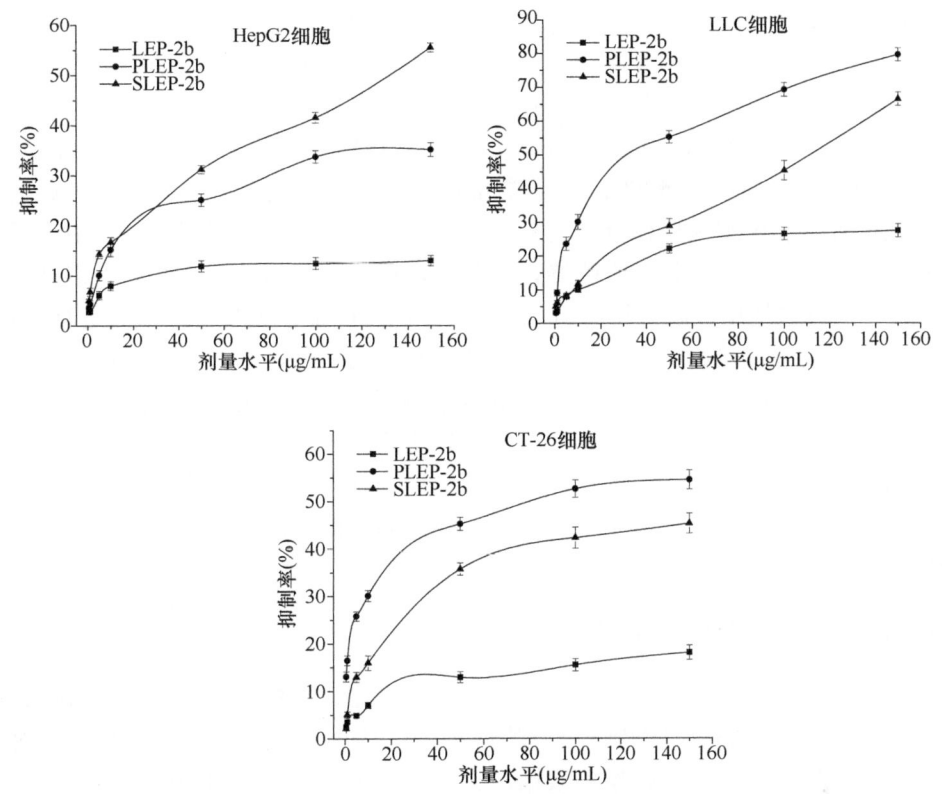

图3-47　粒毛盘菌多糖（LEP-2b）、磷酸化粒毛盘菌多糖（PLEP-2b）和硫酸化粒毛盘菌多糖（SLEP-2b）对3株肿瘤细胞的增殖抑制作用（He et al.，2015）

3.4.5　硒化修饰

硒是人体必需的一种微量元素，因其对身体生长和发育的生物效应而闻名。硒能提高硫氧还原蛋白还原酶和谷胱甘肽过氧化物酶等含硒酶的活性，也具有防止自由基破坏细胞和组织的能力（Rayman，2000）。硒不能在人体内合成，只能通过膳食摄入，因此需要每天通过膳食途径摄入硒来维持人体的正常代谢活动。硒的膳食摄入不足会导致一系列严重后果，包括患胃肠癌、前列腺癌、心血管疾病、糖尿病、克山病和炎症性疾病等（Fairweather-Tait et al.，2011）。世界大多数地区土壤硒含量很低，因此膳食途径的硒摄入量也很低。硒补充剂，特别是富含硒的食品补充剂，对低硒地区民众的健康有益。自然界中硒的存在方式为有机硒和无机硒两种，其中无机硒生物利用度较低，毒性较高，而有机硒生物利用度高，毒性低且吸收度高。有机硒化合物如硒多糖、硒蛋白及硒氨基酸等均可作为膳食硒补充剂。

硒多糖是将无机硒和多糖进行有机结合，所以硒多糖比硒或多糖具有更强的生物活性、更高的吸收率和利用率。从化学的角度来看，多糖分子中有大量的羟基，使得多糖能够与含硒基团（如亚硒酸）发生反应，将无机硒接枝到多糖分子中，从而发生硒化修饰生成硒多糖。目前，多糖硒化修饰的方法主要包括硝酸-亚硒酸钠法、硝酸-亚硒酸法、冰乙酸-亚硒酸法及氯氧化硒法等。通常，亚硒酸基取代位置主要出现在单糖分子的 C-6 位置，硒以亚硒酯的形式存在。由于亚硒酸基在红外光谱中有明显的吸收峰，硒多糖可以采用傅里叶变换红外光谱进行定性鉴定，也可以使用核磁共振波谱、X 射线光电子能谱仪或拉曼光谱等进行确定。硒化修饰程度将直接影响硒多糖的理化性质和生物活性，因此硒含量也是决定硒化多糖结构和功能的重要参数之一。硒多糖中硒含量的测定方法包括电感耦合等离子体光谱法、原子吸收分光光度法及荧光法等。

由于多糖分子中引入硒元素，因此硒多糖的许多生物活性作用得到提升，包括其抗癌、免疫调节、抗氧化、降血糖、降血脂等活性，以及对肠道的屏障保护和抗炎作用。

3.4.5.1 硒多糖的抗癌活性

整体上，硒多糖对人类肝癌、肺癌、黑色素瘤、宫颈癌、乳腺癌、胃癌、鼻咽癌、卵巢癌及结肠癌等细胞株具有抑制作用。从板栗提取的板栗葡聚糖，对其进行硒化修饰后获得硒化板栗葡聚糖，它表现出更强的抗肿瘤细胞增殖作用，可以降低宫颈癌 HeLa 细胞的线粒体膜电位，促进 ROS 生成，将细胞周期阻滞在 S 期，同时上调 caspase-3 表达而诱导细胞凋亡（Li et al.，2017）。灵芝硒多糖被证明对 6 种人类癌细胞系具有抗增殖活性，包括人恶性乳腺癌 MCF-7 细胞、人红系慢性粒细胞白血病 K562 细胞、人肝细胞癌 HepG2 细胞和 7721 细胞、人宫颈癌 HeLa 细胞和人卵巢癌 SKOV4 细胞。与不含硒的灵芝多糖相比，灵芝硒多糖的抗增殖活性大约提高 10 倍（Shang et al.，2009）。Wang 等（2016）采用硝酸-亚硒酸钠法对沙蒿多糖实施硒化修饰，沙蒿硒多糖的硒含量达到 168～1703 μg/g，并且硒多糖对 3 种人类癌细胞系肝细胞癌 HepG-2 细胞、肺腺癌 A549 细胞和宫颈癌 HeLa 细胞也表现出更强的抗增殖作用。还有研究发现，银杏叶硒多糖（Se-GBLP）对人膀胱癌 T24 细胞具有抗增殖作用，并可以通过线粒体凋亡途径诱导细胞凋亡，表现为细胞线粒体膜电位丧失、促凋亡蛋白 Bax 表达增加、抗凋亡蛋白 Bcl-2 表达降低，还有 caspase-3、caspase-9 及 PARP 蛋白裂解等（图 3-48）（Chen et al.，2017）。此外，硒多糖还可以激活淋巴细胞增殖，增强细胞因子受体表达，并刺激 NK 细胞和细胞毒性 T 细胞的活力，从而发挥免疫调节功能和抗肿瘤活性。例如，Mao 等（2016）从灰树花菌中获得一种含硒多糖，它可以抑制荷瘤小鼠肝细胞癌细胞的生长，增加胸腺和脾脏指数以及血清中细胞因子 TNF-α 和 IL-2 的分泌水平，还可以促进 RAW264.7 巨噬细胞的吞噬作用和 NO 产生。所有这些结果表明，天然多糖中硒元素的引入，可以增强多糖的抗肿瘤活性和免疫调控活性。

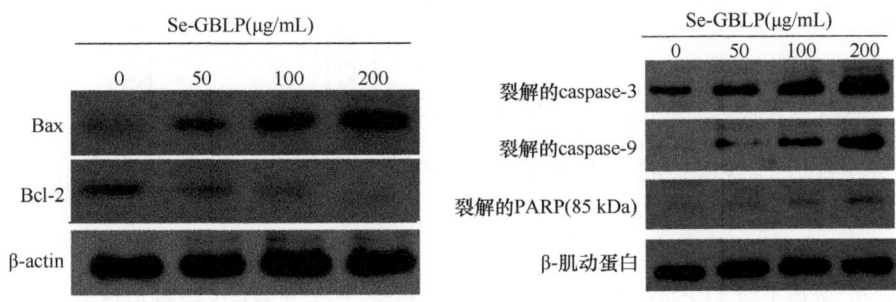

图 3-48　银杏叶硒多糖（Se-GBLP）对 T24 细胞中若干蛋白质表达的影响（Chen et al.，2017）

笔者所在科研团队对天然多糖的硒化修饰及生物活性等也进行了一系列的研究。笔者等的研究发现（于亚辉，2023），龙眼多糖（LP）及硒化修饰得到的龙眼硒多糖（低硒化度 SeLP1 和高硒化度 SeLP2）对结直肠癌（HT-29）细胞具有体外抗肿瘤活性，且 SeLP1 特别是 SeLP2 在细胞中具有更高的活性作用，包括抑制 HT-29 细胞增殖（图 3-49）、促进细胞形态变化、抑制细胞集落形成等。

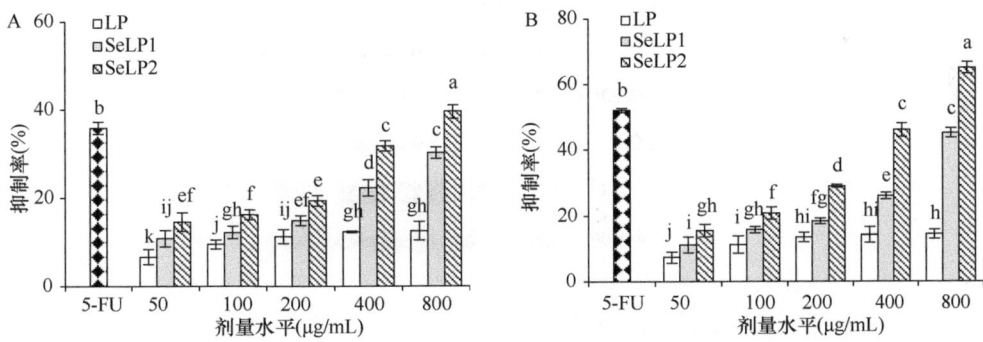

图 3-49　龙眼多糖（LP）和龙眼硒多糖（SeLP1 和 SeLP2）对 HT-29 细胞的增殖抑制作用（于亚辉，2023）
A，细胞处理时间为 24 h；B，细胞处理时间为 48 h

同时，SeLP1 特别是 SeLP2 比龙眼多糖更能促进细胞内 ROS 产生、破坏细胞线粒体膜导致线粒体膜电位下降（图 3-50），增加细胞内 Ca^{2+} 水平，并且诱导细胞凋亡。更进一步的研究表明，龙眼硒多糖可以通过上调和下调凋亡相关基因和蛋白质（包括 Bax、caspase-3、caspase-8、caspase-9、CHOP、细胞色素 c、DR5 和 Bcl-2 等）的表达（图 3-51），从而诱导细胞凋亡。由此推测，龙眼硒多糖可以通过激活 3 个不同途径（死亡受体凋亡途径、线粒体依赖性凋亡途径及内质

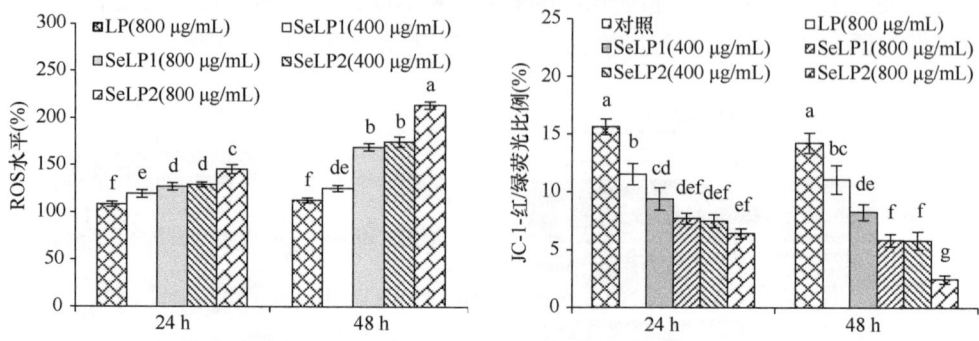

图 3-50　龙眼多糖（LP）和龙眼硒多糖（SeLP1 和 SeLP2）对 HT-29 细胞 ROS 及线粒体膜电位的影响（于亚辉，2023）

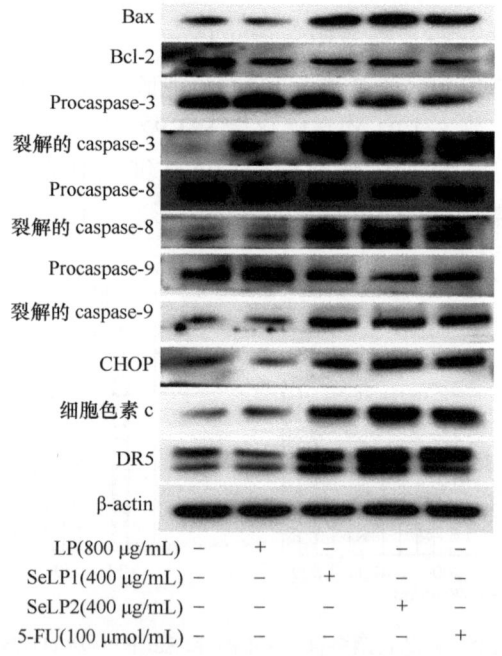

图 3-51　龙眼多糖（LP）和龙眼硒多糖（SeLP1 和 SeLP2）对 HT-29 细胞蛋白质表达的影响（于亚辉，2023）

网应激途径），诱导 HT-29 细胞凋亡。此外，整体分析结果还显示，SeLP2 始终具有比 SeLP1 更高的活性作用。在进一步的研究工作中，我们采用 HCT-116 细胞为模型细胞，同样得到相似的分析评估结果和相似的结论。所以我们认为：硒化修饰有效地增强龙眼多糖的体外抗肿瘤活性，而且更高的硒化程度会导致硒多糖具有更高的活性作用。

此外，我们团队的研究还发现（李玲玉，2022），马齿苋多糖（PPS）在硒化修饰后，马齿苋硒多糖（SePPS1 和 SePPS2）具有比 PPS 更高的抗肿瘤潜力，具体表现在抑制 HCT-116 细胞增殖、改变细胞形态、破坏线粒体膜电位、产生更多的细胞内 ROS、诱导细胞凋亡，并且可以上调或下调包括 Bax、Bcl-2、caspase-3/-9 和细胞色素 c 等与细胞凋亡相关的基因和蛋白质表达（部分结果见图 3-52 和图 3-53）。总体而言，PPS 和 SePPS2 分别对细胞靶标产生最低和最高的活性作用。因此也得出结论：化学硒化将硒共价结合到 PPS 中，而硒化的 PPS 在结肠中具有更高的抗肿瘤活性。

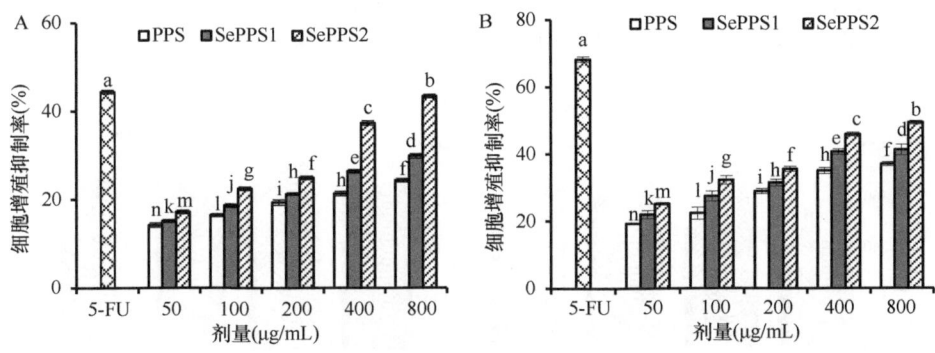

图 3-52 马齿苋多糖（PPS）和马齿苋硒多糖（SePPS1 和 SePPS2）对 HCT-116 细胞的增殖抑制作用（李玲玉，2022）

A，细胞处理时间为 24 h；B，细胞处理时间为 48 h

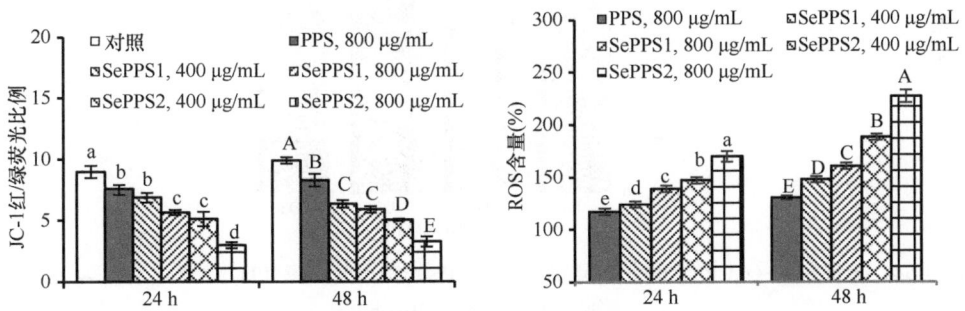

图 3-53 马齿苋多糖（PPS）和马齿苋硒多糖（SePPS1 和 SePPS2）对 HCT-116 细胞线粒体膜电位和 ROS 的影响（李玲玉，2022）

整体上看，多糖的硒化修饰可以有效地增强多糖的体外抗癌活性。不过，进一步的动物实验结果才能给这一结论以更有力的支持。

3.4.5.2 硒多糖的免疫调节活性

免疫调节作用是硒多糖的重要生物活性之一。硒化修饰可以增强多糖的免疫调节活性，包括激活巨噬细胞、T/B 细胞等免疫细胞，诱导免疫细胞中细胞因子（如 IL、TNF 等）及毒性分子（如 ROS、NO 等）分泌，并且能够提高免疫细胞的吞噬活性及抗原呈递等（刘爽，2021）。Li 等（2020a）用沙蒿多糖制备出硒化沙蒿多糖，相关分析结果表明，硒化修饰得到的沙蒿硒多糖通过上调 MAPK 信号通路中 ERK、JNK、p38 等关键蛋白质的磷酸化水平，产生免疫调节活性，增强 RAW264.7 巨噬细胞的增殖、吞噬作用，促进 IL-6、IL-1β、TNF-α 等因子分泌和 NO 释放，而且还界定出硒含量的高低是影响沙蒿硒多糖免疫调节活性的关键因素。Gao 等（2020b）以党参多糖（CCPS）为原料制备党参硒多糖（sCCPS），分析结果显示硒化修饰增强多糖的免疫调节活性，包括硒多糖可以更有效地促进淋巴细胞增殖、提升 $CD4^+$ T 细胞和 $CD8^+$ T 细胞比例；同时，硒多糖可显著提高小鼠血清中 IgG、IgM、IFN-γ、

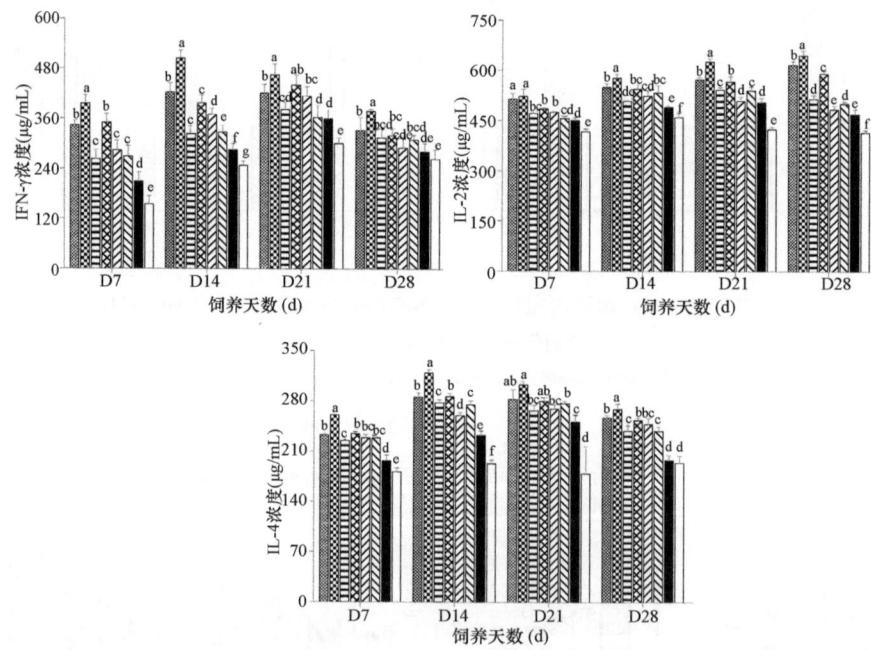

图 3-54 党参多糖（CCPS）和党参硒多糖（sCCPS）对小鼠血清 IFN-γ、IL-2 和 IL-4 水平的影响（Gao et al.，2020b）

相同饲养天数时，从左到右分别为 sCCPS 0.1 mg/mL 组、sCCPS 0.15 mg/mL 组、sCCPS 0.05 mg/mL 组、CCPS 0.15 mg/mL 组、CCPS 0.1 mg/mL 组、CCPS 0.05 mg/mL 组、阳性免疫对照组和对照组

IL-2 和 IL-4 的水平（图 3-54）。Zhan 等（2022）使用硝酸-亚硒酸钠法硒化金樱子多糖，试验结果也表明，硒多糖对巨噬细胞具有更强的免疫调节作用，包括促进细胞增殖以及 IL-6、TNF-α 等因子分泌和 NO 释放等。此外，Li 等（2021b）研究了硒化百合多糖，体外、体内研究结果均证明硒化后多糖的免疫调节活性得到增强。因此，硒化修饰很有可能是提高多糖免疫调节功能的一个有效技术手段。

笔者所在科研团队在硒化修饰马齿苋多糖时，发现硒化修饰也能够有效地提高马齿苋多糖的体外免疫活性作用（林亚茹，2022）。我们的分析结果显示，马齿苋硒多糖可以增加 RAW264.7 巨噬细胞的吞噬能力，并促进 IL-6、IL-1β 和 TNF-α 3 种细胞因子的分泌。此外，马齿苋硒多糖也可促进小鼠脾淋巴细胞中细胞因子 IFN-γ 和 IL-4 的分泌，还可以提高 T 细胞的 $CD4^+/CD8^+$ 值（表 3-18）。整体研究结果均表明，高的多糖硒化程度导致马齿苋硒多糖具有更强的免疫调控活性。

表 3-18　马齿苋多糖和马齿苋硒多糖对 Con A 刺激的脾细胞中 T 细胞亚群的影响（林亚茹，2022）

分组	剂量（μg/mL）	$CD4^+$（%）	$CD8^+$（%）	$CD4^+/CD8^+$
对照	0	29.7±1.2	14.4±0.6	2.06±0.01
马齿苋多糖	5	30.8±2.0	14.8±1.1	2.08±0.02
	20	31.9±2.8	14.5±1.3	2.20±0.59
马齿苋硒多糖-1	5	31.9±1.8	14.6±0.8	2.18±0.01
	20	32.3±1.9	14.2±0.7	2.28±0.06
马齿苋硒多糖-2	5	30.8±0.9	13.6±0.7	2.27±0.08
	20	34.1±3.3	14.1±1.1	2.41±0.09

3.4.5.3　硒多糖的抗氧化活性

亚硒酸具有还原性，所以硒化修饰使硒多糖具有更强的抗氧化活性。笔者所在科研团队的研究结果还显示，硒化修饰可以提高马齿苋多糖对 ABTS 自由基和羟自由基的清除作用，增加它们对 Fe^{3+} 的还原能力，马齿苋硒多糖的抗氧化能力与硒化程度成正比（林亚茹，2022）。Gao 等（2020a）从紫花苜蓿根中提取出苜蓿多糖，用硝酸-亚硒酸钠法硒化修饰后硒多糖显示出更高的 DPPH 和 ABTS 自由基清除活性。Zhu 等（2016）使用同样的方法对蛹虫草多糖进行硒化修饰，将亚硒酸根成功地引入多糖分子的 C-6 位；同时，硒多糖对 DPPH、超氧化物、羟自由基的清除作用更好。硒化修饰后的金樱子多糖（Se-PPRLMF-2）对 ABTS 自由基的清除作用以及对 Fe^{3+} 的还原力更强（Zhan et al.，2022）。进一步的研究还发现，金樱子硒多糖可以减轻偶氮二异丁脒盐酸盐（AAPH）诱导的红细胞氧化应激，表现出对红细胞溶血的抑制作用，同时还降低红细胞中 ROS 和丙二醛的水平，并且红细胞内抗氧化酶（过氧化氢酶、超氧化物歧化酶、谷胱甘肽过氧化物酶）和非酶系统（谷胱甘肽）水平恢复接近至正常红细胞水平（图 3-55）（Zhan et al.，2022）。理论上，硒是硒依赖性抗氧化酶的辅因子，在机体中可转化为硒依赖性抗氧化酶的活性中心。这些抗氧化酶可以有效地催化人体细胞中脂质过氧化物和过氧化氢等的分解，从而保护细胞、细胞膜、细胞脂质、脂蛋白和 DNA 免受氧化损伤。因此，有理由相信硒多糖可以促进硒依赖性抗氧化酶的活性，并且发挥抗氧化作用。所以，硒化修饰可以有效地提高多糖的抗氧化活性。

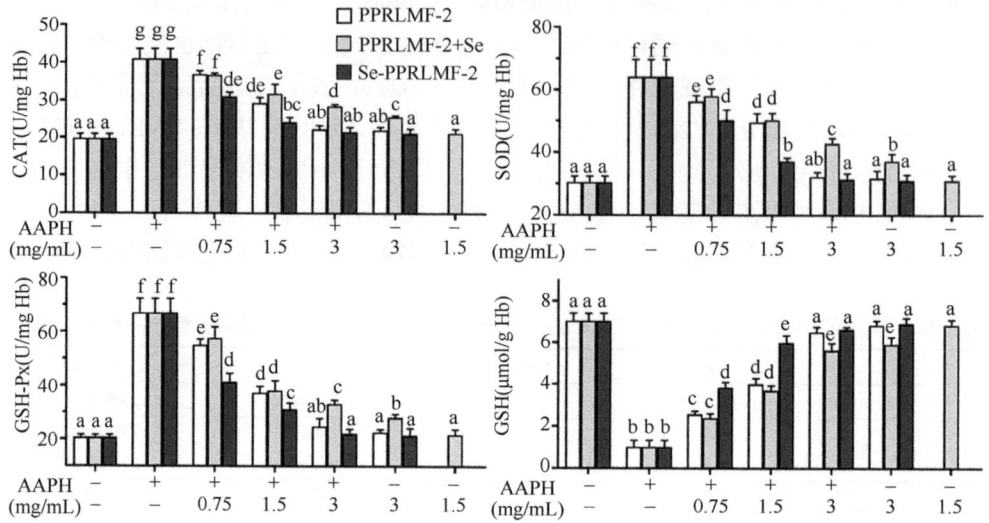

图 3-55　金樱子多糖（PPRLMF-2）、多糖-硒混合物（PPRLMF-2+Se）以及硒化多糖（Se-PPRLMF-2）对红细胞过氧化氢酶（CAT）、超氧化物歧化酶（SOD）、谷胱甘肽过氧化物酶（GSH-Px）和还原型谷胱甘肽（GSH）的影响（Zhan et al.，2022）

3.4.5.4　硒多糖的降血糖和降血脂活性

一项体外降血糖试验结果表明，硒化修饰得到的菊花硒多糖能够显著抑制 α-淀粉酶和 α-葡糖苷酶的活力；而在动物体内的试验结果也证实了这一结论：1 型糖尿病小鼠模型摄食硒化菊花多糖后，能够显著提高小鼠血清胰岛素含量和肝脏抗氧化酶活力，降低糖化血清蛋白含量，显示出硒化菊花多糖具有降血糖活性（张斐然，2019）。硒化后的青钱柳硒多糖（Se-CPP）能显著降低糖尿病小鼠体内总胆固醇、甘油三酯水平，同时，一定剂量下青钱柳硒多糖具有与阳性降糖药物消渴丸相似的作用，可以降低糖尿病小鼠餐后的血糖水平（表 3-19）。对比分析发现，青钱柳硒多糖的降糖效果明显优于青钱柳多糖本身或青钱柳多糖与亚硒酸钠的混合物（张浩等，2017）。硒化青钱柳多糖还可以发挥抗氧化活性，增强小鼠体内抗氧化酶（超氧化物歧化酶和谷胱甘肽过氧化物酶）的活性，提高糖尿病小鼠免疫力。另外一项研究结果证实，硒化修饰后，苦瓜硒多糖也表现出降血糖作用，可以降低糖尿病小鼠的血糖和肝脏中丙二醛含量，提高血清中胰岛素、肝脏中抗氧化酶［过氧化氢酶

（CAT）、超氧化物歧化酶（SOD）、谷胱甘肽过氧化物酶（GSH-Px）]活性,并且控制糖尿病小鼠血清中胆碱酯酶和甘油三酯的水平,这说明苦瓜硒多糖具有降血糖、血脂活性(白炜琪,2018)。此外,摄入荷叶硒多糖可以显著扭转妊娠糖尿病大鼠分娩前的孕鼠、胎鼠和胎盘重量下降,还可降低妊娠糖尿病大鼠空腹血糖（FBG）和空腹血胰岛素（FINS）的水平,使肝糖原含量增加(Zeng et al.,2017)。同时,口服荷叶硒多糖还可明显改善妊娠糖尿病大鼠的血脂状况,表现为降低总胆固醇（TC）、总甘油三酯（TG）和低密度脂蛋白（LDL）胆固醇水平,提高肝脏中抗氧化酶（过氧化氢酶、超氧化物歧化酶、谷胱甘肽过氧化物酶）的活性（表3-20）。所提及的这些研究结果均表明,硒多糖具有降血糖、降血脂活性作用,其机制可能是通过降低糖原、调节糖代谢相关的激素和酶活性来发挥降血糖、降血脂作用。

表3-19 青钱柳多糖（CPP）和青钱柳硒多糖（Se-CPP）的降血糖活性作用（张浩等,2017）

组别	测定次数(n)	血糖值（mmol/L）				血糖曲线下面积(mmol·h/L)
		0 h	0.5 h	10 h	2 h	
空白组	8	5.93±0.77	12.58±1.45	9.04±0.85	7.15±1.0	18.12±1.71
模型组	10	6.25±2.12	24.44±3.75	18.94±5.51	11.0±5.89	33.49±9.08
阳性对照组	10	4.84±0.88	19.2±2.03	12.1±2.35	6.4±1.02	23.09±2.93
CPP 组	10	4.46±0.72	21.29±3.46	16.43±2.89	8.85±1.13	28.51±4.17
CPP+亚硒酸钠组	10	4.54±0.75	21.17±3.59	14.6±2.4	8.58±1.37	26.96±3.86
亚硒酸钠组	10	4.6±0.68	20.96±1.57	15.96±1.09	8.19±0.82	27.7±1.42
Se-CPP 低剂量组	10	4.9±0.95	19.24±2.54	12.95±2.2	8.02±0.78	24.57±2.93
Se-CPP 中剂量组	10	4.72±0.77	17.86±2.85	13.44±1.61	8.53±0.62	24.46±2.64
Se-CPP 高剂量组	10	5.19±1.08	21.2±3.55	16.27±3.13	9.13±1.23	28.66±4.63

表3-20 荷叶硒多糖的降血糖活性作用（Zeng et al.,2017）

指标	正常大鼠	低妊娠糖尿病大鼠	荷叶硒多糖	
			50 mg/kg	100 mg/kg
FBG（mmol/L）	6.78±0.73	10.58±1.23	7.19±0.98	7.01±0.92
FINS（mmol/L）	15.23±0.88	25.32±1.98	16.32±0.86	15.44±0.89
TG（mmol/L）	0.82±0.14	3.24±0.63	1.53±0.23	1.45±0.19
TC（mmol/L）	2.02±0.18	7.02±0.72	2.85±0.21	2.78±0.26
LDL（mmol/L）	0.38±0.07	1.75±0.29	0.76±0.19	0.70±0.18
肝糖原（mg/g）	1.69±0.23	1.13±0.20	1.56±0.19	1.62±0.19

注：FBG,空腹血糖；FINS,空腹血胰岛素；TC,总胆固醇；TG,总甘油三酯；LDL,低密度脂蛋白

3.4.5.5 硒多糖的肠道屏障保护作用

硒化多糖还在肠道屏障保护、抗炎等其他方面具有生物活性。例如,硒化修饰得到的茶硒多糖（ASeTP）能够有效缓解 DSS 诱导的结肠炎小鼠体重减轻、结肠缩短以及其他疾病活动指数评分增加,并上调 TJ 蛋白（occludin、claudin-1、

ZO-1）表达（图 3-56），从而减轻组织损伤并维持结肠黏膜屏障功能（Zhao et al.，2022b）。此外，茶硒多糖还能够抑制结肠炎小鼠中促炎因子的水平，增强结肠组织的抗氧化能力。硒化修饰得到的姬松茸硒多糖也可以显著减轻 DSS 诱导的结肠炎小鼠体重减轻、结肠缩短等，改善 TJ 蛋白和黏液分泌，降低炎症因子分泌和氧化应激，从而减弱屏障损伤，缓解小鼠结肠炎症状（Zhang et al.，2022）。

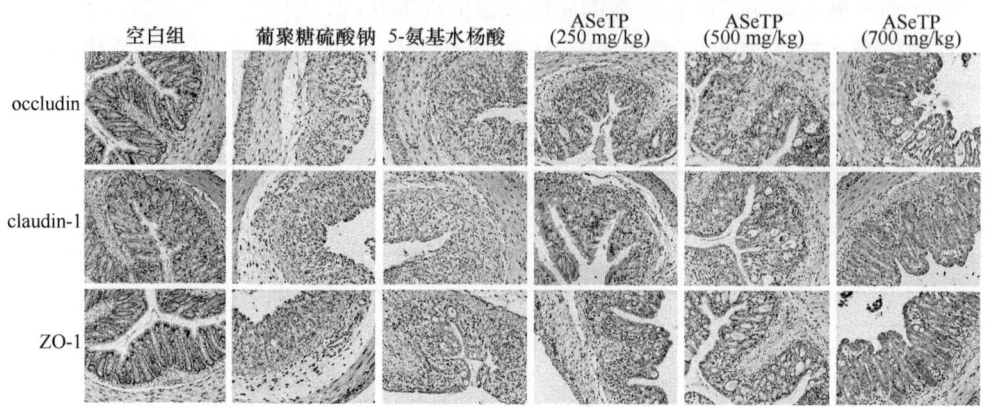

图 3-56　茶硒多糖（ASeTP）对小鼠乙状结肠末端 TJ 蛋白的影响（Zhao et al.，2022b）
5-氨基水杨酸（5-ASA）为阳性对照

笔者所在科研团队的研究成员利用硝酸-亚硒酸钠对山药多糖（YP）及龙眼多糖（LP）进行硒化修饰（于亚辉，2023；Wang and Zhao，2022），分别得到不同硒化程度的硒多糖产物（YPSe-I、YPSe-II 及 LPSe-I、LPSe-II）。随后进行的评估研究结果发现，这些多糖使得 IEC-6 细胞的屏障功能有着明显的提升，表现为跨膜电阻值、细胞旁路通透性、抗菌活性及细菌移位等指标均有明显变化，如表 3-21 所示。比较数据结果不难发现，硒多糖尤其是高硒化程度的硒多糖具有更高的活性作用。由此证明硒化修饰赋予多糖更高的活性，可以更有效地改善 IEC-6 细胞的屏障功能，而较高硒化程度会进一步增强硒多糖对 IEC-6 细胞的活性作用。

表 3-21　山药多糖与龙眼多糖及其不同硒化程度的硒化产物对 IEC-6 细胞的影响
（于亚辉，2023；Wang and Zhao，2022）

指标	山药多糖及不同硒化程度的硒化产物			龙眼多糖及不同硒化程度的硒化产物		
	YP	YPSe-I	YPSe-II	LP	LPSe-I	LPSe-II
跨膜电阻值（%）	107	116	123	114	118	121
FD-4 转运量（%）	82	79.8	72	86	82	79
细菌数量（$\log_{10}$ CFU/mL）	4.68（对照组 5.17）	4.52（对照组 5.17）	4.37（对照组 5.17）	3.73（对照组 4.13）	3.69（对照组 4.13）	3.5（对照组 4.13）
阳性孔数	5	3	3	5	4	3

注：表中跨膜电阻值、FD-4 转运量的对照组值均为 100；阳性孔的对照组均为 9

与此同时,我们还利用 RT-qPCR 和免疫印迹分析技术,在分子层面上对相关 TJ 蛋白的基因和蛋白质表达进行评估,其结果如图 3-57 所示。多糖或硒多糖处理细胞后,3 个 TJ 蛋白(ZO-1、claudin-1 和 occludin)的基因与蛋白质表达结果趋势相同,特别是高硒化程度的 YPe-II 和 LPSe-II 对 TJ 蛋白表达量的提升程度明显要强于未硒化修饰的多糖 YP 和 LP(于亚辉,2023;Wang and Zhao,2022)。因此我们认为,硒化修饰后硒多糖确实具有更高的生物活性来提高小肠上皮细胞的屏障功能。

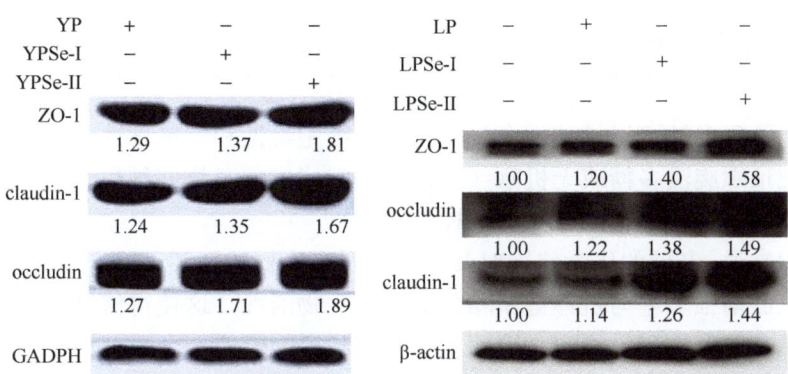

图 3-57 山药多糖(YP)与龙眼多糖(LP)及其不同硒化程度的硒化产物对 IEC-6 细胞 3 个 TJ 蛋白表达的影响(于亚辉,2023;Wang and Zhao,2022)

3.4.5.6 硒多糖的抗炎作用

一项研究证明,在 LPS 刺激的 RAW264.7 巨噬细胞中,榆树硒多糖能够抑制 NO 水平,通过下调 iNOS 蛋白表达以及抑制 MAPK 信号通路激活(图 3-58),从而在细胞中发挥抗炎活性(Lee et al.,2018)。另外一项研究结果也表明,黄芪硒多糖可以显著抑制氧化应激诱导的猪圆环病毒 2 型(PCV2)复制促进作用,从而发挥抗病毒作用(Liu et al.,2018a)。此外,来自体外和体内的研究结果均表明,

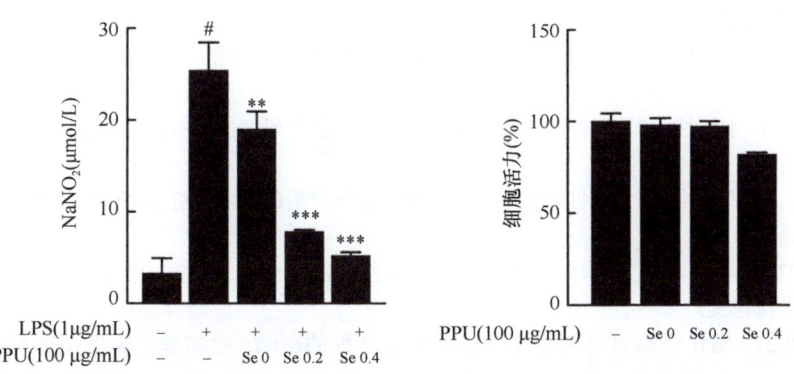

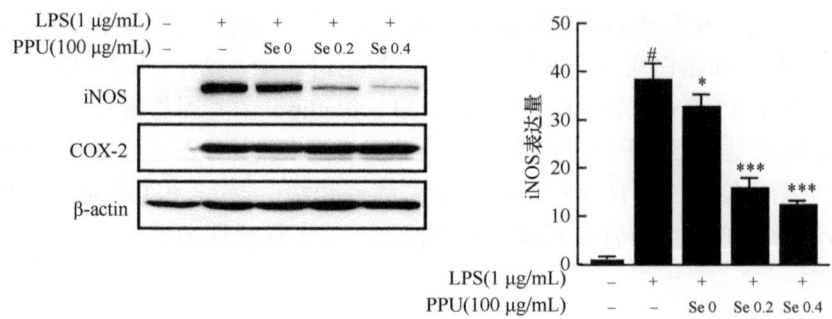

图 3-58　榆树硒多糖（PPU）对 RAW264.7 巨噬细胞的抗炎活性作用（Lee et al., 2018）
与空白组比较结果：#，$P<0.001$。与 LPS 组比较结果：*，$P<0.05$；**，$P<0.01$；***，$P<0.001$

钝顶螺旋藻硒多糖可以拮抗重金属镉诱导的细胞毒性和大鼠毒性，而且其活性作用大于钝顶螺旋藻多糖或无机硒（Zhou et al., 2020）。这些结果均证实：多糖的硒化修饰对多糖的生物活性具有调控作用。

总的来说，多糖的化学修饰对其理化性质和生物活性都可以产生显著的影响，尤其是能够增强多糖与机体健康相关的那些生物活性，这使得修饰后的多糖对人类健康具有更大的科学价值，因而具有开发利用的价值。

（本节撰稿人　于亚辉　赵新淮）

参 考 文 献

白炜琪. 2018. 硒化苦瓜多糖的制备、分形结构表征和降血糖作用研究. 沈阳：沈阳农业大学硕士学位论文.

蔡玮. 2017. 蛇舌草多糖粉的质量鉴定及其免疫功能的研究. 南京：南京农业大学硕士学位论文.

耿茜. 2014. 益生菌和茶多酚对两种膳食纤维肠道发酵产酸特性的影响. 哈尔滨：东北农业大学硕士学位论文.

关庆云. 2022. 硒化修饰对山药多糖的理化性质和免疫活性的影响. 哈尔滨：东北农业大学硕士学位论文.

郝丽鑫. 2016. 水溶性山药多糖免疫和抗结肠癌活性的初步研究. 哈尔滨：东北农业大学硕士学位论文.

孔璐. 2015. 六株益生菌对三种膳食纤维模拟肠道发酵产酸的影响. 哈尔滨：东北农业大学硕士学位论文.

李玲玉. 2022. 硒化马齿苋多糖对结肠癌 HCT-116 细胞的活性作用研究. 哈尔滨：东北农业大学硕士学位论文.

林亚茹. 2022. 硒化修饰对马齿苋多糖体外免疫活性的影响. 哈尔滨：东北农业大学硕士学

位论文.

刘爽. 2021. TLRs介导的硒化刺槐豆多糖体外免疫增强效应研究. 兰州: 西北师范大学硕士学位论文.

牛盛蕃. 2016. 葫芦巴多糖硫酸酯的制备、结构表征及体外抑制肿瘤细胞活性的初步研究. 兰州: 西北师范大学硕士学位论文.

殷丹婷, 郝丽鑫, 王琦, 等. 2017. 山药多糖和燕麦多糖发酵产酸及发酵产物对结肠癌细胞的增殖抑制作用. 食品工业科技, 38(15): 296-301.

殷丹婷. 2017. 外源乳酸菌对膳食纤维体外发酵产物抗结肠癌活性的影响. 哈尔滨: 东北农业大学硕士学位论文.

王静林. 2019. 香菇多糖对人HT-29结肠癌的非免疫途径抗肿瘤作用及机制研究. 武汉: 华中科技大学博士学位论文.

于亚辉. 2023. 龙眼多糖及其共价硒化物的抗肿瘤及肠道屏障调节功能研究. 哈尔滨: 东北农业大学博士学位论文.

张斐然. 2019. 富硒菊花硒多糖的分级分离、结构表征及降血糖活性分析. 西安: 陕西师范大学硕士学位论文.

张浩, 陈伟鸿, 马方励, 等. 2017. 富硒青钱柳多糖对糖尿病模型小鼠血糖、血脂和免疫力的影响. 食品科学, 38: 228-232.

赵新淮. 2006. 食品化学. 北京: 化学工业出版社.

中国营养学会. 2022-05-21. 中国居民平衡膳食宝塔、餐盘(2022)图示修订和解析说明. https://www.cnsoc.org/knowledge/152220202.html [2024-11-20].

American Association of Cereal Chemists. 2001. The definition of dietary fiber. Cereal Foods World, 46: 112-126.

American Institute for Cancer Research. 2018. Diet, Nutrition, Physical Activity and Colorectal Cancer. London: World Cancer Research Fund International.

Ben Q, Sun Y, Chai R, et al. 2014. Dietary fiber intake reduces risk for colorectal adenoma: a meta-analysis. Gastroenterology, 146: 689-699.

Bourriaud C, Robins R J, Martin L, et al. 2005. Lactate is mainly fermented to butyrate by human intestinal microfloras but inter-individual variation is evident. Journal of Applied Microbiology, 99: 201-212.

Campos-Vega R, Guevara-Gonzalez R G, Guevara-Olvera B L, et al. 2010. Bean (*Phaseolus vulgaris* L.) polysaccharides modulate gene expression in human colon cancer cells (HT-29). Food Research International, 43: 1057-1064.

Chen D, Sun S P, Cai D W, et al. 2017. Induction of mitochondrial-dependent apoptosis in T24 cells by a selenium(Se)-containing polysaccharide from *Ginkgo biloba* L. leaves. International Journal of Biological Macromolecules, 101: 126-130.

Chen G C, Zhang P Y, Huang T T, et al. 2013. Polysaccharides from *Rhizopus nigricans* mycelia induced apoptosis and G_2/M arrest in BGC-823 cells. Carbohydrate Polymers, 97: 800-808.

Chen H, Sun J, Liu J, et al. 2019. Structural characterization and anti-inflammatory activity of alkali-soluble polysaccharides from purple sweet potato. International Journal of Biological Macromolecules, 131: 484-494.

Chen L M, Tseng H Y, Chen Y A, et al. 2020. Oligo-fucoidan prevents M2 macrophage differentiation and HCT116 tumor progression. Cancers, 12: 421.

Chen Y, Zhang H, Wang Y X, et al. 2014. Acetylation and carboxymethylation of the polysaccharide from *Ganoderma atrum* and their antioxidant and immunomodulating activities. Food Chemistry, 156: 279-288.

Cheng D, Zhang X Y, Meng M, et al. 2016. Inhibitory effect on HT-29 colon cancer cells of a water-soluble polysaccharide obtained from highland barley. International Journal of Biological Macromolecules, 92: 88-95.

Choi S Y C, Collins C C, Gout P W, et al. 2013. Cancer-generated lactic acid: a regulatory, immunosuppressive metabolite. Journal of Pathology, 230: 350-355.

de Godoi A M, Faccin-Galhardi L C, Lopes N, et al. 2014. Antiviral activity of sulfated polysaccharide of *Adenanthera pavonina* against poliovirus in Hep-2 cells. Evidence-Based Complementary and Alternative Medicine: eCAM, 2014: 712634.

de Oliveira Silva Ribeiro F, de França Dourado F, Silva M F S, et al. 2020. Anti-proliferative profile of *Anacardium occidentale* polysaccharide and characterization by AFM. International Journal of Biological Macromolecules, 156: 981-987.

Deepak V, Ramachandran S, Balahmar R M, et al. 2016. *In vitro* evaluation of anticancer properties of exopolysaccharides from *Lactobacillus acidophilus* in colon cancer cell lines. *In Vitro* Cellular & Developmental Biology - Animal, 52(2): 163-173.

Deng C, Fu H T, Xu J J, et al. 2015. Physiochemical and biological properties of phosphorylated polysaccharides from *Dictyophora indusiata*. International Journal of Biological Macromolecules, 72: 894-899.

Di Guida R, Casillo A, Stellavato A, et al. 2022. Capsular polysaccharide from a fish-gut bacterium induces/promotes apoptosis of colon cancer cells *in vitro* through Caspases' pathway activation. Carbohydrate Polymers, 278: 118908.

Diazruiz R, Rigoulet M, Devin A. 2011. The Warburg and Crabtree effects: on the origin of cancer cell energy metabolism and of yeast glucose repression. Biochimica Et Biophysica Acta, 1807: 568-576

Drzikova B, Dongowski G, Gebhardt E, et al. 2005. The composition of dietary fibre-rich extrudates from oat affects bile acid binding and fermentation *in vitro*. Food Chemistry, 90: 181-192.

Fairweather-Tait S J, Bao Y P, Broadley M R, et al. 2011. Selenium in human health and disease. Antioxidants Redox Signaling, 14: 1337-1383.

Fakhfakh N, Abdelhedi O, Jdir H, et al. 2017. Isolation of polysaccharides from *Malva aegyptiaca* and evaluation of their antioxidant and antibacterial properties. International Journal of Biological Macromolecules, 105(Part 2): 1519-1525.

Gao P Y, Bian J, Xu S S, et al. 2020a. Structural features, selenization modification, antioxidant and anti-tumor effects of polysaccharides from alfalfa roots. International Journal of Biological Macromolecules, 149: 207-214.

Gao Z Z, Zhang C, Jing L R, et al. 2020b. The structural characterization and immune modulation activitives comparison of *Codonopsis pilosula* polysaccharide (CPPS) and selenizing CPPS (sCPPS) on mouse *in vitro* and *vivo*. International Journal of Biological Macromolecules, 160: 814-822.

Ghatak S, Misra S, Toole B P. 2002. Hyaluronan oligosaccharides inhibit anchorage-independent growth of tumor cells by suppressing the phosphoinositide 3-kinase/Akt cell survival pathway. The Journal of Biological Chemistry, 277: 38013-38020.

Grivennikov S, Karin E, Terzic J, et al. 2009. IL-6 and Stat3 are required for survival of intestinal epithelial cells and development of colitis-associated cancer. Cancer Cell, 15: 103-113.

Gu C Y, Zeng Y P, Tang Z S, et al. 2015. *Astragalus* polysaccharides affect insulin resistance by regulating the hepatic SIRT1-PGC-1α/PPARα-FGF21 signaling pathway in male Sprague

Dawley rats undergoing catch-up growth. Molecular Medicine Reports, 12: 6451-6460.

Hamer H M, Jonkers D, Venema K, et al. 2008. Review article: the role of butyrate on colonic function. Alimentary Pharmacology and Therapeutics, 27: 104-119.

Han R, Wang L, Zhao Z G, et al. 2020. Polysaccharide from *Gracilaria Lemaneiformis* prevents colitis in Balb/c mice *via* enhancing intestinal barrier function and attenuating intestinal inflammation. Food Hydrocolloids, 109: 106048.

Han R H, Tang F T, Lu M L, et al. 2017. *Astragalus* polysaccharide ameliorates H_2O_2-induced human umbilical vein endothelial cell injury. Molecular Medicine Reports, 15: 4027-4034.

He X R, Fang J C, Guo Q, et al. 2020. Advances in antiviral polysaccharides derived from edible and medicinal plants and mushrooms. Carbohydrate Polymers, 229: 115548.

He Y, Ling Y H, Zhang Z Y, et al. 2023. Butyrate reverses ferroptosis resistance in colorectal cancer by inducing c-Fos-dependent xCT suppression. Redox Biology, 65: 102822.

He Y L, Ye M, Jing L Y, et al. 2015. Preparation, characterization and bioactivities of derivatives of an exopolysaccharide from *Lachnum*. Carbohydrate Polymers, 117: 788-796.

Heydarian M, Jooyandeh H, Nasehi B, et al. 2017. Characterization of *Hypericum perforatum* polysaccharides with antioxidant and antimicrobial activities: Optimization based statistical modeling. International Journal of Biological Macromolecules, 104(Part A): 287-293.

Hu H, Zhao Q, Pang Z, et al. 2018. Optimization extraction, characterization and anticancer activities of polysaccharides from mango pomace. International Journal of Biological Macromolecules, 117: 1314-1325.

Hu T T, Liu D, Chen Y, et al. 2010. Antioxidant activity of sulfated polysaccharide fractions extracted from *Undaria pinnatafida in vitro*. International Journal of Biological Macromolecules, 46: 193-198.

Huang L J, He F, Wu B Y. 2022. Mechanism of effects of nickel or nickel compounds on intestinal mucosal barrier. Chemosphere, 305: 135429.

Huo J Y, Wu Z Y, Sun W Z, et al. 2022. Protective effects of natural polysaccharides on intestinal barrier injury: A review. Journal of Agricultural and Food Chemistry, 70: 711-735.

Jiang D, Wang L Y, Zhao T, et al. 2017. Restoration of the tumor-suppressor function to mutant p53 by *Ganoderma lucidum* polysaccharides in colorectal cancer cells. Oncology Reports, 37: 594-600.

Jin Y J, Jin Z Z, Jiang S Y. 2019. Antiproliferative and pro-apoptotic effects of *Cyclocarya paliurus* polysaccharide and X-ray irradiation combination on SW480 colorectal cancer cells. Molecular Medicine Reports, 20: 3535-3542.

Kautenburger T, Beyer-Sehlmeyer G, Festag G, et al. 2005. The gut fermentation product butyrate, a chemopreventive agent, suppresses glutathione S-transferase theta (hGSTT1) and cell growth more in human colon adenoma (LT97) than tumor (HT29) cells. Journal of Cancer Research and Clinical Oncology, 131: 692-700.

Kim E J, Park S Y, Lee J Y, et al. 2010. Fucoidan present in brown algae induces apoptosis of human colon cancer cells. BMC Gastroenterology, 10: 96.

Kim I H, Nam T J. 2018. Fucoidan downregulates insulin-like growth factor-I receptor levels in HT-29 human colon cancer cells. Oncology Reports, 39: 1516-1522.

Kim K J, Yoon K Y, Lee B Y. 2012. Low molecular weight fucoidan from the sporophyll of *Undaria pinnatifida* suppresses inflammation by promoting the inhibition of mitogen-activated protein kinases and oxidative stress in RAW264.7 cells. Fitoterapia, 83: 1628-1635.

Koh H S A, Lu J, Zhou W B. 2020. Structural dependence of sulfated polysaccharide for diabetes management: Fucoidan from *Undaria pinnatifida* inhibiting α-glucosidase more strongly than α-amylase and amyloglucosidase. Frontiers in Pharmacology, 11: 831.

Lee J H, Lee Y K, Choi Y R, et al. 2018. The characterization, selenylation and anti-inflammatory activity of pectic polysaccharides extracted from *Ulmus pumila* L.. International Journal of Biological Macromolecules, 111: 311-318.

Levy-Ontman O, Huleihel M, Hamias R, et al. 2017. An anti-inflammatory effect of red microalga polysaccharides in coronary artery endothelial cells. Atherosclerosis, 264: 11-18.

Li H Y, Wang Y X, Wang C, et al. 2017. Extraction, selenylation modification and antitumor activity of the glucan from *Castanea mollissima* Blume. Glycoconjugate Journal, 34: 207-217.

Li H, Su J, Jiang J, et al. 2019. Characterization of polysaccharide from *Scutellaria barbata* and its antagonistic effect on the migration and invasion of HT-29 colorectal cancer cells induced by TGF-β1. International Journal of Biological Macromolecules, 131: 886-895.

Li N Y, Wang C F, Georgiev M I, et al. 2021a. Advances in dietary polysaccharides as anticancer agents: Structure-activity relationship. Trends in Food Science & Technology, 111: 360-377.

Li R, Chen W C, Wang W P, et al. 2010. Antioxidant activity of *Astragalus* polysaccharides and antitumour activity of the polysaccharides and siRNA. Carbohydrate Polymers, 82: 240-244.

Li R, Qin X J, Liu S, et al. 2020a. [HNMP]HSO4 catalyzed synthesis of selenized polysaccharide and its immunomodulatory effect on RAW264.7 cells *via* MAPKs pathway. International Journal of Biological Macromolecules, 160: 1066-1077.

Li S X, Bao F Y, Cui Y. 2021b. Immunoregulatory activities of the selenylated polysaccharides of *Lilium davidii* var. *unicolor* Salisb *in vitro* and *in vivo*. International Immunopharmacology, 94: 107445.

Li X, Ouyang W, Jiang Y, et al. 2023. Dextran-sulfate-sodium-induced colitis-ameliorating effect of aqueous *Phyllanthus emblica* L. extract through regulating colonic cell gene expression and gut microbiomes. Journal of Agricultural and Food Chemistry, 71: 6999-7008.

Li X, Tan C P, Liu Y F, 2020b. Interactions between food hazards and intestinal barrier: Impact on foodborne diseases. Journal of Agricultural and Food Chemistry, 68: 14728-14738.

Li Y H, Mei L, Niu Y B, et al. 2012. Low molecular weight apple polysaccharides induced cell cycle arrest in colorectal tumor. Nutrition and Cancer, 64: 439-463.

Liang Z E N, Yi Y J, Guo Y T, et al. 2014. Chemical characterization and antitumor activities of polysaccharide extracted from *Ganoderma lucidum*. International Journal of Molecular Sciences, 15: 9103-9116.

Lin L Y, Cheng K L, Xie Z Q, et al. 2019. Purification and characterization a polysaccharide from *Hedyotis diffusa* and its apoptosis inducing activity toward human lung cancer cell line A549. International Journal of Biological Macromolecules, 122: 64-71.

Lin Z H, Liao W Z, Ren J Y. 2016. Physicochemical characterization of a polysaccharide fraction from *Platycladus orientalis* (L.) Franco and its macrophage immunomodulatory and anti-hepatitis B virus activities. Journal of Agricultural and Food Chemistry, 64: 5813-5823.

Liu C M, Chen H J, Chen K, et al. 2013. Sulfated modification can enhance antiviral activities of *Achyranthes bidentata* polysaccharide against porcine reproductive and respiratory syndrome virus (PRRSV) *in vitro*. International Journal of Biological Macromolecules, 52: 21-24.

Liu D D, Xu J, Qian G, et al. 2018a. Selenizing astragalus polysaccharide attenuates PCV2 replication promotion caused by oxidative stress through autophagy inhibition *via* PI3K/AKT activation. International Journal of Biological Macromolecules, 108: 350-359.

Liu H, Wang J, He T, et al. 2018b. Butyrate: A double-edged sword for health? Advances in Nutrition, 9(1): 21-29.

Liu J Y, Feng C P, Li X., et al. 2016. Immunomodulatory and antioxidative activity of *Cordyceps*

Liu L Q, Nie S P, Shen M Y, et al. 2018c. Tea polysaccharides inhibit colitis-associated colorectal cancer *via* interleukin-6/STAT3 pathway. Journal of Agricultural and Food Chemistry, 66: 4384-4393.

militaris polysaccharides in mice. International Journal of Biological Macromolecules, 86: 594-598.

Lopez H W, Levrat-Verny M A, Coudray C, et al. 2001. Class 2 resistant starches lower plasma and liver lipids and improve mineral retention in rats. Journal of Nutrition, 131: 1283-1289.

Lu Y, Zhang X J, Wang J Y, et al. 2020. Exopolysaccharides isolated from *Rhizopus nigricans* induced colon cancer cell apoptosis *in vitro* and *in vivo via* activating the AMPK pathway. Bioscience Reports, 40: BSR20192774.

Lv J, Zhang Y H, Tian Z Q, et al. 2017. *Astragalus* polysaccharides protect against dextran sulfate sodium-induced colitis by inhibiting NF-κB activation. International Journal of Biological Macromolecules, 98: 723-729.

Ma L P, Qin C L, Wang M C, et al. 2013. Preparation, preliminary characterization and inhibitory effect on human colon cancer HT-29 cells of an acidic polysaccharide fraction from *Stachys floridana* Schuttl. ex Benth. Food and Chemical Toxicology, 60: 269-276.

Mahadevamma S, Shamala T R, Tharanathan R N. 2004. Resistant starch derived from processed legumes: *in vitro* and in vivofermentation characteristics. International Journal of Food Sciences and Nutrition, 55: 399-405.

Mann E R, Lam Y K, Uhlig H H. 2024. Short-chain fatty acids: linking diet, the microbiome and immunity. Nature Reviews Immunology, 24: 577-595.

Mao G H, Ren Y, Li Q, et al. 2016. Anti-tumor and immunomodulatory activity of selenium(Se)-polysaccharide from Se-enriched *Grifola frondosa*. International Journal of Biological Macromolecules, 82: 607-613.

Mcintyre A, Gibson P R, Young G P. 1993. Butyrate production from dietary fibre and protection against large bowel cancer in a rat model. Gut, 34: 386-391.

Meng X T, Edgar K J. 2016. "Click" reactions in polysaccharide modification. Progress in Polymer Science, 53: 52-85.

Nielsen T S, Lærke H N, Theil P K, et al. 2014. Diets high in resistant starch and arabinoxylan modulate digestion processes and SCFA pool size in the large intestine and faecal microbial composition in pigs. British Journal of Nutrition, 112: 1837-1849.

Oh H, Kim H, Lee D H, et al. 2019. Different dietary fibre sources and risks of colorectal cancer and adenoma: a dose-response meta-analysis of prospective studies. The British Journal of Nutrition, 122: 605-615.

Ohta Y, Lee J B, Hayashi K, et al. 2007. *In vivo* anti-influenza virus activity of an immunomodulatory acidic polysaccharide isolated from cordyceps militaris grown on germinated soybeans. Journal of Agricultural and Food Chemistry, 55: 10194-10199.

Rayman M P. 2000. The importance of selenium to human health. Lancet, 356: 233-241.

Ren D Y, Jiao Y D, Yang X B, et al. 2015. Antioxidant and antitumor effects of polysaccharides from the fungus *Pleurotus abalonus*. Chemico-Biological Interactions, 237: 166-174.

Ren D Y, Wang N, Guo J J, et al. 2016. Chemical characterization of *Pleurotus eryngii* polysaccharide and its tumor-inhibitory effects against human hepatoblastoma HepG-2 cells . Carbohydrate Polymers, 138: 123-133.

Roca-Lema D, Martinez-Iglesias O, Fernández de Ana Portela C, et al. 2019. *In vitro* anti-proliferative and anti-invasive effect of polysaccharide-rich extracts from *Trametes versicolor* and *Grifola frondosa* in colon cancer cells. International Journal of Medical Sciences, 16: 231-240.

Ruan J Y, Zhang P, Zhang Q Q, et al. 2023. Colorectal cancer inhibitory properties of polysaccharides and their molecular mechanisms: A review. International Journal of Biological Macromolecules, 238: 124165.

Sanjeewa K K A, Fernando I P S, Kim S Y, et al. 2018. *In vitro* and *in vivo* anti-inflammatory activities of high molecular weight sulfated polysaccharide; containing fucose separated from *Sargassum horneri*: Short communication. International Journal of Biological Macromolecules, 107(Part A): 803-807.

Sengupta S, Muir J G, Gibson P R. 2006. Does butyrate protect from colorectal cancer? Journal of Gastroenterology and Hepatology, 21: 209-218.

Shang D J, Zhang J N, Wen L, et al. 2009. Preparation, characterization, and antiproliferative activities of the Se-containing polysaccharide SeGLP-2B-1 from Se-enriched *Ganoderma lucidum*. Journal of Agricultural and Food Chemistry, 57: 7737-7742.

Shang H Q, Niu X Y, C W P, et al. 2022. Anti-tumor activity of polysaccharides extracted from *Pinus massoniana* pollen in colorectal cancer! *In vitro* and *in vivo* studies. Food & Function, 13: 6350.

Shepard C W, Simard E P, Finelli L, et al. 2006. Hepatitis B virus infection: epidemiology and vaccination. Epidemiologic Reviews, 28: 112-125.

Song K S, Li G, Kim J S, et al. 2011. Protein-bound polysaccharide from *Phellinus linteus* inhibits tumor growth, invasion, and angiogenesis and alters Wnt/β-catenin in SW480 human colon cancer cells. BMC Cancer, 11: 307.

Srimongkol P, Songserm P, Kuptawach K, et al. 2023. Sulfated polysaccharides derived from marine microalgae, *Synechococcus* sp. VDW, inhibit the human colon cancer cell line Caco-2 by promoting cell apoptosis *via* the JNK and p38 MAPK signaling pathway. Algal Research, 69: 102919.

Sun P D, Sun D, Wang X D. 2017. Effects of *Scutellaria barbata* polysaccharide on the proliferation, apoptosis and EMT of human colon cancer HT29 cells. Carbohydrate Polymers, 167: 90-96.

Sung H, Ferlay J, Siegel R L, et al. 2021. Global cancer statistics 2020: GLOBOCAN estimates of incidence and mortality worldwide for 36 cancers in 185 countries. CA: A Cancer Journal for Clinicians, 71: 209-249.

Tabernero M, Venema K, Maathuis A J H, et al. 2011. Metabolite production during *in vitro* colonic fermentation of dietary fiber: Analysis and comparison of two European diets. Journal of Agricultural and Food Chemistry, 59: 8968-8975.

Tang Q L, Huang G L, Zhao F Y, et al. 2017. The antioxidant activities of six(1→3)-β-d-glucan derivatives prepared from yeast cell wall. International Journal of Biological Macromolecules, 98: 216-221.

Tang S, Wang T, Huang C X, et al. 2019. Sulfated modification of arabinogalactans from *Larix principis-rupprechtii* and their antitumor activities. Carbohydrate Polymers, 215: 207-212.

Tong X L, Lao C Q, Li D, et al. 2022. An acetylated mannan isolated from *Aloe vera* induce colorectal cancer cells apoptosis *via* mitochondrial pathway. Carbohydrate Polymers, 291: 119464.

Vimolmas L, Nantawan N, Sunanta P. 2002. Antimicrobial activity (*in vitro*) of polysaccharide gel from durian fruit-hulls . Songklanakarin Journal of Science and Technology, 24: 31-38.

Wang Z X, Zhao X H. 2022. The barrier-enhancing function of soluble yam (*Dioscorea opposita* Thunb.) polysaccharides in rat intestinal epithelial cells as affected by the covalent Se conjugation. Nutrients, 14: 3950.

Wang J L, Li Q Y, Bao A J, et al. 2016. Synthesis of selenium-containing *Artemisia sphaerocephala* polysaccharides, solution conformation and anti-tumor activities *in vitro*. Carbohydrate Polymers,

152: 70-78.

Wang S, Li Q, Zang Y, et al. 2017. Apple polysaccharide inhibits microbial dysbiosis and chronic inflammation and modulates gut permeability in HFD-fed rats. International Journal of Biological Macromolecules, 99: 282-292.

Weitkunat K, Schumann S, Petzke K J, et al. 2015. Effects of dietary inulin on bacterial growth, short-chain fatty acid production and hepatic lipid metabolism in gnotobiotic mice. The Journal of Nutritional Biochemistry, 26: 929-937.

Wilson A J, Chueh A C, Tögel L, et al. 2010. Apoptotic sensitivity of colon cancer cells to histone deacetylase inhibitors is mediated by an Sp1/Sp3-activated transcriptional program involving immediate-early gene induction. Cancer Research, 70: 609-620.

Wong J M W, de Souza R, Kendall C W C, et al. 2006. Colonic health: fermentation and short chain fatty acids. Journal of Clinical Gastroenterology, 40: 235-243.

Wu J, Gao W P, Song Z Y, et al. 2018. Anticancer activity of polysaccharide from *Glehnia littoralis* on human lung cancer cell line A549. International Journal of Biological Macromolecules, 106: 464-472.

Wu X Y, Mao G H, Zhao T, et al. 2011. Isolation, purification and *in vitro* anti-tumor activity of polysaccharide from *Ginkgo biloba* sarcotesta. Carbohydrate Polymers, 86: 1073-1076.

Xiao H Y, Li H L, Wen Y F, et al. 2021. *Tremella fuciformis* polysaccharides ameliorated ulcerative colitis *via* inhibiting inflammation and enhancing intestinal epithelial barrier function. International Journal of Biological Macromolecules, 22: 633-642.

Xie L M, Huang Z B, Qin L, et al. 2022a. Effects of sulfation and carboxymethylation on *Cyclocarya paliurus* polysaccharides: Physicochemical properties, antitumor activities and protection against cellular oxidative stress. International Journal of Biological Macromolecules, 204: 103-115.

Xie L M, Shen M Y, Hong Y Z, et al. 2020. Chemical modifications of polysaccharides and their anti-tumor activities. Carbohydrate Polymers, 229: 115436.

Xie Z Y, Bai Y X, Chen G J, et al. 2022b. Immunomodulatory activity of polysaccharides from the mycelium of *Aspergillus cristatus*, isolated from Fuzhuan brick tea, associated with the regulation of intestinal barrier function and gut microbiota. Food Research International, 152: 110901.

Xu J, Liu W, Yao W B, et al. 2009. Carboxymethylation of a polysaccharide extracted from *Ganoderma lucidum* enhances its antioxidant activities *in vitro*. Carbohydrate Polymers, 78: 227-234.

Xu Y, Bolvig A K, McCarthy-Sinclair B, et al. 2021. The role of rye bran and antibiotics on the digestion, fermentation process and short-chain fatty acid production and absorption in an intact pig model. Food & Function, 12: 2886-2900.

Xu Y F, Song S, Wei Y X, et al. 2016. Sulfated modification of the polysaccharide from *Sphallerocarpus gracilis* and its antioxidant activities. International Journal of Biological Macromolecules, 87: 180-190.

Yang Y X, Chen J L, Lei L, et al. 2019. Acetylation of polysaccharide from *Morchella angusticeps* peck enhances its immune activation and anti-inflammatory activities in macrophage RAW264.7 cells. Food and Chemical Toxicology, 125: 38-45.

Yao Y, Zhu Y Y, Ren G X. 2016. Antioxidant and immunoregulatory activity of alkali-extractable polysaccharides from mung bean. International Journal of Biological Macromolecules, 84: 289-294.

Yu W Q, Chen G C, Zhang P Y, et al. 2016. Purification, partial characterization and antitumor effect of an exopolysaccharide from *Rhizopus nigricans*. International Journal of Biological

Macromolecules, 82: 299-307.

Yu Y H, Tang Z M, Xiong C, et al. 2022a. Enhanced growth inhibition and apoptosis induction in human colon carcinoma HT-29 cells of soluble longan polysaccharides with a covalent chemical selenylation. Nutrients, 14: 1710.

Yu Y H, Wang L, Zhang Q, et al. 2022b. Activities of the soluble and non-digestible longan (*Dimocarpus longan* Lour.) polysaccharides against HCT-116 cells as affected by a chemical selenylation. Current Research in Food Science, 5: 1071-1083.

Yu Y, Shen M Y, Wang Z J, et al. 2017. Sulfated polysaccharide from *Cyclocarya paliurus* enhances the immunomodulatory activity of macrophages. Carbohydrate Polymers, 174: 669-676.

Zahran W E, Elsonbaty S M, Moawed F S M. 2017. *Lactobacillus rhamnosus* ATCC 7469 exopolysaccharides synergizes with low level ionizing radiation to modulate signaling molecular targets in colorectal carcinogenesis in rats. Biomedicine & Pharmacotherapy, 92: 384-393.

Zeng Z H, Xu Y, Zhang B. 2017. Antidiabetic activity of a lotus leaf selenium (Se)-polysaccharide in rats with gestational diabetes mellitus. Biological Trace Element Research, 176: 321-327.

Zhan Q P, Chen Y, Guo Y F, et al. 2022. Effects of selenylation modification on the antioxidative and immunoregulatory activities of polysaccharides from the pulp of *Rose laevigata* Michx fruit. International Journal of Biological Macromolecules, 206: 242-254.

Zhang B R, Li Y Y, Zhang F M, et al. 2020. Extraction, structure and bioactivities of the polysaccharides from *Pleurotus eryngii*: A review. International Journal of Biological Macromolecules, 150: 1342-1347.

Zhang C, Zhang L, Liu H, et al. 2018. Antioxidation, anti–hyperglycaemia and renoprotective effects of extracellular polysaccharides from *Pleurotus eryngii* SI-04. International Journal of Biological Macromolecules, 111: 219-228.

Zhang D, Li Y H, Mi M, et al. 2013. Modified apple polysaccharides suppress the migration and invasion of colorectal cancer cells induced by lipopolysaccharide. Nutrition Research, 33(10): 839-848.

Zhang F, Shi J J, Thakur K, et al. 2017. Anti-cancerous potential of polysaccharide fractions extracted from peony seed dreg on various human cancer cell lines *via* cell cycle arrest and apoptosis. Frontiers in Pharmacology, 8: 102.

Zhang J, Wu G, Chapkin R S, et al. 1998. Energy metabolism of rat colonocytes changes during the tumorigenic process and is dependent on diet and carcinogen. Journal of Nutrition, 128: 1262-1269.

Zhang W, An E K, Park H B, et al. 2021a. Ecklonia cava fucoidan has potential to stimulate natural killer cells *in vivo*. International Journal of Biological Macromolecules, 185: 111-121.

Zhang Y K, Lu F, Zhang H, et al. 2022. Polysaccharides from *Agaricus blazei* Murrill ameliorate dextran sulfate sodium-induced colitis *via* attenuating intestinal barrier dysfunction. Journal of Functional Foods, 92: 105072.

Zhang Y, Li S, Wang X H, et al. 2011. Advances in lentinan: Isolation, structure, chain conformation and bioactivities. Food Hydrocolloids, 25: 196-206.

Zhang Y, Liu Y, Zhou Y X, et al. 2021b. Lentinan inhibited colon cancer growth by inducing endoplasmic reticulum stress-mediated autophagic cell death and apoptosis. Carbohydrate Polymers, 267: 118154.

Zhao T, Guo Y C, Yan S Y, et al. 2022a. Preparation, structure characterization of carboxymethylated schisandra polysaccharides and their intervention in immunotoxicity to polychlorinated biphenyls. Process Biochemistry, 115: 30-41.

Zhao Y N, Chen H, Li W T, et al. 2022b. Selenium-containing tea polysaccharides ameliorate

DSS-induced ulcerative colitis *via* enhancing the intestinal barrier and regulating the gut microbiota. International Journal of Biological Macromolecules, 209(Part A): 356-366.

Zhao Y N, Sun H Y, Ma L, et al. 2017. Polysaccharides from the peels of *Citrus aurantifolia* induce apoptosis in transplanted H22 cells in mice. International Journal of Biological Macromolecules, 101: 680-689.

Zhong S, Ji D F, Li Y G, et al. 2013. Activation of P27kip1-cyclin D1/E-CDK2 pathway by polysaccharide from *Phellinus linteus* leads to S-phase arrest in HT-29 cells. Chemico-Biological Interactions, 206: 222-229.

Zhou N, Long H R, Wang C H, et al. 2020. Characterization of selenium-containing polysaccharide from *Spirulina platensis* and its protective role against Cd-induced toxicity. International Journal of Biological Macromolecules, 164: 2465-2476.

Zhou Y J, Zhou X T, Huang X J, et al. 2021. Lysosome-mediated cytotoxic autophagy contributes to tea polysaccharide-induced colon cancer cell death *via* mTOR-TFEB signaling. Journal of Agricultural and Food Chemistry, 69: 686-697.

Zhou Y, Chen X X, Chen T T, et al. 2022. A review of the antibacterial activity and mechanisms of plant polysaccharides. Trends in Food Science & Technology, 123: 264-280.

Zhu Z Y, Liu F, Gao H, et al. 2016. Synthesis, characterization and antioxidant activity of selenium polysaccharide from *Cordyceps militaris*. International Journal of Biological Macromolecules, 93(Part A): 1090-1099.

Zhuang S, Ming K, Ma N, et al. 2022. *Portulaca oleracea* L. polysaccharide ameliorates lipopolysaccharide–induced inflammatory responses and barrier dysfunction in porcine intestinal epithelial monolayers. Journal of Functional Foods, 91: 104997.

第 4 章　食品成分与肠道屏障

人体的肠道整体长 7~8 m，包括小肠、大肠和直肠三大段，是最重要的消化器官，也是功能最为重要的器官之一。肠道每天不停地消化、吸收各种食物，提供机体足够的营养素以维持发育、生长、代谢等之需。对于人体而言，肠道拥有的肠道微生物约为人体总微生物数量的 80%，汇聚人体 60%~70% 的免疫细胞，并成为维护机体健康的重要屏障。肠道所具有的屏障功能由诸多要素构成，但是食品毒素、药物、压力等会削弱肠道的屏障功能。所以，基于肠道作为维持肠道内环境平衡、阻碍致病菌及毒素进入的先天性屏障，如何预防肠道屏障功能受损、维护肠道稳态，对维护机体健康十分关键。例如，肠道上皮屏障功能失调与多种疾病（特别是临床诊断的 IBD 和 IBS）发生有关。而人类每天摄入的食品成分，在其消化过程中会与肠道表面产生直接接触，各种食品成分以及其消化产物可能产生相应的活性作用，影响肠道屏障功能，从而缓解食品毒素、有害成分、药物、环境因素等对肠道健康的不利影响。也就是说，一些食品成分可能会对肠道屏障功能产生积极的作用。本章在简单介绍肠道屏障构成、屏障损伤及结果之后，将聚焦于非消化性食品成分多酚（一类小分子物质）和多糖（大分子物质）对肠道屏障的有益作用及其作用机制等问题。

4.1　肠道屏障与机体健康

4.1.1　肠道屏障结构

肠道不仅是营养吸收和消化的主要场所，还是保障机体内环境稳定的先天性屏障。一方面，肠道具有一定的渗透性，以保障营养物质得到最佳吸收；另一方面，肠道良好的紧密性还能抵抗肠道有害微生物或毒素等物质通过肠道进入机体，从而发挥肠道屏障功能。肠道屏障是一个动态实体，由多个元素组成，能与各种刺激相互作用并做出相应的反应。肠道屏障的结构包括黏液层、肠上皮屏障和肠血管屏障三个部分，其结构如图 4-1 所示。这些组成部分具有各自的结构特点和功能，但可以通过各自的结构特点相互协调和影响，共同防止那些对机体产生影响的化学物质、病原体等进入机体，从而起到保护宿主免受外界刺激的损伤。但是，随着年龄的增长，人体生理功能趋于衰退，加之服用各类药物，老年人不仅容易发生肠道功能障碍，还可能诱发其他器官系统相关疾病。

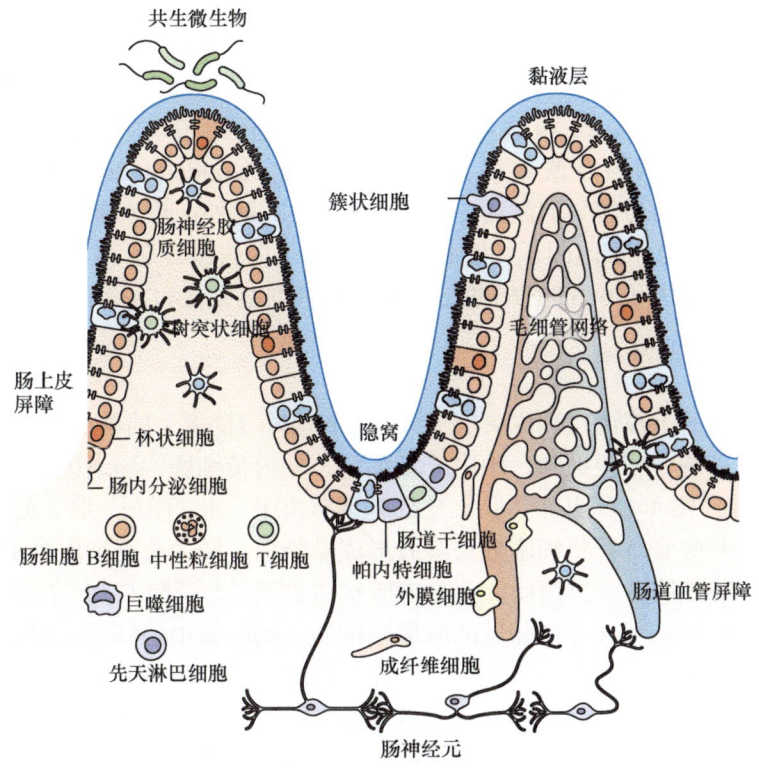

图 4-1　肠道屏障结构（Pellegrini et al.，2023）

4.1.1.1　黏液层

黏液层在肠腔内含物与下层肠道细胞之间，人类肠道内黏液层的厚度为 100~500 μm。整体上，黏液层具有多种功能，如可以影响肠道微生物组成、调节肠道的吸收和分泌功能、调节肠道通透性，甚至是调节肠道免疫反应（Pellegrini et al.，2023）。胃肠道中有两种类型的黏液组织，其中腺胃和结肠是双层黏液体系，即内黏液层和外黏液层。而小肠是单层黏液体系。黏液的大部分物质是由水、支链蛋白、防御蛋白、生长因子等组成，而支链蛋白以黏蛋白（MUC）为主。在人体中已鉴定出 20 多种黏蛋白亚型，分为跨膜黏蛋白和凝胶形成黏蛋白两种类型。其中，跨膜黏蛋白主要分布在肠道细胞的细胞膜上，包括 MUC-1、MUC-3A、MUC-3B、MUC-4、MUC-12、MUC-13、MUC-15、MUC-17、MUC-20 和 MUC-21 种亚型。凝胶形成黏蛋白，主要以 MUC-2 为主，通过杯状细胞分泌合成。肠道菌群及其代谢产物（特别是短链脂肪酸）都可以影响杯状细胞的功能。例如，丁酸和乙酸可以通过肌成纤维细胞和肠上皮细胞释放前列腺素 E1，促进黏液产生和分泌，增加黏液层厚度并刺激 MUC-2 的表达，进而改善肠道屏障功能。跨膜黏蛋白和凝胶形成黏蛋白都高度糖基化，约 80%重量由碳水化合物构成。

免疫细胞和炎症细胞也可以通过作用于杯状细胞来影响黏液的产生和分泌。例如，先天性免疫细胞包括树突状细胞、巨噬细胞和淋巴样细胞，可诱导细胞因子如 IL-4、IL-13、IL-22 和 IL-33 释放，这些细胞因子在与其受体结合后，可通过杯状细胞中胞质核苷酸结合寡聚结构域（nucleotide-binding oligomerization domain，NOD）信号转导的激活，促进黏液产生。此外，通过辅助性 T 细胞 2（T helper type 2，Th2）细胞因子（如 IL-5 和 IL-13）的信号传递，T 细胞可通过信号转导和转录激活因子 6（STAT6）通路来影响杯状细胞分化和黏蛋白的表达及释放。

4.1.1.2 肠上皮屏障

黏液下的肠上皮由排列成突起（绒毛）和内陷（隐窝）的单层上皮细胞组成，包括肠上皮细胞、杯状细胞、肠内分泌细胞、帕内特细胞、肠道干细胞、簇状细胞和 M 细胞（图 4-1）。其中，肠上皮细胞调节离子、水、脂质、肽、免疫球蛋白、激素的分泌与吸收。杯状细胞分泌凝胶形成黏蛋白。肠内分泌细胞分泌激素。隐窝中的帕内特细胞分泌抗菌肽（主要包括 α-防御素、溶菌酶 C 和 REG-3α），从而维持肠道的良性循环并保护邻近的肠道干细胞。肠隐窝中的肠道干细胞通过增殖向隐窝上方不断前移并分化成绒毛。整体上，肠上皮屏障是一种不断自我更新的结构，可在每 4~7 d 完成一次更新。簇状细胞是一种罕见的肠上皮细胞，位于肠上皮细胞和肠神经纤维附近，通过表达几种神经元标志物（包括神经丝氨酸蛋白酶抑制剂）影响传入与传出神经突触，进而影响肠上皮细胞与大脑之间的信息传递。M 细胞则是向固有层中的树突状细胞呈递抗原。

肠上皮屏障细胞的连接是通过 4 种连接复合物相互连接而实现的，这 4 种连接复合物包括紧密连接（tight junction，TJ）、黏附连接（adhesive junction，AJ）、间隙连接（gap junction）和桥粒（desmosome）。这些复合物由跨膜蛋白组成，它们在细胞外与相邻细胞相互作用，并在细胞内与连接到细胞骨架的接头蛋白相互连接（图 4-2）。黏附连接和桥粒被认为在相邻细胞的机械连接中有重要作用。

最顶端的蛋白质复合物是紧密连接，主要的功能是选择性/半渗透的细胞旁屏障，它促进离子和溶质通过细胞间隙，同时防止管腔抗原、微生物及其毒素的移位，其蛋白质复合物由 claudin、occludin、含 MARVEL（MAL and related proteins for vesicle trafficking and membrane link）结构域的蛋白 2（tricellulin）、连接黏附分子（junctional adhesion molecule，JAM）跨膜蛋白及带状闭合蛋白（zonula occluden，ZO；包括 ZO-1、ZO-2 和 ZO-3）等蛋白质家族组成。而结合珠蛋白可以通过肠上皮细胞上的 PAR-2 激活表皮生长因子受体，促进细胞间 TJ 蛋白中 ZO-1 的分离，可逆性地调节 TJ 进而影响肠道通透性。

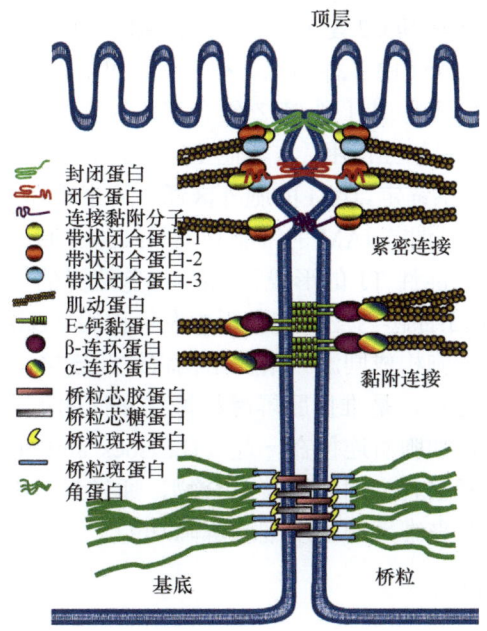

图 4-2　肠上皮屏障的细胞连接示意图（Citalán-Madrid et al.，2013）

occludin 是一种跨膜蛋白，也是被鉴定出的第一个 TJ 特异性膜整合蛋白。occludin 主要在上皮细胞和内皮细胞的 TJ 处表达，也在星形胶质细胞、神经元和树突状细胞中表达。occludin 的分子量为 60~82 kDa，是拥有 4 个跨膜结构域的膜整合蛋白，具有 2 个胞外环、1 个短的细胞质 N 端和 1 个长的细胞质 C 端。功能分析表明，occludin 的胞外环和跨膜域可以调节选择性的细胞旁通透性。在细胞内，C 端与含有 PDZ 结构域的蛋白质 ZO 相互作用，这是将 occludin 连接到肌动蛋白细胞骨架所必需的一个作用。

claudin（包括 claudin-1、claudin-2、claudin-3、claudin-4、claudin-5、claudin-7、claudin-8、claudin-12 和 claudin-15）也是 TJ 的重要结构单元，是一种分子量为 20~27 kDa 的完整膜蛋白，具有 4 个疏水跨膜结构域、2 个胞外环，以及 N 端和 C 端细胞质结构域。胞外环对同亲和/或异亲 TJ 蛋白的相互作用和离子选择性通道的形成至关重要。细胞内的 C 端结构域通过与 PDZ 结构域蛋白（包括 ZO-1、ZO-2 和 ZO-3）的相互作用，将 claudin 锚定到细胞骨架上。目前，已在人体中鉴定出 24 个不同的 claudin 家族成员，其中许多同源基因在其他物种中表达。claudin 表现出不同的组织、细胞和发育阶段特异性表达模式。claudin 可以通过膜内链状分子相互作用构造出网状结构以将相邻细胞结合在一起（Lu et al.，2013）。occludin 和 ZO 都可以调节细胞旁通透性。

JAM 是一种完整的糖基化单层跨膜蛋白，属于免疫球蛋白超家族，在胞外区有

2个免疫球蛋白折叠（VH和C2型），其由C端胞内结构域、跨膜结构域及N端胞外结构域三部分组成。JAM由多种细胞类型表达，包括上皮细胞、内皮细胞和免疫细胞。根据细胞内C端Ⅰ型或Ⅱ型PDZ结合基序的表达将它们细分，它们可以与独特的支架和细胞质蛋白相互作用。与其他TJ蛋白相似，这些JAM-PDZ相互作用为肌动蛋白细胞骨架提供锚定。JAM的胞外区通过同亲性和异亲性相互作用与多个配体结合，这被认为可以调节JAM的细胞功能和细胞旁通透性。同嗜性JAM-A或JAM-B相互作用调节功能性TJ的形成和细胞-细胞边界的形成，而异嗜性JAM-A或JAM-B相互作用在白细胞-内皮细胞黏附中发挥作用（Bazzoni et al.，2000）。同时，JAM通过与相邻细胞构成同源二聚体结构将彼此连接，构成特定的TJ结构。

AJ与TJ的相互连接，是维持肠屏障机械完整性的重要基础。间隙连接在相邻细胞间形成通道，将细胞质连接在一起（Hartsock and Nelson，2008）。桥粒是上皮细胞中一种结构紧密且牢固的连接复合物，通过纤维网络结构与相邻细胞连接抵抗外界强机械刺激来维系肠上皮细胞屏障功能。

4.1.1.3 肠道干细胞

肠上皮有快速更新细胞的能力，每4～7 d就可完成一次更新。新肠上皮的不断增殖分化形成了一种位于隐窝底部的小肠干细胞（隐窝基底柱状细胞），其结构如图4-3所示。

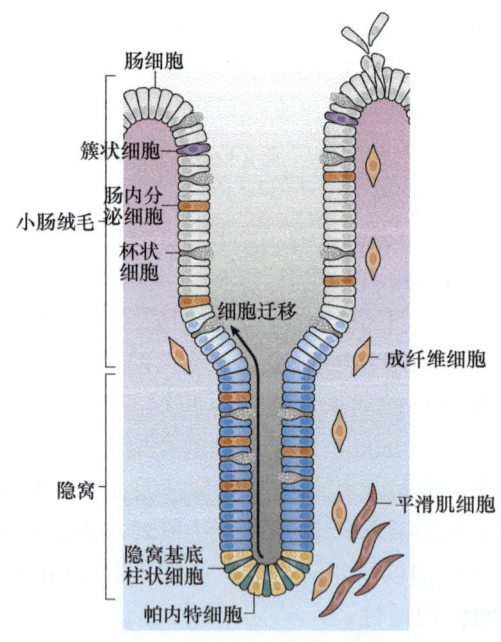

图4-3 肠道干细胞结构示意图（Beumer and Clevers，2020）

在肠道干细胞中，含有亮氨酸重复序列的 G 蛋白受体 5（leucine-rich repeat-containing G-protein coupled receptor 5，LGR5）是小肠干细胞的特异性标志物，其中 LGR5$^+$肠道干细胞能完全分化成肠上皮细胞系，以实现肠上皮细胞的更新并维持肠道各项功能。因此，促进 LGR5$^+$肠道干细胞增殖也可保护肠道屏障功能及修复受损的肠道组织。例如，在辐射诱导的肠道损伤中，导致肠道干细胞急性损伤、上皮再生功能受损以及随后的肠道黏膜屏障丧失；当外界环境改变并通过药物等手段时可促进肠上皮细胞再生。被敲除 *LGR5* 基因的小鼠受到辐射损伤后，用 BCN057（一种小分子化合物）激活 Wnt-β-catenin 信号通路，可以加速肠道修复和再生，最终改善了小鼠的肠道屏障功能（Bhanja et al.，2018）。

LGR5$^+$肠道干细胞除了拥有自我更新功能外，还具有多分化这一潜能特性。肠道干细胞通过非对称性分裂及对称性分裂两种模式进行增殖复制。在非对称性增殖分裂中，一个肠道干细胞可以分裂成一个分裂干细胞和一个过度扩增细胞（transit amplifying cell，TAC），而 TAC 通过增殖占据了整个隐窝底部，并为分化成更多成熟的肠道干细胞进而形成小肠绒毛结构做准备。在对称性增殖分裂中，肠道干细胞可以增殖分裂成两个肠道干细胞或两个 TAC，以恢复因外界因素造成的肠道干细胞及 TAC 的损失。肠道干细胞的多分化是指在沿隐窝-绒毛轴迁移过程中肠道干细胞通过 TAC 分化成具有不同功能的肠道上皮细胞（enterocyte）和分泌细胞系（图 4-4），而分泌细胞系主要包括杯状细胞（goblet cell）、肠内分泌细胞（enteroendocrine cell）、帕内特细胞和簇状细胞（tuft cell）等（Andersson-Rolf et al.，2017）。

4.1.1.4 肠道血管屏障

肠道血管屏障在肠道屏障的最深层，调节肠道内容物（如细菌、其他微生物、毒素、蛋白质、细菌代谢物、细胞因子、免疫细胞和炎症细胞）进入体循环，进而进入距离肠道较远的器官中（Vergnolle and Cirillo，2018）。肠道血管屏障包括通过 TJ 和 AJ 结合在一起的内皮细胞、肠胶质细胞和成纤维细胞等，有助于维持肠道完整性（图 4-1）。

总之，肠屏障形成了肠黏膜和微血管网络，参与维持肠道微环境的完整性，并防止病原体转移到血流进而扩散至其他器官（包括肝脏和大脑）（Brescia and Rescigno，2021）。肠屏障也已成为动态网络的组成部分，与细菌和肠神经免疫系统一起，通过微生物-肠道-脑轴帮助调节脑生理功能。肠屏障调节特定细菌产物的转移（如短链脂肪酸）、维生素和神经递质（包括乙酰胆碱、多巴胺、去甲肾上腺素、γ-氨基丁酸和血清素）进入体循环，进而扩散至大脑。短链脂肪酸可直接刺激肠嗜铬细胞释放神经肽（如神经肽 Y、胰高血糖素样肽-1、胰高血糖素样

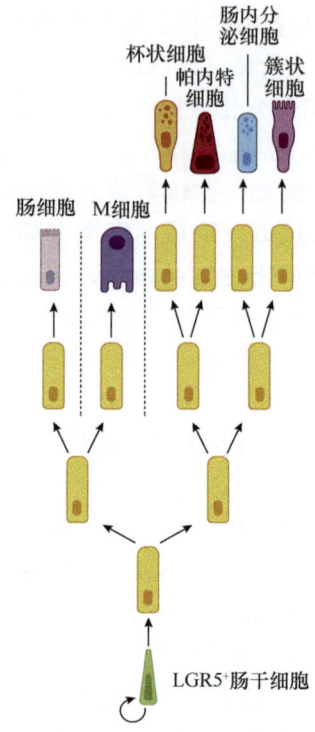

图 4-4 肠上皮细胞分化模式（Andersson-Rolf et al.，2017）

肽-2）和神经递质（如血清素）及其前体（如色氨酸）影响脑功能（Cani et al.，2013）。血清素虽然不能穿过血脑屏障，只能通过维持肠道内稳态而间接影响大脑功能，但短链脂肪酸衍生的色氨酸可以到达大脑，从而直接影响中枢神经系统（Layunta et al.，2021）。肠道屏障的改变与消化系统疾病（如 IBD 和 IBS）和消化系统外疾病（包括神经系统、神经发育和精神疾病）的发病机制有关。因此，肠道屏障除了维持肠道完整性外，还有助于协调大脑的生理过程（Pellegrini et al.，2018）。

4.1.2 肠道屏障分类

肠道屏障按照其功能可以分为物理屏障、化学屏障、免疫屏障和生物屏障。这些屏障类型均具有各自的结构基础与特点，并且共同作用来防止肠道内有害物质和病原体进入。同时，这些屏障也是维持机体内环境稳态的重要屏障，而且任何的肠道屏障损伤都可以导致细菌移位和内毒素移位，进而对机体产生不良后果。例如，一旦肠道屏障功能出现异常，就会导致机体对营养物质的消化吸收功能产生紊乱，机体生长缓慢、抵抗能力下降、对病原微生物的易感性增强,从而引起各种肠道疾病发生。因此,维持肠道屏障功能对机体的健康至关重要。

4.1.2.1 物理屏障

物理屏障由肠上皮细胞和细胞间 TJ 构成,是抵抗外界环境的第一道防线。其中 TJ 是最顶端的连接复合体,由大量相互连接的蛋白质组成,这些蛋白质成分较为复杂,包括 40 多种不同的蛋白质,主要包括跨膜蛋白、膜蛋白及信号分子。TJ 是一狭长的带状结构,位于小肠上皮细胞的外膜顶端以阻断细胞间的间隙,从而可以防止肠腔中的有害物质(如细菌及毒素等)进入到血液循环系统中。

4.1.2.2 化学屏障

化学屏障包括消化液、抗菌肽、黏蛋白和肠腔中由肠上皮细胞分泌的其他化合物如胆汁酸盐等。在黏液层内,可以识别出两个分离良好的区域。一个是坚固的内层,大部分是无细菌的,与肠上皮密切接触。另一个是不太坚固的外层,可以提供润滑的表面,有利于管腔内容物进入,并为某些共生微生物提供营养基质,并且可以防止细菌黏附。

4.1.2.3 免疫屏障

免疫屏障是指肠道通过免疫应答的手段排除异己的一个生物过程。肠道是最大的免疫器官,其肠道相关淋巴组织(gut-associated lymphoid tissue,GALT)是肠道免疫系统的主要组成部分。GALT 可大致分为淋巴组织(包括淋巴结和孤立淋巴结)以及散布在整个肠壁上的淋巴细胞。免疫细胞包括巨噬细胞、T 细胞、B 细胞、浆细胞和上皮内淋巴细胞等。肠道中的淋巴细胞和巨噬细胞等在抵抗病毒侵袭时具有重要作用,而 sIgA 最初由淋巴细胞和浆细胞产生,并在肠道免疫系统中起关键作用。sIgA 分布在肠黏膜表面,由肠道固有层中产生并经过肠上皮细胞加工而分泌到肠腔中,是肠分泌物中最丰富的免疫球蛋白,在防止细菌、病毒等抗原的黏附时发挥排除异己的功能(Pietrzak et al., 2020)。

4.1.2.4 生物屏障

生物屏障是由共生微生物和肠黏膜结合形成的。正常的微生物群在肠道内定植,并通过提供必需营养和防止致病细菌的定植与聚集来维持肠道内的微生态平衡。同时,正常的微生物群还能增强黏膜免疫,促进免疫器官的发育和成熟,提高特异性免疫和非特异性免疫。在益生菌(如乳酸菌和双歧杆菌)表面的表层蛋白、荚膜多糖、鞭毛和菌毛等,可与免疫细胞表面表达的模式识别受体(pattern recognition receptor，PRR）特异性结合，通过激活/抑制各种信号通路来诱导细胞因子的产生或抑制细胞凋亡，从而减轻炎症和增强肠道上皮功能（Baumgart and Dignass，2002）。同时，益生菌产生的一些代谢产物，如分泌蛋白、吲哚、有机酸、细胞外小泡、短链脂肪酸和细菌素等，也可以通过与一些受体相互作用来保护肠上皮屏障的完整性（Liu et al.，2020b）。

4.1.3 肠道屏障损伤机制

外部环境刺激，如饮食、疾病甚至压力等都会不同程度地影响肠道屏障功能，导致诸如肠黏膜萎缩、肠道通透性增强、肠上皮细胞损伤、肠道局部免疫功能受损、肠道菌群失衡等不良后果。总之，造成肠道屏障损伤的形式多样，包括物理、免疫及生物等的屏障功能障碍，而各种屏障损伤机制也有各自的特点。

4.1.3.1 物理屏障损伤机制

肠道屏障受损对物理屏障的影响程度最大，在肠道屏障损伤中处于核心地位。能够损伤肠道物理屏障功能的方式多种多样，包括炎症、氧化应激、TJ 蛋白的再分配等。

1）炎症

在严重的创伤感染或休克中，许多炎症激活剂，如内毒素、高速泳动族蛋白 B1（high-mobility group protein B1，HMGB1）和促炎因子，将会激活多种细胞内信号通路因子，包括 NF-κB、核苷酸结合寡聚结构域样受体家族含吡咯蛋白结构域 3（nucleotide-binding oligomerization domain-like receptor family pyrin domain-containing 3，NLRP3）、STAT3、胞外信号调节激酶（extracellular signal-regulated kinase，ERK）、MAPK 和活化蛋白 1（activating protein 1，AP-1），通过与特定受体结合并释放相应的炎症因子，激活多形核白细胞、促进鸟氨酸循环中的巨噬细胞极化，从而形成恶性循环，最终导致肠道黏膜损伤。此过程所涉及的炎性因子包括细胞因子如 TNF-α、IL-1、IL-6 和 HMGB1，趋化因子如 IL-8，以及单核细胞趋化蛋白 1（monocyte chemoattractant protein 1，MCP-1）、血小板活化因子（platelet-activating factor，PAF）、白三烯和前列腺素（Ge et al.，2020）。

细胞因子是控制炎症的重要靶点，在控制 T 细胞分化和调节中起关键作用。TNF-α 是单核细胞/巨噬细胞分泌的一种促炎介质，一般与 IL-1β 和 IL-6 协同作用，通过促进其他炎症因子的激活来增强炎症反应，从而增加炎症因子的产生和释放（Vezza et al.，2016）。其他细胞因子，如 IL-12 可诱导 Th1 细胞分化并促进其发育，

IL-4 促进 Th 细胞分化，IL-10 和 TGF-β 诱导调节性 T 细胞（regulatory T cell，Treg）增殖，IL-6、IL-1 和 TGF-β 则促进 Th17 细胞分化。此外，PRR 的激活也可诱导 IL-23 表达，从而增强 Th1 和 Th17 的反应，导致慢性肠道炎症中 IFN-γ、IL-17 和 IL-22 增加。HMGB1 是一种促炎因子，由坏死的腺泡细胞释放，能引发炎症。HMGB1 可通过 MyD88 和 TRIF 依赖性途径激活 TLR4 和 NF-κB 信号转导，从而释放炎症因子。HMGB1 还可以激活 JAK2/STAT3 信号通路，进一步放大炎症反应。所以，HMGB1 的表达与肠道屏障损伤呈正相关，而阻断 HMGB1 可促进 TJ 蛋白表达，抑制细菌移位（Huang et al.，2019）。常见细胞因子的特征与生物学功能如表 4-1 所示。

表 4-1 常见细胞因子的结构与生物学功能

细胞因子	氨基酸数目	分子量（kDa）	产生	主要生物学功能
IL-1	IL-1α 159 IL-1β 153	17.5 17.5	①单核细胞、巨噬细胞、树突状细胞等在摄取抗原抗体复合物后或在抗原呈递过程中产生； ②表皮细胞、NK 细胞、B 细胞、成纤维细胞、内皮细胞、脑角质星状细胞、平滑肌细胞、上皮细胞等在某些条件下可产生	①促进胸腺细胞、T 细胞的活化、增殖和分化； ②刺激 B 细胞增殖分化，促进 Ig 合成和分泌； ③促进多种原癌基因表达； ④诱导内皮细胞活化，刺激中性粒细胞释放炎症蛋白和炎症介质，直接参与炎症发生
IL-6	184	26	①T 细胞产生 IL-6 是受巨噬细胞的影响； ②金黄色葡萄球菌刺激而活化的 B 细胞； ③LPS 刺激的单核细胞； ④成纤维细胞可自发产生，其他细胞因子如 IL-1、TNF 等可促进 IL-6 产生	①刺激并促进多种细胞生长； ②诱导巨噬细胞、神经元和 NK 细胞分化； ③促进 B 细胞分泌 Ig
IL-8	69、72、77、79	8～10	①IL-1、TNF、LPS 均能诱导单核细胞、巨噬细胞、内皮细胞、成纤维细胞和表皮细胞等合成和分泌 IL-8； ②多种肿瘤细胞可表达分泌 IL-8	①趋化和激活中性粒细胞； ②趋化嗜碱性细胞，并刺激其释放组胺； ③趋化部分静止的 $CD4^+$ 或 $CD8^+T$ 细胞； ④明显趋化 IL-2 活化的 NK 细胞； ⑤是角化细胞复合促有丝分裂原
IL-10	2×160	35～40	主要由活化的 T 细胞产生	①抑制 Th1 细胞增殖及 IL-2、IL-3、IFN-γ 等因子的合成； ②促进肥大细胞和胸腺细胞增殖，也是淋巴结、脾脏细胞生长的复合因子； ③提高 B 细胞存活率，促进 B 细胞增殖、MHC II 类抗原表达及免疫球蛋白分泌
IL-12	197/306	35、40	主要由 B 细胞产生	①与 IL-6 协同诱导细胞毒性 T 细胞分化促进同种异体细胞毒性 T 细胞反应； ②刺激植物凝集素活化；$CD3^+T$ 细胞增殖； ③促进 B 细胞 Ig 产生和 Ig 类型转化，使 Ig 由 IgM 转化成 IgG，抑制 IL-4 诱导 B 细胞 IgE 合成

续表

细胞因子	氨基酸数目	分子量(kDa)	产生	主要生物学功能
TNF-α	157	17	主要由单核细胞和巨噬细胞产生，LPS 是较强的刺激剂	①杀死和抑制肿瘤细胞；②提高中性粒细胞吞噬能力，促进过氧化物阴离子产生，刺激细胞脱颗粒和分泌髓过氧化物酶；③抑制病毒复制与蛋白质合成；④可引起发热，并诱导干细胞急性期蛋白合成
IFN-γ	143	40	主要由活化的 T 细胞产生，某些情况下活化的 NK 细胞也能产生	①诱导单核细胞、巨噬细胞、树突状细胞、皮肤成纤维细胞、血管内皮细胞等 MHC Ⅱ类抗原表达；②促进 LPS 刺激小鼠 B 细胞分泌 IgG2a；③促进金黄色葡萄球菌 Cowan Ⅰ株诱导人 B 细胞增殖；④协同 IL-2 诱导淋巴因子激活的杀伤细胞（LAK）活化，促进 T 细胞 IL-2R 表达；⑤诱导急性期蛋白合成，诱导髓样细胞分化
TGF-β	400	2×12.5	①一般在细胞分化活跃的组织中分泌量较高；②活化后的 B 细胞和 T 细胞；③几乎所有肿瘤细胞	①抑制免疫活性细胞增殖；②抑制 IL-2 诱导的 T 细胞 IL-2R、TfR 和 TLiSA1 活化抗原的表达；③抑制淋巴细胞分化；④抑制 TNF-α、IFN-γ 分泌

趋化因子（如 IL-8、MCP-1 和 MCP-3）和巨噬细胞炎性蛋白（macrophage inflammatory protein，MIP）通过控制炎症部位的内皮细胞黏附和迁移，促进不同效应白细胞群的招募。此外，这些因子还可触发其他炎症过程，如白细胞激活、颗粒胞吐、基质金属蛋白酶激活和上调氧化爆发，这些都可加剧肠道炎症造成的肠道损伤。此外，PAF导致血小板聚集和中性粒细胞聚集，并在屏障损伤期间放大炎症反应，还可以通过破坏 F-actin 和 TJ 蛋白增加细胞的渗透性，从而直接破坏肠上皮屏障。

2）氧化应激

ROS 过度积累引起的氧化应激是许多肠道疾病的共同生理基础。近年的研究结果发现，氧化应激可通过蛋白激酶 C、JNK 和 ERK 等多种信号通路，破坏细胞间的 TJ 复合体，并通过重新分配 TJ 蛋白进而破坏肠上皮屏障功能，损伤 AJ 和蛋白质骨架，干扰蛋白质磷酸化、硝化和羰基化等修饰（Liu et al.，2020a）。

3）TJ 蛋白的再分配

研究表明，H_2O_2 和 NO 可以减少和重新分配 TJ 蛋白，导致 ZO-1 和 occludin 从细胞间连接转移到细胞内。可是，claudin 和 ZO-1 之间的相互作用在维持 TJ 结构和上皮屏障功能方面起着关键作用。研究证实，H_2O_2 诱导的氧化应激可以破坏 ZO-1 和 occludin 之间的相互作用（Rao et al.，2002）。此外，p38 MAPK 信号通路可以调节组织中的 TJ 蛋白。p38 MAPK 激酶抑制剂 Wip1 可有效防止 H_2O_2 引起的肠道通透性增加，并影响氧化应激 Caco-2 细胞模型中 claudin-4 的分布（Oshima et al.，2007）。ROS 还可以激活 JNK 信号通路，它可以介导炎症因子的释放，并通过激活 Rho 相关激酶（Rock）导致上皮细胞之间的 TJ 复合体分解，从而破坏肠屏障功能，增加肠黏膜通透性（Zhang et al.，2016）。肌球蛋白轻链激酶（myosin light-chain kinase，MLCK）通过调节与顶端连接复合体相连的肌动蛋白-肌球蛋白环的收缩来调节 TJ 的生理功能。在钙调蛋白和 Ca^{2+} 存在的情况下，MLCK 可以磷酸化肌球蛋白轻链（myosin light chain，MLC），这导致 TJ 蛋白和周围细胞骨架蛋白的重新分配，使得细胞旁通路开放和肠黏膜通透性增加。

4）AJ 的损坏

虽然 AJ 不会形成物理屏障来调节大分子的运输，但可以间接影响 TJ 的完整性，并调节 TJ 的结构和功能。E-cadherin 是一种重要的细胞膜成分，控制着细胞的生长；通过与 β-catenin、α-catenin 和 p120-catenin 复合物结合来调节细胞之间的空间大小，从而控制细胞黏附。E-cadherin 分泌减少会加重 DSS 诱导的结肠炎症（Grill et al.，2015）。酪氨酸激酶依赖性的 E-cadherin/β-catenin 复合物从细胞骨架中的分解，似乎是氧化应激诱导的 TJ 和 AJ 破坏的主要机制；Ca^{2+} 的消耗也会导致 AJ 被破坏，并损伤 TJ 进而增加了肠道渗透性（Seth et al.，2007）。

5）肌动蛋白骨架的破坏

细胞骨架在维持 TJ 的结构和功能中起着重要作用。有研究发现，使用 0.5 mmol/L H_2O_2 处理 30 min 几乎完全破坏 Caco-2 细胞中肌动蛋白细胞骨架和 occludin 之间的连接，导致结构被破坏（Banan et al.，2002）。也有研究发现，某些氧化剂可以通过激活 PKC-δ、上调诱导型一氧化氮合酶（inducible nitric oxide synthase，iNOS），分解细胞骨架并破坏上皮屏障的完整性，其中 PKC-δ 的激活和过度表达是肠道屏障损伤的关键诱因（Banan et al.，2003）。

6）缺血再灌注

在缺血性休克或应激反应期间，身体将在全身重新分配血液，并显著减少胃肠道血流量。肠道缺血导致肠黏膜充血、细胞间隙增大、绒毛缩短，甚至整个黏膜层丧失形成溃疡，导致肠道通透性增加、细菌移位和严重的肠道感染。这种肠道屏障的破坏伴随着肌动蛋白解聚因子/丝切蛋白活化、G-actin 增加，以及出现 F-actin、ZO-1 和 claudin-3 的降低（He et al.，2019；Shao et al.，2005）。

组织缺血后，最基本的治疗是尽快恢复组织血液灌注。然而，动物实验和临床观察发现，血液再灌注后，细胞内的代谢紊乱和结构损伤加剧，加重了原发性缺血造成的损伤,这种现象被称为缺血再灌注损伤。缺血再灌注损伤由多种因素引起,包括 ROS 的快速和大量产生、线粒体钙浓度失衡、黏附分子的异常表达、中性粒细胞的激活、细胞凋亡的加速等。此外,缺血再灌注可破坏肠黏液层,使肠腔内的细菌、细菌产物和其他潜在组织损伤因子更容易与肠黏膜直接接触。有研究发现,使用创伤失血性休克大鼠模型,缺血再灌注可导致肠黏液层发生改变、绒毛损伤和细胞凋亡,进而增加肠道通透性,导致肠道屏障功能受损(Rupani et al.,2007)。

7)内毒素

内毒素是革兰氏阴性菌细胞壁的 LPS 部分。内毒素虽然高度嵌入细胞壁,但它不断释放到周围环境中,这不仅是由细胞解体和死亡引起的,而且也发生在正常的细胞生长和分裂过程中。游离的内毒素可导致肠绒毛顶部的细胞水肿和坏死,增加肠道通透性,从而破坏肠道屏障。内毒素会激活 NF-κB 信号通路,迅速导致单核细胞/巨噬细胞浸润,并增加促炎因子(如 TNF-α、IL-1β 和 IL-6)的转录。这种强烈的刺激导致血管内皮细胞氧自由基释放,增加促氧化作用。有研究中发现,内毒素可刺激成纤维细胞产生 TNF-α,导致肠黏膜屏障被破坏,而使用 TNF-α 抗体可减轻肠黏膜屏障的损伤(Chakravortty and Kumar,1999)。

8)营养不良

机体营养不良不仅会降低肠上皮细胞的转录水平、蛋白质合成和细胞增殖,还会导致肠腔黏液层厚度的减低,从而导致黏膜萎缩和黏膜酶活性降低。长期禁食或全胃肠外营养患者,其肠黏膜缺乏胃肠激素刺激,使黏膜更新和修复能力降低。同时,胃酸、胆汁、黏多糖、溶菌酶、糖蛋白和肠液化学杀菌能力的降低,会促进肠道病原体增殖,也会损伤肠黏膜的屏障功能。

9)药物

许多药物也会导致肠道的物理屏障损伤。例如,口服蓖麻油会对小鼠肠黏膜造成物理性损伤;前列腺素氧化酶抑制剂(如吲哚美辛)可以抑制肠黏膜中前列环素的产生,增加黏膜上皮细胞的通透性和细菌移位率,从而导致肠道的易感(Mall et al.,2020)。化疗药物和抗移植排斥药物也会破坏肠黏膜屏障,而肠道通透性的增加主要是由于与细胞骨架密切相关的 TJ 蛋白减少。整体上,任何影响细胞骨架完整性的药物或物质,如 LPS、生长因子、细胞因子和许多激素,都会改变肠道的通透性。

4.1.3.2 免疫屏障损伤机制

严重创伤和休克可降低免疫细胞(T 细胞和树突状细胞)的增殖和分化,抑制其免疫防疫系统,从而影响肠道免疫防御系统。有研究测量烫伤大鼠的固有层和上皮细胞中的淋巴细胞数量,证实 $CD3^+$ 和 $CD4^+$ 淋巴细胞显著减少,导致 $CD4^+/CD8^+$ 值反转,指示免疫功能紊乱(Huang et al., 2015)。sIgA 是人体内最密集的免疫球蛋白,可使细菌产生的毒素失活,并防止细菌在肠壁上黏附和增殖。创伤和烧伤使固有层中的浆细胞数量和质量降低,导致 sIgA 分泌减少;与之相伴的一个严重后果就是:细菌和毒素相对更容易入侵、肠道免疫屏障功能减弱。在正常生理条件下,巨噬细胞可吞噬细菌和内毒素并呈现抗原;创伤则导致巨噬细胞功能障碍和杀菌功能丧失,肠屏障功能因而受损。

4.1.3.3 生物屏障损伤机制

定植于胃肠道的各种微生物形成了肠道微生物群落,参与消化、能量收集、调节免疫应答,并保护胃肠道免受有害病原体的侵害。有益菌株(主要包括厚壁菌门和类杆菌门,以及少量的变形菌门和放线菌门)在肠道中占据优势地位,是健康肠道微生物环境的特征。长期使用广谱抗生素,通常会导致肠道菌群紊乱,导致肠道中更敏感的厌氧菌死亡,使肠黏膜生物屏障功能失调。抗生素滥用也会增加肠道中耐药菌群的比例,导致外来微生物菌群入侵,缩小原始肠道菌群的生长空间,导致肠道菌群的结构失衡。此外,外来微生物的代谢产物会抑制细胞蛋白质的合成,最终破坏肠黏膜屏障。例如,白念珠菌产生的 IgA 降解蛋白酶可以降低肠道免疫排斥功能,使细菌移位,最终导致其他感染(Tulstrup et al., 2015)。此外,其他因素,如压力、吸烟和酗酒也会破坏肠道微环境。例如,焦虑症和抑郁症与人体肠道微生物群失衡有关,后者将 LPS 分泌到血浆中,增加肠黏膜屏障的通透性,从而导致肠道屏障损伤。吸烟作为一种环境因素,会显著改变结肠中微生物菌落组成和活性。与不吸烟者相比,吸烟者的类杆菌和乳酸菌的相对丰度更低。烟雾对小鼠肠道微生物群组成、黏液层分布和免疫功能也有严重影响(Shanahan et al., 2018)。酒精的肠道代谢会产生高浓度的乙醛,并改变微生物群的平衡和肠道屏障通透性。长期饮酒患者的类杆菌和厚壁菌数量减少,而放线菌和变形杆菌数量增加。

4.1.4 肠道屏障损伤的不良结果

小肠上皮细胞除了吸收营养物质这一重要功能以外,还具有更复杂的其他功能。例如,阻止肠道来源的细菌和内毒素转移到其他器官而导致的严重后果。因此,当肠道屏障受到损伤时往往会引发多种疾病危害机体健康。3 个典型的肠道屏障损伤的不良后果简介如下。

4.1.4.1 IBD

IBD 是一组起病原因不明的非特异性慢性胃肠道炎症性疾病,分为 UC 和 CD。

一般临床表现为腹泻、腹痛、穿壁性炎症，病变部位是局限的节段性，症状反复发作、难以治愈，严重时可发生瘘管甚至肠外症状，如口腔溃疡和皮肤病变等肠道屏障损伤疾病。CD 累及所有消化道，最常发生在回肠末端、结肠、肛周。UC 一般从直肠开始，一直延续到结肠近端结束。UC 患者相关的病理病变局限于肠腔的黏膜层，而 CD 患者通常表现为跨壁炎症。IBD 可导致直肠出血、贫血和体重减轻等，病程反复发作且严重影响患者的生活质量和身心健康。

4.1.4.2　IBS

IBS 是一种具有肠道功能性障碍的慢性肠道疾病，通常伴随着腹痛、腹胀与排便习惯的变化（Sairenji et al.，2017）。根据现行的 Rome IV 标准规定的粪便状态，IBS 被分为 4 个亚型，即腹泻型 IBS、便秘型 IBS、腹泻便秘混合型 IBS 与未确定型 IBS，4 个亚型具有不同的临床表现。IBS 为一种功能性肠病，但并未伴随结构性的器质性改变。这种疾病可能是由于肠道屏障受损，肠道感觉和运动异常所引发的。

4.1.4.3　肠漏

肠漏是指肠道物理屏障功能的受损，源于肠上皮细胞间的细胞旁途径异常开放，导致肠道通透性升高。当肠上皮细胞连接被破坏时会导致肠道通透性增加，外源性物质如食物大分子、肠道代谢废物、病原菌等微生物以及毒素等就会透过肠屏障而进入血液循环，刺激自身免疫系统并引起多种免疫性疾病，细菌、毒素可损伤内脏器官引起多种全身性疾病（图 4-5）。严格意义上讲，肠漏是指肠上皮

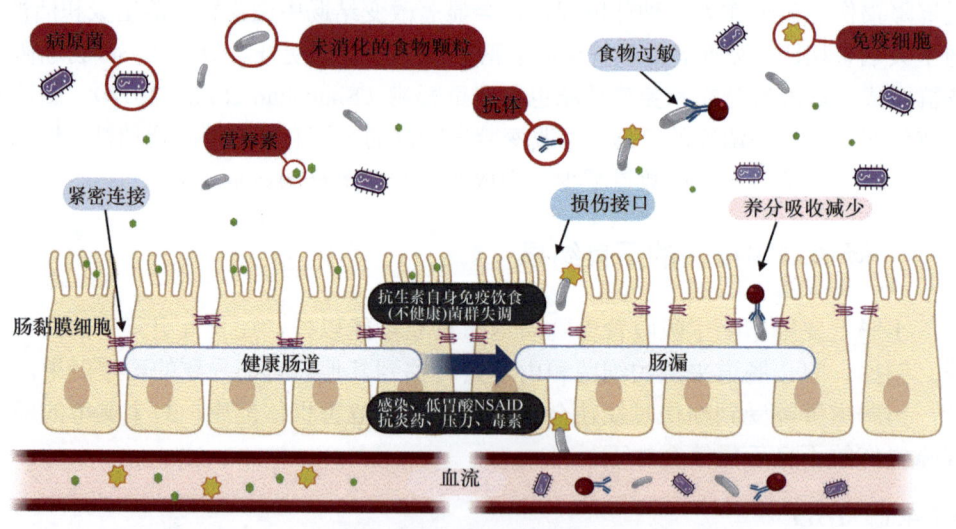

图 4-5　肠漏对机体的危害性

细胞紧密连接功能损伤而异常，它与肠上皮细胞病理性凋亡和溃疡导致的上皮细胞层完整性破坏不同。

此外，肠道屏障损伤还可能引发肠道感染。急性肠炎等感染性疾病会进一步加重肠道负担，影响肠道功能的恢复。更为严重的是，肠道屏障损伤还可能影响免疫系统的正常功能，从而引发免疫系统疾病，如IBD、类风湿性关节炎等。

（本节撰稿人　王振兴）

4.2　多糖对肠道屏障功能的提升作用

在碳水化合物（carbohydrate）中，多糖（polysaccharide）是指那些由10个以上的单糖通过糖苷键连接形成的大分子聚合物。多糖形成的糖链可以是线性结构（如直链淀粉、纤维素、果胶等），也可以是分支结构（如支链淀粉、糖原等）。多糖广泛存在于植物、动物、微生物和藻类中。在体内，食物中的淀粉等消化性多糖（digestible polysaccharide）可以被消化道中的消化酶分解，进而被机体吸收。此外，还有其他的非消化性多糖（indigestible polysaccharide）也随着食物的摄入而进入胃肠系统。整体上看，多糖作为天然产物在动植物的生长、发育等中发挥重要作用，同时还具有抗炎、免疫调节、抗肿瘤、抗病毒、抗氧化、降血糖、降血脂等多种有益生物活性。近来的大量研究还发现，多糖（以下泛指非消化性多糖）可以通过不同方式调节肠道屏障功能，同时维系肠道稳态。利用细胞模型，笔者和多位合作研究者的相关研究结果也证实，来自山药、龙眼的多糖，以及它们的硒化产物，具有潜在的肠道健康作用，可以维护肠屏障功能，拮抗药物、毒素等诱发的上皮细胞损伤，减弱药物或毒素诱发的屏障功能损伤（于亚辉，2023；Wang and Zhao，2022）。

4.2.1　常见的研究模型

目前，已经有许多科学家利用肠道屏障损伤模型，揭示功能性物质包括许多食品成分对肠道的保护作用，广泛使用的模型主要有细胞模型和动物模型。

常用的细胞模型包括人克隆结肠腺癌Caco-2细胞、大鼠小肠隐窝IEC-6细胞、人结肠癌HT-29细胞、猪小肠上皮IPEC-1和IPEC-J2细胞等。Caco-2细胞在研究中的应用最多，因为它们可自发地分化成上皮样细胞，与小肠相比，形成具有相似形态、功能表达和标记酶渗透性的紧密连接。不过，Caco-2细胞模型缺乏黏液分泌，因此仍有一些局限性。尽管如此，由于营养物质穿过Caco-2单层细胞膜的渗透性与营养物质穿过人肠上皮的渗透性非常相似，因此Caco-2细胞仍然被广泛用于研究营养物质通过小肠细胞的转运机制等。分化 Caco-2 细胞模型也被广泛用于筛选具有肠道屏障修复功能的食品成分。LPS、TNF-α、IFN-γ、壬基酚和乙醇等是诱导 Caco-2 细胞分化最常用的诱导剂；这些诱导剂在体外可以触发 Caco-2 细胞炎症，损伤分化的 Caco-2 单层的 TJ，从而破坏肠上皮的屏障功能。上皮细胞屏障功能的变化，通常与细胞微丝和 TJ 的损伤密切相关，并且可以利用跨膜电阻（transepithelial electrical resistance，TEER）及标志物的渗透性等指标对其进行定量描述。抗炎活性和 TJ 表达调节是食品成分修复肠道屏障的关键途径。许多活性多糖，如车前子多糖、枸杞多糖、螺旋藻多糖和薏苡仁多糖等，已被相关研究证明可以抑制促炎细胞因子（TNF-α、IL-8、IL-6、IL-1β 和 IL-12）在 Caco-2 细胞中的表达，并调节 TJ 蛋白（如 occludin、claudin-1、ZO-1 和 ZO-3 等）表达，从而改善 Caco-2 细胞单层模型的屏障功能异常（Li et al.，2020b；Li et al.，2020c；Wang et al.，2020b；Li et al.，2019）。可是，笔者和合作者认为，对于肠上皮细胞屏障功能的相关研究，IEC-6 细胞有可能是一个更好的细胞模型。IEC-6 细胞为大鼠小肠隐窝上皮细胞，具有正常、未分化小肠上皮细胞特征。我们的分析结果表明，IEC-6 细胞单层的跨膜电阻值为 50 $\Omega \cdot cm^2$ 多，与人肠的跨膜电阻数值（40 $\Omega \cdot cm^2$）极为接近（也有其他文献表明人肠的这一数值低于 100 $\Omega \cdot cm^2$），而 Caco-2 细胞单层的跨膜电阻值高达 900 $\Omega \cdot cm^2$（时佳，2020）。这样，由于 Caco-2 细胞单层的屏障功能过于强大，那些对 Caco-2 细胞单层不会产生损伤作用的物质（如食源性毒素），可能已经对肠上皮诱发严重的屏障损伤。所以，Caco-2 细胞单层很有可能无法准确反映人体的肠道屏障或是屏障损伤状况，应用 Caco-2 细胞为细胞模型时可能导致结论不可靠。IEC-6 细胞的形态特征如图 4-6 所示。在相差显微镜下 IEC-6 细胞培养物由均匀的上皮样细胞群体组成，呈铺路石镶嵌排列，互不重叠，为典型的细胞单层。IEC-6 细胞为不规则多角形，边界清晰，细胞核较大，呈卵圆形，细胞间相互连接呈现旺盛的增殖活性（图 4-6A）。透射电镜下观察培养的 IEC-6 细胞，具有典型的肠上皮隐窝细胞特征；细胞内高尔基体发育良好，细胞质内有大量膜结合的颗粒；细胞间有紧密连接，微绒毛从细胞表面伸出，细胞质核糖体非常丰富，线粒体嵴清晰可见（图 4-6B）。

此外，肠道屏障损伤的可能机制已在动物模型中得到验证。抗生素、DSS 和环磷酰胺等诱导的肠道屏障损伤模型已被广泛用于研究食品成分如类黄酮对肠道屏障的保护作用，其中小鼠是最常用的动物模型（Vezza et al.，2016）。小鼠和人类的许多肠道特异性基因有高度相似性。例如，人类和小鼠 90% 的基因是相同的，大约 80% 的基因是同源的。此外，人类和小鼠的肠道菌群组成，在厚壁菌、拟杆菌和变形杆菌等中表现出相同的多样性。小鼠和人类还具有许多类似的适应性免疫应答功能，如 B 细胞、T 细胞和同种异体抗体。当然，使用小鼠和其他啮齿动物模型来研究人类肠道炎症也有一些明显的缺点。例如，观察患有炎症性肠炎的

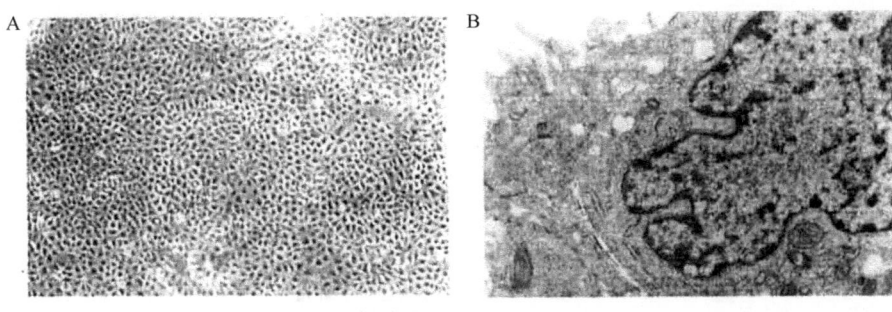

图 4-6　相差显微镜下 IEC-6 细胞的形态结构（A）和透射电镜下 IEC-6 细胞的超显微结构（B）
（陈祥贵等，2003）

人与接触化学品的小鼠，发现肠道屏障损伤表型存在不同。此外，肠道功能发育不完全，幼年动物容易受到疾病、营养和环境等外部因素的影响，导致模型动物的健康和生长性能不佳，甚至高死亡率。因此，肉鸡和断奶仔猪也可以被用于研究肠道屏障损伤。由于猪小肠的解剖结构和功能与人类相似，因此猪常作为研究急性或慢性炎症性肠炎反应机制的极佳哺乳动物模型。同时，模型猪的许多免疫细胞以及先天性和适应性免疫系统的免疫过程，也与人类肠上皮中有相似的过程。不过，与其他模型动物相比，猪的体型相对较大，生长和生产缓慢，限制了它的广泛应用。

斑马鱼近年来也被用于科学研究来模拟人类肠道。斑马鱼比上述动物模型有一定的优势。例如，斑马鱼有很强的繁殖力，每周可以产生数百个受精卵，可以用于高通量药物筛选。斑马鱼在生命最初几周内是透明的，因此对它甚至可以进行活体成像，直接观察肠道巨噬细胞和上皮细胞对损伤和细菌暴露的反应。斑马鱼的全基因组序列已被报道，它非常适合作为研究各种疾病的遗传学动物模型。斑马鱼肠道的细胞类型与哺乳动物相似。例如，具有吸收性肠腔细胞、内分泌细胞和杯状细胞等，具有功能性刷状边缘。斑马鱼的肠道基因与人类的高度同源。因此，斑马鱼可以用于研究肠道保护。例如，一些学者利用斑马鱼模型，研究饮食、肠道微生物与宿主健康之间的相互作用；通过建立化学诱导的斑马鱼肠道炎症模型，评估天然活性化合物如类黄酮等在肠道保护中的作用机制，同时还构建了斑马鱼肠道益生菌筛选模型（Cirmi et al.，2021）。所以，斑马鱼在人类健康研究中将大有用武之地（图 4-7）。

4.2.2　多糖特征与其肠道屏障保护作用的构效关系

众所周知，不同结构的多糖具有不一样的生物活性。多糖的肠道屏障保护性能也与其化学特性密切相关。目前认为，单糖组成、糖苷键类型、分子量和表

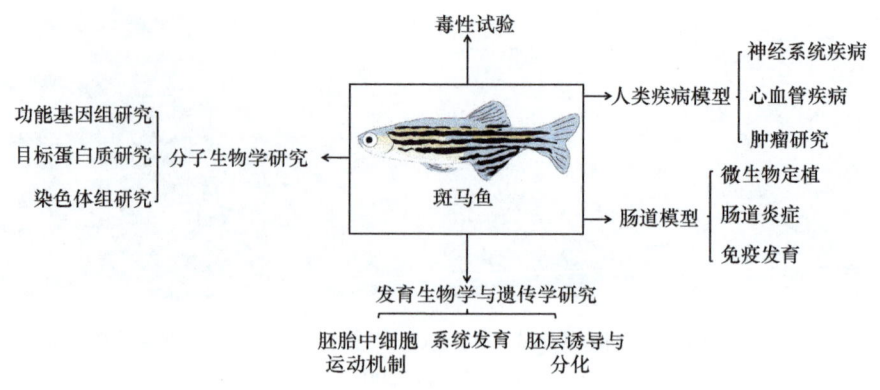

图 4-7 斑马鱼在健康作用研究中的应用

面形态等对多糖的屏障保护作用有影响。因此，揭示这些影响作用将有助于揭示多糖活性的化学基础，并为肠道屏障保护多糖的靶向筛选提供重要的理论依据。

4.2.2.1 单糖组成

单糖是多糖的基本单位，自然界不同来源的多糖其单糖组成差异很大；即使多糖之间具有相似的单糖种类，这些单糖的摩尔组成也可能有很大的差异。大多数具有肠道屏障保护功能的多糖都为杂多糖（heteropolysaccharide），它们至少由 2 种单糖组成，一般是葡萄糖（glucose, Glu）、半乳糖（galactose, Gal）、甘露糖（mannose, Man）、阿拉伯糖（arabinose, Ara）、木糖（xylose, Xyl）、鼠李糖（rhamnose, Rha）、果糖（fructose, Fru）、核糖（ribose, Rib）等，但是也有一些是同多糖（homopolysaccharide），如葡聚糖就只由葡萄糖这一种单糖组成。

从黑木耳中分离得到的多糖，其单糖组成分别为 Rha、Man 和 Glu，摩尔比为 1.46∶2.34∶0.63，并通过降低 DSS 诱导结肠炎小鼠血浆中的二胺氧化酶（diamine oxidase, DAO）水平及 D-乳酸的含量，减轻肠道屏障损伤程度（Zhao et al., 2020）。粒毛盘菌多糖的单糖组分摩尔比为 Man∶Gal = 3.80∶1.00，不但能缓解 DSS 诱导的小鼠结肠炎症，而且还能够增加结肠组织中与屏障密切相关的蛋白质包括 occludin、ZO-1、claudin-1、E-cadherin、MUC-1、MUC-2 和 TFF3 等的表达，并通过内质网应激和氧化/亚硝化应激途径缓解肠道炎症，修复受损肠道屏障功能（Zong et al., 2020）。除这些杂多糖外，葡聚糖也具有肠屏障保护特性。从海洋真菌 Phoma herbarum YS 4108164 中纯化出来的 α-D-葡聚糖，可以调节结肠和肠系膜淋巴组织中 TNF-α、IL-1β、IL-6、IL-10 和 IL-22 等细胞因子的分泌，上调结肠组织中 ZO-1、claudin-1 及 MUC-2 蛋白的表达，这些证据说明该葡聚糖不但能抑制被 DSS 损伤的肠道炎症浸润，还可以直接修复被损伤的肠道屏障（Li et al., 2020b）。酿酒酵母（Saccharomyces cerevisiae）中分离得到的 β-D-葡聚糖，通过抑制促炎因子 TNF-α、IL-6 和 IL-8 的表达，减少促炎介质 iNOS、COX-2 及 PEG2 的分泌，从而改善 DSS 引起的小鼠结肠炎症（Han et al.，2017）。通过评估血浆中 D-乳糖水平和 DAO 的变化，发现实验组小鼠血浆中的 D-乳酸及 DAO 水平明显低于损伤组小鼠，且数值上更接近对照组小鼠，表明肠道通透性降低。而通过免疫荧光检测手段发现，小鼠结肠组织中 3 个 TJ 蛋白（ZO-1、claudin-1 和 occludin）的表达水平明显提高（图 4-8）。这些证据足以说明该 β-D-葡聚糖能改善肠道受损、维持肠上皮屏障完整性（Han et al.，2017）。

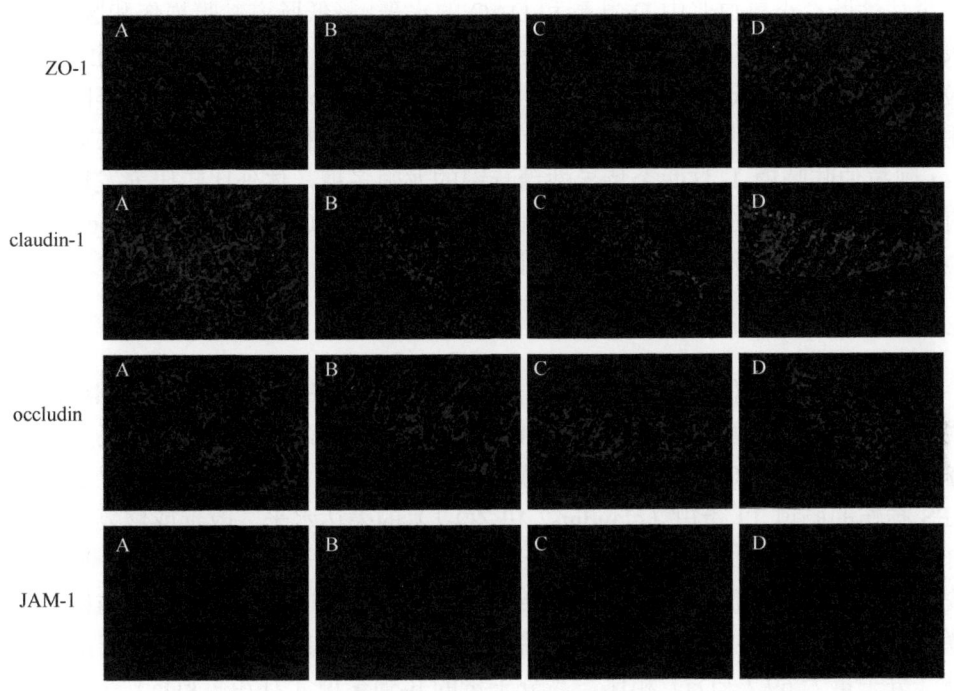

图 4-8　小鼠结肠组织 TJ 免疫荧光染色（Han et al.，2017）
A，对照组；B，DSS 模型组；C，DSS 和 β-D-葡聚糖组；D，β-D-葡聚糖组。细胞核用 DAPI 染色（蓝色）标记，抗体 ZO-1 和抗体 clandin-1 显示为绿色；抗体 occludin 和抗体 JAM-1 显示为红色

此外，太平洋鲍鱼硫酸多糖由 Man、Glu、Gal 和葡萄糖醛酸组成（摩尔比 0.9∶0.6∶16.7∶5.2），它通过调节肠道微生态和 NF-κB 信号通路，可以减轻 DSS 诱导的小鼠急性和慢性溃疡性肠炎（Jia et al.，2021）。从无花果中分离出的多糖，分析结果显示它的单糖组成为 Rha、Ara、Glu、Gal 和葡萄糖醛酸，单糖的摩尔比为 5.80∶18.10∶3.30∶19.30∶53.50；该酸性多糖通过上调 claudin-1 表达，修复被 DSS 损伤的 C57BL/6J 小鼠肠黏膜组织，降低杯状细胞的受损，实现对肠道屏障的保护功能（Zou et al.，2020）。此外，由于酸性多糖具有净的负电荷，可与位于黏蛋白 C 端和 N 端的那些带正电荷氨基酸相互作用。酸性多糖的这一

特征，影响它与黏膜的相互作用，影响黏液层的屏障特性，最终改善结肠炎小鼠的黏液屏障。

4.2.2.2 糖苷键类型

在多糖分子中，常见的糖苷键类型有两种形式，即 α-糖苷键和 β-糖苷键。相关研究工作报道，含有 β-1,3-糖苷键的多糖具有明显的抗炎作用，并对炎症性肠炎具有预防作用。例如，由 β-1,3-糖苷键组成的黑木耳多糖，可以降低 DSS 诱导的炎症性肠炎小鼠血浆中 D-乳酸和 DAO 的水平，降低肠道黏膜损伤和肠道炎症，表明该多糖保护肠道屏障并且改善炎症性肠炎（Zhao et al.，2020）。此外，α-阿拉伯呋喃糖-1 和 5-α-阿拉伯呋喃糖-1 糖苷键，也可能是影响多糖对肠屏障保护作用的重要因素。从龙眼肉中纯化出 4 种酸性多糖，其中具有 α-阿拉伯呋喃糖-1 和 5-α-阿拉伯呋喃糖-1 这两个特异性糖苷键的龙眼多糖，体外比较研究发现它们具有肠道保护活性，在分化的 Caco-2 细胞中，它们对 ZO-1、claudin-1、occludin 和 E-cadherin 的 mRNA 表达量影响作用最强（Bai et al.，2020）。

4.2.2.3 多糖分子量

具有肠道屏障保护作用的多糖，一般都具有较高的分子量。来自螺旋藻和龙眼肉的多糖，其分子量分别为 623.0 kDa 和 159.3 kDa，都具有较强的肠屏障保护作用，能显著提高 Caco-2 细胞单层模型跨上皮电阻值；龙眼多糖还能显著提高被 LPS 损伤的肠道 TJ 蛋白（claudin-2 和 ZO-1）的表达水平，改善或修复受损肠道屏障功能（Bai et al.，2020；Wang et al.，2020b）。分子量较高的多糖，通过在上皮细胞表面形成类似于肠黏液层的亲水凝胶层，或通过调节许多重复结构（可交联膜受体），从而保持肠屏障结构的完整性。有研究结果指出，与低分子量 β-葡聚糖（分子量为 69.7 kDa）相比，高分子量的 β-葡聚糖（2179.7 kDa）在消化道中可以形成凝胶结构，保护胃肠道免受潜在毒性因素的影响，并为肠道黏膜的再生创造有利环境，从而保护肠屏障的完整性（Błaszczyk et al.，2015）。

4.2.2.4 多糖表面微观结构

也有研究认为多糖的表面微观形态对多糖的生物活性也有很大影响。Bai 等（2020）提出，具有复杂网络结构的多糖可能具有更大的肠道屏障保护作用。比较来自热带水果龙眼 4 种多糖（LPIa、LPIIa、LPIIIa 和 LPIVa）的肠道屏障保护活性时，研究结果显示，LPIa 和 LPIIa 的多孔结构形态，增加了多糖的比表面积（图 4-9）。同时，研究者认为多糖的这种结构会增加更多的作用位点，进而提升多糖对肠道屏障的保护能力（Bai et al.，2020）。不过，考虑到多糖进入消化道后溶解于（或是分散在）肠液中，不再具备原先的微观结构，所以很难将多糖的

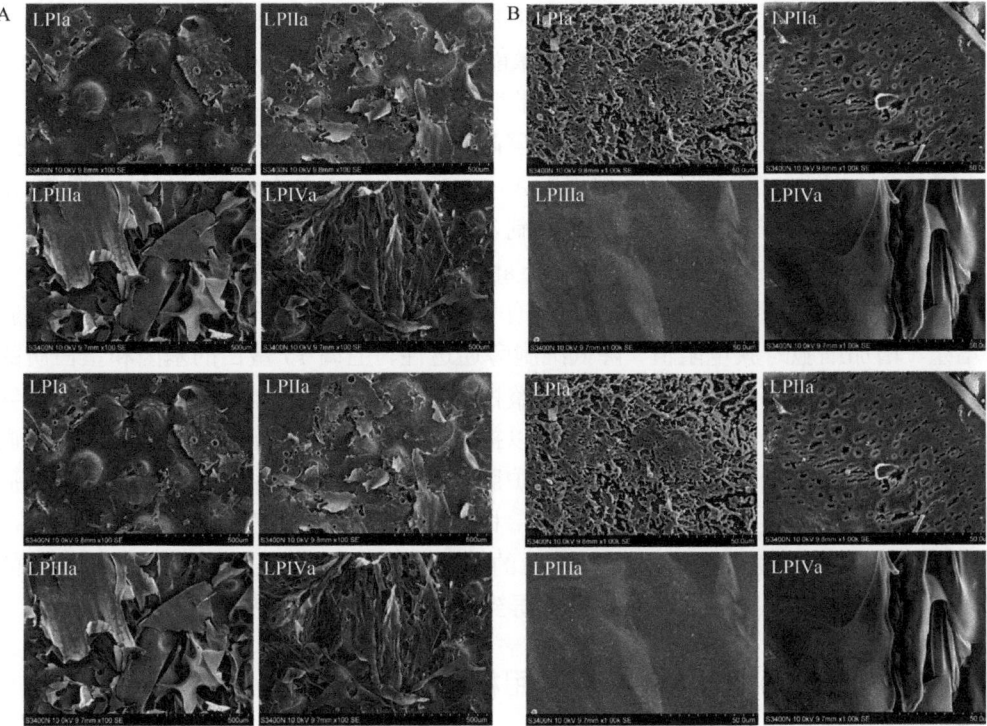

图 4-9 4 种龙眼多糖的扫描电镜图片（A 为×100，B 为×1000）（Bai et al.，2020）

屏障保护作用与它们的微观结构联系起来。这一问题的出现可能源于其他更为复杂的原因。

4.2.2.5 多糖化学修饰

在化学结构上，每个单糖分子都拥有几个羟基，因此它们有能力与其他分子的官能团发生作用，将这些分子以共价的方式连接到多糖分子，从而产生特定的化学修饰作用（如羧甲基化、硫酸化、硒化等），形成多糖修饰产物。天然多糖一旦被实施有针对性的化学修饰，修饰后的多糖在肠道屏障功能方面是否有活性变化，也是一个被研究的课题。常见的多糖化学修饰模式如图 4-10 所示。

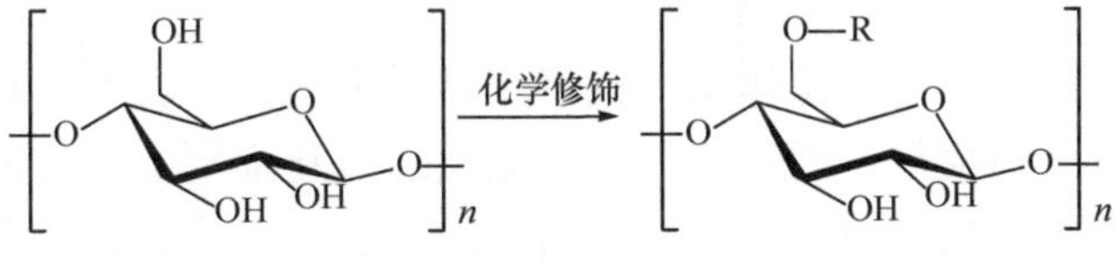

图 4-10 常见的多糖化学修饰反应
R 代表被引进的硫酸基、羧甲基、亚硒酸基等各种化学基团

研究发现，从青钱柳中分离出的多糖（CP）经过硫酸化修饰后得到硫酸化多糖（SCP3），可以增强肠道抗氧化应激能力、修复肠道黏膜屏障和调节 TJ 蛋白，从而改善环磷酰胺处理 BALB/c 小鼠的肠道功能（图 4-11）（Li et al.，2022）。含硒多糖也被认为可以更好地维持肠道屏障功能，作为预防或治疗结肠炎的潜在膳食补充剂。例如，在结肠炎模型小鼠体内，硒化的 α-D-1,6-葡聚糖能够上调 TJ 蛋白表达，降低肠道氧化应激反应，抑制炎症介质 NF-κB 和 NLRP3 分泌，从而改善结肠炎小鼠的肠道屏障功能（Yu et al.，2021）。另有研究还发现，相比山药多糖，硒化山药多糖在 IEC-6 细胞中具有更强的肠道屏障保护作用，通过促进细胞增殖、增加细胞跨膜电阻值、降低细胞旁通透性、上调 TJ 蛋白的基因和蛋白质的表达等，可以提高细胞单层屏障的完整性（Wang and Zhao，2022）。在 DSS 诱导的结肠炎小鼠中，含硒芦苇根多糖可以提高肠道中 E-cadherin 蛋白表达，减少血清和结肠组织中的炎症因子，从而保护肠道屏障完整性，并且改善小鼠结肠炎症状。此外，芦苇根多糖中硒含量越高，相关的活性作用越强（Cui et al.，2022）。从化学结构的角度来看，硒化修饰后的多糖产物分子发生变化，多糖分子中的 —OH 被 —SeO$_3$/—HSeO$_3$ 取代，从而导致多糖活性发生改变。

4.2.3 多糖对肠道屏障的保护作用机制

在动物体内，与外部环境接触面积最大的组织器官是肠道，它是食品成分消化和营养素吸收的主要场所，也是抵御外来病原体和毒素的最重要防御屏障。因此，探索能够调节肠道屏障并保持其完整性的生物活性物质（尤其是食品成分），对肠道健康具有重要意义。研究发现，多糖可以保护肠道屏障免受多种因素的影响，并维持身体健康。构成肠道屏障的各个要素，以及多糖对肠道屏障的作用机制如图 4-12 所示（Huo et al.，2022）。

4.2.3.1 多糖对肠道物理屏障的保护作用

整体上看，多糖可以通过不同路径对肠道的物理屏障功能产生保护作用（图 4-13），从而发挥其肠道健康作用。

1）抑制氧化应激

氧化应激是指体内的氧化体系与抗氧化体系失衡，产生大量 ROS。ROS 的大量释放不但引起组织损伤，而且还能导致脂质过氧化而提高丙二醛的释放量。所以，氧化应激可导致肠道细胞损伤。有研究结果表明，多糖可以降低肠道屏障损伤动物血清中的 ROS 和丙二醛水平，从而减低肠道损伤程度。例如，从钩沙菜中分离得到的多糖样品，在三硝基苯磺酸损伤的大鼠中，可显著降低结肠组织中丙

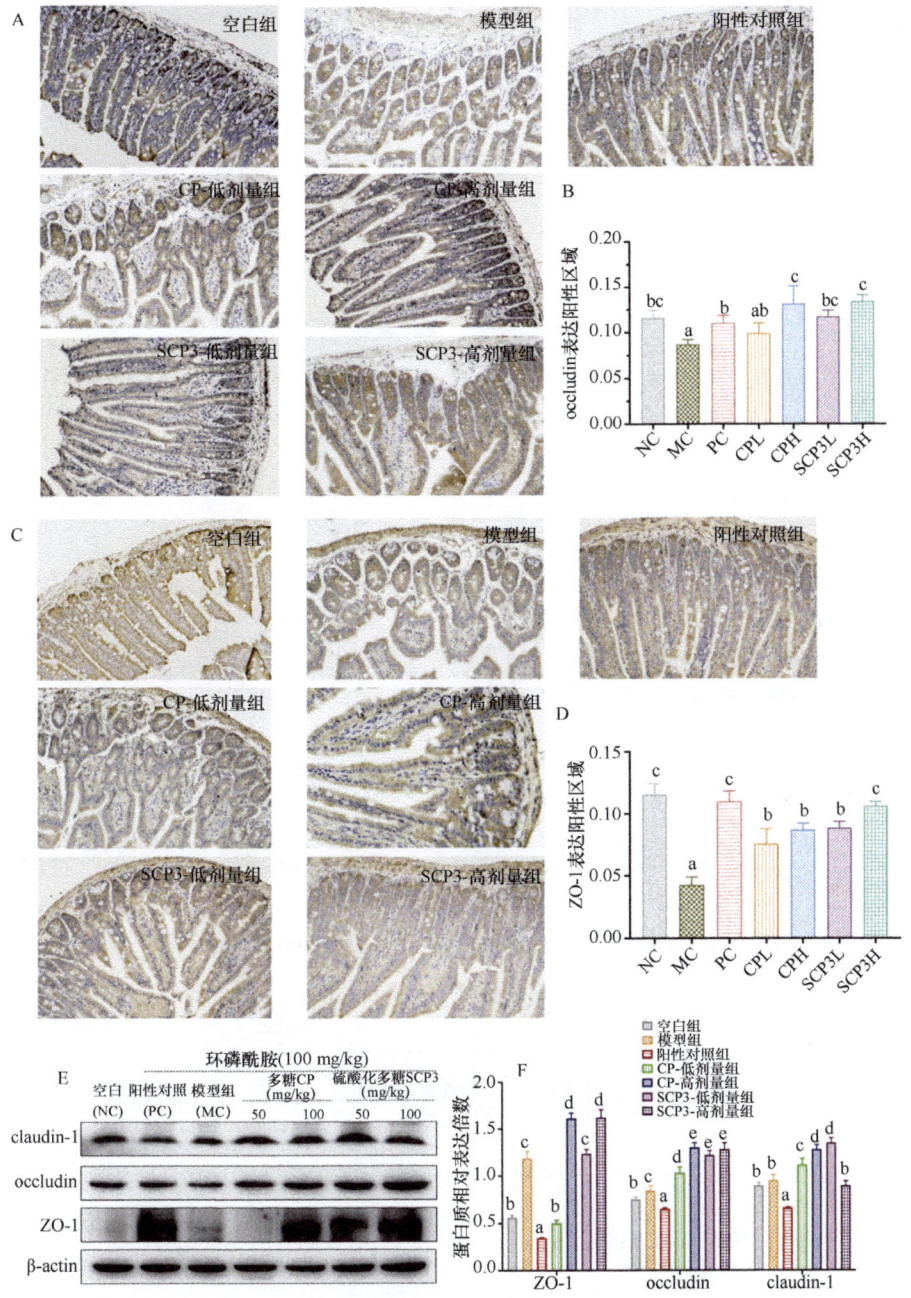

图 4-11 青钱柳多糖（CP）及硫酸化修饰产物（SCP3）对环磷酰胺损伤小鼠肠道屏障功能的提升（Li et al.，2022）

A、C，空腔组织中 occludin 和 ZO-1 免疫组织化学分析结果；B、D，对 TJ 蛋白表达的分析结果；E，小肠组织 TJ 蛋白的免疫印迹分析结果；F，TJ 蛋白相对表达水平

凡是具有不同英文字母标记的数据，表明数据间具有显著性差异（$P<0.05$），后同

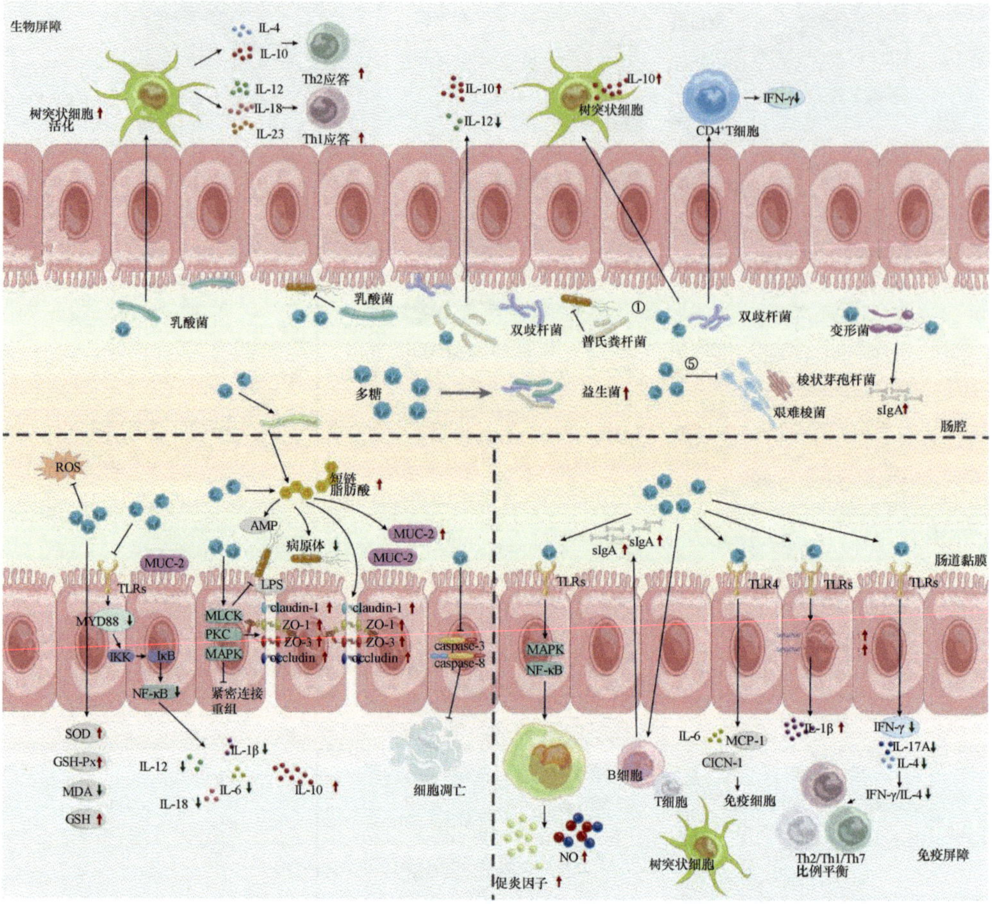

图 4-12　多糖对肠道屏障损伤的保护机制（Huo et al.，2022）

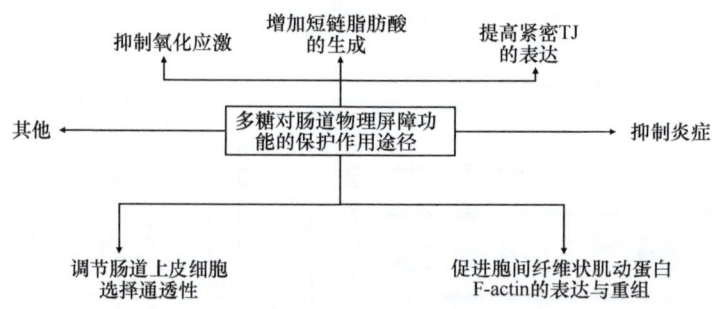

图 4-13　多糖对肠道物理屏障功能的保护作用途径

二醛含量，同时抑制 iNOS，从而改善三硝基苯磺酸引起的肠道屏障损伤（Brito et al.，2016）。此外，机体内自由基的迅速增加和肠道稳态失衡，以及机体中抗氧化防御体系的破坏,也是引起肠道屏障损伤的关键机制。机体内的抗氧化防御体系主要包括:非酶抗氧化剂,如抗坏血酸和谷胱甘肽;抗氧化酶,如 SOD、谷胱甘肽还原酶(glutathione reductase,GR)、CAT、GSH-Px。例如,浒苔多糖可以通过增加血淋巴/血清中的 SOD、GSH-Px 和 CAT 活性,改善肠道屏障损伤(表 4-2)(Zou et al.,2021)。燕麦中的 β-葡聚糖能够显著增加 LPS 损伤大鼠脾脏中的 SOD、GR 和 GSH-Px 活性,降低还原型谷胱甘肽与氧化型谷胱甘肽的比率,同时研究者认为 β-葡聚糖可以作为自由基猝灭剂(Błaszczyk et al.,2015)。所以,多糖有可能通过抗氧化酶或非酶抗氧化体系的联合作用,防止 ROS 代谢物对肠道屏障的损伤,从而通过缓和氧化应激来保护肠道物理屏障完整性。

表 4-2 浒苔多糖对断奶仔猪血清中抗氧化能力的影响(Zou et al.,2021)

抗氧化指标	空白对照组(U/mL)	多糖添加组(U/mL)	P 值
SOD	60.17±3.64	77.80±1.96	0.005
CAT	11.83±0.96	15.98±0.85	0.006
GSH-Px	352.45±18.33	438.38±22.07	0.024
总抗氧化能力	4.76±0.16	5.23±0.17	0.054

注:①进行 8 组独立重复试验;②GSH-Px、SOD 和 CAT 测定结果 $P<0.05$,总抗氧化能力测定结果 $P<0.10$

2)抑制炎症

任何对肠上皮细胞屏障结构和功能的损害,都可能导致黏膜免疫系统失衡,并诱发炎症反应,从而进一步加剧对肠上皮屏障的损害。有研究发现,多糖在模型动物体内确实可以抑制促炎因子(如 IL-6、IL-1β 和 TNF-α)表达(表 4-3)。黄芩多糖可降低实验动物血清中的 IL-6、IL-1β 及 TNF-α 的水平,缓解 DSS 诱导 UC 模型小鼠的肠道屏障损伤(Cui et al.,2021)。在研究黄芪多糖和人参多糖对 LPS 损伤肠道的潜在影响时,发现这些多糖都能够抑制 IL-1β 及 TNF-α 产生,调

表 4-3 多糖样品对不同损伤类型肠道促炎因子的抑制作用(Cui et al.,2021;Zhou et al.,2021;Wang et al.,2020a)

多糖来源	动物模型	检测部位	促炎因子种类		
			IL-6	IL-1β	TNF-α
黄芩	DSS 损伤小鼠	结肠组织	122→70	103→45	207→65
		血清	252→179	210→97	312→127
黄芪	LPS 损伤小鼠	血清	NP	245→178	86→62
人参	LPS 损伤小鼠	血清	NP	245→170	86→67
木枣	脓血症小鼠	血清	7880→1290	6785→2261	2813→978

注:①NP,未检测;②结肠组织和血清中促炎因子水平单位分别为 pg/mg 蛋白质和 pg/mL 蛋白质;③"→"表示数值变化

节 LPS 诱导的 TLR4、MyD88 和 NF-κB 异常表达，从而保护肠道屏障功能（Wang et al., 2020a）。木枣多糖也可以降低实验动物血清中促炎因子 IL-6、IL-1β 和 TNF-α 表达，并且抑制 TLR4/NF-κB 信号通路的激活，最终达到抑制小鼠肠道上皮屏障功能损伤（Zhou et al., 2021）。这些研究均证实，多糖通过抑制促炎因子的表达来减轻炎症反应，从而有助于恢复受损的肠道屏障功能。同时，多糖还可以通过调节各种信号通路，进一步保护肠道屏障。

多糖还可以通过调节抗炎因子的表达来抑制炎症。IL-10 是一种多效性调节细胞因子，可抑制抗原呈递和促炎细胞因子释放，并增加抗炎分子（如 IL-1 受体拮抗剂、可溶性 TNF-α 受体和基质金属蛋白酶组织抑制剂）的表达，从而缓解炎症并保护肠上皮屏障功能。分子量为 200 kDa 的阿拉伯半乳聚糖，能够增加 Caco-2 细胞的 TEER 值，降低 NF-κB 活性，刺激 IL-10 产生，并抑制远端结肠渗透性的增加，最终维持肠上皮屏障的完整性（Daguet et al., 2016）。由低聚半乳糖、大豆多糖、低聚果糖、阿拉伯树胶、纤维素和抗性淀粉组成的多纤维复合物，通过减少 $CD4^+$ T 细胞，诱导肠黏膜中调节性 T 细胞的分化，从而抑制肠道上皮细胞凋亡。而异麦芽糊精则通过抑制 TLR4 的表达，提高被 DSS 诱导的结肠炎小鼠的 IL-10 表达水平。这些结果也说明减轻炎症的途径是缓解肠道损伤的一种有效手段（Majumder et al., 2017）。

3）调节肠道上皮细胞选择通透性

肠道上皮通过两条主要途径介导肠道的选择通透性：跨上皮/跨细胞途径和细胞旁途径。跨细胞通透性通常与通过上皮细胞的溶质运输有关，并且主要由氨基酸、电解质、短链脂肪酸和糖的选择性转运体调节。细胞旁通透性则与上皮细胞之间的运输有关，并受到位于顶端-侧膜交界处和沿侧膜的细胞间复合体的调节。细胞的选择通透性可以通过不同的指标进行评价，如 TEER 值、细胞旁通透性、抗菌活性及细菌移位等。其中，TEER 值越大、细胞旁通透性越小、抗菌活性越强、细菌移位对应的菌落总数越少，表明肠细胞屏障功能的完整性良好。笔者和课题组成员研究发现，从山药及龙眼分离出的山药多糖（YP）及龙眼多糖（LP），在 10 μg/mL 剂量下作用 IEC-6 细胞 24 h 后，相对于对照组细胞，这些指标的数值发生明显的变化，其结果如表 4-4 所示。这些数据表明多糖可以增加 IEC-6 细胞的 TEER 值、降低细胞旁通透性、提高细胞抗菌活性及减少细菌移位的发生，因而对肠道屏障功能产生积极的影响作用（于亚辉，2023；Wang and Zhao, 2022）。

4）促进胞间纤维状肌动蛋白表达与重组

肌动蛋白单体，全称为球状肌动蛋白（globular actin，G-actin），为球形，其表面有 ATP 结合位点。肌动蛋白单体一个接一个连成一串肌动蛋白链，两串这样

表 4-4　山药多糖（YP）及龙眼多糖（LP）对 IEC-6 细胞选择通透性的影响（于亚辉，2023；Wang and Zhao，2022）

多糖	TEER 值（%）	FD-4 转运量（%）	细菌数量（lg CFU/mL）	阳性孔数
YP（10 μg/mL）	117（对照组 100）	82（对照组 100）	4.45（对照组 5.17）	5（对照组 9）
LP（10 μg/mL）	114（对照组 100）	86（对照组 100）	3.73（对照组 4.13）	5（对照组 9）

注：TEER 值测定以对照组电阻值为 100%进行比较；细胞旁通透性测定是通过检测 Transwell 插入件的上室 0.5 mg/mL 异硫氰酸荧光素-葡聚糖（fluorescein isothiocyanate-dextran，FD-4）通过量，并以对照组数值为 100%进行比较；抗菌活性检测是利用 Transwell 培养细胞，其上室上清液与大肠杆菌混合后，将培养菌落总数与对照组进行比较；细菌移位是将大肠杆菌直接接种至培养好的 Transwell 上室细胞中，作用 4 h 后收集 Transwell 下室培养液，记录有菌落的阳性孔数目

的肌动蛋白链再进行互相缠绕扭曲成一股微丝。这种肌动蛋白多聚体被称为纤维状肌动蛋白（fibrous actin，F-actin）。所以，F-actin 是一种重要的细胞骨架蛋白，在细胞形态、运动、信号转导等方面有着重要作用。

近年来，越来越多的研究表明，F-actin 还与细胞屏障功能密切相关。在细胞中，F-actin 与 TJ 蛋白相互作用，通过调节 TJ 蛋白的分布和功能，影响细胞之间 TJ 的通透性。同时，F-actin 也可以通过调节细胞骨架的动态变化，进一步影响 TJ 蛋白的分布和功能。整体上，F-actin 作为细胞骨架的一部分，对维持细胞形态和结构具有重要的作用，F-actin 与细胞 TJ 蛋白之间的相互作用情况如图 4-14 所示。

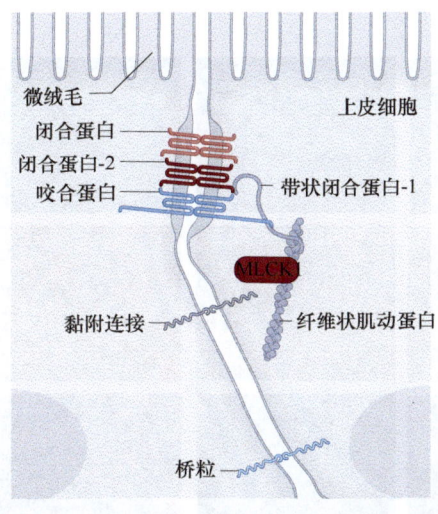

图 4-14　F-actin 与细胞 TJ 蛋白之间的相互作用示意图（Horowitz et al.，2023）

F-actin 对肠道屏障功能的影响主要表现在以下 3 个方面。

（1）F-actin 在细胞膜和细胞间连接中发挥着重要作用。细胞膜是细胞与外界

环境接触的第一道屏障,而细胞之间的连接则是相邻细胞之间的连接结构。F-actin 在细胞膜和细胞间连接中的分布和动态变化,对维持这些结构的完整性和稳定性具有极其重要的意义。

(2) F-actin 参与细胞内信号转导过程。当外界环境发生变化时,细胞会通过信号转导机制做出相应的反应。F-actin 作为信号转导通路的一部分,能够传递信号并调节细胞反应。

(3) F-actin 还与细胞内其他结构相互作用,共同维持细胞的屏障功能。例如,F-actin 与细胞膜上的蛋白质相互作用,参与细胞膜的修复和再生过程。F-actin 也与细胞内的其他骨架蛋白相互作用,共同维持细胞的形态和结构。

因此,基于 F-actin 在维持细胞屏障功能方面所发挥的重要作用,可以通过观察 F-actin 来确定上皮细胞单层的屏障功能。笔者和课题组成员研究发现,山药多糖作用于 IEC-6 细胞后,细胞单层的屏障功能增强;进一步的染色试验和观察,我们清楚地看到,F-actin 位于细胞间连接处,并沿细胞膜分布;与对照组细胞相比,多糖样品处理过的细胞间,F-actin 的荧光信号强度增强;不同硒化修饰的多糖样品(低硒化度的 YPSe-I、高硒化度的 YPSe-II)也表现出不同的活性作用(图 4-15)。整体上,经过硒化修饰后的多糖样品特别是 YPSe-II,具有更好的活性作用来促进 F-actin 的表达,对硒化产物来说,这一观察结果可以证明化学硒化和较高的硒化程度赋予它们更高的活性来增强肠道的屏障功能(Wang and Zhao,2022)。

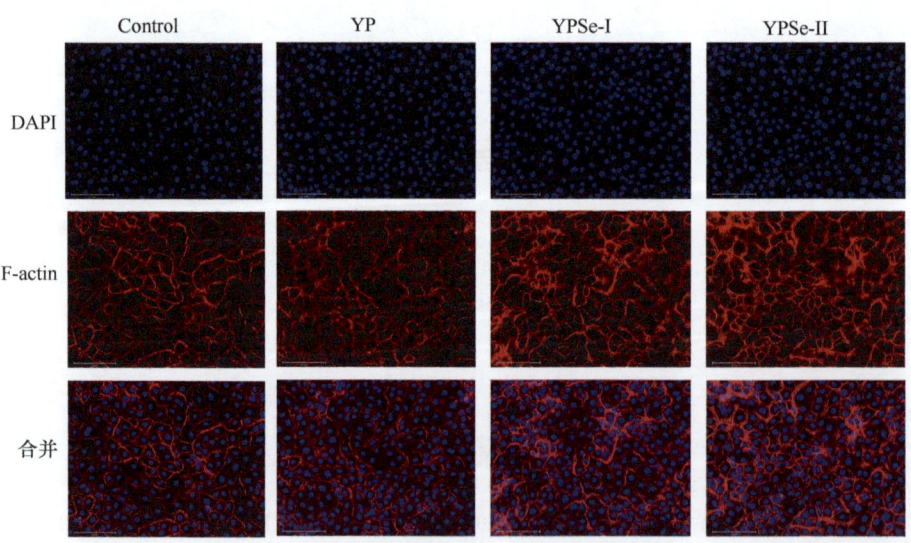

图 4-15 山药多糖及其不同硒化程度的硒化产物对 IEC-6 细胞间 F-actin 分布的影响(Wang and Zhao,2022)

5）提高 TJ 蛋白的表达

众所周知，TJ 蛋白在维持肠道屏障的选择性通透性方面起着重要作用。一般来说，肠道通透性随着 TJ 蛋白表达（下调或上调）的变化而变化，或 TJ 蛋白通过调节各种细胞内信号通路（如 MLCK、PKC 和 MAPK）来改变上皮细胞的通透性。TJ 的屏障功能和细胞旁通透性，可以用 TEER 的降低或增加、大分子（如葡聚糖、酚红或甘露醇）的细胞旁通量降低或增加来反映。有研究发现，车前子多糖和螺旋藻多糖不但可以增加 Caco-2 细胞的 TEER 值，减少 FITC-葡聚糖或酚红的细胞旁转运，同时还能上调 TJ 蛋白的表达，这些结果印证了多糖通过维持肠道上皮屏障的完整性来保护肠道细胞（Li et al.，2020b；Wang et al.，2020a；Li et al.，2019）。此外，也有研究结果表明，在 Caco-2 细胞中枸杞多糖（LBP）可通过抑制 NF-κB 介导的 MLCK-MLC 信号通路，改善 TNF-α 诱发的肠屏障功能障碍，提高肠道屏障相关 TJ 蛋白（包括 claudin-1、ZO-3 和 occludin）的表达量（图 4-16），从而降低细胞旁通透性（Li et al.，2020c）。此外，山药多糖（YP）和 2 种硒化山药多糖（YPSe-I 和 YPSe-II）也能够上调 IEC-6 细胞中 claudin-1、ZO-1 和 occludin 的表达（图 4-16），增强 IEC-6 细胞的屏障功能（Wang and Zhao，2022）。

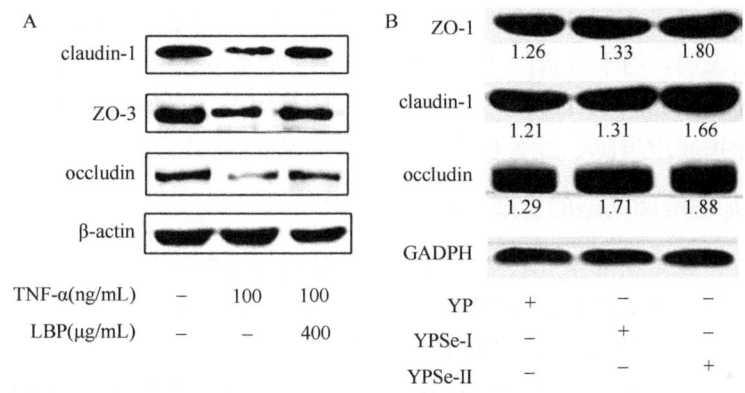

图 4-16　枸杞多糖和山药多糖促进胞间 TJ 蛋白表达量的免疫印迹分析结果（Wang and Zhao，2022；Li et al.，2020c）

A，枸杞多糖（LBP）提高 Caco-2 细胞 TJ 蛋白表达量的免疫印迹分析结果；B，山药多糖（YP）及其硒化修饰产物（YPSe-I、YPSe-II）提高 IEC-6 细胞 TJ 蛋白表达量的免疫印迹分析结果

笔者和课题组成员在研究龙眼多糖硒化后对 IEC-6 细胞屏障功能的影响作用时，发现多糖通过抑制 RhoA/ROCK 信号通路的激活，上调 3 种 TJ 蛋白（claudin-1、ZO-1 和 occludin）的表达（图 4-17），进而对细胞屏障功能产生积极作用（于亚辉，2023）。此外还确认，硒化后的山药多糖也是通过相同的作用方式，抑制 RhoA/ROCK 信号通路的激活，有效地改善 IEC-6 细胞的屏障功能（Wang and Zhao，2022）。

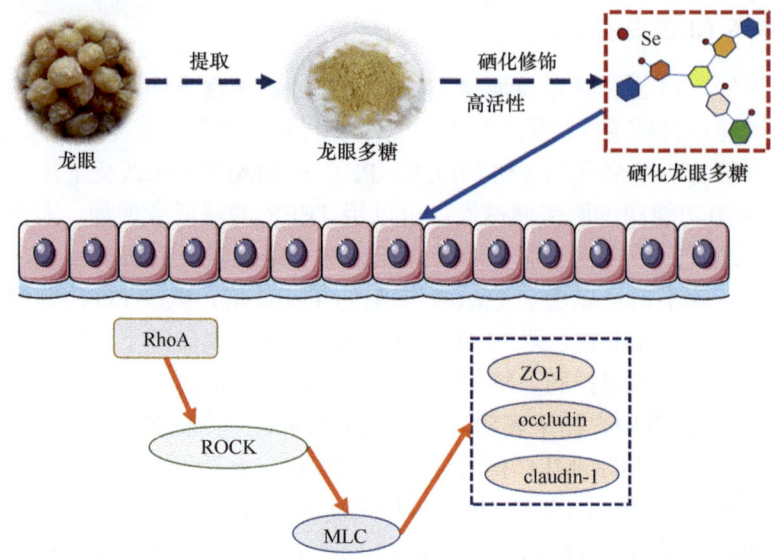

图 4-17 硒化龙眼多糖调控 IEC-6 细胞屏障作用的机制（于亚辉，2023）

肠道屏障功能也可以通过表征组织 TJ 蛋白或血液中 LPS 和 D-乳酸的含量来间接评估。肠道上皮屏障通常会因疾病、营养或环境而受损。Wang 等（2020b）的研究结果表明，由于分析结果显示血浆中的二胺氧化酶和 D-乳糖含量下降，而动物组织的 claudin-1、claudin-3 和 occludin 的基因表达量增加，证明黄芪多糖等目标物质保护肠道屏障、改善机体生化指标（Wang et al.，2020a）。

6）增加短链脂肪酸的生成

短链脂肪酸是由非消化性碳水化合物在结肠中发酵产生的，主要包括乙酸、丙酸、丁酸和其他代谢物。短链脂肪酸是肠道上皮细胞的能源提供者，其含量增加会促进肠道上皮细胞增殖，增加肠道屏障机械强度。短链脂肪酸中的丁酸尤为重要，它在维系肠道屏障功能上的表现最为明显。有研究发现，通过高脂饮食导致的小鼠肠道损伤，可以借助摄入菊粉增加短链脂肪酸在肠道内的含量，从而改善肠道损伤（Zhao et al.，2018）。

短链脂肪酸在肠道中还具有抗癌活性作用，而它们在维持肠道上皮细胞完整性和恢复肠道屏障损伤方面可能的机制大体上有两种方式：短链脂肪酸降低肠道环境 pH，抑制致病菌的生长繁殖；短链脂肪酸通过调节 TJ 蛋白的表达，从而调节肠道细胞通透性和肠道细胞间通路的溶质转运。其中，丁酸作为重要的调节因子来调节 TJ 蛋白的编码基因。Zou 等（2021）的研究发现，将浒苔多糖添加给断奶仔猪后（图 4-18），不但改善了肠道菌群（增加乳酸菌菌群总数，降低大肠杆菌菌群总数），还增加了盲肠中乙酸和丁酸含量，并显著增加了 ZO-1、claudin-1 及

occludin 的 mRNA 和蛋白质表达水平，进而改善了肠道屏障功能。

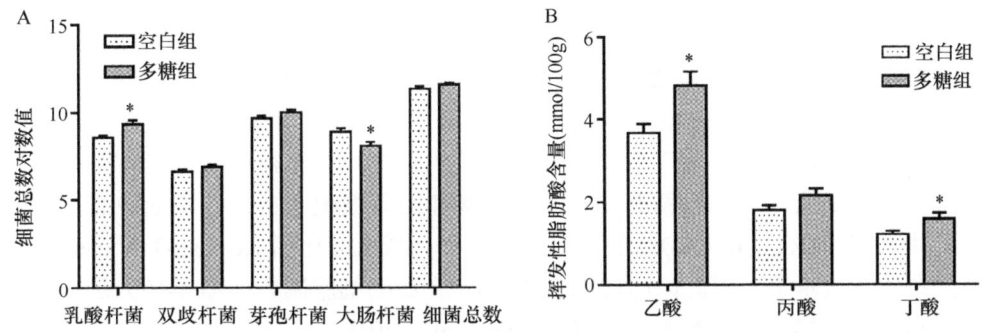

图 4-18　浒苔多糖对断奶仔猪肠道屏障的影响（Zou et al., 2021）
A，断奶仔猪盲肠中的肠道菌群数目；B，断奶仔猪盲肠中挥发性脂肪酸的含量；*，$P < 0.05$

当研究菊粉与发酵菊粉对肠道屏障的保护作用时发现，发酵可以促使菊粉产生更多的丁酸，并上调 TJ 蛋白（包括 claudin-1、claudin-3 和 ZO-1）、AJ 蛋白（如 CDH1）、表皮生成因子受体（epidermal growth factor receptor，EGFR）和黏蛋白 MUC-1 的基因表达，最终提高肠道屏障的完整性（Uerlings et al., 2020）。从生姜中分离得到的两种生姜多糖（UGP1 和 UGP2），分别作用于环磷酰胺损伤小鼠后测定小鼠粪便中短链脂肪酸含量，如表 4-5 所示。通过结果不难发现，小鼠被环磷酰胺损伤后粪便中短链脂肪酸含量均有所下降；使用两种生姜多糖 UGP1 和 UGP2 处理后，与环磷酰胺损伤组数据相比，短链脂肪酸含量提高。研究结果还同时表明小鼠肠道的 TJ 蛋白 ZO-1 和 claudin-1 的表达量也显著提高。这些证据都足以说明生姜多糖可以通过提高短链脂肪酸的含量改善实验动物的肠道屏障功能（Liu et al., 2022）。

表 4-5　生姜多糖在环磷酰胺损伤小鼠肠道内的发酵产酸情况（Liu et al., 2022）

组别	乙酸	丙酸	异丁酸	正丁酸	异戊酸	正戊酸
空白组	0.597	0.191	0.129	0.498	0.174	—
环磷酰胺损伤组	0.575	0.101	0.118	0.318	0.076	—
UGP1	0.590	0.190	0.122	0.384	0.080	0.104
UGP2	0.585	0.184	0.118	0.346	0.078	0.100

注：原研究报告中未报道所测产物浓度

还有研究结果发现，丁酸可以诱导抗菌肽的产生，而抗菌肽是由肠道上皮细胞产生、在维持肠道屏障功能方面有活性作用的重要物质。整体上看，目前已经可以初步确认某些难消化多糖在改善肠道屏障损伤时可以产生乙酸、丙酸和丁酸，再次证明短链脂肪酸在保护肠道屏障方面发挥着重要的作用（Peng et al., 2009；

Zhao et al., 2018)。

7）其他方面

多糖还可以通过抑制细胞凋亡来保护肠道上皮屏障功能。例如，灵芝孢子多糖通过防止微管聚合、抑制细胞凋亡等途径，保护肠道上皮的屏障功能（Li et al., 2020a）。同时，低分子量壳聚糖，可以依托线粒体凋亡途径和死亡受体途径，减少感染产肠毒素型大肠杆菌断奶仔猪的空肠和回肠细胞凋亡，并降低肿瘤坏死因子受体 1（TNFR1）和 FADD 的基因表达水平，减少活化后 caspase-3 和 caspase-8 的蛋白质表达水平。因此，通过抑制 TNF-α 介导的细胞凋亡（图 4-19）是壳聚糖减轻肠道屏障损伤的一个可能途径（Wan et al., 2019）。

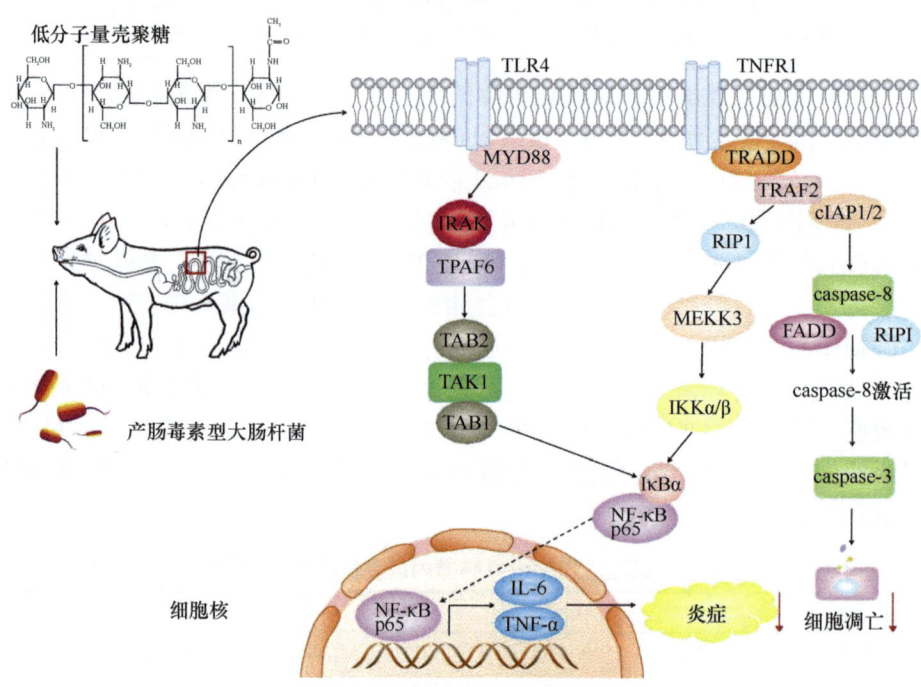

图 4-19　壳聚糖降低肠道屏障损伤的可能机制（Wan et al., 2019）

高黏性多糖可以通过在上皮细胞表面形成一层类似于肠黏膜层的亲水凝胶层，从而维持肠道屏障结构的完整性。因此，黏性多糖对肠道屏障也具有保护作用。当给受试者服用从嗜热链球菌中分离得到的一种高黏度的胞外多糖后，他们的肠道通透性下降（Del Piano et al., 2014）。此外，从罗望子的种子中分离得到的木聚糖具有黏蛋白样分子结构和黏性性能，该木聚糖也被确认可以减少肠道中细菌的黏附和侵入，提高肠屏障功能（Piqué et al., 2018）。

4.2.3.2 多糖对肠道免疫屏障功能的影响

肠道是一个重要的免疫器官,拥有不同类型的免疫细胞。本章所提及的多糖,虽然不在肠道内消化,但是可经过肠道微生物发酵转化成为其他物质;多糖也可以与肠道淋巴相关组织中的免疫细胞相互作用,调节抗原呈递细胞等各种免疫细胞和各种细胞因子。

1) 调节免疫细胞功能

多糖是一种天然的生物活性物质,能够有效地调节肠道免疫细胞的功能。通过激活 T 细胞、抑制炎症细胞等,多糖可以增强肠道免疫屏障的防御能力,从而抵御外部病原体的入侵。这种调节功能不仅对肠道健康有着重要的保护作用,还对整个身体的免疫系统有着广泛的影响。在肠道中,多糖能够与肠道免疫细胞相互作用,促进细胞的增殖、分化和功能表达。这些均有助于维持肠道内环境的稳定,防止肠道炎症和感染的发生。此外,多糖还可以抑制炎症细胞的活化和聚集,减轻肠道炎症反应,进一步保护肠道黏膜的完整性。多糖的调节作用不仅局限于肠道免疫细胞,它还可以影响其他免疫细胞的活性和功能。例如,多糖能够激活巨噬细胞和 NK 细胞,增强它们的吞噬能力和杀伤活性,从而消灭侵入体内的病原体。此外,多糖还可以调节 B 细胞和 T 细胞的增殖和分化,促进抗体和细胞因子的产生,进一步增强机体的免疫应答能力。

2) 调节相关信号通路蛋白表达

TLR 信号通路、MAPK 信号通路和 NF-κB 信号通路(图 4-20~图 4-22)在肠道免疫反应中起着至关重要的作用,并且也能影响肠道屏障功能。

TLR 广泛存在于肠道免疫细胞中,是一类模式识别受体,能够识别病原体相关的分子模式,从而启动免疫反应,在肠道先天免疫和适应性免疫系统中发挥着重要的作用。当病原体进入体内时,TLR 能够识别病原体相关的分子模式,并启动一系列信号转导通路,最终激活免疫细胞。在这个过程中,MAPK 和 NF-κB 起到了关键作用。MAPK 能够磷酸化多种底物包括转录因子和酶,从而调控免疫细胞的活化、分化和效应功能。NF-κB 是一种核转录因子,能够调控多种基因的表达,包括炎症因子、细胞因子和趋化因子等的基因,从而促进免疫细胞的活化和炎症反应。TLR 信号通路的调节,对免疫细胞的分化也具有重要影响。在免疫反应中,不同类型的免疫细胞会发挥不同的作用。TLR 信号通路的调节能够影响免疫细胞的分化方向,从而影响免疫反应的类型和强度。例如,TLR4 信号通路的调节能够影响树突状细胞的分化方向,从而影响 Th1 和 Th2 型免疫反应的平衡。TLR 信号通路的调节对免疫细胞的效应功能也具有重要调控作用。免疫细胞的效应功能包括吞噬病原体、释放化学物质、调节其他细胞的功能等。TLR 信号通路的调节能够影响免疫细胞的效应功能，从而影响免疫反应的强度和范围。TLR2 信号通路的调节能够影响巨噬细胞的吞噬功能和化学物质的释放，从而影响炎症反应的强度和范围。

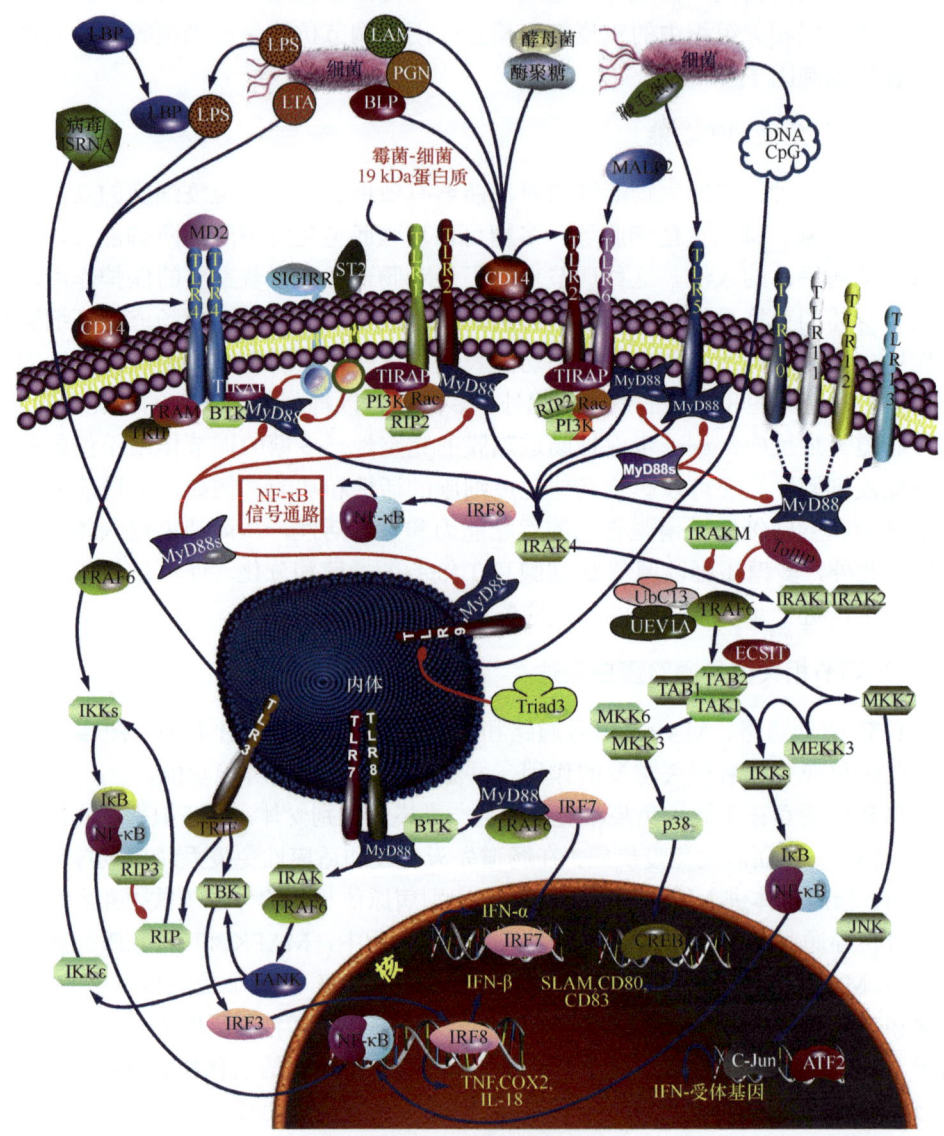

图 4-20　TLR 信号通路

TLR4 是最早介导 NF-κB 和 MAPK 信号通路激活的重要天然免疫受体之一，TLR4 受体蛋白结合相应的配体激活 MAPK 家族蛋白［包括 JNK、p38 和细胞外信号调节激酶 1/2（ERK1/2）］，最终激活 NF-κB 的下游信号转导，从而诱导和促

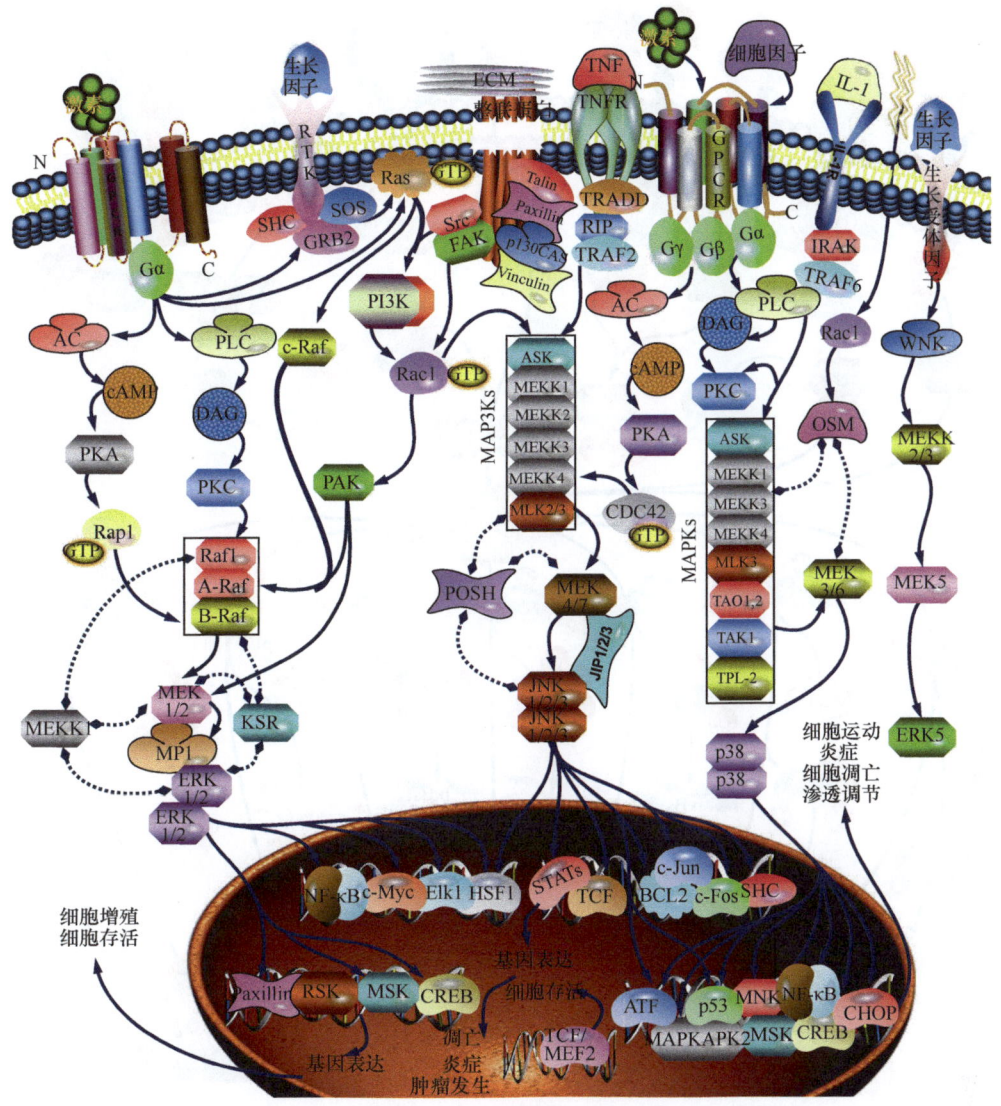

图 4-21 MAPK 信号通路

进 TNF-α、IL-1β 和其他炎症因子的产生。外界刺激可激活 NF-κB 信号通路，启动炎症基因的转录和表达，下调 TJ 蛋白表达，改变 TJ 蛋白分布，最终降低肠道黏膜的防御功能，并进一步损害和破坏肠道结构和功能。体外试验也证实，随着肠通透性的增加，TJ 蛋白中的 claudin-1、occludin 和 ZO-1 的表达水平降低，导致肠道物理屏障受损；而 NF-κB 蛋白表达增加，提示肠黏膜损伤与 NF-κB 信号通路调控 TJ 蛋白表达有关。派尔集合淋巴结（Peyer patch）是肠黏膜免疫系统的免疫诱导和抗原摄取部位，起局部免疫作用，它们富含胸腺源性 T 细胞、B 细胞等

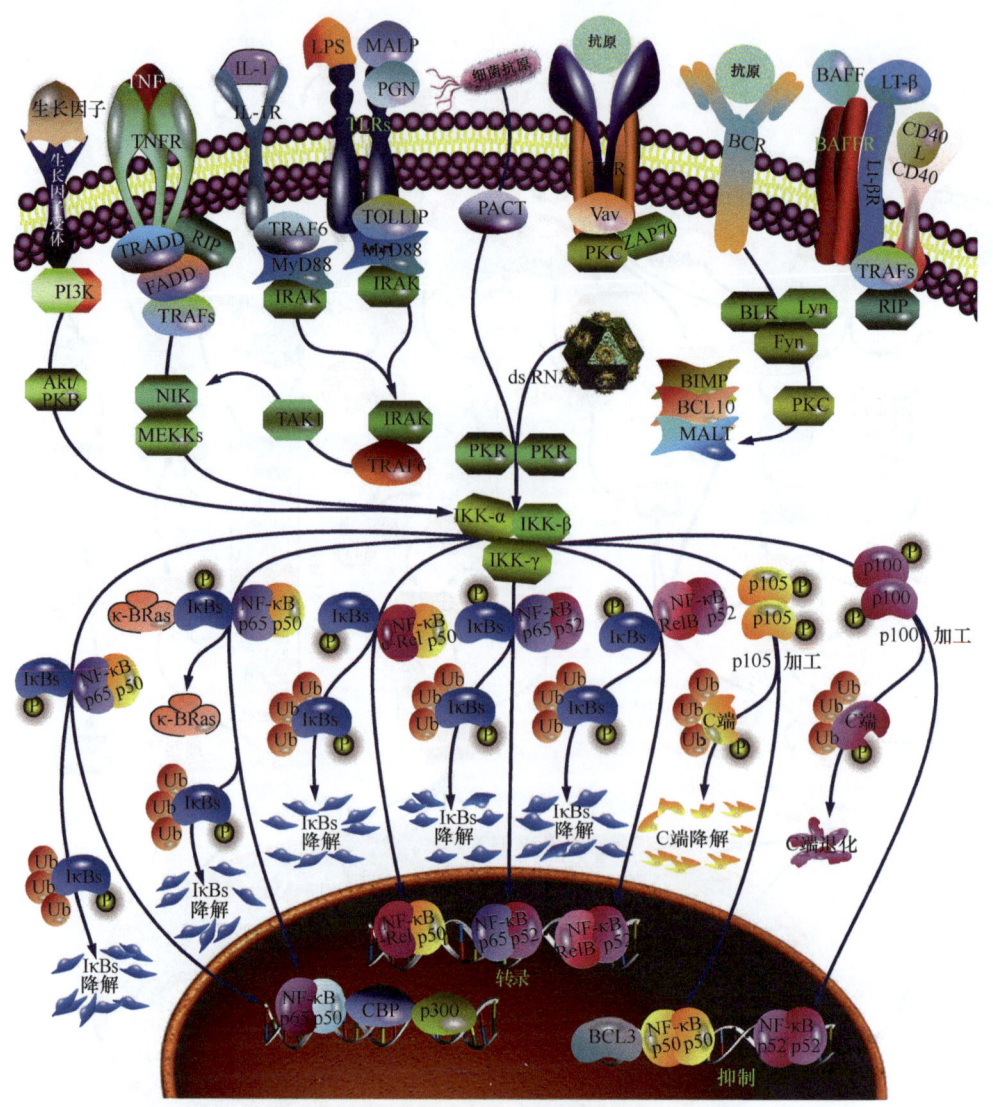

图 4-22 NF-κB 信号通路

免疫细胞,其大小和数量反映肠道黏膜的局部免疫状态。荨麻多糖作用于环磷酰胺诱导的小鼠模型时,结果发现由鼠李糖、葡萄糖醛酸、半乳糖和木糖组成的多糖对小鼠具有较强的免疫调节活性和较低的毒性。荨麻多糖不仅增加 sIgA、IFN-γ 和 IL-4 的分泌,同时还维持 IFN-γ/IL-4 和分化簇(CD3$^+$/CD19$^+$)细胞的平衡。此外,荨麻多糖还能增加 TLR4 的表达,提示 TLR4 可能是多糖的受体之一(Wang et al., 2019)。另外,灵芝多糖作用于被环磷酰胺诱导的免疫受损小鼠时,发现多糖显著促进 IgA 分泌,sIgA、IgE、IgG、IgM 分泌水平升高,TLR2、TLR4、TLR6 mRNA 水平升高，CD4$^+$和 CD8$^+$T 细胞数量增加，细胞因子 IFN-γ、TNF-α、IL-2、IL-12p70、IL-4、IL-1β、IL-17、IL-21、IL-23、TGF-β3 的分泌水平增加。灵芝多糖还能够增加小鼠杯状细胞的数量，并促进 TJ 蛋白 ZO-1、occludin 和 claudin-1 的表达，证明灵芝多糖能改善肠道免疫功能，并缓和环磷酰胺诱导的黏膜完整性受损（Ying et al.，2020）。

在巨噬细胞中，MAPK 和 NF-κB 是调节免疫应答的主要信号通路。多糖可通过激活信号蛋白（如 p38 和 ERK）激活巨噬细胞并增加 NO 和其他促炎细胞因子分泌。例如，水溶性玛咖多糖可上调 TLR2 和 TLR4 的表达而激活免疫细胞，还可增加细胞核和细胞质中 p65 的表达，激活 TLR/NF-κB 信号通路，增强免疫力（Zha et al.，2018）。玉屏风多糖可有效上调断奶雷克斯兔胃肠道中 TLR2 和 TLR4 的 mRNA 水平，从而增强免疫力，改善肠道屏障的完整性（Sun et al.，2016）。霍山石斛多糖通过 TLR4 与小肠上皮细胞作用，有效促进固有层免疫细胞分泌细胞因子调节免疫应答（图 4-23）（Xie et al.，2019）。酸枣仁多糖则能促进小鼠脾淋巴细胞增殖，降低 CD3$^+$/CD4$^+$和 CD4$^+$/CD8$^+$值，对环磷酰胺诱导小鼠外周免疫和肠屏障功能产生有利的活性作用（Han et al.，2020）。

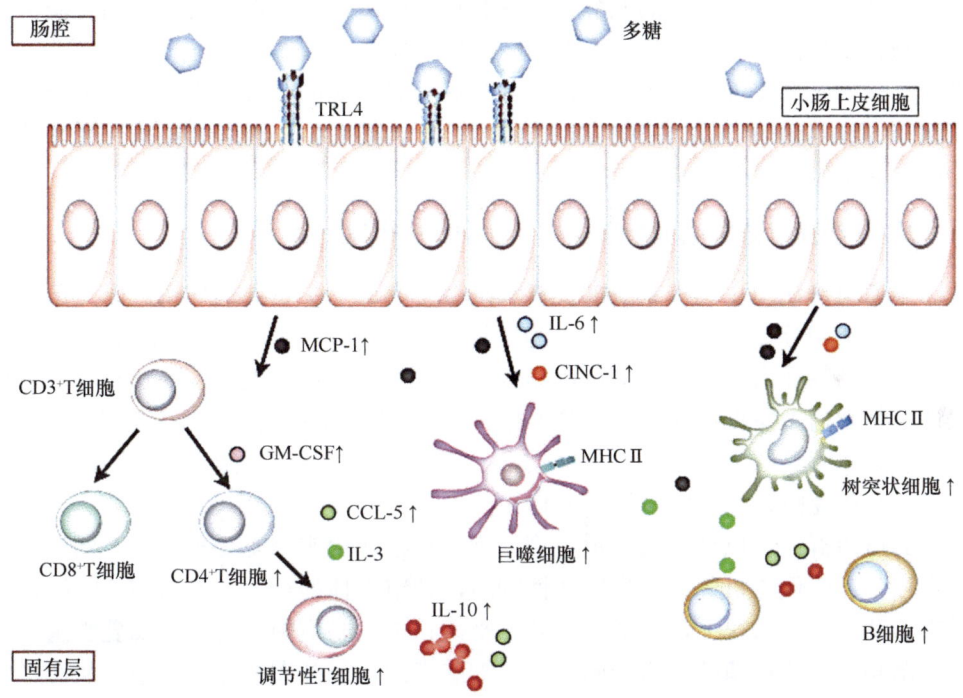

图 4-23 霍山石斛多糖通过 TLR4 与小肠上皮细胞作用调节免疫应答（Xie et al.，2019）

4.2.3.3 多糖对肠道生物屏障功能的影响

大量的研究发现，在成人肠道中定植的细菌种类超过 500 种，数量高达 10^{15} 个以上。肠道菌群按照其自然属性大体可分为 9 种，分别为厚壁菌门、拟杆菌门、变形菌门、放线菌门、梭杆菌门、疣微球菌门、螺旋体门、蓝细菌螺旋体门和 VadinBE97 门。其中，厚壁菌门和拟杆菌门占优势，比例高达 98%以上，其他门的比例只有 1%左右。这些肠道微生物参与宿主的重要生理功能，并建立复杂的相互作用，从互惠关系到竞争关系，直接或间接影响宿主。一个直接的证据是，无菌动物比定植动物更容易受到细菌的侵害。在无菌动物中，黏膜细胞的更新、肠道消化酶活性、局部细胞因子产生、黏膜相关淋巴组织、固有层细胞性、血管分布、肌肉壁厚度和运动性等均低于正常动物。因此，肠道菌群应该是通过产生信号因子来调节肠道中与身体健康密切相关的上皮和亚上皮的功能。总之，多糖协同肠道微生物菌群对肠道屏障发挥影响作用，可表现为以下几个方面。

1）多糖为肠道细菌提供特定碳源及代谢产物

多糖可以被肠道菌群降解产生代谢物如短链脂肪酸等。只有某些肠道细菌可以利用多糖，并通过多糖的发酵而改变和重塑肠道微生物群落。短链脂肪酸可以促进肠黏膜蛋白的产生，激活肠 TJ 蛋白的合成，有利于增强肠道屏障免疫力。其中的乙酸为肠上皮细胞提供能量，调节小肠营养物质的吸收。丙酸具有抗炎、免疫调节、修复肠道屏障功能等多种生物学功能，而丁酸可通过抑制病原菌增殖、促进有益菌生长等作用来调节肠道菌群。

2）多糖通过修复肠道菌群保护并维护肠道屏障功能

肠道菌群在宿主免疫系统的发育和维持中起着至关重要的作用。肠道菌群通过诱导 T 细胞分化和促进早期 B 细胞发育，维持炎症反应和免疫耐受之间的平衡。此外，在动物体内，肠道菌群可以作为抗原来促进宿主免疫系统的发育。通过持续性地刺激宿主免疫系统，微生物菌群引发免疫反应，并且提高身体的免疫能力。然而，肠道菌群的失衡会导致免疫紊乱，还可以削弱肠道屏障功能。因此，肠道菌群与肠道免疫系统和肠道屏障密切相关。

肠道菌群还可以通过与肠道免疫细胞的相互作用来修复受损屏障。肠道菌群能直接分泌或促进机体分泌生物活性物质，调节机体的行为，参与和影响机体的日常活动。正常情况下，肠道菌群处于平衡状态。肠道中的有益菌如乳酸菌、双歧杆菌和普雷沃杆菌等黏附于肠道上皮细胞表面，或分布在黏液层中，从而形成生物屏障，抑制病原菌的黏附和定植，并影响肠道屏障功能。

肠道微生物如乳酸菌等可促进树突状细胞成熟。而树突状细胞产生 IL-12、

IL-18 和 IL-23，有助于 Th1 细胞应答；所产生的 IL-4 或 IL-10 则有助于 Th2 细胞应答。双歧杆菌可增加树突状细胞中 IL-10 的释放并减少活化的 $CD4^+$ T 细胞中干扰素的产生。普雷沃菌则可通过提高抗炎因子 IL-10 表达和降低促炎因子 IL-12 表达来抑制炎症。当肠道中的有益微生物减少，有害微生物增多，就会对肠道稳态产生影响。所以，多糖可以为肠道中的益生菌提供有利的生长环境，并抑制潜在的病原菌如梭状芽孢杆菌增殖。例如，菊粉可以通过体外抑制艰难梭菌的肠道定植而促进肠道健康（Hookman and Barkin，2009）。金针菇多糖和灵芝多糖对肠道菌群的结构和丰度有影响，它们促进有益细菌如乳杆属细菌（产乳酸菌）和瘤胃球菌属（产丁酸菌）增殖并减少有害细菌，调节肠球菌和拟杆菌等的丰度（Kanwal et al.，2018；Jin et al.，2017）。花粉多糖具有调节分泌 sIgA 的细菌（如变形菌）和炎症相关细菌（如肠球菌）丰度的能力（Zhu et al.，2020）。

从蜂蜜中分离出的多糖也可以通过调节肠道菌群来改善 DSS 损伤小鼠的肠道屏障功能（图 4-24）。研究结果发现（Song et al.，2023），多糖作用于小鼠后，在门水平上厚壁菌门和变形菌门细菌的相对丰度显著减少，在细菌属水平上发现志贺氏菌属、异种杆菌属、梭状芽孢杆菌属、萨特氏菌属和阿克曼氏菌属的相对丰度显著减少，乳杆菌属和瘤胃球菌科的丰度显著上升。与此同时，相应的促炎细胞因子（如 IL-1β、IL-6、TNF-α）的表达水平也均显著下降，这就意味着蜂蜜多糖通过降低肠道炎症及调节肠道菌群来改善受损的肠道屏障功能。

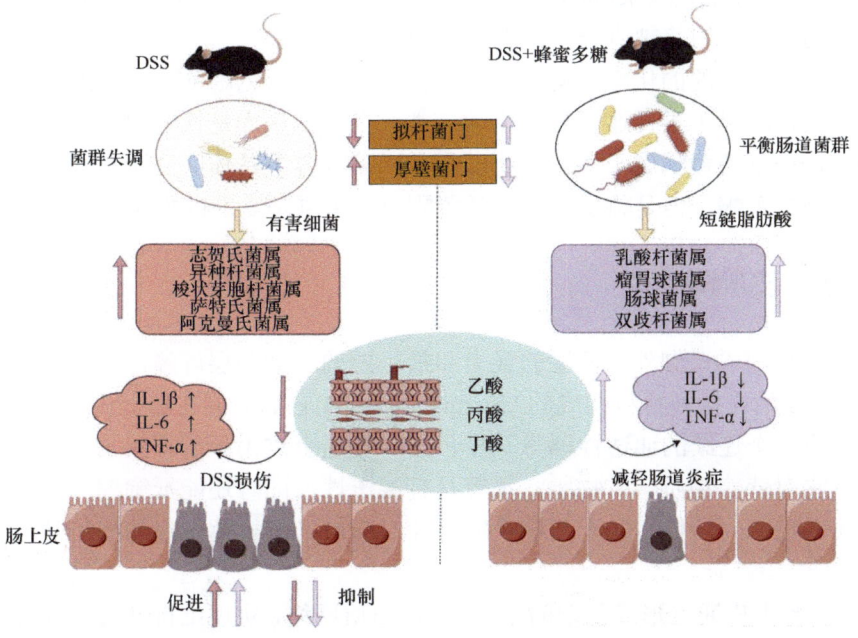

图 4-24　蜂蜜多糖调节短链脂肪酸和肠道菌群以改善肠道屏障功能（Song et al.，2023）

目前,已经有众多的研究者极其关注多糖对肠道微生物菌群的调控作用,以及它们在肠-肝-脑轴中的作用。肠道屏障是肠-肝轴的"守门人"。因此可以预计,多糖对肠道屏障功能的调控作用仍然是未来一段时间的研究热点。

(本节撰稿人 王振兴)

4.3 多酚对肠道屏障功能的提升作用

多酚(polyphenol)是蔬菜、水果、谷物和饮料等中天然存在的复杂食物成分。目前已经鉴别出来的多酚超过 10 000 个,其化学结构中至少包含一个或多个芳香环结构,并拥有多个酚羟基。大部分蔬菜和水果都含有多酚作为次级代谢副产品,用于抵御不同类型的内部(自由基)或外部环境(紫外线、真菌、昆虫和动物)胁迫。在很长一段时间内,多酚被认为在人类营养中不是那么重要,而且被认为是抗营养物质。然而,目前已有的大量研究成果证实,多酚在体内具有抗癌、抗氧化、抗炎和其他多种复杂的生物学作用,以及对代谢紊乱和慢性疾病的健康作用。例如,抗氧化作用被认为是多酚对抗若干疾病潜力的主要原因。除此之外,多酚还被证实可以通过增强人体免疫系统而发挥生物活性,如抑制细胞炎症和肿瘤血管生成。目前,多酚是被科学家广泛关注并研究的一类植物化学成分(或称为植物化学物质,phytochemical)。基于现有的研究结果,我们可以预料,多酚对人类健康的潜在作用将被进一步发掘和利用。

通常,根据多酚的化学结构特征,它们被进一步分为酚酸、类黄酮、单宁等不同的亚类,这里不再详述多酚的化学分类。多酚被认为是饮食中必需的功能性成分之一,由于类黄酮属于多酚,所以本节以下内容不具体区分所介绍的化合物是多酚还是类黄酮,但是将重点介绍类黄酮对肠道屏障功能的影响。

4.3.1 肠上皮屏障功能

肠上皮是构成抵御外界环境的最大和最重要的单细胞层屏障,这种屏障是由紧密连接、黏附连接和桥粒构成的(Suzuki, 2020)。它们共同在肠上皮细胞(IEC)的顶端形成一个连续的通透性屏障(图 4-25)。肠道上皮由单层杯状紧密相连的细胞组成,它对营养物质、矿物质、水等具有渗透性,同时还能抵御细菌、病毒和抗原物质的进入。所以,肠上皮屏障完整性对肠道乃至机体生理功能正常与否至关重要。

故此,肠上皮通过形成复杂的蛋白质-蛋白质网络,实现维持其选择性屏障功能;而这些网络则机械地连接相邻细胞并封闭细胞间隙。可是,肠上皮细胞总是

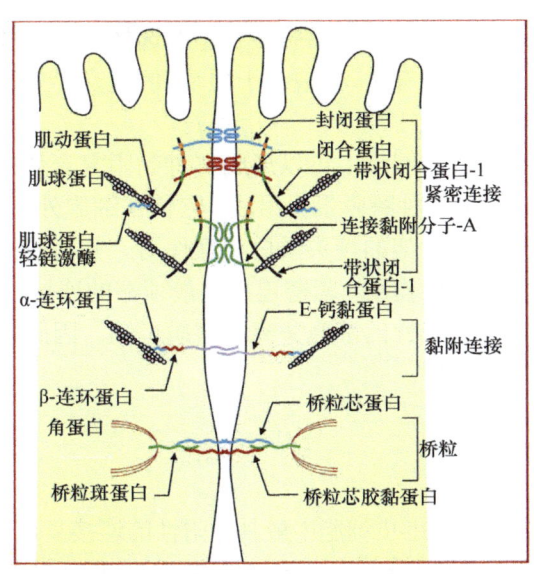

图 4-25 肠上皮细胞屏障的构成要素：桥粒、黏附连接和紧密连接（Suzuki，2020）

暴露在各种外界胁迫之中，包括酒精、非甾体抗炎药、有害微生物（肠致病性大肠杆菌）、食品毒素（如肠毒素）等，肠上皮屏障功能因此会受到各种损伤。受损的屏障允许抗原（细菌或毒素）进入，并可引发过度的免疫反应进而诱发炎症性疾病。而上皮屏障功能的损伤与各种胃肠疾病、食物过敏、1型糖尿病等系统性疾病的发病密切相关。因此，肠上皮的完整性和屏障功能对健康至关重要。

作为肠腔内的单层细胞，肠上皮具有两个关键功能。第一个功能是它发挥屏障作用，防止有害的腔内实体通过，包括外来抗原、微生物及其毒素等。第二个功能是充当选择性过滤器，允许必需的膳食营养素、电解质和水从肠道转移到循环系统中。肠上皮通过两条主要途径介导选择性通透性，即跨上皮/跨细胞途径（transcellular pathway）和细胞旁途径（paracellular pathway）（Groschwitz and Hogan，2009）（图 4-26）。跨细胞通透性通常与通过上皮细胞的溶质运输有关，

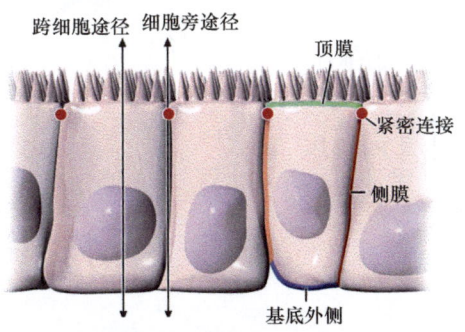

图 4-26 上皮细胞的跨上皮/跨细胞途径和细胞旁途径（Groschwitz and Hogan，2009）

并且主要由氨基酸、电解质、短链脂肪酸和糖的选择性转运体调节。细胞旁通透性则与上皮细胞之间的运输有关，并被位于顶端–侧膜交界处和沿侧膜的细胞间复合体调节。

连接上皮细胞的蛋白质网络，可以形成 3 种黏附复合体：桥粒、黏附连接和紧密连接。这些复合体由各种跨膜蛋白组成，它们在细胞外与相邻细胞相互作用，并在细胞内与连接到细胞骨架的接头蛋白相互作用。紧密连接和桥粒被认为在相邻细胞的机械连接中有重要作用。紧密连接是最顶端的连接复合体（图 4-25），负责封闭细胞间隙和调节选择性的细胞旁离子溶质运输。因此，紧密连接对研究细胞旁途径有非常重要的作用。

4.3.2　紧密连接的组成

紧密连接是哺乳动物肠上皮细胞中最具黏附性的连接复合体，在顶端和侧膜区之间的边界处围绕肠上皮细胞形成一个连续的带状环（图 4-27）。紧密连接作为动态的多蛋白质复合体，其功能是产生选择性/半渗透的旁细胞屏障，促进离子和溶质通过细胞间隙，同时防止管腔抗原、微生物及其毒素的移位。紧密连接的生物学进展是在 20 世纪 60 年代随着电子显微镜的发展而出现的。对肠上皮细胞的分析揭示了一系列明显的融合，其中相邻上皮细胞之间的间隙被消除，这些所谓的"接吻点"在形态上不同于黏附连接和桥粒，相邻细胞膜之间的距离保持在 15～20 nm。紧密连接中已被发现主要的跨膜蛋白家族有闭合蛋白（occludin）、密封蛋白（claudin）、连接黏附分子（JAM）和三细胞 TJ 蛋白（tricellulin）（图 4-27）。此外，带状闭合蛋白或胞质紧密黏连蛋白（zonula occluden, ZO）则作为接头蛋白锚定紧密连接。

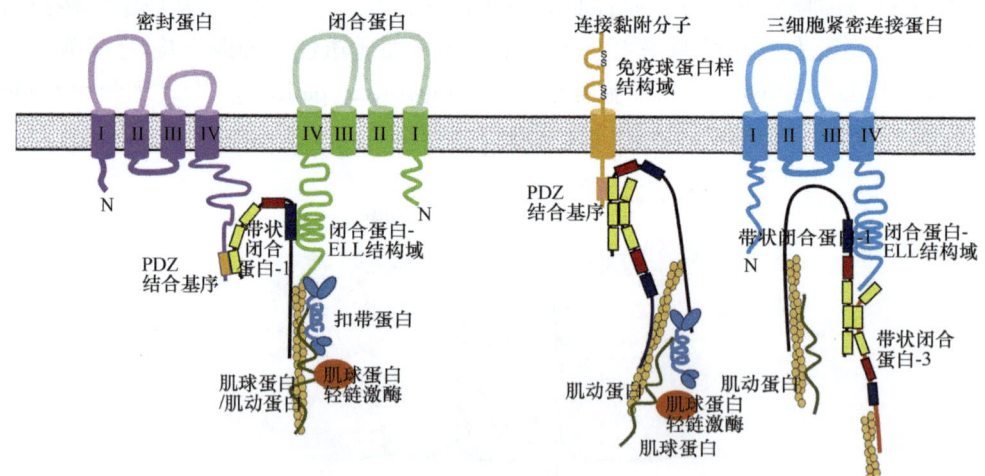

图 4-27　TJ 蛋白的结构域结构及其相互作用（Robinson et al., 2015）

4.3.2.1　occludin

第一个被鉴定出的紧密连接特异性整膜蛋白就是 occludin。occludin 主要在肠上皮细胞和内皮细胞的紧密连接处表达，同时也在星形胶质细胞、神经元和树突状细胞中表达。occludin（分子量 60~82 kDa）是一种四跨整膜蛋白，具有 2 个胞外环、1 个短的细胞质 N 端和 1 个长的细胞质 C 端。对其功能分析结果表明，occludin 的胞外环和跨膜域调节选择性的细胞旁通透性。在细胞内，occludin 的 C 端与含有 PDZ 结构域（盘状同源区域，由 80~100 个氨基酸残基组成的保守序列）的黏连蛋白 ZO-1 相互作用，这是将 occludin 连接到肌动蛋白纤维（即 F-actin）所必需的（图 4-27）。

目前还鉴定出了几种 occludin 异构体，并且认为它们是选择性剪接的结果。值得注意的是，几种剪接变异体还显示出亚细胞分布和与其他紧密连接分子相互作用的改变。对剪接变异体的分析表明，细胞质的 C 端结构域对 occludin 在细胞内转运到侧细胞膜是必不可少的，而第 4 个跨膜结构域对将 occludin 定向到紧密连接与 ZO-1 相互作用至关重要。

4.3.2.2　claudin

claudin 是一种分子量为 20~27 kDa 的完整膜蛋白，具有 4 个疏水跨膜结构域、2 个胞外环，以及 N 端和 C 端细胞质结构域。claudin 的胞外环对同亲和/或异亲 TJ 蛋白的相互作用以及离子选择性通道的形成至关重要。细胞内的 C 端结构域通过与 PDZ 结合结构域蛋白（包括 ZO-1、ZO-2 和 ZO-3）的相互作用，将 claudin 锚定到细胞骨架上。目前，已在人体中鉴定出 24 个不同的 claudin 家族成员，其中许多同源基因在其他物种中表达。另外，claudin 表现出不同的组织、细胞和发育阶段特异性表达模式。

相邻细胞之间的 claudin-claudin 相互作用可以是同嗜性的，也可以是异嗜性的。已经证实 claudin-1、claudin-2、claudin-3、claudin-5、claudin-6、claudin-9、claudin-11、claudin-14 和 claudin-19 具有同嗜性相互作用。而异嗜性相互作用受到更多的限制，主要观察到 claudin-3，它可以与 claudin-1、claudin-2 和 claudin-5 相互作用。值得注意的是，异嗜性相互作用具有特异性。例如，用 claudin-1、claudin-2 和 claudin-3 转染成纤维细胞，将导致 claudin-3 与 claudin-1 和 claudin-2 的相互作用。不过，并没有观察到 claudin-1 和 claudin-2 之间的相互作用。claudin 之间的这些选择性的相互作用，被认为可以解释紧密连接形成的多样性，并为屏障功能的组织特异性/异质性提供重要的分子基础。

与 occludin 一样，claudin 在紧密连接复合物上的定位及其功能是通过翻译后磷酸化和与 PDZ 结合结构域的相互作用来调节的。claudin 的细胞内 C 端结构域具有多个调节位点，包括潜在的丝氨酸和苏氨酸磷酸化位点以及 PDZ 结合结构域。许多信号通路与 claudin 的磷酸化有关，包括 PKC、Rho 鸟苷三磷酸酶、MAPK 和磷酸酶等。

除 claudin-12 外，所有的 claudin 都以二肽序列 YV 结尾，已被证明其与 PDZ 结构域蛋白相互作用，包括 ZO-1、ZO-2、ZO-3、多 PDZ 结构域蛋白 1（MUPP1）等。许多支架蛋白含有多个 PDZ 结构域，这有助于形成致密的局部蛋白复合物，也称为"细胞质斑块"。此外，支架蛋白可以与信号分子相互作用，包括异二聚体三磷酸鸟苷结合蛋白（Rab13 和 Gα12）、转录因子和 RNA 加工因子，将紧密连接复合物与肌动蛋白细胞骨架联系起来，调节上皮的极化、分化和功能。

4.3.2.3　JAM

JAM 属于免疫球蛋白超家族，是一种完整的膜蛋白，在胞外区有 2 个免疫球蛋白折叠（VH 型和 C2 型）环样结构。JAM 由多种细胞类型表达，包括上皮细胞、内皮细胞和免疫细胞。根据细胞内 C 端 I 型或 II 型 PDZ 结合基序的表达，可以将它们进一步细分，可以与独特的支架蛋白和细胞质蛋白相互作用。与其他 TJ 蛋白相似，JAM-PDZ 相互作用为肌动蛋白细胞骨架提供锚定。JAMJ 是紧密连接形成的重要分子，其表达下调会导致细胞黏附减弱、肠道的选择性屏障受损。

JAM 的胞外区通过同嗜性和异嗜性相互作用与多个配体结合，这被认为可以调节 JAM 的细胞功能和细胞旁通透性。同嗜性 JAM-A 或 JAM-B 相互作用，将调节功能性紧密连接的形成和细胞-细胞边界的形成，而异嗜性 JAM-A 或 JAM-B 相互作用将在白细胞-内皮细胞黏附中发挥作用。

4.3.2.4　tricellulin

对人类而言，tricellulin 是由 558 个氨基酸残基构成的 4 重跨膜蛋白，分子量约为 64 kDa。tricellullin 与 occludin 属于紧密连接相关的 MARVEL 家族蛋白，具有一个保守的中央 MARVEL 域。tricellulin 和 occludin 的结构最为相似，均包含一个 C 端的卷曲螺旋结构域。tricellulin 的 C 端在决定其在细胞膜上的定位中发挥重要作用，如果 tricellulin 的 C 端结构域内氨基酸发生突变，可破坏它与 ZO-1 的相互作用，造成 tricellulin 的定位异常，从而影响旁细胞屏障功能。tricellulin 表达下调可破坏紧密连接的紧密性，从而允许抗原等大分子物质通过。

tricellulin 与其他 TJ 蛋白的不同之处在于，紧密连接跨膜蛋白主要分布在两个细胞间侧膜，因而被称为两细胞紧密连接（bicellular tight junction，bTJ），而 tricellulin 因其分布特点而被称为三细胞紧密连接（tricellular tight junction，tTJ），如图 4-28 所示（毛祥娣等，2020）。

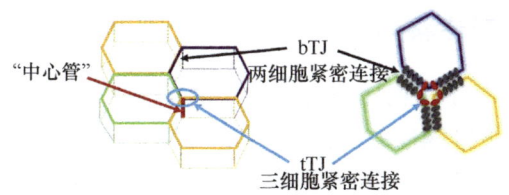

图 4-28　两细胞紧密连接和三细胞紧密连接结构示意图（毛祥娣等，2020）

4.3.2.5　ZO

ZO 存在于脊椎动物的上皮细胞，长 50～400 nm。ZO 蛋白属于细胞内的接头蛋白，它们的作用是将 F-actin 以及 occludin、claudin、JAM 胞内区连接起，从而在上皮细胞之间形成紧密连接整体。所以 ZO 属于细胞内锚蛋白。

ZO（ZO-1、ZO-2 和 ZO-3）蛋白属于膜相关鸟苷酸蛋白激酶家族成员。ZO-1（分子量 220 kDa）主要表达于内皮细胞和上皮细胞，是形成紧密连接的重要组分。ZO-1 的结构中包含 4 个蛋白质结构域，即 3 个 PDZ 结构域和 1 个 SH3 结构域，许多蛋白质通过这些结构域与 ZO-1 相互作用。多项研究证实，ZO-1 蛋白表达水平下降和活性降低，均会削弱细胞间紧密连接结构的完整性和稳定性。ZO-1 还是重要的紧密连接调控因子，在细胞极性维持、细胞骨架形成、紧密连接定位、旁细胞屏障中都有重要作用。

4.3.3　多酚对肠道屏障的影响

众所周知，肠道的细胞屏障对生物生存非常重要，而紧密连接是小肠屏障的重要组成部分。肠上皮细胞的紧密连接受到各种刺激的调节。多酚尤其是类黄酮的生物活性较多，它们广泛存在于日常饮食中，并且它们通过消化道时绝大部分不被吸收。因此，多酚有可能与肠道乃至肠上皮细胞相互作用，从而对肠道屏障产生影响。例如，有研究利用槲皮素作用大鼠后，发现利用 Ussing 小室系统测定的黏膜阻力值明显增强，并且槲皮素能显著上调 TNF-α 诱导的 HT29/B6 细胞中紧密连接 claudin-7 的蛋白质表达，表明槲皮素拥有提高肠道屏障的活性作用（Amasheh et al.，2012）。又如，利用多酚混合物（主要含有芹菜素、表没食子儿茶素没食子酸酯、槲皮素和表儿茶素等）作用在 Caco-2 细胞 72 h 后，其跨膜电阻值明显增大并存在剂量依赖效应，同时该多酚混合物还能抑制结肠组织中髓过氧化物酶的活性，降低促炎细胞因子（IL-1β、IL-6、IL-10 和 TNF-α）的表达水平，从而保护小鼠的肠道屏障功能（Li and Weigmann，2023）。整体上看，多酚有可能通过对黏液层、紧密连接、细胞因子分泌、肠道微生物等的调控作用，影响肠道屏障。

4.3.3.1 多酚对紧密连接的作用

类黄酮是多酚中分子结构比较特殊的一类。类黄酮分子有 3 个环（A 环和 B 环，苯环；C 环，杂环吡喃环），通常情况下分别连接数量不等的羟基。采用大鼠小肠上皮 IEC-6 细胞为模型，笔者和合作者的研究发现，4 个类黄酮高良姜素、山柰酚、槲皮素和杨梅素，在其剂量为 2.5～20 μmol/L 时均能提高 IEC-6 细胞的屏障功能。数据结果显示，4 个类黄酮处理 IEC-6 细胞后，细胞的跨上皮电阻以及 3 个 TJ 蛋白（ZO-1、occludin 和 claudin-1）表达增加，而细胞旁通透性和细菌移位下降；同时这些类黄酮还可以拮抗吲哚美辛等对 IEC-6 细胞屏障的损伤，保护细胞屏障的完整性（范婧，2020）。对比分析结果表明，对于属于黄酮醇的高良姜素和山柰酚，高良姜素的活性作用总是好于山柰酚；对于属于黄酮的槲皮素和杨梅素，槲皮素的活性作用也是高于杨梅素；故此初步确认类黄酮 B 环上的羟基数目影响类黄酮对 IEC-6 细胞屏障的提升作用，即类黄酮 B 环羟基越少其活性作用越高。我们还发现，槲皮素或者杨梅素处理 IEC-6 细胞后，RhoA 和 ROCK 的 mRNA 和蛋白质表达水平下调，表明 Rho GTPase 活性被抑制。因此，认为类黄酮是通过抑制 RhoA/ROCK 信号通路而提升 IEC-6 细胞的屏障功能（图 4-29）（范婧，2020）。

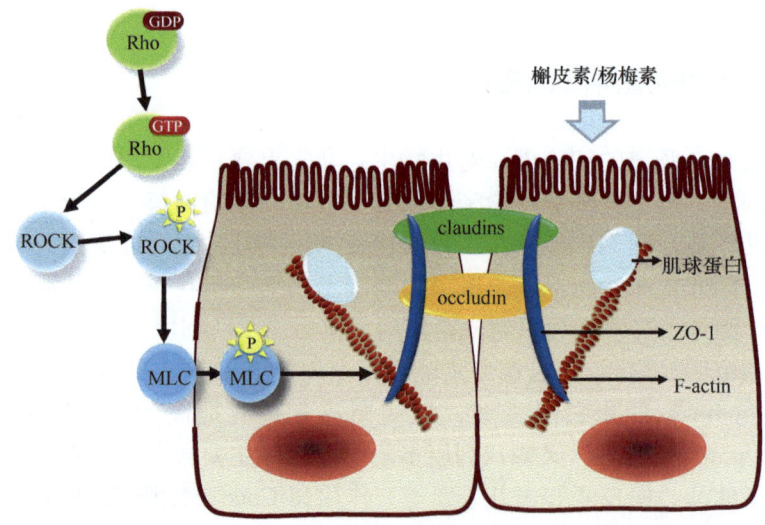

图 4-29 槲皮素和杨梅素增强 IEC-6 细胞屏障功能的机制（范婧，2020）

临床药物吲哚美辛也可以损伤 Caco-2 细胞单层的屏障功能。有研究发现，槲皮素也可以通过调节 Caco-2 细胞 TJ 蛋白的表达（如 ZO-1 和 occludin），降低细胞旁通透性，从而恢复、改善细胞单层的屏障功能（Carrasco-Pozo et al.，2013）。

Wang 等（2016a）也采用 Caco-2 细胞模型，研究富含多酚的蜂胶提取物对细胞屏障功能的影响，免疫荧光分析结果发现，细胞中两个 TJ 蛋白 occludin 和 ZO-1 的分泌明显升高（图 4-30），表明细胞屏障得到加强。另外，Nakahara 等（2017）从中药黄芪叶中得到了一个类黄酮落新妇苷（astilbin），他们发现，落新妇苷在 Caco-2 细胞单层中可以明显地上调 TJ 蛋白 claudin-1 和 ZO-2 的蛋白质表达，Caco-2 细胞单层因而具有更好的屏障功能。

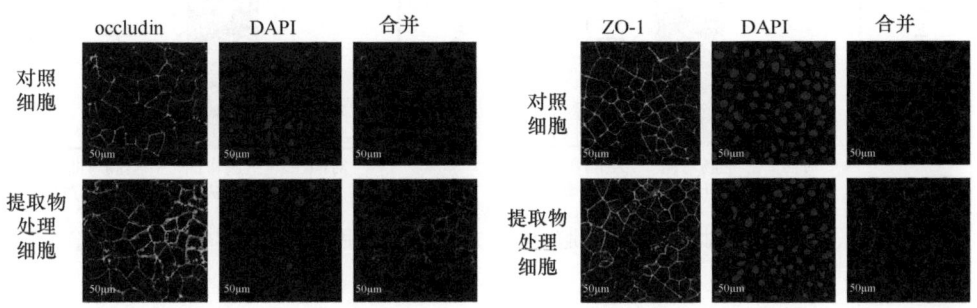

图 4-30　蜂胶提取物对 Caco-2 细胞 TJ 蛋白 occludin 和 ZO-1 的影响（Wang et al.，2016a）

多酚还可以保护上皮细胞紧密连接结构免受食品毒素或化学药物等的破坏。另外的研究工作结果也证实，红葡萄酒提取物中的多酚可以提高 HT-29 细胞的屏障功能，表现在多酚可以促进关键的 TJ 蛋白如 occludin、claudin-5 和 ZO-1 的 mRNA 表达，并且可以防止在发生炎症情况下出现的 TJ 蛋白表达下降（Nunes et al.，2019）。Caco-2 细胞单层被 TNF-α 和 IFN-γ 刺激后，细胞的跨上皮电阻以及 TJ 蛋白的表达降低，但是落新妇苷可以增加跨上皮电阻，并上调 claudin-1 和 ZO-2 的蛋白质表达（Nakahara et al.，2017）。我们的研究结果也证实，高良姜素、山奈酚、槲皮素和杨梅素等不仅可以拮抗吲哚美辛或丙烯酰胺等有害物质对 IEC-6 细胞的细胞毒性，还能够上调 ZO-1、occludin 和 claudin-1 等 TJ 蛋白的水平，从而拮抗临床药物吲哚美辛或食品毒素丙烯酰胺带来的紧密连接破坏，维护 IEC-6 细胞的屏障完整性（Fan et al.，2022；范婧，2020）。

异黄酮中的染料木素也可以改善炎性细胞因子或肠道细菌造成的肠道紧密连接损伤。在结肠上皮细胞中注射 TNF-α，8 h 后跨上皮电阻降低到初始值的 20%，但是这种下降可以被 185 μmol/L 染料木素完全阻断，这说明染料木素对肠道紧密连接屏障具有保护作用（Suzuki and Hara，2011）。此外，白藜芦醇也有能力缓解空肠弯曲杆菌诱发的人结肠 HT-29/B6 细胞单层屏障受损，或是该菌诱发的实验动物 IL-10$^{-/-}$小鼠肠漏。HT-29/B6 细胞感染空肠弯曲杆菌后，细胞单层的跨上皮电阻降低、通透性增加，同时 TJ 蛋白 occludin 和 claudin-5 表达下降、重新分布。但是，白藜芦醇处理可以诱导 occludin 和 claudin-5 分布的恢复，并改善细胞单层的屏障功能（Lobo de Sá et al., 2021）。在空肠弯曲杆菌感染的小鼠模型中，白藜芦醇能有效降低动物结肠黏膜中的2个细胞因子 IFN-γ 或 TNF-α 的释放水平（图4-31），这表明动物受损的肠道屏障功能得到恢复（Lobo de Sá et al., 2021）。

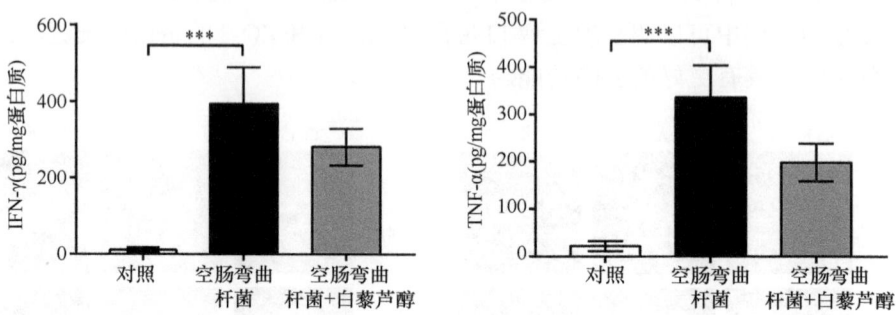

图 4-31　白藜芦醇对动物结肠细胞因子释放的抑制作用（Lobo de Sá et al., 2021）
***，$P < 0.01$

4.3.3.2　多酚对黏液层的作用

胃肠道的管腔表面被黏液凝胶层所覆盖，其黏液中的大部分物质由水和支链蛋白组成，而支链蛋白以黏蛋白（MUC）为主。在健康的结肠中，黏液层由内黏液层与外黏液层两部分组成，内黏液层主要是由杯状细胞分泌的凝胶状蛋白 MUC-2 的叠层排列所形成，与上皮细胞一起形成致密的屏障抵抗微生物侵袭，几乎为无细菌环境。外黏液层是由内黏液层转化而成的可移动、松散附着、允许微生物入侵和定植等的结构功能性区域。多酚可以调节肠道黏液层，其中主要是以改变黏蛋白、抗菌肽及免疫球蛋白来影响肠道黏液层，进而相互作用、相互影响来保护受损的肠道屏障功能。

1）对黏蛋白分泌与加工的影响

上文已经提到，黏液层主要由 MUC-2 构成。当 MUC-2 的表达量改变时，一定会影响肠道的黏液层结构，进而改变肠道屏障功能。Han 等（2023）将柑橘果皮粉（CPP，其中芸香柚皮苷含量最高为 1687 μg/g）添加到高脂模型小鼠的饮食中，分析结果发现小鼠结肠细胞中杯状细胞数量明显增加，同时 MUC-2 的蛋白质表达量增加、黏液层厚度也显著增厚，结果如图 4-32 所示。

MUC-2 的生物合成、修饰和分泌是一个复杂的过程。在发生 O-糖基化之前，MUC-2 的主要翻译产物通过内质网快速共价二聚；而内质网是蛋白质错误折叠的主要原因。T-合酶（O-糖基化限速酶，C1GALT1）是 O-糖基化的关键酶，而活性 T-合酶的生物合成需要一个特殊的分子伴侣 Cosmc。Cosmc 位于内质网上，Cosmc 的缺失会导致 T-合酶积累，进而导致 MUC-2 蛋白的 O-糖基化异常。当

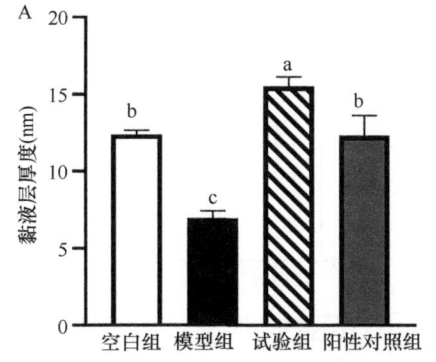
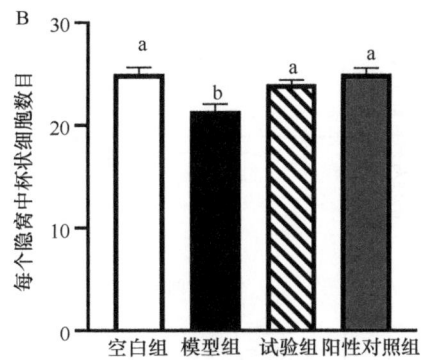

图 4-32　CPP 对高脂模型小鼠肠道屏障的影响（Han et al.，2023）
A，小鼠结肠组织中黏液层厚度；B，结肠中每个隐窝中杯状细胞数目

CPP 作用于模型小鼠后，内质网应激途径的 GRP78 和 CHOP 蛋白表达显著低于模型组，结肠中模型组的 T-合酶水平比空白组低 16.2%、比实验组低 26.7%，说明 CPP 可以显著提高模型组小鼠的 Cosmc 水平（Han et al.，2023）。这一结果进一步证实，CPP 可以通过改善内质网应激途径改善肠道中黏蛋白的分泌与加工，进而改善肠道黏膜屏障功能。

2）对抗菌肽分泌的影响

黏膜防御分泌抗菌肽，也称为宿主防御肽、肽抗生素或天然抗生素。抗菌肽在先天免疫中发挥着重要作用，具有抗菌和免疫调节活性。已有超过 400 种植物/动物抗菌肽被鉴定出来。抗菌肽是由免疫系统中的细胞和沿黏膜上皮产生的。大多数抗菌肽是通过肽-脂质相互作用（而不是特定的受体介导的识别过程），在物理上破坏微生物细胞膜的完整性。因此，抗菌肽可以作为一种广谱抗菌剂，对抗不同的病原体，包括细菌、真菌和病毒。大量的研究结果证明，多酚对机体健康有着积极的作用。表没食子儿茶素没食子酸酯（EGCG）是一种常见的多酚（尤其是茶叶中），胃肠道上皮细胞可以直接接触到 EGCG。有研究发现，在猪空肠上皮细胞 IPEC-J2 中，EGCG 可诱导抗菌肽、猪 β 防御素-1 和猪 β 防御素-2（pBD-1 和 pBD-2）的分泌来增强肠道免疫屏障功能，从而降低细菌在肠道上皮细胞间的移位（图 4-33）。这一研究工作还发现，EGCG 作用细胞单层后，跨膜电阻值及 4 kDa 的异硫氰酸荧光素-葡聚糖（FD-4）扩散的试验结果几乎没有改变（图 4-33）。基于此，EGCG 应该是通过诱导分泌一定的抗菌肽来增强上皮细胞的免疫屏障（而不是物理屏障），因为免疫屏障对跨膜电阻值没有任何影响。因此，多酚可以影响抗菌肽的分泌，进而增强免疫屏障，而不影响其物理屏障（Wan et al.，2016）。

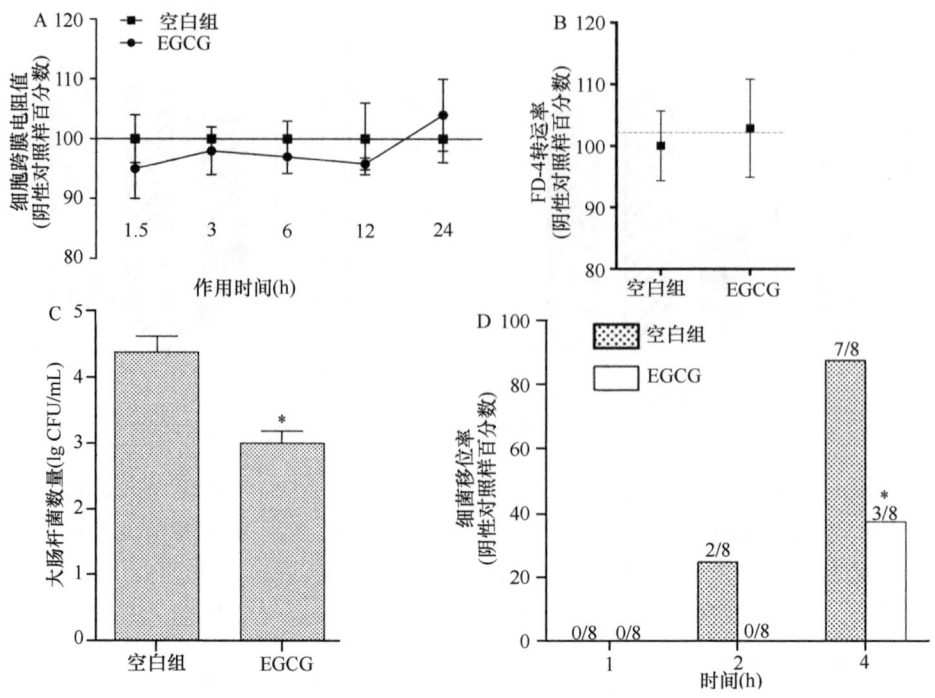

图 4-33　EGCG 处理对猪空肠上皮细胞 IPEC-J2 的影响（Wan et al., 2016）

A，EGCG 处理 IPEC-J2 细胞单层的跨膜电阻值-时间响应；B，FD-4 在 EGCG 处理的 IPEC-J2 细胞单层中的扩散；C，EGCG 对大肠杆菌跨 IPEC-J2 细胞单层的移位作用；D，用 EGCG 培养后收集 IPEC-J2 细胞培养上清液的抗菌活性；*，$P<0.05$

3）对免疫球蛋白分泌的影响

免疫球蛋白（immunoglobulin，Ig）是 B 细胞被细胞抗原原位特异性刺激后增殖分化成为浆细胞所产生的效应免疫分子。免疫球蛋白介导体液免疫，可分为分泌型免疫球蛋白（sIg）和膜免疫球蛋白（mIg），前者主要存在于血液和组织液中，后者为 B 细胞表面抗原的受体。根据免疫球蛋白重链 C 区的氨基酸组成和抗原特异性不同，将免疫球蛋白的重链分成 5 种，即 γ、α、μ、δ 和 ε，对应的免疫球蛋白分别为 IgG、IgA、IgM、IgD 和 IgE 5 类。免疫球蛋白对肠道黏液屏障的影响主要体现在分泌型免疫球蛋白 A（sIgA）上。sIgA 是肠道黏液层的主要成分之一，它能够限制到达宿主上皮细胞的细菌数量，从而维护肠道黏液屏障的完整性。同时，sIgA 也是人类肠腔中最丰富的一种免疫球蛋白，在肠道中发挥着抗菌作用，能够与肠道中的细菌结合，阻止细菌黏附到肠上皮细胞上。此外，sIgA 还能与毒素、病毒和过敏原等物质结合，降低它们对肠道细胞的毒性作用。如果肠道黏液屏障受到破坏或功能受损，会导致肠道中的细菌和毒素进入血液循环，引发全身性的感染和炎症反应。它在保护人体免受病原体侵害方面发挥着至关重要的作用。

多酚在调节机体免疫和促进肠道健康等方面有着积极作用，如可以影响肠道内免疫球蛋白分泌。Guo 等（2021）研究发现，经过植物乳杆菌发酵过的中国矮樱桃果汁富含多酚，同时，该发酵后的果汁可以显著提高被环磷酰胺损伤的小鼠血清中 IgA、IgG 和 IgM 及 sIgA 的分泌水平，并通过调节细胞因子 IL-2、IL-6、IFN-γ 和 TNF-α 来减缓肠道炎症，依托肠道生物屏障-免疫屏障相互作用来改善肠道黏膜屏障功能，保护机体健康。蔓越莓原花青素也可以明显地改善肠内营养治疗所造成的肠道屏障损伤。通常，肠内营养治疗可以降低肠道相关组织功能，包括减少派尔集合淋巴结、降低 Th 2 细胞因子 IL-4 分泌，从而导致 sIgA 的分泌水平降低。将肠内营养治疗组与蔓越莓原花青素作用组相比，发现蔓越莓原花青素作用导致 IL-4、磷酸化的 STAT-6、黏膜转运蛋白聚合物免疫球蛋白受体的水平明显提高，进而促进 sIgA 分泌，改善受损的肠道黏膜屏障功能（Pierre et al., 2014）。Zhang 等（2023）的研究也发现，白藜芦醇可以减轻 LPS 诱导的肉鸡免疫功能损伤，显著降低被损伤机体血浆中 D-乳酸和二胺氧化酶的水平，同时通过调节免疫球蛋白 IgG、IgA、IgM 及 sIgA 的分泌量（表 4-6），来改善受损的屏障功能。

表 4-6　白藜芦醇（RES）对肉鸡血清中免疫球蛋白及肠道屏障指标的影响（Zhang et al., 2023）

指标	空白组	RES 组	LPS 模型组	LPS-RES 组
IgA（g/L）	2.13	2.22	2.34	2.25
IgG（g/L）	4.23	4.48	4.65	4.70
IgM（g/L）	1.38	1.53	1.75	1.58
sIgA（μmol/L）	14.96	16.83	20.05	17.88
二胺氧化酶（U/mL）	0.28	0.26	0.36	0.32
D-乳酸（μmol/L）	33.93	32.57	42.96	37.38

4.3.3.3　对细胞因子和趋化因子表达和分泌的调节

细胞因子和趋化因子是由免疫细胞和某些非免疫细胞经刺激而合成、分泌的一类具有广泛生物学活性的小分子蛋白质。细胞因子和趋化因子都是小蛋白质，它们是重要的介质，参与调节广泛的生物功能，包括先天性免疫、适应性免疫，以及炎症反应。多酚可通过调节细胞因子表达来影响实验动物的肠道屏障功能，如绿原酸。有研究发现摄食 1000 mg/kg 绿原酸后，断奶仔猪的血清中促炎性细胞因子 TNF-α、IL-6 和 IL-1β 含量显著下降（$P < 0.05$），但血清中 IL-10 含量无显著变化；同时，绿原酸还可以增强小肠中 TJ 蛋白 claudin-1 的分泌，虽然绿原酸对十二指肠中 claudin-1 的表达量影响不大，但在空肠和回肠中 claudin-1 的表达却显著增加（图 4-34）（陈佳力，2019）。

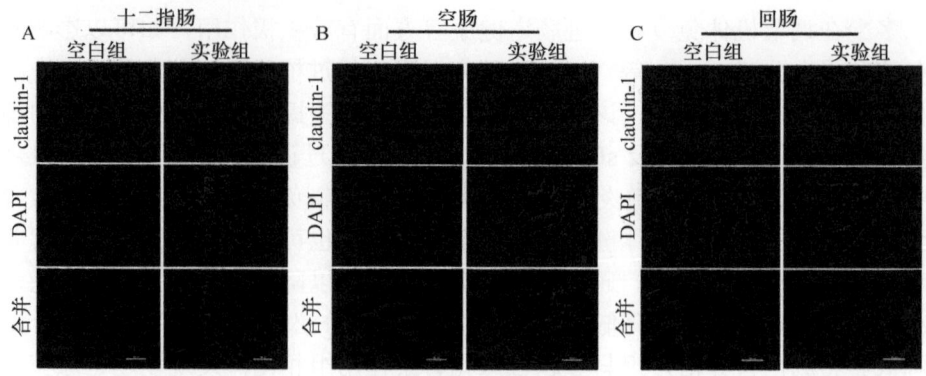

图 4-34 绿原酸对断奶仔猪小肠中 TJ 蛋白 claudin-1 表达的影响（陈佳力，2019）

笔者注：原文未给出标尺尺度

将两种智利加仑中提取的多酚提取物（PEEs）作用于被 IL-1β 刺激的 Caco-2 细胞，也能发现细胞因子 IL-6 和 TNF-α 的分泌量显著减少，且趋化因子 IL-8 的表达分泌量减少 32%（Burgos-Edwards et al.，2019）。细胞因子 IL-6、TNF-α 及趋化因子 IL-8 分泌量减少，说明肠道炎症得到缓解。IL-8 可使中性粒细胞外形改变，促进其脱颗粒，进而激活中性粒细胞，并使中性粒细胞发生呼吸爆发、释放超氧化物和溶酶体酶等。所以，多酚能够通过调节细胞因子和趋化因子的分泌而间接影响肠道屏障功能。

4.3.3.4 对肠道菌群的调节作用

超过 90% 的膳食多酚可以通过结肠完成代谢和生物转化，并在结肠中被肠道微生物进一步代谢、转化成小分子代谢物或不可代谢物排出体外。有研究发现，染料木素能通过调节肠道菌群来改善高脂饮食/链脲佐菌素损伤的 C57BL/6J 小鼠的肠道屏障功能，缓解甚至修复因外界因素对肠道及机体所造成的损伤。例如，染料木素能够下调促炎因子 IL-6、TNF-α 的分泌量，还能上调 TJ 蛋白 ZO-1 和 occludin 的表达（图 4-35）（Yang et al.，2021）。

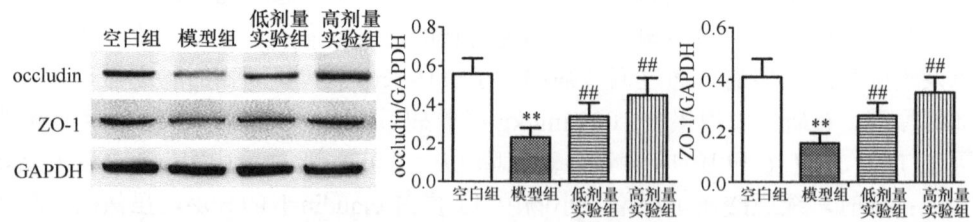

图 4-35 染料木素对模型小鼠结肠组织中 ZO-1 和 occludin 蛋白表达的影响（Yang et al.，2021）

**，$P < 0.01$（与空白组相比）；##，$P < 0.01$（与模型组相比）

在高剂量的染料木素作用下，小鼠肠道中的短链脂肪酸含量也有所提高（图

4-36），并且在门水平上，染料木素下调厚壁菌门与拟杆菌门的比例和变形菌门的丰度，在属水平上染料木素增加了拟杆菌属和普雷沃菌属的丰度，并降低了幽门螺杆菌和瘤胃球菌的水平（Yang et al.，2021）。因此可以看出，染料木素能通过调节肠道菌群来修复受损的肠道屏障功能。

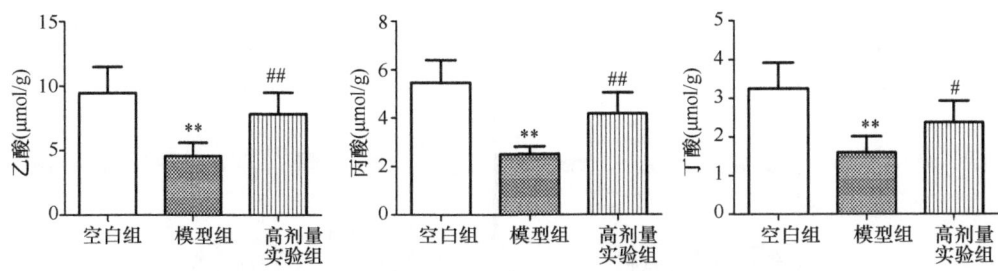

图 4-36　染料木素对模型小鼠结肠组织中短链脂肪酸的影响（Yang et al.，2021）
**，$P<0.01$（与空白组相比）。#，$P<0.05$，##，$P<0.01$（与模型组相比）

同样，来自绿茶的 EGCG 也能通过调节肠道菌群来改善被 DSS 损伤的小鼠肠道屏障功能。Wu 等（2021）的研究发现，DSS 作用于模型小鼠后将通过氧化应激等对肠道屏障造成损伤；动物摄食 EGCG 后，小鼠血清中的抗氧化酶如总超氧化物歧化酶（T-SOD）、CAT、GSH-Px 等的含量明显升高，同时肠道组织中细胞因子 IL-1β、IL-6、IL-8 和 TNF-α 也发现有明显变化，说明 EGCG 通过减缓氧化应激方式来减轻肠道炎症。与此同时，EGCG 还能提高肠道中短链脂肪酸（乙酸、丙酸、丁酸）的生成量（图 4-37），富集有益微生物（特别是阿克曼氏菌），最终通过调节肠道菌群来改善 DSS 诱发的肠道屏障功能损伤。

4.3.3.5　对免疫细胞的影响作用

相关研究结果证明，多酚对机体中常见的免疫细胞也存在免疫调控作用，简介如下。

1）对树突状细胞的影响

树突状细胞具有极强能力去激活初始 T 细胞，是功能最强的专职抗原呈递细胞，为适应性免疫应答的启动者，在人体免疫系统中扮演着重要的角色。树突状细胞能够捕获并处理外来的病原体，然后将信息传递给其他免疫细胞。多酚作为一种天然化合物对树突状细胞有影响。例如，Yoneyama 等（2008）的研究发现，EGCG 抑制树突状细胞及单核细胞的分化，并显著改变未成熟和成熟树突状细胞的免疫表型，抑制抗原呈递所必需的分子 HLA-DR、CD11c、CD80 和 CD83 表达，并通过诱导细胞凋亡影响发育中的树突状细胞的表型；同时，如果用 EGCG 处理成熟树突状细胞，可以抑制树突状细胞对同种异体 T 细胞的刺激活性。此外，白

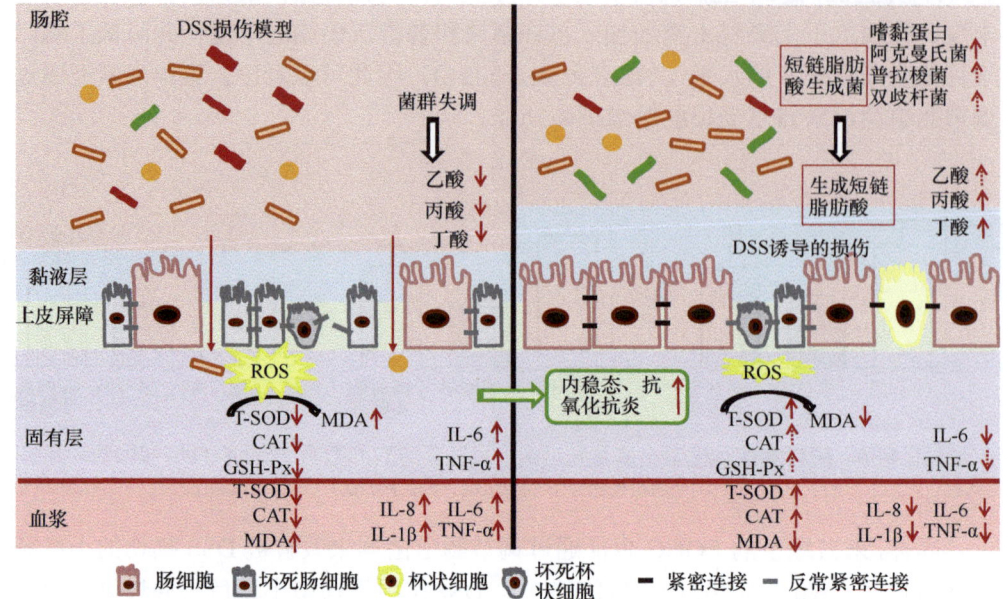

图 4-37 EGCG 改善 DSS 损伤肠道炎症的作用机制（Wu et al.，2021）

白藜芦醇也能影响树突状细胞的分化。有研究发现，白藜芦醇诱导树突状细胞相关耐受性，尤其是在树突状细胞分化期间采用白藜芦醇处理树突状细胞，会刺激 CD40、CD80 和 CD86 表达下调；白藜芦醇处理的树突状细胞在激活后，失去产生 IL-12p70 的能力，但产生 IL-10 的能力增加（Švajger et al.，2010）。

2）对巨噬细胞的影响

巨噬细胞是一种位于组织内的白细胞，源自单核细胞。巨噬细胞和单核细胞皆为吞噬细胞，在体内参与先天性免疫和细胞免疫。其主要功能是以固定细胞或游离细胞的形式对细胞残片及病原体进行噬菌（即吞噬及消化），并激活淋巴细胞或其他免疫细胞，使它们对病原体做出反应。巨噬细胞与树突状细胞一样，也可以作为抗原呈递细胞发挥作用（尽管活性较低），能够在抗原存在的情况下将幼稚 T 细胞激活为效应 T 细胞。巨噬细胞在炎症、宿主防御和组织修复中发挥重要作用。巨噬细胞通常分为两类：经典炎症性 M1 表型和免疫抑制/合成代谢 M2 表型。M1 巨噬细胞表型极化的起始是通过 IFN-γ 刺激和 LPS 激活 TLR；而 M2 巨噬胞表型极化由 IL-4 激活。有研究表明，从可可中提取出的可可多酚可以抑制 INF-γ 和 LPS 刺激的巨噬细胞中促炎细胞因子 TNF-α、IL-6、IL-1β 和 IL-12 的分泌；同时，在被可可多酚处理后，M1 巨噬细胞与 M2 巨噬细胞存在相同水平的 IL-10 和 IL-2。这表明可可多酚可以促进 M1 巨噬细胞表型向替代 M2 巨噬细胞表型的转变

（Dugo et al., 2017）。

3）对 NK 细胞的影响

作为调节细胞，NK 细胞通过细胞-细胞间的相互作用和分泌细胞因子来影响其他类型的免疫细胞，如树突状细胞、T 细胞、B 细胞和内皮细胞等。NK 细胞在外周组织和次级淋巴组织（SLT）中都能与树突状细胞接触并相互作用。$CD4^+$ T 细胞分泌 IL-2 和 IFN-γ 来激活 NK 细胞。一旦被激活，NK 细胞就会分泌穿孔素和颗粒酶 B，从而诱导靶细胞凋亡和坏死。多酚对 NK 细胞具有免疫调节作用，可以增加其数量和活性，如绿茶中的儿茶素。有研究发现，儿茶素经过肠道转化的代谢物能够增强 $CD4^+$ T 细胞和 NK 细胞活性（Kim et al., 2016）。

4）对 T 细胞和 B 细胞的影响

T 细胞和 B 细胞是适应性免疫系统的主要组成部分。B 细胞能分泌免疫球蛋白，这些免疫球蛋白与抗原结合，支持过敏反应和抗微生物免疫反应。由免疫系统过度活跃引起的多种疾病，其原因可能是 Th1 细胞和 Th2 细胞之间的应答失衡。$CD4^+$T 细胞亚群被称为调节性 T 细胞（Treg），它在调节 Th1 细胞和 Th2 细胞反应之间的平衡中发挥关键作用。根据 CD4 或 CD8 的分子表达，T 细胞主要分为三种类型：细胞毒性 T 细胞、辅助性 T 细胞和 Treg 细胞。Treg 细胞在自身免疫的免疫耐受和控制中发挥重要作用。Treg 细胞对调节过敏原特异性 IgE 的产生至关重要。当 B 细胞被特定抗原激活时，它们分化为浆细胞，产生免疫球蛋白 IgA、IgG、IgM、IgD 和 IgE。多酚对 B 细胞功能具有调节作用。有研究发现，从绿茶中分离得到的多酚能显著抑制 U266 细胞分泌 IgE（最大抑制率达 90%），同时这一抑制作用存在剂量和时间依赖关系（Hassanain et al., 2010）。还有研究发现，绿茶多酚提取物有能力增强伴刀豆球蛋白 A 刺激的脾细胞产生 IL-2 和 IFN-γ；此外，多酚提取物还可以促进有利于 Th1 细胞分化的环境，并通过增强脾脏中 $CD4^+$调节性 T 细胞和 $CD25^+$调节性 T 细胞，减少抗原特异性 IgE 分泌（Kuo et al., 2014）。

一项对小鼠模型的研究结果表明，定期摄入 EGCG 一周后，脾脏、胰腺淋巴结和肠系膜淋巴结中 Treg 细胞的频率增加；EGCG 组小鼠的 Treg 细胞可抑制细胞毒性 T 细胞的功能，抑制细胞增殖和 IFN-γ 产生（Ahmad et al., 2013）。在关节炎模型小鼠中，葡萄籽原花青素提取物可以减少 CD4 细胞和 CD25 细胞亚群，显著上调 Treg 细胞和 Th2 细胞产生的细胞因子的数量，同时还诱导 Th17/Treg 再平衡，协调各种促炎和抗炎细胞因子，介导细胞浸润到关节的介质（IL-2、IL-1β 和 IL-6）的基因表达，从而减轻炎症（Ahmad et al., 2013）。

4.3.4 多酚的作用机制

多酚对 TJ 蛋白表达、复合体形成及肠道屏障完整性的可能调节机制主要包括以下两个方面：对相关信号通路的调节作用；对特定信号通路关键酶的调节作用。

4.3.4.1 对相关信号通路的调节作用

1）对 NF-κB 信号通路的调节作用

在大多数的细胞中，NF-κB 在细胞质内与抑制性蛋白质（如 IκBα、Bcl-3 等）结合，形成无活性复合物，当肿瘤坏死因子如 TNF-α 作用于相应受体蛋白时，可通过第二信使 Cer（神经酰胺）等激活系统。系统激活的方式是通过磷酸化抑制蛋白质使其构象发生改变，从而使 NF-κB 脱落、活化。活化后的 NF-κB 可以进入细胞核发挥转录因子作用，启动特定基因的表达，如炎性细胞因子（IL-8、TNF-α 和 ICAM-1 等）过度表达，进而引发炎症反应。多酚在体内作用的一个重要靶点就是 NF-κB 蛋白。当炎性细胞因子（如 TNF-α 等）激活 NF-κB 信号通路后，就会导致紧密连接分解，从而使上皮屏障功能受损。多酚可以通过抑制炎性细胞因子诱导的 NF-κB 途径激活而改善上皮屏障功能。例如，在断奶仔猪及 TNF-α 诱导的猪肠上皮 IPEC-J2 细胞炎性损伤模型中，评估绿原酸对肠道上皮屏障作用的影响（图 4-38）。相应的研究结果发现，绿原酸通过活化 PI3K/Akt 信号途径，促进 Nrf2 的磷酸化和抗氧化基因表达，进而提高肠道的抗氧化能力，减少肠上皮细胞凋亡，维护断奶仔猪肠道上皮屏障结构完整性，缓解肠道上皮屏障的氧化损伤；同时，通过降低促炎细胞因子 MCP-1、IL-1β 和 IL-6 的表达水平并降低 IκBα 磷酸

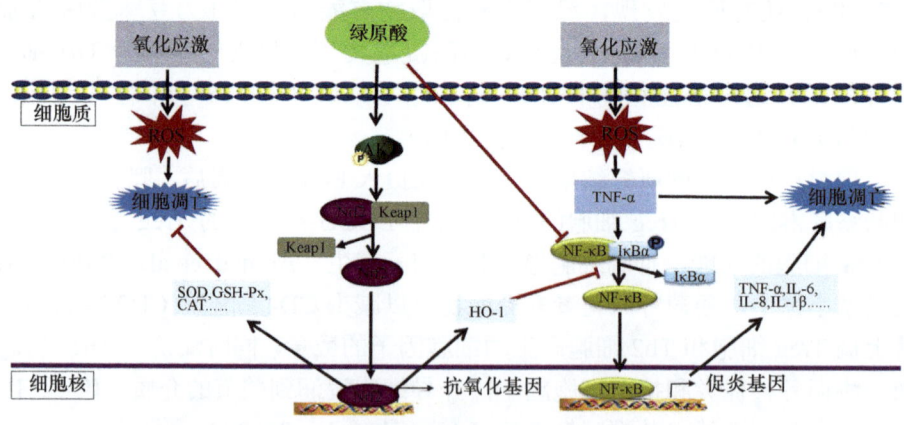

图 4-38　绿原酸通过调节氧化应激及 NF-κB 信号通路改善肠道屏障的影响机制示意图（陈佳力，2019）

化水平，抑制 NF-κB 活化，并促进 claudin-1 表达，进而缓解肠道损伤、改善肠道屏障功能（陈佳力，2019）。

2）对 MAPK 信号通路的调节作用

蛋白激酶是一种无处不在的酶，能够通过在酪氨酸、丝氨酸或苏氨酸等氨基酸残基上添加磷酸基团（即磷酸化）来调节其他蛋白质的活性。MAPK 属于丝氨酸/苏氨酸蛋白激酶大家族，在酵母和人类等多种生物体中都是保守的，可被多种不同信号激活。MAPK 将细胞外信号从活化的受体传递到不同的细胞区，特别是细胞核，并在细胞核中指导执行适当的遗传程序，包括激活基因转录、蛋白质合成、细胞周期机制、细胞死亡和分化。MAPK 一个独特之处在于，在受体受到刺激后，它们本身可以通过在其酪氨酸和苏氨酸残基上添加磷酸基团（双重磷酸化）来激活。在哺乳动物中至少含有 3 种不同的 MAPK 信号通路，即胞外信号调节蛋白激酶（ERKs 1/2）、p38 丝裂原活化蛋白激酶和 JNK。

已经有研究结果证明，多酚通过调节 MAPK 信号通路改善肠道屏障功能。例如，一项研究结果表明，富含花色苷的树莓提取物通过抑制 MAPK 来防止 DSS 诱导的结肠结构损伤（Li et al.，2014）。10 μmol/L 的槲皮素通过减少 p38 MAPK 的磷酸化，可以阻止过氧化氢、乙醛诱导的 TJ 蛋白 ZO-1 和 occludin 减少（Chuenkitiyanon et al.，2010）。此外，已经确定 ERK1/2 可以直接与 occludin 的 C 端区域进行相互作用，并在防止 H_2O_2、乙醛和 TNF-α 破坏紧密连接方面发挥关键作用（Piegholdt et al.，2014；Samak et al.，2011；Basuroy et al.，2006）。

此外，花色苷能通过抑制 p38 MAPK 来促进 claudin 的表达，进而对紧密连接产生影响。这表明 p38 在介导花青素保护上皮屏障功能中的重要作用（Shin et al.，2011）。从栗子壳中分离得到的多酚对 κ-卡拉胶诱导的斑马鱼肠道炎症有着明显的修复作用（图 4-39）。研究发现，κ-卡拉胶能够导致肠褶皱减少、肠腔扩张、杯状细胞数量增加等形态学改变；但是，栗子壳多酚可改善这些形态学变化（Imperatore et al.，2023）。此外，进一步的分析结果还表明，栗子壳多酚通过抑制 p38 激酶磷酸化及调节 ERK 蛋白表达，进而调节 MAPK 及 NF-κB 通路，并依托其抗炎作用改善肠道屏障功能（Imperatore et al.，2023）。总之，MAPK 信号通路是多酚改善肠道屏障功能所依托的一个重要机制。

3）对 PI3K/Akt 信号通路的调节作用

PI3K/Akt 信号通路（图 4-40）也是多酚等改善肠道屏障时所涉及的一个信号通路。PI3K 参与多种生物学过程，包括免疫细胞生长、分化、存活、增殖、迁移和代谢等。PI3K 信号通路主要通过调节紧密连接的表达来调节上皮屏障功能。通常，PI3K 可以被氧化应激激活，从而导致肠道通透性增加，而抑制 PI3K 则降低

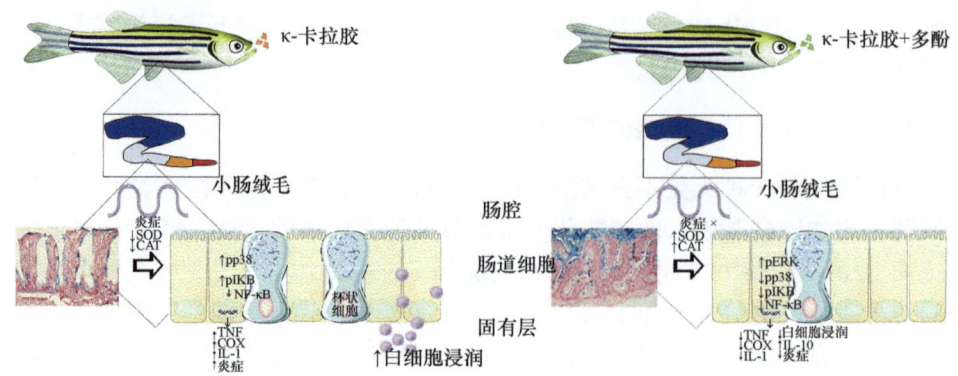

图 4-39　多酚通过 MAPK 及 NF-κB 信号通路调节斑马鱼受损的肠道功能（Imperatore et al.，2023）

肠道通透性。现有的研究结果显示，PI3K/Akt 信号通路将多酚与上皮屏障功能联系起来，因为多酚在结构上与合成的 PI3K 抑制剂相似，因此具有抑制 PI3K 活性的可能性。一项研究表明，安石榴苷能够通过调节 PI3K/Akt 及 Nrf2 核易位，从而调节热应激引起的 IEC-6 细胞的屏障受损功能，通过减少 ROS、二胺氧化酶和 NO 的产生，增加 SOD 活性，保护 IEC-6 细胞免受热应激诱导的细胞死亡，进而维系受损的肠道屏障功能（Xu et al.，2016）。此外，白藜芦醇也可以通过调节 PI3K/Akt 信号通路中的关键蛋白质 PI3K、Akt 和 mTOR 表达，减少炎症介质 TNF-α 和 IL-1β 的产生，从而改善被放射性物质损伤的肠道屏障功能（Radwan and Karam，2020）。还有研究发现，姜黄素也通过调节 PI3K/Akt/ERK1/2 信号通路来改善受损的肠道屏障功能，通过降低促炎因子（IL-6 和 TNF-α）基因表达减轻瘦素损伤的 Caco-2 BBe 细胞，并显著增加 TJ 蛋白包括 ZO-3、claudin-5 和 occludin 的表达水平，改善受损的肠道屏障功能（Kim and Kim，2014）。这些研究结果表明，多酚维护肠道屏障完整性的部分机制，应该与抑制 PI3K/Akt 信号通路有关。

4）对 ROCK/RhoA 信号通路的调节作用

Rho 家族的小分子 GTP 酶由 Rho、Rac 和 Cdc42 组成，并在上皮结构和功能的调节中发挥重要作用。它的下游效应器 Rho 相关激酶（Rho-associated kinase，ROCK）是一种丝氨酸/苏氨酸激酶，在调节紧密连接通透性方面非常重要。在上皮细胞单层模型（T84 细胞）中，将 ROCK 激活就可以阻止 TJ 蛋白在紧密连接组装过程中的正确定位，从而增强细胞旁通透性（Walsh et al.，2001）。ROCK 还可以通过磷酸化 MLC 来改变细胞-细胞黏附和肌动蛋白细胞骨架组织。此外，Rho GTP 交换因子 ARHGEF11 通过介导细胞-细胞连接处的 RhoA-MLC2 信号通路，与 ZO-1 协同发挥作用，从而调节上皮细胞的细胞旁通透性以及顶端连接复

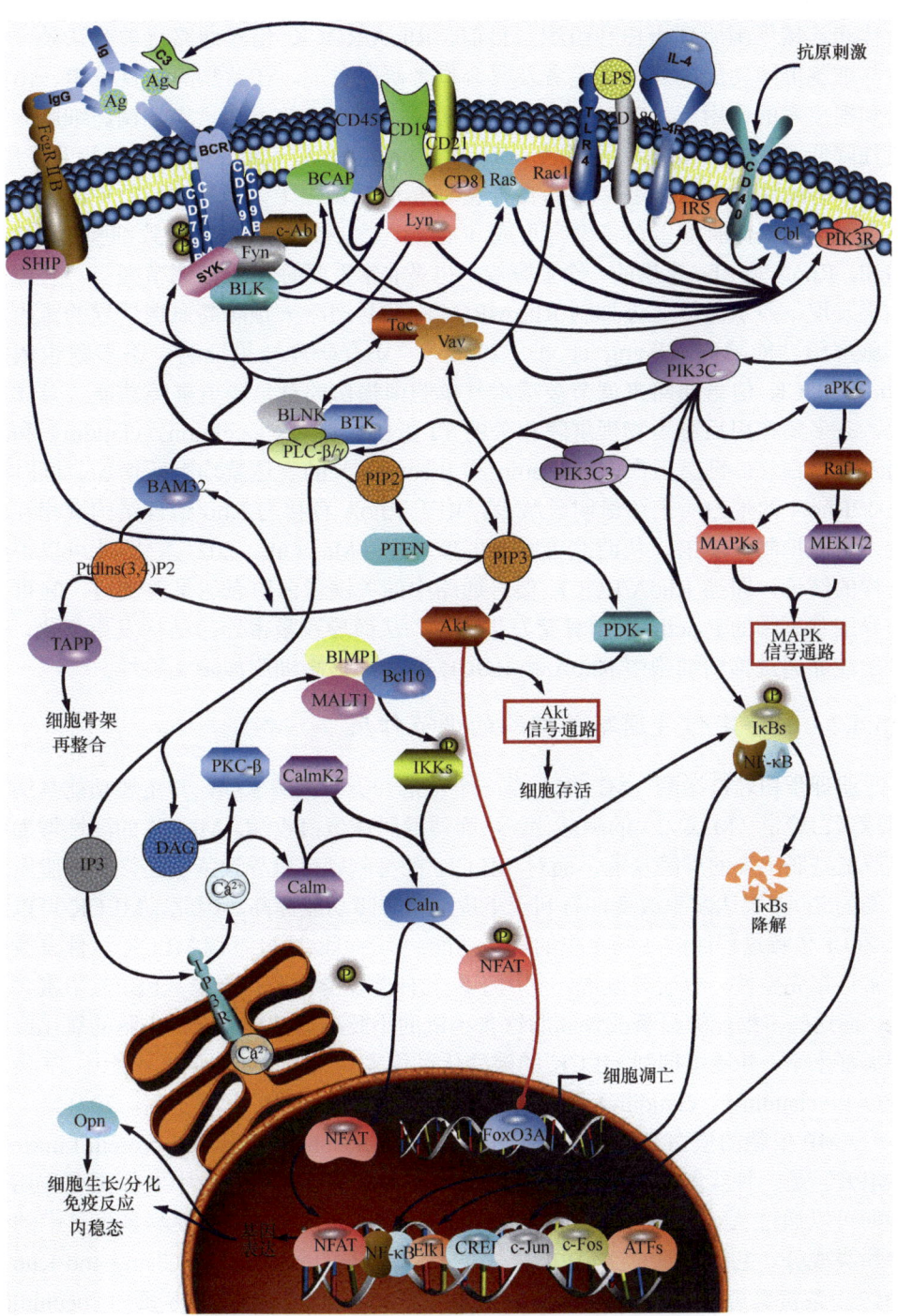

图 4-40 PI3K/Akt 信号通路的主体模式图

合体和连接周围肌球蛋白环组织。目前，RhoA/ROCK 信号通路已被公认是一个参与细胞屏障功能的通路。笔者及其合作者研究发现，在黄酮醇高良姜素、山奈酚和槲皮素的作用下，IEC-6 细胞中 RhoA 和 ROCK 的表达量均下调，细胞旁通透性降低（范婧，2020）。理论上，TJ 蛋白 occludin 和 claudin 与 ZO-1 相互作用；同时，借助这种相互作用，TJ 蛋白连接到 F-肌动蛋白上。当 RhoA/ROCK 被外界刺激激活时，F-肌动蛋白将聚合形成 F-actin，之后细胞收缩并导致细胞旁通透性增加。RhoA 是 Rho 家族的一个亚家族，也是非常重要的 ROCK 调节因子。有研究结果发现，芦丁能够通过抑制 RhoA/ROCK 信号通路来预防高血糖诱导的肾内皮细胞屏障功能障碍（Wang et al.，2016b）。还有研究结果证明，茶多酚也依托 RhoA/ROCK 信号通路来调节被嗜水气单胞菌损伤的草鱼肠道屏障功能。具体来说，茶多酚作用后肠道物理屏障相关的 TJ 蛋白（ZO-1、occludin、claudin）和黏附连接蛋白（E-钙黏蛋白、α-catenin 和 β-catenin）的表达量均有所增加，同时肠道中 RhoA 的蛋白质表达量明显减少；由于 RhoA 直接与 Rho 结合结构域相互作用，进而抑制 ROCK，从而改善肠道屏障功能（Ma et al.，2021）。因此可以得到这样的结论，即当 RhoA/ROCK 信号通路中的关键蛋白质表达量改变时，它可以诱导细胞周围的 F-actin 细胞骨架发生变化，从而导致紧密连接结构发生变化，而多酚能够通过抑制细胞中 RhoA 和 ROCK 的表达提高细胞屏障完整性。

4.3.4.2 对特定信号通路关键酶的调节作用

肌球蛋白轻链激酶（MLCK）是一个可溶性蛋白激酶家族，其主要功能是调节肌球蛋白轻链（MLC-2）的磷酸化，从而诱导肌球蛋白收缩。MLCK 的活性增加可以降低结肠上皮的屏障功能，而对 MLCK 的抑制则可以导致紧密连接和细胞质池之间的 ZO-1 表达发生改变，有利于上皮细胞屏障功能提高。因此，MLCK 可以通过 ZO-1 依赖过程而改变肠上皮的屏障功能。多酚可以通过下调 MLCK 活性来改善紧密连接完整性。有研究发现，利用干酪乳杆菌发酵的蓝莓果渣（FBP）中富含多酚，而这些多酚能够显著改善高脂饮食小鼠的小肠形态结构，降低小肠的氧化应激和炎症水平，并通过抑制 MLCK 的磷酸化过程来提高模型小鼠回肠组织中 TJ 蛋白（ZO-1、claudin-1、claudin-4 和 occludin）的表达（图 4-41）（程玉鑫，2021）。

AMP 依赖的蛋白激酶（adenosine 5'-monophosphate-activated protein kinase，AMPK）是一种丝氨酸/苏氨酸蛋白激酶，在维持细胞能量平衡中发挥重要作用。多酚可以通过 AMPK 来调节影响肠道屏障功能。研究表明，6-姜酚是生姜中的一种酚类成分，它通过激活 AMPK 来保护 DSS 诱导的肠道炎症（Chang and Kuo，2015）。茶黄素可以通过 AMPK 磷酸化过程增加 Caco-2 细胞间 TJ 蛋白（occludin、claudin-1 和 ZO-1）的表达，但是还无法判断是通过哪些上游信号分子作用调节的

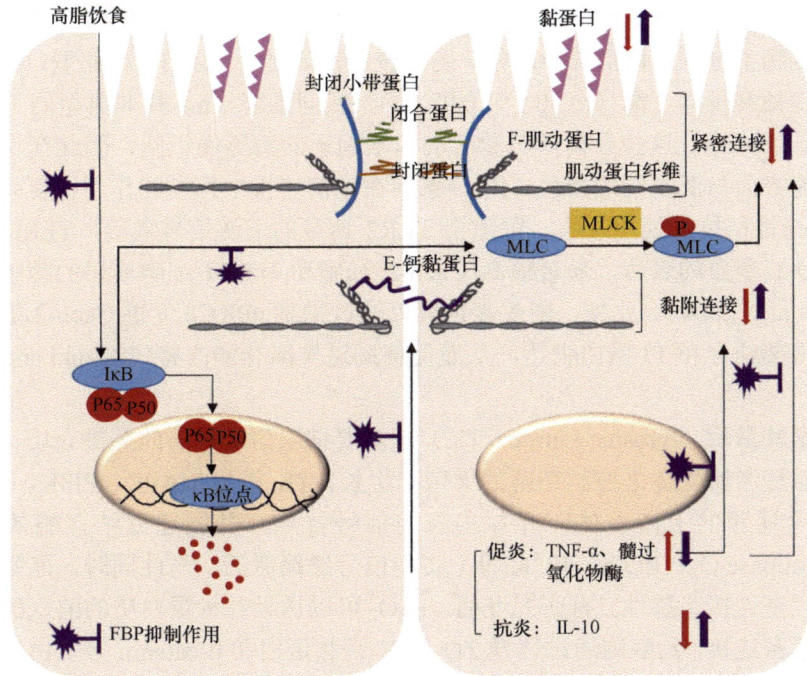

图 4-41 富含多酚的蓝莓果渣（FBP）发酵物通过 MLCK 信号通路对肠道屏障调节作用的示意图（程玉鑫，2021）

AMPK 信号通路；不过 AMPK 及 p-AMPK 的表达量确有所改变（Park et al.，2015）。因此可以断定，多酚对肠道的保护作用可以通过调节 AMPK 通路来实现，如图 4-42 所示。

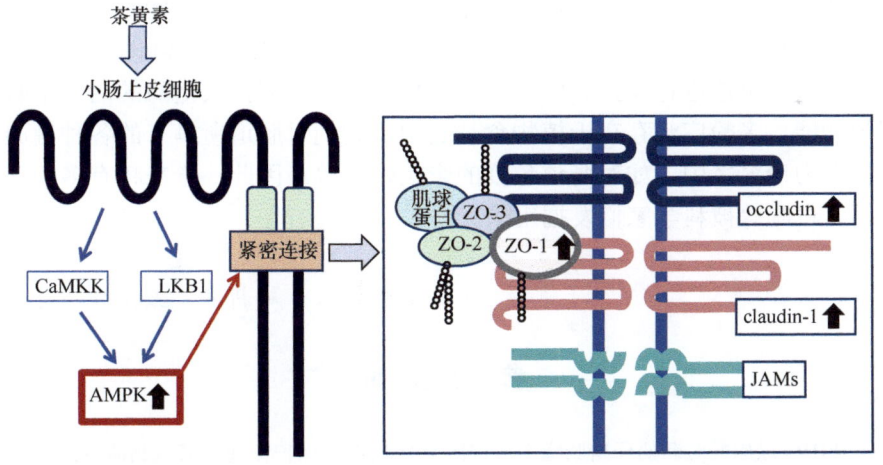

图 4-42 茶黄素通过调节 AMPK 信号通路影响肠道紧密连接的示意图（Cario et al.，2004）

蛋白激酶 C（PKC）家族的丝氨酸/苏氨酸激酶，其功能是调节上皮细胞的一些基本生物学过程，包括屏障功能。肠上皮细胞表达一系列 PKC 亚型，参与多种途径，包括常规同工酶（α、βⅠ、βⅡ、γ）、新同工酶（n）和非典型同工酶（δ、ε、η、μ、θ）等。这些异构体对激活剂和辅因子的敏感性不同，因此在调节肠道屏障功能方面扮演不同的角色。PKC 家族在紧密连接中挥发的作用很复杂。当用 PKC 选择性拮抗剂处理细胞，可阻止 TLR2 诱导的下游信号激活，TLR2 则通过调节 ZO-1 蛋白的表达，显著提高 Caco-2 细胞和 HT-29 细胞单层的跨膜电阻值（Cario et al.，2004）。此外，槲皮素也可以通过抑制 nPKCδ 促进 Caco-2 细胞的肌动蛋白骨架结合和 TJ 蛋白表达，从而促使肠道屏障功能改善（Suzuki and Hara，2009）。

酪氨酸激酶（tyrosine kinase，TK）是重要细胞信号通路的关键介质，它能够激活酪氨酸激酶受体来控制细胞的增殖和生长。TK 作为 MAPK、PI3K、PLCγ 等多个信号通路的上游受体，介导相应的信号转导，并能通过结合酶效应因子（phospholipase Cγ、PLCγ、PI3K 等）实现信号通路激活。与此同时，酪氨酸激酶也涉及紧密连接完整性。有研究证明，H_2O_2 可以诱导几种蛋白质的酪氨酸磷酸化而破坏紧密连接，乙醛则通过诱导 ZO-1、E-钙黏蛋白和 β-catenin 等蛋白质的酪氨酸残基磷酸化来破坏紧密连接，从而增加 Caco-2 细胞和 T84 细胞单层的细胞旁通透性（Rao et al.，1997）。多酚可以调节酪氨酸激酶的活性。例如，染料木素通过阻断酪氨酸磷酸化而减轻乙醛诱导的细胞旁通透性增加和紧密连接破坏程度（Atkinson and Rao，2001）。此外，木犀草素 A 也可以通过下调 ZO-1 的酪氨酸磷酸化来改善屏障完整性（Samak et al.，2011）。这些结果均表明，多酚可以通过抑制酪氨酸激酶活性和酪氨酸磷酸化，对紧密连接完整性和屏障功能产生有利影响。

总之，多酚可以依托多个信号通路来调控肠道屏障功能，同时这些信号通路也不是完全独立进行调控，还有可能通过信号通路之间的 cross-talk 即"串话"从多角度、多方位地进行调控。此外，多酚也可以通过调控关键酶的活性来影响肠道屏障功能。多酚广泛存在于植物食品之中，它们对肠道所具有的各种健康作用仍然在大力研究之中，如对肠道免疫的影响作用等。因此，未来将有多酚新的健康作用、机制等被科学家们发掘出来。

（本节撰稿人　赵新淮　王振兴　范　婧）

参 考 文 献

陈佳力. 2019. 绿原酸对断奶仔猪肠道上皮屏障氧化损伤的保护作用及其机制研究. 雅安：四川农业大学博士学位论文.

陈祥贵, 芮光伟, 任川洪, 等. 2003. IEC-6 细胞的培养鉴定和生长特性研究. 四川工业学院学报, 1: 41-44.

程玉鑫. 2021. 干酪乳杆菌发酵蓝莓果渣对高脂膳食小鼠肠道屏障功能的调节作用及机制. 武汉: 华中农业大学博士学位论文.

范婧. 2020. 黄酮醇对 IEC-6 细胞屏障保护作用以及信号通路研究. 哈尔滨: 东北农业大学博士学位论文.

毛祥娣, 杨泽希, 丛馨. 2020. 三细胞紧密连接蛋白 tricellulin 表达与功能调控的研究进展. 中国病理生理杂志, 36: 2276-2282.

时佳. 2020. 两种糖基化酪蛋白消化物的免疫活性与肠屏障功能研究. 哈尔滨: 东北农业大学博士学位论文.

于亚辉. 2023. 龙眼多糖及其共价硒化物的抗肿瘤及肠道屏障调节功能研究. 哈尔滨: 东北农业大学博士学位论文.

Ahmad S F, Zoheir K M A, Abdel-Hamied H E, et al. 2013. Grape seed proanthocyanidin extract has potent anti-arthritic effects on collagen-induced arthritis by modifying the T cell balance. International Immunopharmacology, 17: 79-87.

Amasheh M, Luettig J, Amasheh S, et al. 2012. Effects of quercetin studied in colonic HT-29/B6 cells and rat intestine *in vitro*. Annals of the New York Academy of Sciences, 1258: 100-107.

Andersson-Rolf A, Zilbauer M, Koo B K, et al. 2017. Stem cells in repair of gastrointestinal epithelia. Physiology, 32: 278-289.

Atkinson K J, Rao R K. 2001. Role of protein tyrosine phosphorylation in acetaldehyde-induced disruption of epithelial tight junctions. American Journal of Physiology-Gastrointestinal and Liver Physiology, 280: G1280-G1288.

Bai Y J, Huang F, Zhang R F, et al. 2020. *Longan pulp* polysaccharides relieve intestinal injury *in vivo* and *in vitro* by promoting tight junction expression. Carbohydrate Polymers, 229: 115475.

Banan A, Fields J, Farhadi A, et al. 2002. Activation of delta-isoform of protein kinase C is required for oxidant-induced disruption of both the microtubule cytoskeleton and permeability barrier of intestinal epithelia. Journal of Pharmacology and Experimental Therapeutics, 303: 17-28.

Banan A, Zhang L, Shaikh M, et al. 2003. Key role of PLC-gamma in EGF protection of epithelial barrier against iNOS upregulation and F-actin nitration and disassembly. American Journal of Physiology-Cell Physiology, 285: C977-C993.

Basuroy S, Seth A, Elias B, et al. 2006. MAPK interacts with occludin and mediates EGF-induced prevention of tight junction disruption by hydrogen peroxide. Biochemical Journal, 393: 69-77.

Baumgart D C, Dignass A U. 2002. Intestinal barrier function. Current Opinion in Clinical Nutrition & Metabolic Care, 5: 685-694.

Bazzoni G, Martinez-Estrada O M, Mueller F, et al. 2000. Homophilic interaction of junctional adhesion molecule. Journal of Biological Chemistry, 275: 30970-30976.

Beumer J, Clevers H. 2020. Cell fate specification and differentiation in the adult mammalian intestine. Nature Reviews Molecular Cell Biology, 22: 39-53.

Bhanja P, Norris A, Gupta-Saraf P, et al. 2018. BCN057 induces intestinal stem cell repair and mitigates radiation-induced intestinal injury. Stem Cell Research & Therapy, 9: 26.

Błaszczyk K, Wilczak J, Harasym J, et al. 2015. Impact of low and high molecular weight oat beta-glucan on oxidative stress and antioxidant defense in spleen of rats with LPS induced enteritis. Food Hydrocolloids, 51: 272-280.

Brescia P, Rescigno M. 2021. The gut vascular barrier: A new player in the gut-liver-brain axis.

Trends in Molecular Medicine, 27: 844-855.

Brito T V, Barros F C N, Silva R O, et al. 2016. Sulfated polysaccharide from the marine algae *Hypnea musciformis* inhibits TNBS-induced intestinal damage in rats. Carbohydrate Polymers, 151: 957-964.

Burgos-Edwards A, Martín-Pérez L, Jiménez-Aspee F, et al. 2019. Anti-inflammatory effect of polyphenols from *Chilean currants* (*Ribes magellanicum* and *R. punctatum*) after *in vitro* gastrointestinal digestion on Caco-2 cells: Anti-inflammatory activity of *in vitro* digested *Chilean currants*. Journal of Functional Foods, 59: 329-336.

Cani P D, Everard A, Duparc T. 2013. Gut microbiota, enteroendocrine functions and metabolism. Current Opinion in Pharmacology, 13: 935-940.

Cario E, Gerken G, Podolsky D K. 2004. Toll-like receptor 2 enhances ZO-1-associated intestinal epithelial barrier integrity *via* protein kinase C. Gastroenterology, 127: 224-238.

Carrasco-Pozo C, Morales P, Gotteland M. 2013. Polyphenols protect the epithelial barrier function of Caco-2 cells exposed to indomethacin through the modulation of occludin and zonula occludens-1 expression. Journal of Agricultural and Food Chemistry, 61: 5291-5297.

Chakravortty D, Kumar K. 1999. Modulation of barrier function of small intestinal epithelial cells by Lamina propria fibroblasts in response to lipopolysaccharide: Possible role of TNF alpha in inducing barrier dysfunction. Microbiology and Immunology, 43: 527-533.

Chang K W, Kuo C Y. 2015. 6-Gingerol modulates proinflammatory responses in dextran sodium sulfate (DSS)-treated Caco-2 cells and experimental colitis in mice through adenosine monophosphate-activated protein kinase (AMPK) activation. Food & Function, 6: 3334-3341.

Chuenkitiyanon S, Pengsuparp T, Jianmongkol S. 2010. Protective effect of quercetin on hydrogen peroxide–induced tight junction disruption. International Journal of Toxicology, 29: 418-424.

Cirmi S, Randazzo B, Russo C, et al. 2021. Anti-inflammatory effect of a flavonoid-rich extract of orange juice in adult zebrafish subjected to *Vibrio anguillarum*-induced enteritis. Natural Product Research, 35: 5350-5353.

Citalán-Madrid A F, García-Ponce A, Vargas-Robles H, et al. 2013. Small GTPases of the Ras superfamily regulate intestinal epithelial homeostasis and barrier function *via* common and unique mechanisms. Tissue Barriers, 1: 26938.

Cui L, Guan X N, Ding W B, et al. 2021. *Scutellaria baicalensis* Georgi polysaccharide ameliorates DSS-induced ulcerative colitis by improving intestinal barrier function and modulating gut microbiota. International Journal of Biological Macromolecules, 166: 1035-1045.

Cui M X, Fang Z, Song M D, et al. 2022. *Phragmites rhizoma* polysaccharide-based nanocarriers for synergistic treatment of ulcerative colitis. International Journal of Biological Macromolecules, 220: 22-32.

Daguet D, Pinheiro I, Verhelst A, et al. 2016. Arabinogalactan and fructooligosaccharides improve the gut barrier function in distinct areas of the colon in the simulator of the human intestinal microbial ecosystem. Journal of Functional Foods, 20: 369-379.

Del Piano M, Balzarini M, Carmagnola S, et al. 2014. Assessment of the capability of a gelling complex made of tara gum and the exopolysaccharides produced by the microorganism *Streptococcus thermophilus* ST10 to prospectively restore the gut physiological barrier: A pilot study. Journal of Clinical Gastroenterology, 48: S56-S61.

Dugo L, Belluomo M G, Fanali C, et al. 2017. Effect of cocoa polyphenolic extract on macrophage polarization from proinflammatory M1 to anti-inflammatory M2 state. Oxidative Medicine and Cellular Longevity, 2017: 6293740.

Fan J, Zhang Q, Zhao X H, et al. 2022. The impact of heat treatment of quercetin and myricetin on their activities to alleviate the acrylamide-induced cytotoxicity and barrier loss in IEC-6 cells. Plant Foods for Human Nutrition, 77: 436-442.

Ge P, Luo Y, Okoye C S, et al. 2020. Intestinal barrier damage, systemic inflammatory response syndrome, and acute lung injury: A troublesome trio for acute pancreatitis. Biomedicine & Pharmacotherapy, 132: 110770.

Grill J I, Neumann J, Hiltwein F, et al. 2015. Intestinal E-cadherin deficiency aggravates dextran sodium sulfate-induced colitis. Digestive Diseases and Sciences, 60: 895-902.

Groschwitz K R, Hogan S P. 2009. Intestinal barrier function: Molecular regulation and disease pathogenesis. Journal of Allergy and Clinical Immunology, 124: 3-20.

Guo C E, Cui Q Y, Cheng J H, et al. 2021. Probiotic-fermented Chinese dwarf cherry [*Cerasus humilis* (Bge.) Sok.] juice modulates the intestinal mucosal barrier and increases the abundance of *Akkermansia* in the gut in association with polyphenols. Journal of Functional Foods, 80: 104424.

Han F F, Fan H X, Yao M, et al. 2017. Oral administration of yeast β-glucan ameliorates inflammation and intestinal barrier in dextran sodium sulfate-induced acute colitis. Journal of Functional Foods, 35: 115-126.

Han P H, Yu Y J, Zhang L, et al. 2023. Citrus peel ameliorates mucus barrier damage in HFD-fed mice. The Journal of Nutritional Biochemistry, 112: 109206.

Han X, Bai B Y, Zhou Q, et al. 2020. Dietary supplementation with polysaccharides from *Ziziphus jujuba* cv. *pozao* intervenes in immune response *via* regulating peripheral immunity and intestinal barrier function in cyclophosphamide- induced mice. Food & Function, 11: 5992-6006.

Hartsock A, Nelson W J. 2008. Adherens and tight junctions: structure, function and connections to the actin cytoskeleton. Biochimica Et Biophysica Acta Biomembranes, 1778: 660-669.

Hassanain E, Silverberg J I, Norowitz K B, et al. 2010. Green tea (*Camelia sinensis*) suppresses B cell production of IgE without inducing apoptosis. Annals of Clinical & Laboratory Science, 40: 135-143.

He W, Wang Y, Wang P, et al. 2019. Intestinal barrier dysfunction in severe burn injury. Burns Trauma, 7: 24.

Hookman P, Barkin J S. 2009. *Clostridium difficile* associated infection, diarrhea and colitis. World Journal of Gastroenterology, 15: 1554-1580.

Horowitz A, Chanez-Paredes S D, Haest X, et al. 2023. Paracellular permeability and tight junction regulation in gut health and disease. Nature Reviews Gastroenterology & Hepatology, 20: 417-432.

Huang C L, Zhan J H, Luo J H. 2015. Effects of astragalus polysaccharide on intestinal immune function of rats with severe scald injury. Chinese Journal of Burns, 31: 30-36.

Huang L Q, Zhang D L, Han W L, et al. 2019. High-mobility group box-1 inhibition stabilizes intestinal permeability through tight junctions in experimental acute necrotizing pancreatitis. Inflammation Research, 68: 677-689.

Huo J Y, Wu Z Y, Sun W Z, et al. 2022. Protective effects of natural polysaccharides on intestinal barrier injury: A review. Journal of Agricultural and Food Chemistry, 70: 711-735.

Imperatore R, Orso G, Facchiano S, et al. 2023. Anti-inflammatory and immunostimulant effect of different timing-related administration of dietary polyphenols on intestinal inflammation in zebrafish, *Danio rerio*. Aquaculture, 563: 738878.

Jia J H, Zhang P P, Zhang C X, et al. 2021. Sulfated polysaccharides from pacific abalone attenuated DSS-induced acute and chronic ulcerative colitis in mice *via* regulating intestinal micro-ecology and the NF-κB pathway. Food & Function, 12: 11351-11365.

Jin M L, Zhu Y M, Shao D Y, et al. 2017. Effects of polysaccharide from mycelia of *Ganoderma lucidum* on intestinal barrier functions of rats. International Journal of Biological Macromolecules, 94: 1-9.

Kanwal S, Joseph T P, Owusu L, et al. 2018. A polysaccharide isolated from *Dictyophora indusiata* promotes recovery from antibiotic-driven intestinal dysbiosis and improves gut epithelial barrier function in a mouse model. Nutrients, 10: 1003.

Kim C Y, Kim K H. 2014. Curcumin prevents leptin-induced tight junction dysfunction in intestinal Caco-2 BBe cells. The Journal of Nutritional Biochemistry, 25: 26-35.

Kim Y H, Won Y S, Yang X, et al. 2016. Green tea catechin metabolites exert immunoregulatory effects on $CD4^+$ T cell and natural killer cell activities. Journal of Agricultural and Food Chemistry, 64: 3591-3597.

Kuo C L, Chen T S, Liou S Y, et al. 2014. Immunomodulatory effects of EGCG fraction of green tea extract in innate and adaptive immunity *via* T regulatory cells in murine model. Immunopharmacology and Immunotoxicology, 36: 364-370.

Layunta E, Buey B, Mesonero J E, et al. 2021. Crosstalk between intestinal serotonergic system and pattern recognition receptors on the microbiota-gut-brain axis. Frontiers in Endocrinology, 12: 748254.

Li D, Gao L, Li M X, et al. 2020a. Polysaccharide from spore of *Ganoderma lucidum* ameliorates paclitaxel-induced intestinal barrier injury: Apoptosis inhibition by reversing microtubule polymerization. Biomedicine & Pharmacotherapy, 130: 110539.

Li F F, Du P C, Yang W Y, et al. 2020b. Polysaccharide from the seeds of *Plantago asiatica* L. alleviates nonylphenol induced intestinal barrier injury by regulating tight junctions in human Caco-2 cell line. International Journal of Biological Macromolecules, 164: 2134-2140.

Li H Y, Che H X, Xie J W, et al. 2022. Supplementary selenium in the form of selenylation α-D-1, 6-glucan ameliorates dextran sulfate sodium induced colitis *in vivo*. International Journal of Biological Macromolecules, 195: 67-74.

Li L, Wang L Y, Wu Z Q, et al. 2014. Anthocyanin-rich fractions from red raspberries attenuate inflammation in both RAW264.7 macrophages and a mouse model of colitis. Scientific Reports, 4: 6234.

Li M R, Weigmann B N. 2023. Effect of a flavonoid combination of apigenin and epigallocatechin-3-gallate on alleviating intestinal inflammation in experimental colitis models. International Journal of Molecular Sciences, 24: 16031.

Li W, Gao M B, Han T. 2020c. *Lycium barbarum* polysaccharides ameliorate intestinal barrier dysfunction and inflammation through the MLCK-MLC signaling pathway in Caco-2 cells. Food & Function, 11: 3741-3748.

Li Y L, Tian X D, Li S C, et al. 2019. Total polysaccharides of adlay bran(*Coix lachryma-jobi* L.)improve TNF-α induced epithelial barrier dysfunction in Caco-2 cells *via* inhibition of the inflammatory response. Food & Function, 10: 2906-2913.

Liu J, Xiong Z, Dun Y. 2020a. Effects of oxidative stress in the pathogenesis of intestinal mucosal barrier dysfunction. Chemistry of Life, 40: 166-172.

Liu J P, Wang J, Zhou S X, et al. 2022. Ginger polysaccharides enhance intestinal immunity by modulating gut microbiota in cyclophosphamide-induced immunosuppressed mice. International Journal of Biological Macromolecules, 223: 1308-1319.

Liu Q, Yu Z M, Tian F W, et al. 2020b. Surface components and metabolites of probiotics for regulation of intestinal epithelial barrier. Microbial Cell Factories, 19: 1-11.

Lobo de Sá F D, Heimesaat M M, Bereswill S, et al. 2021. Resveratrol prevents *Campylobacter jejuni*-induced leaky gut by restoring occludin and claudin-5 in the paracellular leak pathway. Frontier in Pharmacology, 12: 640572.

Lu Z, Ding L, Lu Q, et al. 2013. Claudins in intestines: distribution and functional significance in health and diseases. Tissue Barriers, 1: 24978.

Ma Y B, Jiang W D, Wu P, et al. 2021. Tea polyphenol alleviate *Aeromonas hydrophila*-induced intestinal physical barrier damage in grass carp (*Ctenopharyngodon idella*). Aquaculture, 544: 737067.

Majumder K, Fukuda T, Zhang H, et al. 2017. Intervention of isomaltodextrin mitigates intestinal inflammation in a dextran sodium sulfate-induced mouse model of colitis *via* inhibition of toll-like receptor-4. Journal of Agricultural and Food Chemistry, 65: 810-817.

Mall J P G, Fart F, Sabet J A, et al. 2020. Effects of dietary fibres on acute indomethacin-induced intestinal hyperpermeability in the elderly: A randomised placebo controlled parallel clinical trial. Nutrients, 12: 1954.

Nakahara T, Nishitani Y, Nishiumi S, et al. 2017. Astilbin from *Engelhardtia chrysolepis* enhances intestinal barrier functions in Caco-2 cell monolayers. European Journal of Pharmacology, 804: 46-51.

Nunes C, Freitas V, Almeida L, et al. 2019. Red wine extract preserves tight junctions in intestinal epithelial cells under inflammatory conditions: Implications for intestinal inflammation. Food & Function, 10: 1364-1374.

Oshima T, Sasaki M, Kataoka H, et al. 2007. Wip1 protects hydrogen peroxide-induced colonic epithelial barrier dysfunction. Cellular and Molecular Life Sciences, 64: 3139-3147.

Park H Y, Kunitake Y, Hirasaki N, et al. 2015. Theaflavins enhance intestinal barrier of Caco-2 cell monolayers through the expression of AMP-activated protein kinase-mediated occludin, claudin-1, and ZO-1. Bioscience, Biotechnology, and Biochemistry, 79: 130-137.

Pellegrini C, Antonioli L, Colucci R, et al. 2018. Interplay among gut microbiota, intestinal mucosal barrier and enteric neuro-immune system: A common path to neurodegenerative diseases? Acta Neuropathologica, 136: 345-361.

Pellegrini C, Fornai M, D'Antongiovanni V, et al. 2023. The intestinal barrier in disorders of the central nervous system. The Lancet Gastroenterology & Hepatology, 8: 66-80.

Peng L, Li Z R, Green R S, et al. 2009. Butyrate enhances the intestinal barrier by facilitating tight junction assembly *via* activation of AMP-activated protein kinase in Caco-2 cell monolayers. The Journal of Nutrition, 139: 1619-1625.

Piegholdt S, Pallauf K, Esatbeyoglu T, et al. 2014. Biochanin A and prunetin improve epithelial barrier function in intestinal CaCo-2 cells *via* downregulation of ERK, NF-κB, and tyrosine phosphorylation. Free Radical Biology and Medicine, 70: 255-264.

Pierre J F, Heneghan A F, Feliciano R P, et al. 2014. Cranberry proanthocyanidins improve intestinal sIgA during elemental enteral nutrition. Journal of Parenteral and Enteral Nutrition, 38: 107-114.

Pietrzak B, Tomela K, Olejnik-Schmidt A, et al. 2020. Secretory IgA in intestinal mucosal secretions as an adaptive barrier against microbial cells. International Journal of Molecular Sciences, 21: 9254.

Piqué N, Gómez-Guillén M C, Montero M P. 2018. Xyloglucan, a plant polymer with barrier protective properties over the mucous membranes: An overview. International Journal of Molecular Sciences, 19: 673.

Radwan R R, Karam H M. 2020. Resveratrol attenuates intestinal injury in irradiated rats *via* PI3K/Akt/mTOR signaling pathway. Environmental Toxicology, 35: 223-230.

Rao R, Basuroy S, Rao V, et al. 2002. Tyrosine phosphorylation and dissociation of occludin-ZO-1 and E-cadherin beta-catenin complexes from the cytoskeleton by oxidative stress. Biochemical Journal, 368: 471-481.

Rao R K, Baker R D, Baker S S, et al. 1997. Oxidant-induced disruption of intestinal epithelial barrier function: Role of protein tyrosine phosphorylation. American Journal of Physiology-Gastrointestinal and Liver Physiology, 273: G812-G823.

Robinson K, Deng Z, Hou Y, et al. 2015. Regulation of the intestinal barrier function by host defense peptides. Frontiers in Veterinary Science, 2: 57.

Rupani B, Caputo F J, Watkins A C, et al. 2007. Relationship between disruption of the unstirred mucus layer and intestinal restitution in loss of gut barrier function after trauma hemorrhagic shock. Surgery, 141: 481-489.

Sairenji T, Collins K L, Evans D V. 2017. An update on inflammatory bowel disease. Primary Care: Clinics in Office Practice, 44: 673-692.

Samak G, Aggarwal S, Rao R K. 2011. ERK is involved in EGF-mediated protection of tight junctions, but not adherens junctions, in acetaldehyde-treated Caco-2 cell monolayers. American Journal of Physiology-Gastrointestinal and Liver Physiology, 301: G50-G59.

Seth A, Sheth P, Elias B C, et al. 2007. Protein phosphatases 2A and 1 interact with occludin and negatively regulate the assembly of tight junctions in the Caco-2 cell monolayer. Journal of Biological Chemistry, 282: 11487-11498.

Shanahan E R, Shah A, Koloski N, et al. 2018. Influence of cigarette smoking on the human duodenal mucosa-associated microbiota. Microbiome, 6: 150.

Shao L J, Huang Q R, He M, et al. 2005. Changes of occludin expression in intestinal mucosa after burn in rats. Burns, 31: 838-844.

Shin D Y, Lu J N, Kim G Y, et al. 2011. Anti-invasive activities of anthocyanins through modulation of tight junctions and suppression of matrix metalloproteinase activities in HCT-116 human colon carcinoma cells. Oncology Reports, 25: 567-572.

Song J Z, Chen Y Y, Lv Z Y, et al. 2023. Structural characterization of a polysaccharide from *Alhagi* honey and its protective effect against inflammatory bowel disease by modulating gut microbiota dysbiosis. International Journal of Biological Macromolecules, 258: 128937

Sun H, Ni X Q, Song X, et al. 2016. Fermented Yupingfeng polysaccharides enhance immunity by improving the foregut microflora and intestinal barrier in weaning *Rex rabbits*. Applied Microbiology and Biotechnology, 100: 8105-8120.

Suzuki T. 2020. Regulation of the intestinal barrier by nutrients: The role of tight junctions. Animal Science Journal, 91: 13357.

Suzuki T, Hara H. 2009. Quercetin enhances intestinal barrier function through the assembly of zonnula occludens-2, occludin, and claudin-1 and the expression of claudin-4 in Caco-2 cells. The Journal of Nutrition, 139: 965-974.

Suzuki T, Hara H. 2011. Role of flavonoids in intestinal tight junction regulation. The Journal of Nutritional Biochemistry, 22: 401-408.

Švajger U, Obermajer N, Jeras M. 2010. Dendritic cells treated with resveratrol during differentiation from monocytes gain substantial tolerogenic properties upon activation. Immunology, 129: 525-535.

Tulstrup M V, Christensen E G, Carvalho V, et al. 2015. Antibiotic treatment affects intestinal permeability and gut microbial composition in Wistar rats dependent on antibiotic class. PLoS One, 10: 0144854.

Uerlings J, Schroyen M, Willems E, et al. 2020. Differential effects of inulin or its fermentation metabolites on gut barrier and immune function of porcine intestinal epithelial cells. Journal of

Functional Foods, 67: 103855.

Vergnolle N, Cirillo C. 2018. Neurons and glia in the enteric nervous system and epithelial barrier function. Physiology, 33: 269-280.

Vezza T, Rodríguez-Nogales A, Algieri F, et al. 2016. Flavonoids in inflammatory bowel disease: a review. Nutrients, 8: e211.

Walsh S V, Hopkins A M, Chen J, et al. 2001. Rho kinase regulates tight junction function and is necessary for tight junction assembly in polarized intestinal epithelia. Gastroenterology, 121: 566-579.

Wan J, Zhang J, Wu G Z, et al. 2019. Amelioration of enterotoxigenic *Escherichia coli*-induced intestinal barrier disruption by low-molecular-weight chitosan in weaned pigs is related to suppressed intestinal inflammation and apoptosis. International Journal of Molecular Sciences, 20: 3485.

Wan M L Y, Ling K H, Wang M F, et al. 2016. Green tea polyphenol epigallocatechin‐3‐gallate improves epithelial barrier function by inducing the production of antimicrobial peptide pBD-1 and pBD-2 in monolayers of porcine intestinal epithelial IPEC‐J2 cells. Molecular Nutrition & Food Research, 60: 1048-1058.

Wang K, Jin X, Chen Y, et al. 2016a. Polyphenol-rich propolis extracts strengthen intestinal barrier function by activating AMPK and ERK signaling. Nutrients, 8: 272.

Wang K L, Zhang H R, Han Q J, et al. 2020a. Effects of astragalus and ginseng polysaccharides on growth performance, immune function and intestinal barrier in weaned piglets challenged with lipopolysaccharide. Journal of Animal Physiology and Animal Nutrition, 104: 1096-1105.

Wang Q, Liu F, Chen X X, et al. 2020b. Effects of the polysaccharide SPS-3-1 purified from *Spirulina* on barrier integrity and proliferation of Caco-2 cells. International Journal of Biological Macromolecules, 163: 279-287.

Wang X M, Zhao X H, Feng T, et al. 2016b. Rutin prevents high glucose-induced renal glomerular endothelial hyperpermeability by inhibiting the ROS/Rhoa/ROCK signaling pathway. Planta Medica, 82: 1252-1257.

Wang Z J, Li Y H, Wang C J, et al. 2019. Oral administration of *Urtica macrorrhiza* Hand.-Mazz. polysaccharides to protect against cyclophosphamide-induced intestinal immunosuppression. Experimental and Therapeutic Medicine, 18: 2178-2186.

Wang Z X, Zhao X H. 2022. The barrier-enhancing function of soluble yam (*Dioscorea opposita* Thunb.) polysaccharides in rat intestinal epithelial cells as affected by the covalent Se conjugation. Nutrients, 14: 3950.

Wu Z H, Huang S M, Li T T, et al. 2021. Gut microbiota from green tea polyphenol-dosed mice improves intestinal epithelial homeostasis and ameliorates experimental colitis. Microbiome, 9: 184.

Xie S Z, Shang Z Z, Li Q M, et al. 2019. *Dendrobium huoshanense* polysaccharide regulates intestinal lamina propria immune response by stimulation of intestinal epithelial cells *via* toll-like receptor 4. Carbohydrate Polymers, 222: 115028.

Xu L, He S S, Yin P, et al. 2016. Punicalagin induces Nrf2 translocation and HO-1 expression *via* PI3K/Akt, protecting rat intestinal epithelial cells from oxidative stress. International Journal of Hyperthermia, 32: 465-473.

Yang R, Jia Q, Mehmood S, et al. 2021. Genistein ameliorates inflammation and insulin resistance through mediation of gut microbiota composition in type 2 diabetic mice. European Journal of Nutrition, 60: 2155-2168.

Ying M X, Zheng B, Yu Q, et al. 2020. *Ganoderma atrum* polysaccharide ameliorates intestinal mucosal dysfunction associated with autophagy in immunosuppressed mice. Food and Chemical Toxicology, 138: 111244.

Yoneyama S, Kawai K, Tsuno N H, et al. 2008. Epigallocatechin gallate affects human dendritic cell differentiation and maturation. Journal of Allergy and Clinical Immunology, 121: 209-214.

Yu Y, Zhu H B, Shen M Y, et al. 2021. Sulfation modification enhances the intestinal regulation of *Cyclocarya paliurus* polysaccharides in cyclophosphamide-treated mice *via* restoring intestinal mucosal barrier function and modulating gut microbiota. Food & Function, 12: 12278-12290.

Zha Z, Wang S Y, Chu W, et al. 2018. Isolation, purification, structural characterization and immunostimulatory activity of water-soluble polysaccharides from *Lepidium meyenii*. Phytochemistry, 147: 184-193.

Zhang H T, Yu Y, Liu L L, et al. 2016. The role of JNK in the hydrogen treatment for intestinal barrier dysfunction in severe septic mice. Tianjin Medical Journal, 44: 573-576.

Zhang L Z, Gong J G, Li J H, et al. 2023. Dietary resveratrol supplementation on growth performance, immune function and intestinal barrier function in broilers challenged with lipopolysaccharide. Poultry Science, 102: 102968.

Zhao D, Dai W J, Tao H, et al. 2020. Polysaccharide isolated from *Auricularia auricular-judae* (Bull.) prevents dextran sulfate sodium-induced colitis in mice through modulating the composition of the gut microbiota. Journal of Food Science, 85: 2943-2951.

Zhao Y, Chen F D, Wu W, et al. 2018. GPR43 mediates microbiota metabolite SCFA regulation of antimicrobial peptide expression in intestinal epithelial cells *via* activation of mTOR and STAT3. Mucosal Immunology, 11: 752-762.

Zhou H C, Guo C A, Yu W W, et al. 2021. *Zizyphus jujuba* cv. Muzao polysaccharides enhance intestinal barrier function and improve the survival of septic mice. Journal of Food Biochemistry, 45: 13722.

Zhu L Y, Li J, Wei C H, et al. 2020. A polysaccharide from *Fagopyrum esculentum* Moench bee pollen alleviates microbiota dysbiosis to improve intestinal barrier function in antibiotic-treated mice. Food & Function, 11: 10519-10533.

Zong S, Ye Z Y, Zhang X M, et al. 2020. Protective effect of *Lachnum* polysaccharide on dextran sulfate sodium-induced colitis in mice. Food & Function, 11: 846-859.

Zou Q H, Zhang X, Liu X S, et al. 2020. *Ficus carica* polysaccharide attenuates DSS-induced ulcerative colitis in C57BL/6 mice. Food & Function, 11: 6666-6679.

Zou T D, Yang J, Guo X B, et al. 2021. Dietary seaweed-derived polysaccharides improve growth performance of weaned pigs through maintaining intestinal barrier function and modulating gut microbial populations. Journal of Animal Science and Biotechnology, 12: 1-12.

第 5 章 蛋白质水解物和活性肽与肠道健康

蛋白质广泛存在于动物与植物组织，其化学本质是由氨基酸以肽键连接的一系列复杂有机化合物，元素组成通常包括碳、氢、氧、氮及硫等，并且由于其独特的化学构成而具有各种独特性质。蛋白质这一术语来源于希腊语，意为"第一"或"基本的"，显示出作为有机大分子物质的蛋白质对生命的重要作用。在生物体系中，蛋白质是细胞或机体的组成部分（如细胞骨架、肌肉），是生命活动的催化剂（如酶），是生命体的卫士（如抗体），是重要的信使（如激素），还可能具有一些其他的重要作用。

人类膳食中的蛋白质主要来源于动物和植物。动物蛋白质一般来自陆地动物、水生动物的肌肉组织（如肉类）、卵（如蛋类）和一些哺乳动物的分泌物（如乳）。由于动物蛋白质的氨基酸组成比较平衡，是食物中最重要、最常见的优质蛋白质来源，对人类的营养价值较高。来自植物的谷蛋白和其他的植物组织贮存蛋白，也是人类重要的植物蛋白质来源，其中大豆、花生等油籽作物中含量较高，不过它们的氨基酸组成可能存在限制性氨基酸，其营养价值比动物蛋白质的营养价值要差。蛋白质在体内的消化过程中会逐步分解，生成肽类及游离氨基酸。类似地，蛋白质在体外也能够被蛋白酶所作用，发生酶促水解生成肽类及游离氨基酸。蛋白质消化或酶促水解所产生的肽类，其中的某些对生物体的生命活动有益或具有生理作用，从而被称为活性肽。活性肽在机体内可以产生重要的调节作用，如抑菌、抗病毒、抗癌、抗血栓、抗高血压、抗氧化、免疫调节、激素调节、降脂、降糖等各种重要的活性作用（Jia et al., 2021; Ustunol, 2015）。目前，许多活性肽的结构被确认，对其功能与机制的研究也在逐步深入。同时，还发现蛋白质水解产生的水解物和活性肽，对肠道健康也具有积极的作用。

5.1 蛋白质的消化与水解

5.1.1 蛋白质的体内消化与吸收

蛋白质是生命活动所必需的物质基础。在生物体的新陈代谢过程中，生物体需要营养物质与能量物质。食品蛋白质通过为人类机体提供必需的氨基酸成分，并且可以通过氨基酸的氧化代谢为机体提供能量，保证机体的正常生长和生命维持。食物被摄入体内后，食物的消化始于口腔对它的咀嚼过程；由于唾液中不含蛋白酶，消化道内的消化酶（蛋白酶）逐步作用于蛋白质分子。所以，膳食中的蛋白质消化开始于胃，但是主要发生在小肠这一重要器官。蛋白质吸收则完全依赖小肠。在一系列蛋白酶的精准作用下，蛋白质分子中的肽键逐步被裂解，发生水解反应，生成分子量不等的肽分子，直至产生小肽和游离氨基酸并被机体吸收、利用。当然，也有部分膳食蛋白在小肠中的消化吸收率较低（如胶原蛋白），导致其对机体的营养价值低。

胃内消化蛋白质的酶是胃蛋白酶。由于食物在胃内停留时间较短，所以对蛋白质的消化作用很不完全。胃蛋白酶的最适宜 pH 为 1.5～2.5，对乳中的酪蛋白有凝乳作用。这一作用对婴儿比较重要，因为婴儿摄食的乳液在胃中凝结成乳块后，蛋白质在胃中停留时间延长，有利于蛋白质的消化。胃蛋白酶作用后的蛋白质消化产物，以及未被消化的蛋白质，则进一步在小肠内被多种蛋白酶及肽酶共同作用而进一步水解。蛋白质在小肠内的消化主要依赖于胰腺分泌的各种蛋白酶，包括胰蛋白酶、胰凝乳蛋白酶、弹性蛋白酶、羧肽酶、氨肽酶和二肽酶等。其中，胰蛋白酶、胰凝乳蛋白酶、弹性蛋白酶等属于内肽酶，而羧肽酶、氨肽酶属于外肽酶。在小肠内，蛋白质消化产物和未被消化的蛋白质最终被水解为小肽及氨基酸（1/3 为氨基酸，2/3 为小肽）。由 2～3 个氨基酸构成的小肽及游离氨基酸可以被直接吸收，并通过小肠黏膜细胞进入肝门静脉，运输到肝脏和其他组织或器官被利用。在小肠黏膜细胞的刷状缘及细胞液中存在两种寡肽酶（氨肽酶和二肽酶），负责对小肽的最终水解。氨肽酶从氨基末端逐个水解小肽生成二肽，二肽再经二肽酶水解生成氨基酸。另外，小肠黏膜细胞表面有大量的微绒毛，这些微绒毛大大增加了小肠对小肽、氨基酸的吸收面积，使氨基酸和小肽能够高效地被吸收进入细胞，然后通过血液输送到全身各处。

在体内，各种氨基酸主要通过耗能需钠的主动转运吸收。氨基酸在体内的吸收速率很快，它在肠内容物的浓度从不超过 7%。小肠黏膜细胞上具有载体，能与氨基酸和钠离子形成三联结合体，再转入细胞膜内，Na^+ 则借助于钠泵主动排出细胞，从而维持细胞内 Na^+ 浓度，并有利于氨基酸的不断吸收。不同的氨基酸在吸收过程中具有不同的转运系统。中性氨基酸转运系统对中性氨基酸具有高度的亲和力，可转运芳香族氨基酸（如苯丙氨酸、色氨酸和酪氨酸）、脂肪族氨基酸（如丙氨酸、丝氨酸、苏氨酸、缬氨酸、亮氨酸和异亮氨酸）、含硫氨基酸（甲硫氨酸和半胱氨酸），以及组氨酸、谷氨酰胺等。中性氨基酸转运系统的转运速率最快，氨基酸的吸收速率大小依次为：甲硫氨酸＞异亮氨酸＞缬氨酸＞苯丙氨酸＞色氨酸＞苏氨酸，部分甘氨酸也借助于此运转系统。赖氨酸和精氨酸则是借助碱性氨基酸转运系统转运，但其转运速率较慢，仅为中性氨基酸载体转运速率的 10%，同时胱氨酸也借助此载体来转运。天冬氨酸和谷氨酸依赖酸性氨基酸转运系统而转运。脯氨酸、羟脯氨酸及甘氨酸依靠亚氨基酸和甘氨酸转运系统转运,虽然其转运速率很慢,但含有这些氨基酸的二肽可以直接被吸收,故这一载体系统在氨基酸吸收上就没有那么重要。

可以预料,膳食中蛋白质的消化产物主要集中产生于小肠之中,故此其消化产物极有可能对肠道的稳态及肠道健康产生影响。因此,非常有必要研究、揭示蛋白质消化物或活性肽的肠道健康作用。

5.1.2 蛋白质的酶促水解

体外,在来自动物、植物或微生物的蛋白酶作用下,蛋白质可以发生酶促水解反应,蛋白质分子肽链断裂从而生成肽链较短的肽分子或游离氨基酸。不同于蛋白质的体内消化,蛋白质的酶促水解通常是采用单一蛋白酶作用或几种蛋白酶共同作用。但是,蛋白质水解作用与蛋白质消化的化学机制是一样的,均是蛋白酶对肽键的水解作用。食品蛋白质酶促水解时经常使用的蛋白酶及它们的一些特性见表 5-1(赵新淮等,2009)。此外,在食品发酵过程中,食用微生物分泌的多种蛋白酶也可以催化蛋白质水解,生成肽分子乃至游离氨基酸。这一水解过程可以看成是特殊情况下的蛋白质酶促水解(有微生物存在,蛋白酶来自微生物),其

表 5-1 常见的蛋白酶和特性

来源	名称	类型	pH	主要裂解的化学键
动物	胃蛋白酶	天冬氨酸蛋白酶	1~4	芳香族氨基酸羧基和氨基,Leu/Asp/Glu 的羧基
	胰蛋白酶	丝氨酸蛋白酶	7~9	Lys/Arg 的羧基
	胰凝乳蛋白酶	丝氨酸蛋白酶	8~9	Phe/Tyr/Trp 的羧基
	凝乳酶	天冬氨酸蛋白酶	3~6	专一性强
植物	木瓜蛋白酶	半胱氨酸蛋白酶	5~7	Lys/Arg/Phe 的羧基
	无花果蛋白酶	半胱氨酸蛋白酶	5~8	Phe/Tyr 的羧基
	菠萝蛋白酶	半胱氨酸蛋白酶	5~8	Lys/Arg/Phe/Tyr 的羧基
细菌	中性蛋白酶	金属蛋白酶	6~8	Leu/Phe 的氨基和其他
	枯草芽孢杆菌蛋白酶	丝氨酸蛋白酶	6~10	主要为疏水性氨基酸的羧基
	碱性蛋白酶	丝氨酸蛋白酶	6~10	主要为疏水性氨基酸的羧基
	Esperase	丝氨酸蛋白酶	7~12	主要为疏水性氨基酸的羧基
	嗜热菌蛋白酶	金属蛋白酶	7~9	Ile/Leu/Val/Phe 的氨基
霉菌	霉菌蛋白酶	混合物	4~8	专一性差
	Molsin	天冬氨酸蛋白酶	2.5~5	专一性差
	Fromase	天冬氨酸蛋白酶	3~6	同凝乳酶

化学机制与蛋白质体内消化的机制一样。目前,食品科学领域研究、开发的活性肽一般来自蛋白酶水解或微生物的发酵作用。

食品蛋白质发生酶促水解之后,蛋白质的肽键发生不同程度的断裂,一级结构发生改变,因此经典的蛋白质功能性质,如溶解性、表面性质、胶凝性质、乳化性质、流变学性质等发生改变。更为重要的是,蛋白质酶促水解产物(蛋白质水解物以及某些肽分子)具有生物活性。蛋白质水解物和活性肽的生物活性还包括它们对肠道的健康作用,这是一个有待进一步界定、研究的重要问题(时佳,2020)。

不过,蛋白质的化学修饰有可能影响蛋白质的酶促水解。例如,在笔者的一项研究中,酪蛋白首先进行美拉德反应途径的乳糖糖基化,再进行胰蛋白酶催化水解,分析结果表明,糖基化酪蛋白的水解情况低于酪蛋白;以反映蛋白质水解能力的三氯乙酸可溶性氮(TCA-SN)和水解度(DH)为指标,分析结果显示糖基化酪蛋白的这两个指标的数值均低于酪蛋白,说明同等酶促水解条件下糖基化酪蛋白比酪蛋白更慢地发生水解(王小鹏和赵新淮,2019)(图5-1)。这一结果证明,所进行的美拉德糖基化反应可能损害酪蛋白的消化性能。

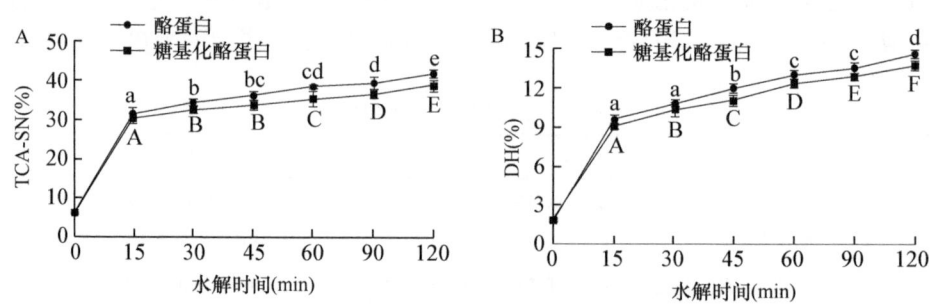

图 5-1 酪蛋白和糖基化酪蛋白的胰蛋白酶水解(王小鹏和赵新淮,2019)

凡是具有不同英文字母标记的数据,表明数据间具有显著性差异($P<0.05$),后同

蛋白质的酶促水解对特殊人群的健康和安全也具有重要意义。部分人群对乳蛋白、大豆蛋白、花生蛋白、水产蛋白中的某些成分(即过敏原)敏感,摄食这些成分后会产生过敏(Peters et al.,2021;Yu et al.,2016;Yada,2004)。对那些过敏原蛋白实施酶促水解,可以有效地降低其致敏作用。例如,乳清蛋白的酶促水解可以破坏过敏原的结构,降低其抗原性。乳清蛋白的水解程度是一个重要的影响因素,所使用的蛋白酶是另外一个影响因素(表5-2)(赵新淮等,2009)。间接竞争抑制酶联免疫吸附分析(ELISA)分析结果表明,不同蛋白酶降低β-乳球蛋白抗原性的效率明显不同,所产生的脱敏效果与多个方面有关。目前,对这些过敏原蛋白实施物理化学变性尤其是酶促水解、辅助益生菌等,已被证明可以有效地降低蛋白质的致敏作用(Heine,2018)。

表 5-2　β-乳球蛋白的酶促水解对抗原性的影响

蛋白酶	水解特异性	裂解的肽键数量	水解度（%）	ARI = RF/DH
胰蛋白酶	Lys，Arg	6	13.8	362
地衣芽孢杆菌蛋白酶	Glu，Asp	15	3.5	143
胰凝乳蛋白酶	Phe，Tyr，Trp	3	4.7	19
木瓜蛋白酶	Arg，Lys，Phe，Gly	8	11.7	14
枯草杆菌蛋白酶 A	差	很多	8.2	12
碱性蛋白酶	差	很多	19.2	12
镰刀菌蛋白酶	Arg，(Lys)	6	9.1	2

注：ARI，抗原性降低指数；RF，抗原性降低倍数；DH，水解度

5.1.3　蛋白质水解物和活性肽的生物活性

5.1.3.1　常见的生物活性

无论是来自蛋白质的消化，还是来自蛋白质的酶促水解，或者是来自食品的发酵过程，蛋白质水解物和活性肽具有的常见生物活性作用以及主要的作用机制，可以参阅本节所引用的 2 篇综述性文献（Jia et al.，2021；Nasri，2017）。

1）ACE 抑制作用

血管紧张素转换酶（angiotensin converting enzyme，ACE）是体内一种重要的升血压物质，它能将血管紧张素 I 转换成血管紧张素 II，而血管紧张素 II 是一种高效的升血压物质。血管紧张素 II 一方面能使血管平滑肌收缩直接升高血压，另一面还可刺激肾上腺皮质释放醛固酮，增加血量，间接升高血压。ACE 可以钝化舒缓激肽活性，降低毛细血管通透性。

在食品蛋白质中存在 ACE 抑制物，从动物、植物蛋白的酶水解物中也发现大量具有抑制 ACE 活性的肽分子，它们可以抑制 ACE 的活性，从而具有降血压的活性作用，一般将它们称为降血压肽或 ACE 抑制肽（ACE-inhibitory peptide）。所以，蛋白质结构中可能存在 ACE 抑制肽的氨基酸序列，通过蛋白质的肠胃消化或酶促水解，可以将这些 ACE 抑制肽释放出来。图 5-2 显示出存在于 β-酪蛋白分子结构中的一些肽分子氨基酸序列（肽片段分别为 1~9、23、24，一共 11 个），已证明它们对 ACE 具有一定的抑制作用。

2）抗氧化作用

蛋白质经过消化或水解后，其水解产物均能够显示出一定的抗氧化能力。因此，把这些具有抑制生物大分子过氧化或清除自由基作用的活性肽称为抗氧化肽（antioxidant peptide）。通常，抗氧化肽的分子量相对较小，可以从 3 个方面发挥

抗氧化作用：螯合金属离子、作为供氢体或供电子体清除自由基、促进过氧化物的分解。

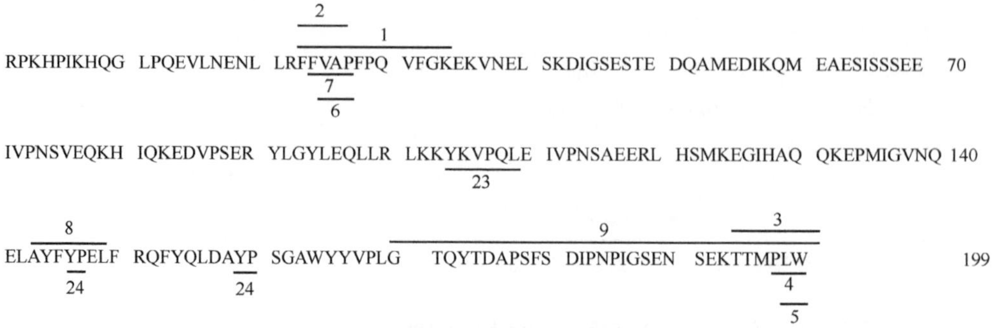

```
                    2
                 ___1___
RPKHPIKHQG  LPQEVLNENL  LRFFVAPFPQ  VFGKEKVNEL  SKDIGSESTE  DQAMEDIKQM  EAESISSSEE   70
                         ‾‾7‾‾
                          6

IVPNSVEQKH  IQKEDVPSER  YLGYLEQLLR  LKKYKVPQLE  IVPNSAEERL  HSMKEGIHAQ  QKEPMIGVNQ  140
                                     ‾‾23‾‾

    ‾‾8‾‾                                          ‾‾‾‾‾9‾‾‾‾‾     ‾‾3‾‾
ELAYFYPELF  RQFYQLDAYP  SGAWYYVPLG  TQYTDAPSFS  DIPNPIGSEN  SEKTTMPLW                199
    24          24                                            ‾4‾
                                                              ‾5‾
```

图 5-2　从 β-酪蛋白中可以衍生出的 11 个 ACE 抑制肽以及它们的氨基酸序列

抗氧化作用较强的抗氧化肽，其氨基酸残基组成中往往包含酪氨酸、甲硫氨酸、组氨酸、赖氨酸或色氨酸等。目前可以确定，一些氨基酸的存在对抗氧化肽的抗氧化活性作用必不可少。例如，来自大豆蛋白水解物中的一个由 28 个氨基酸残基组成的抗氧化肽，其结构中 Pro-His-His 就是抗氧化活性中心。又如，酪蛋白水解物的 Glu-Leu 结构，对于清除 $\cdot O_2^-$ 的抗氧化活性非常重要。

3）促矿物质吸收

酪蛋白磷酸肽（casein phosphopeptide，CPP）是目前最为熟知的矿质元素结合肽，其活性中心是成串的磷酸丝氨酸（SerP）和谷氨酸簇，其基本结构组成为 SerP-SerP-SerP-Glu-Glu，对二价金属离子具有很好的亲和性，可与多种矿质元素结合形成可溶性磷酸盐，竞争性抑制矿质元素尤其是磷酸钙的沉淀，同时充当矿质元素的运输载体，促进小肠对 Ca^{2+} 和其他矿质元素的吸收。CPP 促进钙质吸收的过程是：在十二指肠上端、维生素 D 存在下促使钙以主动方式吸收，在回肠及小肠末端能在 pH 7~8 条件下有效地与钙形成可溶性复合物，防止产生不溶性磷酸钙，促使钙以被动方式吸收。

CPP 分布于 α_{s1}-酪蛋白、β-酪蛋白等酪蛋白的不同区域，因此不同蛋白质来源的 CPP 的分子量不同。所以，不同酪蛋白成分酶促水解时所产生的 CPP 其氨基酸序列等有所不同。

4）抗菌活性

近年来还发现一些肽具有抗菌活性作用，因而被称为抗菌肽（antimicrobial peptide）。例如，存在于哺乳动物乳汁中的一种特殊蛋白质乳铁蛋白，它的胃蛋白酶水解物对大肠杆菌具有较强的抗菌活性，抗菌活性强于乳铁蛋白。猪胃蛋白酶对乳铁蛋白水解产生的肽（如乳铁素）具有广谱抗菌活性，可抑制革兰氏阴性菌和革兰氏阳性菌的生长。乳铁素因而被认为是具有天然抗菌活性的抗菌肽。抗菌肽的作用机制一个是与细胞膜相互作用，另一个是与细胞内生物大分子相互作用。抗菌肽与细胞膜的作用模型主要有环孔模型、毡毯模型和桶板模型。

通常认为，乳铁蛋白是通过螯合铁离子，竞争性地剥夺细菌生长所需要的铁元素，从而抑制细菌生长。乳铁蛋白还能与脂质 A 结合，促使脂质 A 从革兰氏阴性菌的细菌壁上剥离出来，进而导致细菌死亡。乳铁蛋白的 N 端有一段编码乳铁素的序列，因而也具有抗菌活性作用。

5）免疫调控

一些肽类具有免疫调控能力，因此被称为免疫肽（immunomodulating peptide）或免疫活性肽。免疫活性肽不仅能增强机体的免疫能力，在机体内产生免疫调节作用，还能刺激机体淋巴细胞增殖，增强巨噬细胞的吞噬能力，从而有效地提高机体对外界病原物质的抵抗能力。

从人酪蛋白的胰蛋白酶-糜蛋白酶降解产物中分离得到的六肽（Val-Gln-Pro-Ile-Pro-Tyr，β-酪蛋白 54～59 片段）和三肽（Gly-Leu-Phe，α-乳白蛋白 51～53 片段），就是一类具有激活免疫细胞吞噬功能的活性肽，它们能提高人血液中单核细胞和巨噬细胞对人血液中衰老红细胞的附着力，从而具有免疫调控活性。另外，从牛酪蛋白水解物中分离出的一个三肽 Leu-Leu-Tyr（β-酪蛋白 191～193 片段）和一个六肽 Thr-Thr-Met-Pro-Leu-Tyr（α_{s1} 酪蛋白 C 端片段）也具有免疫调控活性。

6）抗癌作用

目前，科学家们还发现一些肽分子具有抗癌活性作用，因而被称为抗癌肽（anticancer peptide）（Panda et al., 2012）。相比传统的抗癌药物，抗癌肽的毒性低，对靶标具有高度的专一性和亲和性。同时，由于抗癌肽具有较小的分子量，所以很容易进入细胞或组织。抗癌肽的抗癌作用可能涉及以下 8 个不同途径，如图 5-3 所示。

根据现有的研究结果，抗癌肽可能是具有线性结构的肽分子，也可能是具有环肽结构的肽分子，氨基酸残基数量为 3 个到二十几个。具有线性结构的抗癌肽，第一个氨基酸残基可能具有焦谷氨酸基（pyroglutamate，缩写为 pGlu）或乙酰基（acetylated，缩写为 Ac），如 pGlu-Glu-Asp-Ser-Gly、pGlu-Phe-Gly-NH$_2$、Ac-Glu-Ser-Gly-NH$_2$。具有环肽结构的抗癌肽，一个典型例子就是由 7 个氨基酸残基 Asn-Tyr-Asn-Gln-Pro-Asn-Ser 构成的环肽。

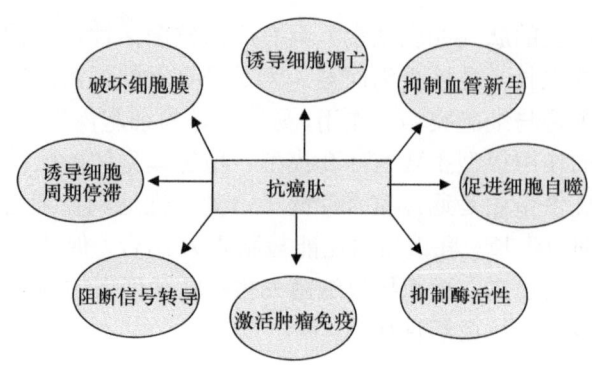

图 5-3　抗癌肽的可能抗癌作用方式

7）降脂作用

人们已经发现某些蛋白质具有降脂、降胆固醇的作用，并且在此方面植物蛋白质（如大豆蛋白）比动物蛋白具有更好的活性作用。与此同时，一些蛋白质水解物和活性肽也被确认具有降脂、降胆固醇活性作用。因此，蛋白质的降脂、降胆固醇作用，被认为是部分来源于它们消化水解后产生的降脂活性肽。

早期的一个研究结果表明，大豆蛋白被猪胃蛋白酶水解后，在模型大鼠体内可以将血清总胆固醇和三酰甘油酯水平分别降低 27% 和 46%，并且大豆蛋白水解物的活性作用好于大豆蛋白（Doi et al., 1986）。大豆蛋白的碱性蛋白酶水解物也具有降低血清总胆固醇和低密度脂蛋白水平的能力（Zhong et al., 2007）。在大豆蛋白水解物中，鉴别出的、具有降脂作用的活性肽，其氨基酸序列结构是 Trp-Gly-Ala-Pro-Ser-Leu、Phe-Val-Val-Asn-Ala-Thr-Ser-Asn；在乳蛋白水解物中，鉴别出的、具有降脂作用的活性肽的结构是 Ile-Ile-Ala-Glu-Lys（Udenigwe and Aluko, 2012）。

8）其他生物活性

笔者和合作者的研究工作发现，通过胰蛋白酶得到的酪蛋白水解物对小肠上皮细胞的屏障功能具有活性作用，可以保护细胞单层的屏障完整性，拮抗食品毒素诱发的屏障损伤（时佳，2020）。此外，酪蛋白水解物还可以对小肠上皮细胞产生保护作用，减缓 LPS 等诱发的细胞炎症（陈娜，2022）。这些研究结果表明蛋白质水解物和活性肽在肠道内具有健康作用。

此外，食品蛋白质经过酶促水解后，如小麦谷蛋白经过胃蛋白酶作用，会生成具有阿片样活性作用肽类。它们因而被称为神经肽或阿片样活性肽。神经肽能调节人体情绪、呼吸、脉搏、体温等，并且无任何副作用。又如，α_{s1}-酪蛋白水解物被确认具有抗焦虑作用（Messaoudi et al., 2005）。

相对于蛋白质水解物和活性肽的免疫作用、ACE 抑制作用、抗氧化作用等，蛋白质水解物和活性肽的肠道健康作用（屏障保护、抗炎等）、类阿片活性、抗焦虑作用等其活性作用的相关研究较少，有待于今后得到更多的关注。更重要的是，肽组学的兴起将更加有效地深化对活性肽相关研究。

5.1.3.2 Plastein 反应修饰与生物活性变化

Plastein 反应（也被称为类蛋白反应）是一个经典的反应，同时也是肽类研究中一个很有意思的修饰反应。实际上，Plastein 反应不是一个单一反应，而是涉及一系列反应：首先，蛋白质发生酶促水解，蛋白质分子水解为肽分子；随之，在高底物浓度下发生蛋白酶催化下的一系列反应，包括缩合反应、转肽反应及水解反应（图 5-4）。Plastein 反应的一个重要结果就是会形成凝胶或蛋白质聚集物（Gong et al.，2015）。更为重要的是，Plastein 反应中新生成的肽分子由于涉及不同肽分子之间的缩合反应、转肽反应及水解反应，与原来的肽分子相比，新生成的肽分子会在结构、性质、生物活性等方面发生变化。Plastein 反应在活性肽领域具有潜在的应用价值。可以预料，蛋白质水解物和活性肽的 Plastein 反应不仅会带来肽分子的结构变化，更会产生活性上的变化，尤其是在外源氨基酸存在下对它们实施的 Plastein 反应修饰。

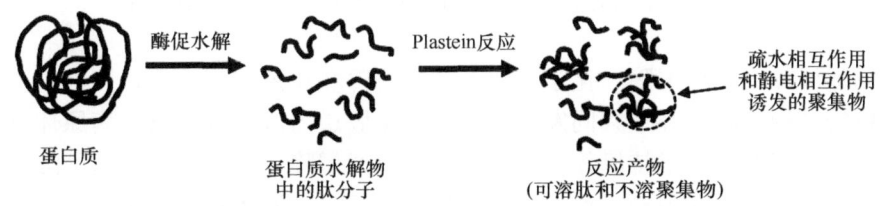

图 5-4　蛋白质的酶促水解及 Plastein 反应

笔者和合作者利用 Plastein 反应，在有无外源氨基酸存在下，对大豆水解物、酪蛋白水解物等实施 Plastein 反应修饰，成功地提高了这些蛋白质水解物的 ACE 抑制作用、抗氧化作用（高博，2010；李亚云，2009；吴丹，2009），以及其他方面的活性作用（如抗炎和抗凝血作用等）（石云娇，2022；张美玲，2013）。同时，笔者等还证明这一反应可以提高乳铁蛋白酶解产物对胃癌 BGC-823 细胞的抗癌活性（Ma et al.，2019）。总之，现有的研究结果可以充分证明 Plastein 反应能改善蛋白质水解物的若干理化性质以及一些生物活性（图 5-5）（Udenigwe and Rajendran，2016）。

一旦蛋白质水解物和活性肽成为加工食品的配料，它们在食品加工、贮存过程及经历胃肠消化之后，其活性是否得到有效的保留就显得尤为重要（Rivero-Pino，2023；Rao et al.，2016）。Plastein 反应是否对蛋白质水解物和活性肽的其他

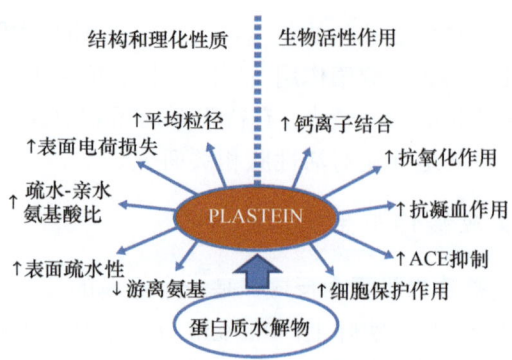

图 5-5 Plastein 反应对蛋白质水解物理化性质和生物活性等的影响
（Udenigwe and Rajendran，2016）

活性及稳定性具有积极的影响作用，已经在笔者早期的 ACE 抑制肽研究工作结果中得到初步证明（Sun and Zhao，2012），但是仍然有待于更多的研究结果来确认 Plastein 反应的这一作用。

（本节撰稿人　赵新淮）

5.2　蛋白质水解物和活性肽与肠道屏障

肠道屏障由物理屏障、化学屏障、生物屏障和免疫屏障构成，这些屏障均具有各自的结构基础，并且共同发挥作用以防止肠道内的有害物质和病原体进入；同时，这些屏障也是维持机体内环境稳态的重要屏障，因此任何肠道屏障损伤均可能导致细菌移位和内毒素移位。应该注意的是，病原体和各种不良刺激（如酗酒），会通过不同的机制损害肠道屏障的完整性，并增强病原体和抗原从管腔到固有层的移位，从而引起炎症和疾病。此外，细胞因子、肠道激素和微生物代谢物等，也可以进入循环并介导肠道和大脑之间的生物通信，从而影响宿主的新陈代谢和健康状况。因此，维护肠道屏障对机体健康极为重要。

食物蛋白质在肠道中消化时释放各种肽，食品加工过程中蛋白质的水解产物中也含有各种肽（如食品发酵中蛋白质的水解），其中的某些肽因拥有特定生物活性而被称为活性肽。目前认为，蛋白质水解物和活性肽对肠道健康有益。例如，它们可以调节肠上皮细胞的增殖和组成，减弱肠细胞的氧化应激，刺激黏蛋白和抗菌肽的产生和分泌，维持内分泌细胞的组成和功能，提升 TJ 蛋白表达和细胞分布，全面增强肠黏膜功能共生微生物的代谢，影响肠细胞的炎症状态和免疫细胞在固有层中的活性（Bao and Wu，2021b），如图 5-6 所示。在本小节，我们将在肠道物理屏障、化学屏障、免疫屏障和生物屏障这四个维度，初步介绍蛋白质水解物和活性肽对这四方面屏障功能（重点是物理屏障）的作用方式与效果。不过，整体上看，对比非消化性多糖和类黄酮的肠道屏障保护功能研究，对蛋白质水解物和活性肽这方面的活性研究相对不足。

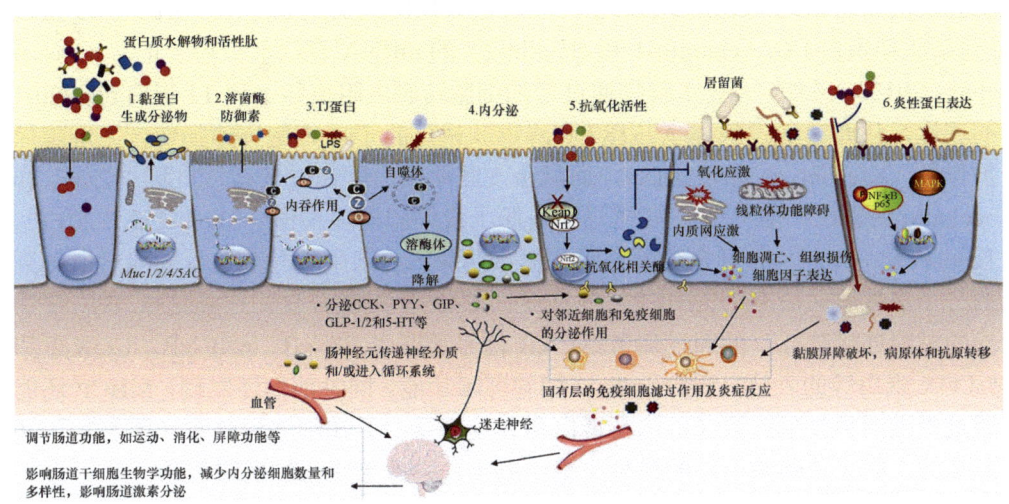

图 5-6　蛋白质水解物和活性肽对肠道屏障等的调控作用（Bao and Wu，2021b）

5.2.1　蛋白质水解物和活性肽对物理屏障的影响

肠道的物理屏障主要由肠道上皮单层细胞构成，在肠道屏障中处于最重要的地位。肠道的物理屏障具有选择透过性，不同的跨膜蛋白在相邻细胞之间形成复杂的相互作用网络，并封闭细胞旁空隙。在超微结构层面上确定的蛋白质网络包括 4 种类型的连接复合体：紧密连接、黏附连接、间隙连接和桥粒。

肠上皮细胞是抵御管腔抗原和病原体的第一道防线和屏障。由内质网应激引起的功能障碍，被认为是肠道炎症发病机制的主要途径。内质网是一种细胞器，其功能是折叠和修饰膜及分泌蛋白质，协助脂质生物合成，并维持钙稳态。内质网应激是由不同的条件触发的，包括内质网内未折叠或错误折叠蛋白质的积累。如果不解决这些问题，它随后会产生高水平的自由基。例如，内质网和线粒体中的 ROS，通过未折叠的蛋白质反应诱导氧化应激，最终通过 NF-κB 途径诱导炎症。因此，维持肠上皮细胞中自由基的稳态浓度，对肠道屏障的完整性至关重要。所以，一旦小肠上皮的屏障功能被破坏，则需要快速修复形成连续上皮层，以防止毒素入侵。食物来源的蛋白质水解物可以调节肠上皮的通透性和完整性，从而保护肠道的物理屏障功能，在肠道中具有有益的屏障保护作用。

来自植物食品的一些活性肽，在不同的细胞和动物模型中被证明可以保护肠道细胞免受 ROS 诱导的细胞毒性。研究结果证实，活性肽通过 Keap1-Nrf2 信号通路上调细胞抗氧化酶的表达，抑制促炎细胞因子的表达，最终保护和改善肠道的屏障功能（Wong et al.，2020）。研究结果表明酪蛋白水解物可以改善实验动物的肠道屏障功能。例如，用酪蛋白水解物喂养易感糖尿病大鼠 150 d 后，与仅含氨基酸的饮食相比，酪蛋白水解物可以降低大鼠的肠上皮通透性，大鼠的 TJ 蛋白（包括肌球蛋白 IXb、claudin-1 和 claudin-2）的 mRNA 表达水平趋于正常（Visser et al.，2012）。又如，大豆水解物通过增加细胞跨膜电阻值和上调 TJ 蛋白 claudin-1 的表达，从而对 Ca^{2+} 载体 A23187 和蜂毒肽诱导的 T84 细胞屏障损伤产生屏障保护作用（Kiewiet et al.，2018），而鳕鱼皮胶原蛋白肽通过上调 TJ 蛋白 ZO-1 和 occludin 的表达，拮抗 TNF-α 诱导的小肠上皮细胞屏障损伤（Chen et al.，2017）。Tenore 等（2019）的研究结果表明，胃蛋白酶水解水牛乳马苏里拉奶酪后所得到的一个活性肽（命名为 MBCP）能够促进 Caco-2 细胞分化，还能拮抗 TNF-α 诱导的黏附连接破坏，并通过调节 NF-κB 信号通路中 NF-κB、pNF-κB、COX-2 和 5-LOX 蛋白等的表达，调控 Caco-2 细胞屏障功能。同时他们还发现，MBCP 还能通过提高两种黏附连接（E-钙黏蛋白和 β-连环蛋白）在细胞间分布（图 5-7），从而拮抗二硝基苯磺酸诱导的模型小鼠结肠损伤，改善受损的肠道屏障。

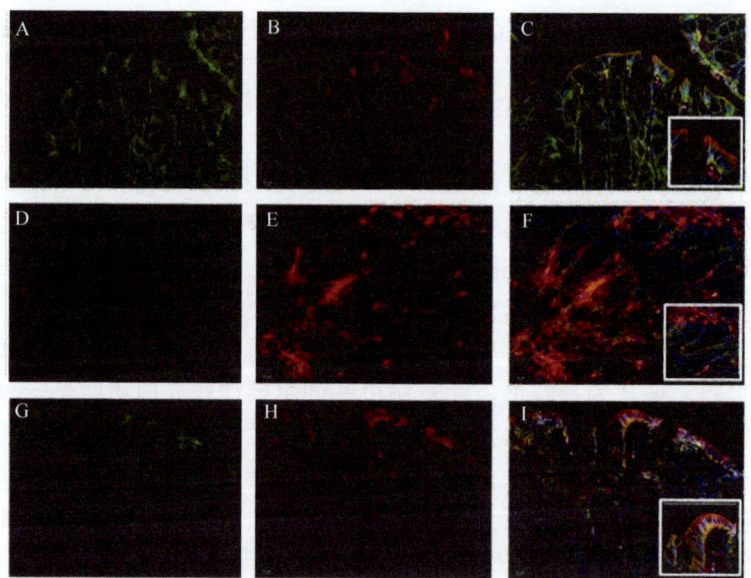

图 5-7　活性肽 MBCP 对二硝基苯磺酸诱导的小鼠结肠炎组织中黏附连接影响作用的免疫荧光分析（Tenore et al.，2019）

免疫荧光分析显示 E-钙黏蛋白（红色荧光）和 β-连环蛋白（绿色荧光）在对照组（A～C）、模型组（D～F）和给药组（G～I）（100 mg/kg）小鼠中的表达差异。原始图片放大倍率为 20 倍，在 C、F、I 的插图中以较高的放大倍率显示免疫荧光的放大部分

Bao 和 Wu（2021a）在研究蛋清黏蛋白水解物的活性时，发现该水解物能够

有效地改善由 LPS 引起的 Caco-2 细胞的炎症及屏障功能损伤。分析结果显示，该水解物能够增加跨膜电阻值、降低细胞旁通透性，同时也能恢复细胞间 TJ 蛋白 claudin-3、claudin-2、ZO-1 和 occludin 的表达（图 5-8）。更进一步的分析结果则证明，该蛋白质水解物通过抑制 NF-κB 信号通路和 MAPK 信号通路的激活，从而改善受损的肠道屏障功能。

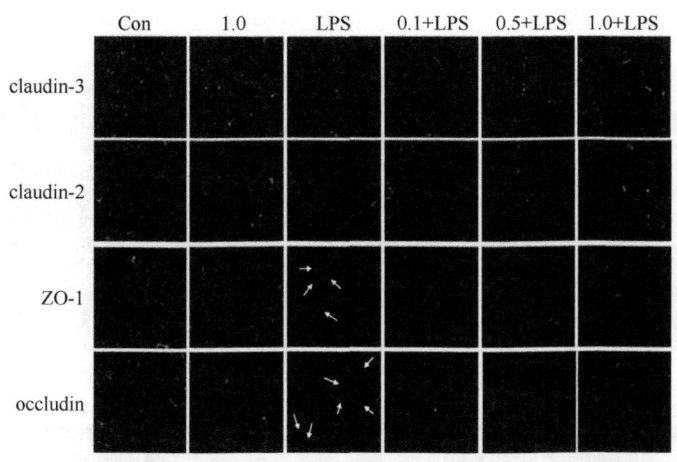

图 5-8　不同剂量鸡蛋蛋清黏蛋白水解物（mg/mL）对 LPS 损伤的 Caco-2 细胞间 4 种 TJ 蛋白的影响作用（Bao and Wu，2021a）

Con，对照组细胞；LPS，脂多糖

Liu 等（2024）的研究结果发现，蜂蜜抗菌肽能够拮抗 DSS 诱导的小鼠结肠炎，降低小鼠血清中 IL-1β、IL-6、TNF-α、IFN-γ 的分泌，同时也能上调细胞间三种 TJ 蛋白包括 ZO-1、occludin 和 claudin-1 的表达，改善肠道屏障功能。Li 等（2023）利用胃蛋白酶和胰蛋白酶水解藜麦蛋白，所得到的藜麦蛋白水解物能够有效地改善被 DSS 损伤的小鼠肠道屏障功能，降低血清中炎性因子 IL-1β、IL-6 和 TNF-α 分泌量，通过上调 TJ 蛋白 ZO-1 和 claudin-1 表达以及黏蛋白 MUC-2 的基因表达，拮抗 DSS 对小鼠结肠造成的损伤。进一步的分析结果则显示，藜麦蛋白水解物可以通过调控 TLR4/IκB-α/NF-κB 信号通路中的关键蛋白质（包括 TLR-4、IκB-α 和 NF-κB）的磷酸化水平，改善肠道炎症，进而调控肠道屏障功能，从而发挥对肠道屏障的保护功能。

笔者和合作者也曾利用酪蛋白和蛋白酶水解，以大鼠小肠上皮 IEC-6 细胞为模型细胞，研究蛋白质水解物对肠道屏障的影响作用，并且揭示两类不同的蛋白质糖基化对水解物活性的影响。我们的研究结果表明，在正常 IEC-6 细胞中，各个水解物均能够促进 IEC-6 细胞增殖并改善 IEC-6 细胞屏障的完整性，增加跨上皮细胞电阻值，降低细胞单层通透性，降低细菌移位，使细胞单层对大肠杆菌有较强的抗菌活性，同时上调 TJ 蛋白（包括 ZO-1、occludin 和 claudin-1）的分布（图 5-9、图 5-10）与表达，显示出对 IEC-6 细胞屏障功能的有益作用。但是，分析数据比较结果表明，美拉德反应途径得到的乳糖糖基化酪蛋白水解物的活性作用总是低于酪蛋白水解物，而转谷氨酰胺酶途径得到的壳寡糖糖基化酪蛋白水解物的活性作用总是高于酪蛋白水解物（时佳，2020）。

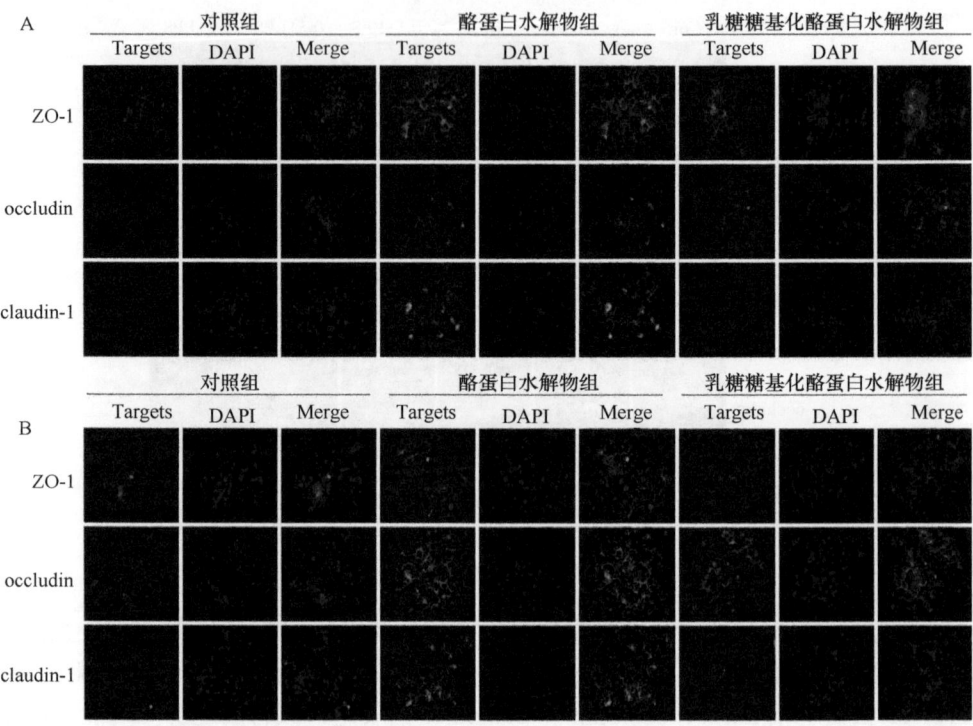

图 5-9　酪蛋白水解物和乳糖糖基化酪蛋白水解物处理 12 h（A）和 24 h（B）对 IEC-6 细胞 3 个 TJ 蛋白分布的影响（时佳，2020）

绿色荧光信号及强度反映 TJ 蛋白的相对表达量

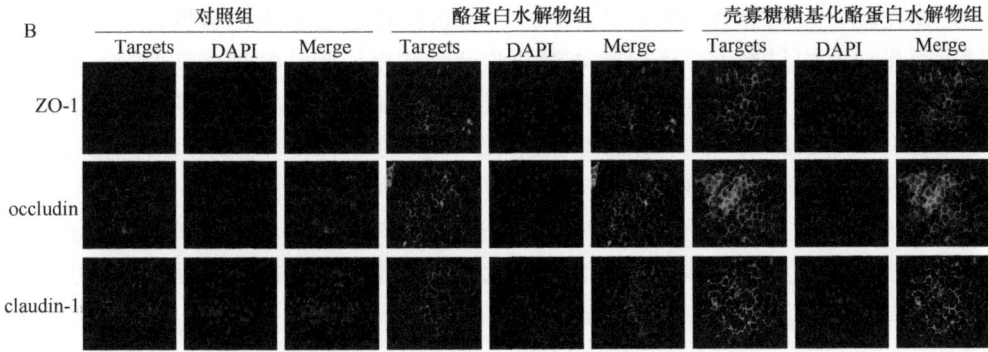

图 5-10　酪蛋白水解物和壳寡糖糖基化酪蛋白水解物处理 12 h（A）和 24 h（B）对 IEC-6 细胞 3 个 TJ 蛋白分布的影响（时佳，2020）

绿色荧光信号及强度反映 TJ 蛋白的相对表达量

我们的研究结果还证实，如果采用食品毒素丙酰胺、LPS 等损伤 IEC-6 细胞屏障，这些水解物都可以部分恢复细胞跨膜电阻值、降低细胞膜通透性，同时上调 TJ 蛋白的表达，降低或缓和诱发的细胞屏障功能障碍。相比酪蛋白水解物，乳糖糖基化酪蛋白水解物的活性有所降低，而壳寡糖糖基化酪蛋白水解物的活性作用升高（Shi et al.，2021a，2021b；时佳，2020；Shi and Zhao；2019）。故此，我们的研究工作结果不仅界定了酪蛋白水解物对肠道物理屏障的潜在作用，还揭示了美拉德糖基化修饰及转谷氨酰胺酶糖基化修饰分别给酪蛋白肠道健康作用带来不一样的影响作用，并再次证明美拉德反应对蛋白质性质产生的不利影响。

5.2.2　蛋白质水解物和活性肽对化学屏障的影响

肠道的化学屏障主要由来自胆囊的胆汁酸、来自胰腺和肠细胞的各种酶，以及许多抗菌肽和黏蛋白共同组成。帕内特细胞和结肠上皮细胞分泌的一个抗菌肽防御素，可以保护宿主的免疫力和肠道完整性。溶菌酶是帕内特细胞所产生的另一种抗菌肽，它分散在黏液层中，也是防止细菌入侵的化学屏障之一。黏蛋白主要由杯状细胞产生，是肠道化学屏障中最重要的元素。黏蛋白分为膜相关蛋白（MUC1、MUC3、MUC4、MUC13 和 MUC17）和分泌蛋白（MUC2、MUC5AC、MUC5B 和 MUC6）。膜相关蛋白和分泌蛋白的细胞外结构域可以充当细菌黏附素的配体，并限制病原体的沉降和随后的免疫反应。黏蛋白在维持肠道屏障功能和体内平衡方面起着至关重要的作用。

现有的一些研究结果证明了蛋白质水解物和活性肽对肠道化学屏障的有益作用。例如，Yamamoto 等（2012）通过用蛋白酶消化获得 4 种大豆蛋白肽，研究发现它们能够影响虹鳟消化液中的总胆汁酸及胆酸盐浓度（表 5-3），改善远端肠道的形态结构，进而提升肠道的屏障功能。分析比较表 5-3 中的数据，可以发现 4 种大豆蛋白肽中只有大豆蛋白肽 4 对总胆汁酸浓度、胆汁酸结合率影响不显著，而其余的 3 种大豆蛋白肽对总胆汁酸含量占比、胆汁酸结合率及肠道总胆汁酸浓度等都有显著的影响，其中对肠道总胆汁酸浓度的影响最为明显。还有研究发现，鸭蛋清肽可以在一定程度上调节肉鸡肠道刷状缘功能基因的表达，并且能够提高实验动物的十二指肠绒毛表面积（Hou et al.，2017）。此外，在传统日本米酒（清酒）的水解物中发现的焦谷氨酰亮氨酸肽（pGlu-Leu）也被证明可以增强小鼠回肠中防御素 α9 前肽的形成（Shirako et al.，2019）。

表 5-3　4 种大豆蛋白肽对虹鳟肠道消化液中相应胆汁酸的影响（Yamamoto et al.，2012）

	胆囊				肠道总胆汁酸浓度（μmol/L 干重）
	总胆汁酸		胆汁酸结合率（%）		
	总胆汁酸（mmol/L）	含量占比（mmol/kg 体重）	牛磺酸	牛磺鹅去氧胆酸	
空白组	281±17	0.86±0.17	87±4	13±4	31.0±8.9
大豆蛋白肽 1	281±20	0.50±0.24**	77±7**	23±7**	14.2±5.6***
大豆蛋白肽 2	288±18	0.44±0.12**	65±15**	35±15**	12.8±4.3***
大豆蛋白肽 3	270±31	0.52±0.23**	76±6**	24±6**	14.4±4.8***
大豆蛋白肽 4	277±23	0.95±0.31	89±5	11±5	25.6±7.6
P（ANOVA）	0.623	< 0.001	< 0.001	< 0.001	< 0.001

注：**$P < 0.01$，***$P < 0.001$；ANOVA，方差分析

肠杯状细胞是高度分化的分泌细胞，广泛存在于肠道中，它们通过释放分泌的黏蛋白 MUC2 来产生一个保护性黏液层。MUC2 是一种高分子量糖蛋白，贮存在杯状细胞顶端隔室的颗粒中。肠道中的黏液通过润滑肠道表面，限制管腔分子进入黏膜，作为对抗肠道病原体的一个动态防御屏障，并充当共生菌群可以定植的基质和生态位。Plaisancié 等（2015，2013）在发酵牛乳中发现了一个来自 β-酪蛋白的活性肽，该肽由 30 个氨基酸残基组成，能够增加大鼠小肠中杯状细胞和帕内特细胞的数量，促进肠道分泌的黏蛋白 MUC2，并上调跨膜相关黏蛋白 MUC4 和抗菌因子（溶菌酶，rdefa5）的表达。在体外试验中还发现，该肽的 2 个衍生物对能够产生人肠黏液的 HT29-MTX 细胞具有活性作用。例如，它们能够上调 MUC4 表达，但不影响 MUC2 和 MUC5AC 的水平。此外，其他的研究结果也表明，α-乳白蛋白、β-乳球蛋白和酪蛋白的水解产物能够诱导人杯状细胞和大鼠肠道中的黏蛋白释放（Martínez-Maqueda et al.，2013；Claustre et al.，2002）。也有研究结果表明，鸡蛋溶菌酶可以恢复 DSS 诱导的结肠炎仔猪的 MUC1 表达和肠道屏障功能（Lee et al.，2009）。大多数具有调节黏蛋白表达和杯状细胞能力的蛋白质水解物和活性肽都来源于牛奶蛋白。故此，仍然需要进一步的研究结果来确定其他

蛋白质水解物和活性肽对肠道化学屏障功能的潜在影响。

长期以来，人们一直认为黏液层和肠道微生物群相互依存、共同进化。黏液为细菌提供结合位点和营养物质，并对肠道微生物组成和功能施加选择性影响。与此同时，细菌促进有效的黏蛋白周转并改变黏蛋白的结构和功能。因此，在确定活性肽等对肠道化学屏障功能的影响作用时，还应该考虑肠道微生物组成和功能，即建立肠道化学屏障-活性肽-肠道微生物关联性。

5.2.3 蛋白质水解物和活性肽对免疫屏障的影响

肠道免疫屏障功能由分泌型免疫球蛋白 IgA（sIgA）二聚体和固有层中所含的各种免疫细胞共同维系。正常情况下，肠道免疫系统用来维持生理功能和肠道稳态等功能。由于肠道的解剖学、生理特征和管腔内容物不同，使得小肠中的免疫反应主要都集中于保护上皮细胞的屏障功能。免疫屏障功能的主要作用是支持营养物质的消化和吸收。在大肠中，免疫系统主要起着预防炎症的调节作用，是一种针对肠道细菌的过度免疫激活。因为许多共生细菌定植在小肠中，由杯状细胞产生的黏液充当肠壁和这些微生物之间的隔板。

食物和其中的活性物质可以通过刺激先天性和适应性免疫应答以及涉及肠道共生微生物群和黏液动力学的机制来调节肠道的稳态。在消化过程中，那些在肠道中释放出来的活性肽，具有作为前体蛋白的抗炎特性。蛋白质水解物和活性肽可以调节炎性细胞因子的产生、抗氧化酶活性和体液免疫反应。相关的分子或指标包括单核细胞趋化蛋白（MCP-1）、髓过氧化物酶、谷胱甘肽-S-转移酶、谷胱甘肽过氧化物酶（GSH-Px）、过氧化物酶（POD）、总抗氧化剂含量（T-AOC）、SOD、组胺、IL（如 IL-4、IL-8 等）和免疫球蛋白（如 IgE、IgA 和 IgG）等。大多数情况下，炎症过程与活化 B 细胞的 NF-κB 的激活有关。NF-κB 是一种控制大多数参与炎症基因转录的中枢信号复合物。据报道，从牛乳 β-酪蛋白分离出来的一个 NF-κB 抑制肽（结构为 Asp-Met-Pro-Ile-Gln-Ala-Phe-Leu-Leu-Tyr-Gln-Glu-Phe-Val-Leu-Gly-Phe-Val-Arg）在 TNF-α 刺激的 HEK 细胞中显示出抗炎作用（Malinowski et al.，2014）。在 DSS 诱导的结肠炎猪模型中，鸡蛋溶菌酶可以刺激调节性 T 细胞，减轻结肠炎和炎症反应的严重程度，并且维持肠道稳态（Lee et al.，2009）。

细胞因子会增强巨噬细胞、中性粒细胞和 T 细胞的募集，导致免疫反应失调和慢性炎症发生。在 DSS 诱导的结肠炎小鼠模型中，已显示细胞因子（如 TNF-α、IL-6、IL-1β、IFN-γ 和 MCP-1）的表达增加。其中，不同细胞因子在炎症性肠炎中扮演着不同的角色，如下表述。

（1）TNF-α 和 IL-6 是参与结肠炎患者黏膜炎症扩增的关键细胞因子，包括激活巨噬细胞、中性粒细胞和 T 细胞。

（2）IL-1β 由活化的巨噬细胞部分通过 ROS 生成产生，在炎症性肠炎的发病中起关键作用。

（3）IFN-γ 参与肠道炎症的延续，从而增加结肠炎症的严重程度。

（4）MCP-1 参与免疫细胞从血液中浸润到黏膜和黏膜下层。

Kobayashi 等（2015）的研究发现，卵转铁蛋白（OVT，分子量约为 76 kDa）可以调节相应细胞因子谱和免疫水平，从而防止小鼠 DSS 诱导的结肠炎的发展。分析结果表明，OVT 能够有效地下调 DSS 损伤小鼠结肠组织中 TNF-α、IL-6、IL-1β、IFN-γ、MCP-1、IL-17A 的基因表达水平，而对 IL-10 的基因表达无显著性影响（图 5-11）。同时，研究还发现 OVT 能改善 DSS 处理小鼠结肠的组织学损伤，证明 OVT 可能参与相关炎症反应的调节，从而改善肠道屏障功能。

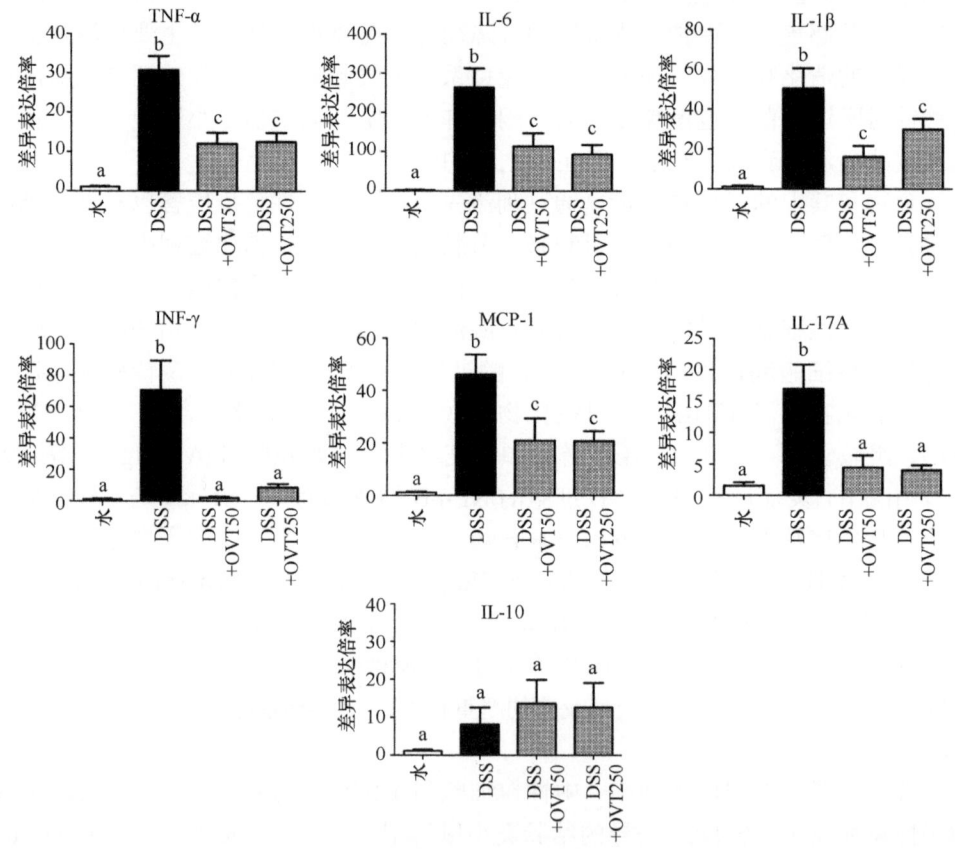

图 5-11　OVT（kg 体重·d）对 DSS 诱导的结肠炎小鼠细胞因子基因表达的影响（Kobayashi et al.，2015）

此外，Wang 等（2017）在研究 OVT 的衍生物时，发现多个二肽衍生物中的

5 个（分别命名为 CR、FL、HC、LL 和 MK）可以显著抑制 TNF-α 诱导的 Caco-2 细胞中 IL-8 分泌，能够显著下调促炎细胞因子 IL-1β、TNF-α、IL-12 和 IL-6 的基因表达，同时上调 Caco-2 细胞中抗炎细胞因子 IL-10 的基因表达（图 5-12），从而通过 MAPK 信号通路和 NF-κB 信号通路来抑制促炎细胞因子的表达、减轻 TNF-α 诱发的 Caco-2 细胞炎症，进而改善受损的肠道细胞屏障功能。

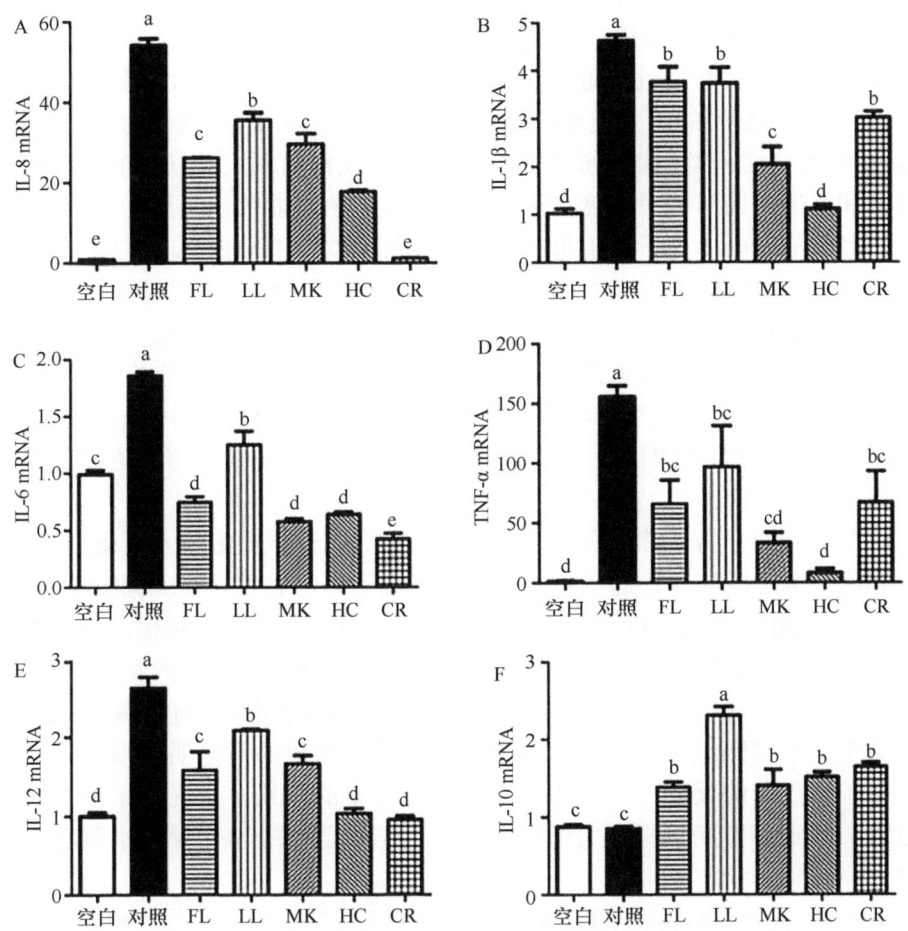

图 5-12　5 种 OVT 衍生二肽对 TNF-α 诱导的 Caco-2 细胞中 6 种细胞因子分泌的影响
（Wang et al., 2017）

5.2.4　蛋白质水解物和活性肽对生物屏障的影响

肠道系统在对致病微生物、入侵病原体和微生物产物做出反应的同时，对多样性和有益的共生肠道微生物保持一种耐受状态，这样使肠道微生物达到平衡并维持肠道健康。一旦改变肠道微生物群落，就会破坏这种平衡，导致疾病感染或免疫紊乱。定植于肠道的微生物物种，被认为是肠道生物屏障的一部分。肠道微生物群主要存在于黏液的外层，在人体健康中起着至关重要的作用。由于其代谢机制产生无数代谢物，被微生物充当饮食和宿主之间的信使，这些复杂的代谢物包括短链脂肪酸、维生素、蛋白质代谢物、多糖 A、γ-氨基丁酸、食欲调节肽等。所以，应该界定食物和各种食物来源的活性成分与肠道微生物群之间的相互作用以及对人类健康的影响作用。

蛋白质水解物和活性肽通过调节肠道微生物群落，能够改善肠道的屏障功能。Liu 等（2024）的研究发现，蜂蜜抗菌肽能够拮抗 DSS 诱导的小鼠结肠炎；DSS 能够诱导结肠炎小鼠肠道中的拟核菌、巴氏杆菌和大肠杆菌的异常增加，乳酸菌和脱硫弧菌等相对丰度减少，不过蜂蜜抗菌肽能够恢复这些细菌的丰度。此外，利用 Spearman 分析发现拟杆菌和大肠杆菌均与 IL-1β、IL-6、TNF-α、IFN-γ、D-LA、LPS、DAO、DAI、中性粒细胞侵袭指数、巨噬细胞侵袭指数、细胞凋亡指数、脾脏指数等指标呈现显著正相关，与 IL-10、结肠长度、体重出现显著负相关，而乳酸菌和脱硫弧菌与 IL-1β 为显著负相关。进一步的分析结果表明，蜂蜜抗菌肽能够通过调节 NF-κB 信号通路和 MAPK 信号通路中的 p65、ERK1/2、JNK 和 p38 蛋白的磷酸化激活状态来调节相关细胞因子的分泌，进而修复被损伤的肠道屏障功能。

Li 等（2021）将紫苏蛋白利用酸性蛋白酶、中性蛋白酶和木瓜蛋白酶水解，所得到的紫苏肽能够维系腺嘌呤损伤的小鼠肠道屏障完整性，上调肠道 TJ 蛋白（ZO-1、occludin 和 claudin-1）的表达；此外，与对照组小鼠相比，模型组中小鼠肠道微生物毛螺菌属、副拟杆菌属、脱硫弧菌属和拟杆菌属的数量明显增加；与模型组小鼠相比，高剂量组中普拉梭菌属、里研菌属和真杆菌属的细菌数量明显减少；与对照组小鼠相比，高剂量组中罗氏菌属的数量明显增加，减少肠道中多种病原菌的繁殖，从而减少血液中内毒素的积累。研究结果证实紫苏肽通过调节肠道菌群间接影响肠道屏障功能，拮抗因腺嘌呤诱导的小鼠肠道屏障损伤。

双歧杆菌在婴幼儿肠道健康中发挥着至关重要的作用，具体表现在以下几个方面：①促进短链脂肪酸的生产。婴儿双歧杆菌是厌氧菌，通过在肠道中产生短链脂肪酸（如乙酸、丙酸、丁酸等）而发挥作用，不仅提供稳定的能量来源，还可以滋养肠道细胞内壁，阻止病原体、真菌的入侵。②为肠道内壁生产蛋白质。与成人相比，婴儿的肠道细胞彼此之间的距离稍远。这些间隙使婴儿容易受到有害细菌入侵。婴儿的身体需要产生足够的蛋白质来填补这些空白。婴儿双歧杆菌通过向肠道内层发出信号，促进婴儿体内蛋白质产生。这些蛋白质分子会加强肠道内壁，使其渗透性降低，减少感染侵袭和 UC 等疾病的影响。③产生叶酸。婴儿双歧杆菌有助于叶酸的生产。叶酸不仅能够促进小肠黏膜上皮功能的恢复，还有恢复机体免疫功能的作用。④分解母乳中的糖分。母乳含有丰富的人乳低聚糖，而婴儿无法自行代谢人乳低聚糖。这些糖类物质的产生，与滋养特定肠道细菌的进化优势有关，这些肠道细菌在婴儿的免疫系统中发挥着重要作用。所以，蛋白质水解物和活性肽能够通过促进肠道有益菌尤其是婴幼儿肠道双歧杆菌的定植与生长，进而调节肠道的屏障功能。例如，Liepke 等（2002）将乳铁蛋白和可溶性多免疫球蛋白受体组成的蛋白质通过胃蛋白酶水解，所生成蛋白质水解物 PRELP-1 表现出抗菌作用，并能够刺激双歧杆菌的生长，通过抗菌能力和促双歧杆菌生长的特性从而改善婴儿配方粉中双歧杆菌不敏感等特性，对新生儿的健康和福祉起到至关重要的作用。蛋清蛋白含有 2.6%～7.4%的唾液酸，而唾液酸是一种重要的双歧杆菌生长促进因子。所以，当用作唯一的碳源时，卵黏蛋白的胃蛋白酶-胰蛋白酶水解产物可以促进婴儿双歧杆菌的生长和乳酸的产生（Sun et al., 2016）。又如，Oda 等（2013）在研究牛乳铁蛋白时发现，胃蛋白酶水解后得到的乳铁蛋白水解物具有比天然牛乳铁蛋白更强的亲和双歧杆菌的活性，特别是对于婴儿特有的短双歧杆菌 B. breve 和 B. longum subsp. infantis 的亲和作用。

Wei 等（2023）在研究鱼蛋白水解物（FPH）对大菱鲆肠道菌群的改善作用以及对肠道屏障功能的提升作用时，将高鱼粉含量饲料（HFM）和低鱼粉含量饲料（LFH）的鱼粉均替换成 FPH，实验发现在中肠和远端肠的食糜中检测到乙酸。比较试验结果，发现中肠食糜中乙酸含量最高的是 FPH30 实验组，显著地高于 HFM 组（$P<0.05$）；在远端肠食糜中乙酸水平差异无统计学意义（$P>0.05$）。通过比较表 5-4 所示的试验数据，可以发现 FPH 对远端肠组织中的绒毛长度和肠壁厚度有明显的提升作用，而对绒毛厚度的影响程度无统计学上的差异性。此外，在分析肠道菌群时发现其中 5 种门（变形菌门、厚壁菌门、蓝藻菌门、放线菌门和拟杆菌门）水平的肠道微生物在黏膜和食糜中优势相同，其中与 HFM 组相比，FPH30 组的黏膜和食糜有相似的趋势，即厚壁菌门相对丰度较低。此外，FPH30 组中芽孢杆菌丰度最低、拉斯顿菌丰度最高。总的来说，FPH 在一定程度上可以通过改善肠道结构完整性和屏障功能，调节免疫相关炎症因子，对肠道健康有积极作用。

表 5-4　鱼蛋白水解物对大菱鲆远端肠组织学的作用（Wei et al., 2023）

	绒毛长度（μm）	绒毛厚度（μm）	肠壁厚度（μm）
HFM	645.5±35.6[a]	140.7±3.7	160.7±10.2[a]
FPH10	696.9±6.8[a]	160.9±12.8	170.6±7.6[a]
FPH30	455.8±12.5[b]	140.7±3.7	120.0±3.4[b]
LPM	426.7±47.5[b]	142.4±7.0	129.4±4.5[b]
P	0.003	0.206	0.02

总的来说，蛋白质水解物和活性肽对肠道屏障功能有着积极的作用，这种积极的影响作用为我们提供了一种潜在的策略来维护肠道屏障和预防相关疾病。蛋白质水解物和活性肽对免疫系统的调节作用还有助于平衡肠道内的炎症反应，减轻肠道炎症并促进愈合。同时，通过影响肠道微生物组成，蛋白质水解物和活性肽也有助于维持肠道菌群的平衡。因此，应进一步研究和应用蛋白质水解物和活性肽在肠道内的潜在健康作用，以达到维护肠道健康的目的。

（本节撰稿人　王振兴　赵新淮）

5.3　蛋白质水解物和活性肽与肠道免疫

肠道上皮不仅是消化、吸收营养物质的场所，还是机体免疫系统与微生物相互作用的最大器官。肠黏膜组织是机体和外源物质进行交流的场所，在肠道防御机制中起着重要作用，大部分病原微生物的入侵都是通过黏附在肠道黏膜表面，随后通过黏膜细胞的转运而进入体内。正常生理状况下，肠黏膜免疫系统处于大量抗原的包围中。所以，肠黏膜免疫系统既要维持肠黏膜重要的生理功能，对外来食物抗原产生免疫耐受，保障机体对营养物质的消化和吸收；又要发挥黏膜防御功能，对肠道内条件致病菌、外来微生物进行免疫监视和清除；同时还要调节肠道微生物菌群的稳态，维持肠道健康。

所谓的活性肽，通常由少于 20 个氨基酸残基组成，分子量一般小于 10 kDa，主要产生于食品蛋白质加工或消化过程。除了提供能量和必需氨基酸外，活性肽还具有广泛的应用。例如，用于苯丙酮尿症、食物过敏和慢性肝功能衰竭患者的特殊饮食，开发成运动营养品、老年食品、功能食品和营养保健品等。因此，本节主要阐述蛋白质水解物和活性肽在增强肠道免疫功能、提升免疫耐受能力、对肠道疾病的预防和管理等方面的有益作用。

5.3.1　肠道免疫

肠道处于机体免疫防御的最前线，根据生理解剖特点和功能差异，肠道免疫系统可分为诱导部位和效应部位。诱导部位主要包括派尔集合淋巴结和肠系膜淋巴结，效应部位包括分布于绒毛固有层中的大量淋巴细胞和上皮内（间）淋巴细胞（Brandtzaeg and Pabst，2004）。

5.3.1.1　肠道免疫系统的组成

肠道免疫系统由固有免疫系统和适应性免疫系统两部分组成。固有免疫系统是肠道的第一道防线,主要由肠黏膜、肠道上皮细胞、固有淋巴细胞和其他快速反应免疫细胞(如巨噬细胞和中性粒细胞)组成。这些细胞能够迅速识别并清除进入肠道的病原体,防止感染和疾病的发生。适应性免疫系统则是在固有免疫系统的基础上,通过特定的免疫应答反应,如 T 细胞和 B 细胞的激活和分化,进一步增强机体免疫防御能力。适应性免疫系统具有高度特异性,能够针对特定的病原体或抗原产生特定的免疫应答。肠道黏膜免疫网络可在主动免疫(抵抗病原体和有害的非自身抗原)和免疫耐受(对共生微生物群和膳食抗原)之间保持微调,从而维持肠道健康的体内平衡(Kudsk,2002)。

在肠道上皮细胞间、黏膜下和黏膜固有层中存在大量分散、无被膜的淋巴结样组织和游离的免疫细胞,称为肠相关淋巴组织(GALT)。GALT 包括组织化的淋巴组织,如派尔集合淋巴结、肠系膜淋巴结及较小的孤立淋巴滤泡。这些淋巴组织是肠道免疫系统的诱导位点。另有一种是呈弥散分布的淋巴组织,即肠黏膜上皮内淋巴细胞及固有层内散布的淋巴细胞,它们是肠道免疫系统发挥免疫保护功能的效应位点。GALT 与肠上皮细胞共同形成第一道防线,以阻止有害物质、细菌和病毒等进入肠内。

肠黏膜上皮内淋巴细胞主要由活化的 T 细胞组成,散布在肠上皮细胞中,在宿主组织和共生细菌之间形成一道物理屏障。肠上皮细胞下方的固有层结缔组织中广泛分布着固有免疫细胞和活化状态的适应性免疫细胞,包括 T 细胞、B 细胞、浆细胞、嗜酸性粒细胞、巨噬细胞和肥大细胞(Boudry et al.,2004)。肠道免疫系统的组成如图 5-13 所示。

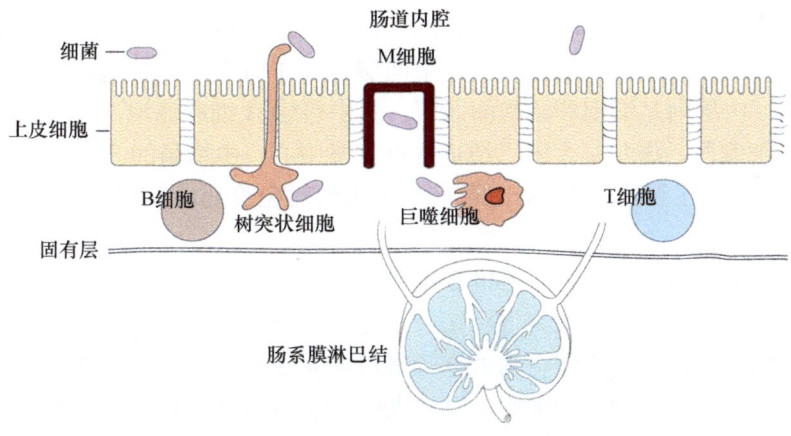

图 5-13　肠道免疫系统组成示意图

1)肠上皮细胞

肠上皮细胞是宿主与肠腔内外源物质的主要接触点,附于小肠内壁,相邻细胞间由紧密连接固定。肠上皮细胞主要由 5 类细胞组成：肠细胞、内分泌细胞、杯状细胞、帕内特细胞和未分化细胞。肠细胞是小肠内负责营养吸收最重要的细胞，占小肠黏膜上皮细胞总量的 80%，细胞呈典型的极化状态，高柱状，核为椭圆形，位于细胞基部。肠细胞、内分泌细胞、杯状细胞同属绒毛细胞，其中内分泌细胞的主要功能是分泌胃肠激素，如释放生长激素抑制激素、缩胆囊素和胰高血糖素等。杯状细胞的主要功能是分泌黏液，保护肠黏膜免于机械损伤。帕内特细胞和未分化细胞属于肠隐窝细胞。帕内特细胞是一种高度分化细胞，呈圆柱状，其主要功能是分泌抗菌肽抵抗致病菌的侵袭。未分化细胞位于小肠的隐窝底部，在信号通路的调控下可以分化成上述的任何细胞（Liao and Lönnerdal，2010）。

2）固有层

肠上皮细胞正下方的结缔组织被称为肠道固有层。固有免疫细胞和适应性免疫细胞，包括巨噬细胞、肥大细胞、嗜酸性粒细胞、树突状细胞、T 细胞、B 细胞、浆细胞和固有淋巴样细胞（如 ILC3）都散布在固有层中。单核细胞是固有层中最常见的免疫细胞，其中 50% 以上是 T 细胞和 B 细胞。其次是固有层浆细胞，主要产生免疫球蛋白 A（IgA）和免疫球蛋白 M（IgM）（Feldman et al.，2020）。在肠固有层内存在孤立淋巴滤泡，是肠道中区域化的适应性免疫应答起始的结构，含有更高比例的初始 T 细胞，同时也是生发中心 B 细胞致敏的区域，几乎可以产生所有类型的免疫球蛋白（Fenton et al.，2020）。

3）派尔集合淋巴结

派尔集合淋巴结主要位于十二指肠和回肠，偶尔也见于空肠。派尔集合淋巴结的最外层是滤泡相关单细胞上皮，中间层富含 T 细胞、B 细胞、巨噬细胞和树突状细胞；内层则是滤泡和滤泡间区域，其中包含 B 细胞滤泡，每个滤泡周围都有一个 T 细胞区。派尔集合淋巴结也含有生发中心，由增殖的 B 细胞组成，最终分化为浆细胞，主要产生 IgA，也可产生少量但对免疫功能非常重要的 IgM（Rios et al.，2016）。

与外周淋巴结一样，T 细胞和 B 细胞通过与趋化因子受体 CCR7 结合，穿过高内皮微静脉壁进入派尔集合淋巴结，并通过输出淋巴管排出。不同的是，派尔集合淋巴结没有输入淋巴管，这就意味着抗原无法通过该方式传递。抗原递送依赖派尔集合淋巴结内的微褶细胞（M 细胞）。M 细胞通过内吞作用从肠道中摄取抗原（蛋白质、颗粒物、细菌、病毒和寄生虫）（Kobayashi et al.，2019），然后将这些分子或颗粒以囊泡形式转运到细胞基底面，再释放到细胞外。在细胞基底侧，抗原呈递细胞（APC）主要为常规树突状细胞和 B 细胞，少量是浆细胞样树突状细胞和巨噬细胞，摄取从 M 细胞释放的抗原物质，并携带这些抗原物质进入派尔集合淋巴结的诱导部位或通过淋巴管进入肠系膜淋巴结，再进行加工处理并与 MHCII 类分子形成复合物，呈递给特殊的 T 细胞，从而激活免疫反应。几种肠 M 细胞受体参与抗原摄取过程。例如，糖基磷脂酰肌醇（GPI）锚定蛋白 GP2 与表达 I 型菌毛的细菌（如大肠杆菌和鼠伤寒沙门菌）结合，通过胞吞作用主动将细菌抗原转运到上皮的基底外侧（Hase et al.，2009）。M 细胞受体还允许致病细菌产物穿透肠上皮黏膜。例如，GP2 还与肉毒神经毒素的血凝素 A1 结合，使肉毒杆菌毒素进入体内。派尔集合淋巴结深刻地影响着微生物的免疫控制，并限制系统对微生物产物的获取。在机体 15～20 岁之前，派尔集合淋巴结数量会不断增加，然后随着年龄的增长而大约减少 50%。

4）肠系膜淋巴结

肠系膜淋巴结是位于肠道系膜区的淋巴结，主要分布于肠道腹侧，包括小肠系膜淋巴结、结肠系膜淋巴结、阑尾系膜淋巴结。在派尔集合淋巴结中，淋巴细胞经抗原刺激后开始增殖并开始分化，随后迁移到肠系膜淋巴结，在那里发展为成熟的抗原特异性效应细胞（Heel et al.，1997）。启动的淋巴细胞随后进入全身循环，并与整合素和趋化因子受体特异性结合，回到肠道及其特定靶组织发挥功能。

肠系膜淋巴结是重要的免疫器官，在诱导口服免疫耐受、协助肠道上皮内淋巴细胞下调肠道免疫应答等方面起着重要作用。异体蛋白抗原经过一系列复杂的自身调节进而形成免疫系统对该抗原产生特异性免疫无应答或者低应答的状态，形成口服耐受。肠系膜淋巴结在维持肠道对必须接触的异体抗原（食物抗原、共生菌抗原）产生免疫无应答或低应答状态至关重要。

5.3.1.2 肠道免疫系统的功能

肠道免疫系统的作用可归结为以下两大方面。一方面是对肠黏膜表面的抗原（如细菌、病毒、毒素、食物相关性抗原）进行快速识别并作出反应，主要表现在对有害抗原或病原体产生高效的体液免疫或细胞免疫，从而进行有效的免疫应答或清除。另一方面是对大量无害抗原下调免疫反应或产生耐受，主要表现在对某些食物抗原和益生菌的耐受，这些功能对维持肠道稳态起着十分重要的作用。肠道免疫系统功能出现障碍时，将发生肠道/全身感染，如对食品蛋白质的过敏反应、炎症性肠病（IBD）、肠应激综合征等。

1）抗体应答

sIgA 是肠黏膜表面最重要的抗体类型。分泌 sIgA 是肠道黏膜免疫系统的一项重要功能。sIgA 能够发挥免疫清除作用，但不引起免疫炎症反应。它通过与微生物抗原结合，阻止微生物黏附与入侵，在防止肠道致病微生物（沙门菌、志贺菌、致病性大肠杆菌）感染方面起着重要作用。sIgA 还能中和毒素和阻止病毒在肠上皮细胞中复制，预防致病菌和非致病菌向肠道外移位。

无菌动物实验研究已经表明，微生物对诱导肠黏膜中 IgA 的生成具有关键作用。例如，无菌小鼠肠道中 IgA 水平显著低于常规动物（Crabbé et al.，1970）。参与调节 IgA 的通路有多条，包括 T 细胞依赖途径与非 T 细胞依赖途径。肠上皮细胞和树突状细胞可以通过 TLRs 通路诱导 B 细胞激活因子（BAFF）和增殖诱导配体（APRIL），进而促进 IgA 产生。介导大多数 TLRs 信号途径的髓样分化因子 88（MyD88）在促进 B 细胞产生 IgA 过程中起着重要作用（Tezuka et al.，2011）。然而，在稳态条件下，尽管 MyD88 敲除的小鼠 TLRs 信号转导受阻，却能够刺激肠道分泌 IgA；这个被认为是针对先天性免疫缺陷的一种功能性补偿机制，用于清除入侵体内的微生物。

2）口服耐受

口服耐受是指经消化系统摄入外源性抗原后，经消化、吸收，通过与相应细胞结合转运或分解为可溶性成分，进入体内并分布到周围次级淋巴样组织，如肠淋巴样组织，刺激机体并经过一系列复杂的免疫调控后，形成的对该抗原特异性无应答或低应答，而对其他抗原仍能够产生正常免疫应答的状态。影响口服耐受形成和持续时间的因素包括：抗原的性质和剂量，宿主的遗传、年龄及健康状况，肠道菌群的组成等。

口服耐受性可防止潜在的抗原物质引发细胞或体液免疫应答（Chehade and Mayer，2005），在诱导食物蛋白耐受性（口服耐受性）的过程中，肠系膜淋巴结、上皮内淋巴细胞、固有层淋巴细胞、派尔集合淋巴结起重要的作用。口服耐受机制复杂，可能与多种因素有关，可能机制为：

（1）黏膜局部抗原呈递细胞呈递食物及其他经口进入的抗原肽给 T 细胞，诱导抗原特异性 T 细胞凋亡，此现象在动物实验中得到证实。

（2）经口摄取大剂量抗原诱导 T 细胞的无能性，即由于无炎症反应产生，缺少协同刺激信号，使得识别抗原肽的特异性 T 细胞对该抗原的刺激不能形成反应（即耐受）。

（3）小剂量抗原诱导调节性 T 细胞产生，抑制对再次抗原刺激的特异性应答。肠系膜淋巴结在介导口服免疫耐受中发挥重要作用，在此过程中有多种细胞及细胞因子参与。例如，T 细胞亚群 $CD4^+CD25^+$Treg 数量比例增加，调节性 T 细胞通过接触性抑制（CTLA-4 等）和分泌 IL-10 与 TGF-β 等方式调节免疫反应；NK 细胞激活后促使树突状细胞产生大量 IL-10，同时可以诱导相关的调节性 T 细胞产生 TGF-β 和 IL-10 等（Chung et al.，2004）。

3）肠道菌群耐受

人体肠道内有大量的微生物定植。肠道生态系统的长期进化，从而使肠道免疫系统下调了对正常存在的有益菌群的固有炎症反应。肠道免疫系统对有益菌的低反应性与有益菌的自身特点、肠上皮细胞表面特性及肠道固有层内免疫细胞的特点有关：①与致病菌不同，有益菌不能表达黏蛋白酶及黏附、定居和侵入因子，故不能分解肠道内保护层的黏液层，无法黏附小肠上皮细胞；②小肠上皮细胞表面可能缺少识别有益菌病原体相关分子模式（PAMP）的TLRs，不能有效识别有益菌的PAMP；③肠道固有层含有特殊的耐受性树突状细胞和巨噬细胞，与外周免疫中的树突状细胞和巨噬细胞不同，在生理状况下，肠道巨噬细胞和小肠上皮细胞不表达CD14（针对细菌LPS的表面受体）和CD89（IgA受体），不能针对LPS合成炎症因子引起反应，同时由于巨噬细胞缺乏CD89，会下调IgA介导的吞噬作用，使释放氧介质、白三烯和前列腺素等前炎症因子的能力降低。以上的多种机制，使得肠道免疫系统对肠道菌群尤其是有益菌的反应处于较低水平或耐受状态，从而维持肠道内环境的稳定（黄志华等，2014）。

5.3.1.3　影响肠道免疫功能的因素

肠道菌群数量与种属之间的平衡、菌群的代谢活性等会直接影响肠免疫系统的功能。微生态制剂作为肠道菌群数量与种属的补充剂，在维护肠道微生态平衡中起着重要的作用。服用微生态制剂，可提高免疫球蛋白的浓度和肠道内巨噬细胞、T细胞、NK细胞、树突状细胞的活性；而巨噬细胞可吞噬、杀灭多种病原微生物，并可与外来抗原结合启动免疫应答。抗原呈递细胞可以通过活化肠黏膜免疫系统中的初始T细胞，激活初始的免疫应答，进而调控肠道内的免疫应答与免疫耐受。

此外，不良生活习惯也会影响肠道免疫功能。例如，长期的高碳水化合物饮食会导致血糖和血脂水平升高，增加慢性肠道炎症发病率，进而影响肠道免疫功能。一些食物过敏原（来自大豆、乳制品等）也会扰乱肠道功能和健康。益生菌等食物成分则可以上调肠道内壁上皮细胞紧密连接的屏障功能，因此可以增强肠道免疫功能。

5.3.2　蛋白质水解物和活性肽介导肠道免疫功能

肠道免疫系统在保护人体免受病原体侵害、维持肠道微生态平衡以及调节免疫应答中起着至关重要的作用。肠道免疫系统侧重保护小肠上皮细胞消化食物和吸收营养物质的能力，使其免受感染损伤。在大肠中，免疫系统主要起着预防炎症的调节作用，防止肠道菌群的过度免疫激活。

蛋白质和活性肽可以通过多种机制穿过肠上皮屏障而被吸收（图5-14）。通过上皮层转运的完整蛋白质或较大肽片段的量越多，肠道免疫系统遇到大分子抗原、诱发不良过敏反应的风险就越大。对于食物过敏的个体，其特有的细胞旁运输或跨细胞转运途径在过敏原运输中发挥作用；当介质从肥大细胞释放时，通过细胞旁途径的过敏原转运能力增强。而对于健康的个体，胞吞/胞吐作用是肠细胞摄取蛋白质的主要途径。

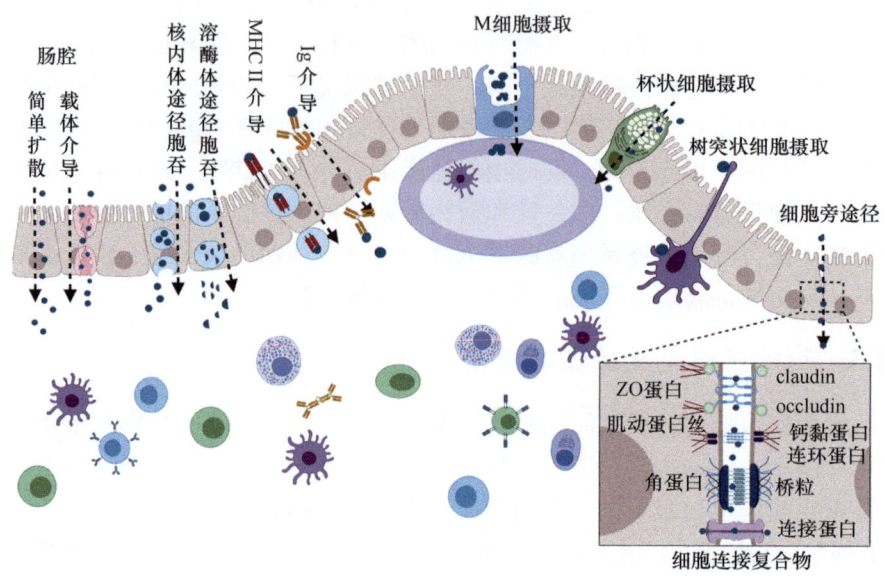

图5-14　肠道蛋白质摄取途径

当小肠黏膜暴露于抗原时，黏膜中的淋巴组织立即产生免疫反应并分泌免疫球蛋白，以阻止细菌、病毒和其他有害抗原入侵小肠。小肠黏膜的主要免疫球蛋白是sIgA。sIgA经上皮细胞转运后分泌到管腔内，通过阻断病原体上的上皮特异性受体，阻止其附着在上皮细胞上。食物蛋白质和活性肽含量水平是sIgA分泌的主要影响因子。例如，有研究结果证明，无论膳食中的脂肪和碳水化合物含量如何变化，sIgA水平都只随着蛋白质摄入水平的增加而增加（Tan et al., 2022）。

5.3.2.1　蛋白质对肠道免疫功能的影响

蛋白质对肠道免疫功能有重要影响。高蛋白质膳食可以通过肠道菌群分泌的细胞外囊泡或代谢产物琥珀酸盐激活TLR4，上调细胞因子April水平，增强免疫应答反应。有研究结果表明，喂食无抗饮食的无菌小鼠，由于$CD4^+T$细胞的抑制和$Foxp3^+CD4^+Tregs$的减少，导致血清免疫球蛋白水平较低，肠道淋巴细胞较少；

一旦更换为含有全蛋白质食物后，小鼠上述指标会逐渐恢复。但是，添加氨基酸的饮食却不能使小鼠受损的免疫指标得到改善（Kim et al.，2016）。

乳铁蛋白（LF）的免疫调节和抗炎活性已在许多体内研究中得到证实。当革兰氏阴性菌（G⁻）入侵人类宿主时，细菌会暴露在天然免疫系统的各种蛋白质中，细菌外膜的 LPS 会被 TLR4 以"病原体相关分子模式"的形式识别，并在各种白细胞和血小板中引发一系列免疫反应。LF 结合并中和细菌内毒素，从而降低对免疫系统的刺激作用水平。这个过程可以防止 LPS 对肠道组织的过度刺激，并减少 LPS 对血液的侵入（Pan et al.，2021）。LF 对参与肠道炎症反应的介质具有调节作用，这种效果取决于 LF 的摄入时间、剂量和肠道成熟度。有研究结果认为，LF 可以通过减少 TNF-α、IL-1 和 IL-6 等强促炎因子的表达，抑制 LPS 诱导的炎症细胞活化（Zhao et al.，2022）。LF 还能够刺激抗炎因子 IL-10 的表达，通过抑制 NF-κB/MAPK 信号通路，减轻氧化应激反应和维持细胞屏障完整性，从而缓解 LPS 诱导的细胞炎症（Hu et al.，2020）。LF 的正电荷允许它可以与不同免疫细胞和各种病原体的负电荷区域结合，触发细胞增殖分化反应的信号通路，从而增强粒细胞、淋巴细胞、巨噬细胞和 NK 细胞的功能。这些作用不仅可以增加固有免疫系统所需的细胞毒性细胞（如 NK 细胞）的数量，而且还会影响适应性免疫系统的细胞的数量。

小麦胚芽蛋白中富含谷氨酰胺。谷氨酰胺除了作为合成谷胱甘肽的原料外，它还能用作细胞快速分裂的能量补充，并在需要时刺激淋巴细胞增殖、增强巨噬细胞吞噬功能、防御病原体侵袭、调节小鼠免疫功能。经柠檬酸处理的小麦胚芽提取物，可以通过 NF-κB p65 磷酸化信号通路，特异性地抑制 LPS 刺激的炎症，包括抑制促炎因子 TNF-α、IL-6 和 IL-12，以及增强抗炎因子 IL-10 和血红素加氧酶-1 活性。有研究结果证明，小麦胚芽蛋白能够通过增加 CD4⁺/CD8⁺细胞的比值来恢复 Th1/Th2 细胞的失衡，促进环磷酰胺诱导的小鼠脾脏和胸腺损伤的修复，从而改善免疫系统（Ji et al.，2018）。小麦胚芽蛋白还可以显著上调 IgG 细胞的数量，下调 IgM 和 IgA 细胞的数量，对 B 细胞产生免疫增强作用。

卵黄蛋白及其多肽在体外具有良好的抗炎和抗氧化活性。卵黄蛋白水解可产生大量低分子活性肽，而这些活性肽可能抑制各种炎症因子介导的 NF-κB 信号通路的激活，从而实现免疫保护作用。例如，卵黄肽硫代糖肽能激活巨噬细胞，适量增加 IL-1 的产生，激活特异性免疫。卵黄蛋白含有大量唾液酸残基，而唾液酸的存在使卵黄蛋白水解物参与免疫系统的信号识别过程，调节辅助性 T 细胞的分化和炎症通路中 NF-κB 相关免疫因子的表达。此外，有研究结果表明，卵黄蛋白还可作为免疫增强剂，作用于脾淋巴细胞和巨噬细胞，适当地激活免疫系统，维持炎症因子的正常分泌，调节体内 H_2O_2 的水平，从而保护机体免受肠道损伤（Tu et al.，2020）。在 DSS 诱导的猪结肠炎模型中，鸡蛋溶菌酶能够刺激调节性 T 细胞产生，减轻炎症反应的严重程度，并维持肠道内环境平衡。此外，蛋清卵转铁蛋白（OVT）可以显著抑制促炎因子 TNF-α、IL-6 的基因和蛋白质表达（图 5-15），防止 DSS 诱导小鼠结肠炎的发生，并且多数情况下呈现剂量效应。

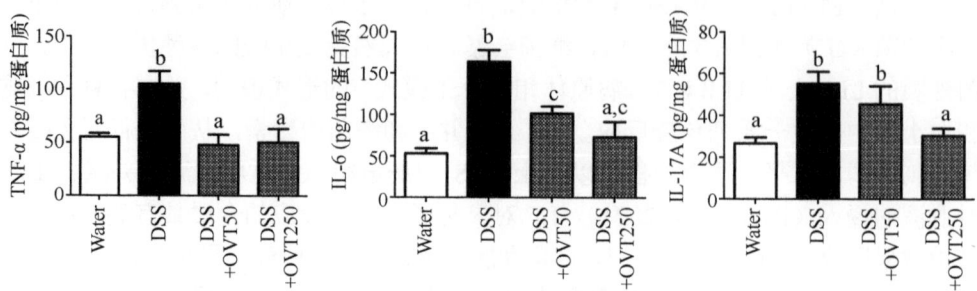

图 5-15　蛋清卵转铁蛋白（OVT）对 DSS 诱导的小鼠结肠炎细胞因子蛋白质表达的影响（Tu et al.，2020）

5.3.2.2　活性肽对肠道免疫功能的影响

除一些天然活性肽外，膳食蛋白质在体内水解（通过消化酶或微生物群）或经过食品加工也会生成活性肽，其中的一些活性肽具有免疫调节功能。目前，已从食物蛋白质资源中分离到多种免疫调节肽，如鲑鱼蛋白肽、乳清蛋白肽、大米蛋白肽、大豆蛋白肽等。整体上，活性肽可以增强肠道屏障功能、增加肠黏液量、刺激 sIgA 分泌、稳定紧密连接，以及调节细胞因子的产生。

肌肽（β-丙氨酰-L-组氨酸）是一种存在于肉类和鱼类中的咪唑二肽，已被证明在肠上皮细胞系中具有免疫增强和抗炎作用。当 Caco-2 细胞被 H_2O_2 或 TNF-α 刺激时，肌肽可抑制 IL-8 的分泌。在一项针对健康志愿者（60 岁或以上）的双盲临床试验中，连续 3 个月摄入富含咪唑二肽的鸡肉提取物，发现肌肽可以降低血清 IL-8 水平并改善认知功能（Hisatsune et al.，2016）。此外，卵铁传递蛋白水解生成的二肽（结构为 Cys-Arg、Phe-Leu、His-Cys、Leu-Leu 和 Met-Lys），可以通过 MAPK 信号通路和 NF-κB 信号通路抑制 TNF-α 诱导的 Caco-2 细胞的促炎因子表达，从而减轻炎症反应（Wang et al.，2017）。

来自植物蛋白质的活性肽通常也具有免疫增强作用。小麦胚芽蛋白的碱性磷酸酶水解产物，不仅具有较高的疏水性，还对 RAW 264.7 巨噬细胞的增殖和促炎因子的分泌具有较强的免疫调节作用，表明水解物的疏水性可能与免疫调节活性有关（Wu et al.，2016）。从小麦胚芽球蛋白中分离出的一个活性肽（结构为 Trp-Gly-Pro-Glu-Cys-Phe-Ser-Thr-Ala），已经证明其能够增强 RAW 264.7 细胞的吞噬功能（Wu et al.，2017）。此外，小麦胚芽活性肽还能够刺激小鼠脾淋巴细胞的增殖，提高小鼠免疫功能。γ-谷氨酰缬氨酸和 γ-谷氨酰半胱氨酸都是钙敏感受体（CaSRs）的阳性变构调节肽，通过激活 CaSRs，刺激 β-arrestin 2，与 TRAF/NF-κB/

MAPK 信号通路中信号蛋白的相互作用，抑制炎症因子。食用豆类来源的 γ-谷氨酰缬氨酸和 γ-谷氨酰半胱氨酸可以抑制 TNF-α 刺激的 NF-κB 信号通路和 MAPK 信号通路的激活，并降低 Caco-2 细胞中促炎因子和趋化因子的表达，包括 IL-6、IL-8 和 IL-1β。这些 γ-谷氨酰肽能够减轻 DSS 诱导的结肠炎症状，降低 LPS 诱导的脓毒症小鼠血浆和小肠中促炎因子的表达。一项研究结果表明，大豆蛋白水解后得到的三肽（结构为 Val-Pro-Tyr），由肽转运蛋白 PepT1 介导，能够抑制 Caco-2 细胞和 THP-1 细胞分泌 IL-8 和 TNF-α，并通过下调结肠中促炎因子的表达来减轻小鼠结肠炎的严重程度，表明其在治疗 IBD 方面有潜在的前景（Kovacs-Nolan et al.，2012）。还有研究结果发现，在 DSS 诱导的猪结肠炎模型中，富含二肽和三肽的大豆蛋白水解物能够发挥抗炎活性，阻止模型动物肠道通透性和组织学改变，降低髓过氧化物酶（MPO）活性，下调炎症细胞因子 TNF-α、IL-6、IFN-γ、IL-1β 和 IL-17A 的表达（Young et al.，2012）。

乳蛋白在消化过程中释放的活性肽，与其前体蛋白一样，具有免疫强化功能。牛奶水解物及其衍生的活性肽可以调节炎症因子的产生、抗氧化酶的活性和体液免疫反应。相关的分子和酶包括单核细胞趋化蛋白（MCP-1）、髓过氧化物酶、谷胱甘肽硫转移酶（GST）、谷胱甘肽过氧化物酶（GSH-Px）、过氧化物酶（POD）、SOD、组胺、IL（如 IL-4、IL-8 等）、IgE、IgA、IgG 等。牛乳 β-酪蛋白消化过程中释放的阿片样活性肽，可以增加肠道绒毛中白细胞的浸润。在大多数情况下，炎症过程与活化 B 细胞的 NF-κB 的激活有关，而 NF-κB 是一种控制大多数炎症相关基因转录的中枢信号复合体。有研究结果发现，从 β-酪蛋白的胰蛋白酶水解物中鉴定出的一个 NF-κB 抑制肽，其氨基酸序列结构为 Asp-Met-Pro-Ile-Gln-Ala-Phe-Leu-Leu-Tyr-Gln-Glu-Pro-Val-Leu-Gly-Pro-Val-Arg，在 TNF-α 刺激的细胞中显示出抗炎作用，可以将萤光素酶的表达量从 2.53 降至 1.683（Malinowski et al.，2014）。

有研究表明，海鱼多肽可以提高人体免疫力。例如，在早期基础肠内营养干预中，给予阿拉斯加鳕鱼肽对免疫调节功能有积极作用，能够改善烧伤引起的肠道屏障破坏和肠道紧密连接的完整性损伤。有研究结果表明，长牡蛎蛋白酶水解得到的活性肽 Gln-Cys-Gln-Cys-Ala-Val-Glu-Gly-Gly-Leu 具有良好的抗炎效果，会抑制 LPS 诱导的 RAW 264.7 巨噬细胞中 NO 生成，降低 DSS 诱导的结肠炎小鼠血清 IgE 表达量，升高脾脏 $CD4^+/CD8^+$ 水平（图 5-16）（Hwang et al.，2012）。还有研究结果表明，除调节 TJ 蛋白的组装外，多聚赖氨酸能抑制 Caco-2 细胞和 HT-29 细胞以及 DSS 诱导结肠炎小鼠的细胞因子表达，对肠道系统具有抗炎作用（Mine and Zhang，2015）。

笔者所在的研究团队成员曾经研究 2 个不同的蛋白质水解物（酪蛋白水解物、乳糖糖基化酪蛋白水解物）对小肠上皮 IEC-6 细胞的抗炎活性（陈娜，2022）。IEC-6

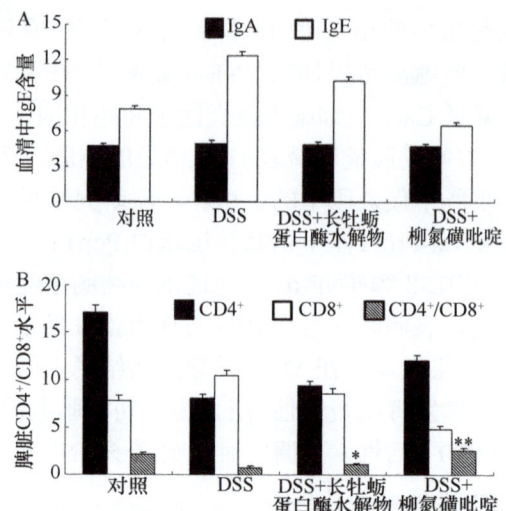

图 5-16 长牡蛎蛋白酶水解物对 DSS 诱导的结肠炎小鼠血清 IgE（A）和脾脏 $CD4^+/CD8^+$ 水平（B）的影响（Hwang et al.，2012）

*，$P<0.05$；**，$P<0.01$

细胞经过 LPS 处理后，相比对照细胞，模型组细胞的炎性细胞因子 IL-6、IL-1β 和 TNF-α 的水平均明显升高，显示 LPS 诱发细胞炎症。如果 IEC-6 细胞用蛋白质水解物处理 12~24 h，则 IEC-6 细胞这些炎性因子的水平降低，表明这些水解物具有抗炎活性作用，能够缓和 LPS 诱发的 IEC-6 细胞炎症反应（图 5-17）。如果以抗炎细胞因子 IL-10 和 TGF-β 为考察指标，也可以发现：①LPS 处理使得模型

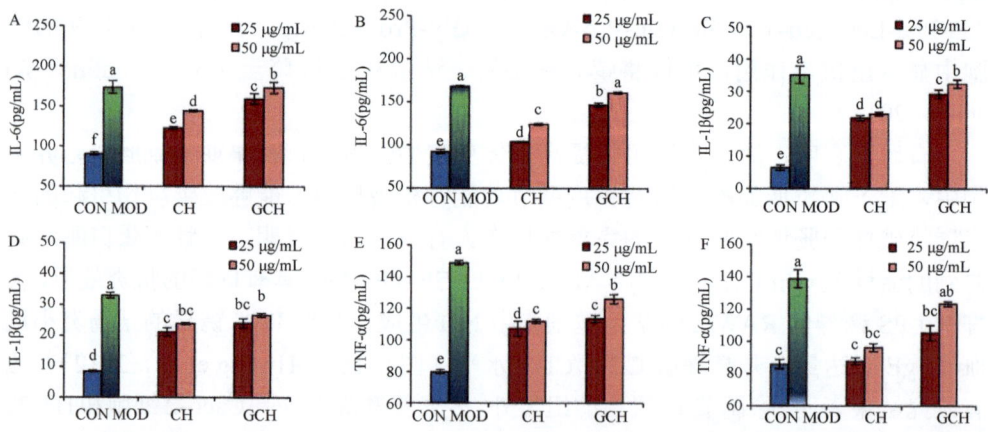

图 5-17 酪蛋白水解物（CH）和乳糖糖基化酪蛋白水解物（GCH）对 IEC-6 细胞的抗炎活性作用（陈娜，2022）

IEC-6 细胞处理时间分别为 12 h（A、C、E）和 24 h（B、D、F）。CON：对照细胞；MOD：LPS 诱发的炎症细胞

组细胞 IL-10 和 TGF-β 水平降低；②蛋白质水解物提高 IEC-6 细胞的 IL-10 和 TGF-β 水平。进一步的免疫印迹分析结果显示，蛋白质水解物可能是依托 TLR4/p38 MAPK/NF-κB 信号通路发挥抗炎活性作用。不过，从比较分析结果可以看出，酪蛋白水解物的抗炎活性要好于糖基化酪蛋白水解物。因此，研究者认为，由于糖基化酪蛋白水解物来自美拉德反应途径的乳糖糖基化酪蛋白，可以推断这一乳糖糖基化作用有损于酪蛋白在小肠中的健康作用。此外，研究者同时还发现，转谷氨酰胺酶途径得到的壳寡糖糖基化酪蛋白，其水解后得到的水解物具有比酪蛋白水解物更高的抗炎活性作用。

5.3.2.3 氨基酸对肠道免疫功能的影响

氨基酸的吸收是由位于小肠上皮细胞顶膜或基底膜上不同类型的转运蛋白（主动转运）介导的。通常，精氨酸、谷氨酰胺和色氨酸对肠道免疫系统功能有较大的影响。

精氨酸是人体的半必需氨基酸，能够促进蛋白质合成，提高动物机体免疫力，降低分解代谢，保护胃肠黏膜免受损伤。精氨酸的代谢主要受 3 种酶的调节，即诱导型一氧化氮合酶（iNOS）、精氨酸酶-1（ARG1）和精氨酸酶-2（ARG2）。精氨酸是合成 NO 的唯一前体，其在细胞 NO 合成酶的作用下产生 L-瓜氨酸，并在氧和还原型烟酰胺腺嘌呤二核苷酸磷酸（NADPH）的协同作用下，通过氧化胍基氮原子生成 NO。NO 是一种重要的免疫调节因子，对机体的免疫系统有着非常重要的调节作用。NO 的作用主要通过以下几个方面来实现：①抑制机体组织肥大细胞的反应速率，调节 T 细胞增殖及抗体免疫应答；②增强 NK 细胞的活性，激活细胞周边血液中的单核细胞活性；③调节 T 细胞和巨噬细胞分泌细胞因子；④介导巨噬细胞的细胞凋亡作用机制。精氨酸可以明显增强巨噬细胞、NK 细胞及细胞毒性 T 细胞的活性，调节 T 细胞的功能；当精氨酸缺乏时，会影响 B 细胞成熟，导致 B 细胞和派尔集合淋巴结的数量、大小显著减少，并降低血清中的 IgM 水平。许多动物实验和临床数据都支持精氨酸在免疫和炎症中的作用。例如，经口补充 L-精氨酸，会增加急性胰腺炎大鼠 $CD3^+$ 和 $CD4^+T$ 细胞的数量，并减少细菌和内毒素移位（表 5-5），进而改善其肠道免疫功能（Qiao et al.，2005）。L-精氨酸可以通过阻断丝裂原活化蛋白激酶炎症信号通路的激活，缓解炎症反应和肠道损伤，同时激活 mTOR 信号通路，显著刺激上皮细胞中 β-防御素的表达，并参与天然免疫应答。此外，精氨酸通过分解代谢产生鸟氨酸，鸟氨酸进而形成精胺和亚精胺等多胺；所产生的这些多胺可以通过抑制免疫细胞上 LFA-1 的表达，从而抑制促炎因子的产生。

谷氨酰胺是机体的非必需氨基酸，是淋巴细胞和肠道上皮细胞快速分裂的能量来源。谷氨酰胺能够减少促炎因子 IL-6 和 IL-8 的产生，并增强 B 细胞和上皮

表 5-5 摄食 L-精氨酸对实验性严重急性胰腺炎大鼠 T 细胞和内毒素的影响（Qiao et al., 2005）

指标	分组	24 h	48 h	72h
CD3$^+$	对照组	20.54±3.46	22.32±4.78	21.24±5.32
	胰腺炎组	11.24±3.06**	12.07±4.24**	11.07±3.16**
	L-精氨酸组	14.36±2.12$^+$	17.45±3.52$^+$	15.42±4.18$^+$
CD4$^+$	对照组	12.78±3.39	11.56±3.14	12.47±2.53
	胰腺炎组	7.23±1.46*	8.34±1.69*	9.06±2.94*
	L-精氨酸组	9.85±2.51	9.22±2.75	9.42±2.72
CD8$^+$	对照组	9.69±1.65	8.89±1.95	9.41±2.57
	胰腺炎组	9.73±2.75	9.12±2.47	8.12±3.59
	L-精氨酸组	8.72±2.63	9.05±3.95	7.87±1.79
CD4$^+$/CD8$^+$	对照组	1.32	1.3	1.35
	胰腺炎组	0.74	0.91	0.96
	L-精氨酸组	1.13	1.02	1.07
内毒素	对照组	0.041±0.011	0.039±0.007	0.042±0.015
	胰腺炎组	0.157±0.024**	0.150±0.018**	0.146±0.014**
	L-精氨酸组	0.087±0.011^{++}	0.079±0.016^{++}	0.082±0.013^{++}

注：在相同指标中，*和**分别代表胰腺炎组与对照组具有显著性差异（$P<0.05$）和极显著差异（$P<0.01$）；+和++分别代表 L-精氨酸组与胰腺炎组具有显著性差异（$P<0.05$）和极显著差异（$P<0.01$）

细胞中的抗炎细胞因子 IL-10 水平。由于 IL-10 具有维持肠黏膜稳态的重要作用，谷氨酰胺可以潜在地调节天然免疫应答和适应性免疫应答。同时，谷氨酰胺也是 T 细胞活化的必要成分。在感染、创伤或手术期间，机体对谷氨酰胺的需求增加，从而导致血清中谷氨酰胺水平下降；当血清中谷氨酰胺水平达不到所需量时，就会阻断 B 细胞和 T 细胞的增殖和分化，使细胞因子的产生能力、抗原呈递作用和吞噬活性下降，这会促使 CD4$^+$T 细胞向调节性 T 细胞分化。有研究结果证明，口服补充谷氨酰胺可改善肠道免疫功能，并抑制细菌移位现象的发生（Santos et al., 2014）。

色氨酸是人体必需氨基酸之一，在维持肠道免疫耐受和肠道微生物菌群平衡方面也有重要意义。色氨酸依托犬尿氨酸和血清素合成途径，在免疫反应和神经传递中发挥作用，对宿主的免疫系统-肠道微生物群落相互作用产生着深远的影响。犬尿氨酸具有多种功能，调节包括宿主微生物群信号、免疫细胞反应和神经元兴奋性在内的生物过程。犬尿氨酸途径的酶，在全身不同的组织和细胞类型中表达，并受包括营养和炎症信号在内的信号调节。吲哚胺 2,3-双加氧酶 1（IDO1）、IDO2 和色氨酸 2,3-双加氧酶（TDO）3 种酶参与色氨酸的降解和犬尿氨酸的合成，IDO1 降解色氨酸的途径被认为具有免疫抑制作用。表达 IDO1 的髓细胞会结合并降解色氨酸，导致局部氨基酸缺乏，使细胞周期阻滞，T 细胞凋亡加速（Munn et al., 2005）。色氨酸可增强 TJ 蛋白的表达，其衍生物（如吲哚乙酸、吲哚-3-丙酸）可通过外源性孕烷 X 受体调节肠屏障功能，降低啮齿动物的肠黏膜通透性。此外，色氨酸及其下游代谢产物可以与芳香烃受体（AHR）结合，其复合物被转运到核中后，AHR 被激活，从而调节肠道炎症、细胞增殖和分化，以及炎症相关因子的转录和表达。

5.3.3 蛋白质水解物和活性肽与肠道免疫疾病

肠道免疫疾病是指一类涉及肠道免疫系统异常的疾病，通常是由免疫系统对肠道内的正常微生物或食物产生异常反应而引起的。一些常见的肠道免疫疾病包括 IBD、IBS、坏死性小肠结肠炎（necrotizing enterocolitis，NEC）和过敏（allergy）。在肠道免疫疾病患者中，通常可以观察到肠道结构和生化异常。随着对肠道功能和肠道菌群的认识不断深化，发现肠道功能和健康与宿主的生理、病理状况密切相关。同时，来自食物的活性肽也会对肠道健康产生积极作用。

5.3.3.1 蛋白质水解物和活性肽与 IBD

IBD 是一种慢性非特异性肠道疾病，其特征是肠道炎症和上皮损伤，主要包括 UC 和 CD。UC 的特点是结肠黏膜和黏膜下层的浅表炎症，伴有隐炎和隐窝脓肿；而 CD 会影响肠道的任何区域（主要是回肠末端和肛周区域）。IBD 常见症状包括黏膜下层增厚、透壁炎症、裂开性溃疡和非干酪样肉芽肿。上皮细胞、天然免疫细胞和适应性免疫细胞相互协调，有助于促进肠道稳态；肠道屏障功能受损和宿主-微生物平衡紊乱，则可以导致胃肠道中的致病性炎症并导致 IBD。目前，IBD 的发病机制尚未完全阐明，但是遗传、饮食、微生物组改变和环境影响等因素可能起一定作用。越来越多的证据表明，免疫异常是 IBD 发病的关键环节，肠道相关淋巴组织（GALT）和肠黏膜间的淋巴细胞迁移与 IBD 发病相关（Nikolakis et al.，2022）（图 5-18）。随着 IBD 在我国发病率逐年增高，对 IBD 的预防和治疗方法越来越受到关注。

IBD 的治疗主要是防止炎症的频繁复发并缓解炎症发作时的反应。常规治疗策略包括抗炎药、免疫抑制剂和抗生素。药物治疗需要长时间、高剂量进行，这可能导致全身不良事件发生，如机会性感染和免疫并发症。虽然口服给药是 IBD 疾病治疗最优选的给药途径，但口服给药会受到肠道环境变化的影响，如肠道吸收、代谢和首过效应等。

活性肽具有缓解 IBD 的作用，这为 IBD 的治疗和预防提供新的视角。Koon 等（2011）的研究发现，*Camp* 编码的抗菌肽对 DSS 诱导的小鼠结肠炎有保护作用，抗菌肽在单核细胞和结肠炎实验模型动物中的表达增加，与大肠杆菌激活 TLR9-ERK 信号通路有关，该通路可能参与 UC 的发病机制。此外，大豆 β-伴大

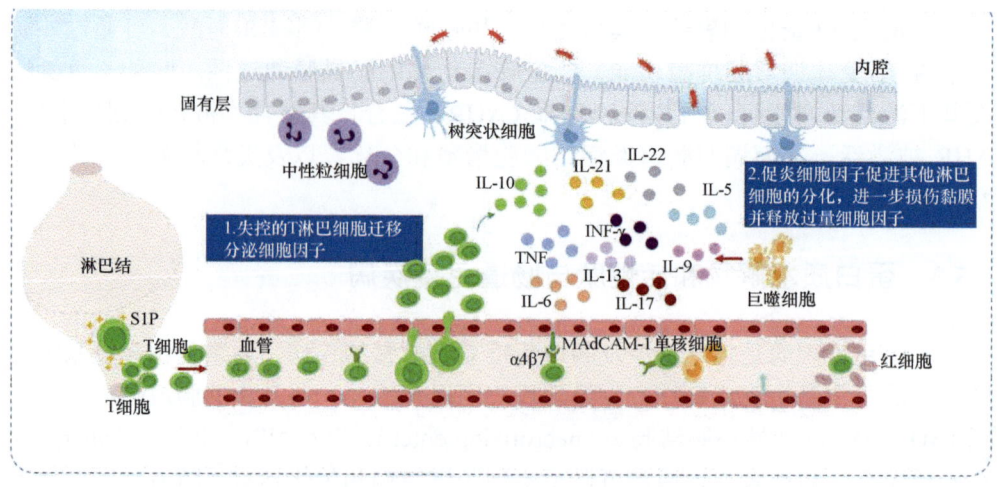

图 5-18　T 细胞迁移介导的免疫异常是 IBD 发病机制的关键

INF，干扰素；IL，白介素；MAdCAM，黏膜地址素细胞黏附分子；TNF，肿瘤坏死因子；UC，溃疡性结肠炎；VCAM-1，血管细胞黏附因子-1

豆球蛋白肽、鸡蛋溶菌酶、卵转铁蛋白/肽等也被证明能够减轻小鼠结肠炎的严重程度（Fernández-Tomé et al.，2019）。总之，食物蛋白质来源的活性肽可以短期和长期调节肠道微生物组成、炎症反应和氧化应激状态，而这些因素在 IBD 的发病机制中起着关键作用。不过，迄今为止，这一领域的研究主要是利用实验动物模型，缺乏食源性活性肽用于人体 IBD 治疗的临床试验数据。

5.3.3.2　蛋白质水解物和活性肽与 IBS

IBS 是一组持续或间歇发作的肠道功能紊乱性疾病，其主要症状表现为腹痛、排便异常，同时频率和/或粪便性状改变。根据患者常见的排便模式，IBS 可分为 4 种亚型：主要腹泻型 IBS（IBS-D）、主要便秘型 IBS（IBC-C）、混合排便习惯型 IBS（IBS-M）和未分类型 IBS（IBS-U）（Drossman and Hasler，2016）。IBS 的病因尚未完全阐明。越来越多的证据表明，心理压力、对压力的情绪反应、遗传因素、饮食、微生物组成、管腔内刺激、炎症等因素都会加剧肠道症状并影响疾病发展。

IBS 很难被诊断，目前为止，尚未在 IBS 患者中发现特征性生物标志物。Talley 等（2020）发现，与健康对照组相比，IBS 患者的血清蛋白浓度没有显著差异，但可发现结肠黏膜免疫系统被激活，免疫细胞显著浸润并释放炎症细胞因子。Mars 等（2020）在 *Cell* 杂志发文报道其研究团队对 IBS 宿主生理进行多组学测量的纵向研究，最终确定与 IBS 亚类型特异性、症状相关的微生物组成和功能变异，其中一组已确定微生物代谢产物变异子集与 IBS 有关的宿主生理机制相关，鉴定出的微生物代谢物变化的子集对应于与 IBS 相关的宿主生理机制。他们将嘌呤代谢确定为一种新型 IBS 宿主-微生物代谢途径，同时嘌呤饥饿被认可为潜在的 IBS 治疗靶标。

IBS 治疗包括饮食治疗、药物治疗、心理治疗和粪菌移植等。其中，饮食疗法更安全便捷，可以显著降低 IBS 症状。发酵性低聚糖、二糖、单糖和多元醇（FODMAPs）在小肠中吸收不充分，容易被大肠中的细菌发酵利用，这样就会增加 IBS 患者小肠含水量和结肠产气，并且诱发 IBS 等胃肠道疾病（Staudacher and Whelan，2017）。低 FODMAPs 饮食已被广泛采纳用于 IBS 治疗。有研究结果证明，低 FODMAPs 饮食加上传统膳食建议与低碳水化合物饮食在 4 周内能显著减轻 IBS 症状，并且其效果优于药物治疗（Nybacka et al.，2024）。Kamphuis 等（2020）则阐明低 FODMAPs 饮食减轻 IBS 腹痛症状的可能机制，并为 IBS 治疗提供新的靶点和方向。然而，低 FODMAPs 饮食存在导致营养不良和肠道菌群紊乱的潜在风险，这种干预措施的安全性和有效性需要进一步验证。

食物在 IBS 患者的发病与治疗中发挥着重要作用。临床中 IBS 患者常有进食诱发或加重症状（如餐后上腹痛、腹胀、饱胀感或胃肠胀气以及餐后腹泻）。食物过敏和食物不耐受被认为是饮食诱发或加重 IBS 症状的重要原因。纤维素、无谷蛋白食物等膳食成分已被应用于 IBS 疾病的预防和治疗，但食物来源的活性肽与 IBS 的相关研究较少。Dale 等（2019）发现，每天补充 2.5 g 鳕鱼蛋白水解肽对 IBS 患者作用不明显，其肠道完整性标志物、促炎因子和粪便发酵产物没有得到显著改善，推测是肽的作用效果较弱，6 周低剂量服用效果不佳。不过，Wilson 等（2013）发现，牛血清免疫球蛋白可以减少肠道炎症，改善炎症引起的肠道屏障功能异常，10 g/d 或 5 g/d 的免疫球蛋白营养疗法耐受性良好，IBS-D 患者的症状天数和每日症状评分在组内产生统计学意义的改善，可作为辅助营养疗法改善患者的生活质量。因此，鉴于活性肽在介导肠道健康中的多重功能，未来将会有更多的研究工作关注活性肽在 IBS 疾病管理中的应用。

5.3.3.3 蛋白质水解物和活性肽与 NEC

NEC 是一种以肠组织炎症反应和肠缺血坏死为主要特征的胃肠道急症，主要涉及回肠末端和结肠近端，以高发病率、高死亡率、复杂的发病机制和长的后遗症期为特征。据文献报道，在新生儿重症监护治疗病房，NEC 的发病率为 3.5%，其中超低出生体重儿发病率为 6.6%；所有确诊 NEC 的新生儿的病死率为 23.5%，超低出生体重儿病死率则高达 50.9%（Jones and Hall，2020）。目前，临床针对疑似及确诊 NEC 患儿，主要采取禁食、胃肠减压、静脉营养支持和抗感染治疗等方案，严重者甚至需要进行外科手术。NEC 的发展受到多种因素的影响，如早产、低出生体重、人工喂养、低钙血症、孕妇绒毛膜羊膜炎、孕妇滥用抗生素、肠道生态失调及肠道微生态改变等,但具体发病机制仍不十分清楚。

早期的 NEC 可引起肠道生态失调的放大和破坏性炎症反应,进而导致组织损伤和肠道屏障完整性丧失。在 NEC 患儿中,IL-1β、IL-6 和 TNF-α 等炎症因子的表达水平与原肠道损伤的程度呈正相关。目前,尚无针对 NEC 的特效药物;因此,寻找可以有效预防和治疗 NEC 的策略,如活性肽,对提高新生儿尤其是早产儿的存活率、改善 NEC 患儿的远期预后具有重要意义。

母乳在促进早产儿健康方面有重要作用(Ronquist,2019)。大量的研究结果表明,与配方奶粉喂养的婴儿相比,喂食母乳的早产儿其 NEC 的发生率较低(Pisano et al.,2020)。糖巨肽(GMP)是乳中 κ-酪蛋白经凝乳酶水解后生成的一个功能性肽片段。GMP 对 NEC 新生大鼠肠道具有一定的保护作用,其作用机制可能是通过降低 TNF-α 和 IL-1β 的表达,抑制肠黏膜上皮细胞凋亡,减轻肠组织损伤来起保护作用的。Ren 等(2014)的研究则发现,β-伴大豆球蛋白肽能够抑制炎性因子 NF-κB p65 的表达(图 5-19),保护和修复 DSS 诱导的结肠炎小鼠的结肠黏膜损伤。

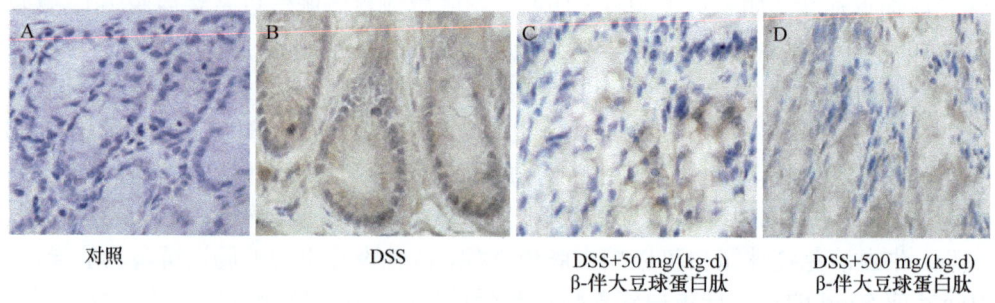

图 5-19 NF-κB p65 抗体对摄食 β-伴大豆球蛋白肽的小鼠结肠组织的免疫组织化学染色(棕色位点染色呈阳性)(Ren et al.,2014)

5.3.3.4 蛋白质水解物和活性肽与过敏

食物过敏被定义为对原本无害的膳食蛋白质的免疫介导的不良反应(图 5-20)。食物过敏是由于免疫系统在食物蛋白质暴露后未能形成耐受性或由已经建立的口服耐受性的破坏引起。值得注意的是,食物过敏影响着 5%~8% 的幼儿和 2%~4% 的成年人,并且在世界范围内食物过敏呈现增加趋势(Sicherer and Sampson,2014;Kotz et al.,2011)。

活性肽可以改善机体的过敏反应。例如,螺旋藻多肽就具有较好的抗过敏特性。螺旋藻酶解得到的 2 个多肽其结构分别为 Leu-Asp-Ala-Val-Asn-Arg(P1)和 Met-Met-Leu-Asp-Phe(P2),在抗原诱导后以剂量依赖性的方式显示出抗过敏活性作用,它们能够减少组胺释放并提高细胞内 Ca^{2+} 水平(图 5-21),从而抑制肥大细胞脱颗粒。P1 肽在依赖于钙和微管的信号通路中发挥作用，而 P2 肽则抑制磷脂酶 Cγ 的激活和 ROS 的形成（Cheung et al.，2015）。此外，皱纹盘贻贝多肽也能够在抗原诱导后降低人体肥大细胞中组胺的释放，以及抑制 TNF-α、IL-1β 和 IL-6 等促炎细胞因子的产生（Ko et al.，2016）。

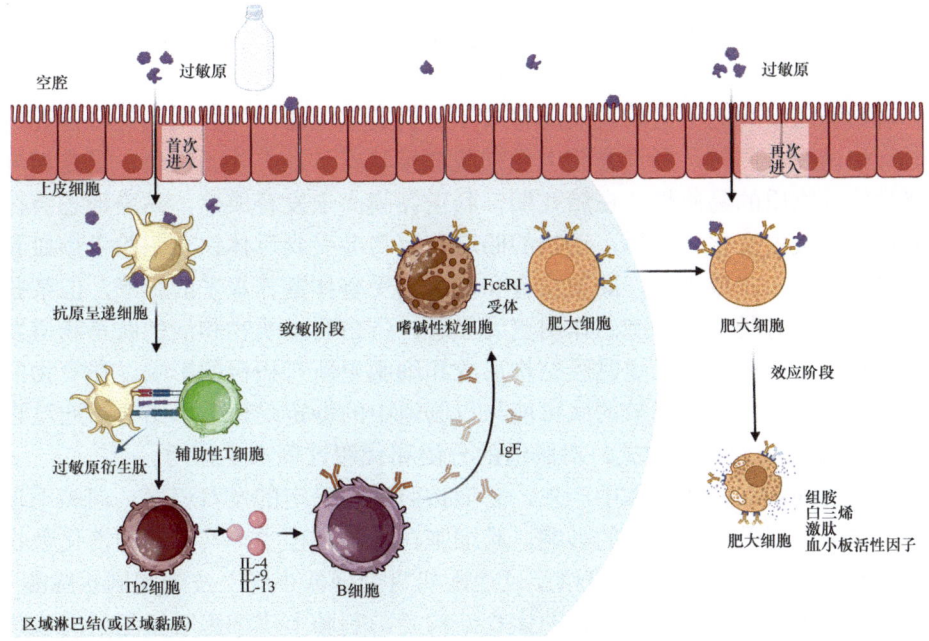

图 5-20 IgE 介导的过敏反应

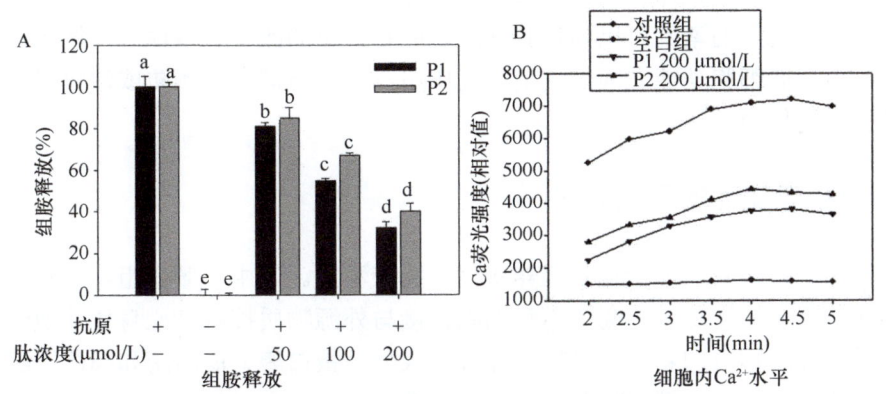

图 5-21 P1 和 P2 对 RBL-2H3 细胞组胺释放（A）和细胞内 Ca^{2+} 水平（B）的影响（Cheung et al.，2015）

总之，相比蛋白质水解物和活性肽的其他肠健康作用，对活性肽是否可以改善机体过敏反应的研究工作不足，有待于科学家们在今后更多地关注并研究这一问题。

（本节撰稿人　王小鹏）

5.4　蛋白质水解物和活性肽对肠道发育的影响

动物肠道发育的不同阶段及动物成年后的肠道健康，均会受到外源营养成分的影响和调控。同时，肠道黏膜上皮细胞直接暴露于各类外源物质，更是加剧了肠道对外源物质的易感性。在胎儿期，肠道黏膜尚未发育成熟，黏膜形态会在动物断奶前后发生变化。所以，动物的肠道发育将会受到母体饮食、胎盘供血和羊水吞咽的影响。在成年期，肠道发育和健康则受整体营养水平的影响，但某些特定的营养成分对肠上皮细胞的作用更为显著。蛋白质水解物和活性肽是肠道发育和健康的必需成分，对肠道黏膜结构形成和细胞更新有积极的影响。在食物的消化过程中，从蛋白质中释放的肽可能与胃肠道中的特定受体位点结合，通过直接或激素/神经系统介导的方式，对肠道的分泌和代谢过程产生作用。

肠上皮细胞在肠道腺体中产生，它们按照遗传确定的发育程序，向绒毛顶端迁移，这个过程受外部条件的影响。肠细胞在成熟过程中，其结构和消化吸收营养物质的能力也会发生改变。例如，延迟断奶将会降低小肠上皮细胞刷状缘酶（蔗糖酶）的水平，而改变成年动物的饮食结构会影响肠上皮细胞对氨基酸的吸收能力等。同时，均衡和多样化的膳食结构，对维持健康的肠道微生物组有重要作用，因为肠道微生物组代谢产生的短链脂肪酸等物质可以作为肠道细胞的能量来源，而肠道微生物组的紊乱可以导致肠细胞功能和健康的改变。整体上，饮食、肠道微生物组和肠细胞功能之间的复杂相互作用，对肠道健康、预防或治疗胃肠道疾病具有重要作用。

5.4.1　肠道发育的不同阶段

人体不同的组织和器官对营养变化的反应不同。其中，肠道组织对营养物质质和量的变化非常敏感。肠道黏膜细胞直接与外源物质接触，比身体其他组织更容易受到外源物质的刺激，包括外源毒性成分、蛋白酶、脂肪酶和细菌发酵副产物等。此外，年龄、健康状况和激素水平都会影响肠道对外源物质的敏感程度。有研究证据表明，动物到一定年龄后，肠道黏膜的生长变慢；然而，老年动物肠道上皮细胞的增殖率仍然会增加，外源物质会在整个生命周期内影响肠道发育（Majumdar et al.，1997）。

5.4.1.1 肠道的产前发育

肠道发育的主要时期是在动物的妊娠期，通常认为，这一时期外源成分对肠道发育的影响很小（Klurfeld，1999）；但事实并非如此。在动物的不同发育阶段，肠道结构不断演变，小肠最终分化出各种功能。除鳍足类动物外，大多数动物的乳糖酶都在发育，为消化母乳中的碳水化合物做准备。人类是唯一在妊娠早期发育蔗糖酶的物种，妊娠晚期胎儿的蔗糖酶水平已经与成人大致相当（Buddington，1994）。大多数其他物种都在出生后开始分泌蔗糖酶，断奶后基本达到成年水平。由于胎儿的不断吞咽羊水，其中的营养素、肽生长因子和激素等可以改变胎儿的肠道发育速率。

乙醇是影响胎儿肠道发育的典型因素。Camps 等（1997）的研究结果表明，在 25 mmol/L 乙醇中直接培养大鼠产前肠器官，结果显示这种培养条件对鼠肠道上皮细胞成熟没有影响，但是宫内 25%乙醇暴露的幼崽则表现出可能由乙醇代谢引起的多种延迟肠道黏膜发育的迹象。此外，Trahair 等（1993）的研究结果表明，胎儿子宫内营养缺乏也会首当其冲影响胃肠道发育。他们发现，在营养缺乏的绵羊胎儿中，小肠和大肠的生长参数以及肠道上皮细胞成熟都出现延迟，并且胎儿在羊水中的营养摄入也对肠道发育起着至关重要的作用；对绵羊胎儿小肠的实验性结扎实验则会导致梗阻近端肥大、绒毛外观严重异常、远端微绒毛明显减少（图 5-22）。

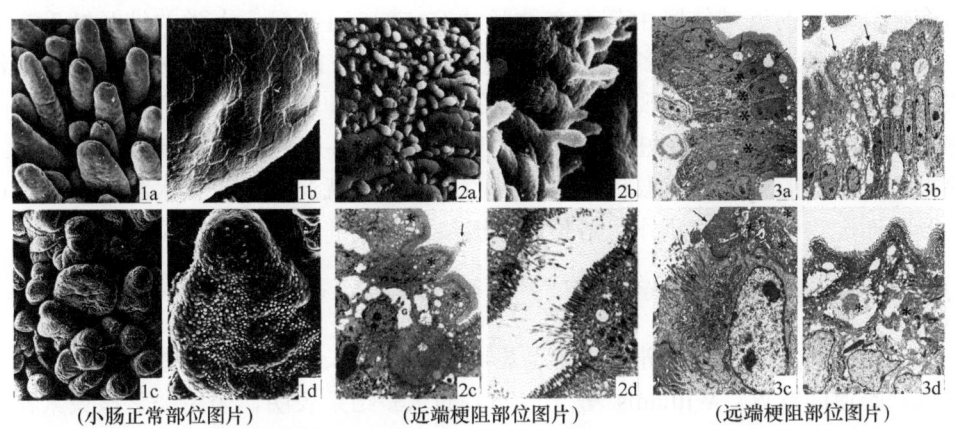

（小肠正常部位图片）　　　（近端梗阻部位图片）　　　（远端梗阻部位图片）

图 5-22　实验性羊胎儿小肠梗阻扫描电子显微镜图片（Trahair et al.，1993）

图 1c，箭头处表明绒毛结构严重受损，绒毛宽大、变钝且呈分枝状；图 2a 和图 2b，箭头处表明绒毛外表粗糙且聚集成团；图 2c，箭头处为带有细胞质泡的肠细胞；图 2d，箭头处表明微绒毛形态受到破坏，一些细胞发育出细长的微绒毛斑块；图 3a，箭头处表明尽管存在顶端内吞复合体，但液泡很小且发育不良；图 3b，箭头指示细胞顶端表面扭曲变形；图 3c，箭头处表明细胞没有刷状缘。

图 2a 和图 2b，星号处表明绒毛表面光滑；图 2c，星号处为刷状缘下方，顶端内吞作用产生的大量囊泡和小管；图 3a，星号表明绒毛上存在大量形成囊泡的细胞区域；图 3c，星号处示意细胞广泛囊泡化，内膜网中存在许多细小的指状结构；图 3d，星号处表明肠上皮细胞囊泡中含有丝状物质。

5.4.1.2 肠道在围产期的发育

在围产期,由于营养物质的摄取方式从胎盘吸收转变为口服摄入,这段时间对肠道发育至关重要,动物肠道的形态和功能发生显著而快速的变化(Xu et al.,1992)。肠上皮细胞数量将随着肠绒毛的生长和吸收表面的增大而大幅增加,肠道分泌胆汁、胰液、多胺、生长因子、激素等的功能也在不断完善。在猪、狗等物种中,肠道黏膜重量在出生一天内加倍,随后增长速率显著下降(Widdowson,1985)。不同物种肠道的发育速率与其整体发育速率快慢大致相同。在哺乳期间,哺乳动物的主要营养来源是乳汁,虽然乳汁成分随着哺乳时间的推移而变化,但除了产后期外,肠道的生长速率平稳。

在大多数新生动物中,肠上皮细胞对免疫球蛋白、白蛋白和右旋糖酐等大分子物质具有通透性。根据物种的不同,这些大分子物质穿过上皮细胞的通道会在出生后 1~2 天内关闭;但是,大鼠的这一时期会大约持续 21 天。食物包括初乳的摄入,是"肠道通道闭合"的重要控制因素,该过程被认为是在胎儿肠道细胞被出生后新生的肠上皮细胞替代过程中发生的,可能与初乳中的生长因子如肾上腺酮、各种肽激素有关。

5.4.1.3 肠道在新生儿期的发育

新生儿结肠与成人结肠在结构和功能上存在显著差异,主要的不同在于几乎所有哺乳动物的近端结肠中都存在结肠绒毛(Xu,1996)。人类的结肠绒毛在出生时几乎完全消失,但大多数其他物种在出生后 3~10 天内结肠绒毛才会逐渐消失。结肠绒毛中的细胞呈现出回肠上皮的生化特性和超微结构特征,这些细胞能够吸收营养,并且可能在妊娠期间增加吸收表面积。可是,一旦新生儿的结肠绒毛被成人结肠的扁平黏膜取代后,结肠的主要功能就演变为吸收水和盐,以及作为肠代谢废物贮存库。此外,结肠还积极参与对短链脂肪酸的吸收。

5.4.1.4 肠道在断奶后的发育

动物断奶后,各种营养缺失都会影响动物的生长,某些营养素不足就会首先影响到肠道的发育。Williams 等(1996)的试验结果表明,采用缺乏核黄素饮食喂养刚断奶大鼠 5 周,大鼠小肠形态和细胞动力学均发生显著变化,即使调整将食物中核黄素供应充足,大鼠小肠的受损指标在 3 周内也无法恢复。van Beers-Schreurs 等(1998)的研究发现,蛋白质供应水平直接影响动物断奶后的肠道发育状况,断奶过程会导致猪小肠黏膜绒毛变短、隐窝变深。也有研究结果表明,母体蛋白质缺乏的大鼠幼崽断奶时,所有肠段绒毛的高度都较低,断奶后正常饲喂会使回肠绒毛恢复正常,继续饲喂蛋白质缺乏饮食会再次导致绒毛变短

(Subramoniam，1979)。未断奶时大鼠空肠绒毛形态为叶状，断奶正常饲喂后绒毛变长呈脊状(Tasman-Jones et al.，1982)。膳食纤维对空肠绒毛的发育也有显著作用，并且不同种类膳食纤维的效果不同。断奶后饲喂无纤维鼠粮，大鼠空肠绒毛将继续保持未成熟的外观，一旦加入果胶会促进大鼠空肠发育，使大鼠空肠绒毛数量增加，但添加纤维素则没有效果。

5.4.2 影响肠道发育的因素和物质

5.4.2.1 外源膳食成分

从胎儿发育到断奶再到成年，饮食对动物生命的各个阶段的肠道生长都有深远的影响。肠道黏膜的形态和功能在生命的大多数阶段都是可塑的，细胞增殖和凋亡在生命周期的所有阶段都可以改变。断奶期动物肠道结构和功能会发生适应性变化，这一时期也是肠道微生物群向成人模式转变的关键阶段，并且肠道功能及微生物群会因饮食、感染等因素的影响而发生变化。总营养素利用率可能是肠道生长的主要因素，但有限的个别营养素会影响黏膜功能。通常，谷氨酸/谷氨酰胺对小肠的影响最大，而膳食纤维主要影响结肠。这两类食物成分直接或间接地作为肠道黏膜上皮细胞的优选底物，影响着肠道发育和功能。

1) 膳食纤维

膳食纤维既不能被胃肠道消化吸收，也不能产生能量。大多数膳食纤维在进入人体后在结肠中发酵，主要产物为短链脂肪酸。短链脂肪酸中的丁酸为结肠细胞提供能量，乙酸、丙酸则进入血液并为其他组织所利用(凌霄等，2023)。膳食纤维都是可溶性纤维和不溶性纤维的混合物。通常认为，可溶性纤维能够被肠道微生物完全发酵，而不溶性纤维则不易发酵。实际上，可溶性纤维的发酵速率也有较大差异，一些可溶性纤维能被快速发酵(如瓜尔胶)，一些可溶性纤维能以中等速率发酵(如果胶)，而一些可溶性纤维则发酵缓慢(Klurfeld，1999)。木质素也是膳食纤维的一种，但是它极不易发酵。

肠道器官重量与特定营养素尤其是膳食纤维密切相关。动物日粮添加可发酵膳食纤维，受试动物的小肠、盲肠和结肠重量都有所增加。例如，Jin 等(1994)的研究结果证明，在猪饲料中添加 10%的膳食纤维(高纤维)饲喂 2 周后，猪小肠、大肠黏膜上皮细胞的增殖速率及小肠绒毛长度都有所增加(图 5-23)。对动物喂食无纤维饮食会导致肠黏膜和肌肉层萎缩，其中对结肠和远端小肠的影响最大。当饮食中添加膳食纤维后，这些不良影响可以被逆转。虽然大多数膳食纤维对结肠有营养作用，但只有易发酵膳食纤维会对小肠发育和功能产生影响，这种影响源于发酵产物特别是短链脂肪酸。丁酸或短链脂肪酸对肠道黏膜有明显的营养促进作用。交感神经通路和副交感神经通路介导短链脂肪酸引发肠道黏膜生长。

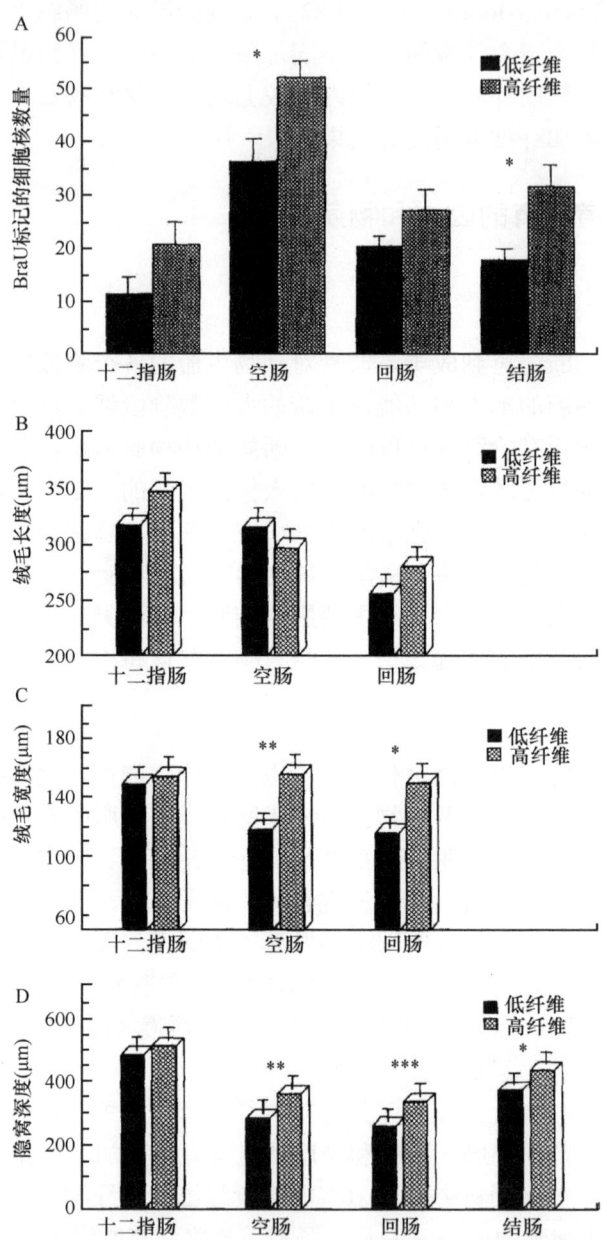

图 5-23 饲喂高、低膳食纤维的猪肠隐窝细胞数量及肠绒毛指标（Jin et al.，1994）
*，$P < 0.10$；**，$P < 0.05$；***，$P < 0.01$

Whiteley 等（1996）对结肠黏膜体积的研究发现，饲料中增加膳食纤维素或瓜尔豆胶，将会增加动物肠黏膜相对体积，但黏膜体积的增加值与膳食纤维发酵产物之间无明显的相关性。Klurfeld（1990）指出，在大鼠饲料中添加膳食纤维，能够加快肠黏蛋白的合成速率，且不同膳食纤维对大鼠空肠和结肠的超微结构有不同的影响。例如，膳食纤维诱导肠黏膜外观偏差的能力与纤维的胆汁酸结合亲和力有关，不同膳食来源纤维对肠黏膜超微结构的破坏作用依次为：苜蓿>果胶>纤维素>麦麸，而对肠黏蛋白合成的促进作用正好相反，因此认为麦麸可能是预防肠道癌症的最好膳食纤维来源。

在结肠中，纤维类发酵底物决定着结肠微生物菌群的丰度和生理活动。当对常规和无菌小鼠喂食含有纤维素或瓜尔豆胶的高脂肪或低脂肪饮食时，含有黏性纤维（瓜尔豆）和高脂肪的饮食促进盲肠和结肠近端的细胞增殖，而小鼠是否带菌对所测参数没有显著影响（Pell et al.，1995）。Chen 等（1996）的研究结果证明，喂食含纤维素、瓜尔豆胶、"模拟西方饮食"或标准商业饲料的常规和无菌大鼠，细菌的存在对结肠黏膜体积影响不大，结肠生长的变化与结肠内容物中短链脂肪酸、氨或胆汁酸浓度无关。

2）脂肪

当前，脂肪被认为是结肠癌发生的风险因素之一。许多（但不是全部）关于结肠细胞增殖的研究表明，饮食中脂肪含量增加会提高肠细胞动力学参数，可能的原因与脂肪摄入后增加肠道胆汁酸浓度有关。肥胖会促进结肠细胞增殖，而减轻体重会减弱这种增殖效果。限制机体的热量摄入通常会抑制肠道的细胞更新，但是当这一作用与饮食中脂肪增加相结合时，肠道细胞并没有减少，而且喂食低热量高脂肪大鼠的结肠细胞动力学作用显著增强（Frankel et al.，1993）。

3）谷氨酸/谷氨酰胺

谷氨酸/谷氨酰胺是基因表达和细胞信号转导的关键调节剂，也是小肠细胞行使功能的主要底物，所以在维持肠道发育中有重要作用。过早断奶的仔猪会出现小肠萎缩，在饲料中补充谷氨酸/谷氨酰胺可以纠正或缓解这一状况。Zhang 等（1993）的研究结果表明，肠外提供谷氨酸/谷氨酰胺对改善小肠切除或移植模型的黏膜生长和功能具有显著效果，大量肠道切除后患有短肠综合征的患者在补充谷氨酸/谷氨酰胺后，营养吸收和肠功能指标均会得到改善。

谷氨酸/谷氨酰胺已被确认为仔猪肠道和全身稳态的必要氨基酸，断奶后添加谷氨酸可提高仔猪小肠绒毛高度，增强小肠上皮细胞增殖、分化和抗氧化能力。日粮中谷氨酸/谷氨酰胺剂量与断奶后仔猪腹泻的发生率呈负相关，表明谷氨酸/谷氨酰胺能改善断奶仔猪的肠道健康和生长性能。在哺乳仔猪和断奶仔猪日粮中添加谷氨酸/谷氨酰胺也可以显著改善肠道形态和免疫功能，提高仔猪的生长性能。

5.4.2.2 内源因子和激素

除外源膳食成分外，肠道发育还会受到内源因子和激素的影响，甚至外源膳食成分的作用主要也是通过内源因子和激素变化而实现的。

1）多胺

多胺（精胺、亚精胺和腐胺等）是带有正电荷的小分子化合物，对正常细胞的生长、分化具有重要的作用。多胺在猪肠道组织中浓度较高，多胺缺乏可能对断奶仔猪肠道结构和功能产生影响。刺激肠道细胞分化的激素、生长因子和其他营养素，与细胞内多胺的含量存在有一定的相关性；类胰岛素生长因子（IGF-1）营养的相关作用也依赖于多胺的生物合成与摄取。

2）表皮生长因子

表皮生长因子在肠道中大量存在，它能刺激肠黏膜细胞的增殖和分化，调节肠黏膜上皮细胞对谷氨酰胺的转运和利用。表皮生长因子与特异性受体结合后发挥激素样生理作用，激活酪氨酸激酶、促进核酸和蛋白质合成、刺激肠黏膜生长，其过程包括谷氨酰胺非依赖期、谷氨酰胺依赖期两个阶段。表皮生长因子还能够增强肠黏膜刷状缘的碱性磷酸酶及氨基酸转肽酶活性，加速肌肉、肺脏、肝脏的谷氨酰胺释放，满足肠黏膜细胞分裂和更新的需要。加强谷氨酰胺对小肠黏膜的营养作用，减轻肠组织形态学损害，减少细菌移位，对肠道发育起到重要的作用。

3）肠高血糖素

断奶时日粮摄入将会导致肠内微生物发酵产物的数量和种类增加，小肠后段营养物负载增加，会刺激黏膜内分泌细胞分泌多肽类激素——肠高血糖素。肠高血糖素的受体从小肠的近端向远端逐渐增加，回肠食糜刺激其释放进入血液循环中，对肠上皮细胞增殖的反馈产生控制作用。断奶仔猪肠高血糖素水平与小肠重、小肠黏膜、绒毛高度和隐窝深度的增加有密切的关系。

5.4.3 蛋白质水解物和活性肽对肠道发育的影响

膳食蛋白质曾被营养学家视为机体唯一的氨基酸来源，是生物体结构的重要组成部分。近年来，已经确认，蛋白质在消化过程中产生的活性肽能够作为生理调节剂，在肠道和生物体系统功能中发挥重要作用。动物和植物蛋白质都含有潜在的活性氨基酸序列。大多数蛋白质被肠道内的消化酶水解，在这一过程中可能丧失某些生物学功能，但也有一些多肽能被完整吸收并作用于靶器官。例如，由牛奶蛋白和小麦面筋部分酶解得到的阿片肽具有生物活性。肠道是功能肽的靶点之一。肠调节肽可分为两类：在肠道表达功能的肽、调节肠上皮细胞功能的肽。第一类主要为调节肠道营养吸收。例如，酪蛋白磷酸肽能够促进矿物质吸收，大豆蛋白肽能够抑制膳食胆固醇吸收。第二类包括含有谷氨酰胺的肽、肌肽（β-Ala-His）、阿片肽等。例如，Ala-Gln 能够预防和/或修复由氧化应激和炎症反应引起的肠上皮细胞损伤；β-Ala-His 能够抑制肠上皮细胞分泌 IL-8 等炎性细胞因子，从而具有抗炎作用；阿片肽则可以增强肠道免疫功能以及促进肠道运动等。

目前，利用体外消化系统可以分析活性肽的作用和功能。该系统允许连续收集和表征食品消化过程中形成的中、小分子量的肽，根据蛋白质酶解动力学和肽的氨基酸组成，推测蛋白质消化肽的潜在生理意义，然后利用数据库来预测蛋白质片段的潜在生物活性。已经有证据表明，肽可以在胃肠道消化过程中释放并被完整吸收进入门静脉，但肽的吸收（尤其是较大分子量的肽）方式和准确路径仍然存在争议（Gardner，1998）。某些生物活性肽可能具有多种生物活性。例如，来自酪蛋白的 β-酪啡肽-7（β-casomorphin-7）就具有阿片类、ACE 抑制和免疫调节等作用（Meisel，1997）。

5.4.3.1 蛋白质在肠道中的消化

膳食蛋白质和多肽在摄食、消化和吸收过程中会发生结构改变。进入消化道的蛋白质被胃蛋白酶、胰蛋白酶和糜蛋白酶等蛋白酶水解，产生不同长度的多肽，其中一些多肽可能具有生物活性。蛋白质消化产生的一部分肽，进而被小肠黏膜上皮细胞表面的刷状缘蛋白酶消化生成氨基酸，另一部分寡肽则被保留下来不被水解。不同消化阶段产生的不同结构的肽，可能在肠道中产生多种功能。部分肽段不能被肠道消化酶进一步分解，这些肽在肠道中具有水解酶抗性，也能作为功能性肽使用。

5.4.3.2 肽在小肠上皮细胞中的吸收

寡肽在小肠黏膜单层上皮细胞中的吸收机制较复杂，有多种吸收途径，主要途径如图 5-24 所示。二肽和三肽的吸收主要是通过特殊的转运体进行的主动转运。寡肽也可以通过细胞旁途径被动扩散转运。寡肽还可以通过胞吞和胞吐作用进行跨细胞转运。各种不同的肽，无论通过何种途径，即使是少量地被运输到体内，也能显示出生理功能。

（1）肽转运体。肽转运体 1（PepT1）是一种存在于小肠上皮细胞的质子依赖型肽转运蛋白（Meredith and Boyd，1995）。PepT1 具有 12 个跨膜结构域，主要作用是从顶端侧向小肠黏膜上皮细胞中转运二肽和三肽，但是四肽及较大的寡肽则不是 PepT1 的转运对象。运输到细胞内的肽首先被细胞质肽酶水解，产生的氨基酸通过氨基酸转运体穿过基底外侧膜运输。某些对细胞内肽酶具有抗

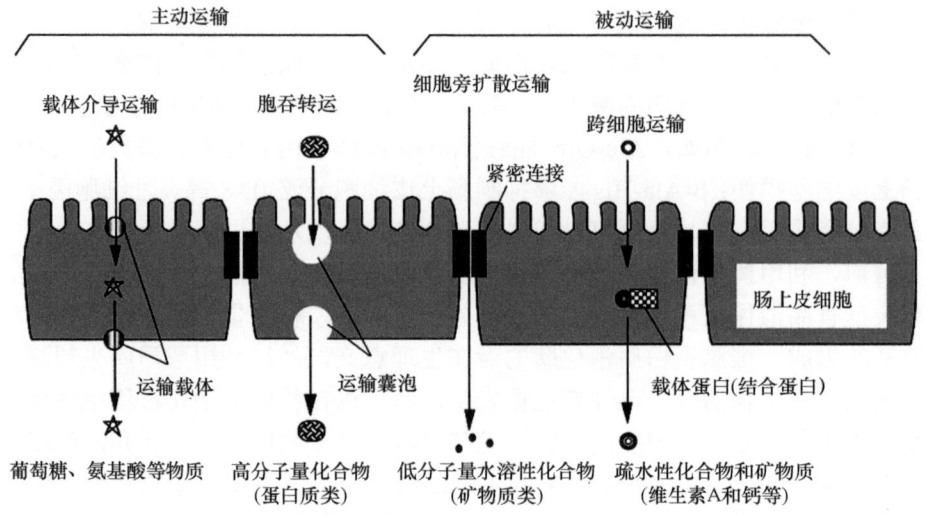

图 5-24　小肠转运营养物质和膳食成分的主要途径（Shimizu and Son，2007）

性的肽仍然会以二肽、三肽的形式存在，并通过尚不清晰的肽转运系统从基底外侧膜转运（Sato et al.，1991）。因此，一些功能性二肽和三肽可通过本途径在小肠内被吸收。

（2）紧密连接的通透性。紧密连接由诸如闭合蛋白（occludin）和密封蛋白（claudin）等黏附膜蛋白以及许多位于细胞质中的辅助蛋白组成。occludin 和 claudin 的胞外环紧密相连，形成紧密连接，但在连接处不可避免地形成小孔。水溶性和小分子化合物，如离子、氨基酸和糖类可通过这些孔被动扩散。这种细胞旁途径被认为是小肠下部吸收钙的主要途径。紧密连接的功能状态会受到多种内外因素的调节。信号分子、激素、免疫因子、生物活性物质等，IFN-γ、TNF-α 等细胞因子，都会影响紧密连接的结构，增加紧密连接的通透性。有研究结果表明，具有抗高血压作用的三肽（Val-Pro-Pro）是通过细胞旁途径而不是 PepT1 介导的途径转运，由于该途径不具备对肽的降解作用，这个三肽在完整状态下被肠道吸收进而发挥较好的疗效（Shimada，1987）。

（3）胞吞作用。寡肽可以通过胞吞作用转运，尤其是当它们与细胞膜表面有较高亲和力时。一般认为，碱性和疏水性肽与小肠上皮细胞膜表面通常有较强的相互作用。肽与细胞表面结合发生细胞膜包裹，细胞膜内陷并形成膜包被的囊泡，囊泡与细胞膜脱离进入小肠上皮细胞内。该过程可加速肽的跨细胞转运，但对肽吸收的贡献不是很大（Shimizu et al.，1997）。

5.4.3.3　蛋白质水解物和活性肽对肠道功能的影响

膳食蛋白质经哺乳动物消化道消化，会释放出生物活性肽，这些蛋白质水解物和活性肽具有增加肠道分泌和吸收能力、调控肠道组织发育、抗菌等作用。例如，饲喂酪蛋白后大鼠肠腔和血液中会出现酪蛋白糖巨肽（CMP），CMP 及 CMP 衍生肽能够促进胃肠激素的释放，增加胃和胰腺分泌作用，降低胃肠蠕动，影响胃肠功能。部分蛋白质水解物和活性肽的肠道生物活性见表 5-6。

表 5-6 蛋白质水解物和活性肽对肠道功能的作用

肽	来源（前体）	生物活性
酪蛋白磷酸肽	牛乳蛋白（β-酪蛋白）	增强钙吸收、铁吸收
大豆肽	大豆蛋白	抑制胆固醇吸收
乳球蛋白肽（Ile-Ile-Ala-Glu-Lys 等）	牛乳蛋白（β-乳球蛋白）	抑制胆固醇吸收
珠蛋白肽（Val-Val-Thr-Pro 等）	血细胞蛋白（珠蛋白）	抑制甘油三酯吸收
乳铁蛋白肽	牛乳蛋白（乳铁蛋白）	抗菌作用

1）增加矿物质吸收

牛奶中钙含量约为 1 g/L。奶是婴幼儿生长发育过程中的唯一食物，不仅含有钙，还必须含有功能因子以帮助钙的吸收和利用。基于这一考量，一种能够增强肠道钙吸收功能的肽组分被鉴定，它就是衍生自 β-酪蛋白的复合物磷酸肽。$α_{s1}$ 酪蛋白肽也有同样的功能，这些功能肽被统称为酪蛋白磷酸肽（CPPs）。

小肠内容物的 pH 处于中性至弱碱性范围内，此 pH 条件下钙的溶解度较低，导致钙在该区域的吸收率较低。CPPs 是富含谷氨酸和磷酸丝氨酸的带负电荷的寡肽，Ser-Ser-Ser-Glu-Glu 序列被称为"酸性基序"，成为二价或三价矿物的结合位点（Ferraretto et al.，2003）。CPPs 通过该序列松散地结合 Ca^{2+}，从而保持钙的溶解性。CPPs 也有助于铁、锌的吸收。将酪蛋白酶解制备酪蛋白磷酸肽，然后可以通过阴离子交换色谱分离出不同的 CPPs。研究发现，相对于 $α_{s1}$-酪蛋白，β-酪蛋白衍生的磷酸肽表现出更好地促进铁吸收作用，原因可能与单个磷酸肽序列对铁的相对亲和力有关，磷酸丝氨酸簇紧接着的两个谷氨酸残基可能是影响铁吸收作用的决定因素（Bouhallab et al.，2002）。此外，CPPs 能促进高植酸饲喂的大鼠幼鼠对锌、钙的吸收利用率；植酸盐通常会降低幼鼠体内的锌和钙水平，而 CPPs 可以提高幼鼠体内锌和钙的生物利用率。

2）抑制胆固醇吸收

大豆蛋白能够与肠道中的胆固醇和胆汁酸结合，从而减少机体对胆固醇的吸收，降低血液中的胆固醇水平。大豆蛋白水解得到的肽具有类似的性质，它可以抑制脂质和胆盐混合胶束的形成，从而降低肠道中胆固醇和胆汁酸的吸收。此外，Nagaoka 等（2001）发现，β-乳球蛋白的胰蛋白酶水解物能够显著抑制 Caco-2 细胞对胆固醇的吸收，其抑制作用主要源于 4 个肽段：Gly-Leu-Asp-Ile-Gln-Lys、Val-Tyr-Val-Glu-Glu-Leu-Lys-Pro-Thr-Pro-Glu-Gly-Asp-Leu-Glu-Ile-Leu-Leu-Gln-Lys、Ile-Ile-Ala-Glu-Lys 和 Ala-Leu-Pro-Met-His，它们分别对应于 β-乳球蛋白中的 9～14、41～60、71～75 和 142～146 氨基酸残基。其中，两亲性的 Ile-Ile-Ala-Glu-Lys 肽段抑制效果最强，对其所开展的研究也最为透彻。Ile-Ile-Ala-Glu-Lys 不是通过抑制胆固醇的结合或抑制混合胶束的形成来发挥作用，而是通过上调 ABC-A1 转运蛋白的表达实现其功能。ABC-A1 属于 ABC 转运蛋白家族（ATP 结合盒蛋白）的外排转运蛋白之一，在细胞胆固醇外排中发挥作用。激活小肠黏膜上皮细胞中的 ABC-A1 将减少胆固醇的吸收量，并降低血液中胆固醇的水平。Ile-Ile-Ala-Glu-Lys 能够上调人肝细胞中的胆固醇 7α 羟化酶（CYP7A1）mRNA 表达，表明该肽能够促进胆汁酸合成，进而降低血液胆固醇水平。Ile-Ile-Ala-Glu-Lys 因其强烈的降胆固醇作用而被命名为"Lactostatin"，其降胆固醇作用几乎与药物相当。这些研究发现为降胆固醇食源性肽开发提供了一个新途径。

3）抑制甘油三酯吸收

珠蛋白经酸性蛋白酶水解后得到多肽混合物，能够抑制高甘油三酯血症，使实验动物的甘油三酯水平呈剂量依赖性降低。珠蛋白消化物不会影响脂质在胃内的停留时间，但能够降低脂质在肠组织中的吸收速率。珠蛋白消化物中的有效成分为四肽或三肽，如 Val-Val-Tyr-Pro 和 Val-Tyr-Leu。不过，也可能有其他途径参与抑制甘油三酯吸收效应，因为试验结果并未证明珠蛋白水解肽更能够激活肝脏的脂肪酶（Kagawa et al.，1996）。

4）抗菌作用

乳铁蛋白 B 是一种由 25 个氨基酸残基（片段 17～41）组成的带正电荷的环肽，它来自牛乳铁蛋白的胃蛋白酶消化物。该肽具有较强的杀菌作用，对革兰氏阴性菌和革兰氏阳性菌具有广谱抗菌活性，其抗真菌、抗病毒和抗肿瘤活性也有相关的研究报告。食用强化乳铁蛋白的乳制品后，人胃中会出现大量的乳铁蛋白和相关消化片段。有相应的研究结果表明，胃中大量存在生理功能量级的乳铁蛋白，能够抑制 2 株肠致病性耶尔森菌属细菌进入喉癌上皮细胞（HEP-2 细胞）（Di Biase et al.，2004）。*inv* 基因产物是耶尔森菌最重要的毒力因子，对耶尔森菌黏附、穿透肠上皮细胞及在肠道定植起着重要作用。乳铁蛋白能够抑制 *inv* 介导的耶尔森菌侵入上皮细胞，表明它在胃肠道细菌感染中可能具有保护作用。

5）促进酶分泌

肠道、胃、胰腺的分泌物由激素（特别是胆囊收缩素、分泌素和胃泌素）和迷走神经系统控制。肠腔内蛋白质消化物刺激胆囊收缩素释放到循环系统中，胆碱能启动从肠道到胰腺的消化道酶分泌。所以，大鼠一旦注射β-内啡肽，就能够抑制促甲状腺素释放激素，同时刺激胰腺分泌消化酶。蛋白质水解物对人胃酸和胰腺分泌有较强的刺激作用，值得注意的是，游离氨基酸也有一定的效果。例如，酪蛋白消化释放的κ-酪蛋白糖肽能够抑制胃酸分泌并促进胃泌素释放，当给受试者服用牛奶蛋白水解物（肽）时，其胃液分泌量比服用牛奶蛋白组高出50%。

5.4.4 蛋白质水解物和活性肽对肠上皮细胞的作用

肠道黏膜是机体外部环境与内部环境之间的重要界面，它暴露于包括食物成分在内的异物中，其中食物中的某些物质可能会影响小肠上皮细胞的功能。已发现几种主要的食物源衍生肽如丙氨酰谷氨酰胺肽、酪蛋白磷酸肽（CPPs）、肌肽和阿片肽等，在调节肠上皮细胞免疫反应、紧密连接通透性和矿物质吸收方面有重要作用（表5-7）。

表5-7 蛋白质水解物和活性肽对小肠上皮细胞的作用

肽	来源（前体）	生物活性
丙氨酰谷氨酰胺肽	含α-Gln的蛋白质/肽	细胞增殖分化、修复受损肠上皮细胞、调节紧密连接通透性、调节肽转运蛋白
酪蛋白磷酸肽	牛乳蛋白（α_{s1}-酪蛋白/β-酪蛋白）	吸收矿物质、免疫调节
肌肽	肉、鱼	免疫调节
β-酪啡肽	牛乳蛋白（α_{s1}-酪蛋白/β-酪蛋白）	阿片受体激动剂
Lactoferroxin	牛乳蛋白（乳铁蛋白）	阿片受体拮抗剂
Casoxin	牛乳蛋白（κ-酪蛋白）	阿片受体拮抗剂

5.4.4.1 含谷氨酰胺的肽

谷氨酰胺不仅是精氨酸、嘌呤核苷酸、嘧啶核苷酸和氨基葡萄糖生物合成的前体，而且是许多代谢途径的重要中间体（Mackey et al., 2003）。在20世纪70年代就已经知道谷氨酰胺是生物代谢的重要能量来源，对小肠上皮细胞起着重要作用。然而，谷氨酰胺的低溶解度和不稳定性阻碍了它的广泛应用。目前发现，甘氨酰谷氨酰胺和丙氨酰谷氨酰胺等含谷氨酰胺的肽，比游离谷氨酰胺更易溶解和稳定（Furst et al., 2004）。谷氨酰胺或含谷氨酰胺的肽对小肠上皮细胞的主要活性作用包括以下的几个方面。

1）对上皮细胞增殖和分化的作用

谷氨酰胺等对小肠上皮细胞的增殖和分化具有重要作用。有研究发现：当谷氨酰胺浓度为 0.6 mmol/L 时，大鼠小肠黏膜上皮细胞（IEC-6 细胞）的增殖率最高，增加谷氨酰胺浓度，IEC-6 细胞增殖率则不会进一步增加（Tuhacek et al.，2004）。mTOR 信号通路控制着蛋白质翻译，其磷酸化在细胞增殖和生长中起着非常重要的作用。mTOR 信号通路对细胞生长的作用不仅是细胞数量的增加，更是细胞大小的增加。谷氨酰胺可作为小肠上皮细胞的动力来源，加速细胞周期、增加细胞数量，也可抑制 mTOR 信号通路，抑制细胞生长。Nakajo 等（2005）的研究结果证明，在精氨酸或亮氨酸诱导的大鼠肠上皮细胞（IEC-18 细胞）中，谷氨酰胺能够通过 mTOR 信号通路，抑制 p70 S6 激酶的活化和 4E-BP1 的磷酸化，从而影响 IEC-18 细胞的增殖。

2）对上皮细胞损伤的修复作用

有毒物质、微生物、电离辐射、氧化应激等都会增加肠上皮细胞的损伤，而谷氨酰胺等通过刺激上皮细胞的迁移和增殖分化，对这些应激引起的肠道损伤产生修复作用。例如，在甲氨蝶呤诱导的大鼠结肠炎模型中，日粮中添加谷氨酰胺能够显著减少肠黏膜损伤。

丙氨酰谷氨酰胺作为提供谷氨酰胺的一种途径，在肠损伤修复方面也表现出活性作用。Brito 等（2005）研究发现，艰难梭菌毒素 A（TxA）能够引起 IEC-6 细胞的凋亡和坏死，并抑制其迁移，而谷氨酰胺和丙氨酰谷氨酰胺可以逆转这种效应。Satoh 等（2003）发现，环磷酰胺（CPM）引起的大鼠小肠损伤也可通过肠内补充丙氨酰谷氨酰胺来预防，并且单一使用丙氨酰谷氨酰胺的效果好于使用丙氨酰谷氨酰胺和谷氨酰胺的混合物（表 5-8）。所以，在肠切除、化疗等病理条件下，补充含谷氨酰胺的二肽，有利于肠损伤修复。

表 5-8　环磷酰胺损伤处理 7 天后大鼠小肠指标变化（Satoh et al.，2003）

指标	对照组	生理盐水	CPM 大鼠	
			丙氨酸+谷氨酰胺	丙氨酰谷氨酰胺
肠长度（cm）	117.8±4.5	107.3±1.9	109.0±5.8	115.8±1.7*
黏膜重量（mg/10 cm）	386±31	259±33	256±49	307±5*
蛋白质（mg/cm）	2.08±0.15	1.11±0.09	1.20±0.15	1.31±0.09*
绒毛高度（μm）	569±60	230±31	218±40	315±42**
隐窝深度（μm）	274±48	140±10	153±21	173±23**

*$P < 0.05$，**$P < 0.01$

3）对紧密连接渗透率的调节

肠上皮细胞间的紧密连接形成肠道屏障，阻止离子、溶质、肽和蛋白质等分子的细胞旁途径运输。应激、病原体或炎性细胞因子等诱发的紧密连接功能障碍，会增加小肠上皮的通透性,导致机体不需要的物质通过细胞旁途径进入细胞内。这些效应可能由 TJ 蛋白修饰或周围肌动球蛋白环改变引起。谷氨酰胺肽能够增强 IEC-6 细胞紧密连接的屏障作用,阻止艰难梭菌毒素 A 诱导的跨膜电阻下降,从而维持肠道屏障的完整性。

4）对肽转运体的调节

过氧化氢暴露会降低 Caco-2 细胞中的二肽转运效率,导致 Gly-Sar 转运体的浓度依赖性降低,这可能与 PepT1 的转运速率降低有关（Alteheld et al.,2005）。丙氨酰谷氨酰胺可以维持细胞内的谷胱甘肽水平,能够阻止由过氧化氢引起的二肽转运效率下降。因此,谷氨酰胺的肽有助于缓解与小肠上皮细胞氧化损伤相关的疾病。

5.4.4.2 酪蛋白磷酸肽（CPPs）

CPPs 在肠道中对肠上皮细胞的主要活性作用包括促进矿物质吸收和产生免疫调节作用。

1）矿物质吸收

矿物质的吸收与其在肠道的溶解度有关,而矿物质的溶解度高低取决于许多环境因素,包括机体的生理状态、食物存在的其他物质等。已确定 CPPs 与小肠上皮细胞的相互作用会影响对矿物质元素的吸收。例如,已经确认 CPPs 可能作为 Ca^{2+} 载体或跨膜钙载体,使人肠 HT-29 细胞内游离 Ca^{2+} 浓度升高,并且发挥这一效应的区域可能是磷酸化的"酸性序列"和 N 端区域。

2）免疫调节作用

免疫球蛋白在肠道防御系统中起着至关重要的作用。CPPs 能够促进免疫球蛋白生成,增强肠道免疫应答作用。Otani 等（2001）发现,对于鼠伤寒沙门菌 LPS 造模的免疫低下小鼠,摄入 CPPs 后能够促进脾细胞分泌 IL-5 和 IL-6,提升肠道 IgA 水平,发挥作用的 CPPs 结构序列为 Ser-Ser-Ser-Ser 和 Ser-Leu-Ser。

细胞因子在肠道黏膜免疫中起着重要作用,影响着肠道内众多靶细胞的生长、分化和迁移。被微生物感染后,小肠上皮细胞及相关细胞系分泌 IL-1β、IL-6、IL-8、IL-15、单核细胞趋化蛋白-1（MCP-1）、TNF-α 的作用增强。例如,Eckmann 和 Kagnoff（2001）研究发现,布林沙门菌（*S. bublin*）、鼠伤寒沙门菌和伤寒沙门菌（*S. typhi*）感染人肠上皮细胞后,可增加 IL-8、GROα/β/γ、MCP-1、IL-6 和 TNF-α 的分泌。这些因子主要是由白细胞尤其中性粒细胞和单核细胞/巨噬细胞分泌的趋化因子。但是,也有研究结果证明,CPPs 能够增强 Caco-2 细胞中 IL-6 和 TNF-α

的 mRNA 表达，增强肠道的免疫应答（Kawahara and Otani，2004）。

5.4.4.3 肌肽

肌肽是由 β-丙氨酸和 L-组氨酸组成的二肽，存在于大脑、肾脏、胃中，大量存在于肌肉中。尽管这种二肽的浓度高得惊人（在人体内有时高达 20 mmol/L），但其生物学作用尚未明确阐明。肌肽对肠上皮细胞的主要活性作用包括抗氧化和调节细胞因子分泌。

1）抗氧化

肌肽可作为生理缓冲液、二价金属离子螯合剂、抗氧化剂和自由基清除剂，促进伤口愈合、抗衰老，发挥神经递质和免疫刺激的作用。肌肽最显著的特性是抗氧化性，其抗氧化作用被认为是金属螯合、自由基清除和氢供体的综合作用。机体组织中肌肽浓度可以通过肉、家禽和鱼等正常饮食补充，在小肠上皮细胞吸收，进而发挥抗氧化作用。肌肽通过质子偶联肽转运蛋白（PepT1）在 Caco-2 细胞的顶侧膜转运进入细胞内部，转运效率则取决于膜两侧的 pH 梯度。

2）调节细胞因子分泌

小肠上皮细胞持续暴露于各种潜在的有害物质中，长期氧化应激会诱发肠黏膜炎症。小肠上皮细胞氧化应激可促进多种细胞因子分泌，包括 IL-8、IL-6、IL-1β 和 TNF-α。低浓度的 ROS 包括过氧化氢、$\cdot O_2^-$ 和 $\cdot OH$ 等是细胞的正常代谢产物。生理状态下，过氧化氢酶、SOD 和谷胱甘肽过氧化物酶等可保护细胞免受损伤。严重的氧化应激源于臭氧或黄嘌呤/黄嘌呤氧化酶中较高水平的 ROS 生成，细胞释放细胞因子和趋化因子 TNF-α、IL-1 和 IL-8，诱导中性粒细胞聚集，造成组织损伤。

IL-8、IL-1β 等炎性因子是肠道免疫应答的重要组成部分。炎性因子比例失调是 CD、UC 等肠病的重要发病原因。Shimada 等（1999）研究发现，N-(3-氨基丙酰基)-L-组氨酸锌（肌肽锌，polaprezin），一种锌和肌肽的螯合物，能够抑制 TNF-α 诱导的 NF-κβ 激活和 Iκβ-α 的磷酸化，下调过氧化氢诱导的 Caco-2 细胞中 IL-8 表达。在 TNF-α 诱导的中分化胃癌细胞（MKN28）中，肌肽锌能够剂量依赖性的抑制 IL-8、IL-1β 分泌及其 mRNA 表达。肌肽不仅能作为抗氧化剂清除小肠上皮细胞外的过氧化氢，在被细胞吸收后，还能通过某种细胞内机制减少氧化诱导的炎性细胞因子分泌（图 5-25）。

5.4.4.4 阿片肽

阿片肽是迄今为止确定对胃肠道有作用的食源性生物活性肽。人类内源性阿片系统由三种主要的阿片受体（即 α、β、κ）以及它们的配体组成。内源性阿片肽来自体内前体蛋白如脑啡肽原、前强啡肽原和血红蛋白的释放。除内源性阿片肽外，还有许多外源性阿片肽，如鸦片中提取的生物碱化合物特别是吗啡，其作用已得到充分认可。此外，还陆续发现许多具有肽结构的外源性阿片肽，如 α-酪蛋白外啡肽、β-酪啡肽、谷蛋白外啡肽、血啡肽等。这些外源性阿片肽来源于食物蛋白质，它们在肠道消化蛋白质的过程中被释放。阿片肽对肠道以及上皮细胞的主要活性作用包括胃肠功能调节作用和免疫调节作用。

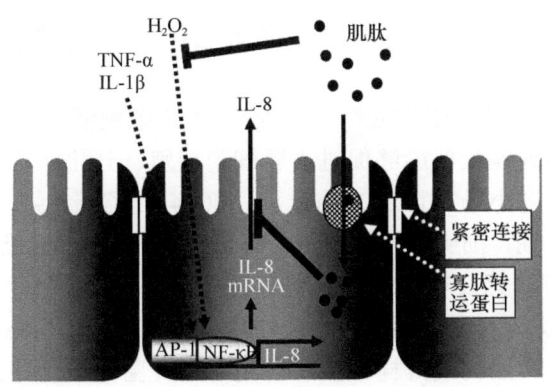

图 5-25　小肠上皮细胞中 IL-8 的产生以及肌肽对 IL-8 的抑制作用（Shimada et al.，1999）

1）胃肠功能调节作用

β-酪啡肽是第一个从食物蛋白质中鉴定出的阿片肽，也是迄今为止研究最充分的阿片肽。β-酪啡肽与肠上皮浆膜侧的阿片受体相互作用，在调节电解质转运、胰岛素分泌和食物吸收等活动中发挥重要作用。β-酪啡肽-7 和 β-酪啡肽-11 是 β-酪蛋白在体内的正常消化产物。

口服 β-酪啡肽能够调节肠道运动。与乳清蛋白相比，饲喂酪蛋白动物的胃排空时间和胃肠转运时间显著延长；当使用阿片受体拮抗剂纳洛酮处理后，这一效应被消除。这表明酪蛋白衍生的阿片肽是增加胃肠道排空时间的主要原因，它通过直接与肠阿片受体相互作用来调节胃肠运动。Yates 等（2001）研究发现，β-酪啡肽还可以增强兔子肠道对水和电解质的吸收能力，发挥抗腹泻作用，这种效应可通过上皮下的阿片受体或刷状缘膜上的特定管腔结合位点而介导。

2）免疫调节作用

Caco-2 细胞中 μ-阿片受体和 κ-阿片受体激活后能够改变趋化因子的分泌，发挥免疫调节作用。来自 Neudeck 和 Loeb（2002）的研究结果表明，苯氮乙胺甲磺酸酯（一个 κ-阿片受体激动剂）能够激活 Caco-2 细胞 κ-阿片受体，减少 IL-1β、

IL-17、IL-6、TNF-α 和 TGF-β 的分泌和表达。当 IL-1β 刺激 Caco-2 细胞时，内吗啡素-1 能够激活 μ-阿片受体，导致 IL-8 显著升高。

许多外源性阿片肽已经被鉴定出结构，并能够体外合成，但临床数据表明，它们并非全部经口服后在肠道释放，并在生理浓度下产生作用。天然（非合成）食品蛋白衍生的阿片肽与阿片受体的亲和力相对较弱，但在胃肠道内浓度较高；来自食物的阿片类激动剂和拮抗肽之间的平衡可能是人体阿片类系统的重要组成部分。

5.4.5 蛋白质糖基化修饰与其在肠道发育中的活性变化

糖蛋白/糖肽通常具有生物活性，会对小肠上皮细胞活性/小肠功能产生调控作用。例如，熟知的乳铁蛋白能够促进小肠细胞增殖、分化，增加空肠绒毛长度和刷状缘酶活性，促进小肠发育（Blais et al., 2014）。酪蛋白-壳寡糖糖肽使更多小肠上皮细胞处于 S 期，细胞活性增加，并降低喜树碱诱导的细胞凋亡比例（Wang et al., 2020）。也有研究发现，美拉德反应途径生成的糖蛋白会抑制肠道内胰蛋白酶、糜蛋白酶、氨肽酶 N 的活性，降低蛋白质的消化吸收率（Seiquer et al., 2006），使结肠炎患者结肠微生物发酵样中的有害菌如拟杆菌、梭状芽孢杆菌数量显著增加，而双歧杆菌等有益菌数量急剧减少（韩凯宁等，2017）。当用富含美拉德糖化修饰产物的脱脂乳粉饲喂幼年小鼠时，小鼠的肠道功能受到影响，一周后其体重减轻 15%，小肠黏膜壁厚度增加，IL-1β、IL-17、单核细胞趋化蛋白-1 等肠道炎症因子的表达水平显著增高（Hillman et al., 2019）。

蛋白质的糖基化修饰，作为开发功能性蛋白质配料的一个有效手段，是食品蛋白质研究的热点问题之一。美拉德反应是蛋白质糖基化修饰的途径之一，可以有效地改善蛋白质的功能性质。同时，另一种蛋白质糖基化途径——转谷氨酰胺酶催化的蛋白质糖基化，最近已经被成功应用于酪蛋白和大豆蛋白的糖基化，显示出其应用前景。然而，上述两类糖基化酪蛋白不是乳中的正常成分，或者是食品加工过程的副产物（如酪蛋白的乳糖糖基化），或者是人为目的性修饰产物（如酪蛋白的壳寡糖糖基化），并且其糖基在蛋白质分子中的连接位点不同（赖氨酸残基或谷酰胺残基）。目前尚有诸多亟须破解的重要科学问题。例如，这些糖基化蛋白进入消化道后，它们会在消化酶作用下生成消化物（肽段）；可是，这些肽段是否会对小肠上皮细胞产生作用并影响到小肠发育以及功能？又如，不同来源的肽段是否存在作用差异性？因此，笔者所在科研团队评估这两类糖基化酪蛋白消化物对小肠上皮细胞的影响，并剖析其潜在的作用机制，旨在探讨乳糖糖基化及壳寡糖糖基化对酪蛋白在小肠上皮细胞中的活性作用是否存在不利或者有利的影响（Wang and Zhao, 2017, 2021; Wang et al., 2020; 王小鹏，2017）。所得到的部分研究结果和结论如下,证实不同的糖基化作用对酪蛋白的某些活性产生积极或负面的影响作用。

5.4.5.1 乳糖糖基化酪蛋白消化物对 IEC-6 细胞和动物小肠的活性作用

采用美拉德反应途径和乳糖对酪蛋白进行糖基化修饰,产物乳糖糖基化酪蛋白(LGC)体外消化后得到 LGC 消化物,分别将酪蛋白消化物和 LGC 消化物作用于小肠上皮细胞(IEC-6 细胞)和刚断奶的模型动物大鼠。最终,我们的研究结果证明,相比酪蛋白消化物,LGC 消化物对 IEC-6 细胞具有一些不良的影响作用,并对幼年小鼠肠道发育产生负面影响。因此,我们认为,美拉德反应途径的酪蛋白乳糖糖基化反应,影响了酪蛋白在肠道内的若干活性作用。因此,很有必要控制乳品加工过程中酪蛋白乃至乳清蛋白的乳糖糖基化反应,最大限度维持乳蛋白在肠道内的健康作用。这也意味着,乳品的热处理强度必须有效控制,尽量减少美拉德反应的发生。

1)LGC 消化物对 IEC-6 细胞具有潜在的细胞毒性作用

LGC 消化物、酪蛋白消化物分别作用 IEC-6 细胞后,采用 CCK8 法分析细胞增殖活性时,LGC 消化物对 ICE-6 细胞显示出一定的抑制作用(图 5-26)。在所有使用的浓度和作用时间下,酪蛋白消化物组的细胞,其活性都高于 LGC 消化物组细胞的活性,而且 LGC 消化物在 0.5 mg/mL 时产生明显的细胞毒性作用,各个培养时间下的细胞活性均小于 100%。反之,酪蛋白消化物在所有浓度、所有培养时间均未显示出细胞毒性作用,细胞活性全部大于 100%。这一结果表明 LGC 消化物对 IEC-6 细胞具有潜在的毒性作用。

2)LGC 消化物影响 IEC-6 细胞的细胞周期循环

采用流式细胞术分析细胞周期循环,相比对照组细胞,酪蛋白消化物将 S 期细胞数从 21.35% 提升至 43.51%,即酪蛋白消化物有助于 IEC-6 细胞的细胞增殖。与酪蛋白消化物处理过的 IEC-6 细胞相比,可以发现 LGC 消化物处理 IEC-6 细胞后,细胞周期循环受到抑制,更多的 IEC-6 细胞被抑制在 G_0/G_1 期(图 5-27)。这就是说,酪蛋白被乳糖糖基化修饰之后,其消化物可能对小肠上皮细胞产生细胞周期循环抑制作用,进而对细胞的有丝分裂过程产生不良影响。

3)LGC 消化物对 IEC-6 细胞凋亡的预防作用变弱

更为重要的是,采取流式细胞术分析,还可以初步确认 LGC 消化物虽然对喜树碱诱导的 IEC-6 细胞凋亡具有预防作用,但是它的作用效果要弱于酪蛋白消化物(图 5-28),表明酪蛋白的乳糖糖基化也降低酪蛋白对小肠上皮细胞凋亡的预防作用，再次揭示乳糖糖基化对酪蛋白在小肠中的活性作用有不良影响。

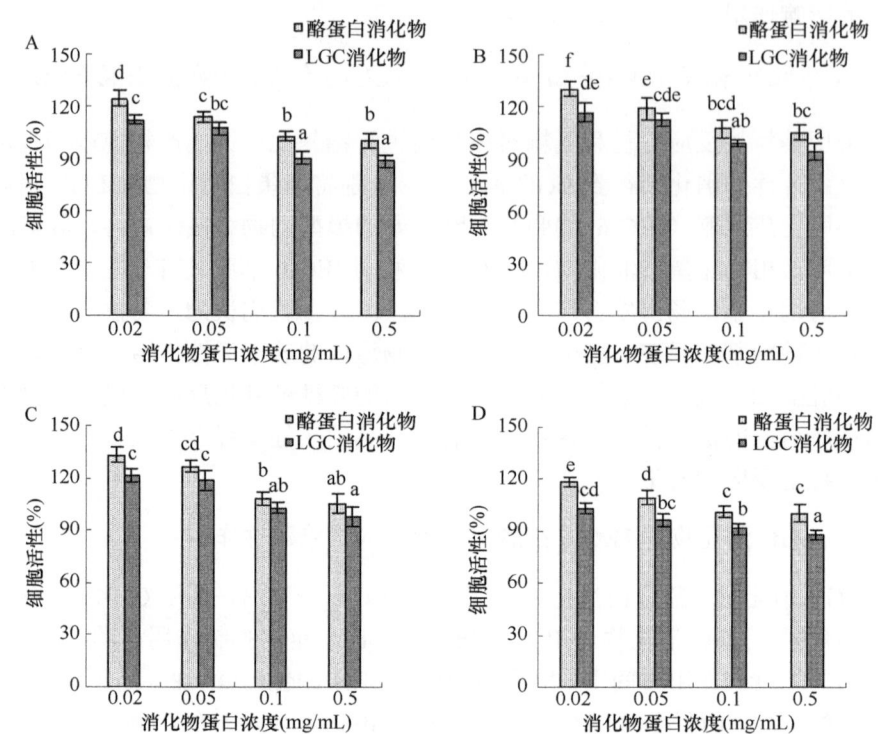

图 5-26　酪蛋白消化物及 LGC 消化物对 IEC-6 细胞活性的影响

A～D 分别为消化物处理细胞 6 h、12 h、24 h 和 48 h 的结果

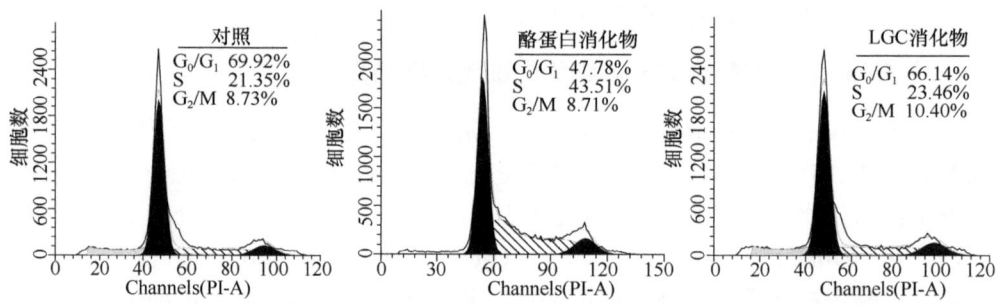

图 5-27　酪蛋白消化物及 LGC 消化物对 IEC-6 细胞的细胞周期循环影响

4）LGC 消化物对模型动物大鼠肠道发育的负面影响

对模型动物幼年大鼠饲喂 28 天，其试验结果表明，相对于酪蛋白消化物，LGC 消化物对大鼠的体重、小肠长度、小肠重量、小肠形态学等指标均产生不利影响。例如，摄食 LGC 消化物的大鼠，其十二指肠、空肠、回肠三个部位的绒毛高/

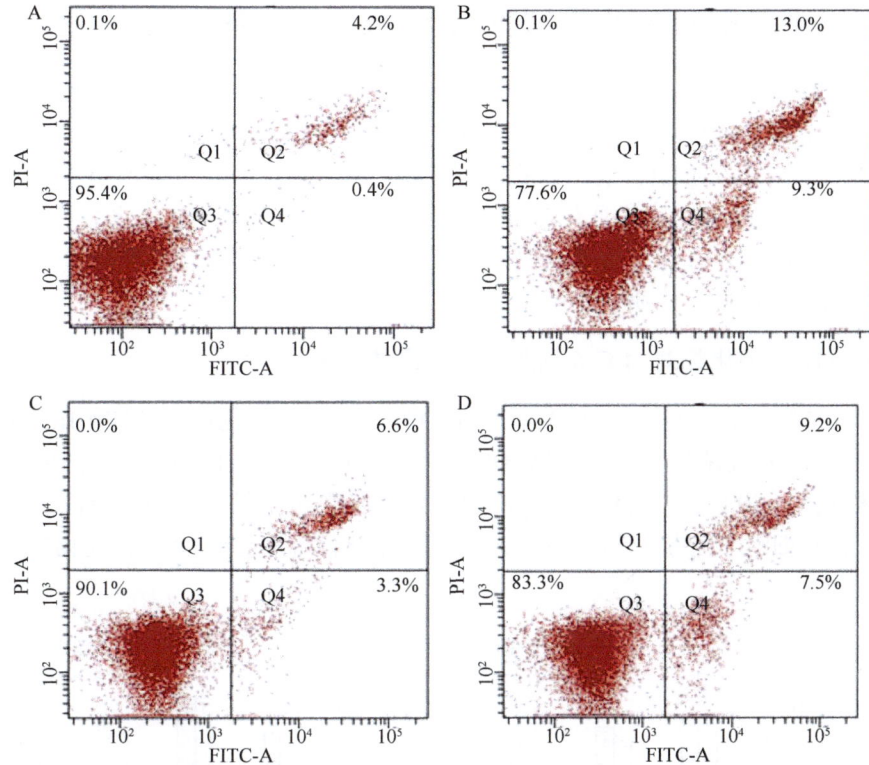

图 5-28　酪蛋白消化物及 LGC 消化物对喜树碱诱导的 IEC-6 细胞凋亡的预防作用

A~D 分别为对照组、喜树碱诱导凋亡组、酪蛋白消化物组、LGC 消化物处理组细胞的流式细胞仪分析图；Q1，坏死细胞；Q2，晚期凋亡细胞；Q3，活细胞；Q4，早期凋亡细胞

隐窝深度均低于摄食酪蛋白消化物的大鼠（图 5-29）。并且还可以发现，LGC 消化物对幼年期大鼠（7 天）的影响作用比对成年期（28 天）大鼠的影响作用更大。

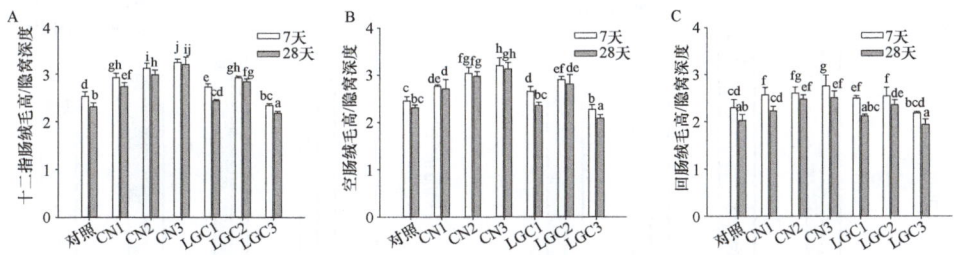

图 5-29　酪蛋白消化物及 LGC 消化物对大鼠十二指肠（A）、空肠（B）、回肠（C）绒毛高/隐窝深度的影响

酪蛋白消化物（缩写为 CN）、LGC 消化物（缩写为 LGC）的 3 个剂量分别为 100 mg/(kg 体重·d)、200 mg/(kg 体重·d)和 400 mg/(kg 体重·d)

5.4.5.2 壳寡糖糖基化酪蛋白消化物对IEC-6细胞和动物小肠的活性作用

通过转谷氨酰胺酶途径和壳寡糖对酪蛋白进行糖基化时,产物壳寡糖糖基化酪蛋白(OGC)经体外消化后得到OGC消化物。将酪蛋白消化物和OGC消化物分别作用于IEC-6细胞和刚断奶的模型动物大鼠,对比分析数据,初步确认酪蛋白消化物和OGC消化物均具有相同的活性作用,证明壳寡糖糖基化修饰不会对酪蛋白在小肠中的活性作用产生不良影响。因此,可以认为转谷氨酰胺酶途径的壳寡糖糖基化不会损伤蛋白质在小肠中的活性作用。

1)OGC消化物对IEC-6细胞无细胞毒性作用

研究结果证实,不同浓度的酪蛋白消化物以及OGC消化物分别作用IEC-6细胞6～48 h,在较高浓度和较长的培养时间下,OGC消化物依然有较强的促细胞增殖效果(图5-30),并且整体上OGC消化物对细胞的活性作用与酪蛋白消化物相当,不会对细胞产生毒性作用。所以壳寡糖糖基化修饰不会给OGC消化物带来细胞毒性作用。

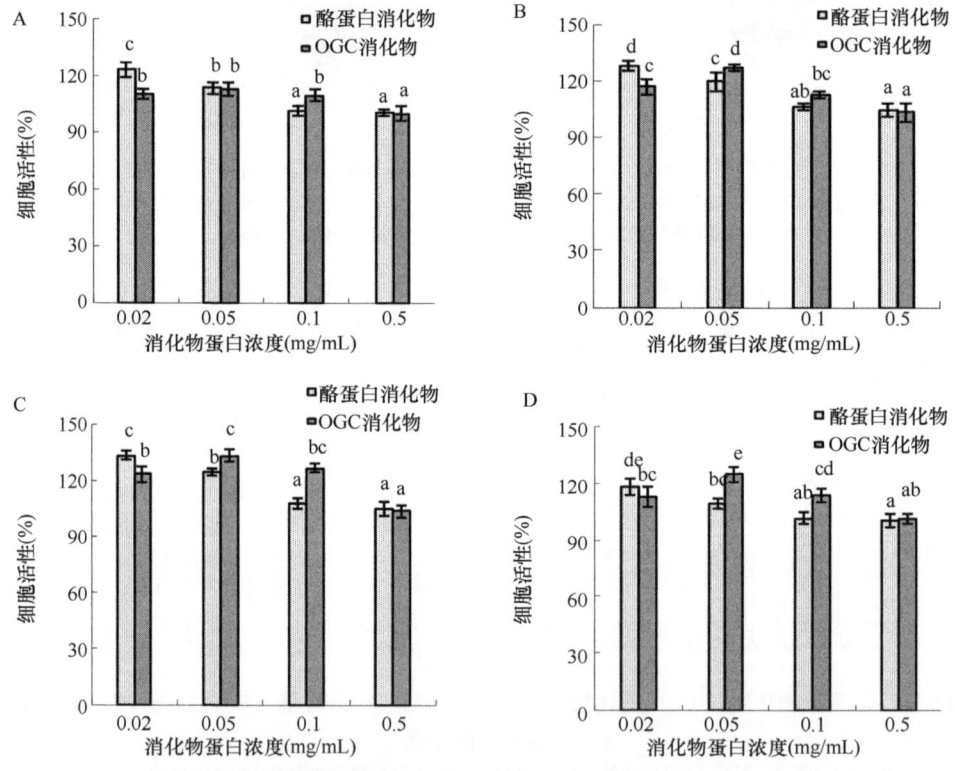

图5-30 酪蛋白消化物及OGC消化物对IEC-6细胞活性的影响
A～D图分别为消化物处理细胞6 h、12 h、24 h和48 h的结果

2) OGC 消化物可以加速 IEC-6 细胞的细胞周期循环

OGC 消化物对 IEC-6 细胞的细胞周期循环影响作用如图 5-31 所示。酪蛋白消化物同样显示出对 IEC-6 细胞的增殖促进作用，S 期细胞数增加（42.29%）。不过，OGC 消化物可以将更多地 IEC-6 细胞保持在 S 期（48.29%）。因此，与酪蛋白消化物一样，OGC 消化物依然可以促进 IEC-6 细胞由 G_0/G_1 期向 S 期转化，通过促进细胞的 DNA 复制来实现更快的细胞增殖，并且 OGC 消化物的活性作用要高于酪蛋白消化物。这就意味着酪蛋白的壳寡糖糖基化修饰可以提高 OGC 消化物的活性作用，不会产生负面影响。

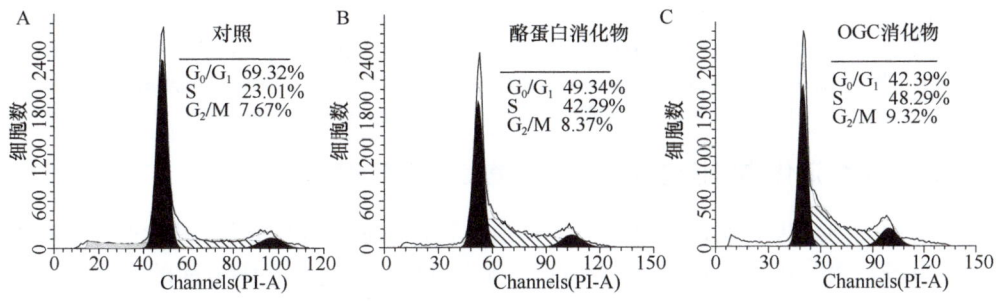

图 5-31　酪蛋白消化物和 OGC 消化物对小肠上皮细胞的细胞周期循环影响

3) OGC 消化物对 IEC-6 细胞凋亡的预防作用更强

进一步的分析结果发现（图 5-32），对于喜树碱诱导的 IEC-6 细胞凋亡，OGC 消化物对早期和晚期凋亡细胞的保护作用都强于酪蛋白消化物，凋亡细胞的比例进一步降低。这表明，酪蛋白经过壳寡糖糖基化修饰后，依然保持对 IEC-6 细胞的凋亡预防作用，同时活性作用有所提升；所以这一糖基化修饰不会损伤酪蛋白在肠道中的健康作用。

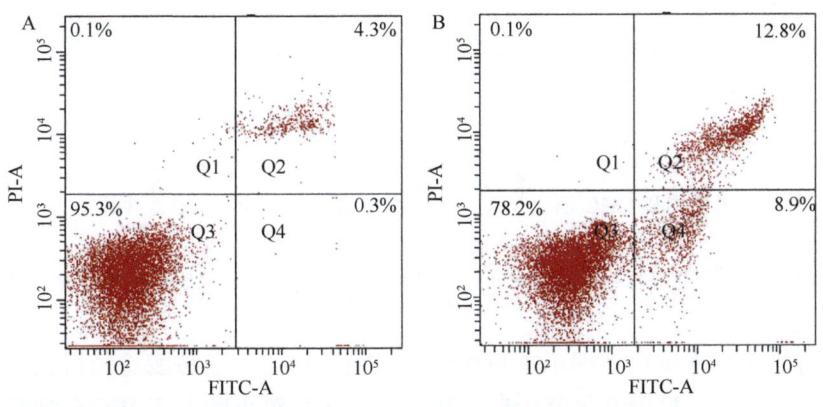

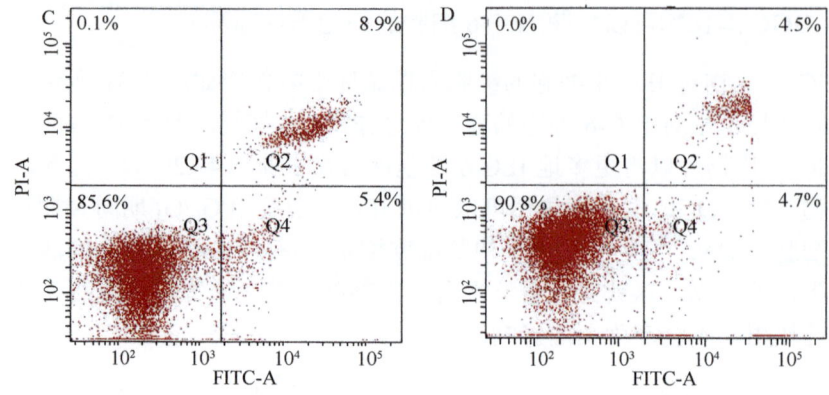

图 5-32 酪蛋白消化物和 OGC 消化物对喜树碱诱导的 IEC-6 细胞凋亡的预防作用

A~D 分别为对照组、喜树碱诱导凋亡组、酪蛋白消化物、OGC 消化物处理组细胞的流式细胞仪分析图；Q1，坏死细胞；Q2，晚期凋亡细胞；Q3，活细胞；Q4，早期凋亡细胞

4）OGC 消化物对模型动物大鼠肠道发育无不良影响

动物实验结果表明，相对于酪蛋白消化物，OGC 消化物对大鼠体重、血液生化、小肠重量、小肠长度等没有负面影响，同时对小肠形态学方面的一些指标也无不利影响（图 5-33）。例如，酪蛋白消化物和 OGC 消化物对大鼠十二指肠、空肠、回肠三个部位的绒毛高/隐窝深度的影响作用基本处于同一活性水平。此外，数据比较还可以确认 OGC 消化物对幼年期大鼠（7 天）的影响比对成年期大鼠（28 天）的影响更大一些。整体上，可以认为 OGC 消化物不会给模型动物的肠道发育产生不利影响，表明酪蛋白的壳寡糖糖基化修饰并未损伤酪蛋白对肠道所具有的活性作用。

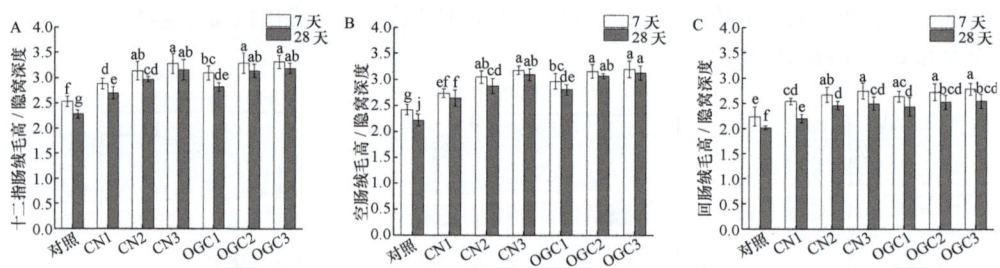

图 5-33 酪蛋白消化物和 OGC 消化物对大鼠十二指肠（A）、空肠（B）、回肠（C）绒毛高/隐窝深度的影响

酪蛋白消化物（缩写为 CN）、OGC 消化物（缩写为 OGC）的 3 个剂量分别为 100 mg/(kg 体重·d)、200 mg/(kg 体重·d) 和 400 mg/(kg 体重·d)

目前的研究结果仅能揭示美拉德反应途径和转谷氨酰胺酶途径得到的乳糖糖基化酪蛋白、壳寡糖糖基化酪蛋白，在它们消化后对小肠上皮 IEC-6 细胞和刚断

奶大鼠肠道发育的影响作用，确认这两个蛋白质糖基化修饰对酪蛋白健康作用产生何种影响。这两种糖基化修饰会给其他蛋白质活性作用带来何种影响，这有待于进一步的研究。

（本节撰稿人　王小鹏）

参 考 文 献

陈娜. 2022. 两种糖基化酪蛋白水解物对 IEC-6 细胞抗炎作用的研究. 哈尔滨: 东北农业大学硕士学位论文.

高博. 2010. 大豆蛋白水解物的两种修饰及其活性变化. 哈尔滨: 东北农业大学硕士学位论文.

韩凯宁, 董士远, 姚烨, 等. 2017. 美拉德反应产物对肠道微生物影响的研究进展. 食品科学, 38(9): 265-270.

黄志华, 郑跃杰, 武庆斌. 2014. 实用儿童微生态学. 北京: 人民卫生出版社.

李亚云. 2009. 酪蛋白源 ACE 抑制肽的酶法修饰技术研究. 哈尔滨: 东北农业大学硕士学位论文.

凌霄, 刘飞越, 方芳, 等. 2023. 膳食纤维在胃肠道功能紊乱综合征中的作用研究进展. 中国食品学报, 23(6): 385-401.

石云娇. 2022. 外源氨基酸修饰的类蛋白产物对成骨活性与抗炎活性的作用. 哈尔滨: 东北农业大学博士学位论文.

时佳. 2020. 两种糖基化酪蛋白消化物的免疫活性与肠屏障功能研究. 哈尔滨: 东北农业大学博士学位论文.

王小鹏. 2017. 两类糖基化酪蛋白的模拟消化及产物对小肠上皮细胞的作用. 哈尔滨: 东北农业大学博士学位论文.

王小鹏, 赵新淮. 2019. 酶法糖基化修饰对酪蛋白体外消化能力的影响. 食品科学, 40(20): 47-53.

吴丹. 2009. 酪蛋白抗氧化肽的类蛋白反应修饰技术研究. 哈尔滨: 东北农业大学硕士学位论文.

张美玲. 2013. 醇-水体系大豆蛋白水解物的酶法修饰及其性质变化. 哈尔滨: 东北农业大学硕士学位论文.

赵新淮, 徐红华, 姜毓君. 2009. 食品蛋白质. 北京: 科学出版社.

Alteheld B, Evans M E, Gu L H, et al. 2005. Alanyl-glutamine dipeptide and growth hormone maintain PepT1-mediated transport in oxidatively stressed Caco-2 cells. Journal of Nutrition, 135: 19-26.

Bao X, Wu J. 2021a. Egg white ovomucin hydrolysate inhibits intestinal integrity damage in LPS-treated Caco-2 cells. Journal of Functional Foods, 87: 104822.

Bao X, Wu J. 2021b. Impact of food-derived bioactive peptides on gut function and health. Food Research International, 147: 110485.

Blais A, Fan C, Voisin T, et al. 2014. Effects of lactoferrin on intestinal epithelial cell growth and differentiation: An *in vivo* and *in vitro* study. Biometals, 27: 857-874.

Boudry G, Yang P C, Perdue M H. 2004. Small Intestine, Anatomy//Johnson L R. Encyclopedia of

Gastroenterology. New York: Elsevier.
Bouhallab S, Cinga V, Ait-Oukhatar N, et al. 2002. Influence of various phosphopeptides of caseins on iron absorption. Journal of Agricultural and Food Chemistry, 50: 7127-7130.
Brandtzaeg P, Pabst R. 2004. Let's go mucosal: communication on slippery ground. Trends in Immunology, 25: 570-577.
Brito G A, Carneiro-Filho B, Oria R B, et al. 2005. Clostridium difficile toxin A induces intestinal epithelial cell apoptosis and damage: role of Gln and Ala-Gln in toxin A effects. Digestive Diseases and Sciences, 50: 1271-1278.
Buddington R K. 1994. Nutrition and ontogenetic development of the intestine. Canadian Journal of Physiology and Pharmacology, 72: 251–259.
Camps L, Kedinger M, Simon-Assmann P M, et al. 1997. Effect of prenatal exposure to ethanol on intestinal development of rat fetuses. Journal of Pediatric Gastroenterology and Nutrition, 24: 302-311.
Chehade M, Mayer L. 2005. Oral tolerance and its relation to food hypersensitivities. The Journal of Allergy and Clinical Immunology, 115: 3-12.
Chen K, Nezu R, Sando K, et al. 1996. Influence of glutamine-supplemented parenteral nutrition on intestinal amino acid metabolism in rats after small bowel resection. Surgery Today, 26: 618-623.
Chen Q R, Chen O, Martins I M, et al. 2017. Collagen peptides ameliorate intestinal epithelial barrier dysfunction in immunostimulatory Caco-2 cell monolayers *via* enhancing tight junctions. Food & Function, 8: 1144-1151.
Cheung R C, Ng T B, Wong J H. 2015. Marine peptides: Bioactivities and applications. Marine Drugs, 13: 4006-4043.
Chung Y, Chang W S, Kim S, et al. 2004. NKT cell ligand alpha-galactosylceramide blocks the induction of oral tolerance by triggering dendritic cell maturation. European Journal of Immunology, 34: 2471-2479.
Claustre J, Toumi F, Trompette A, et al. 2002. Effects of peptides derived from dietary proteins on mucus secretion in rat jejunum. American Journal of Physiology-Gastrointestinal and Liver Physiology, 283: G521-G528.
Crabbé P A, Nash D R, Bazin H, et al. 1970. Immunohistochemical observations on lymphoid tissues from conventional and germ-free mice. Laboratory Investigation, 22: 448-457.
Dale H F, Jensen C, Hausken T, et al. 2019. Effects of a cod protein hydrolysate supplement on symptoms, gut integrity markers and fecal fermentation in patients with irritable bowel syndrome. Nutrients, 11: 1635.
Di Biase A M, Tinari A, Pietrantoni A, et al. 2004. Effect of bovine lactoferricin on enteropathogenic *Yersinia adhesion* and invasion in HEp-2 cells. Journal of Medical Microbiology, 53: 407-412.
Doi H, Iwami K, Ibuki F, et al. 1986. Effect of feeding peptic digest of soy protein isolate on rat serum cholesterol. Journal of Nutritional Science and Vitaminology, 32: 373-379.
Drossman D A, Hasler W L. 2016. Rome IV-functional GI disorders: Disorders of gut-brain interaction. Gastroenterology, 150: 1257-1261.
Eckmann L, Kagnoff M F. 2001. Cytokines in host defense against *Salmonella*. Microbes and Infection, 3: 1191-1200.
Feldman M, Friedman L S, Brandt L J. 2020. Sleisenger and Fordtran's Gastrointestinal and Liver Disease: Pathophysiology, Diagnosis, Management. Philadelphia: Elsevier.
Fenton T M, Jørgensen P B, Niss K, et al. 2020. Immune profiling of human gut-associated lymphoid tissue identifies a role for isolated lymphoid follicles in priming of region-specific immunity. Immunity, 52: 557-570.

Fernández-Tomé S, Hernández-Ledesma B, Chaparro M, et al. 2019. Role of food proteins and bioactive peptides in inflammatory bowel disease. Trends in Food Science & Technology, 88: 194-206.

Ferraretto A, Gravaghi C, Fiorilli A, et al. 2003. Casein-derived bioactive phosphopeptides: role of phosphorylation and primary structure in promoting calcium uptake by HT-29 tumor cells. FEBS Letters, 551: 92-98.

Frankel W L, Zhang W, Afonso J, et al. 1993. Glutamine enhancement of structure and function in transplanted small intestine in the rat. Journal Parenteral and Enteral Nutrition, 17: 47-55.

Furst P, Alteheld B, Stehle P. 2004. Why should a single nutrient-glutamine-improve outcome? The remarkable story of glutamine dipeptides. Clinical Nutrition, 1: 3-15.

Gardner M L G. 1998. Transmucosal Passage of Intact Peptides//Grimble G K, Blackwell F R C. Peptides in Mammalian Protein Metabolism. London: Portland Press.

Gong M, Mohan A, Gibson A, et al. 2015. Mechanisms of plastein formation, and prospective food and nutraceutical applications of the peptide aggregates. Biotechnology Reports, 5: 63-69.

Hase K, Kawano K, Nochi T, et al. 2009. Uptake through glycoprotein 2 of FimH$^+$ bacteria by M cells initiates mucosal immune response. Nature, 462: 226-230.

Heel K A, Mccauley R D, Papadimitriou J M, et al. 1997. Review: Peyer's patches. Journal of Gastroenterology and Hepatology, 12: 122-136.

Heine R G. 2018. Food allergy prevention and treatment by targeted nutrition. Annals of Nutrition and Metabolism, 72(Suppl 3): 33-45.

Hillman M, Weström B, Aalaei K, et al. 2019. Skim milk powder with high content of Maillard reaction products affect weight gain, organ development and intestinal inflammation in early life in rats. Food and Chemical Toxicology, 125: 78-84.

Hisatsune T, Kaneko J, Kurashige H, et al. 2016. Effect of anserine/carnosine supplementation on verbal episodic memory in elderly people. Journal of Alzheimer's Disease, 50: 149-159.

Hou T, Kolba N, Glahn R P, et al. 2017. Intra-amniotic administration (*Gallus gallus*) of cicer arietinum and lens culinaris prebiotics extracts and duck egg white peptides affects calcium status and intestinal functionality. Nutrients, 9: 785.

Hu P, Zhao F, Wang J, et al. 2020. Lactoferrin attenuates lipopolysaccharide-stimulated inflammatory responses and barrier impairment through the modulation of NF-κB/MAPK/Nrf2 pathways in IPEC-J2 cells. Food & Function, 11: 8516-8526.

Hwang J W, Lee S J, Kim Y S, et al. 2012. Purification and characterization of a novel peptide with inhibitory effects on colitis induced mice by dextran sulfate sodium from enzymatic hydrolysates of *Crassostrea gigas*. Fish & Shellfish Immunology, 33: 993-999.

Ji X G, Huang J H, Hui M, et al. 2018. Proteomic analysis and immunoregulation mechanism of wheat germ globulin. Protein and Peptide Letters, 24: 1148-1165.

Jia L T, Wang L, Liu C, et al. 2021. Bioactive peptides from foods: production, function, and application. Food & Function, 12: 7108-7125.

Jin L, Reynolds L P, Redmer D A, et al. 1994. Effects of dietary fiber on intestinal growth, cell proliferation, and morphology in growing pigs. Journal of Animal Science, 72: 2270-2278.

Jones I H, Hall N J. 2020. Contemporary outcomes for infants with necrotizing enterocolitis: A systematic review. The Journal of Pediatrics, 220: 86-92.

Kagawa K, Matsutaka H, Fukuhama C, et al. 1996. Globin digest, acidic protease hydrolysate, inhibits dietary hypertriglycedemia, and Val-Val-Tyr-Pro, one of its constituents, possesses most superior effect. Life Science, 58: 1745-1755.

Kamphuis J B J, Guiard B, Leveque M, et al. 2020. Lactose and fructo-oligosaccharides increase visceral sensitivity in mice *via* glycation processes, increasing mast cell density in colonic mucosa. Gastroenterology, 158: 652-663.

Kawahara T, Otani H. 2004. Stimulatory effect of casein phosphopeptide (CPP) on mRNA expression of cytokine in Caco-2 cells. Bioscience, Biotechnology, and Biochemistry, 68: 1779-1781.

Kiewiet M B G, Gonzalez-Rodriguez M I G, Dekkers R, et al. 2018. The epithelial barrier-protecting properties of a soy hydrolysate. Food & Function, 9: 4164-4172.

Kim K S, Hong S W, Han D, et al. 2016. Dietary antigens limit mucosal immunity by inducing regulatory T cells in the small intestine. Science, 351: 858-863.

Klurfeld D M. 1990. Insoluble Dietary Fiber and Experimental Colon Cancer: Are We Asking the Proper Questions?//Kritchevsky D, Bonfield C, Anderson J W. Dietary Fiber. Chemistry, Physiology and Health Effects. New York: Plenum Press.

Klurfeld D M. 1999. Nutritional regulation of gastrointestinal growth. Frontiers in Bioscience, 4: 299-302.

Ko S C, Lee D S, Park W S, et al. 2016. Anti-allergic effects of a nonameric peptide isolated from the intestine gastrointestinal digests of abalone (*Haliotis discus hanna*i) in activated HMC-1 human mast cells. International Journal of Molecular Medicine, 37: 243-250.

Kobayashi N, Takahashi D, Takano S, et al. 2019. The roles of Peyer's patches and microfold cells in the gut immune system: Relevance to autoimmune diseases. Frontiers in Immunology, 10: 2345.

Kobayashi Y, Rupa P, Kovacs-Nolan J, et al. 2015. Oral administration of hen egg white ovotransferrin attenuates the development of colitis induced by dextran sodium sulfate in mice. Journal of Agricultural and Food Chemistry, 63: 1532-1539.

Koon H W, Shih D Q, Chen J, et al. 2011. Cathelicidin signaling *via* the Toll-like receptor protects against colitis in mice. Gastroenterology, 141: 1852-1863.

Kotz D, Simpson C R, Sheikh A. 2011. Incidence, prevalence, and trends of general practitioner-recorded diagnosis of peanut allergy in England, 2001 to 2005. The Journal of Allergy and Clinical Immunology, 127: 623-630.

Kovacs-Nolan J, Zhang H, Ibuki M, et al. 2012. The PepT1-transportable soy tripeptide VPY reduces intestinal inflammation. Biochimica et Biophysica Acta, 1820: 1753-1763.

Kudsk K A. 2002. Current aspects of mucosal immunology and its influence by nutrition. American Journal of Surgery, 183: 390-398.

Lee M, Kovacs-Nolan J, Yang C, et al. 2009. Hen egg lysozyme attenuates inflammation and modulates local gene expression in a porcine model of dextran sodium sulfate (DSS)-induced colitis. Journal of Agricultural and Food Chemistry, 57: 2233-2240.

Li M L, Wei Y, Cai M Y, et al. 2021. Perilla peptides delay the progression of kidney disease by improving kidney apoptotic injury and oxidative stress and maintaining intestinal barrier function. Food Bioscience, 43: 101333.

Li Y J, Zhang Y Y, Tuo Y R, et al. 2023. Quinoa protein and its hydrolysate ameliorated DSS-induced colitis in mice by modulating intestinal microbiota and inhibiting inflammatory response. International Journal of Biological Macromolecules, 253: 127588.

Liao Y, Lönnerdal B. 2010. Beta-catenin/TCF4 transactivates miR-30e during intestinal cell differentiation. Cellular and Molecular Life Sciences, 67: 2969-2978.

Liepke C, Adermann K, Raida M, et al. 2002. Human milk provides peptides highly stimulating the growth of bifidobacteria. European Journal of Biochemistry, 269: 712-718.

Liu Z, Nong K, Qin X, et al. 2024. The antimicrobial peptide Abaecin alleviates colitis in mice by regulating inflammatory signaling pathways and intestinal microbial composition. Peptides, 173: 171154.

Ma C M, Li T J, Zhao X H. 2019. Pepsin-catalyzed plastein reaction with tryptophan increases the *in vitro* activity of lactoferrin hydrolysates with BGC-823 cells. Food Bioscience, 28: 109-115.

Mackey A D, Tuhacek L M, Li N, et al. 2003. Substitutes for glutamine in proliferation of rat intestinal epithelial cells. Pediatric Research, 53: 171A.

Majumdar A P N, Jaszewski R, Dubick M A. 1997. Effect of aging on the gastrointestinal tract and the pancreas. Bulletin of Experimental Biology and Medicine, 215: 134-144.

Malinowski J, Klempt M, Clawin-Rädecker I, et al. 2014. Identification of a NF-κB inhibitory peptide from tryptic β-casein hydrolysate. Food Chemistry, 165: 129-133.

Mars R A T, Yang Y, Ward T, et al. 2020. Longitudinal multi-omics reveals subset-specific mechanisms underlying irritable bowel syndrome. Cell, 183: 1137-1140.

Martínez-Maqueda D, Miralles B, Cruz-Huerta E, et al. 2013. Casein hydrolysate and derived peptides stimulate mucin secretion and gene expression in human intestinal cells. International Dairy Journal, 32: 13-19.

Meisel H. 1997. Biochemical properties of regulatory peptides derived from milk proteins. Biopolymers, 43: 119-128.

Meredith D, Boyd C A R. 1995. Oligopeptide transport by epithelial cells. Journal of Membrane Biology, 145: 1-12.

Messaoudi M, Lefranc-Millot C, Desor D, et al. 2005. Effects of a tryptic hydrolysate from bovine milk $α_{s1}$-casein on hemodynamic responses in healthy human volunteers facing successive mental and physiological stress situations. European Journal of Nutrition, 44: 128-132.

Mine Y, Zhang H. 2015. Anti-inflammatory Effects of poly-L-lysine in intestinal mucosal system mediated by calcium-sensing receptor activation. Journal of Agricultural and Food Chemistry, 63: 10437-10447.

Munn D H, Sharma M D, Baban B, et al. 2005. GCN2 kinase in T cells mediates proliferative arrest and anergy induction in response to indoleamine 2, 3-dioxygenase. Immunity, 22: 633-642.

Nagaoka S, Futamura Y, Miwa K, et al. 2001. Identification of novel hypocholesterolemic peptides derived from bovine milk beta-lactoglobulin. Biochemical Biophysical Research Communications, 281: 11-17.

Nakajo T, Yamatsuji T, Ban H, et al. 2005. Glutamine is a key regulator for amino acid-controlled cell growth through the mTOR signaling pathway in rat intestinal epithelial cells. Biochemical and Biophysical Research Communications, 326: 174-180.

Nasri M. 2017. Protein hydrolysates and biopeptides: Production, biological activities, and applications in foods and health benefits. A review. Advances in Food and Nutrition Research, 81: 109-159.

Neudeck B L, Loeb J M. 2002. Endomorphin-1 alters interleukin-8 secretion in Caco-2 cells *via* a receptor mediated process. Immunological Letter, 84: 217-221.

Nikolakis D, De Voogd F A E, Pruijt M J, et al. 2022. The role of the lymphatic system in the pathogenesis and treatment of inflammatory bowel disease. International Journal of Molecular Sciences, 23: 1854.

Nybacka S, Törnblom H, Josefsson A, et al. 2024. A low FODMAP diet plus traditional dietary advice versus a low-carbohydrate diet versus pharmacological treatment in irritable bowel syndrome (CARBIS): a single-centre, single-blind, randomised controlled trial. Lancet Gastroenterology & Hepatology, 9: 507-520.

Oda H, Wakabayashi H, Yamauchi K, et al. 2013. Isolation of a bifidogenic peptide from the pepsin hydrolysate of bovine lactoferrin. Applied and Environmental Microbiology, 79: 1843-1849.

Otani H, Watanabe T, Tashiro Y. 2001. Effects of bovine beta-casein and its chemically synthesized partial fragments on proliferative responses and immunoglobulin production in mouse spleen cell cultures. Bioscience, Biotechnology and Biochemistry, 65: 2489-2495.

Pan S, Weng H, Hu G, et al. 2021. Lactoferrin may inhibit the development of cancer *via* its immunostimulatory and immunomodulatory activities. International Journal of Oncology, 59: 85.

Panda H, Jaiswal A S, Narayan S. 2012. Proteins and Peptides as Anticancer Agents//Hettiarachchy N S. Bioactive Food Proteins and Peptides. Boca Raton: CRC Press.

Pell J D, Johnson I T, Goodlad R A. 1995. The effects of and interactions between fermentable dietary fiber and lipid in germfree and conventional mice. Gastroenterology, 108: 1745-1752.

Peters R L, Krawiec M, Koplin J J, et al. 2021. Update on food allergy. Pediatric Allergy and Immunology, 32: 647-657.

Pisano C, Galley J, Elbahrawy M, et al. 2020. Human breast milk-derived extracellular vesicles in the protection against experimental necrotizing enterocolitis. Journal of Pediatric Surgery, 55: 54-58.

Plaisancié P, Boutrou R, Estienne M, et al. 2015. β-Casein(94-123)-derived peptides differently modulate production of mucins in intestinal goblet cells. Journal of Dairy Research, 82: 36-46.

Plaisancié P, Claustre J, Estienne M, et al. 2013. A novel bioactive peptide from yoghurts modulates expression of the gel-forming MUC2 mucin as well as population of goblet cells and Paneth cells along the small intestine. The Journal of Nutritional Biochemistry, 24: 213-221.

Qiao S F, Lu T J, Sun J B, et al. 2005. Alterations of intestinal immune function and regulatory effects of L-arginine in experimental severe acute pancreatitis rats. World Journal of Gastroenterology, 11: 6216-6218.

Rao Q, Klaassen Kamdar A, Labuza T P. 2016. Storage stability of food protein hydrolysates: A review. Critical Reviews in Food Science and Nutrition, 56: 1169-1192.

Ren J, Yang B, Lv Y, et al. 2014. Protective and reparative effects of peptides from soybean β-conglycinin on mice intestinal mucosa injury. International Journal of Food Sciences and Nutrition, 65: 345-350.

Rios D, Wood M B, Li J, et al. 2016. Antigen sampling by intestinal M cells is the principal pathway initiating mucosal IgA production to commensal enteric bacteria. Mucosal Immunology, 9: 907-916.

Rivero-Pino F. 2023. Bioactive food-derived peptides for functional nutrition: Effect of fortification, processing and storage on peptide stability and bioactivity within food matrices. Food Chemistry, 406: 135046.

Ronquist K. G. 2019. Extracellular vesicles and energy metabolism. Clinica Chimica Acta, 488: 116-121.

Santos R G, Quirino I E, Viana M L, et al. 2014. Effects of nitric oxide synthase inhibition on glutamine action in a bacterial translocation model. The British Journal of Nutrition, 111: 93-100.

Sato R, Shindo M, Gunshin H, et al. 1991. Characterization of phosphopeptide derived from bovine beta-casein: An inhibitor to intra-intestinal precipitation of calcium phosphate. Biochimica et Biophysica Acta, 1077: 413-415.

Satoh J, Tsujikawa T, Fujiyama Y, et al. 2003. Nutritional benefits of enteral alanyl-glutamine supplementation on rat small intestinal damage induced by cyclophosphamide. Journal of Gastroenterology and Hepatology, 18: 719-725.

Seiquer I, Díaz-Alguacil J, Delgado-Andrade C, et al. 2006. Diets rich in Maillard reaction products affect protein digestibility in adolescent males aged 11-14 y. The American Journal of Clinical Nutrition, 83: 1082-1088.

Shi J, Zhao X H, Fu Y, et al. 2021a. Glycation sites and bioactivity of lactose-glycated caseinate hydrolysate in lipopolysaccharide-injured IEC-6 cells. Journal of Dairy Science, 104: 1351-1363.

Shi J, Zhao X H, Fu Y, et al. 2021b. Transglutaminase-mediated caseinate oligochitosan glycation enhances the effect of caseinate hydrolysate to ameliorate the LPS-induced damage on the intestinal barrier function in IEC-6 cells. Journal of Agricultural and Food Chemistry, 69: 8787-8796.

Shi J, Zhao X H. 2019. Chemical features of the oligochitosan-glycated caseinate digest and its enhanced protection on barrier function of the acrylamide-injured IEC-6 cells. Food Chemistry, 290: 246-254

Shimada T, Watanabe N, Ohtsuka Y, et al. 1999. Polaprezinc down-regulates pro-inflammatory cytokineinduced nuclear factor-kappaB activiation and interleukin-8 expression in gastric epithelial cells. Journal of Pharmacology and Experimental Therapeutics, 291: 345-352.

Shimada T. 1987. Factors affecting the microclimate pH in rat jejunum. The Journal of Physiology, 392: 113-127.

Shimizu M, Son D O. 2007. Food-derived peptides and intestinal functions. Current Pharmaceutical Design, 13: 885-895.

Shimizu M, Tsunogai M, Arai S. 1997. Transepithelial transport of oligopeptides in the human intestinal cell, Caco-2. Peptides, 18: 681-687.

Shirako S, Kojima Y, Tomari N, et al. 2019. Pyroglutamyl leucine, a peptide in fermented foods, attenuates dysbiosis by increasing host antimicrobial peptide. NPJ Science of Food, 3: 18.

Sicherer S H, Sampson H A. 2014. Food allergy: Epidemiology, pathogenesis, diagnosis, and treatment. The Journal of Allergy and Clinical Immunology, 133: 291-307.

Staudacher H M, Whelan K. 2017. The low FODMAP diet: recent advances in understanding its mechanisms and efficacy in IBS. Gut, 66: 1517-1527.

Subramoniam A. 1979. Rat small intestinal morphology with special reference to villi: effects of maternal protein deficiency and hydrocortisone. Acta Anatomica, 104: 439-450.

Sun H, Zhao X H. 2012. Angiotensin I converting enzyme inhibition and enzymatic resistance *in vitro* of casein hydrolysate treated by plastein reaction and fractionated with ethanol/water or methanol/water. International Dairy Journal, 24: 27-32.

Sun X, Gänzle M, Field C J, et al. 2016. Effect of proteolysis on the sialic acid content and bifidogenic activity of ovomucin hydrolysates. Food Chemistry, 212: 78-86.

Talley N J, Holtmann G J, Jones M, et al. 2020. Zonulin in serum as a biomarker fails to identify the IBS, functional dyspepsia and non-coeliac wheat sensitivity. Gut, 69: 1-3.

Tan J, Ni D, Taitz J, et al. 2022. Dietary protein increases T-cell-independent sIgA production through changes in gut microbiota-derived extracellular vesicles. Nature Communications, 13: 4336.

Tasman-Jones C, Owen R L, Jones A L. 1982. Semipurified dietary fiber and small-bowel morphology in rats. Digestive Diseases and Sciences, 27: 519-524.

Tenore G C, Pagano E, Lama S, et al. 2019. Intestinal anti-inflammatory effect of a peptide derived from gastrointestinal digestion of buffalo (*Bubalus bubalis*) mozzarella cheese. Nutrients, 11: 610.

Tezuka H, Abe Y, Asano J, et al. 2011. Prominent role for plasmacytoid dendritic cells in mucosal T cell-independent IgA induction. Immunity, 34: 247-257.

Trahair J F, Rogers H F, Cool J C, et al. 1993. Altered intestinal development after jejunal ligation in fetal sheep. Virchows Arch A-Pathol Anat Histopathol, 423: 45-50.

Tu A, Zhao X, Shan Y, et al. 2020. Potential role of ovomucin and its peptides in modulation of intestinal health: A review. International Journal of Biological Macromolecules, 162: 385-393.

Tuhacek L M, Mackey A D, Li N, et al. 2004. Substitutes for glutamine in proliferation of rat intestinal epithelial cells. Nutrition, 20: 292-297.

Udenigwe C C, Aluko E. 2012. Hypolipidemic and Hypocholesterolemic Food Proteins and Peptides//Hettiarachchy N S. Bioactive Food Proteins and Peptides. Boca Raton: CRC Press.

Udenigwe C C, Rajendran S R C K. 2016. Old products, new applications? Considering the multiple bioactivities of plastein in peptide-based functional food design. Current Opinion in Food Science, 8: 8-13.

Ustunol Z. 2015. Applied Food Protein Chemistry. West Sussex: John Wiley & Sons Ltd..

van Beers-Schreurs H M, Nabuurs M J, Vellenga L, et al. 1998. Weaning and the weanling diet influence the villous height and crypt depth in the small intestine of pigs and alter the concentrations of short chain fatty acids in the large intestine and blood. The Journal of Nutrition, 128: 947-953.

Visser J, Bos N, Harthoorn L, et al. 2012. Potential mechanisms explaining why hydrolyzed casein-based diets outclass single amino acid-based diets in the prevention of autoimmune diabetes in diabetes-prone BB rats. Diabete Metabolism Research and Review, 28: 505-513.

Visser J, Lammers K, Hoogendijk A, et al. 2010. Restoration of impaired intesinal barrier function by the hydrolysated casein diet contributes to the prevention of type 1 diabetes in the diabetes-prone BioBreeding rat. Diabetologia, 53: 2621-2628.

Wang X P, Ma C M, Zhao X H. 2020. Activity of the peptic-tryptic caseinate digest with caseinate oligochitosan-glycation in rat intestinal epithelial (IEC-6) cells via the Wnt/β-catenin signaling pathway. Chemico-Biological Interactions, 328: 109201.

Wang X P, Zhao X H. 2017. Prior lactose glycation of caseinate via the Maillard reaction affects in vitro activities of the pepsin-trypsin digest toward intestinal epithelial cells. Journal of Dairy Science, 100: 5125-5138.

Wang X P, Zhao X H. 2021. Lactose glycation of the Maillard-type impairs the benefits of caseinate digest to the weaned rats for intestinal morphology and serum biochemistry. Foods, 10: 2104.

Wang X, Zhao Y, Yao Y, et al. 2017. Anti-inflammatory activity of di-peptides derived from ovotransferrin by simulated peptide-cut in TNF-α-induced Caco-2 cells. Journal of Functional Foods, 37: 424-432.

Wei Y L, Liu J S, Wang L, et al. 2023. Influence of fish protein hydrolysate on intestinal health and microbial communities in turbot Scophthalmus maximus. Aquaculture, 576: 739827.

Whiteley L O, Higgins J M, Purdon M P, et al. 1996. Evaluation in rats of the dose-response relationship among colonic mucosal growth, colonic fermentation, and dietary fiber. Digestive Diseases and Sciences, 41: 1458-1467.

Widdowson E M. 1985. Development of the digestive system: comparative animal studies. The American Journal of Clinical Nutrition, 41: 384-390.

Williams E A, Rumsey R D, Powers H J. 1996. An investigation into the reversibility of the morphological and cytokinetic changes seen in the small intestine of riboflavin deficient rats. Gut, 39: 220-225.

Wilson D, Evans M, Weaver E, et al. 2013. Evaluation of serum-derived bovine immunoglobulin protein isolate in subjects with diarrhea-predominant irritable bowel syndrome. Clinical Medicine Insights Gastroenterology, 6: 49-60.

Wong F C, Xiao J, Wang S, et al. 2020. Advances on the antioxidant peptides from edible plant sources. Trends in Food Science & Technology, 99: 44-57.

Wu W, Zhang M, Ren Y, et al. 2017. Characterization and immunomodulatory activity of a novel peptide, ECFSTA, from wheat germ globulin. Journal of Agricultural and Food Chemistry, 65: 5561-5569.

Wu W, Zhang M, Sun C, et al. 2016. Enzymatic preparation of immunomodulatory hydrolysates from defatted wheat germ (*Triticum vulgare*) globulin. International Journal of Food Science and Technology, 51: 2556-2566.

Xu R J. 1996. Development of the newborn GI tract and its relation to colostrum/milk intake: A review. Reproduction, Fertility and Development, 8: 35-48.

Xu R J, Mellor D J, Tungthanathanich P, et al. 1992. Growth and morphological changes in the small and large intestine in piglets during the first three days after birth. Journal of Developmental Physiology, 18: 161-172.

Yada R Y. 2004. Proteins in Food Processing. Cambridge: Woodhead Publishing Limited.

Yamamoto T, Murashita K, Matsunari H, et al. 2012. Influence of dietary soy protein and peptide products on bile acid status and distal intestinal morphology of rainbow trout *Oncorhynchus mykiss*. Fisheries Science, 78: 1273-1283.

Yates D A, Santos J, Soderholm J D, et al. 2001. Adaptation of stress-induced mucosal pathophysiology in rat colon involves opioid pathways. American Journal of Physiology-Gastrointestinal and Liver Physiology, 281: 124-128.

Young D, Ibuki M, Nakamori T, et al. 2012. Soy-derived di- and tripeptides alleviate colon and ileum inflammation in pigs with dextran sodium sulfate-induced colitis. The Journal of Nutrition, 142: 363-368.

Yu W, Freeland D M H, Nadeau K C. 2016. Food allergy: immune mechanisms, diagnosis and immunotherapy. Nature Reviews Immunology, 16: 751-765.

Zhang W, Frankel W L, Singh A, et al. 1993. Improvement of structure and function in orthotopic small bowel transplantation in the rat by glutamine. Transplantation, 56: 512-517.

Zhao C, Chen N, Ashaolu T J. 2022. Whey proteins and peptides in health-promoting functions: A review. International Dairy Journal, 126: 105269.

Zhong F, Liu J, Ma J, et al. 2007. Preparation of hypocholesterol peptides from soy protein and their hypocholesterolemic effect in mice. Food Research International, 40: 661-667.

第 6 章　乳铁蛋白与肠道健康

乳铁蛋白（lactoferrin）是一种主要存在于哺乳动物分泌物中的多功能蛋白质。早在 1939 年，Sorensen 等在分离乳清蛋白时首次发现这种红色的蛋白质，直至 1960 年 Groves 才利用色谱技术从人乳和牛乳中分离和纯化得到乳铁蛋白（Groves，1960；Johanson，1960）。乳铁蛋白存在于多种生物外泌液中，也存在于黏膜表面和多核白细胞颗粒中（Wang et al.，2019a），但是乳中的乳铁蛋白含量最高。在不同泌乳期，不同种属哺乳动物乳汁中乳铁蛋白的存在水平有很大的差别。例如，人初乳中乳铁蛋白含量大于 5 g/L，人常乳中乳铁蛋白含量为 2～3 g/L；牛初乳中乳铁蛋白含量约为 0.8 g/L，而牛常乳中乳铁蛋白含量仅为 0.03～0.49 g/L。目前已经确认，乳铁蛋白具有多种生物活性，如铁结合/转移、抗菌、抗病毒、抗真菌、抗炎、抗癌等，能够参与调节免疫功能、抗微生物、调节铁吸收、促进肠道细胞增殖和分化等多种生理过程，在婴幼儿的机体免疫以及保护呼吸道和肠道健康等方面具有重要作用。因此，人乳具有较高的乳铁蛋白含量，可以确保母乳喂养时为婴儿提供抵抗细胞感染和发炎的可能（Artym and Zimecki，2005）。我国在 2022 年发布的《中国乳铁蛋白临床应用专家共识》中提出，当婴幼儿喂养时乳中乳铁蛋白含量≥0.6 g/L，就能够有效地减少婴幼儿呼吸道和胃肠道感染的风险。总之，乳铁蛋白是一种重要的天然蛋白质，其所具有的众多生物活性决定了它在食品等领域的应用潜力，尤其是在婴幼儿配方食品中具有重要的应用价值。

6.1　乳铁蛋白简介

6.1.1　乳铁蛋白的组成与结构特征

在化学上，乳铁蛋白属于单肽链的糖蛋白质，其分子量约为 78 kDa，大约含有 700 个氨基酸残基。乳铁蛋白包括组成人体蛋白质的 20 种氨基酸，其中 Arg 和 Lys 的含量较高。不过，牛乳铁蛋白和人乳铁蛋白在氨基酸组成、氨基酸序列、残基数量以及糖基化位点上有所不同；此外，乳铁蛋白具有一个有序的二级结构特征，包括 33%～34%的螺旋结构和 17%～18%的 β 折叠链（表 6-1）。但是，这两种乳铁蛋白的三级结构无明显差别。

表 6-1 人乳铁蛋白和牛乳铁蛋白的氨基酸组成和二级结构特征（Baker et al., 2000; Moore et al., 1997）

氨基酸残基	牛乳铁蛋白	人乳铁蛋白	二级结构特征	牛乳铁蛋白/%	人乳铁蛋白/%
Ala	67	63	α 螺旋	30.6	29.4
Arg	37	45	3~10 螺旋	2.6	4.6
Asn	29	33	β 折叠	17.4	18.1
Asp	36	38	其他结构	49.3	47.9
Cys	34	32			
Glu	40	41			
Gln	29	28			
Gly	49	54			
His	10	9			
Ile	16	16			
Leu	66	58			
Lys	54	45			
Met	4	5			
Phe	27	30			
Pro	30	35			
Ser	45	50			
Thr	36	31			
Trp	13	10			
Tyr	21	21			
Val	46	48			
合计	689	692			

乳铁蛋白利用 α 螺旋和 β 折叠形成二级结构，然后再经过折叠形成一个独特的"无柄银杏叶"结构（图 6-1）。在这个结构中，乳铁蛋白被平均分为两个同源的球状结构域，分别是 C 环（氨基酸序列 346~692 或 339~703）和 N 环（氨基酸序列 1~133 或 1~338）。这两个球状结构域具有 37% 的同源性，共有 125 个相同氨基酸排列。每个结构域由两个小叶构成，即 N1、N2 和 C1、C2。因为每个结构域中各包含一个铁结合位点，所以一个乳铁蛋白分子理论上可以结合两个铁。此外，乳铁蛋白的这两个结构域的两端由一段短链 α 螺旋相连接；当乳铁蛋白结合铁或释放铁时，这一螺旋在两个结构域的打开和关闭过程中充当一个柔性链（Baker and Baker, 2009; Steijns et al., 2000）。

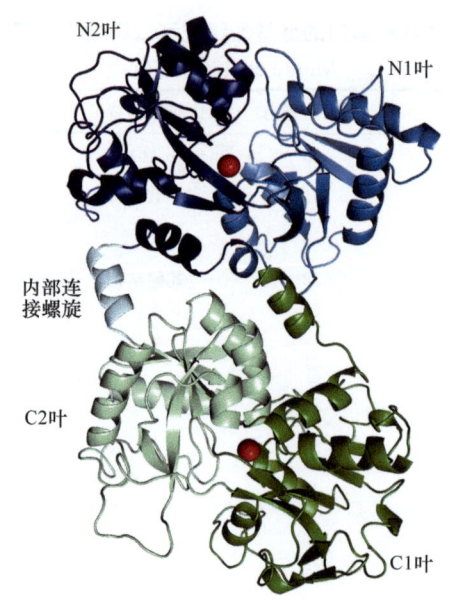

图 6-1　牛乳铁蛋白三级结构（Sharma et al., 2013）

乳铁蛋白结构中最值得注意的特征之一是其表面带正电荷。这一特征促进乳铁蛋白可以通过静电相互作用与那些阴离子生物化合物（如 DNA、肝素和脂多糖）结合。乳铁蛋白带正电荷的部分主要集中在 N1 结构域的第一个螺旋的外部区域，并且接近 C 端；此外，在小叶间区域还存在另一个更小但带正电荷的点。

糖基化是最常见和最复杂的蛋白质翻译后修饰形式之一，这种糖基化在蛋白质的生物学功能中起着重要作用。乳铁蛋白的很多生物学功能被认为与其铁结合特性有关，而它的糖基化作用却被忽视了。鉴于蛋白质糖基化特性在许多生物过程中的关键作用，乳铁蛋白中的糖基化位点可能对其生物活性有重要影响。迄今为止，已经鉴定出的所有乳铁蛋白都是糖基化的，并且来源于不同物种的乳铁蛋白拥有不同数量的潜在糖基化位点（Adlerova et al., 2008）。例如，人乳铁蛋白含有 3 个潜在的 N-糖基化位点，分别为 Asn-138、Asn-479 和 Asn-624；山羊、牛和绵羊乳乳铁蛋白有 5 个 N-糖基化位点，分别为 Asn-233、Asn-281、Asn-368、Asn-476 和 Asn-545；而小鼠乳铁蛋白只有 1 个潜在的 N-糖基化位点，为 Asn-476（Baker and Baker, 2009）。

乳铁蛋白的特殊结构决定其具有独特的生物活性。牛乳铁蛋白和人乳铁蛋白有 70% 的同源性。但是，牛乳铁蛋白却具有更高的抗菌活性，并且牛乳铁蛋白丰富易得、价格更低，所以更容易成为商品化的食品原料。美国食品药品监督管理局（FDA）认为，一般情况下牛乳铁蛋白是安全的。利用大鼠的动物实验结果表明，日摄入牛乳铁蛋白量不高于 2 g/kg 时是安全的（Appel et al., 2006）。欧盟食品安全委员会也认为在标准剂量范围内（日最高摄入量为 210 mg/kg），婴儿摄取牛乳铁蛋白也是安全的（EFSA Panel On Dietetic Products，2012）。因此，来自牛乳的牛乳铁蛋白将会受到更多的关注，并且被广泛应用于理论研究和实际食品生产中。

6.1.2 乳铁蛋白来源及含量变化

乳铁蛋白广泛存在于许多哺乳动物，包括人、猪、牛、水牛、马、绵羊、骆驼、山羊、老鼠和大象等的分泌物中，其中来自水牛、奶牛、山羊和绵羊的乳铁蛋白具有 90%相同的氨基酸序列。在不同动物乳汁中，乳铁蛋白的存在水平会由于物种泌乳期、健康状况和品类的差异而不同，并且差异很大（表 6-2）。另外，乳铁蛋白序列在物种间较为保守，具有较高相似性。以常见物种为例，人源乳铁蛋白和黑猩猩乳铁蛋白的氨基酸序列中几乎有 97%的同源性，而与牛源乳铁蛋白的氨基酸序列相比约有 70%的相似性。

表 6-2 不同来源的乳铁蛋白及其含量

来源	浓度（g/L）	来源	浓度（g/L）
人初乳	5.80±4.30	牛乳	0.03～0.49
牛初乳	0.82±0.54	骆驼乳	0.06～0.89
骆驼初乳	0.81±0.31	山羊乳	0.17～0.59
山羊初乳	0.39±0.07	人眼泪	1.13±0.29
人乳	2.00～3.30		

Masson 和 Heremans（1971）首次使用离子交换色谱法定量地测定出骆驼奶中乳铁蛋白的含量为 2.3 g/L。通常，在人初乳中乳铁蛋白的含量最高，含量约为 7 g/L，而在成熟乳中含量降低至约 1 g/L。牛初乳中的乳铁蛋白含量约为 0.8 g/L，而成熟牛乳中仅含乳铁蛋白 0.03～0.49 g/L，占乳清蛋白总量的 8.38%。驴乳中乳铁蛋白含量约为 0.4 g/L，占乳清蛋白总量的 4.48%。羊乳中乳铁蛋白约占乳清蛋白总量的 4.35%，而马乳中乳铁蛋白含量约占乳清蛋白总量的 9.89%。所以，人乳尤其是人初乳可以给婴幼儿提供更多的乳铁蛋白。

6.1.3 乳铁蛋白的消化吸收

1）在胃中的消化特性

乳铁蛋白经过胃液的消化，可以产生 40 多种肽，小肽的分子量约为 2.5 kDa。在体外消化过程中，依据消化条件的不同，乳铁蛋白可能产生 4～33 种肽。乳铁蛋白在胃中可被消化为具有抗菌活性的乳铁蛋白衍生物，如乳铁蛋白肽和乳铁蛋白素。因此，乳铁蛋白的活性也受到胃消化这一过程的影响。

对胃肠消化功能未发育完全的新生儿的研究结果表明，新生儿的肠胃对乳铁蛋白的消化不完全，消化物保留对铁的结合能力。与成人相比，在一定的剂量范围内口服乳铁蛋白对婴儿的益处更多。Troost 等（2002）曾经探究成人对人源乳铁蛋白或合成乳铁蛋白的消化特性；他们首先让 12 名志愿者分别服用乳铁蛋白缓冲液、含有乳铁蛋白的血清及全血清溶液，观察到 60%以上的人源乳铁蛋白可以以完整的形式通过胃；在进一步的研究中发现，合成乳铁蛋白在女性回肠造口患者的胃肠道中可以被完全消化。由于存在各种影响因素，很难比较出人源乳铁蛋白或合成乳铁蛋白消化的差异，这可能是乳铁蛋白的不同铁饱和度而导致的（Troost et al., 2002）。也有研究发现，健康人群摄入乳铁蛋白，经过胃肠道作用后，在胃中保持完整结构的乳铁蛋白能够达到摄入水平的 60%～80%（Troost et al., 2001）。可见，乳铁蛋白对胃液消化具有一定的抗性。

2）在小肠内的消化特性

有体内外消化研究结果表明，乳铁蛋白在小肠中的生物活性得以保留。例如，1～22 周纯母乳喂养婴儿粪便中发现了大量的乳铁蛋白，并且这些粪便样本中的乳铁蛋白浓度与母乳中的乳铁蛋白含量正相关。在 1989 年，Britton 和 Koldovský 曾经研究早产儿胃液在 37℃下体外对乳铁蛋白的消化能力，发现在餐后 pH 下乳铁蛋白的水解度最低。这项研究引起人们对肠道中完整的乳铁蛋白潜在健康益处的关注。例如，在水稻中表达的合成乳铁蛋白，在 pH 为 2～7.4 仍能保持其功能活性，体外消化后其抗菌特性及其对肠上皮细胞的作用和活性与牛乳铁蛋白相似。又如，乳猪内段小肠中乳铁蛋白的真实消化率（不到 50%）显著低于酪蛋白的真实消化率（87.2%），而成年猪对乳铁蛋白和酪蛋白的消化率基本一致。这些结果充分表明，乳铁蛋白具有抵抗蛋白酶的能力。所以，乳铁蛋白在婴儿体内可能具有更大的生物学潜力。

有研究者以母乳喂养的婴儿为对象，研究母乳中乳铁蛋白在婴儿肠道中的消化吸收作用；他们在婴儿粪便中检测出一些完整的乳铁蛋白，证实乳铁蛋白没有被完全水解，乳铁蛋白可以通过胃肠道后排出到体外（Leclercq et al., 1982）。还有研究结果证明，在尚未发育完全成熟的机体中，摄入的乳铁蛋白在抵达胃肠道中后，可以以完整形式被肠道吸收，从而进入机体的各种循环系统。例如，Harada 等（1999）对摄入母乳后的新生仔猪的消化吸收研究结果表明，母乳被摄入仔猪体内后，完整的乳铁蛋白能够通过肠腔进入胆汁，说明乳铁蛋白能够以完整的形式进入机体体液循环中而被吸收。Takeuchi 等（2004）利用成年大鼠摄食乳铁蛋白，摄入体内的乳铁蛋白经过腹腔进入肠道，然后进入胸导管淋巴液，再经淋巴途径和门静脉循环后进入血液循环。因此，可以认为乳铁蛋白可以抵御胃肠道各种消化酶的水解作用，最终以抗原的形式被稳定地吸收进入机体的血液和组织。

6.1.4 乳铁蛋白的制备

随着乳铁蛋白的广泛应用，人们对其需求量不断增加，对纯度的要求也不断提高。目前，国内外主要采用离子交换色谱法、盐析法、超滤法以及多种方法相互结合等，从乳中分离、纯化乳铁蛋白。

1）离子交换色谱法

离子交换色谱法主要是利用离子交换剂与不同离子结合力大小的差异，从而达到分离所需物质的目的。由于蛋白质是两性电解质，当溶液的 pH 不等于蛋白质的等电点时，蛋白质就会带上电荷，进而被吸附在离子交换剂上，再经后续洗脱去除杂质，获得纯度较高的目标蛋白质。例如，采用阳离子交换色谱从牛初乳中分离牛乳铁蛋白时，通过对条件参数的优化，牛乳铁蛋白的收率可以达到 84%。

阳离子交换色谱法具有操作简单、持续进样以及方便快捷等优势，但是大规模长时间的生产会对色谱材料造成污染，同时与乳铁蛋白等电点相接近的其他蛋白质也被洗脱下来，影响成品的纯度，导致最终产量低、生产成本高。因此，可以通过与其他方法结合使用来解决这一方法的部分劣势。

2）盐析法

盐析法是一种低成本、操作简单的蛋白质分离方法。经盐析法获得的乳铁蛋白纯度和产率均较低，可以应用于对乳铁蛋白纯度要求较低的行业。例如，采用硫酸铵盐析和乙醇沉淀相结合的方法分离牛初乳中的乳铁蛋白，在 pH 8.5、硫酸铵溶液饱和度为 80%时所获得的乳铁蛋白粗产品的品质较好。

3）超滤法

超滤依据所分离物质的分子大小不同，使它们透过超滤膜或者保留在截留液中，从而实现对不同物质的分离。超滤法的操作简单，是比较常用的工业化提取蛋白质方法。例如，采用 100 kDa 和 50 kDa 超滤膜进行两次超滤，再经 10 kDa 的超滤膜进行浓缩，最后干燥的乳铁蛋白成品纯度为 29.8%。

不过，超滤法获得的乳铁蛋白纯度比较低，并且为了防止超滤膜堵塞，分离后需要及时清洗超滤膜。因此，为了强化分离过程，在分离过程中通常施加电场提升膜通量，可以降低超滤膜污染，还能够分离含有复杂组分的料液，这里不进行过多的介绍。

4）亲和色谱法

亲和色谱法是指在凝胶色谱柱上存在能够与待分离物可逆性结合的分子或基团，之后可以采用改变流动相的方法进行目标分子的分离。可以采用肝素琼脂糖亲和色谱的方法，通过梯度洗脱分离获得乳铁蛋白（Al-Mashikhi and Nakai, 1987）。该方法能够获得纯度较高的乳铁蛋白，分离效果好，过程简单，不会损失乳铁蛋白的生物活性。还可以通过染料亲和色谱法从乳清中分离乳铁蛋白，再经过一个纯化步骤，就可以获得77%收率、纯度大于90%的乳铁蛋白（Baieli et al., 2014）。

5）其他方法

Guo 等（2018）制备两亲性聚合物-锌配合物磁性纳米球 Fe_3O_4@PCL-CMC-Zn，该纳米球具有较好的蛋白质结合能力，能够吸附较多的脱铁乳铁蛋白，并通过利用 $FeCl_3$ 作为反萃剂恢复乳铁蛋白的结构，可以从人乳样品中选择性地分离出乳铁蛋白。此外，Abbas 等（2015）采用 CM-Sephadex C-50 色谱柱离子交换色谱法和凝胶过滤色谱法，从山羊初乳中纯化乳铁蛋白，纯化倍数达到200倍并且产率约为83.6%。

总之，对乳铁蛋白分离纯化的研究已经取得相当大的进步，未来还要结合新型技术开发出新的乳铁蛋白制备方法。

（本节撰稿人　赵　晓）

6.2　乳铁蛋白的生物活性

乳铁蛋白具有多种生物活性，包括调节铁代谢、促进胃肠道对铁的吸收、抑菌杀菌、抵抗病毒、抑制炎症、改善肠道菌群、调节机体黏膜免疫系统等多种有益的健康作用。作为一种铁结合蛋白，乳铁蛋白对金属离子（如铁离子等）的螯合作用，被认为是乳铁蛋白的核心功能特性。此外，乳铁蛋白的多种活性作用也与它同其他分子之间的相互作用能力有关，这些分子包括脂多糖、糖胺聚糖和细胞特异性受体，这些受体广泛分布在上皮细胞和免疫细胞中。整体上，乳铁蛋白对人类健康的多种作用及其广泛应用前景，将会激发更多的相关研究。

6.2.1　转铁功能

乳铁蛋白对铁具有较高的亲和力，两个铁离子可以被一个乳铁蛋白分子结合，同时一个碳酸根离子总是与1个铁离子一起被乳铁蛋白结合。这样，一个乳铁蛋白分子可以将两个 Fe^{3+} 与两个 CO_3^{2-} 结合在一起，并且这种结合非常牢固，可以抵抗pH低至4的酸性条件。根据铁饱和度的不同，乳铁蛋白又有三种形式：非乳铁蛋白（不含铁）、单乳铁蛋白（一个铁离子）和全乳铁蛋白（结合两个铁离子）。也可将它们分类为：无铁乳铁蛋白（apo-Lf）、天然乳铁蛋白（native-Lf）和全铁乳铁蛋白（holo-Lf）。

乳铁蛋白的主要功能之一是它对铁稳态的影响作用。乳铁蛋白与转铁蛋白的相似性也暗示乳铁蛋白对机体内铁分布的影响。在家兔模型实验中，家兔急性失血后，贫血兔胆汁中乳铁蛋白显著增加，这一结果表明胆汁乳铁蛋白浓度与机体铁状态之间存在关系，乳铁蛋白可能是肝脏中贮存铁的转运工具。相比之下，人为强化补铁的家兔则表现出对胆汁中乳铁蛋白分泌的抑制。因此，在铁从机体释放量增加的情况下，乳铁蛋白可能对其具有调控效果。

乳铁蛋白是一种有效的铁强化剂，其铁吸收强于其他补铁制剂。乳铁蛋白结合铁的能力是转铁蛋白的2倍。所以，乳铁蛋白通过与铁结合而促进肠道对铁的吸收，改善血红蛋白和血清总铁水平。商品化的乳铁蛋白通常达到10%~20%的铁饱和水平。饱和度越高，乳铁蛋白对热诱导变性和蛋白质水解的抗性就越高。研究表明，乳铁蛋白是唯一一个在大范围pH内具备结合铁离子能力的转铁蛋白；其中，乳铁蛋白的铁结合能力在pH 5.0~6.5开始下降，在pH 2.0时仍然有10%的铁附着。另外，在65~90℃下实施加热处理，乳铁蛋白在离子强度约为0.01甚至更低的情况下仍能保持对铁的结合能力；但是，随着温度的升高，乳铁蛋白出现部分沉淀，其铁结合能力也明显下降（Sabra and Agwa，2020）。在一项体内研究中，比较肯尼亚婴儿补充乳铁蛋白（Holo-Lf）、乳蛋白和$FeSO_4$的效果（图6-2），结果表明乳铁蛋白促进铁吸收。此外，在含有$FeSO_4$的试验餐中添加乳铁蛋白，则可极大地增加铁吸收率（提升幅度约56%）（Mikulic et al.，2020）。

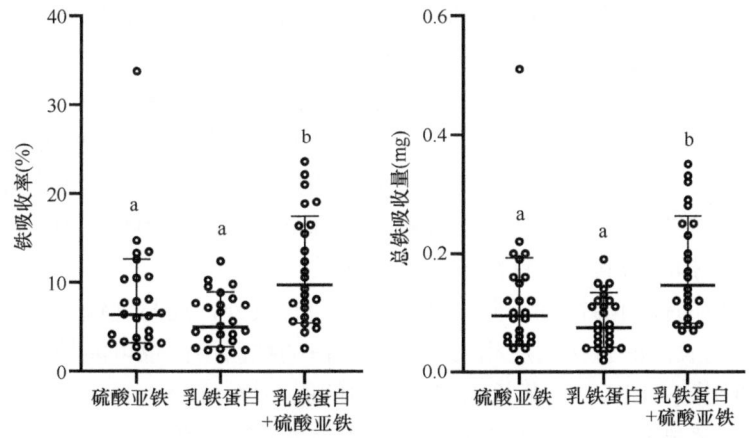

图6-2 乳铁蛋白对肯尼亚儿童铁吸收率的影响（Mikulic et al.，2020）
凡是具有不同英文字母标记的数据，表明数据间具有显著性差异（$P<0.05$），后同

人乳中的乳铁蛋白可能影响婴儿肠道对铁的吸收，但是取决于生物体对铁的需求。特异性受体SI-LfR存在于肠细胞中，并介导乳铁蛋白的结合。乳铁蛋白与肠细胞结合后，90%的乳铁蛋白被降解并释放出铁离子，剩下的10%则通过细胞膜运输而被吸收。细胞内铁缺乏时可以引起肠细胞表面特异性受体的表达增加，从而提高对乳铁蛋白的结合以及促进对铁的吸收。母乳喂养的婴儿比配方奶粉喂养的婴儿更容易获得铁，所以母乳喂养的婴儿一般不会出现铁缺乏症。与之相反，

那些食用无添加婴儿配方奶粉的儿童，则在日后的生活中大都会发生铁缺乏症，这正是由于缺乏乳铁蛋白而造成的后果。

6.2.2 抑菌及抗病毒活性

1）抑菌

大量体内和体外研究结果已经证实乳铁蛋白具有广谱的抑菌作用，能影响多种感染因子的生长和增殖，包括革兰氏阳性和阴性菌、病毒、原生动物或真菌。乳铁蛋白的铁饱和度、微生物对铁离子的需求程度、铁利用率、抗体和其他免疫物质等因素，都会影响乳铁蛋白的抑菌效果（Sabra and Agwa，2020）。乳铁蛋白的抑菌效果与 pH 范围紧密相关，在中性 pH 条件下乳铁蛋白具备较强的活力。例如，在 pH 7.5 的条件下乳铁蛋白的抑菌能力明显强于在 pH 6.8 下的抑菌能力。此外，在低 pH 下乳铁蛋白仍能够保持对铁的结合能力十分重要，因为在机体的感染和炎症部位的 pH 可能低于 4.5（细菌代谢活动造成）。在这种情况下，乳铁蛋白能够结合转铁蛋白释放的铁，从而阻止铁离子进一步用于细菌增殖，在一定程度上产生抑菌作用。值得注意的是，最初认为乳铁蛋白的抑菌活性与其对 Fe^{3+} 的亲和力有关，因为游离的 Fe^{3+} 是细菌生长所必需的元素之一，缺铁会抑制铁依赖性细菌（如大肠杆菌）的生长。在很长一段时期内，乳铁蛋白的铁结合作用被认为是它唯一的抗菌机制。后来的研究结果又发现，一些细菌能够适应新的环境条件并释放铁载体与乳铁蛋白竞争结合 Fe^{3+}。例如，奈瑟菌科（Neisseriaceae）通过表达能够结合乳铁蛋白的特定受体来适应新的条件，并引起乳铁蛋白分子三级结构的变化，从而导致乳铁蛋白中铁的解离（Ekins et al.，2004）。因此，乳铁蛋白对上述细菌的抑制与其结合铁离子的能力无关。

乳铁蛋白的抑菌活性除了其与铁结合能力有关外，还与乳铁蛋白或乳铁蛋白的多肽与细菌表面的直接反应相关。乳铁蛋白的抗菌活性也可能是它与革兰氏阳性菌的脂质胆酸（LTA）和革兰氏阴性菌中的脂多糖（LPS）之间的相互作用。提出的机制为：乳铁蛋白带正电的 N 端也可能避免 LPS 与细菌生长所必需的阳离子（Mg^{2+} 和 Ca^{2+}）之间的相互作用，导致 LPS 从细胞壁释放，增加细胞膜的通透性，进而造成细菌细胞的凋亡（Ostan et al.，2017；Morgenthau et al.，2014；Roussel-Jazédé et al.，2010）。同时，乳铁蛋白与 LPS 的相互作用也可以增强溶菌酶这类天然抗菌剂的抗菌性。乳铁蛋白对革兰氏阳性菌的抑菌机制则是基于其自身正电荷可以结合细菌表面脂磷壁酸所带的负电荷，引起细胞壁负电荷的减少，有利于溶菌酶与底层肽聚糖反应，从而发挥溶菌酶的抑菌特性（Hagiwara et al.，1997）。在对牛乳铁蛋白的蛋白酶水解物的抗菌性进行研究时，发现水解得到的多肽（LbpB）具有强于完整乳铁蛋白 20~400 倍的抗菌活性（Bellamy et al.，1992）。LbpB 为从乳铁蛋白 N 端释放的一段阳离子型多肽,目前被称作阳离子型抗菌肽,但是该区域片段并无铁离子结合能力。阳离子型抗菌肽 LbpB 更容易通过静电相互作用与细菌细胞膜表面带阴离子的 LPS 和磷脂部分相结合,达到选择性杀灭细菌的效果。也有研究结果证明,乳铁蛋白可以抑制 LPS 与 CD14-TLR 复合物之间的信号转导;这种相互作用可以防止 LPS 诱导的炎症过度表达,并可能有助于感染性休克的治疗(Perdijk et al., 2018)。此外,乳铁蛋白和 LPS 之间的作用可以增强其他抗菌药物的抗菌作用。例如,溶菌酶与乳铁蛋白一起使用时对革兰氏阳性菌和革兰氏阴性菌都显示出更高的活性。最新的研究表明,乳铁蛋白-镓复合物可以有效抑制能够引发生物体感染的铜绿假单胞菌(*Pseudomonas aeruginosa*)生长及其生物被膜的形成(图 6-3),并且对实验大鼠的脑、肾、肝、脾等组织均无不良影响(Valappil et al., 2024;Cutone et al., 2017)。值得注意的是,乳铁蛋白不仅能够对抗有害的细菌菌株,还可以刺激宿主有益细菌如乳酸杆菌的生长,从而进一步在肠道中发挥相应的肠道健康保护作用。

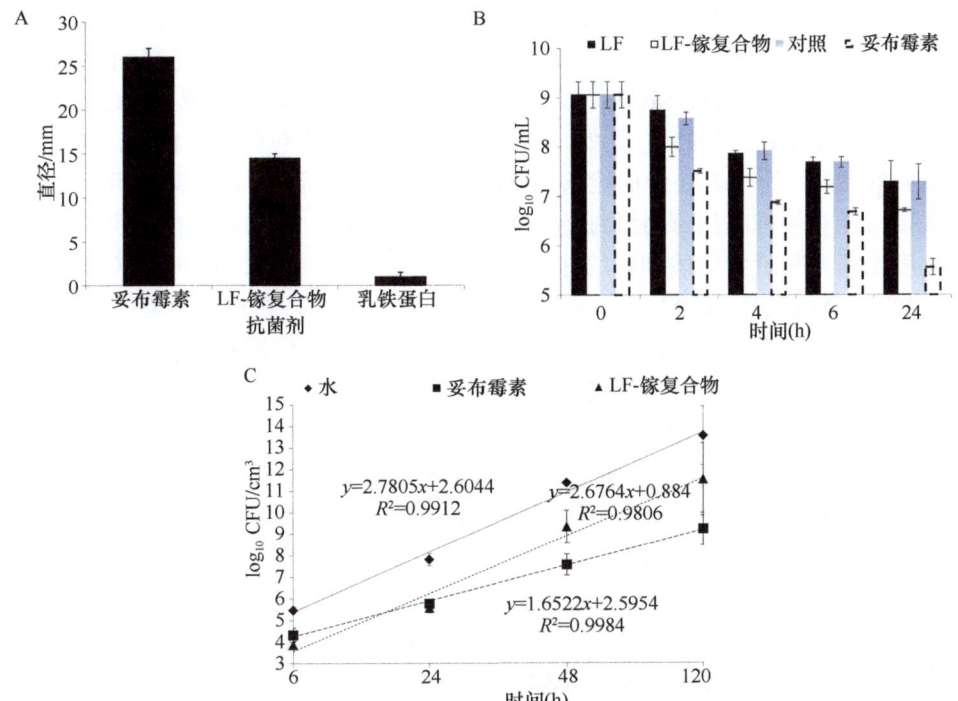

图 6-3　乳铁蛋白-镓复合物对铜绿假单胞菌生长及生物被膜的抑制作用(Valappil et al., 2024)
A,琼脂扩散试验:妥布霉素、乳铁蛋白(LF)和 LF-镓复合物对铜绿假单胞菌的抑制圈;B,液体肉汤试验:妥布霉素、LF、LF-镓复合物孵育 2 h、4 h、6 h 和 24 h 后,铜绿假单胞菌悬液的活力(用 $\log_{10}$ CFU 表示);C,生物被膜测定:铜绿假单胞菌在 HA 上生长并暴露于 LF-镓复合物、妥布霉素或水 10 min 后 $\log_{10}$ CFU 随时间的变化,误差条表示平均值的标准差(SD)

2）抗病毒

近几年研究发现，乳铁蛋白还对许多病毒具有抑制作用，包括人体免疫缺陷病毒（HIV）、RNA 和 DNA 病毒、细胞巨化病毒、流感病毒等（Yi et al.，1997）。乳铁蛋白的抗病毒能力主要源自它能够结合某些 DNA 和 RNA 病毒，尤其是它具有与病毒细胞膜糖胺聚糖的结合能力。通过这种方式，乳铁蛋白阻止病毒进入细胞，并在早期阶段阻止细胞感染病毒。这种机制已被证明对单纯疱疹病毒、巨细胞病毒和 HIV 有效。

乳铁蛋白的抗病毒机制是保护细胞免受病毒入侵，而不是作用于病毒的进一步复制。牛乳铁蛋白和人乳铁蛋白的表面都具有较高的净正电荷，它们可能影响宿主细胞上表达的阴离子化合物，如糖胺聚糖包括肝素、软骨素、皮聚糖、硫酸角蛋白和透明质酸（Baker and Baker，2009）。糖胺聚糖与结合蛋白相关，形成蛋白聚糖。细胞表面硫酸肝素蛋白聚糖是细菌等病原体和某些病毒（如疱疹病毒、HIV、埃可病毒、腺病毒）使用的共受体。乳铁蛋白与硫酸肝素蛋白聚糖结合的能力，会限制或阻止病毒进入细胞（Pietrantoni et al.，2015；Wakabayashi et al.，2014）。此外，乳铁蛋白还可能通过结合树突状细胞特异性细胞间黏附分子 3-grabbin 非整联素（DC-SIGN）以及 LDL 受体，从而抑制病毒感染（Chen et al.，2017a；Groot et al.，2005）。又如，丙型肝炎病毒有 2 个包膜糖蛋白 E1 和 E2，易形成异低聚物，而牛乳铁蛋白能够抑制 E1 与 E2 键的断裂，并直接作用于 E2。牛乳铁蛋白能有效抑制病毒对肝细胞和淋巴细胞的吸附，且它对丙型肝炎病毒的作用速度比病毒吸附到受体细胞的速度更快，从而能够有效地抑制病毒感染（Ishii et al.，2003；Yi et al.，1997）。牛乳铁蛋白还可抑制 HIV，在病毒感染的前 20 d 左右，即病毒刚吸附到靶细胞上时就产生抑制作用。不过，铁饱和的乳铁蛋白对 HIV 的作用比常态乳铁蛋白的作用更弱（Lubashevsky et al.，2004）。

此外，乳铁蛋白还通过与病毒蛋白结合或更快速地结合宿主细胞等方式抑制病毒感染，有效地阻止巨细胞病毒、脊髓灰质炎病毒、轮状病毒、肠病毒以及人乳头瘤病毒等的感染。SARS-CoV-2 由 4 种主要结构蛋白组成：刺突（S）、包膜（E）、核衣壳（N）和膜（M），大约有 16 种非结构蛋白（nsp1-16）和 5~8 种辅助蛋白。S 蛋白在病毒附着到靶细胞中起着至关重要的作用，对其进一步融合和转运到细胞中至关重要。S 蛋白包括两个亚基 S1、S2，分别将 ACE2 识别为受体（S1）并介导 SARS-CoV-2 与靶细胞的融合（S2）。ACE2 在多种上皮细胞中高度表达，包括人肺泡上皮细胞。ACE2 也存在于小肠的肠细胞和肾近端小管细胞的刷状边界中。有研究结果证明，乳铁蛋白能够以剂量依赖的方式抑制 SARS-CoV 假病毒（携带刺突蛋白的假型病毒）感染；部分乳铁蛋白通过附着在硫酸肝素蛋白聚糖上，限制病毒与 ACE2 受体蛋白的结合，从而抑制病毒的进一步感染（Lang et al.，2011）。乳铁蛋白在 SARS-CoV-2 中也有潜在的作用，其抗病毒作用机制如图 6-4 所示。

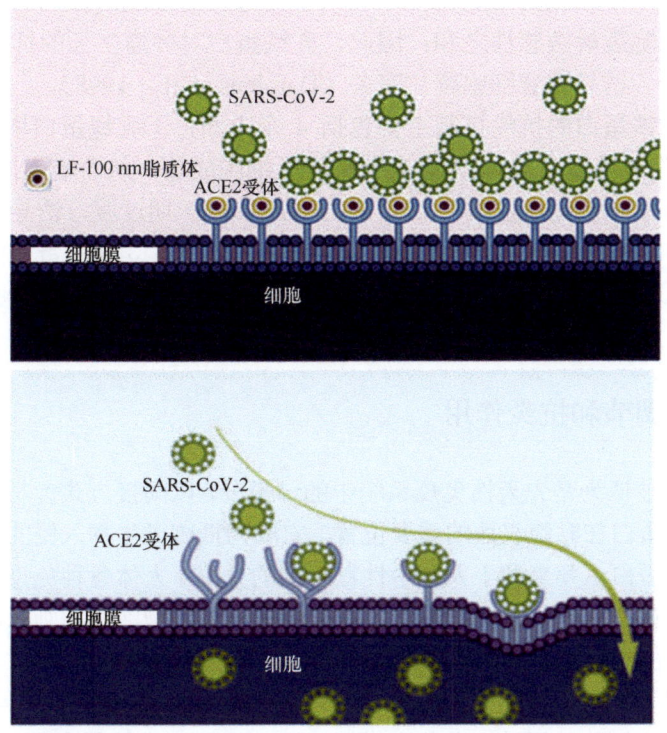

图 6-4　乳铁蛋白对 SARS-CoV-2 的抗病毒作用机制（Serrano et al.，2020）

6.2.3　抗癌活性

早年有人曾经推测，乳铁蛋白之所以具有抗癌活性作用，是因为在健康人血液中的乳铁蛋白浓度很低（为 0.02～2.00 μg/mL）；一旦人体感染炎症或在肿瘤生长或铁过载期间，血液中乳铁蛋白含量会迅速增加至 200 μg/mL。后来，在啮齿动物模型的化学诱导肿瘤中，乳铁蛋白的抗癌作用得到证实，并且注意到乳铁蛋白及其衍生物可以通过多种机制诱导肿瘤细胞凋亡，从而在肠、胃、肺或乳腺等部位表现出抗肿瘤活性作用。

乳铁蛋白可以抑制周期蛋白依赖性激酶（CDK2 和 CDK4）的活性，在细胞周期的 G_1 期到 S 期过渡期间诱导细胞产生周期停滞。这种对细胞增殖的负面影响归因于相关调节蛋白的表达或活性的改变。同时，由细胞因子介导的、具有乳铁蛋白依赖性的 NK 细胞和淋巴细胞活性刺激，也是防御肿瘤生长的重要因素。口服乳铁蛋白后，血液和淋巴组织中这些免疫细胞的数量都有所增加。有研究工作发现，较低浓度乳铁蛋白（10 μg/mL）刺激肿瘤细胞后出现细胞溶解，较高浓度乳铁蛋白（100 μg/mL）刺激后的细胞溶解似乎依赖于细胞表型，非常高的乳铁蛋白剂量可降低 NK 细胞的细胞毒性；乳铁蛋白对肿瘤细胞的影响结果等于 NK 细胞活化与靶细胞裂解敏感性之和；因此，乳铁蛋白对肿瘤生长的抑制可能与 FAS 信号通路激活、诱导肿瘤细胞凋亡有关（Damiens et al., 1998）。

总之，乳铁蛋白的抗癌机制主要包括 4 个方面：①乳铁蛋白增加血液中 NK 细胞和 T 细胞的数量，并且促进 T 细胞、B 细胞成熟，从而增强机体的免疫力；②乳铁蛋白可阻止肿瘤细胞的生长周期由 G_1 期向 S 期过渡，诱导肿瘤细胞发生周期停滞，同时激活 FAS 信号通路诱导肿瘤细胞凋亡；③乳铁蛋白能抑制肿瘤的血管新生；④乳铁蛋白可以破坏肿瘤细胞膜结构，从而诱导肿瘤细胞凋亡（张雷等，2021）。

6.2.4　免疫调节和抗炎作用

乳铁蛋白被认为是先天性免疫系统中的一部分，以间接方式参与特异性免疫反应。由于乳铁蛋白在黏膜表面的重要位置，它成为抵御微生物入侵的第一批防御系统之一。乳铁蛋白主要来源于人体中性粒细胞的分泌，人体各种免疫细胞表面都有人乳铁蛋白的受体存在，乳铁蛋白因此具有调节巨噬细胞活性和刺激淋巴细胞合成的活性作用。由于乳铁蛋白的铁结合特性以及与靶细胞的相互作用，乳铁蛋白可以对免疫细胞以及那些参与炎症反应的细胞产生积极或消极的影响。一方面，乳铁蛋白可能促进免疫细胞的增殖、分化和激活；另一方面，乳铁蛋白是一种抗炎因子，由于它具有抗菌活性和结合细菌 LPS 或其受体的能力，可以防止炎症的发展和随后由促炎细胞因子和 ROS 释放引起的组织损伤（Adlerova et al., 2008）。乳铁蛋白通过激活 AMPK 信号通路抑制 NF-κB 相关的炎症，从而改善心脏纤维化并保护老化的心脏（Chen et al., 2022），其机制如图 6-5 所示。乳铁蛋白的作用表现为减少一些促炎细胞因子的产生，如肿瘤坏死因子 α（TNF-α）或者白细胞介素 IL-1β 和 IL-6 的产生。另外，铁是机体组织产生 ROS 必不可少的催化剂；乳铁蛋白可以通过结合铁而减少炎症部位白细胞产生的 ROS，从而减轻 ROS 诱发的有害损伤。

有关乳铁蛋白的免疫调节和抗炎活性，主要来自人类和小鼠模型中乳铁蛋白缺乏的研究以及乳铁蛋白在体内的应用研究。这些研究结果证明，乳铁蛋白可能影响先天和适应性免疫反应，并调控急性炎症和慢性炎症。此外，在病毒和细菌感染中，乳铁蛋白在黏膜表面的表达和分泌及其在炎症部位的释放，已经显示它作为一种有用药物的作用方式。乳铁蛋白可以修饰抗菌蛋白的特异性和非特异性表达，并通过 TLR 与病原体相关分子模式（PAMP）以及先天免疫细胞的介质结合，从而影响适应性免疫反应。另外，乳铁蛋白表面的正电荷允许乳铁蛋白与不同免疫细胞和各种病原体的负电荷区域结合，从而触发相关的信号通路，导

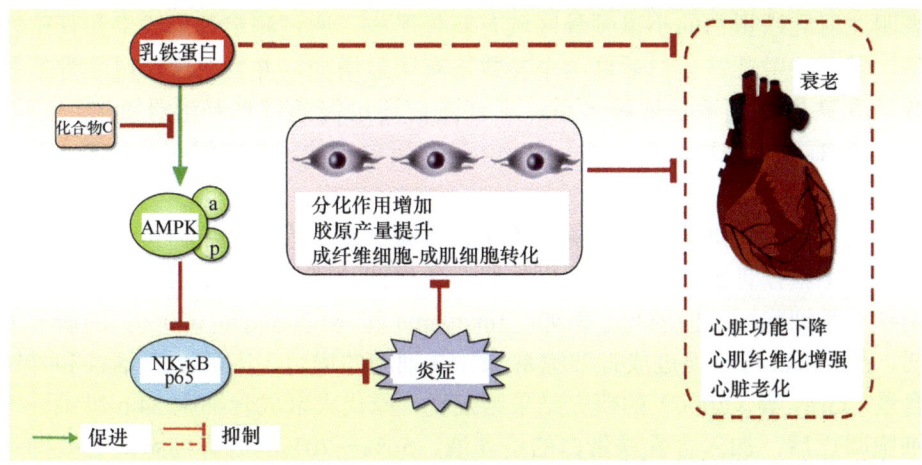

图 6-5　乳铁蛋白抑制 NF-κB 相关炎症并改善心脏纤维化（Chen et al.，2022）
AMPK，5′-amp 活化蛋白激酶；NF-κB，核因子 κB

致细胞反应，包括活化、分化和增殖。因此，乳铁蛋白能够与粒细胞、淋巴细胞、巨噬细胞和 NK 细胞协作，从而增强机体免疫功能。值得注意的是，人乳铁蛋白和牛乳铁蛋白的作用不仅可以增加固有免疫系统必需的细胞毒性细胞（如 NK 细胞）的数量，而且还可能影响适应性免疫系统细胞的数量。因此，乳铁蛋白可能促进 T 细胞前体成熟为更有能力的辅助性 T 细胞，并影响未成熟 B 细胞向高效抗原呈递细胞（APC）的分化。此外，牛乳铁蛋白应用于有丝分裂原激活的 T 细胞时，会降低细胞因子的总分泌。

乳铁蛋白还可以增加或抑制促炎细胞因子如 TNF、IL-6 和 IL-1β 的分泌，并增加 APC 在面对病原体时 IL-12 的分泌，刺激抗炎因子 IL-10 分泌。乳铁蛋白能够改变 Th1 和 Th2 细胞亚群的平衡，从而限制过度的炎症反应，并且由于其结合铁的特性而有助于抑制 ROS 产生。值得注意的是，这种乳铁蛋白活性的多样性可能高度依赖于宿主的免疫状态。在炎症期间，乳铁蛋白对 IL-6 发挥抗炎活性，从而上调铁转运蛋白（Fpn）和转铁蛋白受体 1（TfR1），同时下调铁蛋白（Ftn），而 Ftn 是铁和炎症稳态的关键参与者。反过来，与未诱发炎症的巨噬细胞相比，LPS 诱发炎症的巨噬细胞缺乏乳铁蛋白导致 IL-6 水平升高，细胞内 Ftn 和铁浓度上调，而 TfR、Fpn 和铜蓝蛋白含量降低；不过，炎症巨噬细胞暴露于乳铁蛋白就可以逆转 IL-6 水平的变化（Cutone et al.，2017）。

6.2.5　促成骨作用

乳铁蛋白已被确定为影响骨细胞的有效合成代谢因子。Yoshimaki 等（2013）研究乳铁蛋白对新骨形成的促进作用：他们对小鼠颅骨连续注射乳铁蛋白 5 d，结果表明注射乳铁蛋白的小鼠颅骨区域有新骨形成,通过测定骨形成率和骨矿物叠积率,发现注射乳铁蛋白后这两个参数均有明显增加,并且发现小鼠颅骨新骨的形成与乳铁蛋白剂量呈依赖关系。乳铁蛋白还可能通过抑制溶骨细胞因子(如 TNF-α 或 IL-1β)来影响骨细胞。因此,乳铁蛋白有助于骨骼组织的稳定,对骨健康有益。

Li 等(2018)通过体内外的试验结果确认,重组人乳铁蛋白可以作为营养补充剂对新生猪仔骨骼的形成有促进作用。体外试验研究结果也表明,乳铁蛋白具有诱导成骨细胞增殖的效果。例如,Takayama 和 Mizumachi(2009)的研究结果表明,乳铁蛋白可以促进成骨细胞系 MG63 细胞的增殖,升高 ALP 活性和骨钙蛋白含量。Grey 等(2006)的研究结果则发现,原代大鼠成骨细胞 24 h 饥饿处理诱导细胞凋亡后,加入含乳铁蛋白的培养液,50%~70%的成骨细胞凋亡被抑制。另外的一项研究结果表明,乳铁蛋白及其消化产物可以显著提高骨髓间充质干细胞中 $S+G_2/M$ 期细胞比例(图 6-6),从而促进细胞增殖(安晶晶,2018)。目前,乳铁蛋白对成骨细胞增殖过程的作用机制,主要是通过调控成骨的 ERK、JNK 和 p38MAPK 三个信号通路,从而实现促进成骨细胞的增殖。

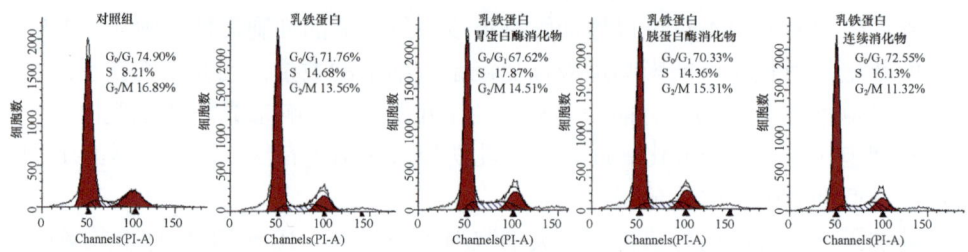

图 6-6　乳铁蛋白及消化产物共培养 5 d 对骨髓间充质干细胞周期循环的影响(安晶晶,2018)

6.2.6　其他生物活性

乳铁蛋白还具有抑制脂肪过氧化的活性作用。据报道,口服乳铁蛋白能抑制模型老鼠血清和肝脏中的脂肪氧化(Sun et al.,2016)。乳铁蛋白能够保证炎症部位的中性粒细胞免受氧化损伤,其抗氧化能力高于过氧化物歧化酶,与褪黑素和维生素 E 的抗氧化能力相当。因而,乳铁蛋白可能也是机体内非常重要的抗氧化剂之一。此外,乳铁蛋白可以减少肥胖小鼠和人类受试者的脂肪积累,具有调节糖脂代谢的活性作用。乳铁蛋白还对机体的重要器官肠道产生诸多活性作用,通过改善肠道细胞、肠道炎症、肠道菌群等各个方面,维持肠道的健康。本章将在下一节专门介绍乳铁蛋白的肠道健康作用。

总之,乳铁蛋白作为一种天然营养物质,具有安全性和众多可以开发利用的活性作用(包括肠道健康作用),而进一步揭示、界定更深层次的生理活性机制,将有利于有乳铁蛋白在行业中应用，造福于民众健康。

（本节撰稿人　赵　晓）

6.3　乳铁蛋白对肠道的保护作用

肠道是哺乳动物体内最重要的消化、吸收和免疫器官，在机体内发挥着重要生理作用，肠道的功能主要通过小肠上皮细胞（IEC）来实现。所以，IEC 对肠道功能以及健康至关重要。

6.3.1　肠道屏障的形成及机制

肠道黏膜是由多种细胞集合体形成的保护层，可以将肠腔与外界环境隔离开，以便更好地保护肠道。肠道黏膜层是机体最大的黏膜层，时刻会接触大量的微生物和抗原等外来物质，因此肠道黏膜屏障对机体健康至关重要。此外，肠道黏膜屏障还可以阻止致病性抗原如细菌、内毒素、有毒物质等从肠腔扩散到循环系统，以保持机体内环境的相对稳定。一旦肠道屏障受损，就会直接导致肠道上皮通透性失控或失调，从而引起黏膜免疫反应过度和慢性肠道炎症。肠黏膜屏障功能受损还会增加宿主对腔内抗原和病原体的敏感性，继而引发肠道免疫系统的慢性反应。

整体上，完整的肠道黏膜屏障系统是机体抵御外界复杂环境的第一道屏障，对维持机体健康与肠道动态平衡至关重要。目前认为，正常肠黏膜屏障功能的维持依赖于肠黏膜上皮屏障、免疫屏障、生物屏障以及化学屏障。

6.3.1.1　肠黏膜上皮屏障

IEC 及细胞间的紧密连接共同组成肠黏膜上皮屏障。细胞间连接主要由黏附连接、紧密连接、间隙连接以及桥粒连接组成。这些不同连接方式将肠上皮细胞紧密地联系在一起（图 6-7），调控溶质分子和水通过，并禁止一些大分子物质通过。其中，紧密接连与肠道物质吸收关系最为密切，在维持上皮细胞极性、调节肠屏障通透性和防止危害机体的大分子物质进入体内等方面发挥重要作用，是反映 IEC 机械屏障最重要的结构。紧密连接是一个位于上皮细胞顶端层狭窄的带状结构，相邻细胞互相包裹而形成吻合点，而紧密连接将这些吻合点连接形成一个连续的渔网状结构。有多种蛋白质如跨膜蛋白 occludin、claudin 和 zonula occluden（ZO），以及调节蛋白如激酶、磷酸化酶等，共同参与完成紧密连接的复杂结构，再由细胞骨架肌动蛋白和肌球蛋白组成的致密环支撑。

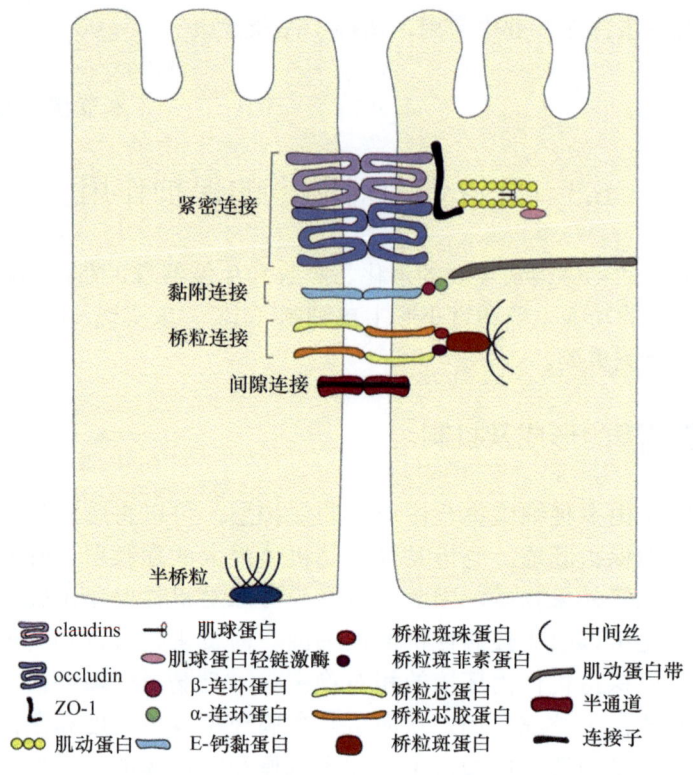

图 6-7 肠道上皮屏障的连接复合物示意图

6.3.1.2 肠免疫屏障

肠道富含丰富的淋巴组织，是由上皮内层和固有层淋巴细胞及免疫分子构成的肠道黏膜免疫系统，在防御有害微生物和毒素的入侵中起着重要作用。但是，目前还不太清楚肠道免疫系统的细胞组成和数量。有研究者通过结扎 3 个月小型猪的肠道淋巴管收集来源于肠道的淋巴细胞，并检测细胞数量和种类，最终发现这些淋巴细胞主要是由 T 细胞（$CD2^+$ 和 $CD8^+$）和 B 细胞（IgA^+ 和 IgM^+）所构成（Rothkötter et al., 1995）。

上皮内淋巴细胞是 $CD8^+$ 细胞合集，主要分布于肠道绒毛顶端和上皮之间，被激活后可释放多种细胞因子，主要包括 IL-2、IL-3、IL-4、IL-5、IL-10、IFN-α、IFN-γ 和 TGF-β 等，在防御肠道病原体入侵方面发挥重要的作用（主要是细胞杀伤作用）。固有层淋巴细胞富含 T 细胞、B 细胞，在黏膜部位的免疫应答以 Th2 型为主，固有层的 $CD4^+$ Th2 细胞可分泌多种 Th2 型细胞因子如 TGF-β、IL-4、IL-5、IL-6 及 IL-10。

固有层和派尔集合淋巴结（Peyer patches）浆细胞分泌的免疫球蛋白 A（IgA）

与分泌片段结合后形成分泌型免疫球蛋白 A（sIgA）。sIgA 是胃肠道黏膜表面主要的免疫球蛋白。防御病原菌在肠道黏膜定植和黏附的第一道防线是以 sIgA 为主的体液免疫，在防止肠源性感染中发挥重要功能。当肠黏膜受到侵袭时，黏膜开始大量地产生 sIgA，用以抵抗不同病原体的入侵。sIgA 抑制肠道内的细菌黏附在肠道黏膜表面，还可以中和肠道内的毒素、病毒和酶，并结合相关抗原形成免疫复合物，使病原体毒力下降。如果外界因素干扰 sIgA 的合成，则 sIgA 分泌量下降，将减弱肠道免疫功能，进而引起肠道菌群失调，消化吸收障碍，甚至引起肠道细菌移位而发生肠源性感染。

因此，肠道是人体功能最复杂且免疫细胞数量最多的免疫器官，由复杂的细胞和生物分子构成多层次的防御系统和调控系统。在正常生理状况下，肠黏膜免疫系统被抗原包围，维持肠黏膜屏障的功能，即对外来食物产生免疫耐受，保障机体对营养物质的消化及吸收；同时，它还要发挥黏膜防御功能，对肠道内源性致病菌和外来有害菌进行免疫杀菌。

6.3.1.3 肠生物屏障

肠道菌群形成肠黏膜的生物性防御屏障。肠道是人体中最大的菌库，约存在 10^{13} 个微生物，种类超过 1100 种。如此数量庞大的微生物菌群，与宿主之间通过能量交换、物质交换、信息传递等，形成一个相互影响、相互作用的生态系统。肠道各个部位定植的微生物数量和种类不同。小肠中因含有大量的消化酶，并且由于蠕动能力强、肠黏液流量大，所以微生物数量不多。空肠微生物数量约 10^5 个，以好氧菌为主。回肠微生物数量可达到 10^7 个，以厌氧菌为主。结肠是微生物的主要聚集区，数量多达 10^{12} 个，98%以上为厌氧菌。肠道菌群的种类和数量只是相对稳定，很容易受到饮食、生活习惯、环境、卫生条件等的影响。整体上，肠道菌群和宿主可以维持动态平衡，而保障这一平衡对肠道乃至机体健康有着重要的作用。

正常的肠道菌群系统不仅可以防止致病菌对肠道的侵袭、调整免疫系统，还能保证食物耐受和启动机体的固有免疫应答；此外，还有助于营养物质的消化吸收，甚至可以合成对机体有用的化合物，如短链脂肪酸、维生素等。肠道还被称为"第二大脑"，有着丰富的肠神经系统，并通过迷走神经与大脑沟通。肠道菌群可被视为普遍存在、共生而又重要的"微生物器官"，通过菌群自身成分、代谢物和衍生物，以及致病菌共生菌移位等机制，参与调控宿主的代谢、免疫、内分泌、神经等多方面的局部和全身性生理过程，从而影响肥胖、糖尿病、脂肪肝、心血管疾病、自身免疫和炎症性精神神经疾病和癌症等的风险。

6.3.1.4 肠稳态的产生机制

肠稳态是 IEC、肠道菌群和宿主免疫系统以及营养和代谢产物之间的复杂网络的动态平衡。在细胞水平上，IEC、局部免疫细胞与肠道微生物之间的动态平衡是肠稳态的特征（图 6-8）。IEC 通过对肠道菌群和局部免疫细胞提供信号协调响应，以完成对肠稳态的调节。免疫系统与肠道菌群共同进化的能力，使得宿主和肠道菌群以互利关系共存。

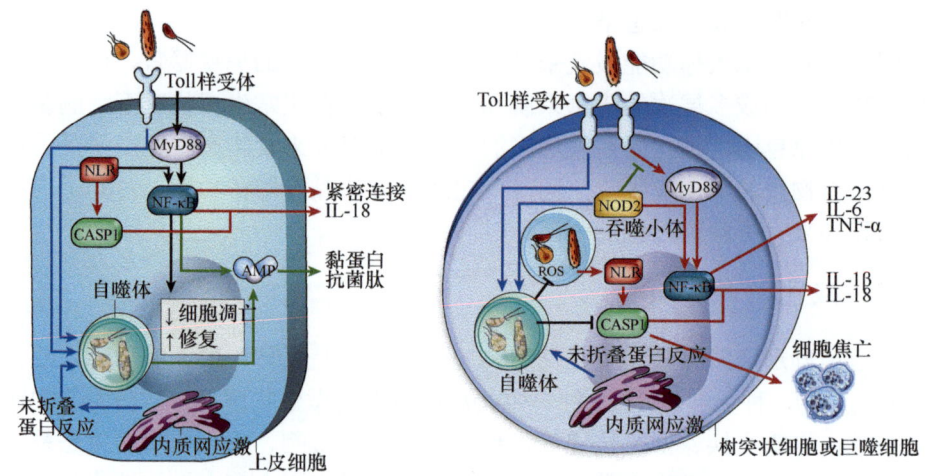

图 6-8　肠稳态中的细菌感应和细胞应激途径（Maloy and Powrie，2011）
NLR，核苷酸结合寡聚结构域样受体

肠道上皮位于肠腔微生物和肠黏膜免疫系统之间，是细菌和免疫细胞间免疫防御的协调中枢，是维持肠稳态的关键。IEC 通过分泌抗菌肽来调节肠腔微生物在上皮的定植和移位。对无菌小鼠试验发现，肠道菌群在肠道上皮结构和功能中具有重要作用。例如，无菌小鼠的肠道黏膜比正常小鼠薄，IEC 增殖能力弱，紧密连接蛋白和其他上皮细胞衍生物的分泌被抑制。肠道内的益生菌还可通过抑制肠黏膜上皮细胞凋亡而延长上皮细胞的寿命，并通过诱导肠黏膜上皮细胞增殖，从而维护肠黏膜屏障功能的完整性。肠道菌群与结肠细胞协同作用，可以预防如炎症性肠病（IBD）患者的肠道菌群失调。肠道菌群通过转化肠道内的营养物质，产生多种代谢产物，这些代谢产物（如双歧杆菌产生的短链脂肪酸）会对 IEC 产生直接影响，甚至通过影响宿主 DNA 的三维结构来调节基因表达（Krautkramer et al.，2016）。

IEC 和免疫细胞之间的动态平衡对肠道稳态有重要影响，而破坏这种平衡将可能引起慢性炎症疾病。IEC 的内质网应激反应会引发多反应性 IgA 反馈，从而抵御肠道炎症。IEC 通过表达 Toll 样受体，识别微生物和代谢产物，触发细胞特异性炎症体的激活，辅助黏膜免疫防御。一旦肠道上皮过度损伤（如发生 IBD），肠道固有免疫丧失，并且已经在临床研究中得到验证。炎性细胞因子通过调节紧密连接蛋白的表达和影响其功能，从而影响上皮屏障的完整性。

sIgA 具有抑制病毒装配和其在细胞间释放的能力，对减少病毒在黏膜的存活和复制发挥重要作用，尤其对肠道菌群中的革兰氏阴性杆菌具有特殊的亲和力，能包被细菌、封闭细菌与 IEC 结合的特异部位，阻止其与 IEC 的黏附，避免细菌穿透肠上皮发生移位，是阻止细菌移位的重要环节。肠道内的微生物菌群可通过 Toll 样受体等模式识别受体，启动 NF-κB 等信号通路，从而调节肠黏膜内的免疫应答，维持肠道免疫系统平衡。肠道菌群还可以通过自身（如荚膜组分）或代谢产物引起效应性免疫反应或调节性免疫反应，从而影响先天性免疫反应以及适应性免疫反应。

总之，以 IEC 作为中枢调节，肠道菌群作为媒介，IEC、局部免疫细胞与肠道微生物之间相互协调、相互影响，共同维持肠稳态在细胞水平上的动态平衡。

6.3.2 乳铁蛋白对肠道屏障的保护作用

肠道屏障的完整性对于保护肠道免受外源物质损伤、维持肠道健康功能至关重要。乳铁蛋白通过三个方面发挥肠道屏障的保护作用：①通过促进肠上皮细胞增殖、提高紧密连接蛋白的表达、改善肠道组织形态，修复受损后的肠道物理屏障；②通过激活肠道免疫细胞、调节细胞因子的分泌，增强肠道的免疫屏障；③通过促进肠道中益生菌和常驻共生菌的生长，抑制病原菌增殖，保护肠道的生物屏障。乳铁蛋白对物理屏障和免疫屏障的影响作用总结于表 6-3。

表 6-3　乳铁蛋白对物理屏障和免疫屏障的影响

乳铁蛋白类型	作用模型	作用方式	效果或功能
无铁、铁饱和、天然牛乳铁蛋白；5 mg/mL，24 h	Caco-2 细胞、巨噬细胞	各个乳铁蛋白均有效地抑制被 LPS 激活的巨噬细胞中的炎症反应，尤其是无铁乳铁蛋白	缓解肠道炎症和感染
牛乳铁蛋白，0.1～3.0 mg/mL，24 h	IPEC-J2 细胞	减轻 LPS 诱导的细胞炎症，抑制 NF-κB/MAPK 信号通路；降低胞内 ROS 水平和丙二醛水平；上调谷胱甘肽过氧化物酶活性	缓解肠道屏障功能障碍和氧化应激
牛乳铁蛋白，0.5～10 mg/mL，24 h	Caco-2/TC7 细胞	下调 TLR4 表达水平；降低 LPS 诱导的 ROS 水平	缓解肠道炎症和氧化应激
牛乳铁蛋白，1.5 g/kg，3 d	斑马鱼	减少肠道中的中性粒细胞并维持肠道黏膜屏障功能	缓解肠道屏障功能障碍和感染
牛铁饱和乳铁蛋白，50～5000 μg/d，7 d	小鼠	上调特异性 IgA 和免疫球蛋白受体 pIgR 水平	增强肠道免疫
牛乳铁蛋白，130 mg/(kg 干重·d)，14 d	仔猪	增加肠隐窝细胞数量、隐窝深度和面积；增强 β-catenin 基因表达	增强肠道物理屏障作用
铁饱和、无铁乳铁蛋白，250 mg/kg 干重；24 h	小鼠原代肠上皮细胞	下调炎性细胞因子 IL-1β、IL-6、TNF-α 和 IFN-γ 的表达水平	改善肠道免疫屏障损伤和炎症
随机安慰剂对照双盲研究，牛乳铁蛋白 200 mg/(kg·d)或安慰剂，4 周	190 名出生体重小于 2.5 kg 的婴儿，胎龄（32.1±2.6）周	减少迟发性脓毒症发生率，乳铁蛋白组 12.6%、安慰剂组 22.1%	感染预防

6.3.2.1 乳铁蛋白对物理屏障的保护作用

肠道的物理屏障是由单层柱状上皮细胞以及上皮细胞之间的多蛋白复合物紧密连接组成，它是肠道抵御外源物质侵袭的第一道屏障。当肠道物理屏障受损后，乳铁蛋白可以通过三个方面发挥保护作用（图6-9）：①促进肠上皮细胞增殖；②提高紧密连接蛋白的表达，修复紧密连接；③改善肠道组织形态，提高肠道绒毛高度和隐窝深度的比值。

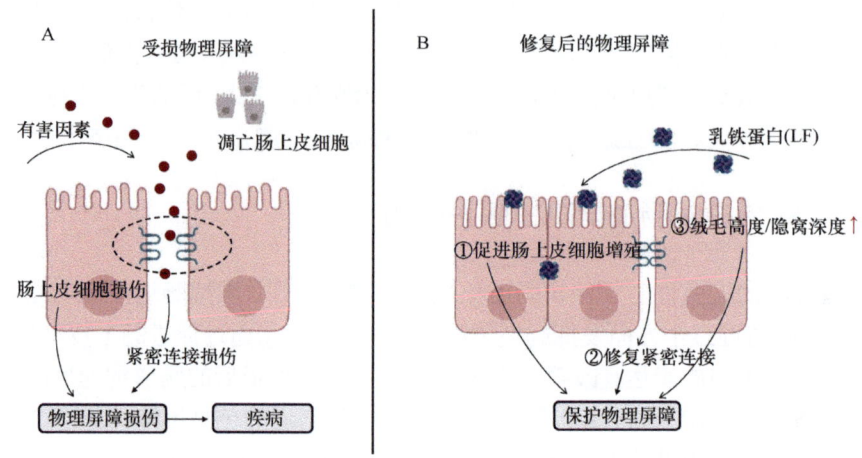

图 6-9 乳铁蛋白修复受损肠道的物理屏障机制

1）对肠上皮细胞的作用

肠道上皮是人体最大的黏膜表面，其覆盖表面积约 400 m^2。IEC 形成连续的物理屏障，可以保护宿主免受感染和持续暴露于潜在的炎症刺激。人结肠癌细胞系 Caco-2 细胞，具有微绒毛结构、刷状边缘以及细胞间紧密连接等，表现出许多与小肠上皮细胞相似的特性，是目前肠道功能体外试验模型之一。Caco-2 细胞膜上的乳铁蛋白受体，通过网格蛋白介导的内吞作用摄取乳铁蛋白。无铁乳铁蛋白和全乳铁蛋白都能激活 PI3K/Akt 信号通路，而只有无铁乳铁蛋白会触发 ERK1/2 信号转导。当乳铁蛋白进入细胞核时，可以刺激胸苷渗入隐窝细胞，调节转化生长因子-β1（TGF-β1）等基因的转录，促进 IEC 增殖（Liao et al.，2012）。人乳铁蛋白（铁饱和度约为 10%）能够以剂量依赖的方式双向调节 Caco-2 细胞的生长，高浓度乳铁蛋白能够上调参与能量代谢和蛋白质合成的丙酮酸激酶、丙酮酸羧化酶和丙酮酸脱氢酶的表达，促进肠上皮细胞增殖，并抑制 Caco-2 细胞自发凋亡；而低浓度乳铁蛋白会增加蔗糖酶和乳糖酶活性，促进 Caco-2 细胞的分化（Buccigrossi et al.，2007）。不同铁饱和度的乳铁蛋白对肠上皮细胞增殖效果也有差异。相对于铁饱和的全乳铁蛋白，无铁乳铁蛋白更有助于促进 Caco-2 细胞的分化（Jiang et al.，2011）。乳铁蛋白通过抑制过度的自噬作用，可以降低黄曲霉毒素诱导的肠上皮细胞凋亡，具体表现在 caspase-3、caspase-9 等凋亡相关蛋白的表达量降低（Wu et al.，2022）。此外，乳铁蛋白还可以通过减少丝裂原活化蛋白激酶（mitogen-activated protein kinase，MAPK）途径介导的氧化应激来减轻 IEC 的细胞毒性和 DNA 损伤（Zheng et al.，2018）。人肠上皮隐窝细胞系（HIEC）也常用于体外研究。相关的研究结果发现，牛乳铁蛋白可以通过启动 RhoA、Wnt/β-catenin、ERK/MAPK、端粒酶和生长激素的信号转导，并在 G_2/M 期阻滞细胞周期循环，从而促进 HIEC 的增殖（Zhao et al.，2019）。

一些体内实验也证实乳铁蛋白对肠上皮细胞增殖的有益作用。幼龄小鼠的饮食中添加乳铁蛋白后，其小肠重量增加约 27%，肠道长度增加约 6.5%，十二指肠段的麦芽糖酶与乳糖酶之比（它是肠道成熟的标志）将会明显地提高，表明乳铁蛋白可促进肠黏膜的形成和成熟，同时表明乳铁蛋白可能对早产儿和克罗恩病等肠道疾病患者具有潜在的治疗作用（Zhang et al.，2001）。Blais 等（2014）的研究工作结果表明，乳铁蛋白可以从肠上皮细胞的基底外侧部位或顶端部位发挥作用，减少 TGF-β 受体和 caspase-3 的表达，从而促进小鼠肠上皮细胞的增殖。

2）对紧密连接的作用

如果在食物中补充乳铁蛋白，可以上调肠道紧密连接蛋白的表达，降低肠道的通透性，进而保持肠道屏障的完整性。有研究结果发现，猪乳铁蛋白衍生肽 LFP-20 能够降低 MyD88 和 Akt 水平，抑制 NF-κB 信号通路，上调 LPS 刺激过程中紧密连接蛋白包括 ZO-1、occludin 和 claudin-1 的表达，从而增强肠道的屏障功能（Zong et al.，2016）。另外，还有研究工作发现，在大鼠小肠隐窝上皮细胞（IEC-6）中，艰难梭菌毒素 B 能够导致紧密连接蛋白的线性结构明显断裂，在荧光显微镜下可见到断续的线状片段，同时少见有完整的网状结构；但是，乳铁蛋白能够使紧密连接蛋白结构恢复完整，在显微镜下呈连续的线状带分布，并提高 ZO-1 和 occludin 的表达水平（Otake et al.，2018）。

跨上皮电阻（transepithelial electrical resistance，TEER）和细胞旁通透性（paracellular permeability）通常被用来量化描述紧密连接的变化。笔者等的研究结果发现，牛乳铁蛋白能够降低 Caco-2 和 HIEC 两种模型细胞的细胞旁通透性，增强碱性磷酸酶活性和细胞层 TEER 值，显著上调关键紧密连接蛋白包括 claudin-1、occludin 和 ZO-1 的表达，从而增强模型细胞的物理屏障功能（Zhao et al.，2019）。与泌乳中期的牛乳铁蛋白相比，泌乳早期的牛乳铁蛋白可增加 Caco-2 细胞层的

TEER 值，这可能与促炎细胞因子 IL-8 的减少相关。Gao 等（2021）的研究结果表明，黄曲霉毒素 M1 会诱导 Caco-2 细胞的细胞旁通透性增加，但是经 100 μg/mL 的乳铁蛋白预处理后，能够显著降低细胞旁通透性，改善细胞屏障功能。Hirotani 等（2008）在研究工作中发现，400 μg/mL 和 1000 μg/mL 的乳铁蛋白能够显著抑制 LPS 诱导的 Caco-2 细胞单层 TEER 值降低以及细胞旁通透性增加。此外，在 LPS 诱导的 Caco-2 细胞损伤模型中，人乳铁蛋白和牛乳铁蛋白预孵育细胞 24 h 以上时，均能够阻止单细胞层 TEER 值降低，降低异硫氰酸荧光素（FITC）标记葡聚糖的渗透率，并且提高 Caco-2 细胞的存活率。Hering 等（2017）也发现，感染小肠结肠炎耶尔森菌（*Yersinia enterocolitica*）的肠道 HT-29/B6 细胞和 T84 细胞，它们的屏障功能出现损伤，而乳铁蛋白可以帮助恢复单细胞层的 TEER 值，并通过 c-Jun 激酶信号转导提高 claudin-8 蛋白的表达，从而改善细胞的屏障功能。

3）对肠道组织形态的作用

小肠上皮是由数百万个隐窝-绒毛结构组成的，肠绒毛高度与细胞数量呈显著正相关，绒毛变高时，肠上皮成熟细胞数量增加，肠道机械屏障作用增强（Sumigray et al.，2018）。通常认为，外源性乳铁蛋白对小鼠肠道发育和成熟具有积极作用。例如，有研究工作发现，无乳铁蛋白实验组小鼠的肠道密度、成熟度和屏障完整性均低于含乳铁蛋白组的小鼠；此外，乳铁蛋白对小鼠空肠的影响最为显著，能够增强空肠紧密连接蛋白 occludin 的表达，但对小肠的其他部分没有显著影响（Wang et al.，2021b）。也有研究工作结果表明，补充牛乳铁蛋白后能够增加小鼠空肠绒毛高度以及几种肠刷状缘酶活性的表达。例如，Blais 等（2014）用乳铁蛋白喂养 BALB/c 鼠 5 周后，发现受试组小鼠空肠绒毛长度增加，同时，与小肠上皮细胞分化相关的刷状缘酶活性增强。

此外，部分动物实验工作是以仔猪为研究对象，探索乳铁蛋白对动物肠道健康的保护作用。有研究结果发现，补充乳铁蛋白能够促进新生仔猪的隐窝细胞增殖；出生后前 14 d 喂食含乳铁蛋白的配方奶粉，仔猪空肠隐窝的深度和面积增加，肠道绒毛高度增加 15.3%（Wang et al.，2006）。又如，在断奶仔猪饲粮中添加 250 mg/kg 和 500 mg/kg 乳铁蛋白，仔猪空肠隐窝细胞将显著增加，十二指肠、空肠和回肠的绒毛高度和隐窝深度的比值则会显著增加（Reznikov et al.，2014）。在激光显微捕获切割分离的空肠隐窝细胞中可以发现 *β-catenin* 基因表达上调，表明 Wnt 信号通路可能介导乳铁蛋白对肠道发育的刺激作用。安清聪等（2015）的研究结果证明，250～300 mg/kg 乳铁蛋白能够改善仔猪血清免疫学参数和小肠形态，促进仔猪 *pBD-1*、*pBD-2* 以及 *pBD-3* 基因的表达，提高仔猪抗病能力。Hu 等（2019）的研究结果也表明，乳铁蛋白可以促进乳猪肠道功能发育并调节小肠中的肠道菌群，主要表现为乳铁蛋白可以提高空肠绒毛高度，增强空肠和回肠糖化酶活力，降低尿液乳果糖/甘露醇值，提高紧密连接蛋白 occludin 的基因和蛋白质表达水平；同时，乳铁蛋白还能够提高仔猪肠道中乳酸杆菌的比例，降低韦荣氏球菌属、埃希菌属志贺菌以及放线菌的丰度。猪是单胃杂食动物，其胃肠道解剖结构与人类的胃肠道解剖结构非常相似。因此，这些研究成果可部分外推到人类身上。另外，有一项临床研究的结果表明，在婴儿配方奶粉中加入牛乳铁蛋白可以改善儿童的健康状况，提高贫血儿童的铁水平，同时还可以消除或缓解肠道问题（Miyakawa et al.，2023）。

6.3.2.2 乳铁蛋白对免疫屏障的保护作用

乳铁蛋白对肠道健康的另一个重要影响，表现为它对肠道免疫的调节作用，从而可以维护肠道健康。肠道免疫系统由巨噬细胞、树突状细胞、T 细胞以及上皮细胞、杯状细胞等组成。淋巴细胞、单核白细胞、树突状细胞、巨噬细胞、NK 细胞等免疫细胞上均有乳铁蛋白的特定受体。乳铁蛋白通过与免疫细胞的特异性受体相互作用，进行免疫调节；乳铁蛋白还能够增强内皮细胞上黏附分子的表达，从而使白细胞在炎症部位浸润（Kim et al.，2012）。

1）对肠道固有免疫的调节作用

乳铁蛋白通过与免疫细胞和免疫分子之间的相互作用，影响机体的固有免疫系统。在细胞水平上，淋巴细胞、巨噬细胞和树突状细胞中都包含乳铁蛋白受体，乳铁蛋白可以结合在多种免疫细胞上，引发免疫细胞的迁移、成熟和增殖。有研究结果表明，乳铁蛋白能够促进树突状细胞成熟，增强 NK 细胞活性，增加中性粒细胞迁移，诱导巨噬细胞活化，提高其吞噬能力（Actor et al.，2009）。Iigo 等（2014）的研究结果证明，摄入牛乳铁蛋白后，大肠息肉患者息肉中的 NK 细胞数量增加。Spadaro 等（2007）研究乳铁蛋白对 BALB/c 小鼠的影响，发现重组人乳铁蛋白能够增加小鼠派尔集合淋巴结和 NK 细胞数量。此外，在分子水平上，乳铁蛋白能够与多种分子相互作用，包括可溶性分子和膜分子。在细胞膜表面，乳铁蛋白受体主要为 CD14、低密度脂蛋白受体 1（LRP1）、整合素-1（网膜-1）以及 Toll 样受体 2（TLR2）和 Toll 样受体 4（TLR4）（Kuhara et al.，2006）。可溶性分子也可以与乳铁蛋白结合，如 LPS 的脂质 A 或含有非甲基化 CpG 的寡核苷酸等。

Kuhara 等（2006）的研究结果还发现，口服乳铁蛋白可有效促进 IL-18 分泌，上调派尔集合淋巴结和肠固有层中干扰素 IFN-α 和 IFN-β 的表达，增强 NK 细胞活性。Zhang 等（2023）利用 LPS 刺激的 RAW264.7 巨噬细胞为模型，探究乳铁蛋白以及铜强化乳铁蛋白对巨噬细胞抗炎活性的影响，研究结果发现乳铁蛋白能有效抑制炎症介质前列腺素 E2（PGE2）、ROS、IL-1β 和 TNF-α 的表达。在炎症部分积累中性粒细胞,乳铁蛋白能够促进细胞间相互作用,调节巨噬细胞表型以激活吞噬作用,控制肠道稳态(Cutone et al.,2017)。髓源性抑制细胞(myeloid-derived suppressor cell,MDSC)是高度异质的非成熟髓源细胞,负向调控免疫系统,抑制免疫细胞功能,但在新生儿防御机制中 MDSC 能够控制炎症进程。在小鼠和人出生后的第 1 周补充乳铁蛋白,能够将骨髓细胞转化为有效 MDSC(He et al.,2018)。Liu 等(2019)用乳铁蛋白处理新生儿中性粒细胞和单核细胞,激活低密度脂蛋白受体相关蛋白2(LRP2)和NF-κB 转录因子,将其转化为 MDSC,确认乳铁蛋白能够阻断坏死性小肠结肠炎患病幼鼠的炎症进程,增加幼鼠的生存率,同时能够缓解 DSS 诱导的结肠炎小鼠的炎症反应。

2)对适应性免疫的调节作用

除了可以调节固有免疫外,乳铁蛋白还可以通过激活肠道免疫细胞和调节细胞因子分泌,发挥适应性免疫调节作用,有益于肠道健康。

A. 激活肠道免疫细胞

乳铁蛋白可以促进未成熟的 T 细胞和 B 细胞分化成 T 辅助细胞和抗原呈递细胞(APC),它与免疫细胞之间的相互作用,也会对 Th1 和 Th2 免疫反应、细胞因子微环境和体液反应的平衡产生显著影响。有研究工作发现,口服乳铁蛋白能够增加小鼠小肠中的 $CD4^+$T 细胞、$CD8^+$T 细胞和 Ig M^+ B 细胞以及 Ig A+B 细胞数量,而在结肠中,乳铁蛋白仅能够显著增加 $CD8^+$T 细胞,表明乳铁蛋白对肠道不同部分的影响不同(Wang et al.,2000)。Wei 等(2021)的相关研究结果发现,乳铁蛋白基因敲除小鼠的 B 细胞呈现早期发育障碍,其早期分化相关转录因子表达异常,同时还发现乳铁蛋白缺失会加剧 B 细胞功能异常相关疾病的病情;不过,补充乳铁蛋白则有改善病症的效果。树突状细胞对维持肠道稳态、对病原体的固有免疫反应、联系固有免疫应答与适应性免疫应答至关重要。在乳铁蛋白的介导下,单核细胞在分化为树突状细胞的过程中触发耐受性程序,产生调节性细胞因子,从而阻止炎症反应,发挥显著的抗炎活性(Pudd et al.,2011)。此外,IL-12 作为 Th1 细胞发育的重要诱导剂,乳铁蛋白可通过刺激细胞因子(如 IL-12)的产生来增强巨噬细胞作为 APC 的功能(Zong et al.,2019)。乳铁蛋白也能够根据宿主的免疫状态,调节 Th1、Th2 细胞活性。例如,乳铁蛋白可以在需要强免疫反应的疾病(传染病或癌症)中促进 Th1 增殖,也可以减少 Th1 细胞以防止过度炎症反应的发生。

调节性 T 细胞主要通过 IL-10 和 TGF-β 等细胞因子来调控 T 细胞的过度激活,具有免疫抑制作用,而 Th17 细胞通过分泌 IL-17 促进机体炎症反应,在一定条件下两种细胞可以相互转化,维持免疫稳态(马维江等,2020)。在小鼠结肠炎和回肠炎模型中,乳铁蛋白有助于增加肠道固有层中调节性 T 细胞数量,促进 $CD4^+$ 细胞表型偏离促炎症的 Th17,转向耐受性 Treg 表型以减轻炎症反应(Macmanus et al.，2017）。在促进 B 细胞分化方面，给小鼠喂食乳铁蛋白，能够增加小肠固有层或派尔集合淋巴结中 IgA（+）、IgM（+）和 IgG（+）B 细胞的数量，增加肠黏膜中总 IgA 的产生。此外，使用感染鼠伤寒沙门菌小鼠模型的研究工作发现，乳铁蛋白治疗有助于增强鼠伤寒沙门菌特异性 IgA 的分泌，从而达到保护肠道免受病原体侵害的目的（Jang et al.，2015）。

B. 调节细胞因子的分泌

乳铁蛋白可以通过抑制促炎症细胞因子（如 TNF-α、IL-1β、IL-6 和 IL-8）的产生和刺激抗炎症细胞因子（如 IL-4 和 IL-10）的生成，发挥抗炎作用并防止过度的炎症反应。乳铁蛋白发挥抗炎作用的主要途径有 4 个，如下所述。

①乳铁蛋白与革兰氏阴性菌上的 LPS 或可溶性受体（sCD14）、膜受体（mCD14）结合，干扰 LPS-CD14 复合物的形成，导致 TLR4 信号通路抑制，减弱 LPS 与 TLR4 之间的相互作用，降低促炎症细胞因子释放，减缓 LPS 诱导的炎症反应以及肠道损伤（Fan et al.，2022）。

②乳铁蛋白与位于小肠刷状边缘膜上的乳铁蛋白受体结合，通过内吞作用进入到肠细胞并转移到细胞核中。随后，在细胞核内，乳铁蛋白与 DNA 特定位置结合，充当转录因子，调节各种参与炎症反应基因的表达。有研究结果表明，乳铁蛋白能够与细胞外隔室中的 DNA 序列（CpG 基序）结合，抑制 NF-κB 信号通路的激活和促炎症细胞因子的表达，阻止 CpG 诱导的活化 B 细胞中 IL-8 和 IL-12 的转录（Mulligan et al.，2006）。

③乳铁蛋白还可以通过清除 ROS 发挥抗炎症作用。ROS 由粒细胞产生，能够刺激肠上皮细胞产生过量 IL-8，进而诱发炎症反应。乳铁蛋白能够通过螯合游离铁或调节关键抗氧化酶来维持 ROS 水平的生理平衡（Cutone et al.，2020）。

④此外，乳铁蛋白还能够通过抑制粒细胞的迁移来限制炎症。Cooper 等（2014）研究乳铁蛋白对仔猪小肠嗜酸性粒细胞的影响，发现喂食含有人重组乳铁蛋白牛奶的仔猪，其十二指肠中嗜酸性粒细胞浸润减少。

乳铁蛋白及其胃蛋白酶水解物影响外周血单核细胞和浆细胞样树突状细胞中 IFN-α 的产生，在单链病毒 RNA 存在的情况下，乳铁蛋白能显著增加 IFN-α 和 CD86 的浓度，通过 MAPK 信号通路直接上调树突状细胞中抗原呈递分子 HLA-DR 的表达水平，发挥调节先天性和适应性免疫以保护机体免受病毒侵染的作用（Kubo et al.，2023）。TNF-α 是炎症性肠病和肠屏障功能障碍的诱发剂，已知它会引起细胞外凋亡，影响紧密连接结构，改变 claudin 蛋白表达和亚细胞定位。Hering 等（2017）利用 HT-29/B6 细胞模型和 T84 细胞模型，证明在 TNF-α 诱导的肠道屏障损伤中，牛乳铁蛋白具有显著的保护作用，能够恢复细胞的 TEER 值，上调紧密连接蛋白的表达。Hu 等（2020）的研究结果证实，在猪体外 IPEC-J2 细胞中，LPS 处理诱导 IL-1β、IL-8 与 TNF-α 的分泌，降低 IL-10 的表达量，增加细胞通透性，并增强 ROS 的产生；乳铁蛋白则能够显著逆转上述趋势，通过减弱 NF-κB/MAPK 途径来维持肠道屏障完整性，缓解 LPS 诱导的炎症反应；另外，在大鼠小肠隐窝上皮 IEC-6 细胞与人 Caco-2 细胞中同样发现了上述现象。有研究证据表明，乳铁蛋白的浓度影响其抗炎功效；低剂量乳铁蛋白通过细胞外信号调节激酶促进肠上皮细胞的增殖，限制 IL-8 分泌并阻止 NF-κB 和 HIF-1α 的活化，发挥抗炎作用，缓解患坏死性小肠结肠炎猪的疾病程度；不过，高剂量乳铁蛋白则呈现相反的作用。因而推测：低剂量乳铁蛋白更有利于发挥乳铁蛋白-LPS 结合作用（因为乳铁蛋白-LPS 复合物对许多病原体具有杀菌活性），并限制过量未结合的乳铁蛋白刺激不必要的免疫反应（Nguyen et al.，2014）。

乳铁蛋白通过对肠道免疫细胞及其分泌的细胞因子的调节，可以控制炎性肠道疾病的发生和发展。有研究证据表明，乳铁蛋白可降低腹泻的严重程度和患病率（Ochoa et al.，2013）。但是，一些动物实验研究结果又表明，乳铁蛋白并不能降低发病或死亡的风险（Pempek et al.，2019）。补充乳铁蛋白可将晚期感染的风险降低约 40%，但是肠内补充牛乳铁蛋白则不能降低早产儿迟发感染的风险（ELFIN Trial Investigators Group，2019）。

6.3.2.3　乳铁蛋白对微生物屏障的保护作用

肠道内环境是一个复杂的微生物生态系统，而微生物群落在免疫增强、代谢提升以及病原体预防等方面发挥着至关重要的作用。肠道生态系统一旦建立，微生物群落中与氨基酸代谢、多糖发酵等相关的基因就会对人类的生物学特征和健康状况产生影响。微生物群落的高多样性、高基因丰度和稳定的微生物族群，通常可以反映肠道生态健康状况。细菌侵染、抗生素感染和外界压力等多种因素都会造成肠道生态失调，破坏肠黏膜屏障及肠免疫系统，导致肠道结构和功能损伤。肠道微生物对肠道健康至关重要。已经确认，乳铁蛋白通过限制微生物的铁离子利用、阳性氨基酸基团与革兰氏阴性菌的外膜 LPS 结合等多种方式，发挥杀菌活性（Abd El-hack et al.，2023）。此外，乳铁蛋白还能够促进乳杆菌和双歧杆菌等具有较低铁需求的有益菌的生长，并且率先被用作其生长底物，从而通过调节菌群多样性，以维持肠道内环境的稳态（图 6-10）。

1）对肠道有益菌群的作用

乳铁蛋白可以促进肠道有益菌增殖，改善肠道微生物菌群，维持肠道菌群平衡，发挥生物屏障保护作用（表 6-4）。研究结果表明，与普通全脂牛奶相比，喂食含重组人乳铁蛋白的仔猪，十二指肠至结肠的微生物多样性呈增加趋势，结肠中沙门菌以及整个肠道中大肠杆菌的数量降低，同时回肠中的双歧杆菌和整个肠道中的乳酸杆菌的浓度也随着乳铁蛋白剂量的增加而增加（Hu et al.，2012）。重组猪乳铁蛋白

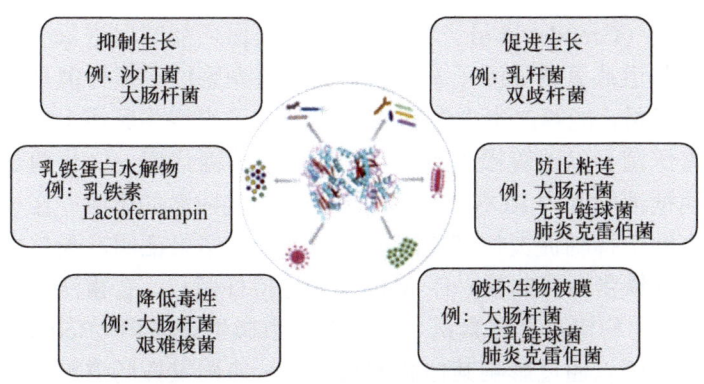

图 6-10 乳铁蛋白与肠道微生物相互作用

表 6-4 乳铁蛋白对微生物屏障的影响

乳铁蛋白类型	作用模型	效果
重组人乳铁蛋白	7 d 龄新生仔猪	提升微生物多样性、双歧杆菌和乳酸杆菌数量，抑制沙门菌、大肠杆菌增殖
重组猪乳铁蛋白	28 d 龄断奶仔猪	提升双歧杆菌、乳杆菌数量，抑制沙门菌、大肠杆菌增殖
牛乳铁蛋白	小鼠	抑制细菌增殖
无铁乳铁蛋白、牛乳铁蛋白水解物	益生菌菌株、食源性病原体	8 种益生菌菌株不受影响，抑制食源性病原体的生长
牛乳铁蛋白	益生菌菌株、食源性病原体	所选益生菌不受抑制，抑制病原体生长
牛乳铁蛋白	Caco-2 细胞	抑制大肠杆菌 O157:H7
乳铁蛋白（源于乳清）	细菌菌株	抑制大肠杆菌、枯草芽孢杆菌

具有同样的效果。在饲料中添加乳铁蛋白，能够使仔猪回肠中的双歧杆菌丰度和结肠中的乳杆菌丰度提高，空肠中韦荣氏球菌属和埃希氏菌属的数量降低，乳铁蛋白对双歧杆菌的益生性随着铁饱和度的增加而增加（Hu et al., 2019）。所具有的糖基化结构是乳铁蛋白发挥肠道健康活性作用的关键因素之一。乳铁蛋白上的 N-聚糖经过水解，能为益生菌生长提供更容易获得的碳源。乳铁蛋白及其水解产物与益生菌协同，对抗肠道疾病损伤，稳定肠道微生物群落，避免肠道微生态的失调。

在维生素 D 缺乏的小鼠中，口服牛乳铁蛋白（0.1～1 g/kg）会降低颤杆菌克属细菌的数量，增加毛螺菌科、粪杆菌属和乳杆菌属的数量（Wang et al., 2019b）。颤杆菌克属细菌是一种与肠道炎症相关的革兰氏阴性菌，而毛螺菌科、粪杆菌属、乳杆菌属等可降低促炎细胞因子（如 TNF、IL-6、IL-8、IL-1、IL-12）的表达，抑制 DSS 诱导的 NF-κB 信号通路激活，可以改善结肠炎症状。在乙醇诱导的小鼠肝损伤实验中，口服牛乳铁蛋白（0.1～1 g/kg）能够促进乳杆菌和嗜黏蛋白阿克曼菌的增殖，而嗜黏蛋白阿克曼菌有助于保护宿主免受乙醇诱导的肠道渗漏，增加肠黏膜厚度和紧密连接表达，并改善乙醇诱导的肝损伤和中性粒细胞浸润，降低肝损伤程度（Grander et al.，2018）。乳铁蛋白还能够促进鼠李糖乳杆菌的增殖，抑制小鼠肠道缺氧诱导因子表达，增加肠道完整性。拟杆菌是稳定微生物群中不可或缺的成员，能够产生多聚糖 A 等抗炎分子来增强肠道上皮屏障功能并改善炎症。普雷沃菌可以改善摄入益生元刺激的葡萄糖代谢。文肯菌是产氢细菌，可以选择性地抵消细胞内 ROS，保护细胞免受氧化应激的影响；在炎症发生过程中，氢分子有助于抑制促炎症细胞因子分泌。研究结果证明，天然牛乳铁蛋白以及铁饱和的牛乳铁蛋白（35 mg/d）都可以促进拟杆菌科、普雷沃氏菌科和文肯菌科的增殖，改善和稳定克林霉素诱导的小鼠肠道微生态失调（Bellés et al.，2022）。

乳铁蛋白还可以通过影响其他肠道共生菌，协同发挥肠道屏障作用。有研究者利用乳铁蛋白治疗小鼠结肠炎，证明乳铁蛋白可以修复结肠炎的组织屏障以减轻炎症，但同时也发现乳铁蛋白可以通过调节肠道微生物的结构多样性来减少肠道菌群中代谢物（主要是嘌呤）的表达（Wang et al.，2021a）。乳铁蛋白比盐酸小檗碱更有助于恢复 DSS 刺激所引起的大鼠结肠肠道菌群优势菌——厚壁菌门和拟杆菌门的失调，通过提高有益菌如乳杆菌属、瘤胃菌科的丰度，同时降低拟杆菌科、普雷沃菌科的丰度，正向调节患 IBD 大鼠的肠道微生物组成，从而维持肠稳态。此外，乳铁蛋白也能够通过降低大鼠肠道菌群与癌症、感染性疾病等疾病相关信号通路操作分类单元（OTU）的丰度，从而降低患病风险。

2）对肠道致病菌的抑制作用

乳铁蛋白通过破坏细胞膜的稳定性、螯合细菌所需要的三价铁、抑制微生物与宿主细胞的黏附以及防止生物被膜形成等机制，从而抑制肠道致病菌。牛乳铁蛋白尤其是无铁的乳铁蛋白，对食源性病原体的生长具有显著抑制作用，而对鼠李糖乳杆菌、罗伊氏乳杆菌、发酵乳杆菌、棒状乳杆菌、嗜酸乳杆菌、婴儿双歧杆菌、双歧杆菌和乳酸片球菌等益生菌没有抑制作用（Tian et al.，2010）。

乳铁蛋白能够下调肠道内环境中厚壁菌门/拟杆菌门值，调节代谢紊乱小鼠肠道微生物组成并改善体内炎症，形成非致病菌主导的肠道环境。大肠杆菌 O157：H7 可以黏附肠黏膜并损害肠道结构，增加肠道通透性，分泌毒力因子导致全身性感染。但是，口服乳铁蛋白能抑制大肠杆菌诱发的拟杆菌异常增长，维持肠道微生物群落稳定（Mazzarella et al.，2017）。大肠杆菌 ETEC 通过分泌毒力因子感染新生仔猪并影响肠道稳态。有研究结果证实，乳铁蛋白能够抑制细菌生长，减轻 ETEC 所诱导的肠液吸收不足，降解黏附肠细胞的 F18 和 F4 菌毛，阻碍细菌黏附和肠内运动（Dierick et al.，2022）。乳铁蛋白还能够降低脱氧雪腐镰刀菌烯醇诱发的肠道促炎症细胞因子水平，增加结肠微生物群多样性，提高梭菌属等共生细菌簇的丰度，同时影响肠道短链脂肪酸的生成，从而维持肠道稳态、促进肠道健康（Hu et al.，2022）。在无菌小鼠饮食牛奶中添加 2%的牛乳铁蛋白，可以显著抑制依赖碳水化合物的肠杆菌科的增殖，即使在 pH 为 2.5~3.5 的酸性条件下，乳铁蛋白仍然可对大肠杆菌和枯草芽孢杆菌发挥较好的杀灭作用（Elbarbary et al.，2019）。

3) 对肠道微生物信号转导的作用

乳铁蛋白对肠道菌群丰度和多样性的影响，促进了肠道神经递质的表达，暗示乳铁蛋白在肠-脑轴和微生物组之间发挥作用。在小肠中，乳铁蛋白能够减少结肠中大肠杆菌的数量，增强肠碱性磷酸酶活性，上调脑源性神经营养因子（BDNF）、泛素羧基末端水解酶 L1（UCHL1）、胶质细胞系来源的神经营养因子（Pb.05）的基因表达，从而减少腹泻的发生（Yang et al.，2014）。将乳铁蛋白添加到饲料中，可以促进 β-连环蛋白表达，并且通过 Wnt 信号通路而介导肠道上皮细胞的增殖。乳铁蛋白还能够通过影响肠道菌群，调节肠道促炎症因子和抗炎症因子的相互作用（图 6-11）。例如，乳铁蛋白下调炎症因子如 IL-1β、IL-6 和 TNF-α 的表达水平，同时上调抗炎因子如 IL-10 和 TGF-β 的表达水平，调节组织屏障防御相关蛋白和紧密连接蛋白的表达，提高血液中 IgA 抗体水平，修复结肠炎组织屏障并且降低炎症指标（Wang et al.，2021a）。

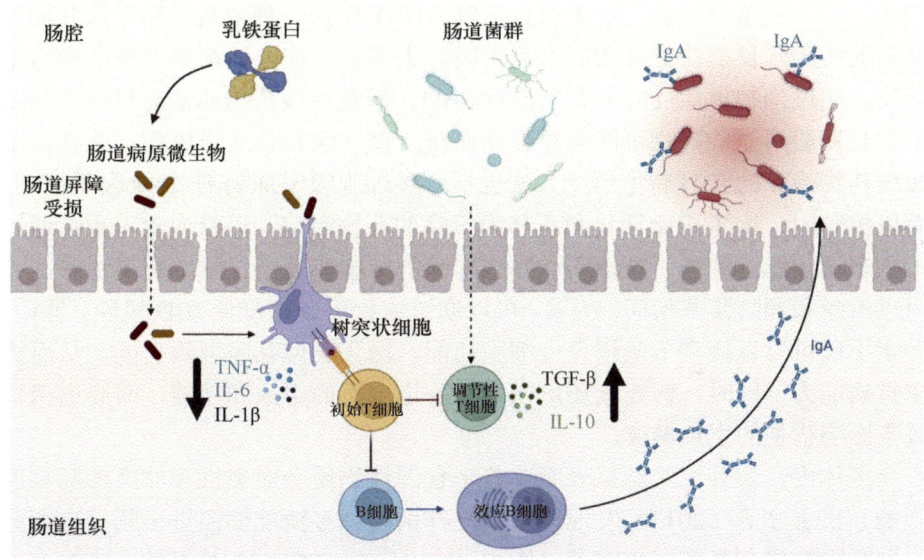

图 6-11 乳铁蛋白通过肠道微生物与肠道内的促炎因子、抗炎因子相互作用

有研究结果表明，乳铁蛋白还可以缓解抗生素给药而导致的肠道系统紊乱，恢复 TLR-2、TLR-8 和 TLR-9 的表达，调节肠道普雷沃菌的丰度，从而有效改善葡萄糖代谢、保护细胞免受氧化应激（Conesa et al.，2023）。黏附性侵袭大肠杆菌 LF82 和 O83:H1，可以通过上调细胞表面癌胚抗原相关细胞黏附分子 6

（CEACAM6）而干扰肠上皮细胞，引起宿主 DNA 损伤；不过，有研究结果证明：乳铁蛋白能够降低大肠杆菌 LF82 侵染肠细胞的程度，下调促炎细胞因子 TNF-α、IL-8 和 IL-6 表达（Mazzarella et al., 2017）。Lepanto 等（2019）则以大肠杆菌 LF82 侵袭 IFN-γ 诱导损伤的 Caco-2 细胞为模型，研究发现乳铁蛋白预处理能够降低大肠杆菌的侵袭性，提高 Caco-2 细胞存活率，并且激活细胞内防御通路，从而有效地保护宿主细胞。

6.3.3 乳铁蛋白对 IBD 患者肠道的保护作用

6.3.3.1 IBD 与饮食干预

IBD 是一类非感染性胃肠道慢病疾病，主要包括溃疡性结肠炎（UC）和克罗恩病（CD）。UC 和 CD 最普遍的特征是患者肠道黏膜发炎、反复发作，常伴有腹痛和腹泻，因而成为重要的全球性的健康问题。肠上皮屏障功能受损是 IBD 发生和复发的重要诱因，因为它导致肠腔共生菌群和病原微生物转移至肠道固有层，并最终诱发肠道炎症。IBD 进一步恶化会导致结直肠癌，往往还伴随着包括心血管疾病、心理及精神疾病、代谢综合征等。IBD 作为一种由基因和环境共同引起的复杂的疾病，目前缺乏有效的治疗手段。大多数治疗方法都集中在全身给予抗炎药物，通过抑制炎症反应来有效治疗 IBD。但是这些药物通常会导致一些副作用，如长期服用这些药物可能会导致高血压、糖尿病和骨质疏松症。此外，不同于传统药物治疗的 IBD 新型治疗方法包括一些细胞因子抑制剂、转录因子抑制剂，还有以抗黏附、抗 T 细胞活化和迁移为策略的药物治疗，以及饮食干预。通过饮食干预来调控肠道菌群、塑造肠道黏膜屏障的结构和功能，维持肠道稳态，被证明可以治疗和预防某些疾病。所以，可以通过饮食干预来降低 IBD 风险。理论上，营养素不仅可以直接调节肠道免疫细胞功能，增强肠道黏膜屏障功能，从而提高宿主抗病能力；同时，营养素还可以调节肠道菌群的组成和功能，而肠道菌群又反过来影响宿主的生理健康。

众多体内、体外试验结果表明，若干食源性物质会对炎性和非炎性肠稳态产生影响。霍思序等（2013）发现，干酪乳杆菌胞外多糖能够促进小肠上皮细胞增殖，同时影响白介素和转化因子（如 IL-8、IL-10、TGF-β）的分泌。ω-3 多不饱和脂肪酸被认为可以提高肠道黏膜中紧密连接蛋白表达，从而有益于肠道黏膜屏障完整性（Li et al., 2014）。一些特异性蛋白质或者氨基酸也可以提高肠道完整性，维持肠道黏膜的屏障功能。例如，谷氨酰胺可以通过 mTOR 信号通路保护肠道紧密连接的完整性，而色氨酸、谷氨酸以及胶原蛋白肽也可以提高受损肠道的跨膜电阻值、降低旁路通透性（Chen et al., 2017b；Jiao et al., 2015）。此外，在研究

一种 β-酪蛋白水解肽时，发现它可以减轻消炎痛所引起大鼠的肠道疾病，通过保护杯状细胞和改善伤口愈合而增强肠道稳态（Bessette et al., 2016）。

6.3.3.2 乳铁蛋白对 IBD 肠道屏障的影响作用

乳铁蛋白可以恢复 IBD 肠道上皮屏障的完整性，不同形式的乳铁蛋白都对肠道屏障完整性具有保护作用。有研究结果表明，乳铁蛋白处理 LPS 刺激后的细胞，细胞的通透性显著降低，claudin-1 蛋白的丰度增强（Hu et al., 2019）。乳铁蛋白也可以在基因和蛋白质水平上显著增强 HIEC 中紧密连接蛋白的表达（Zhao et al., 2019）。乳铁蛋白有能力改善 DSS 诱导的结肠炎的严重程度，表现在结肠缩短和髓过氧化物酶活性降低。相关研究工作分析，乳铁蛋白还能提高 DSS 刺激大鼠结肠中 claudin-1、occludin、ZO-1 和再生胰岛衍生蛋白 IIIγ 的蛋白质含量（Tanaka et al., 2021；Wang et al., 2021a）。此外，乳铁蛋白通过恢复紧密连接形态，阻断 caspase-3 的裂解，可以恢复肠道屏障的完整性（Wang et al., 2021a）。

笔者所在团队曾经研究乳铁蛋白对 IBD 模型大鼠肠道上皮紧密连接蛋白表达水平的影响，研究结果如图 6-12 所示（Zhao et al., 2019）。我们的研究结果显示，DSS 刺激将导致大鼠结肠中三种紧密连接蛋白 ZO-1、claudin-1 和 occludin 表达量显著下降，而乳铁蛋白干预后可以不同程度地提高结肠中这三种紧密连接蛋白表达量，从而提升了肠道上皮屏障的完整性。

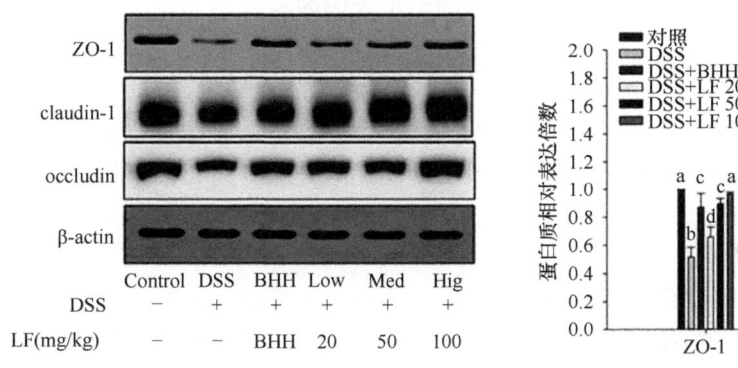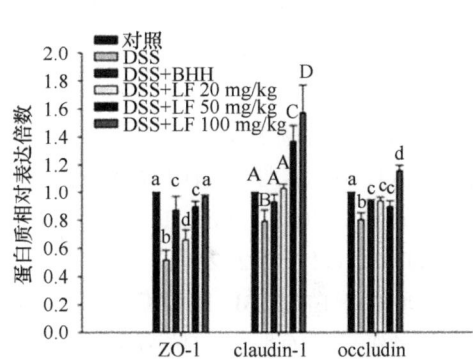

图 6-12　摄入乳铁蛋白（LF）促进结肠炎大鼠肠道紧密连接蛋白的表达（Zhao et al., 2019）

6.3.3.3 乳铁蛋白对 IBD 肠道免疫的调控作用

IBD 的主要特征之一是肠黏膜免疫功能紊乱，肠道免疫系统在 IBD 的病因和发病机制中有重要作用。对 IBD 患者炎症黏膜的分析显示，促炎细胞因子如 IL-1、IL-6、IL-8、IL-12 和肿瘤坏死因子-α（TNF-α）的表达增加，尤其是 IL-6，其水平与疾病的严重程度相关（Mitselou et al., 2020）。乳铁蛋白具有抗炎特性，因此可以抑制肠源细胞中 TNF-α、IL-8、IL-6 和 NF-kB 信号通路的激活（Zhao et al.，2019）。在不同的 IBD 动物模型中，乳铁蛋白的抗炎作用已被研究和评估。在结肠炎动物模型中，乳铁蛋白干预导致促炎细胞因子 TNF-α、IL-1b 和 IL-6 显著降低，而抗炎细胞因子 IL-4 和 IL-10 则会升高（Togawa et al., 2002）。在体外和体内研究以及临床试验中，乳铁蛋白被认为是 IL-6 产生的负调节因子（Cutone et al., 2017）。Togawa 等（2002）的研究结果表明，在 DSS 诱导的大鼠结肠炎中，口服乳铁蛋白可以以剂量依赖方式降低 IBD 严重程度，具体表现为临床疾病活动性指数、白细胞计数和血红蛋白浓度、宏观和组织学评分的改善，以及髓过氧化物酶活性的降低。同时，乳铁蛋白可以抑制 NF-κB 信号通路的激活，改善 DSS 诱导的小鼠肠道炎症（Spagnuolo and Hoffman-Goetz, 2008）。对于 TNBS 诱导的大鼠结肠炎和 DSS 诱导的小鼠结肠炎，脱铁乳铁蛋白比全铁乳铁蛋白的活性更强（Li et al., 2013；Togawa et al., 2002）。

乳铁蛋白不仅可以调节 IBD 肠道免疫因子，还可以调节免疫细胞。肠道免疫细胞异常增殖，以及致病性免疫细胞信号不受调控地激活，有助于 IBD 的发生和发展（Neurath, 2019；Geremia et al., 2014）。乳铁蛋白干预可以促进树突状细胞 CD80、CD83 和 CD86 的表达（Rosa et al., 2008）。此外，乳铁蛋白还可以通过抑制 $CD4^+$ T 细胞增殖、促进结肠中 $CD4^+$ T 细胞分化为 Treg 细胞，从而有效地诱导树突状细胞产生耐受性（Park et al., 2020）。乳铁蛋白也可促进巨噬细胞从炎症表型向耐受表型转变，而这是维持肠道稳态的一个关键因素。

6.3.3.4 乳铁蛋白对 IBD 肠道菌群的调节作用

IBD 患者肠道菌群失调，表现为黏膜相关菌群数量增加，整体生物多样性降低，拟杆菌门、厚壁菌门等有益菌减少，变形菌门尤其是肠杆菌科菌群相对增加（Yue et al., 2019；Palmela et al., 2018）。在 UC 患者中，有益的粪杆菌数量减少（Pittayanon et al., 2020）。

乳铁蛋白对 IBD 肠道菌群具有调节作用。一方面，乳铁蛋白对促使 IBD 症状的几种细菌具有明显的抗菌活性；另一方面，乳铁蛋白还可以促进一些有益菌的生长。此外，乳铁蛋白有助于形成丰富的肠道微生物群多样性，这对于维持微生物平衡和黏膜屏障的完整性至关重要。笔者研究乳铁蛋白对 IBD 大鼠肠道菌群种类和丰度的影响（图 6-13），研究结果发现，乳铁蛋白比盐酸小檗碱更有助于恢复DSS 刺激所引起的大鼠结肠肠道菌群优势菌（厚壁菌门和拟杆菌门）的失调，它能够恢复 IBD 大鼠结肠粪便肠道菌群的多样性，提高优势菌厚壁菌门丰度，降低拟杆菌门丰度。同时，乳铁蛋白通过提高有益菌乳杆菌、瘤胃菌科丰度，降低拟杆菌、普雷沃菌的丰度，从而正向调节患 IBD 大鼠肠道微生物组成，维持肠道稳态（赵晓等，2021）。

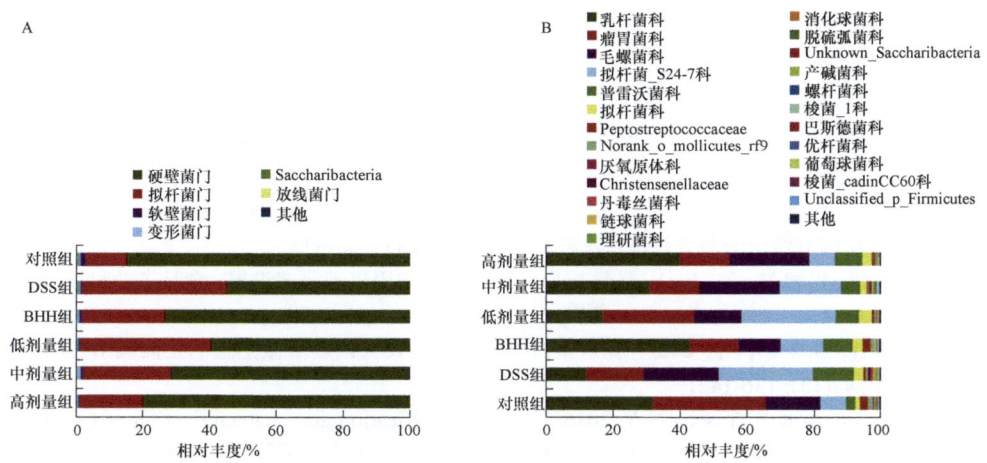

图 6-13 乳铁蛋白对 DSS 刺激的 IBD 模型大鼠肠道菌群门水平（A）和科水平（B）的影响
（赵晓等，2021）

尽管当前对 IBD 发病机制的了解主要依赖于细菌生态失调，但是真菌在 IBD 发病和发展中也成为一个关键因素。乳铁蛋白具有抗真菌活性，被认为是治疗 IBD 的一个候选者。念珠菌属是 IBD 的主要真菌之一，其中白念珠菌、热带念珠菌和克鲁塞念珠菌对乳铁蛋白的敏感性最高（Xu et al.，1999；Nikawa et al.，1995）。乳铁蛋白的抗真菌作用首先归因于其铁结合能力。Zarember 等（2007）的研究结果证明，由人类多形核白细胞释放的脱铁乳铁蛋白，通过对铁的争夺而抑制烟状芽孢杆菌，表明该机制在体内可能是有效的。

乳铁蛋白对肠道菌群丰度和多样性的影响可以促进肠道神经递质的表达，以及与肠道神经成熟相关的参数的表达，暗示乳铁蛋白在肠-脑轴和微生物组之间具有间接的影响作用。在小肠中，脑源性神经营养因子（BDNF）和泛素羧基末端水解酶 L1（UCHL1）的 mRNA 表达水平，以及胶质细胞系来源的神经营养因子（Pb.05）基因，均被证明受到乳铁蛋白的上调作用，从而降低结肠中大肠杆菌的数量，促进肠道发育并增加肠碱性磷酸酶活性，最终减少腹泻（Yang et al.，2014）。

整体上，乳铁蛋白具有抗菌活性和抗真菌活性，它能够靶向调节参与疾病发病机制的不同种类肠道菌群生长，从而缓解肠道生态失调、保护宿主肠道稳态。

（本节撰稿人 赵 晓 王小鹏）

参 考 文 献

安晶晶. 2018. 乳铁蛋白及消化产物对 BMSCs 定向分化和转录组学的影响. 哈尔滨: 东北农业

大学博士学位论文.

安清聪, 徐娜娜, 张春勇, 等. 2015. 不同水平乳铁蛋白对滇撒配套系仔猪生产性能、小肠形态学和机体抗病能力的影响. 畜牧兽医学报, 46(12): 2206-2217.

霍思序, 唐彦君, 刘宁. 2013. L. casei EPS 体外促进 Balb/c 小鼠小肠上皮细胞增殖及其分泌 IL-8、IL-10 和 TGF-β. 免疫学杂志, 10: 835-839.

马维江, 王平, 杨立民, 等. 2020. 辅助性 T 细胞 17 和调节性 T 细胞的免疫功能及其对非小细胞肺癌免疫调节作用的研究进展. 肿瘤研究与临床, 32(1): 66-69.

张雷, 王文利, 程智美, 等. 2021. 乳铁蛋白生理活性及作用机理研究进展. 食品工业科技, 42(9): 388-395.

赵晓, 徐境含, 崔东影, 等. 2021. 乳铁蛋白对炎症性肠炎大鼠肠道微生态的正向调节作用. 食品科学, 42(13): 136-142.

Abbas Z H, Doosh K S, Yaseen N Y. 2015. Isolation, purification and characterization of lactoferrin from goat colostrum whey. Pakistan Journal of Nutrition, 14: 517-523.

Abd El-hack M E, Abdelnour S A, Kamal M, et al. 2023. Lactoferrin: Antimicrobial impacts, genomic guardian, therapeutic uses and clinical significance for humans and animals. Biomedicine & Pharmacotherapy, 164: 114967.

Actor J K, Hwang S A, Kruzel M L. 2009. Lactoferrin as a natural immune modulator. Current Pharmaceutical Design, 15: 1956-1973.

Adlerova L, Bartoskova A, Faldyna M. 2008. Lactoferrin: A review. Veterinarni Medicina, 53: 457-468.

Al-Mashikhi S A, Nakai S. 1987. Isolation of bovine immunoglobulins and lactoferrin from whey proteins by gel filtration techniques. Journal of Dairy Science, 70: 2486-2492.

Appel M J, van Veen H A, Vietsch H, et al. 2006. Sub-chronic (13-week) oral toxicity study in rats with recombinant human lactoferrin produced in the milk of transgenic cows. Food and Chemical Toxicology, 44: 964-973.

Artym J, Zimecki M. 2005. The role of lactoferrin in the proper development of newborns. Postepy Higieny I Medycyny Doswiadczalnej, 59: 421-432.

Baieli M F, Urtasun N, Miranda M V, et al. 2014. Isolation of lactoferrin from whey by dye-affinity chromatography with Yellow HE-4R attached to chitosan mini-spheres. International Dairy Journal, 39: 53-59.

Baker E N, Baker H M. 2009. A structural framework for understanding the multifunctional character of lactoferrin. Biochimie, 91: 3-10.

Baker H M, Baker C J, Smith C A, et al. 2000. Metal substitution in transferrins: specific binding of cerium (IV) revealed by the crystal structure of cerium-substituted human lactoferrin. Journal of Biological Inorganic Chemistry, 5: 692-698.

Bellamy W, Takase M, Yamauchi K, et al. 1992. Identification of the bactericidal domain of lactoferrin. Biochimica et Biophysica Acta, 1121: 130-136.

Bellés A, Aguirre-Ramírez D, Abad I, et al. 2022. Lactoferrin modulates gut microbiota and Toll-like receptors (TLRs) in mice with dysbiosis induced by antibiotics. Food & Function, 13: 5854-5869.

Bessette C, Henry G, Sekkal S, et al. 2016. Oral administration of a casein matrix containing β-casofensin protects the intestinal barrier in two preclinical models of gut diseases. Journal of Functional Foods, 27: 223-235.

Blais A, Fan C B, Voisin T, et al. 2014. Effects of lactoferrin on intestinal epithelial cell growth and differentiation: An *in vivo* and *in vitro* study. Biometals, 27: 857-874.

Britton J R, Koldovský O. 1989. Gastric luminal digestion of lactoferrin and transferrin by preterm infants. Early Human Development, 19: 127-135.

Buccigrossi V, de Marco G, Bruzzese E, et al. 2007. Lactoferrin induces concentration-dependent functional modulation of intestinal proliferation and differentiation. Pediatric Research, 61: 410-414.

Chen J M, Fan Y C, Lin J W, et al. 2017a. Bovine lactoferrin inhibits dengue virus infectivity by interacting with heparan sulfate, low-density lipoprotein receptor, and DC-SIGN. International Journal of Molecular Science, 18: 1957.

Chen Q R, Chen O, Martins I M, et al. 2017b. Collagen peptides ameliorate intestinal epithelial barrier dysfunction in immunostimulatory Caco-2 cell monolayers *via* enhancing tight junctions. Food & Function, 8: 1144-1151.

Chen R Y, Huang L S, Zheng W R, et al. 2022. Lactoferrin ameliorates myocardial fibrosis by inhibiting inflammatory response *via* the AMPK/NF-κB pathway in aged mice. Journal of Functional Foods, 93: 105106.

Conesa C, Bellés A, Grasa L, et al. 2023. The role of lactoferrin in intestinal health. Pharmaceutics, 15: 1569.

Cooper C, Nonnecke E, Lönnerdal B, et al. 2014. The lactoferrin receptor may mediate the reduction of eosinophils in the duodenum of pigs consuming milk containing recombinant human lactoferrin. Biometals, 27: 1031-1038.

Cutone A, Rosa L, Ianiro G, et al. 2020. Lactoferrin's anti-cancer properties: Safety, selectivity, and wide range of action. Biomolecules, 10: 456.

Cutone A, Rosa L, Lepanto M S, et al. 2017. Lactoferrin efficiently counteracts the inflammation-induced changes of the iron homeostasis system in macrophages. Frontiers in Immunology, 8: 705.

Damiens E, Mazurier J, Yazidi I E, et al. 1998. Effects of human lactoferrin on NK cell cytotoxicity against haematopoietic and epithelial tumour cells. Biochimica et Biophysica Acta - Molecular Cell Research, 1402: 277-287.

Dierick M, Ongena R, Vanrompay D, et al. 2022. Lactoferrin decreases enterotoxigenic *Escherichia coli*-induced fluid secretion and bacterial adhesion in the porcine small intestine. Pharmaceutics, 14: 1778.

EFSA Panel On Dietetic Products. 2012. Scientific opinion on bovine lactoferrin. European Food Safety Authortiy Journal, 10: 2701.

Ekins A, Khan A G, Shouldice S R, et al. 2004. Lactoferrin receptors in Gram-negative bacteria: Insights into the iron acquisition process. Biometals, 17: 235-243.

Elbarbary H A, Ejima A, Sato K. 2019. Generation of antibacterial peptides from crude cheese whey using pepsin and rennet enzymes at various pH conditions. Journal of the Science of Food and Agriculture, 99: 555-563.

ELFIN Trial Investigators Group. 2019. Enteral lactoferrin supplementation for very preterm infants: a randomised placebo-controlled trial. The Lancet, 393: 423-433.

Fan L L, Yao Q Q, Wu H M, et al. 2022. Protective effects of recombinant lactoferrin with different iron saturations on enteritis injury in young mice. Journal of Dairy Science, 105: 4791-4803.

Gao Y, Li S, Yang X, et al. 2021. The protective effects of lactoferrin on aflatoxin M1-induced compromised intestinal integrity. International Journal of Molecular Sciences, 23: 289.

Geremia A, Biancheri P, Allan P, et al. 2014. Innate and adaptive immunity in inflammatory bowel disease. Autoimmunity Reviews, 13: 3-10.

Grander C, Adolph T E, Wieser V, et al. 2018. Recovery of ethanol-induced *Akkermansia muciniphila* depletion ameliorates alcoholic liver disease. Gut Microbiota, 67: 891-901.

Grey A, Zhu Q, Watson M, et al. 2006. Lactoferrin potently inhibits osteoblast apoptosis, *via* an LRP1-independent pathway. Molecular and Cellular Endocrinology, 251(1-2): 96-102.

Groot F, Geijtenbeek T B H, Sanders R W, et al. 2005. Lactoferrin prevents dendritic cell-mediated human immunodeficiency virus type 1 transmission by blocking the DC-SIGN-gp120 interaction. Journal of Virology, 79: 3009-3015.

Groves M L. 1960. The isolation of a red protein from milk. Journal of the American Chemical Society, 82: 3345-3350.

Guo Z Y, Zhang D D, Song S F, et al. 2018. Complexes of magnetic nanospheres with amphiprotic polymer–Zn systems for the selective isolation of lactoferrin. Journal of Materials Chemistry B, 35: 5596-5603.

Hagiwara T, Ozawa K, Fukuwatari Y, et al. 1997. Effects of lactoferrin on iron absorption in immature mice. Nutrition Research, 17: 895-906.

Harada E, Itoh Y, Sitizyo K, et al. 1999. Characteristic transport of lactoferrin from the intestinal lumen into the bile *via* the blood in piglets. Comparative Biochemistry & Physiology Part A Molecular & Integrative Physiology, 124: 321-327.

He Y M, Li X, Perego M, et al. 2018. Transitory presence of myeloid-derived suppressor cells in neonates is critical for control of inflammation. Nature Medicine, 24: 224-231.

Hering N A, Luettig J, Krug S M, et al. 2017. Lactoferrin protects against intestinal inflammation and bacteria‐induced barrier dysfunction *in vitro*. Annals of the New York Academy of Sciences, 1405: 177-188.

Hirotani Y, Ikeda K, Kato R, et al. 2008. Protective effects of lactoferrin against intestinal mucosal damage induced by lipopolysaccharide in human intestinal Caco-2 cells. Yakugaku Zasshi, 128: 1363-1368.

Hu P, Zhao F Z, Wang J, et al. 2020. Lactoferrin attenuates lipopolysaccharide-stimulated inflammatory responses and barrier impairment through the modulation of NF-κB/MAPK/Nrf2 pathways in IPEC-J2 cells. Food & Function, 11: 8516-8526.

Hu P, Zhao F Z, Zhu W Y, et al. 2019. Effects of early-life lactoferrin intervention on growth performance, small intestinal function and gut microbiota in suckling piglets. Food & Function, 10: 5361-5373.

Hu P, Zong Q F, Zhao Y H, et al. 2022. Lactoferrin attenuates intestinal barrier dysfunction and inflammation by modulating the MAPK pathway and gut microbes in mice. The Journal of Nutrition, 152: 2451-2460.

Hu W P, Zhao J, Wang J W, et al. 2012. Transgenic milk containing recombinant human lactoferrin modulates the intestinal flora in piglets. Biochemistry and Cell Biology, 90: 485-496.

Iigo M, Alexander D B, Xu J G, et al. 2014. Inhibition of intestinal polyp growth by oral ingestion of bovine lactoferrin and immune cells in the large intestine. Biometals, 27: 1017-1029.

Ishii K, Takamura N, Shinohara M, et al. 2003. Long-term follow-up of chronic hepatitis C patients treated with oral lactoferrin for 12 months. Hepatology Research, 25: 226-233.

Jang Y S, Seo G Y, Lee J M, et al. 2015. Lactoferrin causes IgA and IgG2b isotype switching through betaglycan binding and activation of canonical TGF-β signaling. Mucosal Immunology, 8: 906-917.

Jiang R L, Lopez V, Kelleher S L, et al. 2011. Apo- and holo-lactoferrin are both internalized by lactoferrin receptor *via* clathrin-mediated endocytosis but differentially affect ERK-signaling and cell proliferation in Caco-2 cells. Journal of Cellular Physiology, 226: 3022-3031.

Jiao N, Wu Z L, Ji Y, et al. 2015. L-glutamate enhances barrier and antioxidative functions in intestinal porcine epithelial cells. The Journal of Nutrition, 145: 2258-2264.

Johanson B. 1960. Isolation of an iron-containing red protein from human milk. Acta Chemica Scandinavica, 14: 510-512.

Kell D B, Heyden E L, Pretorius E. 2020. The biology of lactoferrin, an iron-binding protein that can help defend against viruses and bacteria. Frontiers in Immunology, 11: 1221.

Kim C W, Lee T H, Park K H, et al. 2012. Human lactoferrin suppresses TNF-α-induced intercellular adhesion molecule-1 expression *via* competition with NF-κB in endothelial cells. FEBS Letters, 586: 229-234.

Krautkramer K A, Kreznar J H, Romano K A, et al. 2016. Diet-microbiota interactions mediate global epigenetic programming in multiple host tissues. Molecular Cell, 64: 982-992.

Kubo S, Miyakawa M, Tada A, et al. 2023. Lactoferrin and its digestive peptides induce interferon-α production and activate plasmacytoid dendritic cells *ex vivo*. Biometals, 36: 563-573.

Kuhara T, Yamauchi K, Tamura Y, et al. 2006. Oral administration of lactoferrin increases NK cell activity in mice *via* increased production of IL-18 and type I IFN in the small intestine. Journal of Interferon & Cytokine Research, 26: 489-499.

Lang J S, Yang N, Deng J J, et al. 2011. Inhibition of SARS pseudovirus cell entry by lactoferrin binding to heparan sulfate proteoglycans. PLoS One, 6: 23710.

Leclercq Y, Sawatzki G, Wieruszeski J M, et al. 1982. Primary structure of the glycans from human lactotransferrin. European Journal of Biochemistry, 121: 413-419.

Lepanto M S, Rosa L, Cutone A, et al. 2019. Bovine lactoferrin pre-treatment induces intracellular killing of AIEC LF82 and reduces bacteria-induced DNA damage in differentiated human enterocytes. International Journal of Molecular Science, 20: 5666.

Li L, Ren F Z, Yun Z Y, et al. 2013. Determination of the effects of lactoferrin in a preclinical mouse model of experimental colitis. Molecular Medicine Reports, 8: 1125-1129.

Li Q L, Zhao J, Hu W P, et al. 2018. Effects of recombinant human lactoferrin on osteoblast growth and bone status in piglets. Animal Biotechnology, 39: 90-99.

Li Y, Wang X Y, Li N, et al. 2014. The study of n-3PUFAs protecting the intestinal barrier in rat HS/R model. Lipids in Health and Disease, 13: 146.

Liao Y L, Jiang R L, Lönnerdal B. 2012. Biochemical and molecular impacts of lactoferrin on small intestinal growth and development during early life. Biochemistry and Cell Biology, 90: 476-484.

Liu Y F, Perego M, Xiao Q. 2019. Lactoferrin-induced myeloid-derived suppressor cell therapy attenuates pathologic inflammatory conditions in newborn mice. The Journal of Clinical Investigation, 129: 4261-4275.

Lubashevsky E, Krifucks O, Paz R, et al. 2004. Effect of bovine lactoferrin on a transmissible AIDS-like disease in mice. Comparative Immunology Microbiology and Infectious Diseases, 27: 181-189.

Macmanus C F, Collins C B, Nguyen T T, et al. 2017. VEN-120, a recombinant human lactoferrin, promotes a regulatory T cell [Treg] phenotype and drives resolution of inflammation in distinct murine models of inflammatory bowel disease. Journal of Crohn's and Colitis, 11: 1101-1112.

Maloy K J, Powrie F. 2011. Intestinal homeostasis and its breakdown in inflammatory bowel disease. Nature, 474(7351): 298-306.

Masson P L, Heremans J F. 1971. Lactoferrin in milk from different species. Comparative Biochemistry and Physiology Part B: Comparative Biochemistry, 39: 119-129.

Mazzarella G, Perna A, Marano A, et al. 2017. Pathogenic role of associated adherent-invasive

Escherichia coli in Crohn's disease. Journal of Cellular Physiology, 232: 2860-2868.

Mikulic N, Uyoga M, Mwasi E, et al. 2020. Iron absorption is greater from apo-lactoferrin and is similar between holo-lactoferrin and ferrous sulfate: stable iron isotope studies in Kenyan infants. The Journal of Nutrition, 150: 3200-3207.

Mitselou A, Grammeniatis V, Varouktsi A, et al. 2020. Proinflammatory cytokines in irritable bowel syndrome: A comparison with inflammatory bowel disease. Intestinal Research, 18: 115-120.

Miyakawa M, Oda H, Tanaka M. 2023. Clinical research review: Usefulness of bovine lactoferrin in child health. Biometals, 36: 473-489.

Moore S A, Anderson B F, Groom C R, et al. 1997. Three-dimensional structure of diferric bovine lactoferrin at 2.8 Å resolution. Journal of Molecular Biology, 274: 222-236.

Morgenthau A, Beddek A, Schryvers A B. 2014. The negatively charged regions of lactoferrin binding protein B, an adaptation against anti-microbial peptides. PLoS One, 9: 86243.

Mulligan P, White N R, Monteleone G, et al. 2006. Breast milk lactoferrin regulates gene expression by binding bacterial DNA CpG motifs but not genomic DNA promoters in model intestinal cells. Pediatric Research, 59: 656-661.

Neurath M F. 2019. Targeting immune cell circuits and trafficking in inflammatory bowel disease. Nature Immunology, 20: 970-979.

Nguyen D N, Li Y, Sangild P T, et al. 2014. Effects of bovine lactoferrin on the immature porcine intestine. British Journal of Nutrition, 111: 321-331.

Nikawa H, Samaranayake L P, Hamada T. 1995. Modulation of the anti-candida activity of apo-lactoferrin by dietary sucrose and tunicamycin *in vitro*. Archives of Oral Biology, 40: 581-584.

Ochoa T J, Chea-woo E, Baiocchi N, et al. 2013. Randomized double-blind controlled trial of bovine lactoferrin for prevention of diarrhea in children. The Journal of Pediatrics: Clinical Practice, 162: 349-356.

Ostan N K H, Morgenthau A, Yu R, et al. 2017. A comparative, cross-species investigation of the properties and roles of transferrin- and lactoferrin-binding protein B from pathogenic bacteria. Biochemistry and Cell Biology, 95: 5-11.

Otake K, Sato N, Kitaguchi A, et al. 2018. The effect of lactoferrin and pepsin-treated lactoferrin on IEC-6 cell damage induced by clostridium difficile toxin B. Shock, 50: 119-125.

Palmela C, Chevarin C, Xu Z L, et al. 2018. Adherent-invasive *Escherichia coli* in inflammatory bowel disease. Gut, 67: 574-587.

Park H W, Park S H, Jo H J, et al. 2020. Lactoferrin induces tolerogenic bone marrow-derived dendritic cells. Immune Network, 20: 38.

Pempek J, Watkins L, Bruner C, et al. 2019. A multisite, randomized field trial to evaluate the influence of lactoferrin on the morbidity and mortality of dairy calves with diarrhea. Journal of Dairy Science, 102: 9259-9267.

Perdijk O R J, Joost N, Erik B, et al. 2018. Bovine lactoferrin modulates dendritic cell differentiation and function. Nutrients, 10: 848.

Pietrantoni A, Fortuna C, Remoli M E, et al. 2015. Bovine lactoferrininhibits toscana virus infection by binding to peparan sulphate. Viruses, 7: 480-495.

Pittayanon R, Lau J T, Leontiadis G I, et al. 2020. Differences in gut microbiota in patients with vs without iInflammatory bowel diseases: A systematic review. Gastroenterology, 158: 930-946.

Puddu P, Latorre D, Carollo M, et al. 2011. Bovine lactoferrin counteracts Toll-like receptor mediated activation signals in antigen presenting cells. PLoS One, 6: 22504.

Reznikov E A, Comstock S S, Yi C, et al. 2014. Dietary bovine lactoferrin increases intestinal cell

proliferation in neonatal piglets. The Journal of Nutrition, 144: 1401-1408.
Rosa G, Yang D, Tewary P, et al. 2008. Lactoferrin acts as an alarmin to promote the recruitment and activation of APCs and antigen-specific immune responses. Journal of Immunology, 180: 6868-6876.
Rothkötter H J, Hriesik C, Pabst R. 1995. More newly formed T than B lymphocytes leave the intestinal mucosa *via* lymphatics. European Journal of Immunology, 25: 866-869.
Roussel-Jazédé V, Jongerius I, Bos M P, et al. 2010. NalP-mediated proteolytic release of lactoferrin-binding protein B from the meningococcal cell surface. Infection and Immunity, 78: 3083-3089.
Sabra S, Agwa M M. 2020. Lactoferrin, a unique molecule with diverse therapeutical and nanotechnological applications. International Journal of Biological Macromolecules, 164: 1046-1060.
Serrano G, Kochergina I, Albors A, et al. 2020. Liposomal lactoferrin as potential preventative and cure for COVID-19. International Journal of Research in Health Sciences, 8: 8-15.
Sharma S, Sinha M, Kaushik S, et al. 2013. C-lobe of lactoferrin: the whole story of the half-molecule. Biochemistry Research International, 2013: 271641.
Spadaro M, Curcio C, Varadhachary A, et al. 2007. Requirement for IFN-gamma, $CD8^+$ T lymphocytes, and NKT cells in talactoferrin-induced inhibition of neu^+ tumors. Cancer Research, 67: 6425-6432.
Spagnuolo P A, Hoffman-Goetz L. 2008. Dietary lactoferrin does not prevent dextran sulfate sodium induced murine intestinal lymphocyte death. Experimental Biology and Medicine(Maywood), 233: 1099-1108.
Steijns J M, Van Hooijdonk A C. 2000. Occurrence, structure, biochemical properties and technological characteristics of lactoferrin. The British Journal of Nutrition, 84(s1): 11-17.
Sumigray K D, Terwilliger M, Lechler T. 2018. Morphogenesis and compartmentalization of the intestinal crypt. Development Cell, 45: 183-197.
Sun J, Ren F Z, Xiong L, et al. 2016. Bovine lactoferrin suppresses high-fat diet induced obesity and modulates gut microbiota in C57BL/6J mice. Journal of Functional Foods, 22: 189-200.
Takayama Y, Mizumachi K. 2009. Effect of lactoferrin-embedded collagen membrane on osteogenic differentiation of human osteoblast-like cells. Journal of Bioscience and Bioengineering, 107: 191-195.
Takeuchi T, Kitagawa H, Harada E. 2004. Evidence of lactoferrin transportation into blood circulation from intestine *via* lymphatic pathway in adult rats. Experimental Physiology, 89: 263-270.
Tanaka H, Gunasekaran S, Saleh D M, et al. 2021. Effects of oral bovine lactoferrin on a mouse model of inflammation associated colon cancer. Biochemistry and Cell Biology, 99: 159-165.
Tian H, Maddox I S, Ferguson L R, et al. 2010. Influence of bovine lactoferrin on selected probiotic bacteria and intestinal pathogens. Biometals, 23: 593-596.
Togawa J, Nagase H, Tanaka K, et al. 2002. Oral administration of lactoferrin reduces colitis in rats *via* modulation of the immune system and correction of cytokine imbalance. Journal of Gastroenterology Hepatology, 17: 1291-1298.
Troost F J, Saris W H M, Brummer R M. 2002. Orally ingested human lactoferrin is digested and secreted in the upper gastrointestinal tract *in vivo* in women with ileostomies. The Journal of Nutrition, 132: 2597-2600.
Troost F J, Wim S H S, Brummer R M. 2001. Gastric digestion of bovine lactoferrin *in vivo* in adults. Journal of Nutrition, 131: 2101-2104.
Valappil S P, Neel E A A, Hossain K M Z, et al. 2024. Novel lactoferrin-conjugated gallium complex

to treat *Pseudomonas aeruginosa* wound infection. International Journal of Biological Macromolecules, 258: 128838.

Wakabayashi H, Oda H, Yamauchi K, et al. 2014. Lactoferrin for prevention of common viral infections. Journal of Infection and Chemotherapy, 20: 666-671.

Wang B, Timilsena Y P, Blanch E, et al. 2019a. Lactoferrin: Structure, function, denaturation and digestion. Critical Reviews in Food Science and Nutrition, 59: 580-596.

Wang J X, Li Y X, Zhao L, et al. 2019b. Lactoferrin stimulates the expression of vitamin D receptor in vitamin D deficient mice. Journal of Functional Foods, 55: 48-56.

Wang S L, Zhou J Y, Xiao D, et al. 2021a. Bovine lactoferrin protects dextran sulfate sodium salt mice against inflammation and impairment of colonic epithelial barrier by regulating gut microbial structure and metabolites. Frontier in Nutrition, 8: 660598.

Wang W, Iigo M, Sato J, et al. 2000. Activation of intestinal mucosal immunity in tumor-bearing mice by lactoferrin. Japanese Journal of Cancer Research, 91: 1022-1027.

Wang W L, Cheng Z M, Wang X, et al. 2021b. Lactoferrin, a critical player in neonate intestinal development: RHLF may be a good choice in formula. Journal of Agricultural and Food Chemistry, 69: 8726-8736.

Wang Y, Shan T, Xu Z, et al. 2006. Effect of lactoferrin on the growth performance, intestinal morphology, and expression of PR-39 and protegrin-1 genes in weaned piglets. Journal of Animal Science, 84: 2636-2641.

Wei L Y, Liu C, Wang J, et al. 2021. Lactoferrin is required for early B cell development in C57BL/6 mice. Journal of Hematology & Oncology, 14: 58.

Wu H Y, Gao Y N, Li S L, et al. 2022. Lactoferrin alleviated AFM1-induced apoptosis in intestinal NCM460 cells through the autophagy pathway. Foods, 11: 23.

Xu Y Y, Samaranayake Y H, Samaranayake L P, et al. 1999. *In vitro* susceptibility of *Candida* species to lactoferrin. Medical Mycology, 37: 35-41.

Yang C W, Zhu X, Liu N, et al. 2014. Lactoferrin up-regulates intestinal gene expression of brain-derived neurotrophic factors BDNF, UCHL1 and alkaline phosphatase activity to alleviate early weaning diarrhea in postnatal piglets. The Journal of Nutritional Biochemistry, 25: 834-842.

Yi M, Kaneko S, Yu D Y, et al. 1997. Hepatitis C virus envelope proteins bind lactoferrin. Journal of Virology, 71: 5997-6002.

Yoshimaki T, Sato S, Tsunori K, et al. 2013. Bone regeneration with systemic administration of lactoferrin in non-critical-sized rat calvarial bone defects. Journal of Oral Science, 55: 343-348.

Yue B, Luo X P, Yu Z L, et al. 2019. Inflammatory bowel disease: A potential result from the collusion between gut microbiota and mucosal immune system. Microorganisms, 7: 440.

Zarember K A, Sugui J A, Chang Y C, et al. 2007. Human polymorphonuclear leukocytes inhibit *Aspergillus fumigatus* conidial growth by lactoferrin-mediated iron depletion. Journal of Immunology, 178: 6367-6373.

Zhang P, Sawicki V, Lewis A, et al. 2001. Human lactoferrin in the milk of transgenic mice increases intestinal growth in ten-day-old suckling neonates. Advances in Experimental Medicine and Biology, 501: 107-113.

Zhang Q, Zhao H J, Huang L Y, et al. 2023. Low-level Cu-fortification of bovine lactoferrin: Focus on its effect on *in vitro* anti-inflammatory activity in LPS-stimulated macrophages. Current Research in Food Science, 6: 100520.

Zhao X, Xu X X, Liu Y, et al. 2019. The *in vitro* protective role of bovine lactoferrin on intestinal epithelial barrier. Molecules, 24: 148.

Zheng N, Zhang H, Li S L, et al. 2018. Lactoferrin inhibits aflatoxin B1- and aflatoxin M1-induced cytotoxicity and DNA damage in Caco-2, HEK, Hep-G2, and SK-N-SH cells. Toxicon, 150: 77-85.

Zong X, Cao X X, Wang H, et al. 2019. Porcine lactoferrin-derived peptide LFP-20 modulates immune homoeostasis to defend lipopolysaccharide-triggered intestinal inflammation in mice. British Journal of Nutrition, 121: 1255-1263.

Zong X, Hu W Y, Song D G, et al. 2016. Porcine lactoferrin-derived peptide LFP-20 protects intestinal barrier by maintaining tight junction complex and modulating inflammatory response. Biochemical Pharmacology, 104: 74-82.